개정판
원전이론 및 계통설명서

공기업 원자력분야 입사
원자력기사

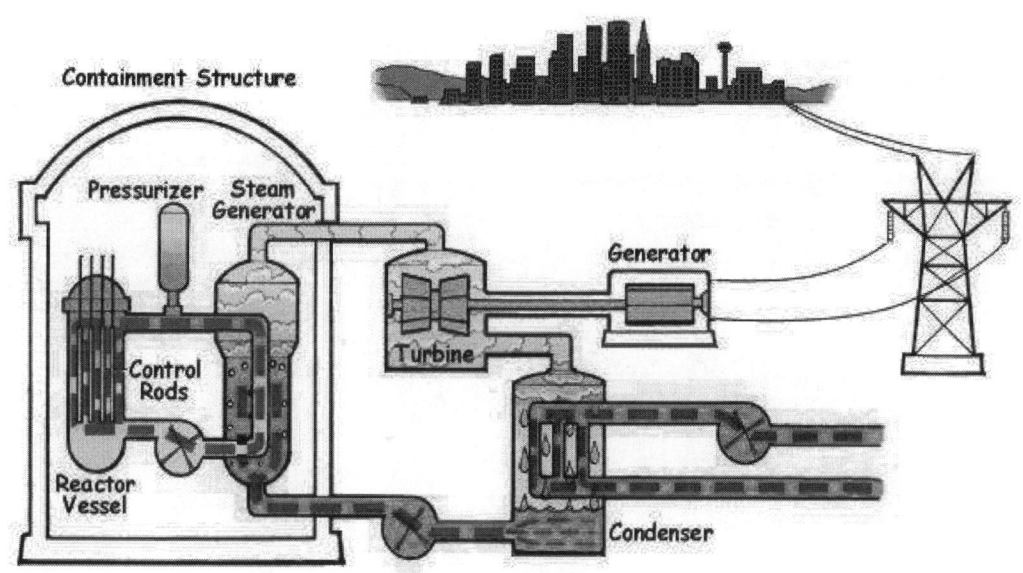

著者 金 乙 起

개정 증보판
원전이론 및 계통설명서

공기업 원자력분야 입사
원자력기사

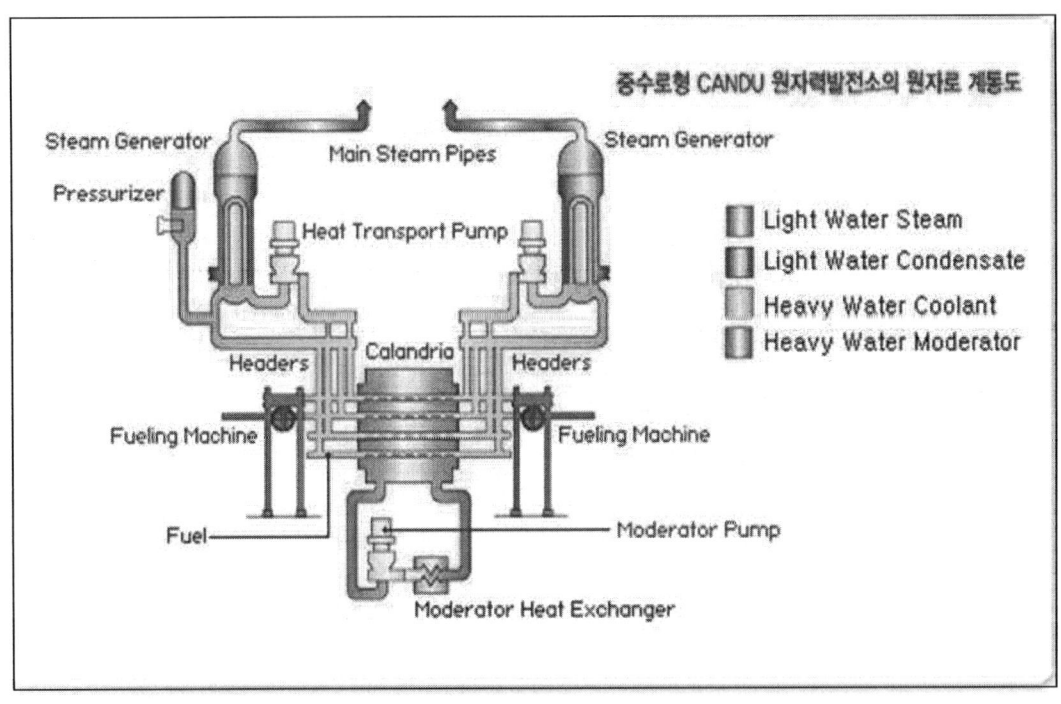

著者 金 乙 起

머리말

국내 원전은 가압 경수로형과 가압 중수로형으로 구분되고 가압 경수로는 미국 노형으로 WH형과 CE형이 있고 프랑스 노형은 F형으로 구분된다. CANDU 라고 알려진 가압중수로는 월성 한부지에 4개의 발전소가 소재하고 있습니다.

저자는 모든 노형에서 근무하였고 그 경험에 입각하여 일반적인 내용을 이 책에 언급하고자 한다. 책 내용이 모든 노형을 수용하다 보니 특정 노형에 적용될 수 없으나 원전의 입문서로 요약 설명되었다고 생각합니다.

본 교재는 <u>한수원 기술, 사무 전분야 및 특히 원자력분야에 입사</u>를 원하는 분에게 입문서로 그 역할을 다하여 수험준비에 도움이 될 수 있도록 자료수집에서 정리까지 최선을 다했으나 원전 이론의 광범위성과 발전소 노형의 차이로 인해 부족한 부분이 있을 것이나 저자의 원자력공학과 방사선관리 교재가 이 부분을 보완해줄 것으로 의심하지 않습니다.

국내외 자료에서 보편적인 내용을 참고하였고 인용하기도 하였음을 밝히며 이에 대하여 저자들에게 심심한 사의를 표하는 바입니다. 본 교재를 이용하여 수험준비를 하시는 수험생에게 합격의 영광을 기원합니다.

이론적인 면보다 현장 위주의 교재로 탈바꿈하기 위해 현장 사진을 많이 인용하였으며 강의 대비로 슬라이드 형 자료를 추가하여 내실을 기하였습니다. 개정 8판 감수에 도움을 준 김우진에게 감사말씀을 전합니다.

목 차

원자로 이론
제1장 핵물리 ………………………………………… 2
제2장 원자로 물리 …………………………………… 25
제3장 원자로의 동특성과 제어 ……………………… 32
제4장 연료주기 ……………………………………… 44

가압경수로
제1장 원전 구성 ……………………………………… 52
제2장 원자로 노심 및 핵적 특성 …………………… 54
제3장 냉각재계통 …………………………………… 68
제4장 공학적 안전설비 ……………………………… 82
제5장 격납용기 ……………………………………… 87
제6장 계측 및 제어설비계통 ………………………… 91
제7장 원자로 안전특성 ……………………………… 98

중수로
제1장 중수로 특성 …………………………………… 116
제2장 감속재계통 및 냉각재계통 …………………… 127
제3장 안전계통 ……………………………………… 130
제4장 설계상 차이점 ………………………………… 140
제5장 고속증식로 …………………………………… 148

요약편 ……………………………………………… 156

문제편
<u>객관식 문제</u> ………………………………………… 162
열 역 학 ……………………………………………… 223
열 전 달 ……………………………………………… 243
열수력학 ……………………………………………… 254
밸브(Valve) ………………………………………… 272
감지기 및 검출기 …………………………………… 284
펌프, 열교환기 및 복수기 등 ………………………… 293
원자로 이론 ………………………………………… 303

<u>원전정리</u> …………………………………………… 332

제1장. 핵물리(Nuclear Physics)

1. 원자의 구조(Atomic Structure)

원자는 중심부에 원자핵(Nucleus)과 그 주변을 돌고 있는 전자로 구성되어 있고 원자핵은 다시 양자(Proton)와 중성자(Neutron)라 부르는 두 가지 핵자(Nucleon)들로 이루어져 있는데 원자의 무게는 대부분 이 원자핵의 무게이다. 전자의 무게는 원자핵의 무게에 비하면 거의 무시할 수 있는데 실제로 전자의 무게는 양자무게의 약 $\frac{1}{1,840}$ 이다. 원자핵의 크기는 그 반경이 약 1.25×10^{-13} cm 정도이고 원자 전체로서는 그 반경이 약 10^{-8} cm의 크기를 가지고 있다. 원자핵 주위에서 빠른 속도로 회전하고 있는 전자는 (-)電荷를 띄고, 원자핵내의 양자는 (+)電荷를 가지고 있는 원자 내에서의 전자의 수와 양자의 수는 동일하므로 원자전체는 전기적으로 중성(Neutral)을 나타내고 있다.

> 원자(Atom) : 자신의 특성을 보유한 가장 작은 원소의 알맹이
> 분자(Molecule) : 물질 화학적, 물리적 특성을 갖고 있는 가장 작은 알맹이

원자핵의 구조를 설명하기 위한 여러 가지의 시도 끝에 다음과 같은 세 가지 이론이 원자핵의 현상을 설명하는데 이용되고 있다.

가. 물방울 모형(Liquid Drop Model)

물방울 모형은 떨어지는 물방울의 분자력(표면장력)이 물분자를 꽉 붙들고 있는 것과 같이 핵력이 쿨롱력에 의해 반발하는 양자를 구속하고 있으며 표면장력과 같이 핵을 둥근 공 모양으로 유지하고 있다는 이론이다. 물방울 모형은 짧은 거리에서만 작용하는 핵력 및 원자핵의 분열과정을 설명하는데 유용하다.

나. 각모형(Shell Model)

전자의 에너지상태를 설명할 때 사용되는 양자이론(Quantum Theory)과 비슷하다. 전자의 에너지상태 대신에 핵자의 에너지 상태를 대입하여 안정된 핵종 또는 여기 된 핵종의 방사성붕괴 양상을 설명하는데 유용하다.

궤도전자의 에너지준위 : $E_n = -\frac{13.6\,eV}{n^2}$ [n : 1, 2, 3 ……(K, L, M 궤도)]

다. 알파입자 모형(α-Particle Model or Collective Model)

알파입자 모형은 기본적으로 물방울 모형과 각모형을 조합하여 놓은 것인데 무거운 원소들의 붕괴과정을 설명하는데 편리하다. 질량수가 큰 핵종이 붕괴할때는 알파입자를 방출하는 경향이 있는데 이런 현상을 설명하기 위하여 과학자들은 원자핵이 안정된 입자인 알파입자로 구성되어 있다고 설명하기도 하나 아직도 원자의 구조처럼 원자핵의 구조를 명확하게 설명할 수 없다.

2. 원자질량단위(Atomic Mass Unit : 기준원소는 탄소)

원자를 구성하고 있는 각 핵자의 실제무게는 극히 작아서 중성자의 무게는 약 10^{-24}g 정도이다. 여기서 핵자의 무게를 표시하는 원자질량단위(amu)라는 단위를 도입하고 1.66×10^{-24}gr을 1amu라고 정의한다. 원자량은 원소를 구성하고 있는 모든 동위원소 무게를 평균한 값이다.

3. 단위 환산

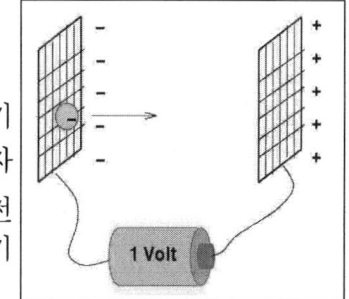

핵물리에서 흔히 사용되는 에너지의 단위환산을 기술하기로 한다. Electron Volt (eV)는 한 개의 전자 ($q = 1.6\times10^{-19}$Coulomb의 전하를 가진)가 1볼트 전위차계에서 움직일 때 얻거나 잃는 에너지의 크기 즉, 일 = 에너지 = 볼트(V) × 전하(Charge) 따라서

$1\text{eV} = 1\text{Volt} \times 1.6\times10^{-19}\text{Coulomb} = 1.6\times10^{-12}\text{erg} = 1.6\times10^{-19}\text{Joule}$
$= 3.81\times10^{-2}\text{Calorie} = 1.52\times10^{-22}\text{Btu} = 4.43\times10^{-26}\text{KWH}$

$\therefore 1\text{MeV} = 10^3\text{KeV} = 10^6\text{eV}$

4. 아보가드로 수(Avogadro's Number)

아보가드로의 수는 1g의 원자무게(Gram Atomic Weight) 또는 1g의 분자무게(Gram Molecular Weight) 속에 있는 원자의 수 또는 분자의 수를 말한다. 즉, 아보가드로 수 $N_A = 6.023\times10^{23}$atoms/atomic weight 다시말하면 수소($^1_1$H) 1g 속에는 $N_A = 6.023\times10^{23}$개의 원자가 들어 있으며 우라늄($^{235}_{92}$U) 235g 속에도 6.023×10^{23}개의 원자수가 들어 있는 것이다.

5. 동위원소(Isotope)

원소의 화학적 성질은 그 원소의 최외각에 있는 전자의 수에 의하여 결정된다. 그러나 원자의 핵적 특성은 원자핵을 구성하고 있는 중성자와 양자의 수에 의하여 결정된다. 즉, 같은 원소의 원자라 하더라도 원자핵속의 중성자의 수가 다르므로 각기 다른 무게를 가질 수 있다. 이와같이 양자의 수는 같으나 중성자의 수가 다른 원소를 동위원소(Isotopes)라고 한다.

가. 원자핵(Nucleus)
양자와 중성자로 이루어진 원자의 중심부를 말하며 원자질량의 대부분을 차지하고 있다.

나. 핵자(Nucleon)
핵을 구성하고 있는 기본 입자 즉, 양자, 중성자

다. 핵종(Nuclide)
핵의 구성입자(Z & N)에 의하여 결정되는 원자의 종류. N, O^{16}, U^{235}, U^{238}

라. 동중원소(Isobar : 동 질량원소)

질량수는 같으나 양자수가 다른 두 핵종 ^3_1H, ^3_2He

마. 동중성자원소(Isotone)

중성자수는 같으나 양자수가 다른 두 핵종 ^2_1H, ^3_2He

바. 핵이성체(Isomer)

중성자수와 양자수가 다 같은 동일한 핵종으로 방사성붕괴 방법이 다른 핵종 Tc^{99m}, Tc

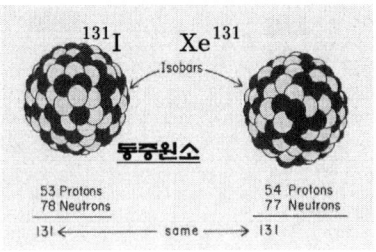

* 주어진 核의 여기상태(Excited State)가 그의 붕괴시간을 직접 관측할 수 있을 만큼 비교적 오래 존속하는 상태(10^{-8}초)를 준안정상태(Metastable State)

사. 경상핵(Mirror Nuclei)

원자번호(Z)와 중성자(N)의 값이 서로 역으로 되어 있는 한 쌍의 핵들. Z와 N가 서로 바뀐 한쌍의 핵종 즉, N_8, O_7

6. 핵력(Nuclear Force)

핵 속에는 여러 양자들에 의한 양전하들이 존재하므로 이들 사이에는 쿨롱력(Coulomb Force)에 의한 척력(Repulsion Force)이 존재한다. 그러나 핵 속에는 양자와 양자, 중성자와 중성자, 양자와 중성자 사이에는 짧은 거리에서 작용하는 핵력이라고 부르는 매우 큰 인력 때문에 쿨롱력은 핵과 같은 좁은 공간의 짧은 거리에서는 무시된다. <u>핵력 > 쿨롱력 (100배)</u>

$$F = K \cdot \frac{Q_1 Q_2}{r^2}$$

F : Force (Dyne 또는 Newton)	Q : 전하(Stat Coulomb 또는 Coulomb)
r : 전하의 거리 (cm 또는 m)	K : 비례상수 (1 또는 9×10^{10})

7. 방사능(Radioactivity)과 방사선(Radiation)

핵 속에 있는 핵자들이 그들의 에너지준위의 재배치(再配置)로 보다 더욱 안정된 핵으로 붕괴(<u>붕괴는 변화 후 없어진다는 의미가 강해 붕괴보다는 변환을 사용하는 추세</u>)되는 과정을 방사능이라고 하며 이들 불안정한 핵 속에서 방출되는 여러가지 에너지 형태 즉, 알파입자, 베타입자 그리고 감마선을 방사선이라 한다. $^{209}_{83}Bi$ 보다 원자번호가 큰 핵종은 모두 불안정한 핵종으로 방사성원소

가. 감마선 : 여기상태(Excited State)의 핵이 안정한 기저상태(Ground State)로 돌아갈때 핵속에서 방출되는 전자파를 말하며 감마를 방출할때는 질량(양자와 중성자)과 전하의 변화가 없다.

나. 알파입자 : 핵속에서 방출되는 헬륨(He)의 원자핵 $^4_2He^{++}$을 말하며 방사성원소에서 알파입자가 방출될 때에는 원자번호가 2 그리고 중성자가 2감소되므로 전체 원자질량은 4만큼 감소된다.

다. 동중원소의 변환(Isobaric Transformation)

베타입자 방출인 β^-붕괴와 β^+붕괴 그리고 전자의 K궤도에서 전자포획 현상인 K-Capture 등은 붕괴과정중 원자핵의 전하에만 관계되며 질량수에는 무관하므로 동중원소 변환(同重元素 變換) 이라고 한다.

1) 음전자(β^-) 방출
 가) 과잉 중성자를 포함한 원자핵이 (-)전자를 방출하고 안정한 상태에 도달한다. $n \rightarrow P + \beta^- + \overline{v}$
 나) 베타선은 연속스펙트럼이며 중성미자(Neutrino)가 함께 방출된다.
 다) 원자번호가 1증가하지만 질량은 불변한다.

2) 양전자(β^+) 방출
 가) 과잉 양자를 가진 핵이 $_{+1}\beta^0$을 방출하고 안정한 상태로 붕괴되는 과정을 말한다. $P \rightarrow n + \beta^+ + v$
 나) 양전자 방출은 모핵종(Parent Nuclide)과 딸핵종(Daughter Nuclide)의 에너지 차이가 1.02MeV 이상일 때 일어난다.
 다) 양전자는 전자와 다시 재결합하여 각각 0.51MeV의 소멸방사선(Annihil-ation Radiation)을 방출한다.
 라) 원자번호 1이 감소하나 질량은 변하지 않는다.

3) 궤도전자 포획(K-Capture)
 가) 과잉 양자를 가진 핵이 양자를 방출하기에는 에너지가 충분하지 못한데 K-궤도의 전자 하나를 포획하여 안정한 상태에 도달하는 붕괴방식이다.
 나) 원자번호 1감소
 다) 이때 K-궤도가 빈(Vacancy)상태가 되므로 궤도전자의 천이로 특성엑스선이 나온다.

라. 붕괴 방법(Decay Scheme)
 1) 핵의 붕괴 방법은 대부분 양자와 중성자의 비에 의존한다.
 2) 과잉 중성자는 대개 (-)전자를 방출하거나 중성자를 방출한다.
 3) 과잉 양자를 가진 중원소(重元素)는 알파방출체이다. 과잉 양자를 가진 경원소(輕元素)는 대부분 양전자 방출체이나 궤도전자를 포획함으로써 안전하게 된다.
 4) 여기상태의 핵은 감마선 혹은 내부전환(Internal Con-version) 방법으로 안정하게 된다.

8. 방사성붕괴(Radioactive Decay)

방사성 동위원소는 원자핵 내부 핵자들의 불안정한 배열 때문에 방사선을 방출하면서 안정한 핵으로 돌아가려고 한다. 이때 붕괴현상은 다음과 같이 지수법칙을 따른다.

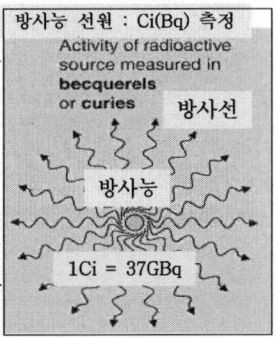

$$N = N_o \cdot e^{-\lambda \cdot t} = N_o \, e^{-\frac{0.693}{T_{1/2}} \cdot t} = N_o \left(\frac{1}{2}\right)^{\frac{t}{T_{1/2}}}$$ 여기서

N_o : t = 0인 시간에 존재하는 방사성 동위원소의 수

N : t 시간이 경과한 후에 남아 있는 방사성 동위원소의 수

λ : 붕괴상수 (총 원자수에 대한 매 초당 붕괴하는 원자수의 분율)

그리고 단위시간 동안에 붕괴하는 방사능은 $A = \lambda \cdot N = \lambda \cdot N_o \cdot e^{-\lambda \cdot t} = A_o \cdot e^{-\lambda \cdot t}$로 표시된다.

방사능의 단위

보통 단위시간에 변환(Disintegration)하는 원자의 수로 표시하고 방사능을 발견한 베크렐의 이름을 따서 베크렐을 사용하여 Bq로 표기

○ 1Bq = 1초 동안에 원자 1개가 붕괴하는 방사성물질 양(Bq = dps = tps)

○ 1Ci = 1초당 3.7×10^{10}개의 원자가 붕괴하는 방사성물질의 양

○ 1Bq = 1TPS (Transformation per Second)

초당 붕괴하는 원자의 수를 표기하므로 써 원자가 변환하는 시간적인 율을 나타내는 것처럼 보이나 사실은 원자의 붕괴율을 나타내는 단위가 아니라 방사성물질의 양을 측정하는 단위. 큐리 단위는 1g의 라듐과 평형을 이루고 있는 라돈의 양을 뜻한다. 이것은 어떤 물질에 대해서도 붕괴단위로 사용되었으며 라듐 1g이 방출하는 매 초당 붕괴수와 같은 양을 의미한다.

비방사능(Specific Activity : Ci/gr)

어떤 물질내의 방사능농도 혹은 방사성 물질의 일정 무게 속에 포함되어 있는 방사능의 양을 비방사능. 어떤 방사성 물질의 단위 무게 혹은 부피당 포함되어 있는 방사능의 양

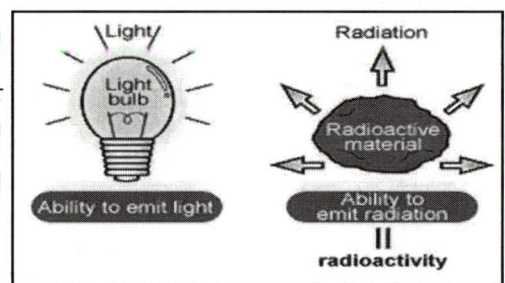

방사선과 방사능

방사능이란 방사성 동위원소의 원자가 붕괴하는 과정을 말하고 그 붕괴과정에서 부수적으로 발생되는 것이 방사선이다. 불안정한 핵종이 방사선을 방출하면서 좀더 안정된 핵종으로 변환되는 정도의 척도로써 단위시간에 붕괴하는 방사성핵종의 원자수

방사능의 기본단위는 큐리(Curie)이며 1Ci = 3.7×10^{10}dps(Bq) 이다. 또 처음에 존재하던 모핵종이 반으로 줄어드는 시간을 그 방사성 동위원소의 반감기(Half Life)라고 하며 반감기는

$T_{1/2} = \dfrac{\ln 2}{\lambda} = \dfrac{0.693}{\lambda}$ 이며, 붕괴상수는 $\lambda = \dfrac{0.693}{T_{1/2}}$로 표시된다.

그리고 이들 방사성 동위원소의 핵종이 존재할 수 있는 평균수명($\overline{T}$)은

$$\overline{T} = \frac{\int_0^\infty \lambda N(t) t dt}{N_o} = \frac{\lambda \int_0^\infty N_o t e^{-\lambda t} dt}{N_o} = \frac{1}{\lambda}$$ 평균수명 만큼의 시간이 경

과하면 방사능은 초기치의 $\frac{1}{e}$로 감소한다. 그러므로 반감기는 $T_{1/2} = 0.693\overline{T}$ 로 쓸 수 있다. 모핵종의 붕괴로 딸핵종이 생성되는데 이들 관계를 그래프로 그리면 다음 그림과 같다.

방사성 동위원소가 붕괴하여 또 다른 방사성 동위원소를 형성시켜 이 원소가 계속 붕괴를 일으키는 경우를 연쇄붕괴(Serial Transformation)라 하고 방사성 붕괴 계열중에서 모핵종의 반감기가 딸핵종의 반감기보다 길때는 시간이 어느 정도 경과하면 양쪽의 붕괴속도가 대략 일정해지고 각각의 원자수의 비도 일정해진다. 방사성 동위원소의 붕괴계열에서 모핵종의 감소와 같은 비율로 딸핵종이 감소해가는 현상으로 모핵종의 방사능과 딸핵종의 방사능의 비가 일정하게 되는 현상을 방사평형이라 한다.

모핵종의 방사능과 딸핵종의 방사능이 같아지는 경우를 영년평형. 영년평형(Secular Equilibrium)이 이루어지기 위해서는 오랜시간 방사성물질에 교란행위 즉, 붕괴생성물이 제거되지도 않고 새로운 물질이 첨가되지도 않아야 한다. 모핵종의 평균수명이 모든 딸핵종의 평균수명 보다 긴 경우에 실현되는 방사평형을 말하며 이 경우 각 핵종의 원자수(N_A, N_B ……)와 붕괴상수(λ_A, λ_B ……)와의 사이에는 $\lambda_A N_A = \lambda_B N_B = $ ……의 관계가 성립

T_{max} 이후에는 모핵종의 방사능과 딸핵종의 방사능이 같아지는 영년(속)평형이 되기 때문에 딸핵종의 방사능은 모핵종의 방사능과 같다.

딸핵종의 방사능은 어떤 최대치에 도달되어 변화되지 않은채로 남게 된다. 이것은 딸핵종 B의 생성률 A의 붕괴수나 딸핵종 B의 붕괴수가 같게 된다. A, B 의 원자수는 언제나 A의 반감기에 따라 감소한다.

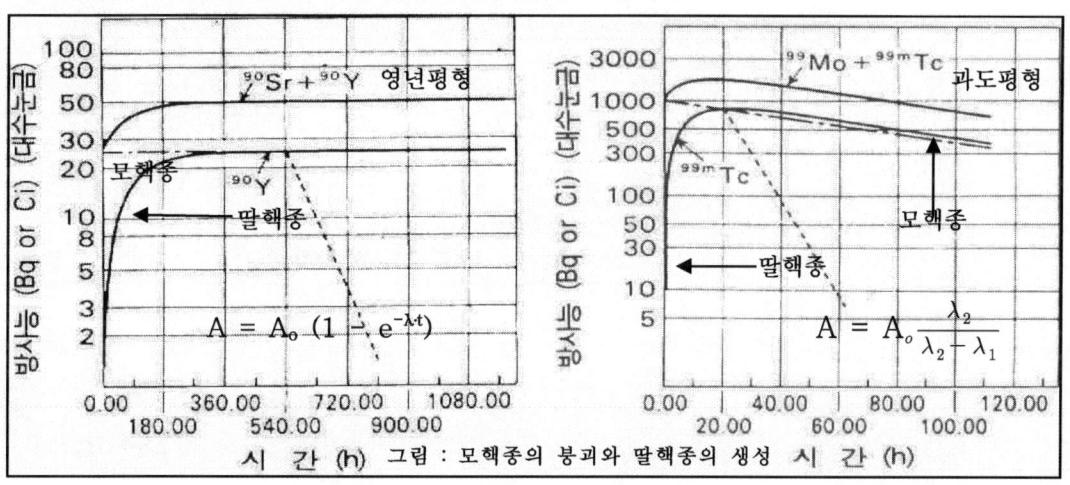

그림 : 모핵종의 붕괴와 딸핵종의 생성

9. 방사선과 물질과의 상호작용

가. 방사선의 종류
1) 하전 방사선(Charged Radiation) : β⁺, β⁻, 양자, 알파입자, 분열생성물
2) 비하전 방사선(Non-Charged Radiation) : 엑스선, 감마선, 중성자, 중성미자(ν)

나. 방사선과 물질과 상호작용
1) 음전자(β⁻ : Electron)
   가) 전자는 원자의 궤도전자와 산란(Scattering) 하므로써 에너지를 잃는다.
   나) 원자주위의 전자와 산란 및 충돌할때 궤도전자를 이온화시키거나 여기상태로 만든다. 중성자가 양자보다 안정선에 비해 과잉핵종에서 발생한다.
   다) 여기된 전자는 원래의 궤도상태로 돌아갈때 특성엑스선을 발생한다.
   라) 높은 에너지의 β⁻ 입자가 원자핵의 쿨롱장(Coulomb Field)내로 통과할때는 β⁻ 입자의 에너지손실에 의한 제동복사선을 발생한다.

2) 양전자(β⁺ : Positron)
   가) 양전자도 물질 중에서 전자를 이온화 혹은 여기시키므로써 에너지를 잃는다. 양자가 중성자보다 안정선에 비해 과잉인 핵종에서 양전자를 방출
   나) 대부분은 물질 중에서 전자와 결합하여 소멸방사선(Annihilation Radiation : 그림 참조)을 방출하므로써 없어진다.
   다) 이때 방출되는 에너지는 전자의 정지질량의 2배에 해당하는 1.02MeV의 에너지를 방출하게 된다.

3) 양자, 알파입자 및 분열단편
   가) 이들의 질량은 전자의 질량에 비하여 매우 크므로 그 진행방향은 거의 직선적이다.
   나) 대부분은 흡수물질 원자의 주위전자와 쿨롱작용에 의하여 이온화 혹은 여기시키므로써 에너지를 잃는다.
   다) 이들은 질량이 크므로 물질 중에서 베타선 혹은 감마선보다 훨씬 이온화 현상을 많이 일으킨다.

다. 비하전 방사선의 물질과 상호작용
1) 엑스선과 감마선
   엑스선은 원자주위의 궤도전자의 재배열에서 발생하며 감마선은 원자핵 속의 핵자들의 에너지 재배열에서 발생한다. 이들은 다 같이 파동의 성질과 입자의 성질을 공유하고 있다.

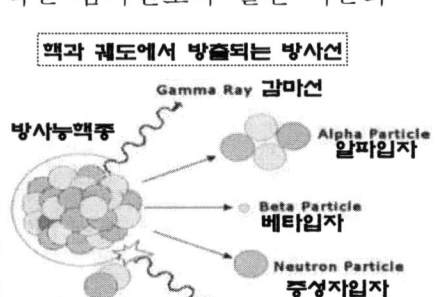

2) 감마선과 물질과의 상호작용
　가) 광전효과(Photoelectric Effect : τ)
　　　감마선이 원자의 궤도전자와 충돌할때 자신의 모든 에너지를 궤도전자에게 잃어버리는 현상을 말한다.
　나) 콤프톤 산란(Compton Scattering : σ)
　　　감마선이 궤도전자와 충돌하여 그 전자를 원자의 궤도로부터 산란시킨 후 광자(Photon) 자신은 낮은 에너지를 가지고 산란되는 현상을 말한다.
　다) 쌍전자 생성(Pair Production : κ)
　　　감마선이 원자핵내를 통과하면서 소멸되는 대신에 양전자(陽電子 : β^+)와 음전자(陰電子 : β^-)를 만들어 내는 현상을 말한다. 이러한 현상은 광자의 초기에너지가 적어도 1.02MeV 이상의 높은 상태라야 발생할 수 있다. 이 현상에서 생겨난 양전자는 순간적으로 주위전자와 재결합하여 소멸방사선을 내고 없어진다.
　라) 총 흡수계수(선형 흡수계수 : Total Absorption Coefficient)
　　　감마선이 물질속을 통과할때 일어날 수 있는 대표적인 현상은 위에서 언급한 세 가지이다. 이들 현상이 일어날 수 있는 전체 확률을 총 흡수계수라 하고 다음 식으로 표시할 수 있다.

> 총 흡수계수 $\mu(cm^{-1})$ = τ(Photoelectric Effect) + σ(Compton Scattering) + κ(Pair Production)

　　　감마선은 물질을 통과할때 세 가지 현상을 일으키면서 에너지를 잃어버리게 되는데 흡수계수의 개념으로 잃어버리는 에너지를 수식으로 표현할 수 있다. 지금 어떤 감마선의 초기 세기(Intensity)를 I_0라 했을때 이 감마선이 두께 x(cm)의 물질을 통과한 후의 세기 I는 $I = I_0 e^{-\mu x}$로 표시할 수 있다. 여기서 μ는 선형흡수계수(Linear Absorption Coefficient : cm^{-1})이다.

3) 중성자와 물질과의 상호작용
　가) 개 요
　　　중성자는 핵 속에서는 긴 수명을 가지나 단독으로 불안정하기 때문에 반감기 10분으로 베타선을 방출해서 양자로 되나 중성자는 그 에너지에 따라 속중성자, 열외중성자, 열중성자로 분류된다. 중성자는 비하전 입자이기 때문에 그 자체는 물질을 여기 또는 이온화시킬 수 없고 다음과 같은 과정을 통해서 하전입자를 튕겨내거나 여기시킨다. $n \rightarrow P + \beta^- + \overline{v}$

나) 산란반응
 ○ 탄성산란 : 표적핵에 중성자가 입사되어 복합핵을 이룬 후 다시 원래의 표적핵과 중성자로 분리되는 반응으로 운동에너지와 운동량이 보존되고 표적원소가 경원소일때 발생한다.
 ○ 비탄성 산란 : 운동량만 보존되는데 입사한 중성자가 표적핵에 흡수되어 복합핵을 형성했다가 입사 중성자보다 낮은 에너지준위의 중성자를 다시 임의의 방향으로 방출한다.
다) 흡수반응
 ○ 포획반응 : 중성자가 표적핵에 흡수되어 감마선을 방출하는 반응
 ○ 변환 : 표적핵이 중성자에 의해서 변화되는 반응으로 양자나 알파입자를 방출하고 새로운 다른 핵종으로 만들어지는 반응으로 반응하는 중성자는 속중성자(1MeV 이상)이다.
    $^{3}_{2}He + ^{1}_{0}n \rightarrow ^{3}_{1}H + ^{1}_{1}P$ $^{10}_{5}B + ^{1}_{0}n \rightarrow ^{7}_{3}Li + ^{4}_{2}He$
 ○ 분열 : 무거운 핵종이 나누어지는 반응
    $^{235}_{92}U + ^{1}_{0}n \rightarrow Sr^{95} + Xe^{138} + 2 ^{1}_{0}n$

라. 단면적(Cross Section)
 1) 개 요
    중성자가 표적핵(Target Nucleus)과 핵반응을 일으킬 수 있는 확률을 단면적이라고 정의하며 미시적 단면적(Microscopic Cross Section : 1barn = $10^{-24} cm^2$)과 거시적 단면적(Macroscopic Cross Section)으로 구분한다.
 2) 미시적 단면적(σ) : 중성자가 원자 한 개와 반응을 일으킬 수 있는 확률을 말하며 σ로 표시하고 단위는 cm^2 또는 barn으로 나타낸다.
 3) 거시적 단면적(Σ)
    중성자가 단위 체적 속에 들어 있는 원자전체와 반응을 일으킬 수 있는 확률을 말하며 Σ로 표시하고 cm^{-1}로 나타낸다.
    $\Sigma = N \cdot \sigma$ N : 원자의 수(밀도)
    $\boxed{N = \frac{\rho \times AvNo}{A}}$ $\Sigma = N(\frac{Nclei}{cm^3}) \times \sigma(\frac{cm^2}{Ncleus}) = N\sigma(cm^{-1})$
 4) 총 단면적(Total Cross Section)
    $\Sigma_T = \Sigma_a + \Sigma_s$ 또는 $\sigma_T = \sigma_a + \sigma_s$
    σ_a : 흡수단면적 σ_s : 산란단면적
 5) 혼합물에서는 $\Sigma = \Sigma_1 + \Sigma_2 \cdots$로 쓸 수 있다. 여기서 Σ_1, Σ_2는 각각 혼합물에서의 단면적을 말한다.
 6) 중성자 흡수단면적은 열중성자 영역에서 일반적으로 속도에 반비례한다.
    즉, $\sigma \simeq \frac{1}{\sqrt{E}} \simeq \frac{1}{V}$로 된다. $\boxed{\frac{\sigma}{\sigma_o} = \frac{V_o}{V} = \sqrt{\frac{E_o}{E}}}$: 브라이트-위그너 식

마. 방사선의 성질

입자	상대질량 amu	전하	대표에너지(MeV)	비 정(Range) 공기(cm)	비 정(Range) 물(cm)	비 고
분열단편	95	≃ +20	≃ 97	2.7	0.0015	경원소
	139	≃ +22	≃ 65	2.1		중원소
알파입자	4	+ 2e	1	0.56	0.00076	
			5	3.5	0.0048	
양 자	1	+ 1e	1	2.2	0.003	
중양자	2	+ 1e	1	1.9	0.002	
속중성자	1	0	14	2000	10.3	λT 총 평균 자유행정
			1	10000	2.3	
열중성자	1	0	0.025	2000	0.3	λT 총 평균 자유행정
전 자 β^-, β^+	0.00055	±1	1	330	0.4	
			0.1			
감 마	0	0	1	1290	1.41	선형흡수계수
			0.1	525	0.59	

바. 방사선피폭의 영향

1) 결정적영향

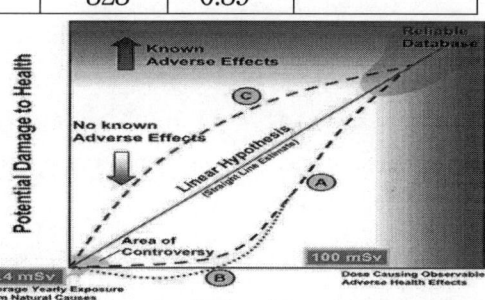

 가) 발단선량이 존재

 나) 심각도가 선량에 비례

 다) 백내장 경우만 지발성이고 급성

 라) 원인(피폭)과 결과(영향)의 인과 관계가 분명

 마) 저선량 피폭에서는 발생하지 않아 근본적 방지 가능

 바) 증상의 고유한 특성이 있어 타 원인에 의한 증상과 구분이 된다.

2) 확률적영향(그림 참조)

 가) 발단선량이 없다.

 나) 인과관계가 확률적이어서 불분명

○ A : 선형발단지 모델
○ B : 호메시스 모델 (적용반응)
○ C : 초선형모델 (게놈 불안정성, 구경꾼효과)
○ 100mSv : 방사선영향을 과학적으로 확인가능한 수단

 다) 잠복기가 백혈병은 2년 이상, 일반 암은 10년 이상으로 지발성이다.

 라) 타 원인에 의한 영향과 구분이 안된다.

 마) 저선량에서도 해당하는 위험도가 존재하므로 최소화 목표

 바) 심각도는 영향 자체에 의해 결정되므로 선량과는 무관

3) 만발(지발)장해

가) 특 징
  ○ 피폭에서 부터 증상 발현까지의 기간이 길다.
  ○ 방사선의 특이성이 없다.
  ○ 저선량(율)의 장기간 피폭때 발생할 수 있다.
나) 장해의 종류
   백혈병, 악성종양, 백내장, 수명단축, 배(胚) 및 태아 이상

방사선피폭의 영향 분류

영향(증상)		증 상	영향(방호)
신체적 영향	급 성	피부의 홍반(紅斑) 탈 모(脫毛) 백혈구 감소 불임(不姙)	결정적 영향
	만 성	백내장(白內障) 태아의 영향	
유 전 적 영 향		백혈병, 암 대사이상(代謝異常) 연골이상(軟骨異常)	확률적 영향

참 고
적은 양의 방사선 피폭효과로 큰 장해가 발현되는 이유 :
방사선 초기장해가 DNA의 손상인데 그 DNA는 세포내에 소수만 존재 즉, 세포당 DNA 존재량은 극히 작은데 DNA에서 RNA가 전사되고 그 RNA의 정보를 받아 단백질이 생기기 때문

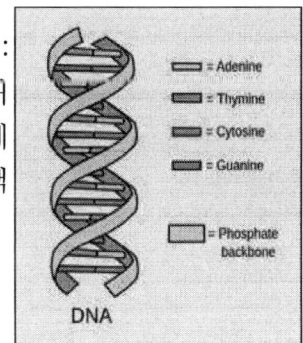

10. 방사선의 검출 및 측정

가. 개 요

　하전방사선의 검출은 이들이 직접 이온화현상을 일으키므로 이온화 정도를 측정하므로써 방사선의 양을 알 수 있다. 중성자와 같은 비하전 방사선은 $^{10}_{5}B(n, α)^{7}_{3}Li$ 반응과 같이 중성자반응에 의하여 이온화현상을 일으킬 수 있는 하전방사선(여기서는 알파선)을 얻어 그것에 의한 이온화 정도를 측정하므로써 간접적으로 검출할 수 있다. 방사선 그 자체의 상태, 방사선원의 상태, 방사선이 주는 효과 등을 파악하는 방법을 말하며 방사선 계측에 사용되는 장치는 방사선이 갖는 정보를 전기신호 등으로 변환시키는 검출기(Detector)와 검출기로 부터 신호를 전기적으로 처리한 후 표시, 기록하는 전자회로계(Electronics Circuit)로 구성되는 것이 일반적이다.

> 방사선 계측
> ○ 방사선의 존재 유무를 확인
> ○ 방사선과 물질의 상호작용에 대한 상황, 정도를 파악
> ○ 방사선의 종류, 방사능 강도(세기), 에너지 분포, 선량 등을 파악
>
> 방사선 계측기
> 방사선 검출기(Detector)와 측정장치로 구성되는데 검출기는 방사선을 받아서 상호작용을 통해 신호를 발생하고 측정장치는 그 신호를 사람이 감지하기 쉬운 형태(아날로그 또는 디지털)로 변환

나. 방사선 검출기의 출력(Output)
 1) 펄스 출력형(Pulse Output Type)
  검출기의 출력신호가 펄스형태로서 검출기에 들어오는 방사선세기를 나타낸다. 펄스의 크기는 밀리볼트(mV), 또는 밀리초(mS)로 나타낸다. 이와같은 검출기는 흔히 방사능의 세기가 약한 선원(Source)를 측정할때 이용한다.
 2) Mean Level Type
  검출기의 출력신호가 전류 또는 전압출력 형이며 방사능세기가 강한 선원에서 흔히 사용된다.
 3) Time Integrated Output Type
  어느 일정한 시간동안에 측정된 모든 방사선량을 알 수 있으며 Pocket Dosimeter, Wire Foil, Bead, Photographic Detector 등이 여기에 속한다.

다. 검출원리에 따른 분류
 1) 기체의 전리작용 : 기체봉입형 계측기(전리함, 비례계수기, GM계수기)
 2) 고체의 전리작용 : 반도체 검출기(GeLi, SiLi, HPGe, HgI_2, GaAs, CdTe)
 3) 물질의 여기작용 : 섬광계수기(무기 섬광계수기, 유기 섬광계수기)
 4) 고체의 열형광작용 : 열형광 선량계, 형광 유리선량계, 광자극 발광선량계
 5) 물질의 화학작용 : 필름배지, 화학선량계[프리케(철)선량계, 세륨선량계]

라. 방사선 계측기의 종류와 검출원리
 1) 기체충진형(Gas Filled Detector)
  가) 검출 원리
   방사선이 검출기내 기체속을 통과할때 생성되는 양이온, 자유전자의 이온쌍이 검출기 내부에 형성된 정전장에 의해 각각의 해당 전극으로 수집되면서 전기적 펄스신호를 발생시킨다. 중심선에 (+)전압을, 원통벽에 (-)전압을 걸면 양이온(10^3cm/sec)은 원통벽으로 자유전자는 중심선으로 이끌려 가는데 보통 자유전자의 이동속도는 10^6cm/sec로 인해 중심선에는 Q = n·e의 전하가 쌓이게 되어 전압 V는 Q/C 만큼 변하며 R에 있어서

전압강하(Voltage Drop)의 변화는 전기적 펄스신호를 발생시킨다. 이때 두 전극에 집적되는 전하량은 걸어준 전압에 의존한다.
나) 출력펄스의 크기에 영향을 미치는 인자
  ○ 검출기의 크기   ○ 봉입기체의 밀도
  ○ 기체의 종류   ○ 방사선의 종류
  ○ 방사선의 양   ○ 방사선의 에너지
  ○ 인가 전압
다) 검출기에 들어간 방사선은 검출기에 들어 있는 전리기체(電離氣體)를 이온화시키거나 여기시키므로서 양이온과 음이온을 만든다. 이때 검출기의 전장(電場)에 의하여 하전입자는 각각 반대 극으로 끌리게 된다.

전장의 세기 : $E = \dfrac{V}{d}$

라) 검출기의 출력전압(V)은

$V = \dfrac{Q}{C} = \dfrac{Ne}{C} \quad Q = N \cdot e$

e = 이온이 갖는 전하(1.6×10^{-19} Coulomb)   N : 이온쌍의 수
C = 검출기 극판간의 Capacitance (Farad)   Q : 전기량으로 Coulomb

마) 각 이온들은 서로 반대 극으로 전장에 의하여 급속히 가속되는데 이때 가속되는 정도에 따라서 2차 전자가 발생하여 이온증폭 현상이 일어나게 된다.

2) 기체봉입형 검출기의 특성
 가) 전리함(Ion Chamber)

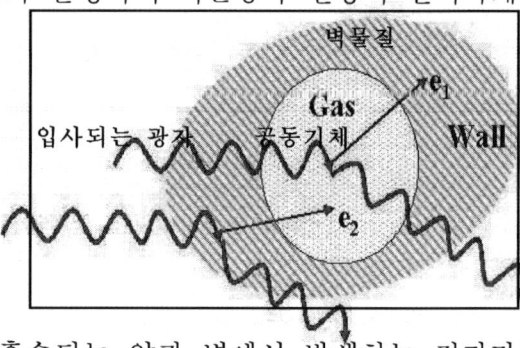

  ○ 벽 물질
    - 공기 등가물질 : 조사선량 측정
    - 조직 등가물질 : 흡수선량 측정
  ○ 조 건 : 전자평형
    공동에서 발생한 전자가 벽에서 흡수되는 양과 벽에서 발생하는 전자가 공동내로 이동에 들어오는 양이 평형을 이루는 상태
 나) 비례계수기
  ○ 기체 증배율(M) : 기체의 종류, 인가전압, 계수기의 구조에 의존
  ○ 소멸기체 : 전자사태 과정에서 여기 된 원자가 방출하는 자외선에 의한 새로운 전자사태를 방지하기 위함 (P-10 기체 : 90% Ar + 10% CH_4)
  ○ 에너지 선별력
    방사선 에너지 ∝ 초기에 형성된 이온쌍의 수 ∝ 출력펄스
  ○ 알파, 베타 동시 측정
 다) GM계수기

기체증폭이 검출기내 모든 영역에서 발생, 방사선의 종류나 에너지에 관계없이 동일한 출력펄스
- ○ 단창형 GM(End-window GM) : 원통형 GM관의 한끝이 얇은 막 (알파, 베타 측정)
- ○ 보상형 GM : 검출기의 외벽을 납, 주석 등으로 적절히 차폐하여 100KeV 에서 수 MeV 까지의 영역에서 감응도를 일정하게 하여 선량값을 근사적으로 얻을 수 있는 GM
  - 계수용기체 : 전자와의 친화성이 작은 기체(불활성기체 : Ar, He 등)
  - 소멸기체 : 에칠알코올, 메탄
- ○ GM계수기의 장·단점
  - 펄스가 크다. (주변장치가 필요 없다.)   - 플라토우 구간이 길다.
  - 장비가 간단하다.   - 동작이 쉽다.
  - 가격이 저렴하다.
  - 불감시간이 길다. (GM계수기에서 전자사태가 발생하면 양극의 전위가 매우 떨어져 검출기의 기능을 발휘하지 못하는 시간)
  - 에너지와 방사선에 대한 초기 정보 상실
  - 에너지 분해능이 없다.
- ○ 소멸기체 : 불필요한 연쇄반응을 제어
  - 양이온에 의한 자외선 방출을 방지 (기능)
  - 양이온에 의한 자외선 흡수, 주 기체 보다 이온화 에너지가 작을 것.
  - 자외선을 방출하지 않고 분해될 것.
* GM 소멸기체 : 양이온이 음극 벽에 충돌하여 전리를 일으키는 것을 방지

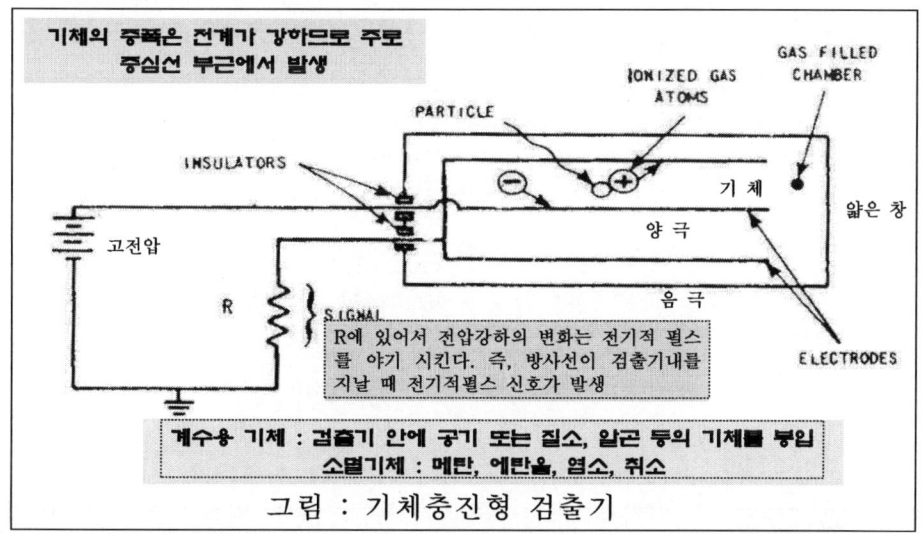

그림 : 기체충진형 검출기

2) 기체충진형 검출기의 특성곡선
　가) 개 요
　　　기체충진형 검출기의 특성곡선은 인가된 전압(Applied Voltage)에 따라서 그림과 같은 모양으로 나타난다.

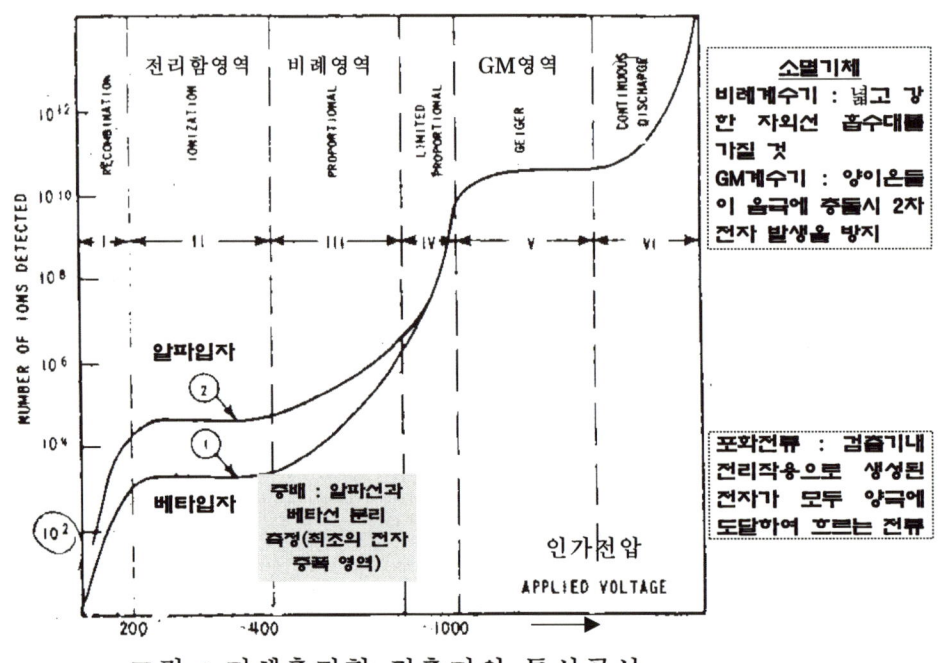

그림 : 기체충진형 검출기의 특성곡선

　나) 재결합영역(Recombination Region)
　　　이 구간에서는 인가된 전압이 낮기 때문에 방사선에 의하여 생긴 이온쌍의 일부는 극판간의 전장(電場)에 의하여 집적(集積)되지만 나머지 일부는 양이온과 음이온이 재결합을 하므로써 이온화되지 않은 상태 다시 말해서 전기적으로 중성의 원자가 된다.
　다) 전리함영역(Ionization Chamber Region)
　　　이 구간에서는 극판간의 인가전압이 상당히 크므로 방사선에 의하여 만들어진 이온쌍들은 모두 집적될 수 있다. 이온의 집적율은 그 이온의 생성율과 동일하므로 일정한 전류의 흐름이 형성된다. 따라서 이 구간에서 생기는 전류의 흐름은 이온화시키는 방사선의 흐름을 그대로 나타내는 것이 된다. 이 구간에서 사용되는 검출기는 중성자 측정에 쓰이는 보상형 전리함, 비보상형 전리함 및 Cutie Pie 전리함 등이 있다.
　라) 비례영역(Proportional Region)
　　　인가전압이 계속하여 상승하면 전장에 의하여 이동되던 각 이온들은 더욱 증가된 가속도에 의하여 2차 전리현상을 만들게 된다. 즉, 방사선에 의하여 일차 전리현상으로 궤도전자의 재배치 때문에 상당한 광자(Photon)가 발생하며 이들은 광전효과에 의하여 2차 전리현상을 일으킬 만큼 충분한 에너지를 갖고 있다. 이와같이 2차 전리현상을 만드는 과정을 기체증폭(Gas Multiplication)이라고 한다. 이 구간 내에서는 집적된 총 하전량(荷電量)은 1차 전리현상에 비례한다. 이 영역에서 사용되는 검출기는 BF_3 계수기이다.

마) GM영역(Geiger-Muller Region)

GM검출기 구간은 인가전압이 매우 크므로 높은 전장의 세기에 의하여 1개의 이온쌍(Ion Pair)에 의하여서도 검출기내의 모든 전리 기체가 완전히 전리될 수 있다. 전자가 가속되는 동안 2차 전리현상에 의한 광자들은 전자사태(Townsend Avalanche : 전자증배)라는 현상을 일으키게 된다.

이러한 전자사태는 연속적인 방전효과와 같은 작용을 하므로 이것을 막기 위해서 GM검출기는 전리기체 이외에 2차 전리현상이 일어날때 발생하는 광자를 흡수할 수 있는 소멸기체(Quenching Gas)도 같이 들어 있으며 이들 소멸기체에는 에칠 알코올 또는 에칠 아세테이트 같은 유기물들이다.

감마선과 베타선 측정을 위한 GM검출기가 이 영역에서 사용된다.

바) 연속방전영역(Continuous Discharge Region)

이 구간에서는 전장의 세기가 너무 크므로 방사선에 의한 전리현상이 없어도 연속적으로 방전현상이 일어나므로 검출기의 인가전압으로 사용되지 못한다.

3) 섬광계수기(Scintillation Counter)

가) 개 요

방사선이 입사되면 발광하는 섬광체(Scintillator : 흡수된 방사선에너지의 일부를 가시광선으로 변환하여 방출하는 성질을 가진 물질)와 이 발광을 전기신호로 변환시킴과 동시에 이것을 증배하는 광전자 증배관(PMT)으로 구성된다. 광자가 검출기내 섬광물질과 상호작용하여 생성된 광자가 음극에 유도되어 광전자를 발생한다. 이 광전자가 증배관의 전극판(Dynode : 보통 10단)을 거치면서 약 10^6배로 증배되어 최종적으로 양극에 수집됨으로써 전하펄스가 형성된다.

○ 섬광체내에서 감마선은 전자를 전리 또는 여기시킨다.
○ 발광과정(Luminescence Process)을 거친 빛은 Photo Cathode에 도달하여 광전자를 만든다.
○ 이들 광전자는 광전증배관 속의 전극판(Dynode)를 향하여 이끌려 가면서 전자증폭현상을 일으킨다.
○ 전극판의 Last Stage에서 전류형 또는 펄스형 출력을 얻을 수 있다.

나) 섬광물질
  ○ 무기 섬광물질 : 효율이 우수 NaI(Tl), CsI(Tl), LiI(Eu), ZnS(Ag), BGO
  ○ 유기 섬광물질
    - 안트라센, 스틸벤 : 베타선 측정
    - 플라스틱 : 알파선, 베타선 및 중성자 측정
    - 액체 섬광물질 : 낮은 에너지의 베타방출체 및 알파선 측정

  ※ BGO는 광수율이 NaI의 20%내로 에너지분해능이 나쁨
  ※ 원자번호가 높고 밀도가 크므로 검출효율이 우수

다) 섬광계수기 특징
  ○ 방사선과 상호작용하는 형광체가 고체 또는 액체의 형태로서 대부분 임의로 선택할 수 있기 때문에 각 방사선에 적절한 계수기를 만들 수 있다.
  ○ 감마선과 중성자에 대해서 감도가 매우 높다.
  ○ 시간 분해성이 양호(응답시간이 10ns로 빠름)하다.
  ○ 출력 펄스신호의 크기를 분석함으로써 에너지 분석이 가능하다.

4) 반도체 검출기(Semi Conductor Detector)
 가) 개 요
    Ge, Si와 같은 반도체 내를 하전입자 및 광자가 통과할때 전자와 정공(Hole)의 쌍을 생성한다. 이 전자는 고체결정에 구속되어 있었던 것이 방사선에 의하여 여기되어 결정 속을 이동할 수 있게 된 것으로 동시에 결정내에 정공을 남긴다. 이 전자·정공의 쌍을 전극에 모아서 측정하므로 고체 전리함이라 한다.

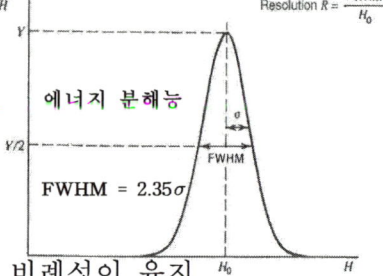

 나) 반도체 검출기 특성
  ○ 소형으로 제작할 수 있고 취급이 간편하다.
  ○ 출력펄스의 상승시간이 빠르다.
  ○ 에너지 분해능이 우수하다.
  ○ 비교적 조작전압이 낮다.
  ○ 많은 에너지 범위에 걸쳐서 에너지-펄스의 비례성이 유지
 다) 에너지 분해능(Resolution Power) : 비슷한 에너지 사이를 분별해낼 수 있는 능력으로 R이 크면 분해능이 나쁘고 작으면 분해능이 우수
  ○ 반치폭(Full Width Half Maximum) : 피크 값이 $\frac{1}{2}$에서 펄스커브의 폭
  ○ 분해능(R) = $\frac{FWHM}{E_o}$ = $\frac{2.35\sigma}{E_o}$ ○ % 분해능 = $\frac{FWHM}{E_o} \times 100\%$

5) 중성자 검출기(Neutron Detectors)
 가) 개 요
    중성자는 전하(電荷)를 갖지 않는 중성이므로 다른 물질과 반응할때 직접적으로 전리 또는 여기시키지 못하므로 하전입자(荷電粒子)보다 검출하기 매우 어렵다. 그러므로 중성자 검출을 위해서는 간접적으로 측정한다.

나) BF$_3$ 비례계수기(Pulse Output)
  ○ BF$_3$ 기체충전 계수기로서 중성자 준위가 낮은 원자로의 선원영역(Source Range) 같은 범위에서 이용한다.
  ○ 고전압(High Voltage) 범위는 영역(Ⅲ) 비례계수관 구간이다.
  ○ 중성자속 측정범위는 10^{-1}n/cm^2·s에서 10^5n/cm^2·s이며 감도는 대개 10 cps/nV 이다.
  ○ 감마선에 의한 펄스는 중성자에 의한 펄스의 크기에 비해서 아주 작으므로 Discriminator에 의하여 제거할 수 있다.
  ○ BF$_3$ 검출기는 중성자 뿐만아니라 감마선도 검출할 수 있다.
  ○ BF$_3$는 중성자속 준위가 높은 곳에서는 분해되기 쉽고 습기에 유의하여야 한다.
   $3H_2O + 3BF_3 \rightarrow B_2O_3 + 6HF$
   $4HF + SiO_2 \rightarrow SiF_4 + 2H_2O$
   즉, HF는 Glass를 손상시키기 쉬운 화합물이다.
다) 비보상형 전리함(Current Output)
  ○ 원통형 함(Chamber)의 내부 벽에 B^{10}(약 96%의 B^{10})으로 코팅을 한다.
  ○ 검출할 수 있는 중성자의 범위는 대개 2.5×10^3nV에서 2.5×10^{10}nV 이다.
  ○ 붕소코팅의 두께는 약 10^{-4}인치 정도여야 하며 이보다 더 두꺼우면 (n, α) 반응을 일으킨 알파입자의 비정이 짧으므로 붕소코팅을 뚫고 나가기 힘든다.
  ○ 중성자 감도는 4.4×10^{-14}Amp/nV, 감마선 감도는 5×10^{-11}Amp/nV 이다.
  ○ 중성자와 감마선을 다 같이 검출할 수 있지만 감마선의 감도가 중성자의 감도에 비하여 매우 적으므로 감마선에 의한 전류(Current)는 무시될 수 있다.
  ○ 원자로의 출력영역에서는 중성자속이 감마선에 의한 전류(Current)를 훨씬 능가하므로 감마선에 의한 전류는 별로 문제되지 않는다. 중성자속이 감마선에 비해 매우 큰 출력영역 범위에서 사용된다.
  ○ 전리기체로서는 질소와 알곤(Ar)의 혼합물이다.
라) 보상형 전리함(Current Output)
  ○ 이 검출기는 두 개의 Chamber로 되어 있으며 한 Chamber는 중성자와 감마선에 다 같이 민감(Sensitive)하게 붕소코팅이 되어 있고 다른 Chamber는 감마선에만 민감하도록 붕소코팅이 없는 다만 전리기체만 차 있다.
  ○ 인가전압의 범위는 전리함 구간이다.
  ○ 붕소 Lined Chamber에서 만들어지는 전류 $I_n + I_\gamma$
  ○ 감마 Sensitive Chamber에서 만들어지는 전류는 I_γ 그러므로 총 전류 $I_n = (I_n + I_\gamma) - I_\gamma$

○ Current meter에 얻어진 전류는 중성자 만에 의한 전류이다.
○ 이와 같은 검출기는 중성자속(φ)이 감마선에 비해서 그렇게 높지 않은 원자로 출력의 중간영역(Intermediate Range)에서 사용된다.

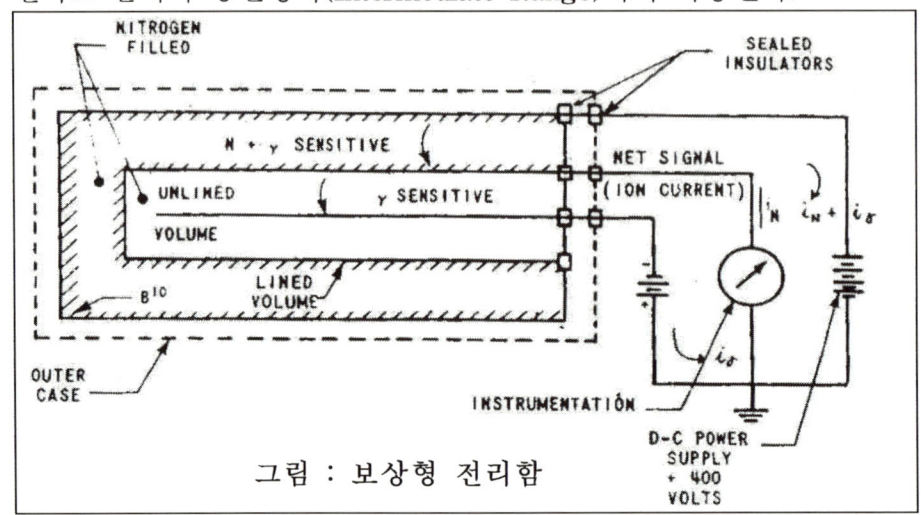

그림 : 보상형 전리함

마) Fission Chamber(Current Output)

○ 분열함은 붕소코팅 대신에 핵분열물질(Fissile Material U^{235})로 코팅되어 있다.

○ 감마선도 같이 검출될 수 있지만 분열단편(Fission Fragment)의 전하와 에너지가 매우 크므로 감마선에 의한 전류는 무시된다. (그림 : 핵분열함)

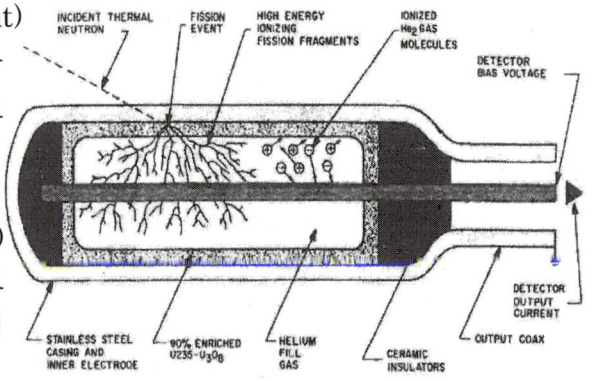

○ 인가전압은 전리함 구간이며 이 검출기는 원자로의 중성자 검출기 (노내계측기 : WH형, 노외계측기 : CE형)로서 사용된다.

○ 핵분열물질의 종류에 따라서 속중성자 또는 열중성자를 측정할 수 있다.

11. 중성자 물리(Neutron Physics)

가. 중성자의 분류

중성자는 에너지에 따라 속중성자(Fast Neutron)와 열중성자(Thermal Neutron)로 분류한다.

1) 속중성자(10^5eV 이상의 에너지)

핵분열과정에서 나타나는 중성자로서 그들의 평균 에너지는 약 2MeV인데 이들의 에너지에 따른 분포는 그림과 같으며 이를 수학적으로 표현하면 다음과 같다.

$$S(E) = A\sqrt{E}\, e^{-BE}$$

단, E : 에너지(MeV)

B = 0.775MeV^{-1}

$$A = \frac{2}{\sqrt{\pi}} \cdot B^{\frac{3}{2}} = 0.77$$

즉발중성자 평균에너지 2MeV

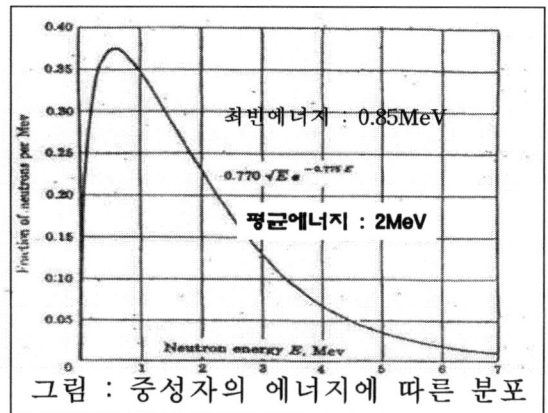

그림 : 중성자의 에너지에 따른 분포

2) 열중성자(느린중성자 : 1eV 이하의 에너지)

속중성자가 물질과 충돌하므로써 에너지의 대부분을 잃고 주위의 매질(媒質 : 감속재)과 열적으로 평형상태(Thermal Equilibrium)에 있는 중성자들을 말하는데 이때의 에너지는 약 0.025eV 정도이고 속도는 약 2,200m/sec 이다. 또한 중성자가 핵분열과정에서 나타나는 <u>시간에 따라서 분류하면 즉발중성자(Prompt Neutron)와 지발중성자(Delayed Neutron)로 구별</u>한다.

즉발중성자는 핵분열이 일어난후 약 10^{-14}sec 이내에 나타나는 중성자들이며 이들은 대개 1MeV 이상의 에너지를 가졌고 지발중성자는 분열이 일어난후 약 10^{-14}초 이후부터 약 1분간에 걸쳐서 나타나는 중성자들로 이들의 에너지는 약 0.5MeV 이하를 가졌다.

나. 중성자속(Neutron Flux)

원자로 노심내의 중성자 밀도를 N(n/㎤), 속도를 V(cm/sec)라 할때 중성자속 φ는 φ = N(n/㎤)×V(cm/sec) = N·V(n/㎤·sec)로 정의한다.

> 중성자 빔(Beam) 강도는 중성자들이 모두 동일한 방향으로 이동하고 있을때 사용하고 중성자속은 중성자의 이동 방향에 관계없이 사용

다. 원자로 내에서 중성자속 분포

원자로 내에서 중성자속 분포는 원자로의 모양과 크기에 따라서 다르다. 즉, 공기중에 있는 기체밀도의 분포는 대개 균일하지만 원자로 속에서의 중심부로 갈수록 밀도가 높아진다. 이와같이 중성자속의 분포가 다른 것을 수식으로 표현할 수가 있다.

구형(球型) 원자로의 경우는 그림에서 보는바와 같이 중성자속 분포는 φ(r) = $\phi_0 \cos\frac{\pi r}{2R}$이며 원통형(圓筒形)의 원자로 경우는 그림에서 보는바와 같이 중성자속의 분포는 φ = $\phi_0 \cos(\frac{\pi Z}{H}) J_0(\frac{2.405}{R}r)$로 표시한다. 즉, 중성자속에 구성요소는 Z축과 R축의 합성으로 나타난다.

전체 중성자속 분포는 $\phi = \phi_0 \cos(\frac{\pi Z}{H}) J_0 (\frac{2.405}{R}r)$

중성자 밀도가 시간에 따라 변하지 않는 안정된 상태에 있다고 가정을 하고 R = 0인 중심부를 따라 계측기를 맨 꼭대기부터 바닥까지 이동시키며 중성자속을 측정하여 높이에 따른 중성자속를 그래프로 그리면 그림과 같이 된다.

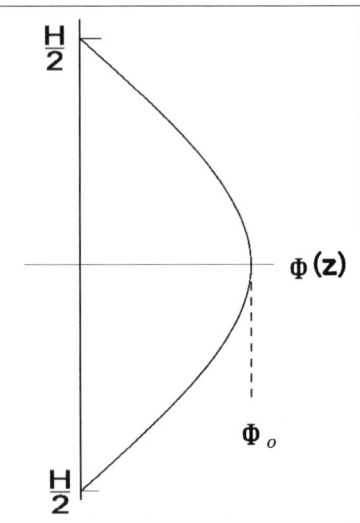

$$\phi(z) = \phi_0 \cos(\frac{\pi Z}{H}) \quad \cdots\cdots(1)$$

$\phi(z)$: Z 높이에서의 중성자속
ϕ_0 : 중심점에서의 중성자속
H : 노심 높이
Z : 현재 계측기의 높이

그림 : 원통형 원자로의 축방향 중성자속 분포

같은 방법으로 Z = 0인 높이에서 계측기 중심점을 향하여 이동시키면서 중성자속을 측정하면 그림과 같이 된다.

$$\phi(r) = \phi_0 J_0 (\frac{2.405}{R}r) \quad \cdots\cdots(2$$

식 1)과 식 2)를 결합시키면 원자로내의 모든 곳에서의 중성자속을 계산할 수 있다. $\phi(Z, r) = \phi_0 \cos(\frac{\pi Z}{H}) J_0 (\frac{2.405}{R}r)$

곡선들과 방정식을 이용하면 원자로내의 모든 곳에서의 중성자속을 알아낼 수 있다. 그러나 실제 원자로의 중성자 밀도와 중성자속은 그림의 곡선들과는 약간 다르게 나타나는데 가장자리에서는 (Z = $\frac{H}{2}$, r = R) 중성자 누설 때문에 약간 작아지고 중성부에서는 (Z = 0, r = 0) 약간 커지는 모양을 보여준다.

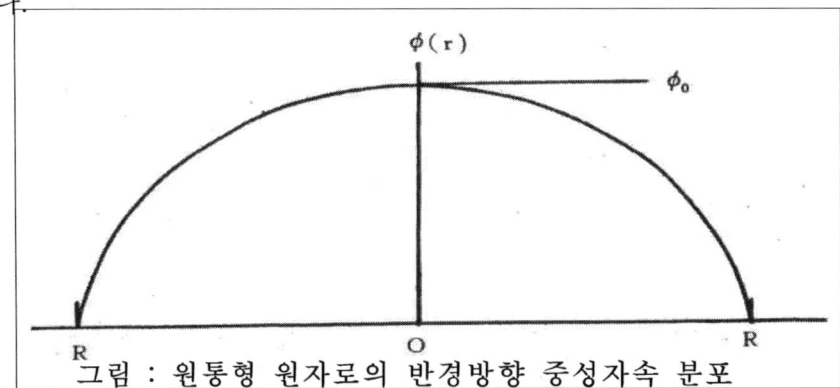

그림 : 원통형 원자로의 반경방향 중성자속 분포

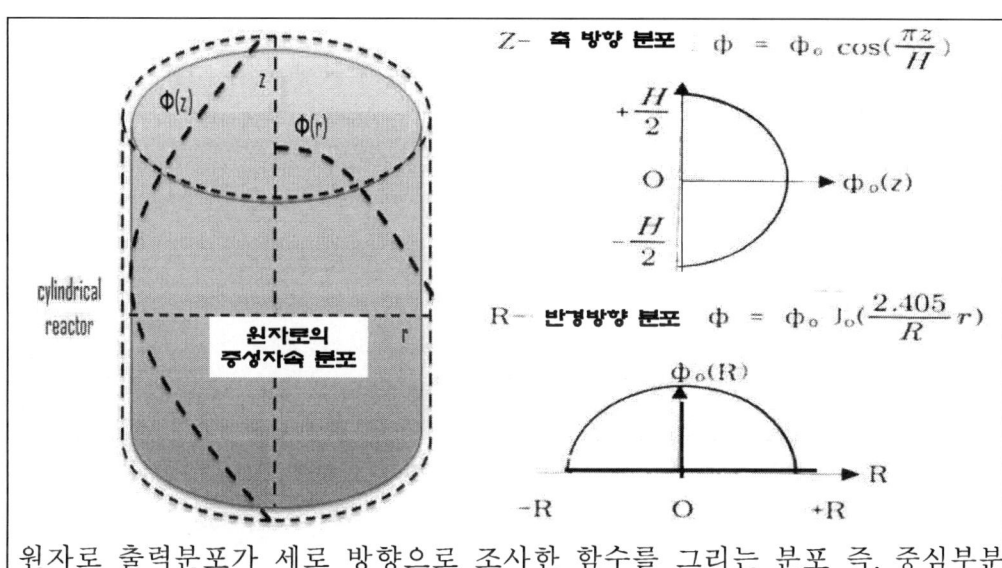

원자로 출력분포가 세로 방향으로 조사한 함수를 그리는 분포 즉, 중심부분 출력이 가장 크다.

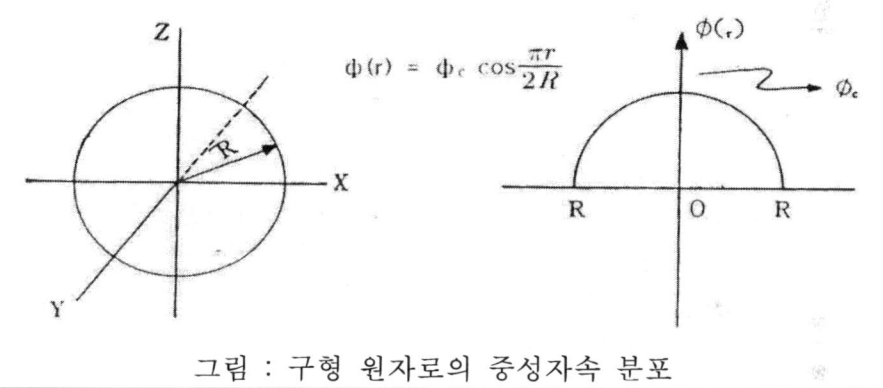

그림 : 구형 원자로의 중성자속 분포

방사화 생성물은 처음 원자로내에서 급격히 생성되나 더욱 많이 생성되어 그 방사능(붕괴율)이 증가하면 생성율과 붕괴율이 같아져 결국 방사화 생성물은 평형에 도달한다. Co^{60}의 경우 생성율은 Co^{59}의 흡수율이 되며 소멸율은 Co^{60}의 방사능과 같다. Co^{60}의 평형상태는 다음과 같이 나타낼 수 있다.

$$\Sigma_a \Phi \ (R_a^{Co^{59}}) = A^{Co^{60}} \qquad \sigma_a^{Co^{59}} \times N^{Co^{59}} \times \Phi = \lambda^{Co^{60}} \times N^{Co^{60}}$$

$$N^{Co^{60}} = \frac{\sigma_a^{Co^{59}} \times N^{Co^{59}}}{\lambda^{Co^{60}}} \cdot \Phi$$

라. 중성자의 감속과 확산(Slowing down & Diffusion)

　속중성자들이 매질중에서 충돌하므로서 에너지의 대부분을 잃어가는 현상을 중성자 감속(Slowing down)이라고 하며 이와같이 감속하는 동안 중성자는 물질중에 흡수되어 그 원자를 방사성 동위원소로 만들기도 하고 혹은 핵분열물질에 흡수되어 핵반응을 일으키거나 또는 원자로 밖으로 누설되기도 한다. 중성자가 분열을 일으킨 지점으로 부터 열중성자화 된 지점까지의 거리를 감속거리(Slowing down Distance)라고 한다.

또 중성자가 열중성자화(Thermalization)되면 공기중에서 향수가 확산되듯이 원자로내의 매질속으로 확산되며 이때 부터는 주위매질과 열중성자가 완전히 열적으로 평형상태(Thermal Equilibrium)에 있기 때문에 서로 에너지를 주고 받는 동안에 밖으로 누설되기도 하지만 대부분은 핵분열물질(U^{235} 또는 Pu^{239})에 흡수되어 핵분열을 일으킨다. 이와같이 중성자가 열중성자화 된 지점으로 부터 물질에 흡수된 지점까지를 확산거리(Diffusion Length)라고 한다. 또 중성자가 감속할때 한번 충돌하므로써 잃는 평균에너지의 감소량은 평균 대수에너지 감소량(Average Logarithm Energy Decrement : ξ)으로 표현한다. 레사지(μ)는 중성자 감속량 즉, 에너지를 손실하여 점점 줄어드는 것을 표현한다.

$$\xi = \ln E_1 - \ln E_2 = \ln \frac{E_1}{E_2} \quad \text{단, 여기서 } E_1 > E_2 \text{ (에너지)}$$

또는 A(M) : 표적 핵의 질량수, $a = (\frac{A-1}{A+1})^2 = (\frac{1-A}{1+A})^2 = \frac{M-n}{M+n}$

$A < 10$ 일때 $\xi = 1 + \frac{\alpha}{1-\alpha} \ln a$	$A > 10$ 이면 $\xi \simeq \frac{2}{A + \frac{2}{3}}$

마. 출력생산(Power Production)

중성자속 φ = n·V가 있는 원자로속에서 표적핵의 밀도를 N(nuclei/㎤), 핵자 1개당의 흡수단면적을 σ(㎠)라고 한다면 표적핵 전체에 대한 흡수단면적은 $N \cdot \sigma_a = \Sigma (cm^{-1})$이 되므로 중성자속 nV와의 핵반응을 일으킬 수 있는 반응율(Reaction Rate) R은 R = ΣnV 즉, R = Σ·φ (Reaction/㎤·sec)로 표시될 수 있다. 그러므로 원자로체적 V에서 일어날 수 있는 전체 분열율(Fission Rate)은 RV = ΣφV로 되며 1Watt = 3.1×10¹⁰fission/sec 이므로 원자로 내에서 얻을 수 있는 출력 P는 $P = \frac{\Sigma_f \phi V}{3.1 \times 10^{10}}$ (watt) 이다.

출력밀도(P) = C·R_f 　　　　총 출력(P) = C·R_f·V

V : 체적 (Volume in ㎤)	Σ_f : 거시적 분열단면적 (cm^{-1})
φ : 중성자속 (n/㎤·sec)	C(변환계수) : 3.2×10⁻¹¹watt·sec

참 고
운동에너지와 결합에너지의 합을 여기에너지(Excitation Energy)라 하고 여기에너지가 임계에너지 보다 크면 원자핵은 분열

제2장. 원자로 물리(Reactor Physics)

1. 핵분열(Nuclear Fission)

   핵분열물질(Fissile Material)의 원자핵에 중성자가 부딪치면 그 물질의 핵은 분열되면서 많은 에너지와 평균 2~3개의 중성자를 방출하는데 그 과정을 핵분열이라 한다. 열중성자에 의하여 핵분열을 일으킬 수 있는 물질은 U^{233}, U^{235}, Pu^{239} 및 Pu^{241}이 있고 속중성자(1.1MeV 이상)에 의하여 분열을 일으킬 수 있는 물질에는 Th^{232}, U^{238} 및 Pu^{240} 등이 있다. U^{235}에 의한 분열반응식은 다음과 같이 쓴다.

   $$_{92}U^{235} + {_0}n^1 \rightarrow {_{54}}Xe^{144} + {_{38}}Sr^{89} + 3\ {_0}n^1$$

   상기 식의 좌우편의 질량수는 236 = 144 + 89 + 3이며 양자수는 92 = 54 + 38로 분열전후의 평형을 이루고 있다.

   $$_ZX^A + {_0}n^1 \rightarrow [_ZX^{A+1}] \rightarrow {_{z_1}}P{_1}^{A_1} + {_{z_2}}P{_2}^{A_2} + v_i\ {_0}n^1 + Q$$

   여기서

   $Z = Z_1 + Z_2$

   $A + 1 = A_1 + A_2 + v$

   v_i = 0~5개의 중성자로 평균 2.5개

   P_1은 $80 < A_1 < 110$

   P_2는 $125 < A_2 < 155$

   P_1과 P_2에 해당하는 분열생성물의 수는 300여종에 달하는데 이들의 분포는 그림과 같다. 그림에서 보는 바와 같이 가벼운 핵종에서의 P_1의 값은 대략 95이고 무거운 핵종에서 P_2의 값은 135 정도(Xe^{135})가 된다.

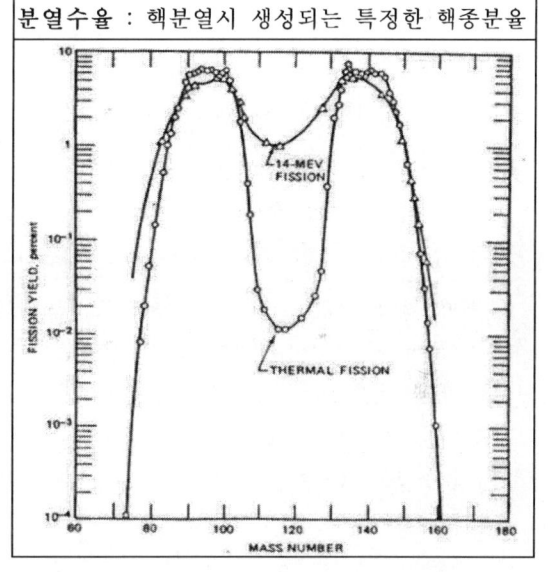

분열수율 : 핵분열시 생성되는 특정한 핵종분율

2. 결합에너지와 분열에너지(Binding Energy & Fission Energy)

   비교적 정확하게 측정할 수 있는 원자의 실제무게는 그 원자를 구성하고 있는 핵자 즉, 양자와 중성자 그리고 전자의 각각의 무게 합보다는 적다. 예를들면 헬륨원자($_2^4He$)는 2개의 양자와 2개의 중성자 그리고 2개의 외각 전자로 구성되어 있다.

   지금 수소원자의 무게는 1.00814amu, 양자(Proton)의 무게는 1.00759amu

   중성자(Neutron)의 무게는 1.00898amu

   헬륨($_2^4He$)의 구성핵자별 무게를 계산하면

   1) 수소원자($_1H^1$)는 양자 1개와 전자 1개로 되어 있으므로 헬륨원자가 가지고

있는 양자 2개와 전자 2개의 무게는 수소원자 2개의 무게와 같다. 따라서 수소원자 2개의 무게는 1.00814amu × 2 = 2.01628amu
2) 헬륨원자가 가지고 있는 중성자 2개의 무게는
   1.00898amu × 2 = 2.01796amu
3) 그러므로 헬륨원자의 무게는 각 핵자의 무게를 합해 보면
   2.01628 + 2.01796 = 4.03424amu

가 된다. 그러나 헬륨원자의 실제무게는 4.00387amu 이므로 각 구성핵자의 무게의 총 합계 4.03424amu 보다 (4.03424 - 4.00387) amu = 0.03037amu 만큼 무게의 차이가 난다. 이와같은 질량의 차이를 질량결손(Mass Defect)이라고 한다. 1amu = $1.66×10^{-24}$g에 해당하는 에너지는 아인슈타인의 질량에너지 공식(Mass & Equivalent Equation)에 의하여

$E = mC^2 = (1.66×10^{-24}g)(3×10^{10}cm/s)^2$
$= 14.4×10^{-4}erg$

$E = \dfrac{14.4×10^{-4}erg}{1.6×10^{-6}erg/MeV} \simeq 931MeV$

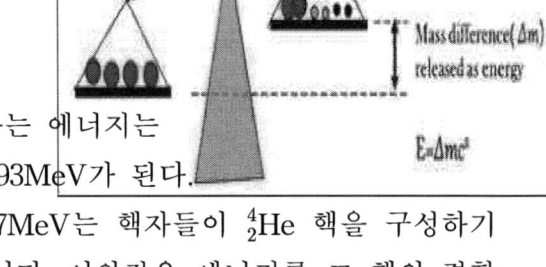

그러므로 ^4_2He의 경우 질량결손에 해당하는 에너지는
E = 931MeV/amu × 0.03037amu = 27.93MeV가 된다.

위의 질량결손에 해당하는 에너지 약 27MeV는 핵자들이 ^4_2He 핵을 구성하기 위해서 서로 결합하는데 소비한 에너지이다. 이와같은 에너지를 그 핵의 결합에너지(Binding Energy : 핵자를 원자로부터 떼어 놓는데 필요한 에너지)라고 하며 다음과 같이 일반적으로 표시한다.

Binding Energy = 931(MeV/amu) [Zm_H + (A - Z)m_N - M](amu) 여기서
M : 동위원소 질량 (Z개의 전자질량 포함)
Zm_H : Z개의 수소질량, m_N : 중성자 한 개의 질량(전 중성자수 N = A - Z)

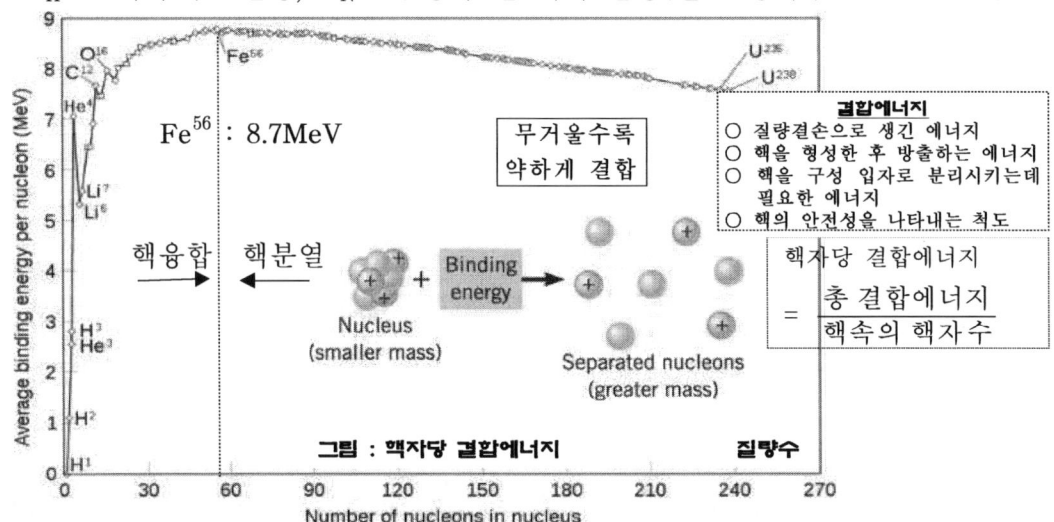

그림 : 핵자당 결합에너지

전체 결합에너지를 그 원자핵의 핵자수로 나눈 값을 그 핵의 핵자당 결합에너지라고 하며 그림은 원소번호에 따른 핵자당 결합에너지를 보여주고 있다.

핵분열시 방출되는 에너지는 핵자당 결합에너지가 작은 무거운 원소(重元素)를 생성할때 핵자당 결합에너지의 차이에 해당하는 것으로서 이것을 핵분열에너지라고 한다.

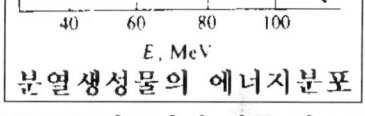

핵분열시 분열생성물의 에너지분포는 다음과 같다.
1) 분열생성물의 운동에너지   167MeV
2) 분열중성자의 에너지   5MeV
3) 즉발 감마에너지   7MeV
4) 분열생성물로 부터의 베타입자   7MeV
5) 분열생성물로 부터의 감마선   6MeV
6) 분열생성물로 부터의 중성미자   11MeV
7) 총 에너지   203MeV

단일 원자의 분열과정에서 생성되는 에너지는 약 200MeV 정도인데 이중 약 80%는 분열단편의 운동에너지이며 나머지 20%는 감마선, 베타입자, 중성자, 중성미자의 에너지이다.

3. 연쇄반응(Chain Reaction)

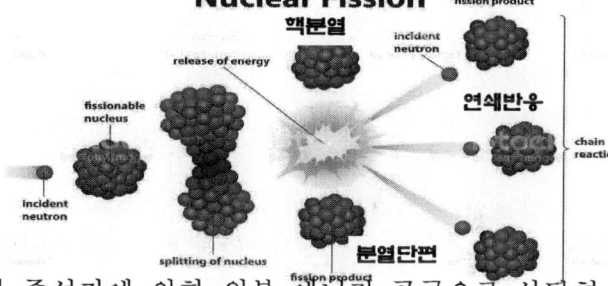

핵분열물질에 중성자가 입사되면 원자핵 내부에는 에너지의 재배치 현상이 일어나게 된다.

즉, 안정한 상태로 있던 핵자들이 중성자에 의한 외부 에너지 공급으로 상당히 불안정한 상태로 지속되는데 이러한 과정을 복합핵이라고 하며 복합핵 수명은 대략 10^{-14}초 정도이다.

복합핵 속에 있는 핵자들은 상호충돌에 의하여 물방울과 같은 원래의 모양이 찌그러지게 되며 그 변형이 심하여 원자핵 반경(= 10^{-13}cm) 이상의 거리로 찌그러지게 되면 이번에는 쿨롱력(Coulomb Force)이 핵력(Nuclear Force)을 이기게 되며 결국 원자핵은 2개의 물방울처럼 분리된다. 이와같은 현상을 핵분열이라 하며 무거운 원소는 가벼운 원소보다 핵자당 결합에너지가 작아서 이론상으로 쉽게 분열이 가능하게 된다. 이런 핵분열과정에서 2~3개의 새로운 중성자가 발생하며 이 중성자는 다시 원자로속의 감속재에 의하여 그 에너지를 대부분 잃고 열중성자로 되며 또 다른 핵반응에 기여하게 되어 계속적인 핵분열을 일으킨다. 이 현상을 연쇄반응이라고 하며 연쇄반응이 지속되기 위해서는 일정량 이상의 연료와 또한 원자로 크기가 필요하다.

4. 원자로의 임계질량과 크기(Critical Mass & Size)

원자로 내에서 중성자는 감속되거나 확산하는 동안에 원자로 표면을 통하여 외부로 누설되는데 이런 누설은 원자로의 표면적에 비례하며 또한 중성자의 생성은 원자로의 체적에 비례하게 된다. 즉, 원자로가 클수록 원자로 외부로 누설되는 중성자수는 적으며 핵분열물질이 많을때 연쇄반응은 잘 일어난다. 즉, 연쇄반응을 일으키기 위해서는 일정량 이상의 핵분열물질이 존재할때만 핵분열이 가능하게 된다. 이때 그 일정량을 임계질량이라고 하며 이 현상에서 볼때 원자로의 표면적에 대한 체적비(Surface to Volume Ratio)가 적을수록 핵분열은 쉽게 일어날 수 있다. 그러므로 구형(球型) 원자로는 어떠한 다른 형태의 원자로보다도 이상의 조건을 잘 만족시킨다. 즉, 임계질량과 그 크기가 구형원자로 가장 연쇄반응을 일으키는데 있어서 효율적이다. 그리고 원자로가 작을수록 누설(Leakage)이 많아서 연쇄반응을 일으키기 힘들다. 또한 연쇄반응을 보다 잘 일어나도록 하기 위해서는 중성자의 누설을 막기 위하여 반사체(Reflector)를 사용하거나 높은 에너지 중성자를 보다 빨리 감속시키기 위해서 우수한 감속재를 사용하므로써 원자로의 임계질량과 그 크기를 줄일 수 있다.

5. 증배계수(Multiplication Factor)

원자로 내에서 분열이 계속되기 위해서는 중성자의 생성률과 흡수률의 비가 같거나 1보다 커야한다. 이 중성자의 생성률과 흡수률의 비를 증배계수라 하며 연쇄반응이 지속되기 위해서 증배계수 K는 K ≥ 1이 되어야 한다.
원자로의 K가 1이하인 상태에 있으면 원자로 열출력은 시간에 따라 감소하고 K = 1인 상태에 있으면 원자로 열출력은 일정한 상태에 있다. 따라서 원자로를 K > 1되게 설계했다 할지라도 이 원자로는 가동과 더불어 연료가 연소되고 분열생성물이 축적되면서 K가 1이하로 떨어져 원자로출력이 감소되며 이에 따라 원하는 출력으로 원자로를 운전할 수 없다. 이러한 이유로 원자로 초기에 K값이 1보다 크게 설계되는데 이때 K_{ex} = K - 1과 같이 K_{ex}를 정의하고 이를 잉여 증배계수라 부른다. 이 <u>잉여 증배계수는 연료교체없이 원자로를 계속 운전할 수 있는 기간의 한 척도</u>가 된다. 다시 말하면 K_{ex}가 크면 클수록 원자로는 보다 장기간 동안 연료를 다시 장전하지 않고도 계속 운전할 수 있다.

K = 1 : 임계상태(Critical Condition)   K > 1 : 초임계(Super Critical)
K < 1 : 미임계(Sub Critical)

$$K_{eff}(증배계수) = \frac{1}{1-\rho} \qquad K_{ex}(잉여반응도) = K - 1 = \frac{\rho}{1-\rho}$$

이 상태에서는 중성자수는 영(0)이 아닌 어떤 값으로 수렴하게 되는데 그 이유는 기본적으로 중성자 선원이 어느 정도의 중성자수를 제공하기 때문이다.

가. 무한 증배계수(Infinite Multiplication Factor : 4인자 공식)

원자로가 무한히 커서 이론상으로 중성자의 누설이 없다고 가정했을때의 증배계수를 무한 증배계수라 하며 K_∞로 표시하고 $K_\infty = \varepsilon \cdot P \cdot f \cdot \eta$로 나타낼때 이것을 4인자 공식(Four Factor Formula)이라고 한다.

여기서

ε : 속분열계수	P : 공명이탈 확률
f : 열중성자 이용률	η : 중성자 재생계수

나. 유효 증배계수(Effective Multiplication Factor : 6인자 공식)

실제 원자로의 크기는 유한(有限)하므로 중성자의 상당한 수가 원자로 밖으로 누설된다. 이것을 고려했을 때의 증배계수를 유효 증배계수(Effective Multiplication Factor)라 하고 K_{eff}로 표시하며 $K_{eff} = \varepsilon \cdot P_f \cdot P \cdot f \cdot P_{th} \cdot \eta$로 나타냈을때 이것을 6인자 공식이라고 부른다.

여기서 비누설확률(Non-Leakage Probability) $P_{NL} = P_f \cdot P_{th}$로 정의되며 이때 $K_{eff} = K_\infty P_{NL}$로 쓸 수 있다.

1) 속분열계수(Fast Fission Factor : ε)

U^{235}의 분열은 열중성자에 의하여 일어나지만 U^{238}은 약 1.1MeV 이상의 에너지를 가진 속중성자에 의하여 분열이 가능하다. 실제로 1.8MeV의 높은 에너지를 가진 속중성자에 의해서 분열이 잘 일어난다. 그러나 감속재를 쓰는 원자로에서는 그 값이 1.03 정도의 값을 갖는다.

$$\varepsilon = \frac{모든 중성자(열중성자, 속중성자)에 의하여 분열되는 중성자 수}{열중성자에 의하여 분열되는 중성자수}$$

2) 속중성자 비누설확률(Fast Non-Leakage Probability : P_f)

$$P_f = \frac{감속되는 동안 노심에 남아있는 속중성자수}{모든 중성자에 의하여 분열되는 중성자수}$$

3) 공명이탈 확률(Resonance Escape Probability : P)

분열로 발생한 속중성자가 감속재와 충돌하는 동안 속중성자의 에너지가 MeV에서 KeV 정도로 감소하면 U^{238}에 쉽게 흡수되는 공명에너지 영역이 존재하게 된다. 이와같은 공명에너지 영역에서 흡수되지 않고 이탈할 수 있는 확률을 공명이탈 확률이라 하고 이 영역을 쉽게 이탈할 수 있는 몇 가지 방법은

가) 감속재의 질량이 작을 것. 중성자의 질량이 거의 1amu 이므로 감속재의 질량은 이와 비슷한 질량을 가진 수소, 중수소 등을 포함하는 H_2O 혹은 D_2O를 사용하므로써 1~2회의 충돌로 중성자가 가진 에너지를 전부 잃고 열중성자가 될 수 있으며 따라서 공명에너지 영역을 쉽게 이탈할 수 있다.

나) 감속재와 연료의 비를 크게하므로써 공명이탈 확률(P)를 크게할 수 있다. 이것은 속중성자가 감속되는 동안 연료보다는 감속재에 더욱 많이 충돌할 수 있는 확률이 크기 때문이다.

다) 연료와 감속재를 비균질형으로 만든 원자로 노심(爐心)을 사용한다. 이와 같은 노심에서는 속중성자가 연료봉으로 부터 나온 후 감속재에서 대부분의 시간을 보내는 동안 쉽게 열중성자화 할 수 있기 때문이다. 그러나 이와는 반대로 연료의 온도가 증가하면 공명에너지 폭은 넓어져서 중성자가 U^{235}에 쉽게 흡수된다. 이 현상을 도플러확장 효과(Doppler Broadening Effect)라 한다.

$$P = \frac{\text{열중성자화 된 속중성자수}}{\text{감속되는 동안 노심에 남아있는 속중성자수}} = \frac{\text{공명영역을 빠져나온 중성자}}{\text{공명영역에 들어가는 중성자}}$$

4) 열중성자 비누설확률(Thermal Non-Leakage Probability : P_{th})

$$P_{th} = \frac{\text{노심에 머물러 있는 열중성자수}}{\text{열중성자화 된 속중성자수}}$$

5) 열중성자 이용률(Thermal Utilization Factor : f)

원자로 노심을 구성하는 물질로서는 연료이외에도 감속재, 제어재(制御材) 기타 여러가지 구조물질들로 구성되어 있다. 그러므로 열중성자는 이들 물질중에서 연료에 흡수되는 비율을 계산하여야 한다.

$$f = \frac{\text{연료에 흡수된 열중성자수}}{\text{노심에 흡수된 열중성자수}} = \frac{\sum_a^{Feul}}{\sum_a^{Feul} + \sum_a^{Mod} + \sum_a^{Poison} \ldots}$$

$$f = \frac{\sum_a^{Feul}}{\sum_a^{Total}} = \frac{V_U \sum_U \Phi_U}{V_U \sum_U \Phi_U + V_M \sum_M \Phi_M}$$

$$= \frac{1}{1 + \frac{V_M \sum_M \Phi_M}{V_U \sum_U \Phi_U}} \qquad \therefore \frac{\Phi_M}{\Phi_U} : \text{Thermal Disadvantage Factor}$$

6) 중성자 재생계수(Neutron Reproduction Factor : η)

열중성자가 연료에 흡수된다고 전부 분열에 기여된다고 할 수 없다. 흡수된 열중성자 중에서 대부분은 분열에 기여하지만 나머지 일부는 방사포획(Radioactive Capture)을 일으킨다. 그러므로 연료에 흡수되는 열중성자에 대하여 분열을 일으킨 후 발생되는 속중성자와 비를 생각하여야 한다.

$$\eta = \frac{\text{열중성자에 의하여 분열된 중성자수}}{\text{연료에 흡수된 열중성자수}} \cdot v = \frac{\sigma_f^{U^{235}}}{\sigma_a^{Fuel}} \cdot v$$

7) P와 f 사이의 관계

원자로를 설계할때 K_∞가 되도록 1보다 크게 해야 한다. 그런데 연료와 감속재 그리고 원자로의 모형이 결정되면 ε와 η가 일정한 값을 갖는다. 그러므로 무한 증배계수 K_∞를 크게하기 위해서는 $P \cdot f$를 크게하는 방법밖에 없다. 즉, 감속재에 대한 연료의 비($\frac{감속재}{연료}$)를 크게하면 공명이탈확률(P)는 보다 큰 값을 가질 수 있으나 반면에 열중성자 이용률 f는 작아진다. 실제에서는 P와 f의 곱이 제일 큰 값을 갖는 범위에서 감속재와 연료의 비가 정하여지는 경우가 많다.

가) 농축도가 높은 U^{235} 원자로에서는 $\varepsilon \simeq P \simeq 1$
$K_\infty = \varepsilon \cdot P \cdot f \cdot \eta = 2.07 \cdot f$ (100% 농축 우라늄일때 η는 2.07임)

나) 93% 농축 U^{235}와 D_2O 원자로에서는 $K_\infty = 1.46$ (1.5~3%)

다) 저농축 우라늄과 경수(H_2O)로 이루어진 가압 경수로에서는 $K_\infty = 1.35$

라) 우라늄과 탄소의 균질형(Homogeneous Type) 원자로에서는 $K_\infty = 0.8$로 임계(Criticality)를 이룰 수 없다.

중성자 손실율 = $\frac{U^{238}에\ 포획되는\ 중성자의\ 수}{U^{235}에\ 반응하는\ 중성자의\ 수}$

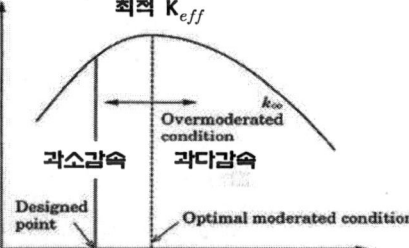

6. 버클링(Buckling)과 누설(Leakage)

원자로의 모양과 노심을 구성하는 재질에 따라 노심(Reactor Core)에서의 중성자분포는 달라진다. 즉, 중성자 분포상태를 결정하게 하는 원자로의 모양과 재질사이에는 어떤 함수관계가 있다고 할 수 있다. 이와같이 중성자분포의 만곡(彎曲 Curvature)의 정도를 나타내는 말을 버클링이라고 하며 두 가지가 있다.

가. 기하학적 버클링(Geometrical Buckling : B_g^2)

중성자의 분포도가 완전히 원자로의 기하학적 특성에 의하여 결정되는 것으로 B_g로 표시한다.

나. 물질 버클링(Material Buckling : B_m^2)

중성자 분포는 노심을 구성하고 있는 재질 즉, 연료의 구성성분에 따라서 달라지는데 이것을 물질 버클링이라 하고 B_m으로 표시한다.

여기서 원자로의 임계조건은

$B_g^2 < B_m^2$	K > 초임계
$B_g^2 > B_m^2$	K < 미임계
$B_g^2 = B_m^2$	K = 1 임계

다. 누설(漏洩)

중성자는 감속하거나 확산되는 동안 일부분이 원자로 밖으로 누설되어 나가므로 중성자의 이용면에서 보면 이와같은 손실을 최소로 줄여야 한다. 이론상으로는 중성자의 누설을 막기 위해서는 원자로의 크기가 무한히 크면 되겠지만 실제로는 유한의 크기를 가졌으므로 누설을 얼마만큼 줄일 수 있는가 하는 문제가 바로 버클링과 직접적인 관련을 가진다. 속중성자가 감속하는 동안에 누설하지 않을 확률(Fast Neutron Non Leakage Probability) P_f는

$P_f = e^{-B^2 \cdot \tau}$로 표시한다. 여기서 B^2 : Buckling(cm^{-2}), τ : 페르미연령(cm^2 : 어떤 물질의 속중성자를 감속시키는 능률을 나타내는 척도) 그리고 중성자는 열중성자가 된 이후에는 노심에서 확산되는 동안에도 누설이 일어나므로 이때 열중성자가 누설되지 않을 확률(Thermal Neutron Non Leakage Probability) P_{th}는

$P_{th} = \dfrac{1}{1+L_{th}^2 B^2}$로 표시된다. 여기서 L_{th}^2 : 열확산단면적 (cm^2)

이때 전체 비누설확률 P_{NL}는 $P_{NL} = P_f \cdot P_{th}$

$K_{eff} = K_\infty \cdot P_f \cdot P_{th} = \dfrac{\epsilon P f \eta \, e^{-B^2 \cdot \tau}}{1+L_{th}^2 \cdot B^2}$로 되며 원자로가 임계를 이루려면 1

$= \dfrac{\epsilon P f \eta \, e^{-B^2 \cdot \tau}}{1+L_{th}^2 \cdot B^2}$로 되어야 한다. 이것을 원자로의 임계방정식이라고 한다.

라. 임계의 크기

1) 원통형 : $B^2 = (\dfrac{2.405}{R})^2 + (\dfrac{\pi}{H})^2$

　　R : 반경　H : 높이

2) 구형 : $B^2 = (\dfrac{\pi}{R})^2$　R : 반경

3) 육면체

　　$B^2 = (\dfrac{\pi}{a})^2 + (\dfrac{\pi}{b})^2 + (\dfrac{\pi}{c})^2$

　　가로, 세로, 높이 = a, b, c

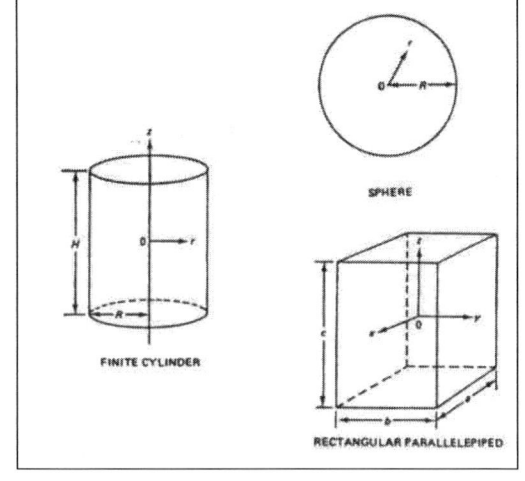

제3장. 원자로의 동특성과 제어(Reactor Kinetics & Control)

1. 지발중성자와 즉발중성자(Delayed Neutron & Prompt Neutron)

분열과정에서 생성되는 중성자를 시간에 따라 분류하면 즉발중성자와 지발중성자로 구별할 수 있고 즉발중성자는 분열(10^{-14}초 이내)과 동시에 발생되며 지발중성자는 약 10^{-14}초 이후부터 약 1분간에 걸쳐서 분열생성물에서 발생된다. 그러나 중성자의 감속시간과 확산시간은 감속재의 종류에 따라서 다르고 지발중성자도 분열생성물에서 방출되는 시간에 따라서 분류하면 다음과 같이 6개의 그룹으로 나눌 수 있다.

지발중성자 분류

그룹	반감기 (초)	평균 수명 $T = \dfrac{1}{\lambda_i}$	생성률 β_i	붕괴상수 λ_i(초)	$\dfrac{\beta_i T_i}{\dfrac{\beta_i}{\lambda_i}}$	생성에너지 (KeV)
1*	55.7	78.66	0.00021	0.0124	0.0171	250
2	22.7	31.52	0.00141	0.0305	0.0463	560
3	6.22	8.66	0.00127	0.111	0.0114	430
4	2.3	3.22	0.00255	0.301	0.0085	620
5	0.61	0.72	0.00074	1.1	0.0007	420
6	0.23	0.26	0.00027	3.0	0.0001	430

$\sum_{i=1}^{6} \beta_i = 0.0065$ $\sum_{i=1}^{6} \beta_i \cdot T_i = 0.084$ 1^*그룹 핵종은 Br^{87}

즉발중성자와 지발중성자의 비율을 보면 즉발중성자가 전체의 99.35%, 지발중성자가 약 0.65% 정도이다. 예를 들면 1,000개의 분열중성자 중에서 지발중성자는 겨우 65개 정도뿐이다. 그러나 이 소수의 지발중성자는 원자로제어를 가능케 한 근본적인 요소가 된다. 즉, 지발중성자는 즉발중성자의 평균수명 약 10^{-5}초 보다 훨씬 긴 13초를 가지고 있으므로 전체 중성자의 평균수명은 약 0.1초 정도로 길게하는 기여를 할 수 있다. 그리고 방출될 당시의 에너지는 즉발중성자의 평균에너지 2MeV에 비하여 지발중성자는 약 0.5MeV 정도이므로 감속되는 동안 원자로 밖으로 누설되는 정도가 적어서 즉발중성자 보다 연쇄반응을 일으키는 면에서 그 효과가 약 1.25배 만큼 커진다.

지발중성자의 전체 분율(Fraction)은 표에서 나타난 0.65% 보다 1.25배 크게 나타나며 이때 새로운 분율의 값을 β_{eff}라고 하며 여기서 1.25배의 값을 지발중성자의 중요도(Importance Factor) $\bar{I}$로 나타낸다.

$\beta_{eff} = \bar{I} \times \beta = 1.25 \times 0.0065 = 0.008$ 여기서 $Br^{87}(T_{1/2} : 55.6\ sec)$
$\bar{I}$: 지발중성자의 중요도(1.25 : 실험로의 값)
β : 지발중성자의 분율 (0.0065)

지발중성자의 선행핵의 붕괴상수
수명이 가장 긴 지발중성자 선행핵의 반감기 = 56초

$\lambda = \dfrac{0.693}{T_{1/2}} = \dfrac{0.693}{56\ sec} = 0.0124\ \sec^{-1}$

평균수명($\bar{T}$) = $1.44 \cdot T_{1/2} = \dfrac{1}{\lambda} = \dfrac{1}{0.0124\ \sec^{-1}} = 80$초

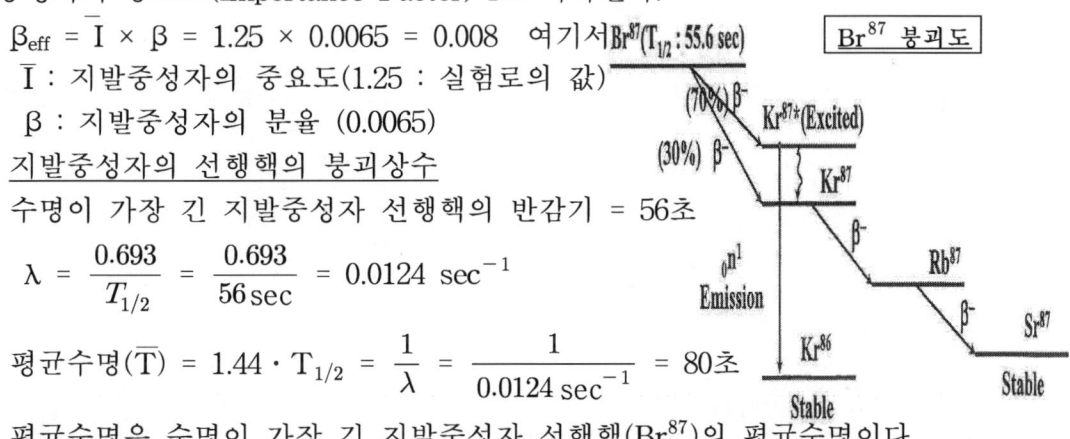

평균수명은 수명이 가장 긴 지발중성자 선행핵(Br^{87})의 평균수명이다.

2. 중성자 밀도의 시간적 변화(Time Dependent Neutron Density)

> 주기(Period)
> 원자로출력이 e배 만큼 증가하거나 감소하는데 걸리는 시간으로 정의하고 주기가 짧으면 짧을수록 출력의 변화가 급격하고 반대로 주기가 길면 길수록 출력변화가 완만
>
> 기동율(Startup Rate) : $P = P_o\, 10$
> 원자로출력 변화율을 나타내는 지표로서 분당 중성자수의 변화율을 10의 승수배로 나타낸 것으로 기동율이 1이면 분당출력이 10으로 증가하고 2이면 100배 반대로 -1이면 $\frac{1}{10}$로 감소 (단위 : dpm)
>
> 안정주기(정상주기 : Stable Period)
> 원자로의 중성자속이 시간에 따라 안정상태 즉, 전체 중성자속의 변화율이 지수함수적으로 변화하는 원자로 주기 : $P = P_o\, e^{\frac{t}{T}}$
>
> 과도주기(Transient Period)
> 주기가 변하면 원자로출력은 시간의 함수로서 지수적으로 변하지 않는 어떤 순간에서의 주기. 짧은 원자로주기는 출력이 빠르게 변하는 것을 의미하고 긴 원자로주기는 출력이 천천히 변함을 의미
> $P_1 = \frac{\beta(1-\rho)}{\beta - \rho} \cdot P_o$ (β = 0.0065)

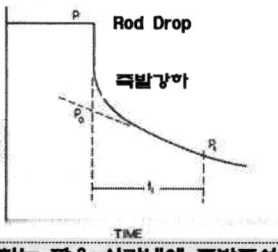

실제 원자로에서 출력을 증발하거나 감발하고자 할때는 중성자의 밀도를 변화시키므로써 출력변화를 가져올 수 있다. 이때의 시간과 중성자 밀도와의 시간적 변화를 수식으로 표시하면 : $\phi = \phi_o\, e^{\frac{t}{T}}$

여기서 φ : t = 0인 순간에 중성자속   T : 원자로 주기(초)

원자로주기 T는 $T = \frac{\ell}{\Delta K}$로 표시되며 △K(반응도) = K_{eff} - 1, $\overline{\ell}$ = 중성자의 평균수명이다.

$P = P_o\, e^{\frac{t}{T}}$에서 주기가 일정할때 출력은 시간의 함수로서 지수적으로 변한다. 이 상태를 안정주기(Stable Period)라 하고 원자로출력이 시간의 함수로 변하지 않을 때의 주기를 과도주기(Transient Period)라 한다. 원자로주기는 다음과 같은 관계가 있다.

1) 배가시간(Doubling Time) $t_2 = T \cdot \ln 2 = 0.693 \cdot T$
2) Decade Time $t_{10} = T \cdot \ln 10 = 2.3 \cdot T$

3) 기동률(Startup Rate) : Decade/min

$$\text{SUR} = \frac{1}{t_{10}} = \frac{1}{2.3T} \text{ (T : 분)} \qquad \text{SUR} = \frac{60}{2.3T} = \frac{26}{T} \text{ (T : 초)}$$

3. 반응도(Reactivity) & 역시간 방정식(In-hour Equation)

중성자속의 시간적 변화가 없는 안정한 상태 즉, 임계상태로 부터 벗어난 정도를 나타내며 또는 현재의 유효 중배계수가 임계상태와 차이나는 정도를 표준화시킨 값을 반응도라 부르며 다음과 같이 정의한다.

$$\text{반응도 } \rho = \frac{K_{eff} - 1}{K_{eff}} = \frac{\triangle K_{eff}}{K_{eff}} \text{ 또는 } \rho = \frac{\triangle K}{K} \text{ 로 표시}$$

여기서 ρ가 (+)이면 중성자속은 증가하는 방향 즉, 원자로의 출력은 증가하며 ρ가 (-)이면 중성자속은 감소하는 방향 즉, 원자로의 출력은 감소하게 된다.

$P = P_o \, e^{\frac{\triangle K}{\ell} \cdot t}$ 특히 $\rho = \beta_{eff}$ 인때에 반응도를 1$(Dollar)라고 하며 $ = $\frac{\rho}{\beta}$ 로 표시한다. 이와같이 반응도가 1Dollar 이상인 경우를 즉발임계라고 하며 원자로가 즉발중성자만으로 임계를 만든 상태를 말한다. 즉발중성자와 지발중성자가 방출되는 시간차이가 있고 또 같은 지발중성자라고 하더라도 시간에 따라서 다르게 되므로 이들 사이의 관계를 역시간 방정식(Inhour Equation : 주기와 투입된 반응도와 관계) 이라고 하는 수식으로 표시할 수 있다.

One Group Delayed Neutron Model를 가정하면

$$\rho = \frac{\ell^*}{T} + \sum_{i=1}^{6} \frac{\beta_i}{1 + \lambda_i T} = \frac{\ell}{T} + \frac{\beta_{eff}}{1 + \lambda T}$$

여기서 One Group 지발중성자 Model를 가정하면

ℓ^* : 즉발중성자 수명(초)	β_{eff} : 유효 지발중성자 분율
λ : 지발중성자 선행핵의 붕괴상수($\sec^{-1}$)	T : 원자로주기(초)

반응도와 주기와 관계를 보면

1) $\rho < \beta_{eff}$: $T = \dfrac{\beta_{eff} - \rho}{\lambda \rho}$ \qquad 2) $\rho > \beta_{eff}$: $T = \dfrac{\ell^*}{\rho - \beta_{eff}}$

3) $\rho \gg \beta_{eff}$: $T = \dfrac{\ell^*}{\rho}$ 또 이때 시간변화에 따른 중성자속의 변화는

$$\phi = \phi_o \left[\frac{\beta_{eff}}{\beta_{eff} - \rho} e^{\frac{\lambda \rho}{\beta_{eff} - \rho} \cdot t} - \frac{\rho}{\beta_{eff} - \rho} e^{-\frac{\beta_{eff} - \rho}{\ell^*} \cdot t} \right] \text{로 표시된다.}$$

반응도(Reactivity)의 단위

1) $\rho = \dfrac{\triangle K}{K} = 100\% \dfrac{\triangle K}{K} = 10^5 \text{pcm(per cent mili rho)} = 1,000\text{mK}$

2) $\text{Ih(Inhour)} = \dfrac{\beta_{eff}}{3600\lambda} = 2.5\times 10^{-5} \dfrac{\triangle K}{K} = 2.5\text{pcm}$

3) $\$ \text{(Dollar)} = \dfrac{\rho(\dfrac{\triangle K}{K})}{\beta_{eff}} = 100 ¢ \text{(cent)}$ $\boxed{\rho = \beta_{eff} \text{인때의 반응도를 1Dollar}}$

반응도가 1Dollar 이상인 경우를 Prompt Critical 이라 하며 즉발중성자만으로 임계를 만든 상태

4. 원자로 제어(Reactor Control)

원자로 제어계통의 목적은 설계, 설치된 모든 기기가 정상운전과 비정상 운전 중 안전하게 사고없이 운전할 수 있게 하는데 있다. 방법으로는 원자로 기동시 필요한 출력을 갖고자 할때, 어떤 출력을 유지할때 또는 출력을 증감할때 제어를 용이하게 하면서 필요한 경우에는 운전정지도 가능할 수 있어야 한다. 그리고 사고시에도 큰 손실을 막을 수 있고 안전하게 제어할 수 있는 제어계통도 확보되어야 한다. 원전의 운전도 화력발전소에서 석탄과 기름을 연소시켜 유용한 에너지를 얻는 것처럼 연료인 우라늄을 연소시켜 에너지를 얻는다는 기본적인 원리에는 별차이가 없다. 화력발전소와 차이는 연료가 다르고 연소방법의 차이가 있다는 것이다. 그렇지만 적은 양의 연료로서도 장기간 많은 에너지를 낼 수 있다는 점도 있다. 그러나 원자로도 일정기간의 운전이 지나면 연료를 교체하며 연료가 연소되어도 계속적으로 연쇄반응을 일으키고 출력을 낼 수 있어야 하므로 초기 연료장전때 보다 많은 연료를 장전시킨다. 이와같이 원자로는 연료를 연소시킴에 따라 발생하는 중성자를 이용하여 분열에너지를 사용하는 것이므로 연료와 감속재, 냉각재, 반사체와 중성자를 제어하는 중성자 흡수체 등을 조정하여 원자로를 제어할 수 있다. 일반적인 제어방법으로는 연료, 냉각재계통에 용해되어 있는 붕산농도 변화와 중성자 흡수체인 제어봉의 위치변환으로 하게 된다.

가. 연료배열 방법 : 연료의 농축도를 고려해서 여러가지 배열방법이 있으며 중성자를 흡수함에 따라 연소되어 버리는 연소성 독작용 물질을 연료봉 사이에 넣어 출력분포를 고르게 할 수 있다.

나. 감속재 : 감속재의 성분을 조정한다든가 감속재양을 조정하여 원자로내에 감속재의 감속능력 조절과 감속재내에 붕산의 증감으로서 제어할 수 있다.

다. 제어봉 사용 : 중성자 흡수체인 제어봉의 위치를 변화하므로서 반응도를 조절하는 방법이다. 이 제어봉의 제어기능은 다음과 같다.

  1) 정지제어봉 역할(Shutdown Rod) : 정지 및 비상시 사용

2) 조절제어봉 역할(Regulating Rod) : 정상운전시 작은 반응도 조절

제어봉 재질은 Cd, 붕소, Ag-In-Cd, B_4C, 스테인레스강 등을 사용하며 제어봉은 중성자 흡수성질과 구조 및 부식성이 중요하기 때문에 매우 고가이다. 그리고 제어봉은 강도를 주고 감속재로부터 부식을 방지하기 위해서 피복재로 피복한다.

5. 독물질(Poisoning Material)

원자로 운전에 따라 분열과정에서 생성되는 여러가지 방사성을 가진 분열생성물이 있다. 이중에서 대부분의 분열생성물은 중성자를 흡수하는 확률이 작으나 Xe^{135}, Sm^{149}는 중성자 흡수단면적이 큰 물질이다. 이와같이 <u>연료는 아니면서 중성자를 흡수하여 열중성자 이용률(f)를 떨어뜨리는 물질들을 독물질이라</u> 한다.

가. Xe^{135}의 독작용 (2.72×10^6 barn)

분열과정에서 전체 분열생성물의 6.3% 정도 생성된다. 이것은 방사성을 띤 것으로 다음과 같은 과정으로 생성되고 또 붕괴한다.

I^{135} → Xe^{135} → Cs^{135} → Ba^{135}(안정원소)

제논(Xe^{135})은 출력에 따라 변하며 원자로 운전에 상당한 영향을 주는 독작용 물질이다.

나. Sm^{149}의 독작용 (5.3×10^4 barn)

1%정도의 생성률을 가지며 Xe^{135} 보다는 중성자 흡수단면적이 적고 출력에 따라서도 Xe^{135} 보다 영향이 적다.

Nd^{149} → Pm^{149} → Sm^{149} (안정원소)

6. 출력결손(Power Dopect)

출력계수 = 감속재 온도계수 + 핵연료 온도계수 + 기포계수
출력결손 = 출력계수 × 출력(△% Power)

출력결손이란 <u>원자로 운전중에 어떤 구성물질의 고유의 특성으로 인하여 출력증가에 반대효과를 가져오는 것을</u> 말한다. 그래서 일정출력을 내려고 반응도를 증가시킬때는 출력결손에 해당하는 반응도를 보상해주어야 원하는 출력을 얻을 수 있다. 출력결손에 관계된 고유특성은 도플러효과(Doppler Effect), 감속재 온도효과(Moderator Temperature Effect) 등이 있다.

가. 도플러 효과(Doppler Effect/Fuel Temperature Effect)

저농축 우라늄을 연료로 사용하는 원자로에서 많이 나타나는 효과로 연료의 온도가 상승하면 연료내의 원자들의 운동이 활발해져서 중성자와 연료물질과의 상호 충돌확률이 커지게 된다. 그런데 저농축 연료중에는 U^{238}이 지배적이므로 U^{238} 원자와의 충돌이 늘어 공명흡수 지역 내에서 잘 흡수가 되어 중성자 이용률이 떨어지게 되는 것이다. 즉, 많은 열중성자가 U^{238}에 흡수되

면 연쇄반응보다는 흡수가 잘 되는 것이기 때문이다. 이것을 연료의 온도효과라고도 한다.

나. 감속재 온도효과

냉각재(감속재)인 물의 온도가 상승하면 물의 밀도는 낮아지고 중성자를 감속시키는 힘이 적어지는 반면 중성자가 움직이는 거리가 커짐에 따라 중성자가 제어봉이나 구조물 등에 흡수가 잘 되어서 중성자 이용률이 낮아지는 현상이다. 이와같이 온도에 따른 연료와 냉각재의 고유특성은 원자로 운전에 상당히 중요하다. 이들 특성은 가압경수로형 원자로(PWR)의 냉각재내에 용해되어 있는 붕산의 농도와 출력에 따라 값이 달라진다.

7. 연료(Fuel)

연료에는 핵분열물질(Fissile Material)과 핵분열 가능물질(Fertile Material)이 있다. 이들 물질들은 원자로 내에서 중성자를 흡수하여 연쇄반응을 일으켜 열을 발생시키는 연료로서 사용되고 있다. <u>자연계에 존재하는 핵분열물질은 U^{235} 뿐이다.</u> 그리고 핵분열 가능물질에는 U^{238}과 Th^{232}가 있으며 이들은 원자로 내에서 중성자를 흡수하여 분열성물질인 Pu^{239}와 U^{233}으로 각각 변환된다. 천연우라늄에는 U^{238}이 99.3%, U^{235}가 0.7% 포함되어 있다. 이 0.7%의 U^{235}만이 열중성자를 흡수하므로써 분열할 수 있다. U^{238}은 1MeV 이상의 큰 에너지를 가진 중성자를 흡수해야만 분열할 수 있다. 원자로내 대부분의 중성자는 충돌에 의해서 1MeV 이하의 에너지를 가지게 된다. 그래서 U^{238}이 핵분열물질인 Pu^{239}로 전환될 수 없다면 지구상의 우라늄중 0.7%만이 연소할 수 있으므로 연료문제가 심각해질 우려가 있으나 다행히도 U^{238}이 Pu^{239}로 전환될 수 있기 때문에 연료문제도 해결의 가능성이 있다. 연료는 우라늄의 원광을 농축과정과 가공과정을 거쳐 UO_2 형태로서 사용되고 있다. 금속우라늄(U)은 화학적으로 약하고 물이나 공기에 쉽게 산화되거나 부식되기가 쉬우나 <u>이산화우라늄(UO_2)은 부식성이 적고 안정하며 융점도 5,000°F 가까이 된다.</u> 그러나 토륨은 현재 우라늄보다는 사용이 적지만 증식로에서 많이 사용될 것이다.

> 원자로 운전에 따른 연료손실을 연료연소(Fuel Burn-up) 또는 연료소모(Fuel Depletion)라 하고 노심수명(Core Age)은 연료소모로 부터 생기는 연료의 핵적 특성에 있어서의 변화이다.

<u>연료가 가져야 할 성질</u>은
1) 고온에서 상당한 장력을 있어야 한다.   2) 부식에 강해야 한다.
3) 연성과 기계적 특성이 좋아야 한다.   4) 높은 열전도도가 필요하다.
5) 높은 융점을 가져야 한다.   6) 방사선에 안정해야 한다.
7) 독성이 적어야 한다.

세계 최초의 원자로
가. 최초의 연쇄반응 제어로 : CP-1
나. 최초의 중수로 : CP-3
다. 최초의 미국 상업용 원자로 : Shipping Port
라. 최초의 상업용 전력생산로 : Calder Hall
마. 최초의 전력 생산로 : EBR
바. 최초의 고속증식로 : Clementine
사. 영국 최초의 경수로 : 사이즈웰 B

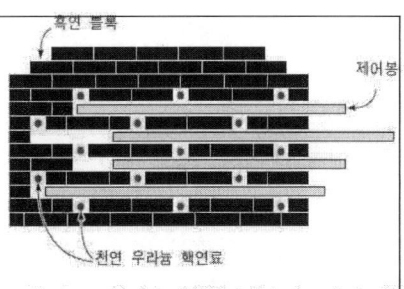

그림. 페르미의 세계최초의 원자로(Fermi's "pile")
그림. 작은 천연 우라늄 조각이 흑연 블록 사이에 퍼져서 놓여 있다.

8. 중성자 선원 및 미임계 증배

가. 중성자 선원

1) 우주선 : 해면상에서 $50n/cm^2 \cdot s$

2) $_{92}U^{235}$와 $_{92}U^{238}$의 자발적 분열

3) 광중성자 : 대부분 핵의 경우 중성자 결합에너지가 5MeV이나 $_4Be^9$ 및 $_1D^2$는 결합에너지가 각각 1.68MeV, 2.2MeV로서 저에너지의 감마로서도 중성자가 방출 (γ + $_1D^2 \longrightarrow {}_1H^1$ + n)

4) 인공 중성자원

  가) 일차선원 (비재생 선원)

  1주기 노심에서 최소 계수율(2cps)을 제공한다. $_{98}Cf^{252}$ 0.0126Ci의 방사능을 갖고 있으며 약 $4 \times 10^8 n/sec$ 율로 중성자를 방출하므로 미임계 상태에서 선원영역 계측기의 사용이 가능하고 노심내 중성자 증배상태시 기능을 제공한다. 비재생선원은 재생할 필요가 없고 반감기가 길기 때문에 수명이 길다는 장점이 있는 반면 초기 투자비가 매우 비싸고, 재생선원에 비하여 중성자 생성율이 매우 낮다는 단점이 있다.

  $_{98}Cf^{252} \longrightarrow FF_1 + FF_2 + {}_0n^1$ (3.76n/fission)

  나) 이차선원 (재생선원)

  1주기 이후 노심에서 최소 계수율을 제공한다. 재생선원은 상대적으로 가격이 저렴하고 비재생선원에 비하여 중성자 생성율이 높은 반면 선원 세기를 유지하기 위하여 주기적으로 재생시켜 주어야 한다는 단점이 있다.

  $Sb^{123} + n \longrightarrow {}_{51}Sb^{124}$

  $_{51}Sb^{124} \xrightarrow[T_{1/2} = 60일]{\beta \cdot \gamma} Te^{124} + \gamma$ ($E_\gamma > 1.7MeV$)

  $\gamma + {}_4Be^9 \longrightarrow \boxed{{}_4Be^8} + n$
  $\longrightarrow 2 \, {}_2He^4$

  ∴ 약 300일(반감기의 5배 기간)동안 처음 선원의 약 1%까지 붕괴

나. 미임계 증배

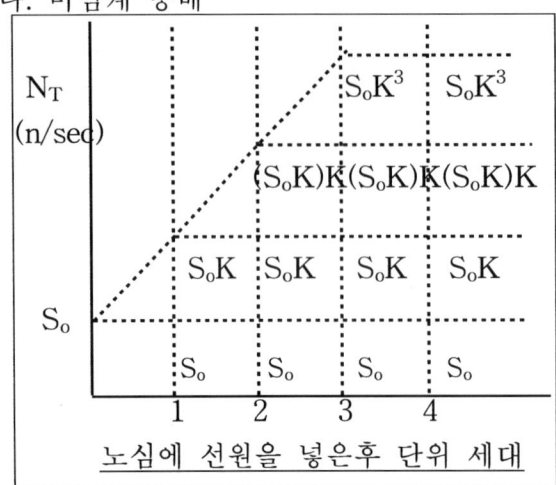

$N_T = S_o + S_oK + (S_oK)K + \cdots$
$\quad\quad = S_o + S_oK + S_oK^2 + S_oK^3 +$
N_T : 매초당 중성자수
S_o : 매초당 중성자 선원에서 발생되는 중성자수
$t_o = 0$ 에서 t세대 후 $S_oK_{eff}^n$

미임계 상태인 원자로에서 선원중성자의 분열로 말미암아 중성자수가 증가하는 것으로 정의

N_T의 식을 S_o로 나누면 미임계 증배계수(M)

즉, $M = \dfrac{N_T}{S_o} = \dfrac{S_o + S_f}{S_o}$ (S_f : 분열중성자)

$= \dfrac{S_o + S_oK + S_oK^2 + S_oK^3 + \cdots}{S_o}$

$= \dfrac{S_o(1 + K + K^2 + K^3 + K^4 + \cdots K^n)}{S_o}$

$= 1 + K + K^2 + K^3 + K^4 + \cdots K^n$

$= \lim\limits_{n \to \infty} (1 + K + K^2 + K^3 + K^4 + \cdots K^n)$

$= \dfrac{1}{1-K}$ (단, K < 1)

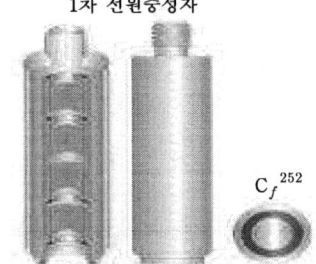

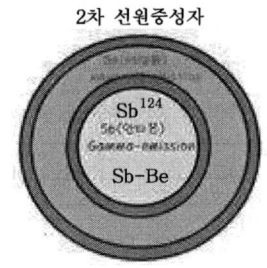

$K_{eff} = 1 - \dfrac{1}{M}$ $M_1 = \dfrac{C_1}{C_o} = \dfrac{1}{1-K_1}$ $C_o = C_1(1 - K_1)$

$M_2 = \dfrac{C_2}{C_o} = \dfrac{1}{1-K_2}$ $C_o = C_2(1 - K_2)$ $\therefore C_1(1 - K_1) = C_2(1 - K_2)$

C_o는 선원에서 나오는 중성자의 카운트수이고 C_1는 어떤 시간에서의 카운트수, C_2는 그후 어떤 다른 시간에서의 카운트수이다. 중성자 계수율이 C_1인 경우의 K_1은 알 수 있으나 여기에 정반응도가 인입되어 C_2로 되었을때 K_2 계산은 상기 식 $\dfrac{C_1}{C_2} = \dfrac{1-K_2}{1-K_1}$ 에서 구한다.

1) $\frac{1}{M}$ 곡선

 가) 안전한 접근 : 임계위치가 인접한 두 점들의 연장선보다 더 멀리 있기 때문에 예상하지 못한 순간에 임계에 빨리 도달할 경우가 없기 때문

 나) 불안전한 접근 : 임계에 도달하는데 필요한 연료를 실제 이상으로 계산하게 되고 극단적인 경우에는 예상하지 못했던 순간에 임계상태가 될 위험성이 있기 때문

 다) 임계상태 : K_{eff} = 1로 정의되기 때문에 $\frac{1}{M}$ = 1 - K_{eff} 에서 $\frac{1}{M}$ 이 바로 현재의 K_{eff} 가 임계에서 떨어진 정도 즉, 여유(Margin)를 나타내는 것이다. 따라서 $\frac{1}{M}$ 값이 0 이면 K_{eff} = 1이 되고 원자로는 임계상태이며 여유는 0이 된다.

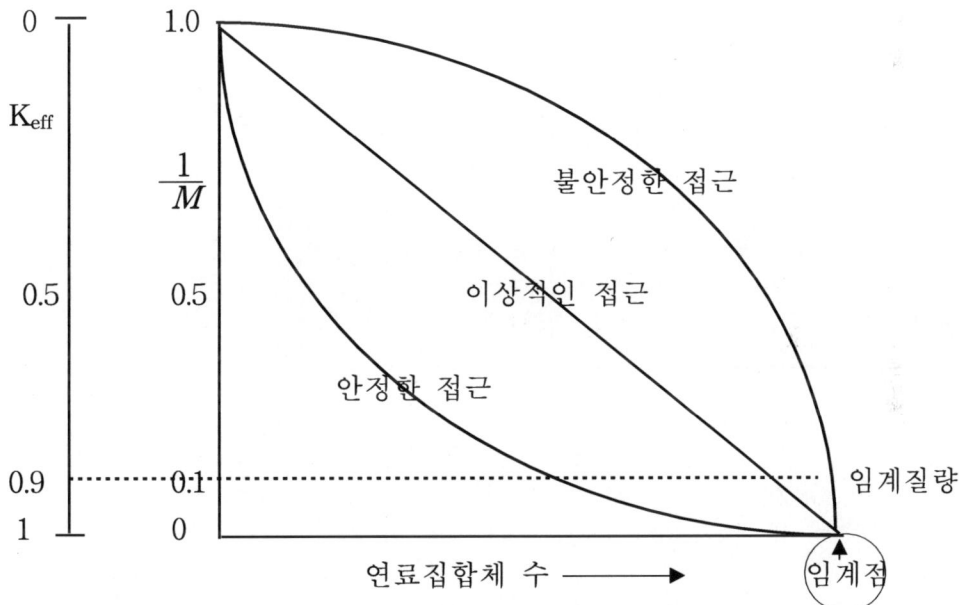

2) $\frac{1}{M}$ 곡선 사용 시기

 가) 연료장전과 재장전시에는 미임계증배에 의한 계산결과로 연료장전에 따라 미임계증배가 계속되고 있는가를 확인할때

 나) 원자로 기동시에는 임계에 도달하는 점을 예상할때

3) 연료 재장전

 가) $\frac{1}{M}$ 곡선을 그리기 전에 먼저 8개의 연료다발 장전

 나) 다음 경우는 연료장전을 중지

○ 8개의 연료장전 후 어떤 한 계측기가 5배 이상 계수율 증가시
○ 8개의 연료장전 후 모든 계측기가 2배 이상 계수율 증가시
○ 연료 재장전 운전에 관련된 기술지침서의 어떤 조건이라도 불만족시

다. 미임계 증배에 의한 중성자준위의 안정화 시간

K_{eff}가 1에 더욱 접근할수록 중성자속이 새로운 평형에 도달하기 위해서는 더욱 긴 시간을 요하게 된다. K_{eff}가 0.99와 1사이에서 평형에 도달하려면 수분이 걸린다. 그 이유는

1) 지발중성자 증배 때문

K_{eff}가 1에 가까울수록 수명이 긴 지발중성자가 많으므로 전체 중성자수가 안정되는 시간이 길어진다.

2) $C = C_0(1 + K_{eff} + K_{eff}^2 + K_{eff}^3 + \cdots K_{eff}^n)$에서 K_{eff}가 1보다 훨씬 작을 때는 K_{eff}^2 이하의 항들은 무시할 수 있지만 K_{eff}가 1에 가까울수록 차수(次數)가 큰 항을 무시할 수 없다.

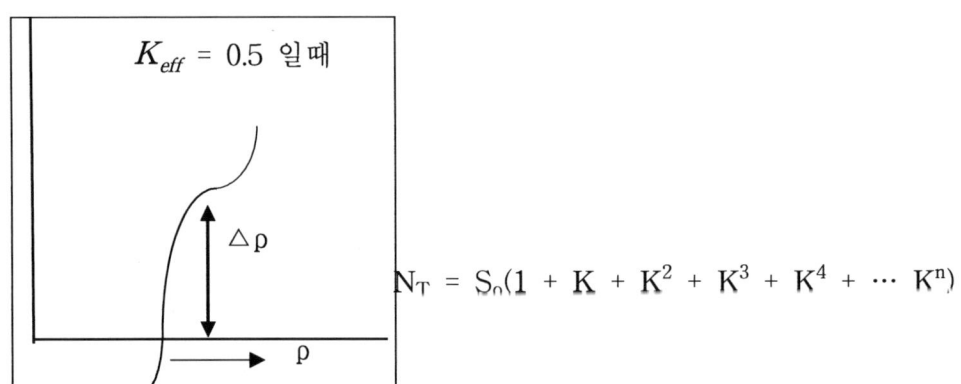

$N_T = S_0(1 + K + K^2 + K^3 + K^4 + \cdots K^n)$

세 대	계수율(K_{eff} = 0.5)	세 대	계수율(K_{eff} = 0.9)
1	100 + 50	1	100 + 90
2	100 + 50 + 25	2	100 + 90 + 81
3	100 + 50 + 25 + 12.5	3	100 + 90 + 81 + 73
4	100 + 50 + 12.5 + 6.25	4	100 + 90 + 81 + 73 + 63

중성자 평균 세대시간을 ℓ이라 하고 중성자준위를 안정화시키는데 N 세대가 필요하다면 안정화시키는데 시간 t는 t(sec) = N(세대수) × ℓ(sec/세대수) K_{eff}가 1에 가까울수록 N는 크다.(K_{eff} = 0.5 : N = 7, K_{eff} = 0.9 : 44)

라. 중성자 선원과 검출기 위치

계측기와 중성자 선원이 너무 가까이 있으면 계측기는 노심상태 변화에 민감하지 못한다. 계측기와 중성자 선원이 너무 멀리 떨어져 있으면 계측기는 기준치(C_0)가 없어지거나 혹은 잡음이나 감마선 때문에 부정확한 지시를 한다.

```
       D₂         노심         D₁
        ●        S₀  O         ●
      검출기       선원       검출기 (중성자 선원에 근접위치)
   (중성자 선원에서 원거리 위치)
```

D_1은 노심에서 실제로 어떤 변화가 일어 났는지를 지시하지 않으므로 불안전 예를 들면

D-1 : 검출기	D-2 : 검출기
$M = \dfrac{S_o + S_f}{S_o} = \dfrac{20+5}{20}$	$M = \dfrac{S_o + S_f}{S_o} = \dfrac{5+5}{5}$
$= 1.25 \quad \dfrac{1}{M} = 0.8$	$= 2 \quad \dfrac{1}{M} = 0.5$

선원의 위치는 될 수 있으면 계측기로 부터 멀리 떨어진 곳이면서 동시에 계측기가 읽기 쉬울만큼 상당한 계측량이 나타날 수 있는 곳이어야 한다. 그 이유는 계측기가 계측하는 중성자양은 선원으로 부터 나오는 중성자가 아니라 분열을 포함하는 노심 전체에서 나오는 중성자 양이어야 하기 때문이다.

참 고
가. 감속재의 성질
 1) 중성자 흡수단면적이 적을 것   2) 원자량(16 이하)이 작은 원소
 3) 감속비가 우수
나. 종 류
 1) 경수(H_2O) : 수소는 약간 중성자 흡수단면적이 높으나 양호한 감속물질이다. 기체로 사용하면 밀도가 너무 작아 사용 불가능하나 화합물인 물의 형태로 사용
 2) 중수(D_2O) : 중수소는 1회의 충돌에서는 중성자 에너지의 감속정도는 수소보다 작으나 열중성자의 흡수단면적이 대단히 작은 우수한 감속재이다.
 3) 금속 베릴리움(Be) : 베릴리움은 감속재 및 반사체로 대단히 우수하나 제조비가 높고 加工費性이 적은 것이 단점이고 산화 베릴리움은 약간 개선된 감속재이다.
 4) 흑연 : 원자로용으로는 순도가 높은 것이 요구되고 그 성능은 중수나 베릴리움보다 떨어지나 감속재로서 널리 사용된다. 기계적인 성질이 좋고 열에 대하여도 안정하나 고온에서는 공기중의 산소 및 수증기와 반응하며 또한 냉각재로서 사용되는 CO_2와 반응하여 CO가 되므로 그 양이 감소한다. 흑연은 중성자 照射에 의하여 흑연원자가 정규의 위치에서 벗어나 結晶構造의 층과 층 사이에 들어가므로 한쪽 방향으로 수축하는 성질이 있다. 또한 이 중성자 조사에 따라 에너지가 축적되어 그 양은 중성자 조사가 증가함과 동시에 증가하고 조사온도가 높아지면 감소하는데 이를 Wigner 효과라 한다.

제4장. 연료주기

1. 주기 구성

우라늄을 연료로 원자로에 사용하기 위해서는 먼저 노천 및 지하에서 채광한 우라늄광석을 정련하여 보통 Yellow Cake라 부르는 우라늄정광(精鑛)을 제조한다. 우라늄정광은 고체상태로 불순물을 약 25%이하 정도 함유하고 있다.

천연우라늄은 U^{235}와 U^{238}이 0.7 : 99.3의 비율로 함유되어 있으며 경수로의 경우 U^{235}의 비율을 약 2~4% 정도로 높여야 연료로서 사용 가능하다. 현재 실용중인 우라늄 농축기술은 기체 우라늄을 원료물질로 사용하므로 고체인 우라늄 정광을 기체상태의 우라늄 형태로 바꾸고 우라늄 정광속에 함유되어 있는 불순물을 제거하는 과정이 필요하다.

이 과정을 변환(Conversion)이라고 한다. 변환된 우라늄은 UF_6의 형태로서 그 순도는 99.5% 이상이다. 농축된 UF_6는 고체인 UO_2로 재변환(Reconversion)되어 압분, 소결 등의 과정을 거쳐 펠렛이 되며 이 펠렛은 피복재내에 봉입되어 연료봉을 형성한다. 제조된 연료봉을 이용하여 원자로에 장전되는 연료집합체를 제조하는 이런 일련의 공정을 성형가공(Fabrication)이라고 한다.

원자로에 장전된 연료는 약 3년간 연소되고 사용후연료(Spent Fuel)는 U^{238}이 중성자를 흡수하여 만들어진 핵분열성 물질인 플루토늄과 장전된 U^{235}중 연소가 되지 않은 일부 U^{235}가 남아있다. 따라서 사용후연료 중에서 우라늄 및 플루토늄을 회수하여 연료의 원료물질로 사용할 수 있다.

사용후연료에서 우라늄 및 플루토늄을 회수하는 공정을 재처리(Reprocessing)라 하고 회수된 우라늄은 농축과정을 거쳐 재사용되며 플루토늄을 고속증식로의 연료로서 사용한다. 이와같이 <u>연료는 원자로를 중심으로 하여 순환하기 때문에 연료주기(Nuclear Fuel Cycle)</u>라 하고 원자로를 중심으로 하여 앞의 공정 즉, 우라늄광석의 채광 및 정련에서 성형 가공까지를 선행 핵주기(Front End Fuel Cycle) 뒤의 공정 즉, 사용후연료의 재처리와 방사성폐기물의 처리, 처분을 후행 핵주기(Back End Fuel Cycle)라고 한다.

1) 우라늄광석의 채광 및 정련 : 우라늄 정광(U_3O_8)의 생산
2) 변환 : 천연 UF_6의 제조 (UF_4 : Green Salt)
3) 농축 : 농축 UF_6의 제조 즉, U^{235}의 농축도를 상승시킴
4) 성형가공 : 연료집합체의 제조 (국산화)
5) 연소 : 분열에 의한 에너지생산 (분열성물질인 플루토늄과 방사성 분열생성물의 발생)
6) 사용후연료의 저장 및 재처리 : U, Pu의 회수 및 방사성폐기물의 처리, 처분
7) 회수된 U 및 Pu의 재사용

2. 주기 분류

가. 우라늄주기 및 토륨주기

사용후연료에서 핵연료 원료물질을 회수하여 원자로에 재사용하는 방식은 초기 연료속에 들어있는 연료의 원료물질에 따라 다르다. 경수로 및 중수로처럼 저농축우라늄 또는 천연우라늄을 사용하는 경우 주된 핵연료물질은 U^{238}이며 이때 연료 재순환방식은 $Pu^{239}/U^{235}(U^{238})\ Pu^{239}$로 나타낼 수 있다. 고온가스 냉각로처럼 Th^{232}를 주된 핵연료 원료물질로 사용하는 원자로형의 경우 연료 재순환방식을 $U^{233}/U^{235}(Th^{232})\ U^{233}$으로 나타낼 수 있다. 이들 재순환방식은 연료가 반복 순환된다는 의미에서 연료주기라 하며 특히 전자를 우라늄주기, 후자를 토륨주기라 한다.

4개로 연결된 동위원소중 맨 처음 것은 재순환되는 핵분열물질을 두 번째는 초기 핵분열물질을 괄호 안의 것은 연료로 사용되는 연료물질의 동위원소를 나타낸다. 연료 재순환의 관점에서 우라늄주기와 토륨주기를 혼합한 형태로서 $U^{233}(U^{238})Pu^{239}$ 또는 $Pu^{239}(Th^{232})U^{233}$등 순환방식이 있을 수 있다. 혼합형 주기는 우라늄주기를 채택하는 원자로와 토륨주기를 채택하는 원자로를 결합할 때 형성되는 핵주기이다.

나. 비순환주기 및 재순환주기

연료주기는 사용연료의 재처리 유, 무에 따라 비순환주기(One-through Fuel Cycle) 및 재순환주기(Recycle Fuel Cycle)로 분류될 수 있다. 비순환주기는 원자로에서 일단 사용된 후에 인출된 연료를 재처리하지 않고 사용후연료 저장조에 보관하는 연료주기이다. 이 주기는 연료의 순환성이 부재하게 되고 따라서 연료주기가 열려있다는 의미에서 Open Cycle이라고 한다. 실제 연료주기 운용상에 있어 비순환주기의 사용후연료는 영구폐기 처분되는 경우와 나중에 재처리할 목적으로 잠정적으로 보관되는 경우등 두 가지 경우가 있을 수 있으며 전자를 Throw-away 연료주기 그리고 후자를 Stow-away 연료주기라 한다. 비순환주기는 중수로(CANDU)와 같이 천연우라늄을 연료로 사용하는 원자로형에 적합한 연료주기로 대단위 농축시설이나 재처리시설이 요구되지 않아서 연료주기 시설투자가 적다는 장점이 있고 단점으로는 운전중 중수로 노심의 임계도 유지조건과 관련하여 노심에 사용되는 구조물, 냉각재 및 감속재 등에 있어 중성자 흡수단면적이 작은 물질을 원자로 재질로 사용해야 되므로 감속재 및 냉각재로서 경수를 이용할 수 없고 중수를 사용하게 되며 그 결과 재농축 우라늄을 연료로 사용하는 경수로 보다 발전소 초기 투자가 비싸지게 된다. 뿐만아니라 연료의 평균 연소도가 다른 원자로형의 연료보다 작아서 연료의 단위 kg 장전당 성형가공비가 높다는 단점를 갖게 된다. 비순환 주기를 재농축 우라늄을 사용하는 원자로형에 적용하게될 경우 농축공정이 추가된다. 연료의 경제성이란 관점에서 볼때 우라늄 정광가격이 싸고 또 재처리 비용이 높아서 사용후연료의 재처리에 대한 인센티브가 없을때 채택되는 연료주기이다. 이 연료주기는 우라늄 낭비성 연료주기로서 천연우라늄 속에 들어있는 U^{235}를 불과 0.7~1% 밖에 활용치 못한다는 단점이 있다.

재순환주기는 모든 원자로형의 원자로에 적용될 수 있는 주기이며 이 주기의 장점은 사용후연료 속에 잔존하는 핵연료물질을 재사용하므로써 우라늄 자원의 보존에 기여할 수 있다는데 있다.

3. 우라늄 농축

가. 개요

천연우라늄의 동위원소중 U^{235}의 존재비를 0.71% 이상으로 높이는 작업으로 U^{235}나 U^{238}은 우라늄의 동위원소로서 화학적성질이 같기 때문에 보통의 화학적 방법으로는 이들 두 동위원소를 분리할 수 없다. 따라서 이들 두 동위원소의 근소한 질량차를 이용하여 분리할 수 밖에 없으며 그 방법으로서는 몇가지의 물리적방법이 필요하다. 여기에는 기체확산법(Gaseous Diffusion Process), 원심분리법(Centrifugation Process), 노즐(Nozzle)법과 헬리콘(Helicon)법 등의 기체역학법 등이 주요 방법들이다. 이상의 방법들을 사용하기 위해서는 기체상태가 되는 우라늄 화합물을 얻을 수 있어야 하며 이 화합물의 우라늄과 결합하는 상대방 원소는 질량수가 다른 동위원소를 갖지 않아야 한다.

이런 조건을 만족하는 것이 질량수 19의 동위원소 100%인 불소(F^{19})이다. UF_6는 상온에서 고체이나 대기압 조건 56.4℃에서 승화하여 기체로 변한다. 우라늄을 Yellow Cake로부터 UF_6로 변환하는 것은 바로 기체확산법 등에 의한 농축을 하기 위함이다.

나. 기체확산법

두가지의 동위원소가 들어있는 기체가 열평형상태에 도달하면 각각의 분자는 같은 평균 운동에너지를 갖게 된다. 이때 질량이 서로 다른 원소는 비록 같은 온도조건하에 놓이게 되더라도 다른 속도로 움직이게 된다. 즉, 두가지 질량이 다른 동위원소를 m_1, m_2, 각각의 분자속도를 V_1, V_2라 하면 $\frac{1}{2}m_1V_1 = \frac{1}{2}m_2V_2$의 관계가 성립한다. 이런점을 이용해서 동위원소를 분리하는 방법이 바로 기체확산법이다. 다른 표현으로 부연하여 설명하면 다음과 같다. 무거운 분자($^{238}UF_6$)와 가벼운분자($^{235}UF_6$)가 혼합된 기체를 미세한 구멍이 있는 격막을 통하여 확산시키면 가벼운분자($^{235}UF_6$)가 좀더 잘 격막을 통과한다는 원리를 이용한 것이 바로 기체확산법이다. 기체확산법은 기본분리단(Separation Unit)에서와 같이 고압의 UF_6 기체를 특수재질의 격막(Barrier)을 통하여 저압쪽으로 확산시키는 방법인데 세공(Pore)중을 확산하는데 있어 U^{235}가 U^{238}보다 확산속도가 약간 빠른 것을 이용하여 U^{235}를 농축시켜 줄 수 있는 것이다. 확산된 기체중의 농축도는 충분하지 못하므로 이 단계를 계속 반복하여 원하는 농축도를 얻게 된다. 격막에 한번 UF_6를 통과시켰을 때의 U^{235}의 분리율(분리계수 : Separation Factor)은 매우 적어서 1.003 정도 밖에 안된다. 이론적인 분리계수(α)는 다음과 같이 표현된다.

$$\alpha = \sqrt{\frac{무거운\ 분자질량}{가벼운\ 분자질량}} \quad 그러므로\ \alpha = \sqrt{\frac{^{238}UF_6}{^{235}UF_6}} = \sqrt{\frac{352}{349}} = 1.0043$$

따라서 실제로 U^{235} 0.71%의 천연우라늄을 3%로 농축하기 위해서는 격막의 통과 횟수가 약 1,000회를 넘어야 하며 원자폭탄 제조에 필요한 90% 이상의 농축우라늄을 얻기 위해서는 약 3,000회 이상 통과해야 한다.

분리작업량(Separative Work Unit)

분리작업량 = 제품 우라늄량×제품농도의 Weighting Factor + (폐품 우라늄량×폐품농도의 Weighting Factor) - (공급 우라늄량×공급농도의 Weighting Factor)

$$N = \frac{2}{\alpha - 1} \ln \frac{\frac{X_P}{1 - X_P}}{\frac{X_W}{1 - X_W}} \qquad V_{(x)} = (1 - 2x) \ln \frac{1 - x}{x}$$

$$F = P + W \qquad\qquad F \cdot X_F = P \cdot X_P + W \cdot X_W$$

$$W = \frac{X_P - X_F}{X_F - X_W} \cdot P \qquad\qquad F = \frac{X_P - X_W}{X_F - X_W} \cdot P$$

N	이상적인 다단 Cascade 농축공장에 소요되는 단의 수
X_P	농축공장의 최종 생성물의 UF_6의 농축도
X_W	폐기농축도
X_F	천연농축도(0.71%)
P	X_P 농축도를 갖는 최종 생성물의 우라늄 무게
W	농축공장의 회수부 종단폐기물(Tail)의 우라늄 무게
F	농축공장의 공급부 천연 UF_6의 우라늄 무게

분리작업량 S : 단위는 kg 우라늄으로 나타낸다.

$$S = P \cdot V(X_P) + W \cdot V(X_W) - F \cdot V(X_F)$$
$$= P \{V(X_P) + \frac{X_P - X_F}{X_F - X_W} V(X_W) - \frac{X_P - X_W}{X_F - X_W} V(X_F)\}$$

단위 분리작업량 당 농축비용은 농축공장의 운영비와 농축공장에 대한 초기 시설비로 결정된다. 만일 분리작업량의 단위 kg당 농축비용을 C_S 달러($)라 하면 농축우라늄의 값은 다음과 같이 나타낼 수 있다.

$$C_P = \frac{S}{P} \cdot C_S + \frac{F}{P} \cdot C_F - \frac{W}{P} \cdot C_W$$

C_P : 농축도 X_P의 우라늄 kg당 가격
C_F : 천연우라늄 kg당 가격
C_W : 감손우라늄(농축도 X_W)의 kg당 가격

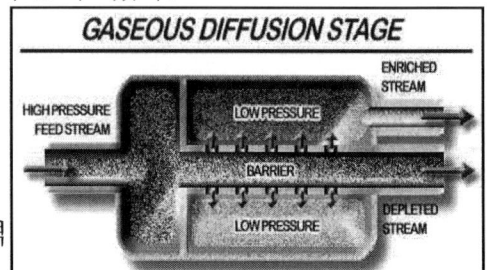

> 참 고
> **핵연료 주기**
> 채광 : 우라늄 광산에서 우라늄광을 채굴하는 과정으로써 노천 채굴법과 항도 채굴법이 실시되고 있다.
>
> 정련 : 우라늄 원광은 품위가 낮은 관계로 정련과정을 거쳐 고품위의 우라늄 정광인 Yellow Cake을 생산하는 과정이다.
>
> 변환 : 우라늄 정광은 품위가 70~90%인 U_3O_8 이므로 이것을 연료로 사용하는 경우 중성자 흡수 물질이 많아 불순물을 제거하고 농축과정에 사용되는 UF_6 기체로 변환시키는 과정이다.
>
> 농축 : 천연우라늄은 U^{235}의 무게비가 0.71%인 상태로 존재하므로 경수로 연료에 적합한 농축도인 3~5%로 농축시키는 과정이다. 상용화된 기술로는 가스확산법과 원심분리법이 있으며 그 외에 가스노즐법, 화학교환법, 레이저 농축법 및 플라즈마 동위원소 분리법 등
>
> 성형가공 : 원자로에 사용하기 적합한 형태의 연료집합체로 만드는 과정으로 재변환, 소결체 제조공정, 연료봉 제조 및 연료집합체 조립공정으로 구성
>
> 재처리 : 재처리공정은 사용후연료에 남아있는 우라늄과 플루토늄을 분리회수하고 분리하는 과정에서 생성되는 방사성 분열생성물을 제거하며 방사성 폐기물을 장기 보관하기 위해 안정된 형태로 변환시키는 공정

원전 연료주기도

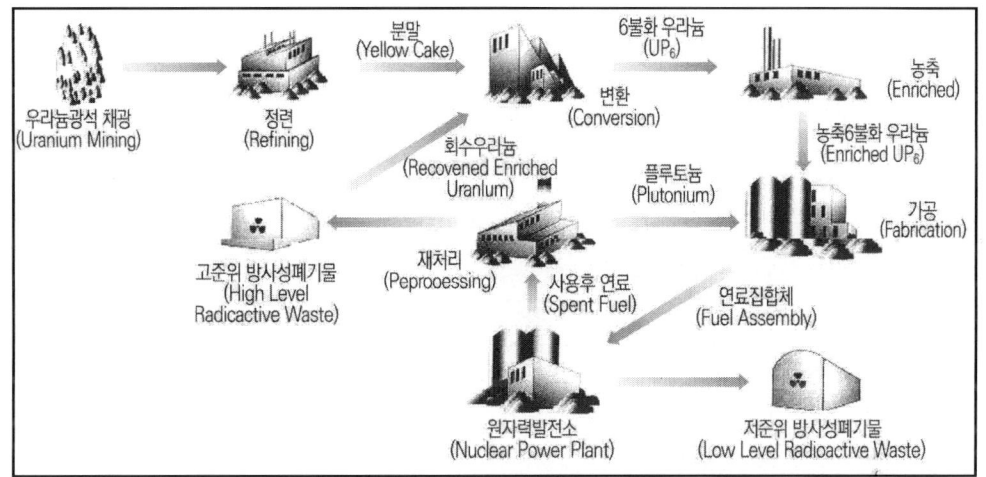

* UF_6 : F는 질량수 19임

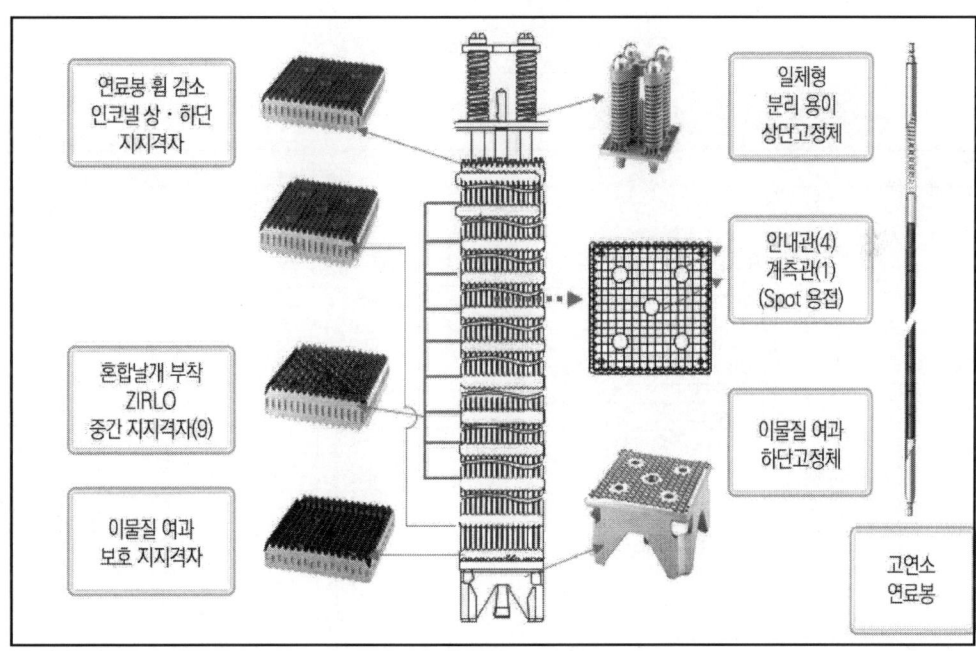

APR-1400 연료집합체

가압경수로 (PWR)

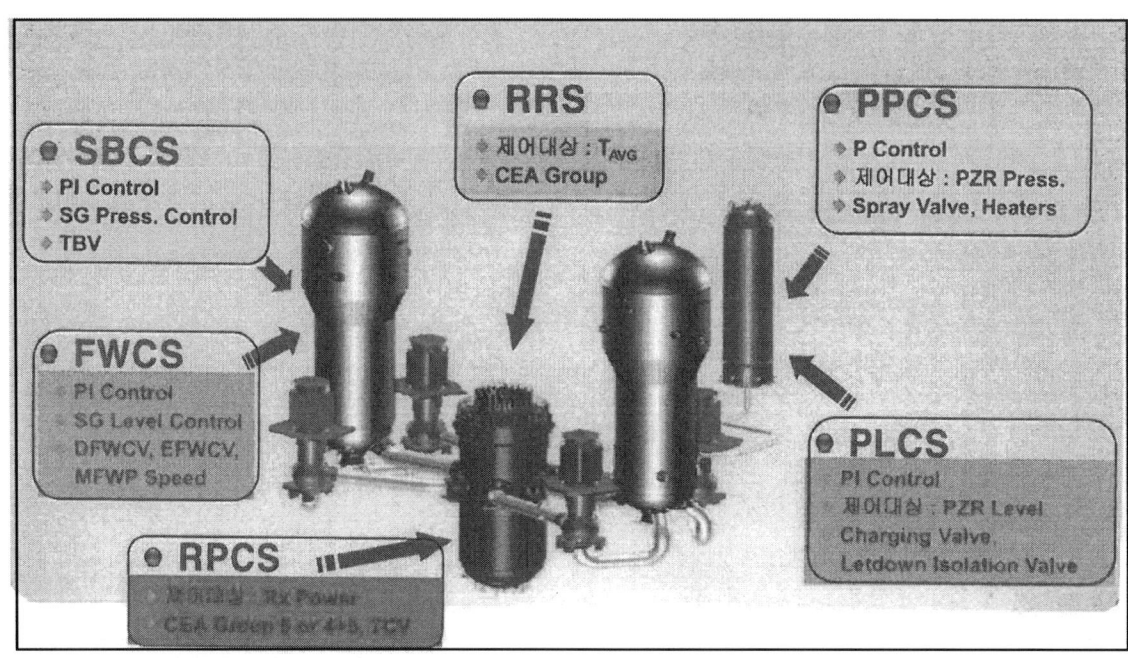

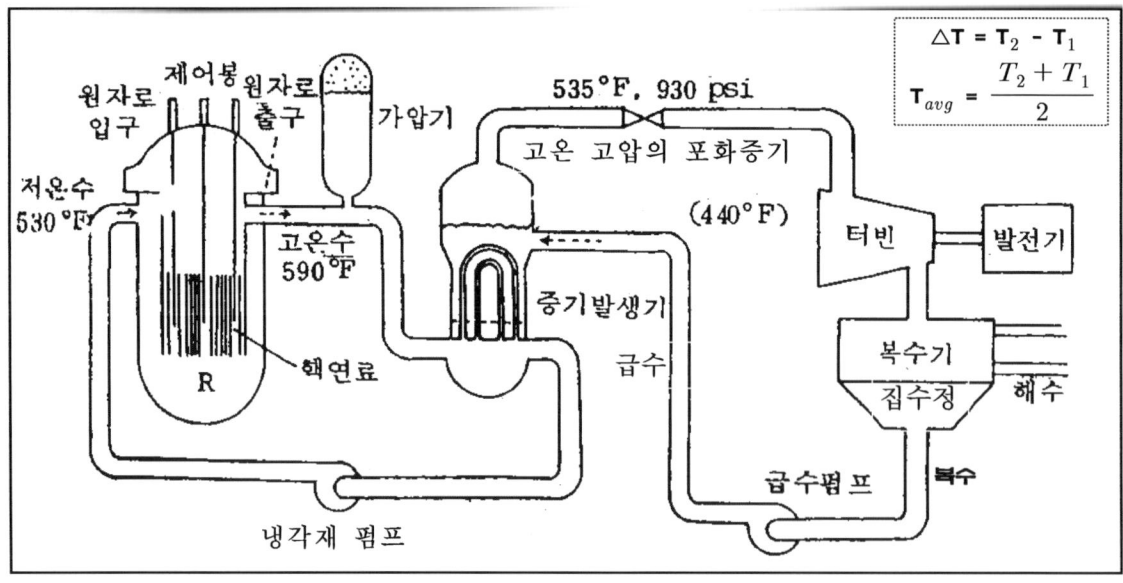

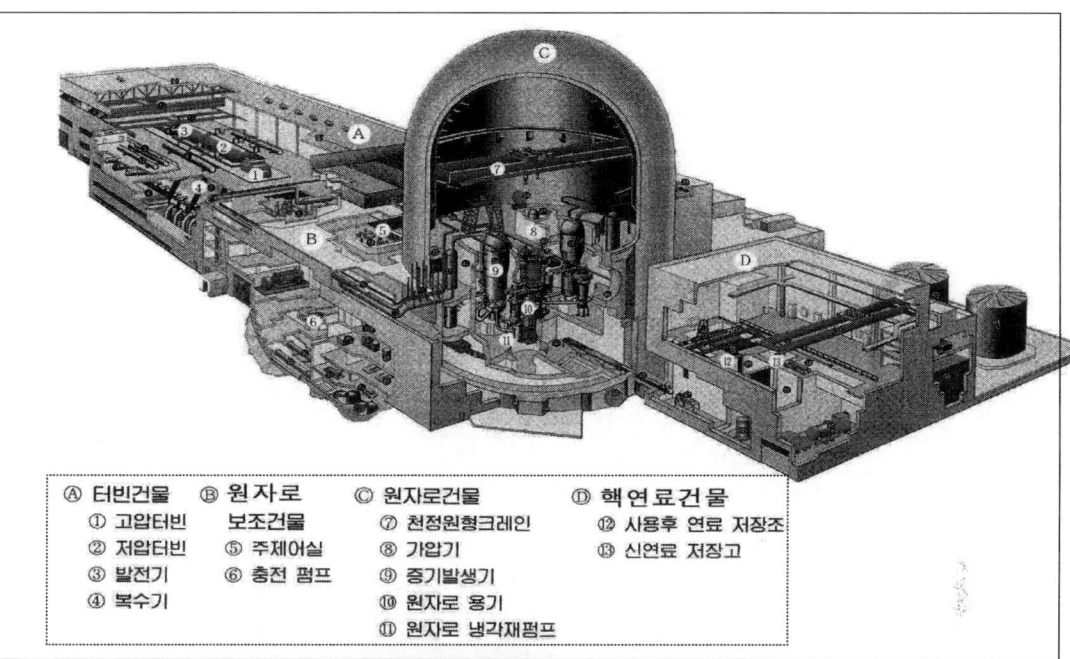

Ⓐ 터빈건물
① 고압터빈
② 저압터빈
③ 발전기
④ 복수기

Ⓑ 원자로 보조건물
⑤ 주제어실
⑥ 충전 펌프

Ⓒ 원자로건물
⑦ 천정원형크레인
⑧ 가압기
⑨ 증기발생기
⑩ 원자로 용기
⑪ 원자로 냉각재펌프

Ⓓ 핵연료건물
⑫ 사용후 연료 저장조
⑬ 신연료 저장고

제1장. 원전 구성

1. 원전 기본 개요

가압 경수로형 원전은 2개의 폐쇄회로로 구성되어 냉각재와 2차측 급수가 직접 접촉하지 않는다.

가. 1차측 순환유로인 냉각재계통에서는 냉각재가 원자로용기로 부터 연료와 분열로 생긴 열을 획득하여 증기발생기를 거치면서 열교환이 이루어진다.
즉, 증기발생기 튜브를 통하여 2차측 급수에 전달되어 터빈발전기를 돌리기 위한 증기가 생성된다. 증기발생기를 거친 냉각재는 냉각재펌프에 의해 원자로용기로 되돌려 보내지며 원자로 출구측 유로 상에 가압기가 있어 냉각재 압력을 일정하게 유지하는 역할을 한다.

나. 2차측 즉, 터빈발전기 사이클에서는 순수가 유체로 사용되는데 증기발생기의 동체측으로 들어온 급수는 냉각재와 튜브를 통한 열교환에 의해 비등이 일어난다. 이 고에너지의 증기는 터빈발전기로 보내어져 열에너지가 기계적 에너지로 변환되고 결국에는 전기적 에너지로 변환된다. 터빈을 거친 후의 저에너지의 증기는 복수기에서 해수로 응축된 다음 복수 및 급수펌프에 의해 급수가열기를 거쳐 증기발생기로 되돌려 보내진다.

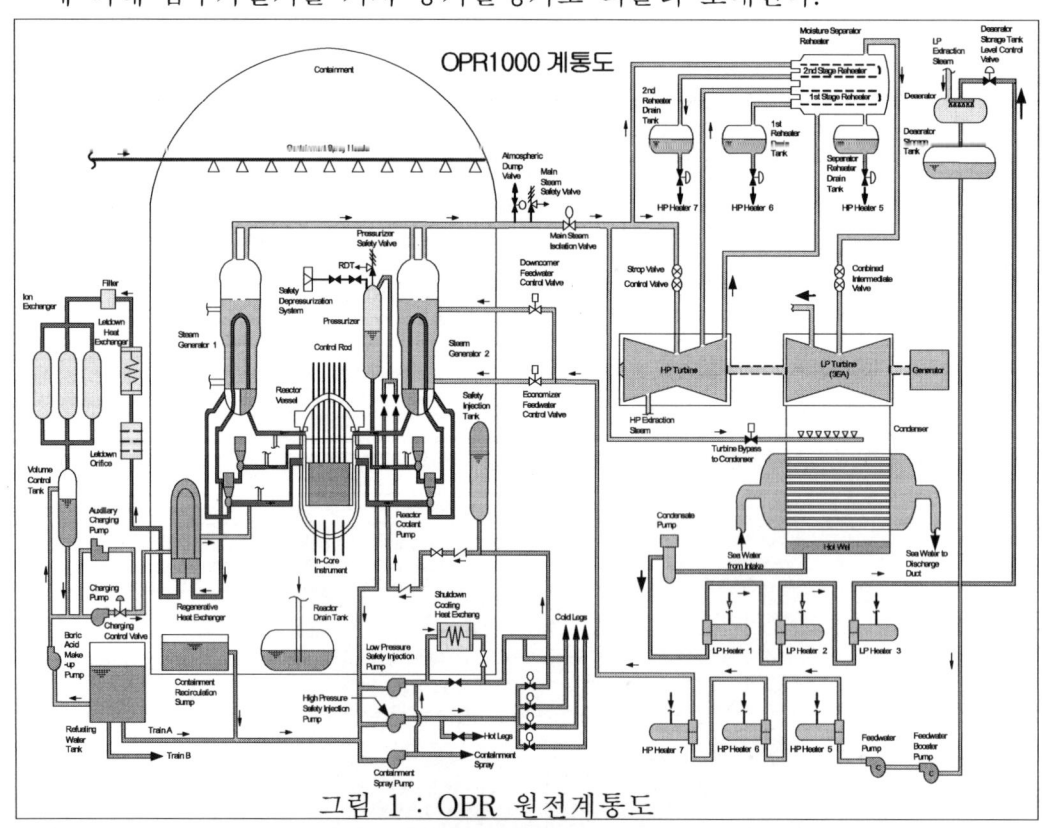

그림 1 : OPR 원전계통도

2. 핵증기 공급계통(Nuclear Steam Supply System)

핵증기 공급계통은 원자로 및 원자로용기에 연결된 폐쇄회로로 구성되어 있다. 각 유로에는 냉각재펌프와 증기발생기가 있고 전열기로 가열되는 가압기와 보조계통들이 있다.

가. 두꺼운 강철벽으로 된 원자로용기는 분열이 일어나는 노심을 내장한다. 노심은 우라늄 연료로 이루어진 연료집합체로 구성되어 있고 노심에서 발생되는 열의 양 즉, 노심의 반응도는 중성자를 흡수하는 제어봉과 냉각재의 붕산농도에 의하여 조절된다.

나. 증기발생기는 냉각재가 흐르는 수천 개의 U자형 수직 튜브를 내장하고 증기발생기 상부에는 습분분리 장치가 있어 증발된 증기를 터빈으로 보내기 전에 증기에 함유된 습분량을 0.25% 이하로 감소시킨다.

다. 냉각재 펌프는 수직형, 1단, 축밀봉 펌프로서 고온, 고압의 냉각재를 증기발생기에서 취수하여 원자로로 토출한다.

라. 가압기는 냉각재 유로중 원자로 출구관 하나에 위치하여 냉각재의 완충탱크(Surge Tank) 역할을 수행한다. <u>가압기에는 전열기(Heater)가 내장되어 있어 정상운전중 냉각재계통 압력을 일정하게 유지</u>하며 발전소 부하변동시 압력변화를 제한하고 비정상상태시 계통압력이 설계제한치 이내로 한다.

마. 보조계통들은 여러가지 기능들을 수행한다. 주요 기능으로는 냉각재계통의 충전 및 유출, 냉각재 정화, 노심의 반응도제어 및 부식방지를 위한 화학약품(^{7}LiOH : 사용 이유는 삼중수소 생성 방지) 주입, 원자로정지시 붕괴열제거, 비정상 또는 가상사고 발생시 비상 노심냉각 기능 등이다.

3. 증기발생 및 출력전환

증기발생기에서 터빈으로 열에너지를 전달하는 매개체로서 포화증기를 사용한다. 증기가 터빈날개를 거쳐 팽창할때 열에너지는 기계적 에너지로 변환된다. 이 기계적 에너지는 주발전기 축으로 전달되어 전기적 에너지로 전환되어 전기를 발생한다.

가. 터빈은 1개의 축에 여러 개의 터빈들이 직렬로 연결되어 있다. 증기발생기에서 온 증기는 고압터빈을 거친 후 저압터빈으로 들어간다.

나. 고압터빈으로 유입되는 증기는 조절밸브(Control Valve)에 의하여 조절되는데 이 밸브전단에는 비상시 신속하게 차단시키기 위한 정지밸브(Stop Valve)가 설치되어 있다. 고압터빈 제1단 압력(T_{ref})은 원자로 열출력에 대한 부하기준이 된다.

다. 고압터빈을 거친 증기는 습분제거 및 주증기에 의한 재가열을 위해 습분분리 및 재열기(Moisture Separator & Reheater)로 들어간다. MSR를 사용하므로서 터빈효율을 증대시킬 수 있고 저압터빈 배기의 습분 함유량을 감소시킬 수 있다.

> 습분분리 재열기(Moisture Separator & Reheater : 재열사이클 기기)
> 대기압의 비등점이 있는 물은 잠열을 받아서 증기로 변하므로 이러한 상태에서 생긴 증기를 포화증기(Saturated Steam)라 하고 포화증기가 고압터빈를 지나면 일부가 응축되어 물방울이 생긴다. 저압터빈으로 들어가기 전에 포화증기를 더 가열하여 주면 터빈에 열을 빼앗기더라도 물이 응축되지 않는다. 저압터빈에 들어가기 전에 증기를 과열(Superheat)하면 터빈에서 생기는 물의 양은 현저히 줄어든다. 물과 증기를 분리시키고 증기를 재가열하는 기기를 습분분리 재열기라 한다.

라. 저압터빈을 나온 증기는 터빈 하부에 있는 복수기로 배기된다. 복수기에서 터빈 배기증기는 복수기 튜브내부로 흐르는 해수에 의하여 응축되어 집수정(Hot Well)에 모이게 된다.

마. 복수 및 급수계통은 복수기에서 응축된 물을 재생 급수가열 사이클을 거쳐 증기발생기로 순환시킨다. 즉, 복수펌프는 집수정에서 취수하여 급수가열기들을 거치게 하며 급수펌프는 이를 다시 증기발생기로 공급한다.

제2장. 원자로 노심(Core) 및 핵적 특성(Nuclear Characteristics)

1. 개 요

원전의 주요 기능은 필요에 따라 적절히 열을 발생시킬 수 있어야 하는 것인데 그렇게 하기 위해서는 열을 발생하는 노심과 열을 운반하는 냉각재(Coolant)가 들어있는 압력용기인 원자로(Reactor)가 있어야 한다. 원자로 노심은 저농축 우라늄을 산화우라늄(UO_2) 형태로 하여 지르코늄 합금(저로 : 국내원전 대부분 사용)으로 피복을 한 연료(Fuel)와 반응도 조절장치 및 그의 감시계측설비와 여러가지 내부지지를 위한 구조물 그리고 냉각재로 구성되어 있으며 이 냉각재는 순수(H_2O)로서 또한 감속재의 역할도 겸하고 있다. 이러한 원자로계통은 과도한 운전상태(Transient Operation)에서도 노심을 손상시키지 않고 또한 냉각재계통의 규정압력을 초과하지 않도록 충분한 여유를 두어 설계되어 있다. 원자로 노심내의 연료는 그 위치하는 영역에 따라 농축도가 서로 다르게 배열되어 있다. 농축도가 가장 높은 연료는 노심내 가장 외각(Outer Region)에 위치하고 농축도가 낮은 연료는 노심 중앙부분에 섞어 놓아 출력분포를 가능한 한 균일하도록 배열한다.(기존 Out-In Refueling 방식)

재장전(Refueling)을 할때는 중심영역(Inner Zone)에 신연료를 장전하고 점진적으로 조사된 연료를 외각으로 이동하는 In-Out Refueling 방식에 가연성 독물질 봉을 포함시킨 연료 장전모형인 저누설 장전모형을 사용하고 있다. (기존방식 : 가장 낮은 농축도를 갖는 중심부의 연료를 제거하고 바깥부분의 연료를 중앙으로 이동한 다음 새연료(New Fuel)를 외각에 채워 넣는다. 이 재장전 방식은 원하는 출력분포를 이룩할 수 있으며 최선의 출력상태를 가능하게 한다) 원자로의 제어는 중성자 흡수물질로 제작된 제어봉과 냉각재에 용해된 중성자 흡수물질 붕산(H_3BO_3)에 의해 이루어진다.

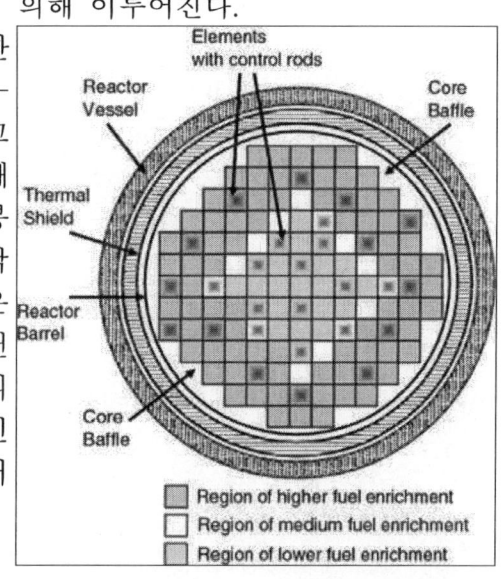

제어봉은 출력변동시에 사용하고 또한 원자로를 정지시키기 위한 부반응(Negative Reactivity)를 제공할때 그리고 온도변화에 따른 반응도변화를 조절할때 쓰인다. 원자로 비상정지(Trip)시 제어봉은 중력차에 의해 노심내에 자동으로 낙하된다. 냉각재에 용해되어 있는 붕산은 연료연소 및 출력변동에 따르는 제논천이(Xenon Transient)에 의한 반응도의 변화를 보상하도록 그 농도를 변동시킨다. 붕산농도 변화는 화학 및 체적제어계통에 의하여 수행된다.

2. 펠렛(Fuel Pellet : 소결체)

> 피복재 특성
> 가. 펠렛을 피복하므로서 분열생성물 누출방지
> 나. 펠렛의 냉각재에 대한 부식방지
> 다. 냉각재 압력과 유체 역학적 응력에 견디어야 한다.
> 라. 냉각재에 의한 부식 등 화학적 반응을 견디어야 한다.
> 마. 피복재내는 분열생성물에 의한 화학적 반응 및 내압과 펠렛 변형에 따른 강제변형을 받는다.
>
> 피복재 선정시 고려사항
> 가. 분열생성물 누출 : 내식성, 강도 및 펠렛과 화학반응이 없을 것.
> 나. 핵적 성질 : 열중성자 흡수단면적 및 감마선, 중성자가 원자로내 주요 방사선이고 특히 중성자가 금속재질을 손상시키는 조사효과
> 다. 물리적 성질 : 강도, 연성, 열전도도 및 고융점
> 라. 제조 기술관련 : 성형가공성, 용접성
> 마. 재처리가 쉬운 것
>
> 소결(Sintering)
> 연료를 용융시키지 않고 가열하여 덩어리로 만드는 것. 1,500°F에서 12시간 정도 구워지며 수축되어 고밀도화 됨으로써 연료봉내에서 펠렛의 팽창 및 수축, 부풀음(Swelling)을 최소화시킨다.

노심의 핵심이 되는 부분은 연료의 구성 성분인 펠렛이다. 펠렛은 산화우라늄의 분말(粉末)을 규정된 밀도를 유지하도록 냉각압축(Cold Pressing)과 소결(Sintering) 과정을 거쳐 제작된 것이다. 산화우라늄은 피복재 재질과 피복재내에 넣는 헬륨(기체)과 고온, 고압에서도 화학적으로 안정하며 펠렛 양쪽 끝은 접시형태의 홈이 파여서 열팽창을 허용하도록 되어 있다.

3. 연료봉(Fuel Rods)

<u>연료봉</u>
가. 발전소 열원 : 펠렛에서 열발생, 피복재를 통해 냉각재로 열전달
나. 방사성물질의 근원 : 피복재의 건전성이 매우 중요
다. UO_2를 연료로 사용
라. UO_2를 소결시켜서 펠렛으로 사용 : 이론밀도의 약 95%
마. 피복재로는 질코늄(Zr) 합금인 저로(Zr + Sn + Fe + Nb) 사용 : 중성자 흡수단면적이 낮으며 적당한 고온 강도와 내부식성
바. 취급 및 운송중 펠렛의 유동을 방지하기 위해 플래넘(Plenum) 준비

<u>Zr-4 구성</u>
Sn : 1.1~1.5%, Fe : 0.02~0.24%, Cr : 0.06~0.14%, Ni : 0.01% Max
O : 0.1~0.16

<u>Zr-4 기능</u>
가. 800°F에서 본래의 기계적 특성 유지
나. 기계적 강도가 크고 흡수 단면적이 적다.
다. 고온수중에서 부식 급증, 검은색 산하 피막 형성
라. 밀착력, 열전도도가 좋다.
마. 융점이 높고 부식방지에 유리

<u>UO_2</u> : 열전도도 특성이 좋고 산소원자핵의 흡수단면적이 적고 연료 연소가 과다할때 깨어지는(Crack) 점을 제외하면 기하학적으로 안정하고 성형가공이 쉬운 장점

<u>He Gas 충진</u>(초기 : 200~400Psig, 운전시 : 900~1,300Psig, 중수로 : 1Psig)
가. 피복재 피로 방지
나. 찌그러짐 방지 (외압에 의한 압축응력 최소화)
다. 열전달 향상 (기체 분열생성물의 방출에 의한 펠렛과 피복재간의 기체 열전도도의 급격한 저하를 예방)
라. 피복재 평탄화 방지

<u>피복재와 펠렛사이 간격 유지 목적</u>
가. 핵분열시 생성되는 기체 저장
나. 피복재와 펠렛의 상이한 열팽창계수 고려
다. 연료 밀도변화 수용

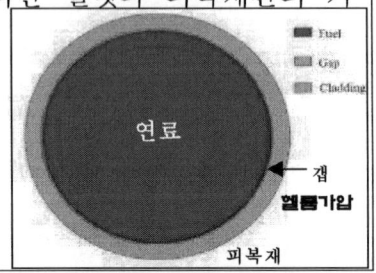

펠렛(산화우라늄)은 피복재인 저로 튜브내에 넣은 다음 피복재 양쪽 끝은 End Plug로 용접 밀봉하여 연료봉을 만든다. 연료봉내의 펠렛은 압축스프링에 의해 고정되어 있어 운반도중 안정하도록 되어 있다. 연료봉 내부에는 헬륨기체를 약 400파운드 정도로 가압 충전하여 연료와 피복재 상호간의 기계적인 반응을 감소시키고 또한 피복재가 운전중에 받게되는 재질의 열화(劣化)를 감소시키므로써 연료봉의 신뢰를 높여준다.

4. 연료집합체(Fuel Assembly : WH형)

연료봉을 17×17(16×16 형태)개로 정사각형으로 배열하여 한 개의 연료집합체를 형성한다. 289개의 연료봉의 위치중에서 24개소는 제어봉 집합체(Rod Control Cluster Assembly)가 삽입되도록 연료봉 대신에 제어봉삽입체 안내관이 상부노즐과 하부노즐에 용접되어 있다. 중앙의 1개소에 노심 내부계측장치(Incore Instrument)가 위치하게 되므로 한 개의 연료집합체는 도합 264개의 연료봉으로 구성된다. 하부노즐은 냉각재의 유량을 균일하게 배분하여 각 채널내에 일정한 냉각재가 흐르도록 하게하며 동시에 연료의 하부지지물의 역할을 겸하고 있다. 상부노즐은 연료의 상부지지물의 역할과 동시에 가열된 냉각재가 Upper Core Plate의 Flow Hole에 도달할때 이를 잘 섞어주는 기능을 갖는다. 연료봉은 하부노즐과 상부노즐의 지지점에서 용접되어 있는 것이 아니므로 연료봉은 축방향으로 자유롭게 열팽창 할 수 있어서 열팽창시 연료봉이 휘지 않도록 한다. 모든 연료집합체가 제어봉을 가진 것은 아니지만 동일한 기계적 설계로서 되어있다.

즉, 어떤 연료집합체는 중성자선원(Neutron Source)를 갖고 또 특정한 집합체는 <u>가연성독물질(Burnable Poison)</u>을 갖는다. 제어봉 안내관에는 제어봉도 들어갈 수 있고 중성자선원도 들어갈 수 있으며 가연성독물질도 들어갈 수 있다. 이들중 어느 것도 들어가지 않는 안내관은 Plug로 막아서 냉각재의 흐름이 없게 한다. 노심설계는 다중 영역형으로서 3가지의 서로 다른 농축도를 가진 연료집합체를 사용한다.

높은 농축도를 가지는 연료집합체를 노심의 가장자리에 장전하고 낮은 농축도 연료집합체를 노심중앙에 장전하여 노심의 출력분포를 균일하게 할 수 있다. 그러나 근래에는 중성자 누설률을 줄이고 연료의 이용률을 높이기 위하여 상기의 반대 장전방식 즉, 중성자 저누설 장전방식(Low Leakage Loading Pattern : L^3P)을 채택하고 있는 추세이다.

> <u>수용성 독물질의 역할</u> : H_3BO_3 (붕산 : Chemical Shim)
> 장기 반응도 제어 목적으로 사용하며 수용성 독물질이 노심전체에 균일하게 분포됨으로서 제어봉에 비하여 중성자속 분포를 균일하게 하고, 사고시 노심내에 다량 주입이 용이

가연성 독물질(Burnable Poison Rod)
가. 반응도의 느린변화의 상쇄 혹은 출력의 저속제어를 위해 가연성 독물질 사용 (노심수명이 증가하면 점점 연소되어 노심말기에는 모두 연소되므로서 연료연소에 의한 반응도를 보상)
  ○ 노심 내에 장전된 잉여 반응도를 초기에 억제
  ○ 과도한 붕산농도에 따른 정(+)반응도 주입방지
  ○ 노심의 균일한 반경방향 중성자속 분포 유지
나. 펠렛형태의 가연성 독물질 방법은 처리해야 할 폐기물의 양을 줄이고 잔류 반응도 페널티(Penalty)를 줄이는 등의 장점이 있다.

연료집합체 구성
가. 펠렛 : 분열에 의해 열과 중성자 발생
나. 피복재 : 분열생성물의 1차 방호 및 연료에서 생성된 열을 냉각재로 전달
다. 격자체 : 연료봉간의 격자구조
라. 구조재 : 연료집합체의 구조 및 강도 유지

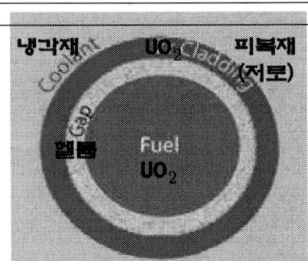

연료 건전성 진단
가. 운전중 연료 건전성 진단
 1) 전방사능 분석 : 연속 또는 정기적, 신속하나 정밀분석은 곤란
 2) 요오드 방사능 분석 (I^{131}, I^{131}/I^{133})
  가. I^{131}의 방사능이 클수록 큰 결함
  나. I^{131}/I^{133}이 작을수록 큰 결함
 3) 세슘방사능 분석 (Cs^{134}, Cs^{137}) : 연소도 증가시 Cs^{137}/Cs^{134}값이 작아진다.
 4) 중성자속 검출 : 제어봉 삽입시 중성자밀도가 감소되는데 반해 국부적으로 증가할때 피복재 결함으로 판정
나. 연료 교체기간중 건전성 시험
 1) 육안검사 (수중카메라, 녹화장비) : 거시적인 외적 결함만 검사
 2) Sipping Test
  가) 습식 : 작은 결함발견이 곤란하고 원자로에서 인출한지 오랜 경과후 I^{131}/I^{133} 요오드 방사능, 전 방사능(β, γ)
  나) 건식 : 습식에 비해 자세한 자료, 원자로에서 인출한지 얼마되지 않았을때 Xe, Kr 동위원소
  다) 습, 건식 : 검사시간이 길고 정확한 측정값과 손상부위의 판정이 가능
다. 초음파 탐상
  펠렛과 피복재 사이에 수분 존재시 초음파가 수분에 의해 산란되어 수신 탐촉자에 펄스가 나타나지 않는다.

저누설 장전모형(Low Leakage Loading Pattern : L³P)
가. 장 점
 1) 노심내 중성자의 외부 누설감소
 2) 주기(Cycle)의 연소도 향상으로 연료이용률 증가
 3) 사용된 연료를 노심 가장자리(Edge)에 장전하여 원자로용기의 피로현상(Fatigue) 감소
나. 단 점
 1) 노심중앙과 가장자리 사이에 높은 중성자속 만곡(Buckling)에 의한 첨두치(Peaking) 발생
 2) 가연성 독물질을 2주기 이후에도 계속 사용
 3) 연소도에 따른 페널티(Penalty) 고려
 4) 출력제한 문제
 5) 핵 설계의 복잡성

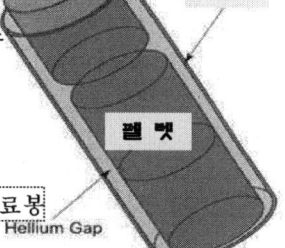

그림 : 연료봉

5. 제어봉 집합체(Rod Control Cluster Assembly : 표준형)

제어봉 집합체는 원자로의 기동과 출력변화에 따르는 소량의 반응도 변화에 상응하여 사용한다. 하나의 연료집합체는 24개의 원통형의 중성자 흡수체로 구성되는데 그 제원은 연료봉과 거의 동일하다. 제어봉은 그 상부에서 거미발 모양의 Spider에 연결되어 Spider Assembly 라고도 부른다.

제어봉은 전장제어봉과 부분장 제어봉의 두 가지로 구분된다. 제어봉의 기능은 중성자의 직접적인 흡수와 누설중성자(Leakage Neutron)를 증가시키므로서 가능한 것이다. 제어봉을 사용할때의 바람직하지 못한 효과는 중성자속 왜곡(Flux Distortion)이다.

가압경수로에서는 과도상태(Transient)를 제외하고는 제어봉을 인출해서 연료의 균일한 연소(Burn-up)를 유도한다. 전장제어봉은 반응도 조절능력이 가장 큰 노심중앙에 위치한 제어봉을 제외하고도 안전하게 원자로를 정지할 수 있도록 설계되어 있다. 부분장 제어봉은 하부의 $\frac{1}{4}$ 길이에만 중성자 흡수물질이 들어있고 기계적인 구조가 전장제어봉과 동일하다. 부분장 제어봉은 수직 출력분포를 균일하게 하기 위하여 사용된다. 즉, 중성자속 첨두치(Flux Peak)에서 중성자를 흡수하여 균일한 중성자속 형태(Flux Shape)를 얻도록 하여준다. 제어봉은 안내관 썸블(Guide Thimble)내에서 상하운동을 하게 되는데 안내관 썸블의 하단부에는 많은 구멍이 뚫려 있어 냉각재의 통로가 되게하며 제어봉의 삽입을 가능하게 하고 이 안내관 썸블은 연료집합체 격자중 일부를 차지하며 대칭으로 배열되어 있다. 또한 안내관 썸블의 하단부는 점차로 내경(內徑)이 작아져 있게 되어 있으므로 제어봉이 낙하할때 충격을 방지할 수 있도록 그 속도를 늦추어 준다.

제어봉

원자로를 제어하는데 사용되므로 중성자를 흡수하는 물질로 노심에 삽입할 수 있도록 설계되어 있다. 제어봉을 이동하여 중성자 증배계수(K)를 조절하며 인출하면 K[열중성자 이용률(f)와 공명이탈확률(P) 그리고 제어봉 삽입에 따른 감속재 감소에 의해 속중성자 비누설확률(P_f)에 영향]가 증가하고 삽입하면 감소한다. 이 방법으로 원자로를 기동, 운전, 정지시키며 출력변화도 조절한다. 제어봉은 중성자 흡수가 주 목적이므로 열중성자 흡수단면적이 커야하고 안정된 형상 및 시간에 따른 변형이 작아야 한다. 또한 중성자와 감마선 흡수로 인해 열이 발생하기 때문에 이러한 열을 제거하기 위한 열전도율도 좋아야 한다.

제어봉 중첩 이유
가. 균일한 미분 제어능 값 유지
나. HCF 제한치 이내 유지
다. 축방향 중성자속 분포 균일

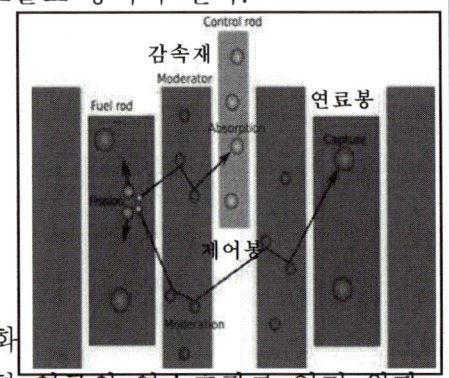

제어봉 삽입한계(Rod Insertion Limit)
가. 충분한 정지여유도 확보
나. 제어봉 이탈사고시 그 충격을 최소화
다. 중성자속 분포를 고르게 하여 균일한 연료의 연소효과를 얻기 위함

제어봉 인출한계(Rod Withdraw Limit)
가. 출력감발시 일어날 수 있는 증기덤프를 방지
나. 자동 제어모드에서 설정치 이상 인출되는 것을 방지

정지여유도(Shutdown Margin)
미임계상태의 원자로에 대하여는 임계와 벌어진 정도를 말하고 임계상태의 원자로에 대하여 모든 제어봉 삽입시 임계로 부터 벌어지는 정도

제어봉 재질의 특성
가. 열중성자 흡수단면적(σ_a)이 커야 한다.
나. 기계적 강도가 양호해야 한다.
다. 피로(Creep) 현상이 적어야 한다.
라. 가격이 저렴해야 한다.
마. 밀도 및 융점이 높아야 한다.
바. 열전도성이 좋아야 한다.
사. 방사선에 대한 안정성이 우수해야 한다.
아. 내부식성을 가져야 한다.

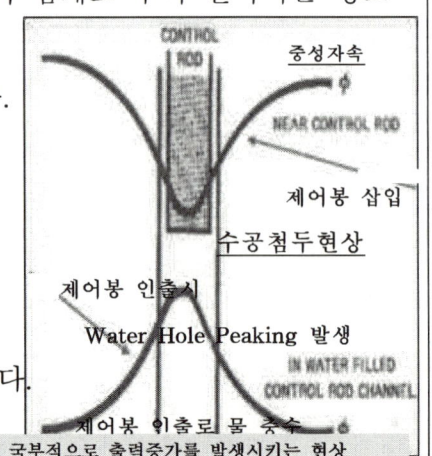

제어봉 인출시 안내관 내로 냉각재 유입으로 인한 국부적으로 출력증가를 발생시키는 현상

6. 열 및 유체역학적 설계(Thermal-Hydraulic Design)

> 노심에서 열전달
> 가. 전도(Conduction) : 연료, 피복재
>   한 물체 내에서 온도차 때문에 한곳에서 다른 곳으로 열이 전달되는 경우로 물체 자체의 운동이나 위치변화는 없다. (연료봉에서 생성된 열이 연료봉 표면으로 전달되는 과정)
> 나. 대류(Convection) : 피복재에서 냉각재로 전달
>   고온영역과 저온영역 사이를 흐르는 유체의 혼합운동, 에너지 저장, 열전도 등의 복합적 방법으로 에너지가 전달되는 현상(연료봉 표면까지 전도되어 온 열이 연료봉 밖을 흐르는 냉각재에 전달되는 과정)
> 다. 복사(Radiation : 사고시 열전달 방식)
>   물체가 갖고 있는 온도에 의해 전자파 형태로 물체에서 방출되는 열 (중수로 냉각재계통의 연료에서 감속재계통의 D_2O로 열전달 방식)

노심의 열 및 유체역학적 설계의 근본 목적은 연료에서 생성된 열을 냉각재에 전달하는데 있다. 물론 최악의 과도상태 하에서도 연료봉은 건전성은 유지되어야 한다. 연료봉의 건전성을 유지하고 분열생성물의 방출을 방지하기 위하여 피복재는 어떤 운전조건하에서도 과열되어서는 안된다.

이는 핵비등 이탈(Departure from Nucleate Boiling)를 초과하지 않음으로서 달성할 수 있다. 왜냐하면 DNB 이후에 열전달 능력은 급격히 저하되어 결과적으로 연료봉의 온도를 높이기 때문이다. DNB의 발생여부는 DNBR를 계산하므로써 알 수 있다. (DNBR은 예측되는 DNB 열속에 대한 실제의 열속의 비) 모든 가압 경수로형은 DNBR치가 1.3 이상에서 운전하도록 설계되어 있다. UO_2 연료의 안전성을 유지하는데 있어 또 하나의 중요한 고려사항은 연료의 온도를 UO_2의 융점(Melting Point) 이하로 유지하는 것이다. 펠렛의 온도곡선은 KW/ft로 표시되는 출력밀도(出力密度)로부터 결정된다. 계산에 의하면 21KW/ft의 출력으로서도 연료봉 중심의 용융(Melting)은 일어나지 않는다고 한다.

연료봉에서의 최대 선형출력밀도(LPD)는 최대 과출력상태(Over-power)에서도 이보다 적은 값이므로 적절한 안전율을 가지고 있는 셈이다.

여기서 DNB와 Hot Channel Factor에 대해서 생각해보면 그림에서 열전달 상태를 나타내는 △T Film은 <u>피복재표면의 온도와 냉각재의 포화온도 차이</u>로서 정의되고 <u>임계열속(Critical Heat Flux) 또는 DNB 열속</u>으로서 정의되는 C점 이후에서의 q″의 값은 급격히 감소하여 비등위기(Boiling Crisis)가 생기는 것을 알 수 있다. CD는 부분막비등 영역(Partial Film Boiling Region), DE는 막비등 영역(Film Boiling Region)이다. <u>노심의 최대 열속과 평균 열속의 비</u>를 Hot Channel Factor라 하고 다음과 같이 표시한다.

Hot Channel Factor F_q = $\dfrac{\text{최대 열속}}{\text{평균 열속}}$ = $\dfrac{\text{선형 출력밀도의 첨두치}}{\text{평균치}}$

Hot Channel Factor(원자로 노심의 열역학적 설계조건)

가. 표면비등이 필수조건일때는 연료펠렛(燃料素片)의 최대 표면온도가 냉각재의 포화온도보다 커서는 안된다.

나. 이 조건아래의 최대 열속은 燒損熱束의 $\dfrac{1}{3}$ 이어야 한다. 만약에 이 두 요구조건이 충족되었다면 금속 내부온도, 냉각재 열속 등을 결정하는 것은 어렵지 않다.

평균 열속 = $\dfrac{\text{정격열출력}}{\text{연료집합체} \times \text{집합체당 총 연료봉수} \times \text{연료봉길이}}$

또한 DNBR(Departure from Nucleate Boiling Ratio)은

DNBR = $\dfrac{DNB \text{ 열속}}{\text{최대 국부열속}}$ = $\dfrac{\text{핵비등 이탈이 시작되는 예상 국부열속}}{\text{실제 국부열속}}$

로 표시하는데 DNBR이 1.3보다 커야 된다함은 그 보다 작을때는 비등위기(Boiling Crisis)에 접근하게 되므로 피복재에 급격한 온도상승으로 용융을 초래할 위험이 있음을 말하며 실제로 원전 사고분석에서는 어떠한 사고시에도 최대 DNBR 값이 1.3 이하가 되지 않도록 설계하고 있고 원전 설계제한의 첫째 요소가 된다.

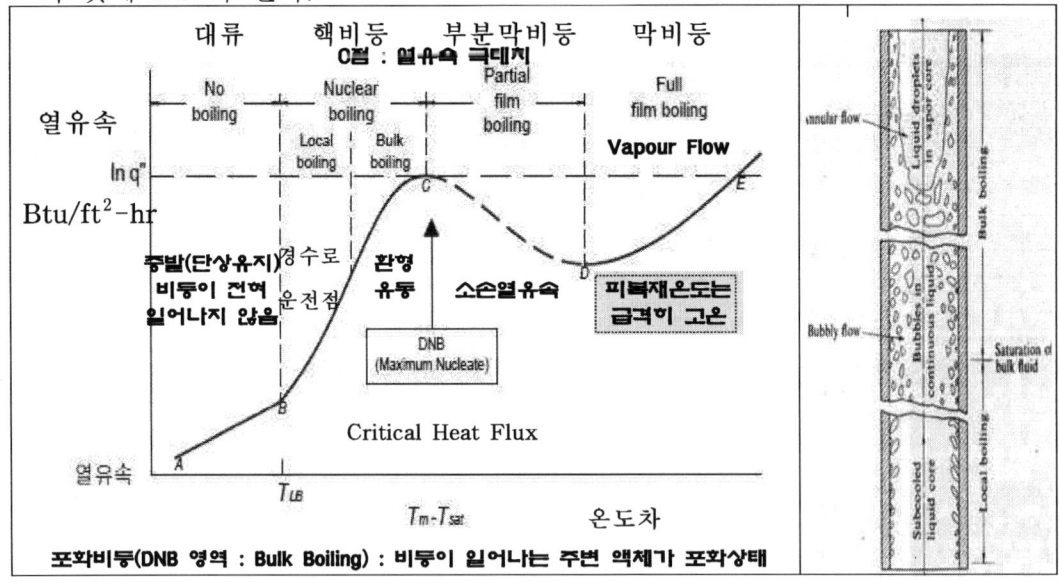

그림 : 비등유체에 있어서 열유속과 과열도와 관계

피복재의 온도가 1,800°F 일때 Zr-H$_2$O 반응이 일어나기 시작하고 2,300°F에서 이 반응이 가속되고 3,375°F에서 용융이 일어난다.

그러므로 원전에서는 DBA(Design Basis Accident) 후에도 피복재의 온도가 2,300°F가 넘지 못하도록 제한한다. 이는 최대 출력밀도를 18.8KW/ft로 제한해야 함을 의미한다. 이러한 출력밀도는 DBA 후에 Metal-Water 반응을 1% 이하로 할 출력이 있다고 한다. 그러므로 DBA에서 피복재의 온도를 2,300°F로 제한하기 위해서는 정상운전중 최대 열속을 18.8KW/ft로 제한하는 것이다. 만일 Hot Channel Factor의 값을 줄일 출력이 있다면 그것은 노심의 평균출력 열속을 증가시킬 출력이 있으므로 결국 노심의 출력을 증가시키는 것이 가능하다는 것을 의미한다.

가. 열전달 곡선

전열면의 온도(T_m)와 액체의 포화온도(T_{sat})와의 차이에 대해 전열면에서의 열유속(Heat Flux, Q : 단위 전열면적당의 열전달량의 변화)의 변화. 액체 전체는 포화온도

열속을 Y축, 표면 초과열(피복재 표면온도와 포화온도와의 차이 : $T_m - T_{sat}$)을 X축으로 표시하고 이들 관계를 Jens-Lottes 상관관계식(일정압력에 대한 표면 초과열은 $\frac{1}{4}$에 비례)에 따라 표시한 것을 열전달곡선이라 한다.

1) 영역 Ⅰ : 대류 열전달영역

기포의 발생이 없이 자연대류가 이루어진다. 전열면에서 가까운 액체는 포화온도 이상으로 약간 과열되어 액체표면으로 상승한 후 증발

2) 영역 Ⅱ : 핵비등영역

기포가 전열면에서 형성. 기포는 액체가 포화온도 보다 낮으면 냉각되어 복수가 되면서 기포가 가지고 있던 잠열(Latent Heat)을 방출. 영역(Ⅱ)은 액체의 온도가 포화온도 이하이기 때문에 발생된 기포가 액체중에 혼합되면 응축되는 과냉핵비등(Subcooled Nucleate Boiling)영역이라 하고 영역(Ⅲ)은 액체의 온도가 포화온도 이상이기 때문에 발생된 기포가 액체중에 혼합되어 존재하는 포화핵비등(Saturated Nucleate Boiling)영역 또는 부피비등(Bulk Boiling)영역

가) Local Film Boiling (Subcooled Nucleate Boiling)

나) Bulk Boiling (Saturated Nucleate Boiling)

3) 영역 Ⅳ : 부분막비등(Patial Film Boiling) 영역

열유속의 극대점을 지나면 기포의 형성이 너무 빨리 일어나는 관계로 기포가 전열면을 뒤덮고 새로운 액체가 유입하는 것을 방해. 기포가 합쳐져서 증기막(Vapor Film)을 형성하여 일부 전열면을 덮어 버린다. 열은 이 증기막을 통해 전도되어야 하고 이 증기막의 열저항이 열전달율을 감소시킨다. 이 영역은 핵비등에서 막비등으로 바뀌는 불안정한 영역. 이 영역에서는 대류에 의한 열전달이 감소하고 주로 증기막을 통한 전도에 의해서 열이

전달되므로 열전달율이 감소한다.

핵비등 이탈점(Departure from Nucleate Boiling Point)이라 말하고 이 점의 열유속을 임계열유속(Critical Heat Flux : 가열면에서 발생한 증기막이 가열면을 덮으면서 가열면의 온도는 급격히 상승) 또는 DNB 열유속

가열에 사용된 전열선은 DNB점에서 불안정한 상태에 놓이게 되는데 이는 DNB점에서 열유속을 더욱 높이면 급속히 온도가 상승하게 되어 안전한계를 넘길 수 있다. 막복사영역의 온도는 보통 재료의 용융점 이상의 온도가 되고, 이때 재료의 표면은 Burnout 된다. DNB점과 막복사영역 점에서의 열유속을 Burn-out 열유속

4) 영역 Ⅴ : 막비등(Film Boiling)영역

전열면에 부분적으로 덮여 있던 증기막이 온도증가에 따라 점차 커져서 이웃하고 있는 증기막과 연결되면 결국 전열면 전체가 증기막으로 덮히게 된다. 전도나 복사에 의해 열전달이 이루어지므로 전열면의 온도가 상당히 증가한다.

막비등에 있어서는 각 기포가 합착(合着)되어 증기 Blanket를 형성하여 금속표면을 덮게 된다. 그 결과 유체를 열교환표면으로 부터 실질적으로 절연시키게 된다. 따라서 열전달계수가 감소하여 ΔT가 증가하는데도 불구하고 熱束은 감소하게 된다.

---

5) 영역 Ⅵ : 막복사 영역

전열면의 온도가 더욱 증가하면 대부분의 열전달이 증기막을 통한 복사 열전달에 의해 이루어진다.

나. 가열방법에 따른 비등(Boiling) 구분

1) Pool Boiling

액체와 접촉하고 있는 전열면을 통해 열이 전달되어 전열면 상에서 증기가 발생되는 과정

2) Volume Boiling

액체내의 화학반응이나 핵반응에 의해 열이 발생하여 액체내부에서 균일하게 일어나는 비등

다. 액체온도 기준에 따른 비등 구분

포화비등에서 발생된 기포는 액체표면으로 떠올라서 표면에서 부서지게 되지만 과냉비등의 경우에는 발생된 기포가 액체표면에 도달하기 전에 부서져 버린다.

1) 포화비등(Saturated Boiling) : 포화수에서 증기의 형성이 일어나는 것
2) 과냉비등(Subcooled Boiling) : 전열표면의 결함부위에서 유체의 증발잠열

이 흡수됨으로써 과냉비등 유체에서 조그만 증기기포가 형성되는 현상 즉, 포화온도 보다 낮은 상태에 있을 경우

> **핵비등 이탈(Departure From Nucleate Boiling) 정의**
> DNB로 부터의 근접정도를 정량화한 것으로 DNB Point로 부터 어느정도 위치에 있는가를 수치적으로 나타낸 값 (대류 열전달계수를 급격히 감소시켜 주로 전도와 복사에 의한 열전달이 일어나게 하는 열속)
>
> **국부 DNBR이 감소되는 인자**
> 국부 노심의 열유속의 증가, 냉각재 유량감소, 냉각재 압력감소, 냉각재 온도증가 및 중성자속의 왜곡

7. 반응도 제어(Reactivity Control)

반응도의 제어는 중성자를 흡수하는 제어봉과 냉각재내에 용해되어 있는 중성자 흡수물질인 붕산에 의하여 이루어진다. 연료감손(Fuel Depletion), 핵분열물질의 축적, 상온정지로 부터 고온정지까지의 온도변화, 제논 및 사마리움의 생성 및 붕괴 그리고 가연성독물질의 감손 등으로 인한 반응도변화를 장기적인 반응도변화(Long Term Reactivity Change)라 부르고 이러한 변화는 붕산의 농도변화에 의해 제어한다. 이에 반해 제어봉은 단기간의 급격한 반응도변화에 따른 제어에 사용된다. 예를들면 원자로의 정지, 출력변동으로 인한 감속재의 온도변화, 기포(Void)생성에 의한 반응도변화는 제어봉에 의해 제어된다. 출력변동에 따른 감속재 온도변화를 포함한 출력결손(Power Defect)과 원자로정지를 위해서 노심에 전장 제어봉을 사용한다.

8. 가연성 독물질(Burnable Poison)

1주기에서는 2주기 이후에서 보다 더 많은 잉여반응도(Excess Reactivity)를 갖는다. 초기연료에는 분열생성물이 전무하기 때문이다. 만일 감속재내의 붕산만으로 반응도를 제어하려 하면 붕산농도는 정(+)의 감속재 온도계수를 가지므로 가연성 독물질을 첨가하여 노심내의 화학제어재(Chemical Shim) 붕산에 의한 제어량을 감소시킨다. 가연성 독물질은 연료중의 U^{235}와 같이 출력운전에 따라 감소한다. 요약 정리하면 <u>잉여반응도를 초기에 억제, 정(+)반응도 주입방지 및 반경방향 중성자속 분포를 유지</u>한다.

> **원자로 및 냉각재계통의 운전과 안전확보를 위한 주요 보조계통**
> 가. 운전중 냉각재계통을 정화하기 위한 화학 및 체적제어계통
> 나. 원자로 정지후 붕괴열을 제거하기 위한 잔열제거(정지냉각)계통
> 다. 냉각재 상실사고시 연료용융 및 노심손상을 방지하기 위한 비상 노심냉각계통

원자로의 구성 성분과 그 기능

구성 성분	기　　능
연　료	연쇄반응을 지속하고 에너지를 방출하기 위한 분열성물질을 제공 UO_2 : 열전도도 특성이 좋고 산소의 미시적 흡수단면적이 적고 연료연소가 과다할 경우 균열되는(Crack) 점을 제외하면 기하학적으로 안정하고 성형가공이 쉬운 장점이 있다.
감속재	분열확률을 높이기 위해 속중성자를 열중성자로 감속 ○ 경 수 　값싸게 구할 수 있고 열전달 특성이 좋기 때문에 냉각재로도 쓰인다. 중수나 흑연에 비해서 중성자 흡수단면적이 큰 것이 단점이며 이 때문에 경수감속 원자로는 천연우라늄을 연료 사용하지 못하고 농축우라늄을 사용 ○ 중 수 　고가이나 중성자 흡수단면적이 적기 때문에 중수감속 원자로는 천연우라늄 연료로 사용
냉각재	연료에서 방출한 열을 운반하여 증기를 발생시키고 열에너지를 전기에너지로 전환 ○ 기체 : 밀도가 낮아 노내 중성자에는 영향이 적다. 냉각효과를 높이기 위해서는 가압이 필요하고 또한 열전달면적이 커야 한다. 펌핑비용이 높은 것이 단점이고 CO_2 및 He(기체는 고속증식로에서 냉각재)를 들 수 있다. ○ 액체 : 고밀도이기 때문에 기체보다 좋으나 흡수단면적이 작아야 한다. 또한 열전달 특성이 좋은 물질이어야 한다.
구조재	원자로 구성성분(연료, 감속재, 냉각재)를 적정 위치에 있도록 하고 분열생성물이 연료밖으로 누출되거나 연료물질이 냉각재에 직접 접촉하여 화학적 침식내지 부식을 일으키지 않도록 노심 성분 간에 방벽을 제공 ○ 인코넬(Inconel) 　재질의 강도는 좋으나 중성자 흡수단면적이 커서 특별히 강도가 요구되는 경우에 한해 소량으로 사용 ○ 스테인레스강 　적당한 강도 및 흡수단면적이 작아 구조재로는 적합하지만 중성자 흡수단면적이 중간 정도 ○ Zircaloy 　강도가 떨어지나 흡수단면적이 작아 대량으로 사용

압력의 종류

가. 개 요

압력은 단위면적당 작용하는 힘의 크기로서 다음과 같이 표시된다.

$$압력(P) = \frac{힘(F)}{면적(A)}$$

압력의 단위로는 kg/cm², Psi, inHg, Pa 등이 있다. 압력의 표시방법에는 절대압과 계기압이 있는데 절대압은 완전진공을 기준으로 측정하는 것이고, 계기압은 대기압을 기준으로 하여 측정할때의 압력이다. 따라서 계기압을 나타내는 압력을 절대압으로 나타내려면 그때의 대기압을 가산한다. 공업적으로는 압력표시를 계기압으로 말하는 것이 보통이고 특히 혼란이 발생할 염려가 있을 경우에는 계기압, 절대압을 명시하는 것이 필요하다.

나. 대기압 : 지구주위의 대기권 압력 즉, 기압을 말하며 표준대기압은 해수표면(Sea Level)의 대기압으로서 1.033kg/cm²A, 또는 14.7Psia 이다.

다. 계기압 : 계기압 또는 상대압력이라고 하며 대기압을 기준으로 한 압력이다. 단위는 kg/cm²·G, Psig 등

다. 절대압 : 완전진공을 기준으로 한 압력으로서 계기압과 구별하기 위해 절대(Absolute) 단위를 붙인다.

라. 진공 : 진공은 대기압보다 낮은 압력으로 절대압이 감소하면 진공은 증가한다. 진공척도는 게이지압 제로에서 시작하여 절대압 제로에서 끝나는 부압척도로 대기압을 기준으로 하여 진공을 측정하는 계기 압력(Psig)이다.

마. 압력관계

절대압 = 대기압 + 계기압   절대압 = 대기압 - 진공

1kg/cm² = 14.22Psi   1Psi = 2.036inHg

두 개의 압력간의 차압을 나타낼때는 차압의 기호(Differential)를 사용

온 도

분자운동에 의하여 어떤 물질에 저장된 에너지의 정도로 화씨, 섭씨, 캘빈온도, 및 랭킨온도가 있다. 화씨척도로 빙점은 32°F, 수증기점은 212°F로 섭씨의 한 눈금은 화씨눈금의 1.8배 이다. 캘빈척도에 있어서 눈금의 크기는 화씨눈금과 같으나 온도는 459.7°K 높다. 랭킨온도는 캘빈온도의 1.8배 이고 화씨를 랭킨(°R)온도로 환산하면 다음과 같다.

°F + 460 = °R

제3장. 냉각재계통(Reactor Coolant System)

1. 개 요

냉각재계통은 원자로용기에 연결된 두 개(또는 3개)의 동일한 열전달 루프로 구성된다. 각 루프(Loop)의 주요 기기는 냉각재펌프(Reactor Coolant Pump), 증기발생기(Steam Generator), 가압기(Pressurizer)로 구성되어 있다. 냉각재계통은 원자로에서 생성된 열을 증기발생기에 전달하고 증기발생기는 증기를 발생시켜 터빈발전기를 구동한다.

냉각재는 순수(H_2O)로 감속재(Moderator) 및 반사체(Reflector)로서의 역할도 겸하며 동시에 중성자 흡수물질인 붕산의 용매의 역할을 한다. 냉각재는 정상운전 온도와 압력에서 냉각재를 기타의 계통과 분리하는 압력경계를 형성하여 방사능물질이 2차 계통이나 발전소내 타 계통으로 유출되는 것을 방지한다. 냉각재계통의 배관은 냉각재 상실사고(Loss of Coolant Accident)시에 냉각수를 공급하여 비상노심냉각계통(Emergency Core Cooling System)의 일부로서 기여한다. 냉각재계통의 운전압력은 가압기에 의해 조절된다.

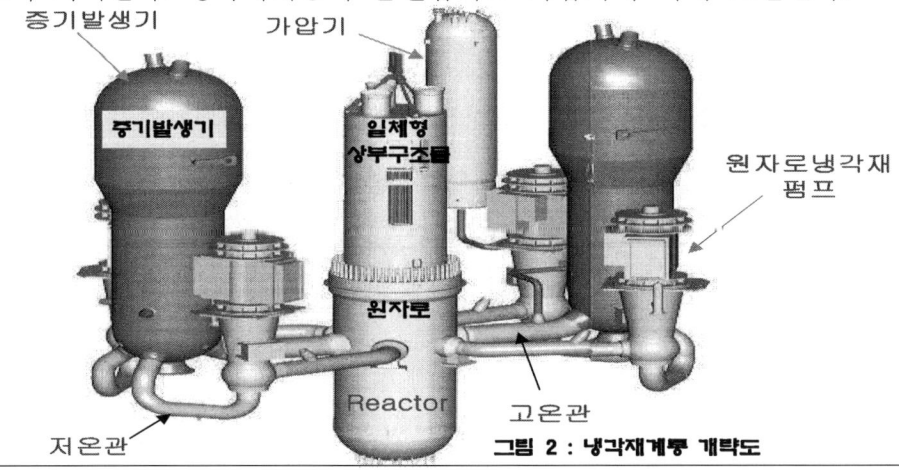

그림 2 : 냉각재계통 개략도

기 능

가. 분열과정중 연료에서 발생한 열을 증기발생기를 거쳐 2차계통에 전달
나. 원자로 정지후 분열생성물의 붕괴에 의한 연료내 잔열을 제거
다. 중성자 흡수물질인 붕산의 운반체 역할
라. 분열생성물이 방출되는 것을 차단(펠렛, 피복재)하는 3차 방벽역할
마. 중성자의 반사체의 역할을 하여 중성자의 손실을 감소
바. 중성자를 감속시켜 분열가능성을 증가시킨다.

* <u>경수로</u> : 냉각재 = 감속재 = 반사체 (중수로 : 냉각재 ≠ 감속재계통)
  <u>반사체(Reflector)</u> : 감속재와 같은 성질이 요구되는데 원자로 노심 밖으로 누설을 적게하여 연료의 소요량을 감소시키기 위해 사용

2. 원자로용기 및 내부구조물(Reactor Vessel and Internals)

냉각재계통의 가장 중요한 구성요소인 원자로용기는 열을 생성하는 노심과 그의 지지물, 제어장치 및 냉각재의 순환통로 등을 포함하고 있다. 노심에서 가열된 냉각재는 출구측 노즐을 통하여 유출되어 증기발생기에 열을 전달하고 냉각재 펌프를 거쳐 다시 입구측 노즐을 통하여 복귀 순환한다.

가. 원자로용기(Reactor Vessel)

> 원자로용기
> 높은 압력에 견디도록 설계되며 압력용기(Pressure Vessel)라 한다. 노심에서 발생하는 방사선이 흡수될때 원자로용기 내에 열응력을 감소시키기 위해 열차폐를 해야 하는데 이를 위해 용기의 내부와 반사체사이에 방사선을 흡수하는 두꺼운 철판이나 강판으로 차폐를 하고 열차폐는 많은 열을 발생시키므로 충분히 냉각시켜야 한다.
>
> 원자로용기 외부로 부터 단면 : WH형
> 원자로용기 → 열차폐벽 → 노심동체(Core Barrel) → 노심방벽(Core Baffle) → 핵연료 집합체
>
> 원자로용기 유로 : **표준형**
> 입구노즐 → 노심동체 외벽 → 유량 분배판 → 하부공동(Plenum) → 하부노심 지지판 → 하부노심판 → 연료집합체 → 상부노심판 → 상부공동 → 출구노즐

원자로용기는 반구형의 Bottom Head와 분리가능한 Upper Head 그리고 원통형의 중앙부로 이루어져 있으며 Upper Head와 중앙부간에는 이중의 O-Ring으로 밀봉되어 있다. 원자로용기는 노심과 노심을 지지하는 구조물, 제어봉, 열차폐체(Thermal Shield : Neutron Pad)들을 내장하고 입구 및 출구노즐은 Head Flange와 노심사이에 위치한다. 원자로용기의 재질은 탄소강이고 원자로내부의 냉각재와 접촉표면은 부식을 방지하기 위해 스테인레스강으로 피복되어 있다.

노심은 노즐과 Bottom Head 사이에 위치하게 하며 열차폐체와 Lower Core Barrel이 냉각재가 노심으로 흐르도록 입구노즐에서 부터 외각통로(Channel)를 형성한다. 열차폐체의 기능은 감마선과 속중성자를 차폐하여 이들 방사선으로 인한 열생성을 막아주므로써 원자로용기에 미치는 열응력(Thermal Stress)을 감소시켜 원자로용기를 보호하는데 있다. Head Flange에 패인 2개의 홈(Groove)에 설치된 두 개 금속 O-Ring은 원자로용기 내부에 계통압력이 걸리게 되므로 Self-Energized Sealing이 이루어진다. 이중(二重)의 밀봉은 제2 O-Ring 이후의 누설이 없이 원자로의 가열과 냉각을 가

능하게 한다. 두 개의 O-Ring 사이에는 온도(압력 : 표준형)지시계를 두어서 내부의 O-Ring으로 부터 누설이 있을 경우 고온이나 고압에 의한 경보(원자로형에 따라 다름)가 발생하게 한다. 제어봉 구동장치는 상부헤드에 설치되어 있고 노내 중성자속 측정계기를 위한 Penetration은 Bottom Head에 설치되어 있다.

> 원자로용기의 기능
> 가. 연료 및 내장품의 지지 및 보호   나. 출력 생산영역 제공
> 다. 냉각재 유로형성 및 하중흡수   라. 노내계측기 및 구조물 수용
> 마. 3차적 물리적 방벽 제공
>
> 열차폐체(Thermal Shield)의 기능 : (WH형)
> 노심을 이탈하는 중성자를 차폐하여 원자로용기의 취성화 방지와 감마 반응에 의해 생긴 열로써 냉각재를 예열

나. 원자로 내부 구조물(Reactor Internal)

원자로 내부 구조물은 하부 노심 지지구조물과 상부 노심 지지구조물로 구성되어 있고 다음과 같은 기능을 수행한다.

1) 하부 노심 지지구조물

원자로 내부구조물의 주요 부분으로 노심통, 노심방벽, 성형판, 중성자 차폐판, 하부 노심판 및 노심하부 지지통 구조물 등으로 구성되어 있으며 이들은 노심통 상부 플랜지가 원자로용기 플랜지의 턱에 걸쳐 있음으로서 지지되고 하부끝은 용기벽에 부착된 반경방향 지지장치에 의하여 횡방향의 운동이 억제된다.

가) 노심통 안쪽의 축방향 노심방벽과 성형판은 노심통벽에 고정되어 노심을 횡방향에서 지지한다.

나) 노심통의 바닥에 부착되어 있는 하부 노심판은 냉각재가 지나갈 수 있도록 구멍이 뚫려 있으며 각 연료집합체가 위치하는 자리마다 위치용 핀이 있어 연료집합체를 고정 지지한다.

다) 핵계측용 안내관 썸블은 하부 노심 지지판 아래쪽에 부착되어 있고 원자로용기 바닥을 관통하는 스테인레스강 썸블을 안내한다. 이 썸블들은 이동형 노심내 중성자 검출기의 통로가 된다.

라) 중성자 조사에 의한 원자로용기 재질손상을 방지하기 위해 노심주위의 고 중성자속 영역에 중성자 차폐판이 부착되어 있다. 또 중성자 차폐판에 용접된 조사시편 홀더(Irradiation Specimen Holder : Surveillance Capsule Assembly 핵연료 집합체 정 중앙에 위치)에는 캡슐이 있는데 이 캡슐 속에 원자로용기와 같은 재질의 시편을 내장하여 원자로 운전중 방사선조사에 의한 원자로 재질 변화를 검사할 수 있다.

2) 상부 노심 지지구조물은 상부 지지판, 상부 노심판, 지지기둥 및 제어봉 안내관으로 구성되어 있다. 상부내장품은 연료집합체 상부쪽을 지지하고 배열하는 역할을 한다. 지지기둥은 상부지지판과 노심판 사이를 지지하며 공간을 형성하며 제어봉 안내관은 제어봉 및 구동축 집합체의 안내 역할만 한다. 상부 노심 지지구조물은 연료장전, 인출시 연료집합체 쪽으로 접근할 수 있도록 제거된다.

다. 제어봉 구동장치(Control Rod Drive Mechanism)

제어봉집합체는 원자로용기 상부헤드에 장착되어 있는 전자기적 힘에 의해 움직이는 제어봉 구동장치(CRDM)에 의해 삽입 또는 인출되는데 제어봉집합체는 각각 독립적으로 구동장치에 연결되어 있다.

1) 제어봉 구동장치중 모든 가동부분은 원자로 덮개 어탭터(Adapter)에 부착된 스테인레스강 내압하우징에 들어있고 어탭터는 원자로용기에 용접되어 원자로용기의 일부를 형성하고 있다.

2) 작동용 권선(Coil Stack)은 내압하우징 외부에 설치되며 3개의 독립적인 코일로 이루어진다. 작동용 권선에 발생되는 열은 공기냉각계통에 의해 제거된다. 집게걸쇠(Gripper Latches)와 철심구동자(Armature)로 구성되는 내부걸쇠집합체는 내압하우징 내에 설치된다. 홈이 파인 구동축에 물리게 되어 있는 집게걸쇠는 축을 둘러싸고 있는 가동 철심구동자에 의해 축을 들어올리거나 내리게 한다. 이들 철심구동자는 제어봉 제어계통의 신호에 따라 일정한 순서로 여자되는 작동용 권선에 의해 구동된다.

3) 발전소 정상운전중 제어봉 구동장치는 다만 노심에서 인출된 제어봉을 현위치를 유지하도록 고정시키는 역할을 한다. 원자로가 트립되거나 사고로 인한 전원상실인 경우 제어봉은 즉시 중력에 의해 노심내로 떨어진다.

3. 증기발생기(Steam Generator)

냉각재계통으로 부터 터빈·발전기를 구동하기 위한 포화증기를 발생하기 위해 고온, 고압의 물을 사용하며 또한 냉각재계통과 2차계통 사이의 경계부가 된다. 고온, 고압의 냉각재는 증기발생기 하부로 유입되어 U튜브 내부를 통해 흐르며 이때 U튜브 외부에 있는 2차측의 물을 가열한다. 증기발생기를 떠난 물은 냉각재펌프에 의해 원자로내로 되돌아 와서 재가열 된다.

증기발생기의 2차측에서는 급수가 증기발생기 상부측에 있는 급수링을 통해 들어와서 증기발생기 용기와 U튜브 다발 외피판 사이로 흘러 내려(하향통로 : Downcomer)와 튜브 외피판 하부끝 주위에서 다시 U튜브 외부를 통해 상부로 올라가면서 냉각재로 부터 열을 전달받아 증기가 발생된다.

이때 발생된 증기는 습증기로서 2단 습분분리(와류날개식 Swirl-Vane형 습분분리기와 방향전환식 Chevron-Type형 습분분리기)를 통해 99.75%의 건도를 가진 증기가 증기발생기의 유량제한기를 지나 주증기계통으로 송출된다.

증기발생기는 2차측 물을 증기로 변환시킬 목적으로 냉각재계통에서 2차측 계통으로 에너지를 전달하기 위하여 원자력발전소에서 사용하고 있는 U 관형 열교환기를 말한다. 물이 비등하는 하부부분를 증발구역(Evaporator Section)이라 하고 이 구역에서 생산된 Wet Steam은 증기 드럼구역(Steam Drum Section)이라 불리우는 증기발생기의 상부부분으로 들어가 2가지 종류의 습분분리장치에 의해 Dry Steam으로 만들어 진다.

첫 번째는 원심식(Swirl Vane) 습분분리기로써 원통관은 상승 유로지역을 나온 포화상태의 물과 증기 혼합유체의 수송관(Flow Ducts)이 되고 있어 물과 증기 혼합유체가 강제 통과될때 습분이 제거되고 보다 높은 순도의 증기가 다음 습분분리기로 들어간다. 2단계 습분분리기는 원심식 습분분리기를 통과한 증기에 남아있는 습분을 기계적으로 다시 한번 제거하기 위한 방향전환식 습분분리기를 말한다. 고순도의 포화증기(> 99.75%)가 증기드럼 상부에 위치한 벤츄리(Venturi)형 증기출구를 통하여 증기발생기를 떠나게 된다.

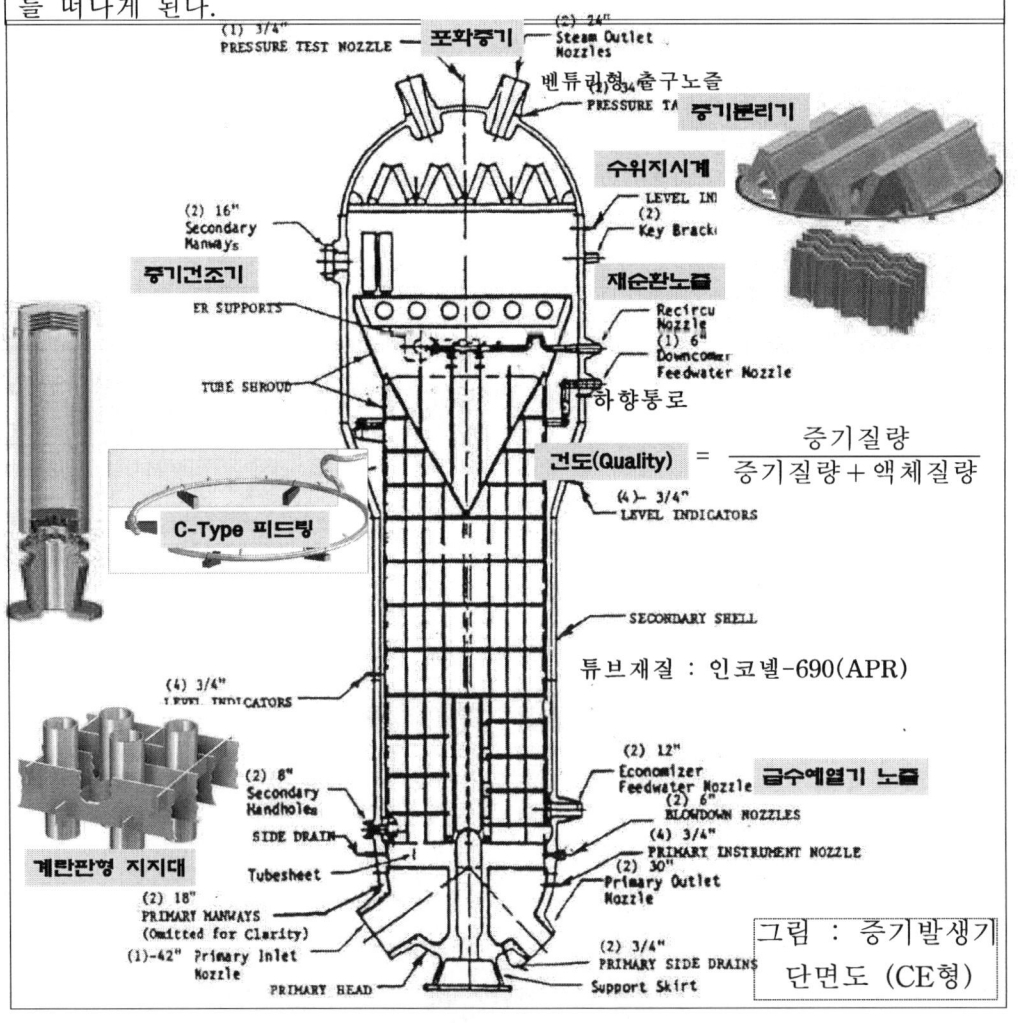

건도(Quality) = 증기질량 / (증기질량 + 액체질량)

튜브재질 : 인코넬-690(APR)

그림 : 증기발생기 단면도 (CE형)

습분분리기에서 제거된 물은 유입되는 급수와 함께 혼합되어 재순환된다. 비상시 급수의 계속적인 공급을 위한 별도의 급수공급 배관이 U튜브 상부에 연결되어 있다. 이는 발전소의 소내정전이나 기타 사고로 인하여 급수펌프가 가동되지 못하는 상태에도 튜브지지판(Tube Sheet)이 노출되지 않도록 급수를 계속 공급하기 위한 것이다. 인코넬 튜브를 제외한 부품들은 탄소강 또는 저합금강으로 제작되었고 냉각재와 접촉하는 모든 표면은 스테인레스강 또는 인코넬로 제작되었거나 피복되었다.

유량제한기의 목적
1) 유량제한기 하류의 증기관 파열사고시 발전소를 보호
2) 정상 설계 전 유량 동안 최소 압력손실을 갖도록 한다.
3) 증기관 파열시 잠재적인 추력을 감소시킨다.
4) 증기관 파열시 주증기 격리밸브에 걸리는 저항을 감소시킨다.
5) 벤튜리 노즐 양단을 이용하여 증기유량을 측정한다.

냉각재 펌프
모터에는 역회전 방지장치가 설계되어 계통내의 다른 냉각재펌프가 운전중일때 역회전을 방지한다. 모터에 설치된 대형 관성바퀴는 회전관성을 증가시켜 비교적 장시간의 펌프 관성서행을 가능하게 한다. 이 장치는 원자로제어 및 보호계통과 함께 펌프의 전원상실시 노심에 냉각재 공급을 보장한다.

관성방지 장치
가. 냉각재펌프 전원상실시 냉각재펌프 정지로 인한 냉각재 체류 배제
   (관성력으로 2분간 운전)
나. 냉각재펌프 정지시 초기 붕괴열 제거

역회전 방지장치(Anti-reverse Rotation Device)
가. 초기 기동시 기동 전류 최소화
나. 정지된 펌프의 역회전 방지
다. 관성방지 장치(Flywheel)에 설치
라. 70rpm 이상시 Pawl이 Home으로 들어감

냉각재 펌프 기능
가. 냉각재를 강제로 순환하여 증기발생기로 열전달
나. 동적배기시 냉각재계통 유동원
다. 가열시 냉각재계통 온도 증가
라. 가압기 분무원 동력 제공

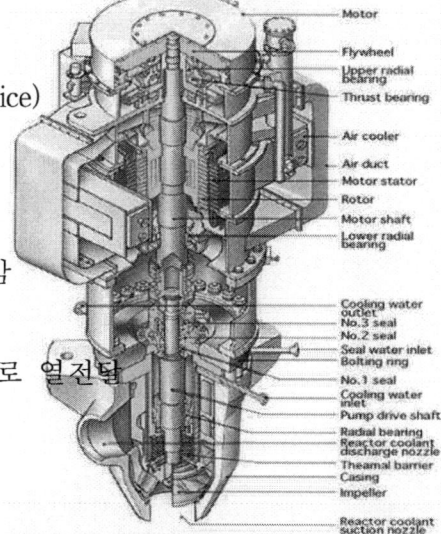

4. 가압기(Pressurizer)

> 체적설계시 요구사항
> 가. 물과 증기영역 확보 : 체적변화를 수용
> 나. 액체영역 : 전출력 10% 단계출력 변화시 전열기 Uncover를 방지
> 다. 증기영역 : 고고수위에서도 원자로제어 및 증기덤프를 발생하지 않는 상태에서 부하감발에 따라 안전밸브를 통해 물이 방출되지 않도록 한다.
> 라. 95% 단계 출력감발과 70% 증기덤프 운전상태에서 고고수위에 의한 원자로 트립 없이 계통변화량 완충
> 마. 원자로 및 터빈정지시 안전주입 발생 없음

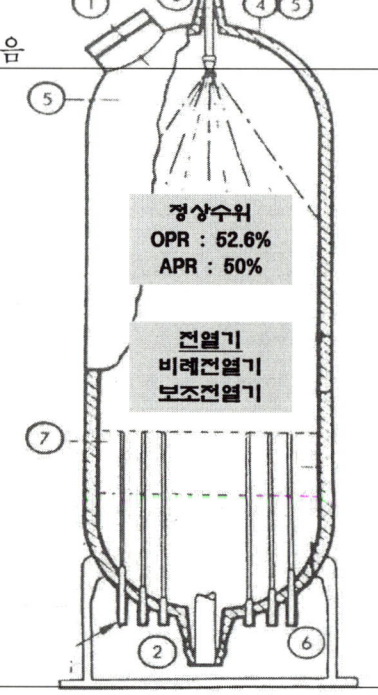

정상운전중 냉각재계통의 압력을 일정하게 유지하고 과도상태에서 압력변동을 억제하는 기능을 가지고 있다. 가압기 내부에는 물속에 잠겨서 동작하는 전열기(Heater)와 분사장치(Spray Nozzle)가 있다. 전열기설비(Element)는 교환 가능하도록 되어 있으며 또한 안전밸브가 있어 일정한 압력에 도달하면 가압기 방출탱크(또는 원자로 배수탱크)로 분출하므로서 압력이 낮아지게 한다. 안정된 운전상태에서는 약 50%의 물과 50%의 증기가 공존하고 있는데 가압기 하부에 있는 전열기는 물을 포화온도로 유지하므로서 일정한 운전압력을 유지하도록 한다. (전열기 상부 : 20%)

> 가압기 분무
> 가. 냉각재펌프 출구에서 보상된 압력과 가압기의 압력과의 차압을 이용하여 정상분무가 가능토록 가압기 분무배관을 저온관에서 취함
> 나. 가압기 우회 분무배관을 통하여
> 1) 가압기 분무노즐의 열충격 방지
> 2) 냉각재계통과 가압기간의 화학성분과 붕소농도를 균일하게 유지
> 다. 최소 분무유량에 의한 압력강하 보상과 가압기내 정체된 물의 자연냉각 방지를 위하여 비례전열기의 50%를 계속 ON 상태로 유지
> 라. 냉각재펌프 정지시에 CVCS의 보조분무 사용

발전소의 부하를 감소시키면 냉각재의 평균온도는 일시적으로 상승하며 동시에 냉각재의 체적이 팽창함에 따라 가압기내의 수위(水位)를 상승시킨다.

수위의 상승은 증기를 압축시키므로 압력이 증가하게 되는데 이때 가압기 상부에 있는 분무노즐의 밸브가 열려 저온관(Cold Leg)의 냉각재를 분무하여 증기의 일부를 응축시켜 압력을 떨어뜨려 냉각재계통 내의 압력증가를 억제한다. 마찬가지로 발전소 부하의 증가는 냉각재온도의 낮아지고 체적의 감소를 가져온다. 냉각재는 가압기에서 Loop 측으로 흐르게 되어 가압기의 수위와 압력을 감소시키게 되는데 이때는 가압기내의 물이 증발하여 압력의 감소를 억제하게 된다. 또한 압력의 감소는 전열기를 동작시켜 가압기내의 물을 가열하여 압력의 감소를 더욱 억제한다. 발전소 전기출력의 감소로 인한 압력의 상승이 가압기 분무노즐에 의한 억제범위를 초과할 경우에 모터구동 압력방출밸브(표준형 : 안전밸브, APR : POSRV)를 열게하고 이 밸브들은 계통 설계압력보다 낮은 압력에서 자동으로 열리도록 되어있다. 또한 수동으로도 열 수 있다. 만약 계통 압력이 계속 증가하면 자체 구동형 안전밸브가 동작한다. 가압기 방출탱크(또는 원자로 배수탱크)는 증기를 응축시킬 충분한 물을 보유하고 있다. 이 탱크는 설계압력 이상에서는 파열판(Rupture Disc)이 열려 과도한 압력으로 부터 탱크를 보호한다.

안정된 운전상태에서 가압기수위는 냉각재계통으로 유입되는 냉각재의 양과 화학 및 체적제어계통(CVCS)으로 유출되는 냉각재의 양의 평형상태를 나타내는 것이다. 그러므로 수위의 변동은 유입량과 유출량의 불평형상태를 보여주는 것이며 이 상태는 냉각재계통의 냉각재량의 변화를 의미한다.

과도상태에서 수위 또한 변동한다. 이는 원자로계통에서는 물의 체적은 냉각재의 평균온도에 따라 변화하기 때문이다. 부하가 감소할때는 냉각재의 평균온도가 낮아지므로 물의 체적은 응축되어 가압기의 수위가 떨어지게 된다. 반대로 부하가 증가할때는 냉각재의 평균온도가 상승하게 되므로 전체 물의 체적은 팽창하게 되고 따라서 가압기의 수위는 올라간다.

물의 체적변화는 실질적인 물의 재고량(Water Inventory)의 변화는 아니다. 그러나 온도의 변화에 따라 물의 체적은 변화한다. 가압기수위 설정치를 냉각재의 평균온도의 함수로 프로그램 하므로서 수위제어계통은 외부 부하의 불규칙한 변동에 따라 수위를 직접 조절해야 하는 번거로움을 피할 수 있다. 안정된 운전상태에서는 수위제어기(Level Controller)는 다만 이미 프로그램 된 설정치에 수위를 유지하여 주기만 하면 된다. 이는 냉각재계통의 수량의 변화를 교정하는 역할을 하게 될 것이다. 즉, 수위가 설정치로 부터 벗어나게 되면 수위제어계통은 유입량과 유출량을 조절, 수위를 설정치에 맞추므로서 요구되는 수량을 유지시키게 된다. 수위제어계통은 수위가 크게 변동할때 충전펌프의 속도(또는 유출제어밸브 조절)를 조절하고 또 전열기를 동작시키거나 정지시키거나 한다. 충전펌프는 원심펌프(또는 왕복동 펌프)를 사용한다.

<u>가압기 압력제어계통(PZR Pressure Control System)</u>은 가압기의 압력을 고

정된 설정치에 유지한다. 가압기 압력제어기의 출력(Output)은 비례분무 제어기와 비례전열기 제어의 고정설정치와 비교하여 압력 보상신호를 보내게 된다. 가압기의 전열기에는 비례전열기(Proportional Heater)와 보조전열기(On-Off Heater)의 2종이 있다. 적은 범위의 압력변동은 비례전열기에 의해 조절되고 큰 범위의 압력변동은 보조전열기에 의해 조절된다.

분무의 Driving Power는 냉각재펌프의 출구와 가압기간의 압력차에서 얻는다. 소량의 물을 항상 분무해주어 냉각재계통과 가압기간의 제반 화학성분을 균일하게 유지하고 분무가 시작될때 온도차로 인한 Thermal Shock를 방지한다.

> 가열기와 냉각재(Heater & Cooler)
> 계통 유체에 열을 주는 것을 목적으로 하는 형태를 Heater라 하고 계통 유체에 열을 받는 것을 목적으로 하는 것을 Cooler라 한다.
>
> Thermal Sleeve (설치장소 : 가압기 밀림관 양쪽, 가압기 분무관)
> 온도변화가 급격한 곳에 설치하여 열응력 방지
>
> 열성층화(Thermal Striping)
> 가압기와 냉각재계통 고온관으로 소량의 연속 고온유동 형성시 가압기 밀림관에 원주방향의 온도 및 밀도 구배현상이 발생하여 상부에는 고온의 냉각재가 존재하고 하부에는 그보다 낮은 온도의 물이 존재
>
> 가. 열유동 성층화에 따른 배관의 굽힘 모우멘트로 인해 과도한 열응력 발생가능성이 있음 (원주 및 축방향)
> 나. 가압기 밀림관에 열성층이 이루어진 상태에서 출력변화등에 의한 In/Out Surge 발생시 냉각재의 유동에 의한 열응력을 주게되며 이를 보상하기 위해 Thermal Sleeve가 설치되어 있다.
> 다. Insurge에 의한 과냉각된 물의 온도를 높여주고 Outsurge 발생시 저온의 물이 밀림관을 통해 노심에 주입되는 것을 방지하기 위해 전열기 동작

5. 화학 및 체적제어계통

  가. 기 능
  1) 냉각재계통의 충수, 배수 및 수압시험 수단 제공
  2) 프로그램된 가압기 수위를 유지하기 위한 냉각재량 유지
  3) 냉각재계통의 부식 및 핵분열로 인한 생성물의 함량을 감소
  4) 반응도 제어(Chemical Shim)를 위해 냉각재의 붕소농도를 조절
  5) 냉각재계통의 화학성분 제어
  6) 냉각재펌프 밀봉장치에 고압 밀봉수를 공급

나. 계통 설명

출력운전중에는 일정량의 냉각재가 냉각재계통으로 부터 유출 유입하는 순환과정을 계속해서 되풀이 하고 있다. 유출수는 RCS로 부터 흘러나와 재생열교환기(Regenerative Heat Exchanger)의 동체측(Shell Side)를 통과하면서 냉각재계통(RCS)으로 되돌아 가는 충전수에 열을 전달하고 유출 오리피스를 거치는 동안 압력이 강하되어 유출열교환기(Letdown Heat Exchanger : 비재생 열교환기)의 튜브측으로 흐르게 된다.

유출열교환기의 동체측은 일차 기기냉각수(Component Cooling Water)이며 온도에 따라 제어된다. 유출열교환기를 지나서 저압 유출밸브에서 다시 압력강하가 이루어진 다음 여과기 및 이온교환수지탑에서 불순물과 분열생성물을 제거한 다음 체적제어탱크(Volume Control Tank)로 유입된다. VCT의 증기공간에는 냉각재에 용해되어 있던 수소와 기체 분열생성물(Xe, Kr 동위원소)이 함유되어 있는데 이들은 VCT내에서 기체 제거과정을 거쳐 냉각재계통으로 부터 제거된다. 충전펌프는 VCT로 부터 흡입(Suction)을 받아 재생열교환기 튜브측을 통해 냉각재 저온관과 냉각재펌프의 밀봉수계통으로 보내게 된다. 밀봉수계통으로 보낸 냉각재는 냉각재펌프 축(Shaft)를 따라 직접 냉각재계통으로 유입되고 일부는 밀봉부(Seal)를 거친 다음 냉각기(Seal Cooler)를 경유하여 VCT로 복귀한다. 만일 재생열교환기를 거치는 정상적인 유출과 충전수계통의 운전이 불가능한 경우가 생기면 냉각재펌프를 통하여 냉각재계통으로 유입되는 냉각재는 Excess 유출열교환기를 거쳐 VCT로 되돌아 간다. VCT의 수위가 설정치 이상의 고수위가 되면 유출된 냉각재는 Divert Valve에 의해 VCT로 가지 않고 Hold-up 탱크로 방출되어 VCT의 수위를 유지하며 일정치 이하로 떨어질 때는 보충수계통에 의해 자동적으로 냉각재가 보충되어 수위를 유지하도록 되어 있다.

열교환기(Heat Exchanger)
하나의 유체로 부터 다른 유체로 열에너지가 전달되도록 하는 장치로 열은 뜨거운 물체에서 찬 물체로 이동하게 되는데 그 이유는 뜨거운 물체가 찬 물체보다 더 많은 열에너지를 가지고 있기 때문이다.

재생 열교환기(Regenerative Heat Exchanger)
동일 계통내에서 고온부의 유체로 부터 열에너지를 제거하기 위하여 저온부의 유체를 사용하는 열교환기. 이때 열에너지는 동일 계통의 어떤 지역으로 부터 다른 지역으로 최소한 에너지 손실을 가지고 전달된다.

비재생 열교환기(Non-Regenerative Heat Exchanger : 유출열교환기)
열에너지를 전달하기 위하여 2개의 서로 다른 계통의 유체를 이용하는 열교환기. 하나의 계통으로 부터 제거된 열에너지는 완전히 잃게 되며 다시 계통으로 되돌아 오지 않는다.

CVCS 보충수의 공급원
1) 용해되어 있는 중성자 흡수물질의 농도를 감소시키려 할때는 순수를 사용한다.
2) 용해된 중성자 흡수물질의 농도를 증가시키려 할때는 붕산수 탱크로 부터 붕산수 사용
3) 냉각재계통의 붕산농도와 동일한 농도의 냉각재를 보충할 경우 Blend Tee를 경유
4) 고농도의 붕산수를 비상보충할 때는 재장전수 저장탱크 사용
5) 산소제거를 위해 소량의 하이드라진을 주입할 경우와 PH 제어을 위해 수산화리튬(LiOH)를 주입할 경우는 화학약품 주입탱크로 부터 보충

충전펌프는 VCT로부터 냉각재를 취수하여 다음의 유로형성
1) 충전유량은 재생열교환기 튜브측(표준형 : 동체측)을 지나면서 유출유량에 의해 재열된후 냉각재계통으로 되돌아 간다. RCS 저온관위 노즐을 통해 들어가는 충전유량은 RCS의 압력보다 약간 높다. (충전관을 경유하여 냉각재계통으로 회수되는 유로)
2) 충전유량중 일부는 밀봉주입 유량으로 제공된다. 이 유량은 밀봉수 열교환기를 거쳐 냉각된후 다른 회로를 거쳐 충전펌프 흡입구로 되돌아온다. (냉각재펌프 밀봉장치로 밀봉수 공급유로)

> 밀봉장치 : 주축이 케이싱을 관통하는 물이 새는 것을 방지하는 장치
> Mechanical Seal : 밀봉단면을 미는 스프링이 축과 함께 회전하는 형태로 회전링과 고정링 사이에서 축과 직각인 미끄럼면을 형성하면서 밀봉작용 (거의 누설방지)
>
> 글랜드 팩킹 : 축 둘레의 틈에 팩킹을 넣어 축 바깥 둘레에 팩킹은 마찰되고 모든 원통면을 밀봉하는 장치
>
> 유효 흡입수두(NPSH : Net Positive Suction Head)
> ○ 펌프 임펠라로 유체를 이동시켜 가속시키기 위한 흡입측 에너지
> ○ 영향을 주는 요소 : 수온, 액체의 질, 흡수면에 작용하는 압력
>
> 공동현상(Cavitation)
> 물이 관속을 유동하고 있을때 유동하고 있는 물속의 정압이 그때의 물의 증기압 보다 낮아지게 되어 부분적으로 증기가 발생하는 현상
>
> 냉각재펌프를 저압에서 운전할 수 없는 이유
> ○ 유효 흡입수두 이하에서 운전은 공동현상을 야기
> ○ 밀봉면에 막이 형성되지 않아 밀봉 손상의 원인

다. 계통 운전

1) PH 및 산소제어

PH 제어를 위해 사용되는 화합물은 수산화리튬(^{7}LiOH)으로 이 계통의 재질인 스테인레스강에 대해 화학적으로 안정하며 또한 냉각재내의 붕소가 중성자를 흡수할때 ^{7}Li이 생성되는 사실을 고려하면 적절한 화합물로 선택되었다. 수산화리튬은 화학약품 주입탱크를 통해 냉각재계통으로 주입한다. 냉각재계통 내에서의 농도는 0.2~2.2ppm으로 유지된다. ^{7}Li의 농도가 특정치 이상일 경우에는 수지탑(양이온 교환수지)에 의해 여분의 ^{7}Li을 제거한다. 저온상태로 부터 원자로를 기동할때 하이드라진(120℃ 이하)을 주입하여 산소를 제거한다. 고온에서 산소제거는 체적제어탱크 내의 수소를 일정 농도로 유지하므로서 이루어진다.

2) 화학제어제(Chemical Shim)와 보충수

수용성 붕소농도의 조절과 보충수공급은 보충수 제어계통(Make-up Water System)에 의해 적절히 이루어진다. 초기공급 및 보충용 붕산수는 12W/o의 농도로 교반(Batching)탱크 내에 용해되어 있다. 고농도의 붕산수는 낮은 온도에서 결정으로 석출되는 성질(Crystalized)이 있으므로 탱크는 온도를 높여주기 위한 Heating Coil이 설치되어 있다. 발전소내의 고농도 붕산수계통은 이와 마찬가지로 모두 전열선(Heat Trace) 설비가 되어 있다. 붕산수는 이송(Transfer)펌프에 의하여 교반탱크에서 붕산수탱크(Boric Acid Tank)*로 보내게 된다. 붕산을 계통내에 주입할 필요가 있을때는 즉, 운전중의 정상적인 누설에 대한 보충과 계통내의 붕산농도를 증가시킬 필요가 있을때는 붕산수탱크로 부터 이송펌프를 통해 배출한다. 또한 긴급(비상)붕산주입의 방법도 마련되어 있다. 이는 제어봉이 노심내로 떨어졌을때나 삽입한계(Insertion Limit) 하부로 제어봉이 내려갈때와 같이 원자로 정지 여유도(Shutdown Margin)를 잃게 될 경우에 대한 대비책이다.

* 붕산수탱크 + 재장전수탱크(RWST) = 재장전탱크(RWT : 표준형)

3) 정상운전

충전유량 제어기는 냉각재의 평균온도(Tavg)에 따라 미리 프로그램된 가압기수위 설정치에 실제수위를 일치하도록 유량을 조절한다. 가압기수위를 Tavg에 따라 프로그램 시키는 것은 냉각재계통내의 수량을 일정하게 유지하기 위함이다. 일정출력에서 유출유량은 충전유량과 냉각재펌프 밀봉수 유량의 합과 일치한다. 유출수는 재생열교환기에서 충전수에 의해 냉각되고 다시 유출열교환기에서 일차 기기냉각수에 의해 냉각된다. 유출수는 여과기와 이온교환수지탑을 거쳐 VCT로 유입된다. 이 탱크내에 유지되고 있는 수소압력(10~50cc H_2/kg)은 냉각재내의 산소농도를 제어한다. 충전펌프는 VCT로 부터 흡입(Suction)를 취하여 냉각재를 재생열교환기를 통하여 가열한 후 저온관(Cold Leg)으로 복귀시킨다. 가압기내의 분무(Spray)를 저온관에서 취하는 것이 불가능한 경우 CVCS에서 분무원을 얻어 보조분무가 가능하다.

화학제어제(H_3BO_3 : 수용성 독물질)

냉각재내에 용해되어 있는 중성자 흡수물질로서 중, 장기 반응도변화를 보상하고 농축도가 다른 연료배치와 함께 출력 첨두계수를 낮추는 역할을 한다. 냉각재내에 용해되어 있는 화학제어제의 농도를 변화시키는데는 상당한 시간이 걸리지만 원자로내 균일하게 분포되어 균일한 제어효과를 나타내기 때문에 출력변화시 제어봉과 함께 반응도제어에 이용된다.

붕소(B^{10})가 제어 독물질로서 적절한 이유

급격한 반응도 변동시에는 제어봉을 인출하거나 삽입하여 반응도를 조절할 수 있으나 부하의 변화율이 적을때에는 제어봉 근처에서 중성자속 분포가 균일하지 못하므로 중성자 흡수물질인 붕산을 사용한다.

가. 미시적 흡수단면적이 열중성자에 대해 높다.

나. 공명영역을 갖지 않는다. 즉, 미시적 흡수단면적은 열중성자 및 열외중성자 영역에서 $\frac{1}{V}$에 비례하여 감소한다.

다. 수용성 분말인 붕산(H_3BO_3)의 형태로 사용하거나 고체형태인 B_4C 형태로 사용한다.

라. 열 및 방사선에 대하여 화학적 및 물리적으로 안전하다.

마. 수용성 독물질로 붕산을 사용할 경우 노심 전체에 균일하게 분포되므로서 제어봉에 비하여 중성자속 분포를 균일하게 할 수 있다.

바. 장기반응도 제어인자이며 사고시 노심에 다량 주입이 용이하다.

붕소농도를 ppm으로 환산 : $ppm = \dfrac{10.8 \times W/o \times 10^6}{61.84}$

과산화수소(H_2O_2) 처리 목적

연료재장전 초기 단계에서 높은 감마선 방출체인 Co^{58}, Cs^{134}, Cs^{137} 등을 산화 용해시켜 화학 및 체적제어계통의 탈염기로 신속히 제거하므로서 원자로 용기 뚜껑을 열고 원자로 캐비티(Cavity)에 연료교체 용수를 채울때 원자로 캐비티 부근의 높은 방사선준위로 인한 작업지연을 사전에 방지

출력증발시 냉각재의 체적은 온도(Tavg) 증가에 따라 팽창한다. 가압기는 팽창된 체적의 대부분을 흡수하게 되나 나머지 일부분은 유출되어 VCT로 흘러 들어오게 된다. 이때 유출 오리피스를 통한 유량은 일정한 반면 가압

기의 수위신호에 의해 제어되는 충전수는 감소하여 재생열교환기 출구측 온도를 높여주게 된다. 이렇게 되면 유출 열교환기측의 온도제어장치는 유출온도를 일정하게 유지하기 위하여 일차 기기냉각수 유량을 증가시킨다. 유출수온도가 140°F를 초과하게 되면 유출수는 자동적으로 이온교환수지탑을 우회하여 직접 VCT로 흐르는데 이는 이온교환 수지를 보호하기 위함이다. 출력감발시는 충전수가 증가하여 가압기의 수위저하로 흡수치 못한 냉각재의 수축을 보충한다. 이온교환수지탑은 냉각재의 순도(Purity)를 유지한다. 양이온 교환수지와 음이온교환수지가 충전되어 분열생성물과 부식생성물을 제거한다.

체적제어탱크(VCT)의 기능
가. 충전펌프의 유효 흡입수두(NPSH) 제공
나. 가압기가 흡수하지 못하는 냉각재 체적변화 수용
다. 수소를 주입하여 용존산소를 제거하고 비응축성 기체의 탈기
라. 냉각재 보충
마. 냉각재 펌프 #1 Seal 배압(Back Pressure)를 형성하여 #2(3) Seal Flow 제공 (밀봉수 Return Line 제공)

---

4) 보충수 제어모드

VCT의 수위를 유지하여 주고 반응도 제어를 위한 붕소농도를 조절하는데 다음의 조작 모드가 있다.
 가) 자동 보충(Auto Makeup)   나) 희석(Dilution)
 다) 붕산주입(Boration)   라) 수동

6. 보조 냉각수계통

 가. 개 요

   증기공급계통의 냉각재를 제외한 발전소내의 모든 냉각수계통을 보조 냉각수계통으로 구분하는데 여기에는 순환수계통, 일차 기기냉각수계통, 일차 기기냉각해수계통 및 사용후연료 냉각 및 정화계통이 있다.

 나. 일차 기기냉각수계통(Component Cooling Water System)

   일차 기기냉각수계통은 방사성 유체를 취급하는 안전관련 설비에 냉각수를 공급하는 역할을 한다. 따라서 냉각재계통과 해수계통의 중간 차폐역할을 하여 방사능이 환경으로 방출되는 가능성을 감소시킨다. 이 계통은 사고시의 안전설비 냉각뿐 만아니라 정상운전 및 발전소 냉각시 여러가지 기기들로 부터 열을 제거하도록 설계되었다.

 다. 일차 기기냉각해수계통(Nuclear Service Cooling Water System : ESW)

일차 기기냉각해수계통은 냉각재계통 및 기타 발전소 설비로 부터의 열부하를 발전소의 최종 열제거원으로 전달한다. 또한 설계 기준사고시 안전설비에 냉각수를 공급한다.

라. 사용후연료 저장조 냉각 및 정화계통

사용후연료 저장조 냉각 및 정화계통은 연료에 의해 발생하는 잔여 붕괴열과 저장조의 미립자 및 이온을 제거할 수 있도록 펌프, 열교환기, 탈염기로 구성되어 있고 스키머는 물의 투명도를 유지하는데 사용된다.

제4장. 공학적 안전설비(Engineered Safeguard Systems)

1. 개 요

공학적 안전설비는 발전소 최대 가상사고(설계기준사고) 즉, 냉각재 상실사고를 비롯한 주증기관 파열이나 증기발생기의 튜브파열과 같은 중요한 사고시에 원자로와 유출될 가능성이 있는 방사능으로 부터 공중을 보호하기 위한 설비로 다음과 같은 기능을 가지고 있다.

1) 피복재(Fuel Cladding)의 용융방지
2) 격납용기내의 대기를 정격온도 및 압력으로 유지
3) 방사성물질이 외부로 방출되는 것을 방지
4) 분열생성물 및 방사성 요오드의 외부 방출을 억제

공학적 안전설비는 다음과 같은 계통으로 구성 (WH형)

1) 비상노심냉각계통
 가) 안전주입계통
 나) 저압 안전주입계통
 다) 재순환계통
 라) 잔열제거계통(RHRS/SCS)
2) 격납용기 냉각설비계통
 가) 격납용기 살수계통
 나) 격납용기 팬 냉각계통
3) 격납용기 격리계통
4) 비상급수계통(보조급수계통 : OPR)
5) 주증기 격리계통

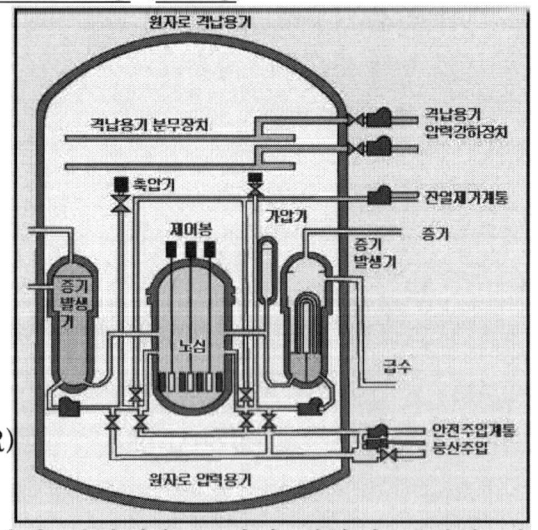

이와같은 안전설비계통은 사고시 동작의 신뢰성을 높이기 위하여 동일한 설비계통을 중복하여 시설하므로써 한 계통만 동작해도 그 계통이 담당하여야 할 기능을 충분히 발휘할 수 있도록 되어 있는데 이러한 요구조건을 만족시키기 위하여 다음과 같은 사항이 고려되어 있다.

1) 각 계통 설비물은 한 계통의 사고가 다른 계통에 영향을 미치지 않도록 물리적으로 그리고 전기적으로 상호 분리되어 있어야 한다.
2) 각 설비의 케이블, 케이블 Tray 및 Conduit 등이 화재 기타 사고로 사고를 입지 않도록 설치되어야 한다.
3) 각 계통 설비의 동작에 필요한 전원에는 비상전원이 확보되어야 한다.
4) 지진이나 설계기준사고 즉, 냉각재 상실사고와 같은 최대 가상사고에도 충분히 기능을 발휘할 수 있도록 설치가 완전해야 한다.

<u>신뢰성을 확보하기 위한 설계개념</u>

다중성 Redundancy	각 안전계통 설비들은 한 계열이 기능을 상실했을때 나머지 다른 계열이 본래의 설계기능을 충분히 발휘하므로서 필요한 보호기능을 수행할 수 있도록 설계
독립성 Independence	한 계열의 사고가 다른계열에 영향을 미치지 않도록 물리적, 전기적으로 상호 분리되어 독립성을 유지할 수 있도록 설계
다양성 Diversity	각각의 공정(Process)제어계통의 변수를 감시하기 위하여 둘 이상의 서로 다른 측정기기를 사용
견고성 Durability	원전의 안전성관련 구조물이나 기기 및 설비는 지진 등 예상되는 각종 정상, 비정상 상태에서도 그 구조적 건전성을 유지
고장 안전 Fail Safe	공정제어계통의 고장 또는 전원상실시 고장신호는 발전소 안전에 유리한 동작신호(Trip 또는 Actuation)가 발생될 수 있도록 설계 즉, Trip Bistable 또는 Relay 공급전원 상실시 트립신호 발생
시험성 Testability	계통의 불필요한 동작 또는 기능 상실없이 출력운전중 시험 또는 교정을 할 수 있도록 설계

<u>노심 손상완화를 위한 ECCS 허용기준</u>

허용기준	제 한 치	목 적
피복재 표면 최대 온도	2,200°F (1,204℃) 이하	$Zr-H_2O$ 반응을 억제하여 피복재 손상방지
피복재 산화율	피복재 두께 17% 이하	피복재 국부적 강도와 연성 상실 방지
수소 생성율	노심전체 지르칼로이와 물과 반응하는 가상 총 생산량의 1% 이하	격납용기 및 노심 내에 수소 기체의 축적을 방지하여 폭발 방지
기하학적 형상	연료다발을 원형그대로 유지하여 냉각기능을 유지	냉각재 유량형성을 차단시킴에 따른 피복재 손상방지
장기 노심냉각	장기간 노심냉각 용량을 유지하여 노심의 붕괴열 제거	부가적인 노심손상을 방지하기 위하여 지속적 냉각, 붕괴열 제거 능력 확보

가. 비상 노심냉각계통(Emergency Core Cooling System)
   냉각재 상실사고 발생시 냉각재 유로 양단파손을 포함한 모든 파손에 대응하여 피복재 온도증가를 제한하고 기하학적 노심 냉각을 유지할 수 있도록 설계되었고 신속한 노심 냉각뿐 만아니라 사고중 장기간 노심을 냉각할 수 있다. 안전주입 단계는 다음중 한 가지 신호에 의해서 시작되고 신호를 받으면 소내 비상디젤발전기, 고압 안전주입펌프, 잔열제거 펌프가 기동된다.
   ○ 가압기 저압　　　　　　　○ 주증기관 저압
   ○ 격납용기 고압　　　　　　○ 수 동

   1) 안전주입계통(Safety Injection System)
      비상 노심냉각계통중의 하나로 안전주입펌프와 붕산수탱크(Boric Acid Tank)와 재장전수탱크 및 배관으로 구성되어 있다. 이 설비는 안전주입 동작신호(Safety Injection Actuation Signal)가 있을때 동작하여 일차로 붕산수탱크로 부터 안전주입 펌프가 약 12%농도(20,000ppm)의 붕산수를 취하여 저온관을 경유하여 원자로 노심내로 주입하고 붕산수탱크가 저수위가 되면 재장전수탱크로 부터 약 2,000ppm 농도의 붕산수를 취하여 노심내로 계속하여 주입하는 설비이다. 이렇게 하므로써 제어봉과 함께 노심내에 충분한 정지 여유도를 얻고 피복재가 용융되는 것을 막는다.

   2) 저압 주입계통(Low Pressure Injection System or Accumulator)
      안전주입 동작신호가 있은 후 안전주입펌프에 의하여 붕산수가 노심내로 주입되다가 냉각재계통의 압력이 약 750Psig 이하로 강하하면 격납용기내에 설치된 안전주입탱크(Accumulator)로 부터 약 2,000ppm의 붕산수가 출구배관에 설치된 역지밸브(Check Valve)가 자동으로 열리게 됨에 따라 저온관을 경유하여 원자로 노심내로 주입되는 설비이다. 이 작동은 전혀 외부로 부터의 공급되는 전기적인 동력에 의해 이루어지는 것이 아니고 순전히 역지밸브의 양쪽의 압력차에 의해 기계적으로 작동되기 때문에 이 설비를 Passive Injection 설비라고도 한다.

   3) 잔열제거계통(Residual Heat Removal System : 정지냉각계통)
      가) 발전소 냉각 및 연료재장전 운전중 노심 및 RCS로 부터 열에너지 제거
      나) 사고시 비상노심 냉각을 위한 안전주입계통의 기능을 수행
      다) 연료재장전수 이송

      발전소의 운전정지 또는 연료교환 작업중 노심과 냉각재계통에서 발생한 열을 제거하는 계통으로 펌프와 열교환기로 구성되어 있다. 잔열제거펌프로 부터 토출된 유량은 열교환기를 거치면서 열교환기 동체측의 일차 기기냉각수와 열전달을 이루며 냉각된 냉각재유량은 다시 냉각재계통 저온관으로 들어간다. 원자로 기동전 발전소가 저온정지 상태에 있을 때는 필요시 붕괴열을 제거할 수 있도록 잔열제거계통 계열중 하나가 계속 운전된다.

발전소 기동이 시작되면 잔열제거펌프는 정지되지만 압력제어를 위해 잔열제거계통은 가압기내에 증기기포가 생성될 때까지 냉각재계통에 연결된 상태로 남아 있는다. 증기기포가 생성되면 잔열제거계통은 냉각재계통으로부터 격리되어 안전주입 기능을 수행할 수 있도록 연결된다. 즉, 정상운전중 잔열제거계통은 운전되지 않지만 안전주입 운전이 가능하도록 준비되어 있다. 발전소 정지를 위한 잔열제거계통 운전은 제어봉이 노심내로 삽입되고 냉각재계통에 붕산주입, 온도 177℃ 이하 및 압력이 400Psig로 감소되면 잔열제거 설비가 운전된다. 이 설비는 정상운전 상태에서 제어봉을 삽입하여 (Cooldown)을 시키는데 사용되며 동시에 정지중의 냉각재의 정화(Purification)를 위하여 유출유량을 유지하는데 사용한다.

또한 기동시에는 냉각재계통의 가압을 위하여 조작되고 재장전(Refueling)시는 재장전수 저장탱크로부터 붕산수를 취하여 Reactor Cavity로 보내고 재장전(Refueling)이 끝나면 다시 캐비티(Cavity)로부터 붕산수를 재장전수 저장탱크로 보내기도 한다. 또한 이 설비는 사고시 비상노심냉각계통을 위하여 사용되기도 한다. 즉, 사고시 안전주입 동작신호에서 동작하여 잔열제거 펌프가 재장전 저장탱크로부터 붕산수를 취하여 Shutoff Pressure를 약 150Psig로 유지하면서 순환 운전되다가 냉각재계통의 압력이 약 150Psig로 강하하면 출구측에 설치된 역지밸브가 열려 노심내로 주입되는 설비이다. 이 설비는 잔열제거 펌프와 각각의 계통에 열교환기가 설치되어 있으며 냉각율은 열교환기 전후에 설치된 우회밸브를 조작하므로써 이루어 진다.

> 원자로정지 후 분열생성물에 방사성붕괴로 인하여 발생되는 열을 붕괴열(Decay Heat)이라 하는데 다음 식으로 표시된다. 이 열을 제거하는 계통이 잔열제거(정지냉각)계통이다.
>
> 붕괴열 = $0.0622P [T^{-0.2} - (T - T_1)^{-0.2}]$ Watt
>
> T : 원자로 정지후 시간(sec) T_1 : 운전시간   P : 원자로 출력

4) 재순환 계통(Recirculation System)

이 계통은 사고시 비상 노심냉각의 마지막 형태로서 이루어지면 재장전수 저장탱크가 저수위 되면 흡입(Suction)을 취할 수 없으므로 일단 모든 안전주입을 중단하고 재순환 형태로 바꾸어야 한다. 즉, 노심내로 주입된 모든 붕산수는 파열부분으로 넘쳐흘러 결국은 격납용기의 하부에 있는 집수조(Sump)에 모이게 된다. 그러므로 계속적인 노심의 냉각을 위하여 집수조에 고여 있는 붕산수를 다시 노심내로 주입하여 순환시키게 된다.

이는 잔열제거 펌프가 집수조로부터 Suction를 취하여 노심내로 주입하고 또한 안전주입펌프의 Suction에도 공급하므로서 이루어진다. 이렇게 하여 노심이 완전히 냉각될 때까지 계속 수행한다.

대형 냉각재 상실사고의 4단계
가. 방출(Blowdown) : 냉각재 상실사고 초기부터 냉각재계통 압력이 격납건물 내부 압력과 같아질 때까지 냉각재를 방출하는 단계
나. 충수(Refill) : 방출이 종료되는 시점부터 시작하여 비상 노심냉각수가 원자로용기 바닥을 채우고 연료집합체 하부까지 충수되는 단계
다. 재충전(Reflood) : 충수가 완료된 시점부터 연료온도 상승이 멈추어질 정도로 원자로용기가 비상 노심냉각수로 채워지는 단계
라. 장기 재순환(Long-Term Recirculation) : 연료의 붕괴열이 제거되면서 온도가 감소되고 격납용기 집수조를 통한 장기간 노심냉각 단계

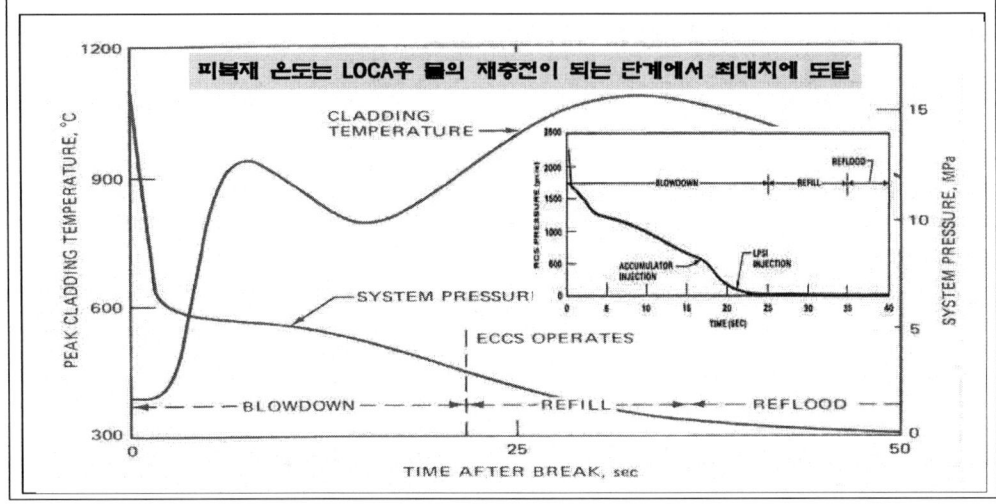

나. 격납용기 냉각 설비계통
1) 격납용기 살수계통 (WH형)

이 계통은 격납용기 살수펌프(Spray Pump)와 NaOH 약품주입탱크(Additive Tank) 및 이를 공급하는 Eductor로 구성되어 있다. 이 계통은 사고후 격납용기내의 압력이 고고압력에 도달하거나 수동 동작신호에 의하여 살수펌프가 재장전수 저장탱크로 부터 붕산수를 취하여 격납용기 상부에 설치된 살수노즐을 통하여 격납용기내로 살수하여 격납용기내의 압력 및 온도를 설계치 이하로 유지하고 방사성물질의 외부로의 방출을 억제한다. 또한 이 설비는 사고시 격납용기내 기체상태의 요오드(Iodine) 제거를 돕기 위하여 NaOH Additive Tank 내의 NaOH를 Eductor를 통하여 살수펌프의 Suction에 공급하게 된다. 이는 PH가 약 8~9 정도에서 요오드가 물과 잘 반응하여 용해하므로 결국 NaOH의 공급은 용액의 PH를 8 이상으로 유지하여 주는데 있다. 만일 재장전수 저장탱크가 저수위 되면 살수펌프가 직접 격납용기내의 집수조에서 흡입(Suction)를 취하여 계속하여 살수할 수 있도록 되어 있다.

2) 격납용기 팬 냉각계통

이 설비는 팬과 각각의 팬의 흡입(Suction) 측에 습분분리기, 냉각코일 및 HEPA Filter가 직렬로 설치되어 있다. 이 설비는 정상운전시 팬이 고속 (High Speed)으로 돌면서 격납용기내의 온도 및 압력을 정격으로 유지하고 있다. 사고시에는 안전주입 동작신호가 있으면 팬이 저속(<u>Low Speed : 가상 설계기준 사고로 인한 고압의 격납용기 압력의 결과로 밀도가 높아진 공기-증기 혼합물을 이동시키므로서 발생하는 팬 전동기의 과부하 방지</u>)으로 회전하면서 방출되어진 습분을 제거하고 온도 및 압력을 낮추어 격납용기내의 온도 및 압력을 설계치 이하로 유지시킨다.

다. 격납용기 격리계통(Containment Isolation System)

이 설비는 사고시 격납용기내의 대기가 외부로 방출되지 않도록 격납용기의 관통부분을 밀폐시켜 주기 위한 것이다. 이렇게 하므로써 격납용기내의 방사성물질 또는 분열생성물의 외부로의 방출을 억제한다.

라. 보조(비상) 급수계통 Auxiliary (Emergency) Feedwater System

주요 기능은 주급수계통이 운전 불가능한 사고 또는 과도상태시 증기발생기에 급수를 공급하는 것이다. 보조급수는 증기발생기에서 증기로 변환되어 복수기 또는 대기로 방출되므로서 발전소에 저장된 열과 붕괴열을 제거 가능토록 한다. 보조급수계통은 사고 상태하에서와 마찬가지로 정상 기동 및 정지중에도 사용 가능하다. 정상운전중에는 운전되지 않지만 필요시 보조급수를 공급할 수 있는 상태로 남아 있다. 운전중에 보조급수펌프는 복수저장(비상급수)탱크로 부터 취수하여 증기발생기 급수노즐과 주급수관 최종 역지밸브 사이의 주급수관으로 주입한다.

터빈구동펌프는 증기발생기 2대의 저저수위 신호를 받아 기동한다. 모터구동펌프는 안전주입신호나 증기발생기 1대의 저저수위 신호를 받아 기동한다. 이 계통내의 밸브들은 개방되어 있기 때문에 펌프가 기동되면 증기발생기로 보조급수가 공급된다. 이 계통은 작동신호 발생후 1분이내에 운전 가능한 증기발생기 3대중 최소 2대에 최소 유량 요구량을 공급할 수 있고 운전원의 조치없이는 계속 보조급수를 공급하도록 설계되었다.

제5장. 격납용기(Containment Vessel)

가. 기 능(Function)

격납용기는 원전의 사고시 (냉각재 상실사고, 주증기관 파열 등) 유출되는 방사성물질이 외부로 나오는 것을 차단하므로써 방사성물질의 피해로 부터 일반 대중을 보호하는데 그 목적이 있다.

나. 구조(Structure)

격납용기는 2개의 분리된 구조물 즉, 내부의 Steel Vessel과 외부의 콘크리트로된 Shield Building으로 이루어져 있다. Steel Vessel은 철판으로 된 반구형의 Top Dome과 Bottom Dome 및 원통으로 이루어져 있다. 차폐체 건물(Shield Building)은 Steel Vessel 외부 주위로 약 <u>5ft의 환상(環狀)의 공간</u>(대부분 원전은 접촉) 즉, Annulus를 두고 콘크리트 벽으로 되어 있다.

다. 설계기준

격납용기는 ASME Code Section Ⅲ Class B에 따라 설계되었다. 설계시에 고려되는 격납용기가 받는 하중(Loading)은 다음과 같다.

1) 설계 기준사고(DBA)시의 압력과 온도에 의한 하중
2) Thermal Load
  가) 원자로 노심과 내부 구조주물에 저장되어 있는 열
  나) 노심에서 방출되는 붕괴열
  다) 냉각재계통의 재질내에 저장되어 있는 열
  라) Metal-Water 반응에 의한 열
  마) 수소가 연소시 발생되는 열
3) Dead Load : 격납용기 구조물 자체의 무게로 인한 하중
4) Live Load
5) 지진에 의한 하중
6) Wind Forces

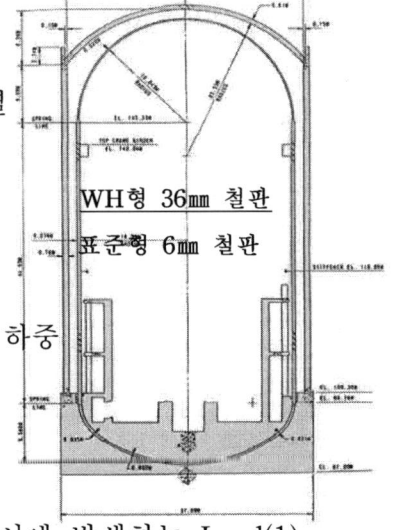

상기 설계하중 중에 가장 중요한 것은 설계 기준사고시에 발생하는 Load(1)와 지진에 의한 Load(5) 이다.

라. 격납용기의 Penetration

Penetration이란 격납용기 내부에서 외부로 연결되는 각종 배관 및 공정배관(Process Line)이 지나가는 관통부분을 말하며 대략 3가지 Major Penetration, Process Penetration 및 Ventilation Penetration으로 구분할 수 있다. 모든 Penetration은 어떠한 상태에서나 누설이 없도록 설계되어야 하고 허용 응력(Stress)이 설계치 이하이어야 하며 관통부분(Penetration)의 배관상에는 집중하중(Localized Load)이 가해지지 않도록 되어 있어야 한다.

1) Major Penetration
 가) Equipment Hatch
    원통형의 접시모양의 뚜껑을 가지고 있는 설비로 원자로의 Vessel Head "O" Ring이 충분히 통과할 수 있는 크기이다.

나) Personnel Access Locks

2개의 원형의 관통부분으로서 하나는 정상운전시 종사자가 격납용기에 접근할 수 있는 설비이고 또 하나는 비상용이다. 2개의 Lock설비를 갖추고 있으며 격납용기 안쪽으로 열리도록 되어 있다. 이는 사고시 격납용기 내에 압력이 증가할때 Sealing 효과를 높이기 위함이다.

다) Recirculation Sump Discharge Penetration

이것은 4개의 관통부분으로서 2개의 잔열제거펌프의 Suction과 2개의 격납용기 살수펌프의 흡입배관이다. 이는 사고후 재순환이 필요할때 사용된다. 이들 관통부분은 누설여부를 점검할 수 있도록 되어 있으며 격리밸브 (Isolation Valve)에는 보호용 뚜껑이 씌워져 있다.

2) Process Penetration

가) Electrical Penetration

이는 Canister Type의 관통부분으로서 모든 Electrical Conductor의 격납용기 내부로 통과시키기 위한 것이다. 그리고 Canister는 Ceramic과 Metal 로서 구성되어 있으며 Ceramic은 전기적인 절연을 위한 것이다. 이 관통부분은 이중으로 Sealing이 되어 있고 Sealing 표면은 용접되어 있다.

나) 연료이송 관통부분(Feul Transfer Penetration)

연료이송 관통부분은 차폐건물(Shield Building)의 Pipe Sleeve와 원자로용기(Vessel)의 Pipe Sleeve 내에 설치되어 있다. 그리고 Transfer Tube는 Vessel 내부 쪽은 2중의 Gasketed Blind Flange를 갖추고 있으며 Auxiliary Building 쪽은 Gate Valve를 갖추고 있다.

다) 주증기 및 급수 관통부분

이들 관통부분은 고온, 고압의 유체가 흐르므로 열팽창으로 인한 사고를 방지할 수 있도록 되어 있으며 또한 Bellows를 갖추고 있어 이 Bellows는 Piping의 움직임에 적응할 수 있도록 하며 사고시 압력에서 Steel Vessel 과 Shield Building 사이의 상대적인 이동에도 영향을 받지 않도록 되어 있다.

3) Ventilation Penetration

2개의 관통부분이 있는데 하나는 Purge Supply용이고 또 하나는 Purge Exhaust 용이다. 그리고 이들은 Steel Vessel에 직접 용접되어 있다.

마. 격납용기 격리(Isolation)

격리설비는 유체가 흐르는 모든 관통부분에 설치되어 있으며 사고시 관통부분을 통하여 방사성물질이 외부에 누설되지 않도록 밀폐하는데 목적이 있다. 이들 설비는 2중의 격리밸브로 되어 있으며 밸브 하나가 고장나도 본래의 기능인 격리에는 아무런 영향이 미치지 않는다.

바. 격납용기 환기설비(Containment Building Ventilation System)

격납용기 환기설비는 격납용기내의 공기를 냉각 순환 및 여과를 하고 또한 각종 기기를 냉각시키며 격납용기내의 방사성준위를 낮추어 사람이 접근할 수 있도록 한다. 이들의 목적으로 달성하기 위하여 다음과 같은 설비가 설치되어 있다.

1) Containment Recirculation System
2) Control Rod Drive Mechanism Shroud Cooling System
3) Reactor Compartment Cooling System
4) Secondary Compartment Cooling System
5) Containment Charcoal Clean up System
6) Refueling Cannel Water Surface Clean up System
7) Containment Purge Supply System
8) Containment Purge Exhaust System

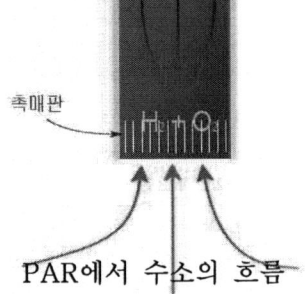

PAR에서 수소의 흐름

참 고

가. 철근 콘크리트(Reinforced Concrete)

콘크리트에 철근을 넣어서 강화한 것. 철근을 넣어서 인장, 진동, 충격에 대한 저항을 증가시킨 것

나. 긴장 콘크리트

강현 콘크리트를 말한다. 철근으로 피아노선을 여러개 팽팽하게 펼쳐 놓고 콘크리트에 압축응력을 작용시켜 굽힘응력에 강한 콘크리트를 만든 것. (내부에 철제 라이너가 설치되지 않았음)

재료별 장, 단점

	기체 누출	생물학적 차폐	비산물에 대한 방호	비 고
철 제	양 호	미 흡	미 흡	철근 콘크리드 구조로 방사선 차폐벽 설치
철근 콘크리트	미 흡	양 호	양 호	격납건물 내면에 라이너 플레이트 피복 긴장 콘크리트의 경우 보다 더 두꺼워지고 철근양이 더 소요
긴장 콘크리트	미 흡	양 호	양 호	격납건물 내면에 라이너 플레이트 피복. 가동중 검사 필요

형태별 구조적 특성

철근 콘크리트	긴장 콘크리트	원통형 철제 격납건물
소요철근이 많아 배근형태가 복잡	소요 철근량이 적어 시공이 복잡	용접 후 열처리 문제로 두께가 제한되고 공정지연을 초래
벽체 및 돔의 두께가 두꺼움	부벽으로 인한 관통부의 제한	작은 용량(600MWe급)에 적합
콘크리트의 균열이 방지되지 못함	Prestress를 가함으로서 콘크리트 균열의 제한이 가능	콘크리트 차폐건물이 별도로 필요
구조 건전성시험(SIT)이 필요	가동중 검사(ISI) 필요 가장 높은 사고압력에 대하여 설계 가능	

제6장. 계측 및 제어설비계통

1. 원자로 제어 및 보호계통

전반적인 반응도제어는 화학제어(Chemical Shim)와 제어봉으로 이루어지는데 이중에서 화학제어는 냉각재내의 붕산농도를 조절하는 것으로서 이는 연료의 연소진행에 따른 반응도변화와 제논(분열생성물의 하나로 열중성자 흡수단면적이 크다) 생성에 의한 영향을 보상하기 위한 반응도변화에 따른 장기적 제어방법인데 반하여 제어봉에 의한 반응도제어는 원자로의 출력변동이나 원자로를 트립시키는 것과 같은 단기적인 제어에 필요한 것이다. 원자로 제어 및 보호계통은 출력운전중 제어봉의 자동제어를 담당하는바 이 계통에 이용되는 입력신호들은 중성자속을 포함하여 냉각재의 온도, 압력 및 유량과 제어봉위치 그리고 열출력 등이다. 화학 및 체적제어계통은 붕소농도 양을 가감하여 달성하는 장기적 반응도 제어를 담당하고 있다.

원자로 제어계통은 원자로를 트립시키지 않고서 자동제어 가능한 부하범위 (제논 한계치에 따라 변함)내에서 부하의 단계적(Step) 및 연속(Ramp) 변동을 감당하며 증기덤프(Steam Dump)는 원자로가 전부하 운전중이거나 기동 중이라도 원자로를 트립시키지 않고서도 부하의 순간적 변화를 원자로가 유지하도록 하는 방식이다. 즉, 제어설비는 발전소 안전여유와 과도상태 안정을 극대화시키는 역할을 한다.

가. 원자로 온도제어

정상운전중에 원자로 온도제어의 일차적 기능은 출력에 비례하여 증가하는 냉각재의 평균온도를 목표치에 유지하는 것이다. 이 제어계통은 또한 제한된 부하변동 범위에서 과도적인 온도변화를 억제하도록 되어 있다. 원자로의 각 냉각재루프(Loop)에 설치된 여러 개의 저항온도계(RTD)는 루프의 평균 온도치를 측정한다. 각 저온관에 있는 저항온도계는 연관된 고온관에 있는 온도계와 같이 원자로의 각 냉각재루프의 평균온도에 해당하는 전기적 출력신호를 발생하는 저항 입력신호를 공급하는 온도검출기의 역할을 한다. 온도제어장치는 이러한 각 루프의 평균온도중의 최고치와 터빈의 출력에 비례하여 설정되는 온도목표치(Programmed Temperature)를 비교하여 원하는 냉각재 평균온도를 유지하는데 필요한 원자로출력의 증감을 위해서 해당하는 제어봉그룹의 작동을 명하게 된다. 비교적 큰 부하변동을 위해서는 빠른 반응도 변화가 요구되는데 이때에는 제어봉그룹들을 빠른 속도로 각 제어봉그룹 전체가 효과적으로 작동하도록 되어 있다. 빠르고 큰 부하변화에 대한 제어장치의 응답을 향상하기 위하여 냉각재 평균온도 신호에 추가해서 중성자속과 터빈 출력신호가 제어장치의 입력으로 이용된다.

나. 증기 덤프제어

증기 덤프제어계통은 급격히 큰 부하감발시 혹은 원자로트립시에 냉각재계통에 저장되어 있는 현열(Sensible Heat)을 제거하는 것이다.

원자로트립에 의한 급작스런 부하감소시에는 증기발생기의 안전밸브(Safety Valve)가 개방되는 것을 방지하기 위하여 일차측에 저장된 열에너지를 제거하기 위하여 복수기로 증기를 방출하게 된다. 냉각재의 평균온도와 증기압력이 덤프밸브를 작동시키는 원인이 되며 덤프계통은 전반적인 제어응답을 향상하기 위하여 터빈출력과 연동(Interlock)되어 있다. 부하감소시 냉각재계통의 요구되는 온도목표치와 실제의 평균온도와 차가 일정한 값 이상이 된다면 새로운 열평형상태가 이루어질 때까지 제어범위 내에서 냉각재계통의 온도를 유지하기 위하여 온도차 신호는 증기방출을 유발하게 된다. 제어봉이 평균 냉각재온도를 감소시키는 역할을 함에 따라 복수기로 방출되는 증기량은 비례적으로 감소하게 된다. 이렇게 인위적으로 부하를 감소시키므로서 냉각재의 평균온도는 원래의 계획된 평균 값에 복귀된다.

부하상실에 기인한 온도 오차의 크기에 따라서 적절한 수의 증기덤프밸브가 완전 개방되든가 부분적으로 개방된다. 냉각재 온도 불평형 신호로 증기 덤프밸브가 완전 개방된 후에는 밸브의 개방 정도가 조절된다. 원자로와 터빈이 트립된 후 2차측 증기를 복수기로 방출하는 것과 증기발생기에 급수를 주입하는 방법으로 증기발생기의 안전밸브를 작동시키지 않고도 붕괴열과 냉각재에 저장되었던 현열이 제거된다. 냉각재계통의 온도는 무부하상태 까지 감소한다. 이러한 무부하 냉각재온도는 잔열을 제거하는 복수기로의 증기덤프(Steam Dump)로 유지하게 된다.

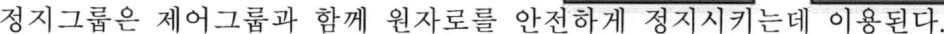
제어봉 삽입과 인출

다. 제어봉

제어봉 제어계통은 제어(Control)와 정지(Shutdown) 그룹의 2가지 종류로 구별되는데 제어그룹은 화학제어제와 함께 원자로의 출력제어를 위하여 사용된다.

정지그룹은 제어그룹과 함께 원자로를 안전하게 정지시키는데 이용된다.

1) 논리회로 캐비넷(Logic Cabinet)

이 계통은 운전원에 의한 수동 조작신호 혹은 원자로의 온도제어 계통으로부터 자동 조작신호 등 각종 요구신호를 받아서 기 설정된 순서에 따라서 정지그룹과 제어그룹을 조작하는데 필요한 명령신호를 발생시키는 곳이다.

2) 전원 캐비넷(Power Cabinet)

직류전원를 제어봉 구동 Mechanism의 조작코일에 공급한다.

3) 직류 Holding Supply Cabinet

제어봉 제어계통의 정비시에 구동 Mechanism에 보조전원을 공급한다. 정지그룹은 기동시 제일먼저 수동조작으로 인출되고 출력운전중에는 완전 인출된 상태(All Rod Out)로 유지하게 된다. 정지그룹이 인출된 후에 제어그룹의 인출이 허용된다. 제어그룹은 자동조작은 물론 수동제어가 가능하게 되어 있고 자동과 수동 조작시에는 미리 설정된 순서에 따라서 인출 및 삽입된다. 제어봉의 수동조작에 있어서 인출 혹은 삽입의 속도는 조절 가능하지만 고정치로 미리 정해져 있고 자동조작시에 제어봉속도는 냉각재 온도제어계통에서 발생되는 오차신호에 따라 변화한다.

4) 연동(Interlock)

제어봉의 자동조작은 전부하의 15% 이하에서 이루어지지 않도록 터빈출력의 측정치와 연동되어 있다. 또한 원자로의 과출력상태에 도달하는 것을 방지하기 위하여 제어봉의 수동 및 자동제어는 냉각재 온도, 중성자속, Rod Drop 표시와 연동되어 있다.

5) 원자로 보호계통

원자로 보호계통은 핵계장과 제어과정의 여러 Bistable, 주제어실의 각종 스위치, 현장에 있는 각종 설비들로 부터 신호를 받아서 미리 정해진 논리회로에 따라 조합한 다음 원자로트립 및 공학적 안전설비를 작동시키는 신호를 발생하게 된다. 이 계통은 경보기, 운전상태 표시등(Status Light)과 전자계산기에 입력신호를 주어 보호계통의 각각의 채널이 트립된 상태등을 지시한다.

가) 수동 트립
나) 중성자속 트립신호
  - <u>가변과출력</u> : 제어봉 인출사고등 급격한 정반응도 삽입시 노심을 보호하고 사고결과를 완화
  - <u>대수 고출력준위</u> : 원자로 정지상태에서 부주의한 붕소희석, 제어할 수 없는 제어봉 인출사고시에 피복재 및 냉각재 압력경계 건전성 확보
다) 냉각재계통 트립신호
  이 신호들의 주된 목적은 연료 혹은 피복재의 과도한 온도상승 및 Bulk Boiling를 유발할지도 모를 노심 내에서 냉각재의 상태를 방지하기 위함이다.
  - <u>Over Temperature △T(핵비등 저이탈율 : DNBR)</u> : 노심내 냉각재 채널의 핵비등 이탈율이 특정 허용연료 설계제한치 초과방지 즉, 비등위기 발생을 사전에 방지
  - <u>Over Power △T(국부 고출력밀도 : High LPD)</u> : 노심내 연료봉의 국부 출력밀도(KW/ft)가 연료 설계제한치 초과방지 및 연료중심부의 용융을 방지(연료 건전성 보호)
  - <u>Low Flow</u> : 냉각재펌프 축 절단사고(Shaft Shear) 및 소외전원 상실과 동시에 증기관 파열사고시 유량저하에 대한 보호를 제공
  - <u>RCP 저전압 및 저주파수</u>
라) 가압기 트립신호
  - <u>가압기 고압</u> : 원자로가 정지되지 않고 부하가 상실된 사고발생시 냉각재계통의 과압을 방지하여 냉각재계통 압력경계 건전성 확보
  - <u>가압기 저압</u> : DNBR이 안전제한치 도달 방지(원자로 정지 및 공학적 안전설비계통 보조)
  - <u>가압기 고수위</u>
마) 증기발생기
  - <u>증기발생기 저수위</u> : 2차측 급수상실과 같은 열제거원 상실시 냉각재계통이 과열되는 것을 방지

    - 증기발생기 고수위 : 증기의 과다한 습분동반으로 부터 터빈보호
    - 증기발생기 저압력 : 증기관 파열시 냉각재계통이 과냉되는 것을 방지
  바) 격납용기 고압 : 격납용기내 배관파열(냉각재 상실사고, 주증기관 파열사고)시 설계압력을 초과 방지
  마) 터빈 트립신호
  바) 안전주입신호
    안전주입계통의 작동신호는 동시에 원자로를 트립시키는데 이는 원자로의 과도한 온도 및 압력상승을 억제하기 위함이다.
    - 증기발생기 저압   - 가압기 저압
    - 격납용기 고압   - 격납용기 고-고압

나. 핵계측계통(Nuclear Instrumentation System)
  원자로출력을 선원영역(Source Range)에서 중간영역(Intermediate Range)을 거쳐 정격 최대출력의 120%까지 측정한다. 이러한 측정은 원자로용기 외부에 설치된 열중성자 속(Flux) 검출기로 이루어 지는데 이 설비는 원자로 운전 및 보호를 위한 출력의 지시, 제어 및 경보신호를 발생시킨다.
 1) 선원영역
   두 개의 선원영역 채널은 비례계수기를 사용하는데 측정된 중성자속은 검출기내에서 전류 펄스신호를 발생시킨다.
   이러한 신호는 전단증폭기(Pre-Amplifier)를 통하여 주제어실에 있는 주증폭기(Main Amplifier)와 Discriminator로 보내진다. 이 계통은 선원영역 고준위에 의한 원자로트립 및 경보신호를 노심제어와 보호계통에 전달해주며 이러한 신호는 원자로 정지기간중 예상치 않았던 반응도의 증가를 경보하는데 이용된다. 원자로기동 초기단계에서는 확성기를 통한 가청신호(Audible Count Rate)를 이 선원영역 채널에서 얻는다.
 2) 중간영역(Intermediate Range : 안전채널)
   보상형 전리함을 이용하는데 이 전리함에서 발생되는 직류 전류신호는 주제어실에 위치한 Logarithmic 증폭기에 보내어 진다. 이 검출기 채널은 중간영역의 중성자속을 지시하고 또한 고 중성자속 경보신호와 트립신호를 발생한다. 중성자속이 중간영역 지시의 10^{-10}Amp 이상이면 이 계통은 출력을 사용하고 선원영역 검출기용 전원을 차단한다.
 3) 출력영역(Power Range : 제어채널)
   전리함 하부에서 검출되는 전류신호와 상부에서 검출되는 전류신호, 두가지를 합한 전류신호 및 검출기의 상부와 하부의 출력신호의 차이는 노심의 축방향 출력 불평형을 나타내고 이 정보는 주제어실에 지시되며 또한 제어봉

으로 편차를 제어하는데 이용된다. 검출기의 상부 및 하부 전류신호의 합 또는 평균전류는 원자로의 과출력보호, 원자로트립, Rod Drop 및 Rod Stop 신호를 내게 한다.

다. 급수제어계통

증기발생기의 수위제어는 3요소 급수제어 방식으로 이루어 진다. 이 제어계통에서 측정되는 요소는 수위, 압력, 급수의 유량이 있고 급수량 제어밸브(Control Valve)가 제어에 쓰이고 있다. 3요소 제어방식이란 증기발생기의 수위, 급수유량 및 증기유량의 3가지 변동요소를 측정하여 원하는 바의 일정수위를 유지하는 방법을 말하는데 수위의 목표치는 터빈출력에 따라 변동하게 되어 있어서 위에서 언급한 3요소 외에 터빈 출력신호가 또 하나 추가된다. 터빈 출력신호는 터빈 일단(First Stage)의 압력신호가 이를 대행하는데 그 이유는 터빈 제일단의 압력은 터빈출력과 비례하여 증가하는 성질이 있기 때문이다. 증기발생기의 수위가 목표치와 일치할때는 제어계통은 증기유량과 급수유량을 동일하게 유지할 것이다.

부하변동시에 증기유량과 증기발생기의 수위는 동시에 변화하는 경향이 있는데 이때에는 이 두 신호는 순간적으로 반대된 교정 제어동작을 일으킬 것이다. 예를들면 부하증발시 증기발생기의 수위는 초기에 팽창효과(Swelling Effect)를 일으키게 되므로 급수제어기(Feed Water Controller)는 급수유량을 감소시키려고 할 것이다. 동시에 증가된 증기유량은 급수 및 증기유량 제어기는 급수유량과 증기유량이 동일하지 않으므로 급수유량의 증가를 요구하게 된다. 부하감발시에는 증기발생기에서의 수축효과(Shrinking Effect)와 감소된 증기유량으로 인하여 전술한 부하증발시와 상반되는 교정동작이 발생된다.

부하변동시에 수반된 팽창 및 수축을 보상하기 위하여 많은 제어계통에서는 증기유량 변화로 발생되는 급수유량의 변화를 순간적으로 반대되는 방향으로 변화시키기 위하여 어느 한도내에서 수위의 2차 신호를 허용하도록 증기유량 신호의 개입을 지연시킨다. 시간적으로 지연된후의 변화된 증기유량 신호는 증기발생기의 과도현상을 우선해서 새로운 부하조건에 상응하는 적절한 방향으로 급수유량을 변화시킨다.

일정수위(Constant Level) 설정 이유
○ 증기발생기 수축현상으로 트립이 발생하지 않고 부하감발을 수용
○ 열제거원 상실 및 고수위에서 과잉 습분동반의 영향을 고려

수위제어기(Controller)는 정상상태의 운전조건 하에서는 수위 목표치를 유지하기 위하여 증기발생기로 보내는 급수유량을 조정하는 방법으로 비례동작 및 적분동작을 채용하고 있다. 수위제어기의 동작은 대부분이 적분동작이고 약간의 비례동작이 가미되도록 조절되어 지는 반면 급수 및 증기유량 제어기의 동작은 대부분의 비례동작에 약간의 적분동작이 가미되도록 조절되어 있다.

라. 노내(In Core) 계측설비

노내 계측설비는 지정된 노심 위치에서의 중성자속 분포 및 연료집합체 출구측 온도를 측정하는 것으로 이러한 측정결과를 이용하여 노심 전체의 출력분포를 알 수 있다.

노내 계측설비는 Chromel-Alumel 열전대(Thermocouple)와 이동형(또는 고정형) 중성자검출기로 구성되어 있다. 열전대는 노심상부의 미리 설정된 위치에서 연료집합체 출구측에서의 냉각재온도를 측정하게 되어 있는 이로부터 노심의 반경방향 출력분포와 냉각재의 엔탈피 분포를 알 수 있다. 이동형(또는 고정형) 중성자검출기는 지정된 연료집합체의 전체 길이를 이동할 수 있어서 정확한 3차원의 중성자속 분포를 그릴 수 있다. 얻어진 온도 및 중성자속 분포에 관한 자료는 어느 때라도 노심내부 출력분포를 결정하는데 이용될 수 있다. 이러한 정보는 역시 원자로 압력용기 외측에 설치된 노외 검출기의 교정 및 응답도를 점검하고 노심의 출력밀도, 연소상태 및 연료의 재고량을 결정하는데도 이용될 수 있다.

참 고

반응도 조절			
종 류	제 어	장 점	단 점
붕 산 장기적 제어	원자로 잉여반응도 보상	중성자속 분포가 균일	○ 반응시간이 느리다. (15~20분) ○ 약산성이라 부식에 영향을 미치고 부식생성물은 방사능이 된다. ○ 액체 및 고체폐기물을 많이 생성 ○ 저온에서 결정으로 석출
제어봉 단기적 제어	출력의 미세한 변화를 보상	반응속도가 빠르다.	○ 중성자속 분포가 불균일 ○ 연료연소가 불균일 해진다.

제7장. 원자력 안전특성

1. 원자력발전소의 안전개념

가. 안전개념

원자력발전소의 안전개념은 운전 중에 이상이 발생하지 않도록, 이상이 생겨도 사고로 확대되지 않도록 하여 만약 사고가 발생하더라도 주변에 영향이 없도록 하는 것이다. 이런 설계 개념에 따라 원자력발전소는 3중으로 보장되는 안전대책이 마련되어 있다.

첫째, 엄격한 품질관리와 여유 있는 안전 설계이다. 운전중 각 기기에 가해지는 힘이나 온도 등에 대해 이들 기기가 충분히 견딜 수 있도록 설계를 여유 있게 하고 모든 사용기기는 고품질의 것을 선택하며 품질관리를 철저히 하고 있다.

둘째, 연동(Interlock)시스템의 도입이다. 원자력발전에 만약 인위적인 과실이 있을 경우에도 그 과실이나 오동작이 더 이상 진행되지 못하도록 방어하는 기능을 갖추는 것이다.

셋째, 고장 시 안전작동(Fail Safe)이라는 안전기능으로 기계가 고장 나더라도 자동적으로 안전이 확보되도록 하는 장치이다. 예를 들어 배관이 파손된 상황에서는 밸브가 닫히는 것이 발전소 안전성 측면을 고려해 좋기 때문에 밸브가 자동적으로 닫히도록 설계하는 것이다.

나. 물리적 방벽

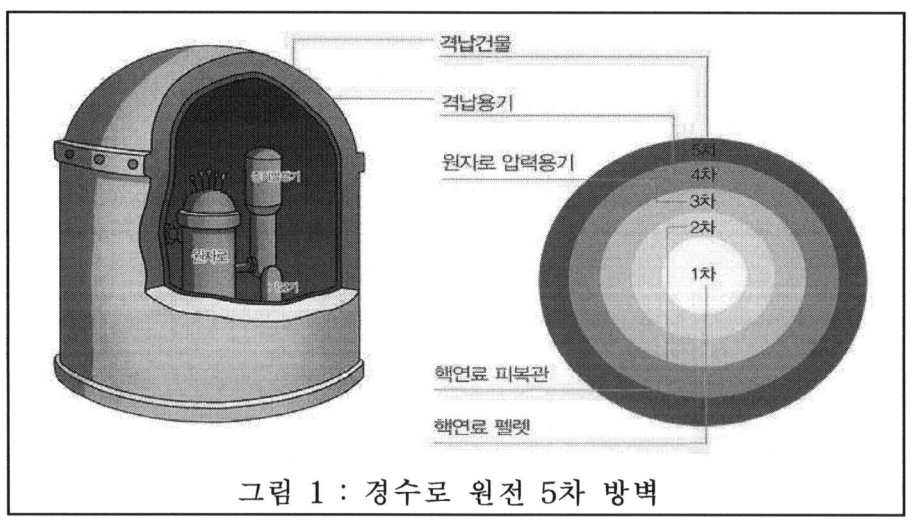

그림 1 : 경수로 원전 5차 방벽

원자력발전소에서 만약의 사고가 발생하더라도 그 피해가 확대되지 않도록 철저히 방지하는 일이 매우 중요하다. 이를 위해 표1과 같이 다중방어를 통해 어떠한 상황에서도 방사성물질을 완벽하게 가둘 수 있도록 하고 있다.

표 1 : 물리적 방벽

방벽구분	구 성 설 비	공학적 안전설비(ESF)
제1방벽	펠렛	국부 고출력밀도(21KW/ft) 방지
제2방벽	피복재 (재질 : 저로)	○ 비상노심냉각계통 : 냉각 및 미임계 유지 ○ 보조급수계통 : 노심냉각을 위한 자연순환용 열제거원 제공
제3방벽	원자로 용기를 포함한 냉각재 계통 압력경계	○ 가압기 안전밸브 : 냉각재계통의 가압보호 ○ 비상노심냉각계통 : 냉각재의 재고량 확보
제4방벽	격납용기 내부철판	6mm 철판 건전성 유지
제5방벽	격납건물	○ 격납건물 살수계통 : 격납건물 대기압력 및 온도 감소 ○ 수소결합기 및 수소제어계통 : 격납건물 내부 수소농도 제어 ○ 격납건물 격리계통 : 사고영향 확대방지 및 방사능물질 외부 누출억제

2. 원자로와 원자폭탄의 차이

우라늄에는 핵자(중성자, 양자)가 235개인 것과 238개인 것이 있다. 둘 다 양자는 92개이며, 나머지는 중성자이다. 핵자사이에는 서로 끌어당기는 핵력이 작용하고 있고 양자 사이에는 서로 밀어내는 정전기력이 작용하고 있다. 핵자가 238개인 우라늄은 핵자가 235개인 우라늄과 서로 밀어내는 정전기력은 같은데 중성자가 많기 때문에 끌어당기는 핵력이 더 많아 핵자가 235인 우라늄보다 더 안정하다. 따라서 핵자가 235개인 우라늄은 핵자가 238개인 우라늄보다 더 작은 외부 충격에도 핵이 분리될 수 있다. 핵에 외부 충격을 줄 수 있는 것은 중성자에 있다. 중성자는 가지고 있는 속도에 따라 속중성자와 열중성자로 나눈다. 고속의 중성자는 ^{235}U든 ^{238}U이든 핵을 분리시키기에 충분한 충격을 줄 수 있는 에너지를 가지고 있다. 속도가 느린 열중성자는 ^{238}U에 충격을 주어도 분열시키지 못한다. 그리고 느린중성자는 우라늄과 충돌하는 확률이 높고 빠른 중성자는 낮은 충돌확률을 가진다. 원자로에는 핵분열이 잘 일어나는 ^{235}U가 2~5%이고 나머지는 핵분열이 잘 일어나지 않는 우라늄으로 구성된 ^{238}U 연료가 들어있다. 이 연료는 잘 타지 않는 나무와 같이 핵분열을 잘 할 수 있는 조건을 만들어주지 않으면 핵분열이 일어나지 않는다. 핵분열이 잘 일어날 수 있는 상태는 연료를 물속에 담가 주는 것인데 연료를 물속에 담가두면 핵분열로 생긴 빠른중성자가 주변 물에 부딪쳐 느린중성자가 되고 느린중성자는 ^{235}U와 큰 충돌확률을 가지기 때문에 물속에서는 연쇄반응이 일어날 수 있다. 만약 물이 없어지는 상황이 발생하면 빠른중성자를 충돌확률이 높은 느린중성자로 만들지 못하여 핵분열이 중단된다. 핵분열이 많이 발생하여 에너지가 많이 나오면 주변물의 온도를 높이고 극단적으로 온도가 올라간다면 물이 없는 상태와 같이 되므로 핵분열이 지속될 수 없다. 이것은 원자로는 어떤 불안전한 상황이 발생하여 많은 핵분열이 발생하여 폭발하는 현상이 발생할 수 없다는 것을 말한다. 반면에 원자폭탄은 ^{235}U가 95% 이상이기 때문에 핵분열로 생긴 빠른 속도의 중성자를 분열확률이 높은 느린 속도의 중성자로 만들어 주지 않아도 연쇄 분열반응이 일어날 수 있다. 핵분열이 발생할 수 있는 좋은 환경이 아니더라도 임계질량 이상만 되면 연쇄핵분열 반응이 지속될 수 있고 이로 인해 많은 열에너지가 방출되어 폭발하게 된다.

핵분열이 일어나는 시간은 10^{-14}초이고 중성자가 발생되어 연료에 흡수될 때까지를 나타내는 중성자 수명은 10^{-4}초이다. 이 둘을 합쳐 중성자 세대시간이라 한다. 이것은 짧은 시간에 많은 연쇄반응이 일어나서 많은 에너지를 방출하므로 폭발이 일어날 수 있다는 것이다. 원자폭탄은 이렇게 짧은 시간에 연쇄적으로 반응이 일어나기 때문에 방출되는 열에너지 제어를 할 수 없다. 원자로는 원자로 내에 중성자를 흡수하는 물질을 넣어 원자로 내에 있는 중성자 개수를 조절하고 핵분열로 생긴 분열생성물이 붕괴하면서 방출하는 지발중성자가 더해져야 분열을 지속(임계)할 수 있도록 하고 있다. 즉, 지발중성자가 더해져야 핵분열을 지속할 수 있는 상태가 된다.

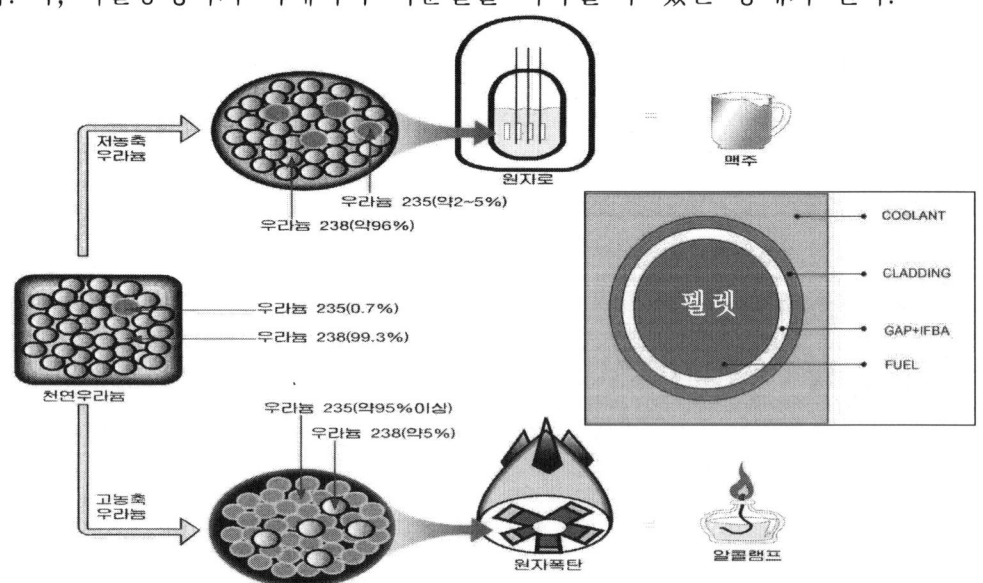

그림 2 : 원자로와 원자폭탄의 차이

이 지발중성자는 중성자의 평균 세대시간을 0.1초까지 증가시킴으로서 제어가 가능하도록 하고 있다. 이것은 원자로는 제어가 가능한 에너지라는 것을 의미한다. 즉, 원자로에서는 핵분열이 반복되는 시간이 상대적으로 길어서 제어할 수 있고 제어할 수 있는 에너지는 안전한 에너지이다.

3. 원전설계의 안전성

원자력발전소는 경제성에 앞서 안전성확보를 우선순위에 둔다. 안전성확보를 위해 설계단계에서 충분히 안전하도록 설계한다. 또한 부지를 선정할 때 원자로를 설치했을때 위험요소가 없는 곳을 정한다. 원자로는 고유한 안전특성을 갖도록 설계되어 있다. 또한 많은 원자로 안전설비가 설치되어 있다.

가. 원전 부지선정

원자로를 설치할 부지를 선정할 때 표2의 원전부지 선정조건에서 보는 바와 같이 지질조건, 기상조건, 주변 환경, 수문, 용수공급 등을 고려하여 부지를 선정한다.

표 2 : 원전부지 선정조건

항 목	내 용
지질조건	지진 또는 지각의 변동에 의해 지표면이 붕괴되거나 함몰의 가능성이 없는 안정된 곳
기상조건	○ 해일, 태풍, 홍수, 폭설 또는 폭풍 등의 자연상태에 의해 재해가 발생할 가능성이 없는 곳 ○ 대기의 확산, 희석이 잘되는 곳
주변환경	○ 항공기 추락, 위험물을 생산 또는 취급하는 시설의 사고 등에 의한 장해가 발생할 가능성이 없는 곳 ○ 비상시 주변지역에 거주하는 주민의 소개가 용이한 지역
수 문	○ 저수지 또는 댐의 유실과 비등에 의한 하천범람의 영향을 받지 않는 곳 ○ 표층수 또는 지하수 등 주변 수중환경에 장해가 발생할 우려가 없는 곳
용수공급	○ 냉각수 확보가 쉬운 곳 ○ 공업용수 공급이 쉬운 곳

나. 원자로의 고유 안전특성

원자로는 짧은 시간 내에 출력이 급격히 증가하는 일이 발생하지 않도록 하는 고유 안전특성을 가지고 있다 고유 안전특성에는 크게 두 가지가 있는데 하나는 감속재(= 냉각재)온도계수가 부(-)이라는 것과 연료온도계수가 부(-)이라는 것이다. 감속재 온도계수가 부인 것이 원자로 안전성에 어떻게 작용하는지 보자.

원자로에서 단위시간당 핵분열이 발생하는 회수는 원자로 속에 있는 느린중성자의 개수에 의해 결정되는데 이 느린중성자가 만들어 지는 것은 감속재인 물의 상태에 영향을 받는다. 그림 3에서 보는 바와 같이 핵분열시에 우라늄에서 방출되는 중성자는 속중성자이며 이 속중성자는 우라늄을 분열시키는 확률이 낮고 이것이 느린중성자로 되면 우라늄을 분열시키는 확률이 높아진다.

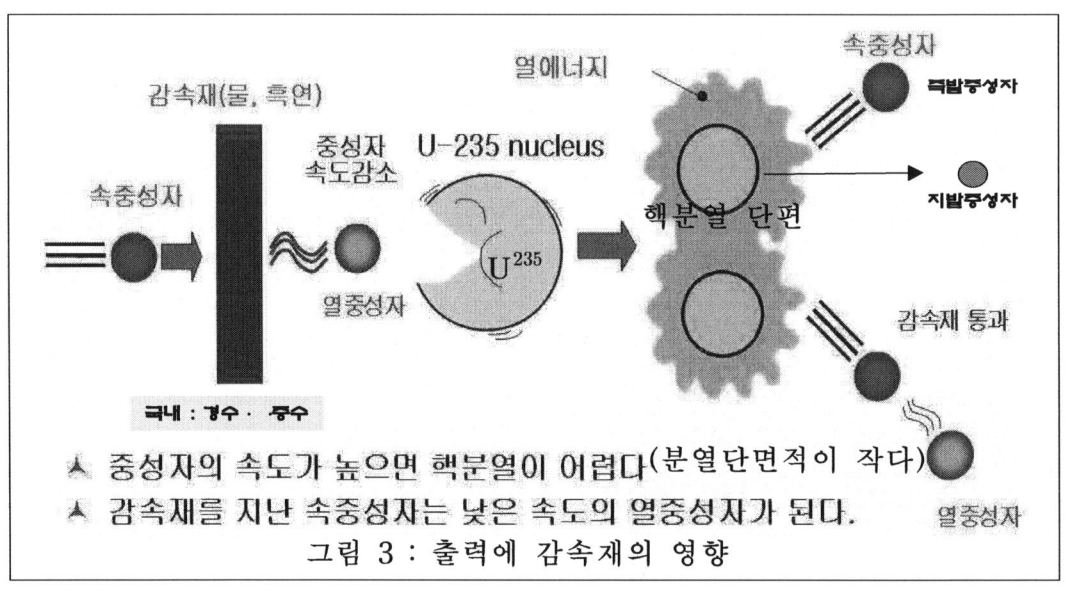

그림 3 : 출력에 감속재의 영향

속중성자는 감속재인 물에 의해서 느린 속도의 중성자가 되는데 핵분열이 많이 일어나면 핵연료에서 열에너지가 많이 발생하고 이로 인해 감속재인 물의 온도가 올라가게 된다. 물의 온도가 올라가면 밀도가 낮아지게 되고 밀도가 낮아진 물은 중성자를 감속시키는 능력이 줄어들게 되고 이것은 느린중성자의 수를 감소시키게 되고 결국 핵분열 수를 감소시키게 된다. 즉, 핵분열이 많이 발생하여 출력이 올라가면 감속재가 원자로에서 핵분열이 잘 일어나지 못하게 작용을 하므로 제어되지 않게 급격히 출력이 올라가는 상황이 발생하지 않게 된다. 연료의 온도계수도 부(-)이다. 즉, 핵분열이 많이 발생하여 연료의 온도가 올라가면 그 연료가 핵분열이 잘 일어나지 못하도록 작용을 한다. 핵연료는 핵분열이 잘 일어나지 않는 U^{238}이 97%를 차지하고 나머지가 U^{235}이다. 이 U^{238}은 속중성자에 의해 충격을 받으면 핵분열이 일어나고 느린중성자와 중간정도 속도의 중성자에 충격을 받으면 분열이 일어나지 않는다. 또한 이 U^{238}은 중간속도의 중성자를 잘 흡수한다. 이는 열중성자가 되기 전의 중성자를 흡수함으로서 열중성자의 수를 줄이는 역할을 한다. 핵분열이 증가하면 핵연료의 온도가 올라가고 핵연료의 온도증가는 핵연료의 진동증가로 나타나는데 핵연료의 진동증가는 중성자와 핵연료간의 상대속도에 의해 U^{238}이 잘 흡수할 수 있는 중성자의 속도범위를 넓히게 된다. 이것은 U^{238}이 중성자를 더 많이 흡수하게 된다는 것을 의미한다. 즉, 출력이 증가하면 U^{238}이 중성자를 더 많이 흡수하게 됨으로서 U^{235}를 핵분열시키는 열중성자의 수를 줄여 출력이 떨어지게 하는 역할을 한다.

다. 원전의 안전설비
1) 원자로 보호설비(원자로 긴급정지 설비)

원자로 보호설비는 방사성물질 방출을 방지하기 위한 첫 번째 방벽인 펠렛과 피복재가 제어되지 못하는 열에 의해 손상될 수 있는 가능성을 차단하기 위한 것이다. 원자로의 안전성에 영향을 미칠 수 있을 만큼의 이상상태가 진행되려고 하는 징후가 나타나면 원자로 밖으로 인출되어 있던 모든 제어봉이 자동적으로 원자로 노심 속으로 삽입되어 원자로 내에서 핵분열 반응을 신속하게 중지시킨다. 만약 제어봉 만으로 충분하지 않을 경우에는 중성자를 잘 흡수하는 독물질인 붕산수가 원자로 내에 추가로 주입된다. 원자로 긴급정지의 목적은 이상(異常)상태가 더 이상 확대되기 전에 원자로를 정지시켜 핵분열 반응을 완전히 중지시킴으로써 핵분열에 의한 열에너지 발생을 원천적으로 막고 온도 및 압력의 급상승을 막기 위한 것이다.

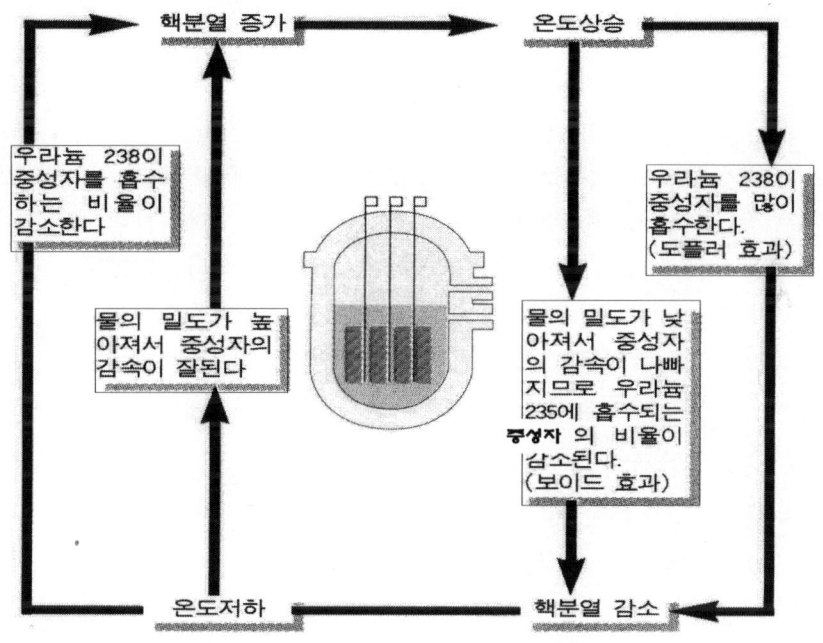

그림 4 : 원자로의 고유 안전성

원자로긴급정지는 원자로안전에 필수적인 기본기능으로서 필요할 경우 반드시 제어봉이 자동적으로 그 자체의 무게에 의해 노심 내로 자유 낙하되도록 설계되어있다. 긴급정지 신호는 온도, 압력, 출력, 전원, 유량, 수위 등의 15가지 이상의 변수중에 어느 한 개라도 정해진 제한치를 넘어 설 경우 복합적으로 상호 연관되어 20여

가지의 신호가 발생되게 되어 있다. 또한 각각의 변수들을 감지 또는 발생시키는 장치 역시 2~4개의 다중설비로 되어 있어 일부가 고장이 발생하더라도 정지신호를 발생하는 데는 전혀 지장이 없도록 되어 있다.

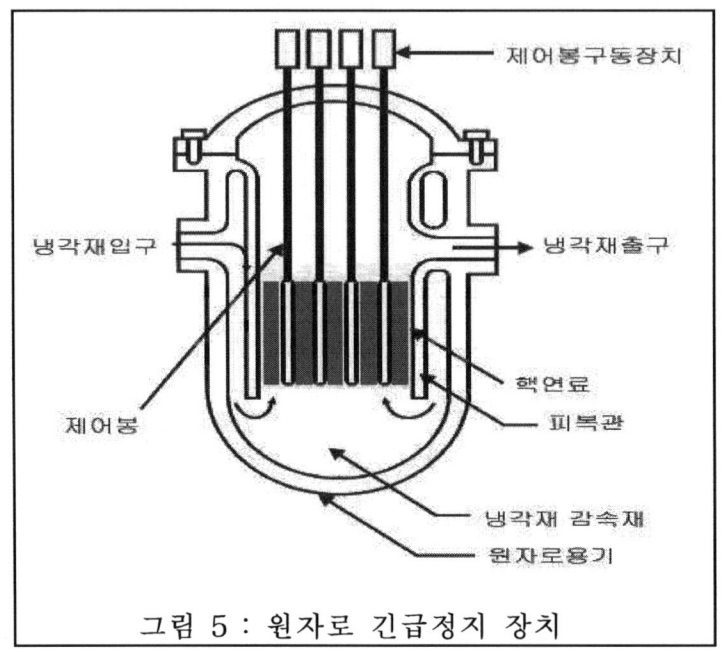

그림 5 : 원자로 긴급정지 장치

2) 가압기 안전밸브

가압기 안전밸브는 방사성물질의 방출을 차단하기 위한 2차방벽인 원자로 냉각재 계통 구조물이 과압에 의해 손상되는 것을 방지하기 위하여 가압기에 스프링의 힘으로 밸브 디스크를 누르고 있는 안전밸브가 설치되어 있다.

이 안전밸브는 원자로 냉각재계통의 압력이 안전밸브가 작동하도록 설치된 설정치(설계압의 110%)에 도달하면 70% 가량 개방되어 과도한 압력을 떨어트림으로서 두 번째 방벽이 파손되는 것을 방지하여 원전의 안전성을 확보한다.

3) 비상 노심냉각설비

사람과 환경에 위험을 주는 에너지 선원인 방사성물질의 방출을 방지하기 위한 첫 번째 방벽인 펠렛과 피복재는 온도가 올라가서 용융되는 것에 의해 손상될 수 있다. 펠렛과 피복재의 온도는 잔열에 의해 발생되는 열에너지와 주변의 냉각재가 열을 제거하는 능력에 의해 결정된다. 원자로에 물이 있고 연료가 물속에 잠겨있다면 이 첫 번째 방벽이 손상되는 일은 발생하지 않는다. 그러나 원자력발전소를 설계할 때 원자로가 파괴되는 것을 제외한 모든 배관이 파괴되더라도 연료가 건전해야 한다는 설계요건에 의해 설계되어 있다. 따라서 원자로 냉각재 배관이 절단되면 냉각재가 절단부위로 빠져나가게 되고 연료 주변에 물이 없는 상황이 되어 연료의 온도가 올라가서 용융될 수 있을 것이다. 이런 사건이 발생할 경우 원자로에 물을 주입하여 연료가 물속에 안전하게 있도록 해야 한다. 이를 위해 비상노심 냉각설비가 설치되어있다. 비상노심 냉각설비는 고압으로 냉각재를 주입하는 고압 안전주입설비, 중압으로 냉각재를 주입하는 안전주입탱크, 저압으로 주입하는 저압안전주입설비로 구성되어 있다. 이것은 절단된 배관의 크기에 따라 원자로의 내부압력이 떨어지는 정도가 다르기 때문에 저압, 중압, 고압 안전주입을 각각 설치해 놓았다.

4) 원자로건물 압력강하 설비

방사성물질의 방출을 방지하는 세 번째 방벽은 원자로건물이다. 이 원자로건물은 과도한 압력에 의해 손상되지 않도록 설계되어 있다. 과도한 압력으로 오래 지속되는 것을 방지하기 위해 원자로건물에 물을 뿌려 압력을 떨어트리는 원자로건물 살수설비가 설치되어 있다. 또한 사고시에 발생할 수 있는 수소의 폭발에 의해 세 번째 방벽인 원자로건물이 손상되는 것을 방지하기 위하여 수소폭발이 발생할 수 있는 수소농도에 도달할 수 없도록 수소제거설비가 설치되어 있다. 이들은 방사성물질방출을 방지하기 위한 방벽을 보호하기 위한 설비이다.

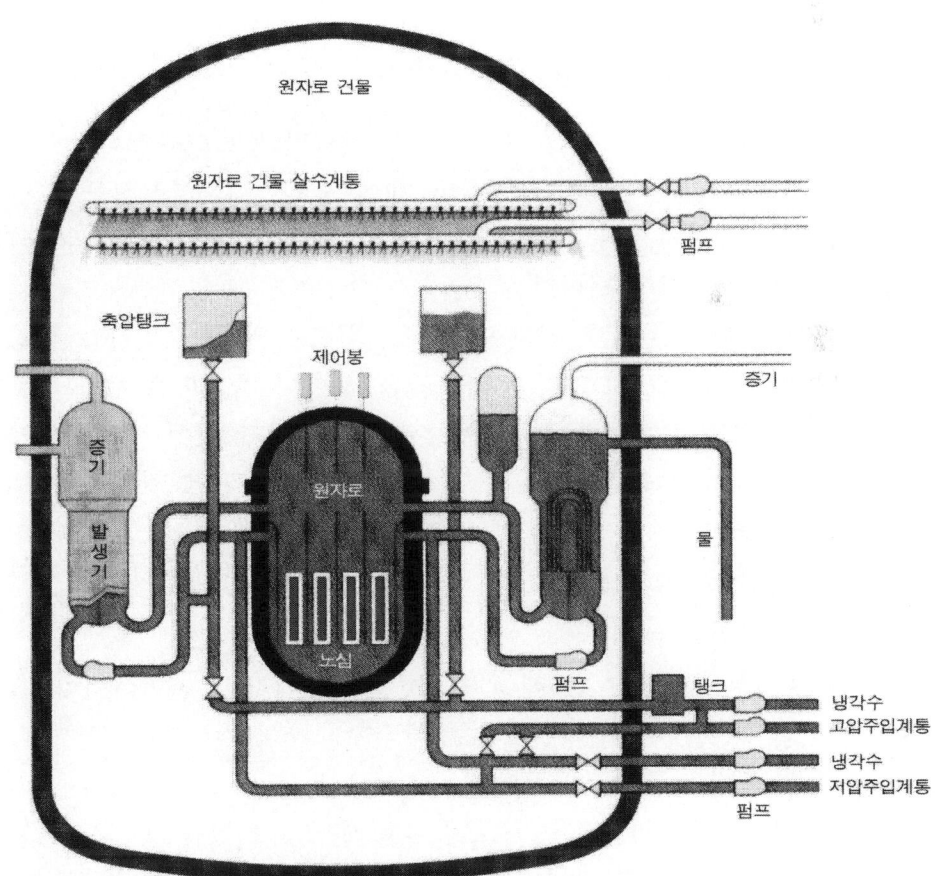

그림 6 : 전형적인 가압경수로형 안전설비

5) 연동장치

원자력발전소는 안전을 위해 많은 설계여유를 가지도록 설계되어 있다. 따라서 설비 자체만으로는 큰 문제가 발생하지 않는다. 그러나 사람의 실수로 인해 사건을 확대할 수 있는 여지가 있다. 발전소를 운전하는 중에 인적실수에 의해 사건이 발생하는 것을 가능한 한 줄이기 위하여 어떤 설비를 기동하기 위해 사전 조건이 만족되어야 기동이 될 수 있도록 하는 상호연동장치를 설치하여 원자로의 안전성을 높이도록 설계되어 있다.

원자력발전소 내·외부에 대한 영향 및 다중 안전계통의 손상정도에 따라 분류한다. 3등급 이하의 경우는 고장으로 분류되며 주로 발전소 내·외부 피해를 사전에 예방할 수 있도록 설계되어 있는 다중안전계통의 손상정도에 따라 등급이 분류된다. 4등급 이상은 연료가 손상되거나 방사성물질이 외부로 누출되는 경우로서 사고로 분류된다.

4. 원전안전성 확보의 개념

가. 잔열에너지 방출원의 위치

안전성에 위험을 줄 수 있는 에너지원은 잔열이라고 언급했다. 이 잔열에너지를 방출하는 핵분열생성물은 핵연료 펠렛 내에 있다. 핵분열생성물이 방출하는 잔열의 형태는 핵을 구성하는 중성자가 양성자와 전자로 분리되는 베타붕괴를 할 때 방출하는 감마선 에너지 형태이다.

이 감마선 에너지는 펠렛 자체, 피복재, 원자로 냉각재, 원자로 내장품과 원자로용기, 원자로 콘크리트 차폐벽, 원자로건물 라이너 플레이트, 콘크리트 원자로건물을 지나서 환경에 도달해야 하는데 여기까지 도달하기 전에 에너지를 모두 잃고 소멸된다. 따라서 이 핵분열생성물이 펠렛 내에 있게 되면 잔열에너지도 전혀 위험한 아니라는 것을 알게 된다. 이 잔열에너지가 위험하게 되는 경우는 이 핵분열생성물질 자체가 환경으로 나와 감마선 에너지를 방출하는 경우이다.

나. 원전 안전성확보 개념

위험의 요소는 근본적으로 에너지이고 원자로에서는 잔열에너지가 위험요소가 되며 이 위험요소인 핵분열생성물은 펠렛 속에 갇혀있다. 이 위험요소가 바깥으로 나오지 못하게 하면 원자로가 위험하지 않게 된다.

이 핵분열생성물이 바깥으로 나오지 못하게 할 수 있는 방법은 핵분열생성물 주변에 방벽을 설치하고 그 방벽이 건전하다는 것을 보증해 주면 된다. 우리는 이 방벽을 5중으로 설치하고 그 방벽이 건전하도록 하고 있다.

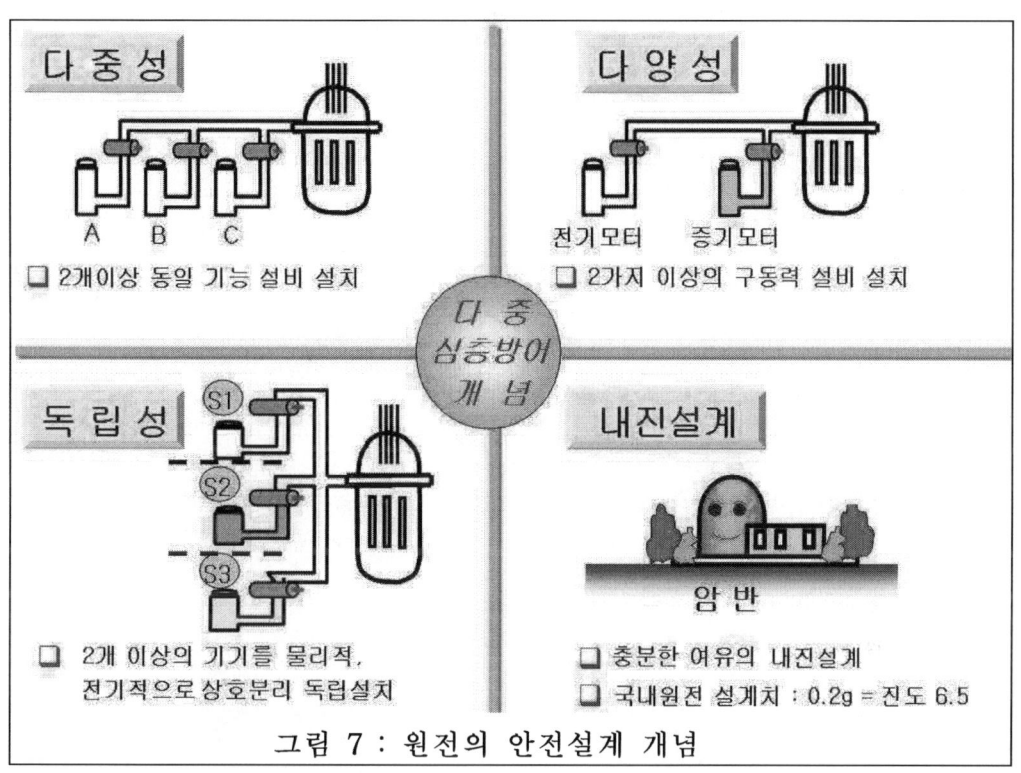
그림 7 : 원전의 안전설계 개념

첫 번째 방벽은 펠렛, 두 번째 방벽은 피복재, 세 번째 방벽은 원자로 냉각재계통의 압력경계를 이루는 철 구조물 그리고 네 번째 방벽은 격납건물 내부철판으로 설정하였고, 다섯 번째 방벽은 격납건물로 어떤 사고가 발생하더라도 이 5개의 방벽이 건전하도록 안전설비를 설치하고 그 안전설비들이 작동에 대한 신뢰성을 가지도록 설계를 한다. 신뢰성을 가지도록 설계하는 것은 같은 설비를 여러 개 설치하는 것, 다른 방법으로 같은 기능을 하도록 설계하는 것, 여러 설비를 한 곳에 설치하지 않고 다른 장소에 설치하는 것, 전원을 한곳에서 받지 않고 각기 다른 곳에서 받도록 설계하는 것 그리고 지진에 견디도록 설계하는 것이다.

국내원전은 내진설계를 0.2g로 하며 이것은 대략 진도 6.5에 해당하는 지진규모 이다. 설계는 진도 6.5로 설계되었지만 설계여유 때문에 진도 8정도에도 원전의 안전에 문제가 없는 것으로 보고 있다. 실제로 미국 로스엔젤레스에 진도 7.1의 지진이 발생했으나 인근의 산오프레 원전 2기가 정상운전 되었으며 인도·파키스탄에 진도 7.9의 지진이 발생했으나 인근 카크라파르·카라지 원전이 정상 운전되었다.

2007년 7월 16일 일본 니가타현 해안에서 발생한 리히터 규모 6.6의 지진으로 Tokyo Electric Power Co 사의 Kashiwazaki-Kariwa 원자력 발전소의 7개중 운전 중이던 4개의 BWR 발전소가 자동 정지되었다. 이 지진으로 변압기에 화재가 발생했으나 원자로는 안정한 상태로 유지되었다.

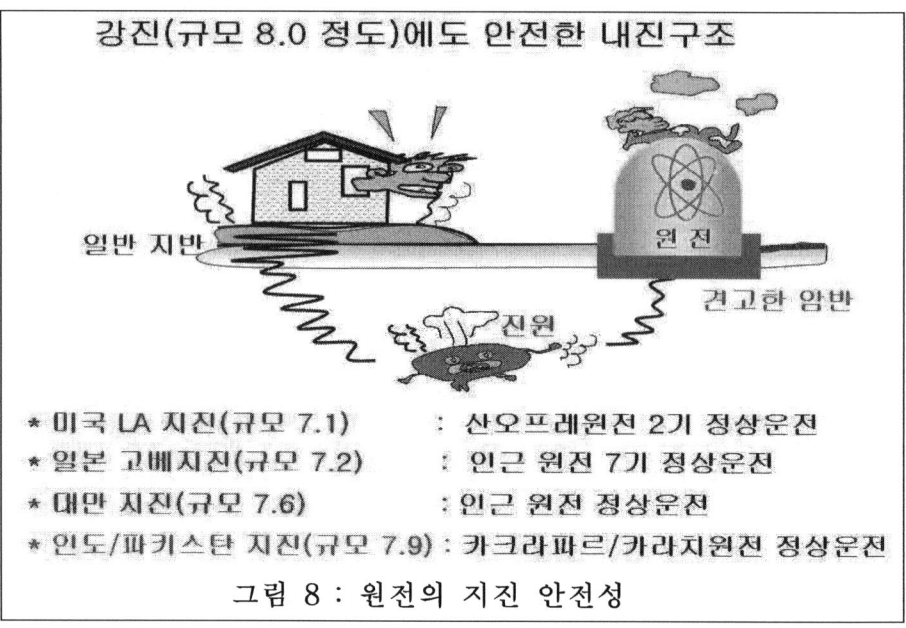

그림 8 : 원전의 지진 안전성

5. 발전소 상태 구분(ANSI N18.2)
   가. Condition I (정상운전 및 운전과도 상태)
   1) 정상운전, 연료교체 및 보수기간 동안에 빈번하게 발생하거나 규칙적으로 발생할 수 있는 사건들로 구성된다.
   2) 유 형
      ○ 정상운전
      ○ 발전소 가열 및 냉각운전
      ○ 단계적(Step) 출력변화
      ○ 비율적(Ramp) 출력변화
      ○ 허용범위 내에서의 부하상실 : 전 출력의 95% 이하
   나. Condition II (비교적 자주 발생하는 경미한 사건)
   1) 원자로가 정지됨으로써 사고를 충분히 수습할 수 있는 정도 사건(발생률 1회/년)
   2) 유 형
      ○ 제어불능의 붕소희석 사고
      ○ 냉각재 강제유량의 부분적 상실
      ○ 외부 부하상실
      ○ 발전기 보조기기에 대한 외부전원 상실
      ○ 냉각재계통의 우발적인 감압
      ○ 미임계상태 또는 저출력상태에서 제어불능의 제어봉 인출사고

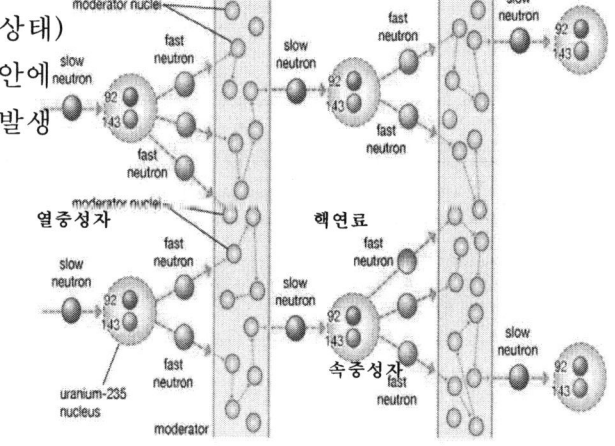

다. Condition Ⅲ
1) 약간의 연료봉 손상을 초래할 수도 있는 사건들로서 공학적 안전설비계통의 동작으로 충분히 사고를 수습할 수 있는 정도의 사건 (발생률 : 1회/수명)
2) 유 형
   - 냉각재계통의 가장 큰 배관에서 발생한 약간의 파열이나 파열된 곳으로 부터 냉각재의 누설이 발생하여 비상 노심냉각계통을 동작시킬 수 있는 사고
   - 소량의 2차측 배관파열사고(주증기관 또는 주급수관)
   - 연료가 부적당한 위치로 잘못 장전된 사고
   - 냉각재의 강제유량 완전상실
   - 기체폐기물 저장탱크의 파열
   - 전 출력상태에서 1개의 제어봉 인출사고

라. Condition Ⅳ
1) 발전소 수명기간 동안에 일어날 수 없는 가상사고로서 사고들의 결과는 막대한 양의 방사성물질을 방출할 수 있는 잠재력을 가지고 있는 사고
2) 유 형
   - 냉각재계통 주 배관이 양단 파열되는 사고(Double-Ended Pipe Rupture)
   - 다량의 2차 계통 배관파열
   - 증기발생기 튜브파열(SGTR)
   - 1대의 냉각재 펌프 회전자 고착
   - 연료취급사고
   - 제어봉 구동장치 보호관 파열사고

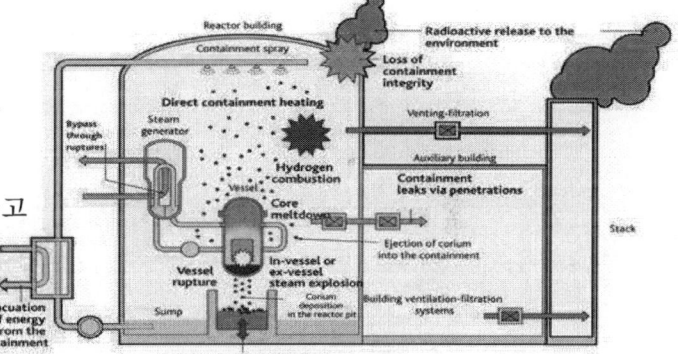

참 고
○ 중대사고 : 원자력 발전소를 설계하기 위해 고려한 기준사고보다 더 심각한 사고로서 설계 안전성 평가시 가정한 모든 수단으로도 적절한 노심냉각이나 반응도의 제어가 불가능한 상태가 발생하여 노심의 심각한 손상을 초래함으로써 방사능 물질의 방출에 대비한 방벽들의 건전성을 손상시킬 수 있는 사고를 뜻한다.
  <u>중대사고의 진행</u>
  - 노내(In-vessel)의 사고진행 : 노심노출과 가열, 피복재의 산화, 노심물질의 용융
  - 노외의 사고진행 : 격납건물의 직접가열, 냉각수와 용융물의 반응, 수소연소
  - 핵분열 생성물의 방출
○ 설계기준사고 : 원자력 발전소를 설계하기 위해 고려한 사고 즉, ESF의 설계의 기준이 된 사고이며 사고해석의 대상이 된 사고

APR-1400 공학적 안전설비계통 요약편

1. 공학적 안전설비 목표
 가. 연료 및 피복재 보호
  1) 미임계상태 유지 : 연료와 열생성 최소화
  2) 노심냉각 유지 : 연료의 발생열을 제거하기 위한 적절한 냉각재 제공
  3) 열제거원 확보 : 연료의 발생열을 제거하기 위한 2차측 냉각수 제공
  4) 냉각재 재고량 확보 : 냉각재의 효과적인 열제거 및 압력제어
 나. 냉각재 압력경계 보호
  1) 열제거원 확보 : 냉각재의 적절한 열제거 능력 제공
  2) 냉각재계통 건전성 유지 : 냉각재계통 파단 방지
  3) 냉각재 재고량 제어 : 과충수 및 압력제어 상실 방지
 다. 격납건물 보호
   격납건물 건전성 확보 : 격납건물을 과압 및 고온으로부터 보호하여 격납건물 외부로의 방사성물질 누출 억제

2. 격납건물 안전설계 기준
 가. 설계기준사고(DBA)시 방사능물질 방출은 10CFR100에서 규정한 제한치이내 유지
 나. 설계기준 사고시 온도 및 압력에 견딜 수 있어야 함
 다. 설계기준사고 발생후 24시간 동안 누설량이 격납건물 공기체적의 0.2%를 초과하지 아니하며 그 이후부터 24시간동안 설계 누설량이 0.1%를 초과하지 않아야 함

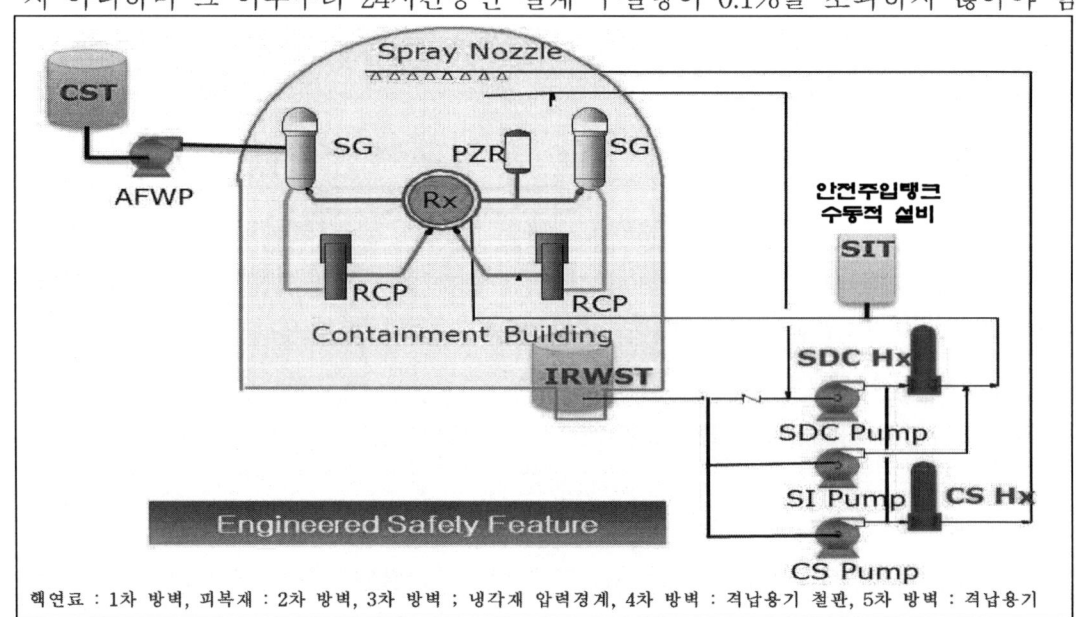

3. 안전주입계통의 기능
 가. 냉각재 상실사고시 4,000ppm 이상의 붕산수를 냉각재계통에 주입하여 노심을 냉각하고 피복재 손상으로 인한 격납건물 내부로 분열생성물 방출을 방지한다.
 나. 냉각재 상실사고시 노심의 열을 제거한다.
 다. 주증기 배관 파단사고로 인한 원자로의 급속한 냉각시 노심에 부(-)반응도를 증가시키기 위하여 냉각재계통에 붕산수를 주입한다.
 라. 장기간 모드 운전시 긴급 붕산주입 기능을 제공하고 붕산수 희석을 방지한다.
 마. 안전정지시 반응도 제어에 필요한 냉각수 재고량과 붕산수를 제공한다.
 바. 주급수완전상실시에 붕괴열 제거를 위해 파이롯트 구동 안전방출밸브(POSRV)와 연동하여 방출 및 주입운전(Feed & Bleed Operation)시의 주입유량을 제공한다.

4. 안전주입탱크 유량조절장치(Safety Injection Tank Fluidic Device)
 안전주입탱크에 설치된 수동형 유량조절장치는 냉각재계통에 두 단계의 안전주입을 제공하고 냉각재 상실사고시 좀 더 효율적으로 붕산수를 이용할 수 있도록 한다. 냉각재 상실사고시 이 장치는 고유량의 붕산수를 일정시간 동안 제공하고 이후에 이 장치의 유량은 점점 줄어든다.

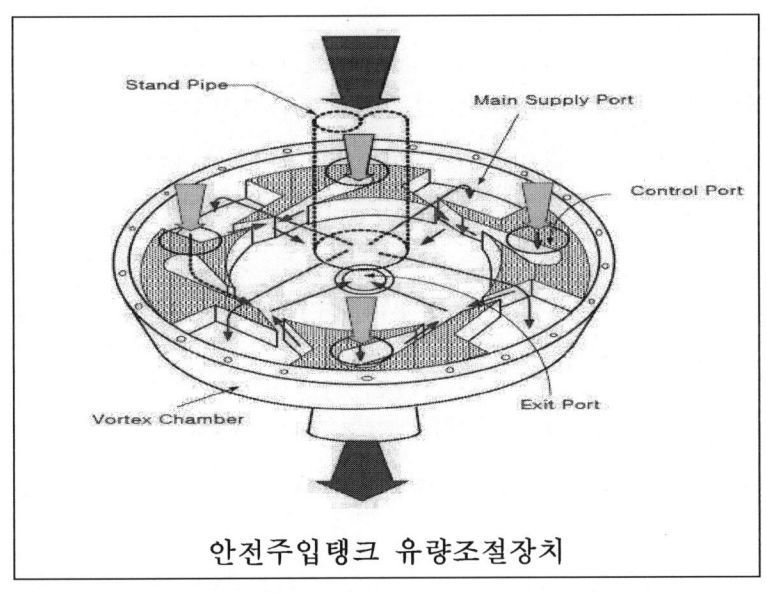

안전주입탱크 유량조절장치

유량조절장치는 와류격실(Vortex Chamber), 주 통로(공급통로), 조절통로, 출구통로, 입식배관(Standing Pipe)으로 구성되어 있다. 와류격실은 원통을 수평으로 얇게 자른 조각의 모양을 하고 있으며 수평으로 설치되고 중심축은 안전주입탱크의 중심선과 일치한다. 4개의 주 통로 및 제어통로는 와류격실에 대하여 90°의 대칭 구조로 연결되어 있다.

5. 원자로건물내 재장전수 저장탱크(IRWST)

원자로건물내 재장전수탱크는 정상운전 동안 안전주입계통, 원자로건물 살수계통의 붕산수원이며, 연료재장전운전 동안에는 재장전수조를 채우는 붕산수원이다. 원자로건물내 재장전수탱크는 가압기 파이롯트 구동 안전방출밸브 방출수의 1차 열제거원이며 원자로 공동침수계통의 냉각수원으로도 쓰인다.

냉각재상실사고 동안 원자로건물 내부의 스테인레스강의 부식을 최소화하기 위하여 원자로건물내 재장전수탱크 냉각수의 PH는 중간저장조 내부에 저장되는 삼인산나트륨에 의해 제어한다. 이는 사고 후 4시간 안에 원자로건물내 재장전수탱크의 PH 농도를 7~8.5 사이로 유지할 수 있게 한다. 삼인산나트륨이 설치되는 스테인리스강 상자는 물속에 침수되었을때 용해를 보장하기 위하여 상부와 바닥은 고형체로, 측면은 망으로 구성된다.

6. 원자로 건물 살수계통

원자로건물 살수계통은 유일한 원자로건물 능동 열제거계통이다. 원자로건물 살수계통은 사고시 원자로건물 대기로부터 요오드 및 기타 방사성 물질을 제거하고 가연성 기체의 국부적 축적을 방지하기 위해 원자로건물 대기를 혼합시키며, 사고 후 원자로건물의 열에너지를 제거함으로써 온도와 압력을 감소시키는 기능을 한다.

원자로건물 살수계통 운전은 원자로건물 고-고 압력신호에 의해 자동으로 구동된다. 원자로건물 살수펌프의 높이는 장기간 사고후 운전중인 펌프가 IRWST로부터 흡입을 취할 때 적절한 유효 흡입수두(NPSH)가 가능하도록 충분히 낮아야 한다.

원자로건물 살수펌프는 SIAS 또는 부하투입순서(Load Sequence)를 동반한 CSAS 신호에 의해 자동 기동된다. 중간저장조(HVT)에 저장된 삼인산나트륨은 LOCA시 살수되는 물의 PH를 조절하기 위해 사용된다.

7. 원자로 건물 기체제어계통

원자로건물 기체제어계통은 원자로건물내 원자로 노심에서 생성되는 가연성기체(수소)를 제어하기 위해 설계되었다. 원자로건물과 IRWST 내의 수소를 피동형 수소 재결합기(PAR)와 점화기로 제어하여 냉각재 상실사고 후(Post-LOCA)와 중대사고에 대비한다. 원자로건물 기체제어계통은 피동형 수소 재결합기계통(PHRS), 원자로건물 수소퍼지계통(CHPS), 수소완화계통(HMS)으로 구성된다. 피동형 수소 재결합기계통은 12개의 안전관련 PAR(Passive Autocatalystic Recombiner)로 구성되어 설계기준사고(DBA)시 수소집중을 4% 아래로 유지시킨다.

원자로건물 수소 퍼지계통은 CIAS 신호시 원자로건물을 격리시키기 위해 안전등급 보조전원을 공급받는다. PAR를 보조하여 가연성기체를 원자로건물 퍼지계통으로 퍼지한다. 이는 DBA시 모든 PAR가 상실하게 될 경우를 대비한다.

수소완화계통은 18개의 PAR와 10개의 점화기(Ignitor)로 구성된다. 중대사고시에 피복재와 물과의 반응에서 생성되는 수소를 100% 수용할 수 있도록 설계되어 있고 건물 내의 수소 집중을 10%로 제한한다.

8. 원자로 건물 감시계통

원자로건물 감시계통(CM)은 주제어실 운전원에게 원자로건물 상황에 대하여 연속적인 지시를 제공한다. 원자로건물의 4가지 기본변수(원자로건물 대기압력, 원자로 건물 대기온도, 원자로건물 수위, 원자로건물 대기 및 IRWST의 수소농도)가 감시되며 이러한 변수중 수소농도는 사고기간 중 감시된다. 4가지 기본변수는 격납용기에 대한 제어실 운전원의 계속적인 평가와 안전시스템을 위한 입력신호를 제공한다.

주제어실 운전원에게 원자로건물 대한 연속적인 상태 제공 및 안전계통 입력신호(원자로건물 격리신호, 원자로건물 살수신호, 안전주입신호, 주증기 격리신호)를 제공하여 원자로건물의 안전성을 감시하고 유지하게 한다. 원자로건물 감시계통계통은 신호원, 처리장치, 지시계 및 기록계로 구성된다.

9. 보조급수계통

보조급수계통은 안전성관련 계통으로서 발전소 비상운전 상황 동안 원자로 노심의 노출 방지 및 열제거를 위하여 독립적인 급수를 증기발생기 2차측에 공급한다. 보조급수계통은 발전소 정상운전을 위한 운전기능은 가지고 있지 않다.

보조급수계통은 정상적인 소내 또는 소외 전원상실사고를 포함하여 주급수계통이 상실되는 사고로 인해 증기발생기로부터 열제거가 요구되는 경우 증기발생기에 급수를 공급하기 위하여 자동 또는 수동으로 동작할 수 있도록 설계된다. 보조급수계통은 잔열제거를 위해 증기발생기에 적당한 급수 재고량을 유지시키고 이는 고온대기에서 정지냉각계통 기동전까지 고온대기상태를 유지하여 발전소 냉각(최대 냉각률 41.7℃/hr)을 수행할 수 있다.

보조급수계통은 냉각재 상실사고시 증기발생기 튜브을 통하여 냉각재계통과의 압력경계를 적절히 유지하기 위하여 운전원이 수동으로 작동할 수 있다. 1차측에서 2차측으로 누설이 발생했을 때, 냉각재 상실사고 후 증기발생기 튜브를 통한 냉각재의 우회누설 가능성을 최소화하기 위하여 증기발생기로 보조급수를 주입한다.

중수로(CANDU)

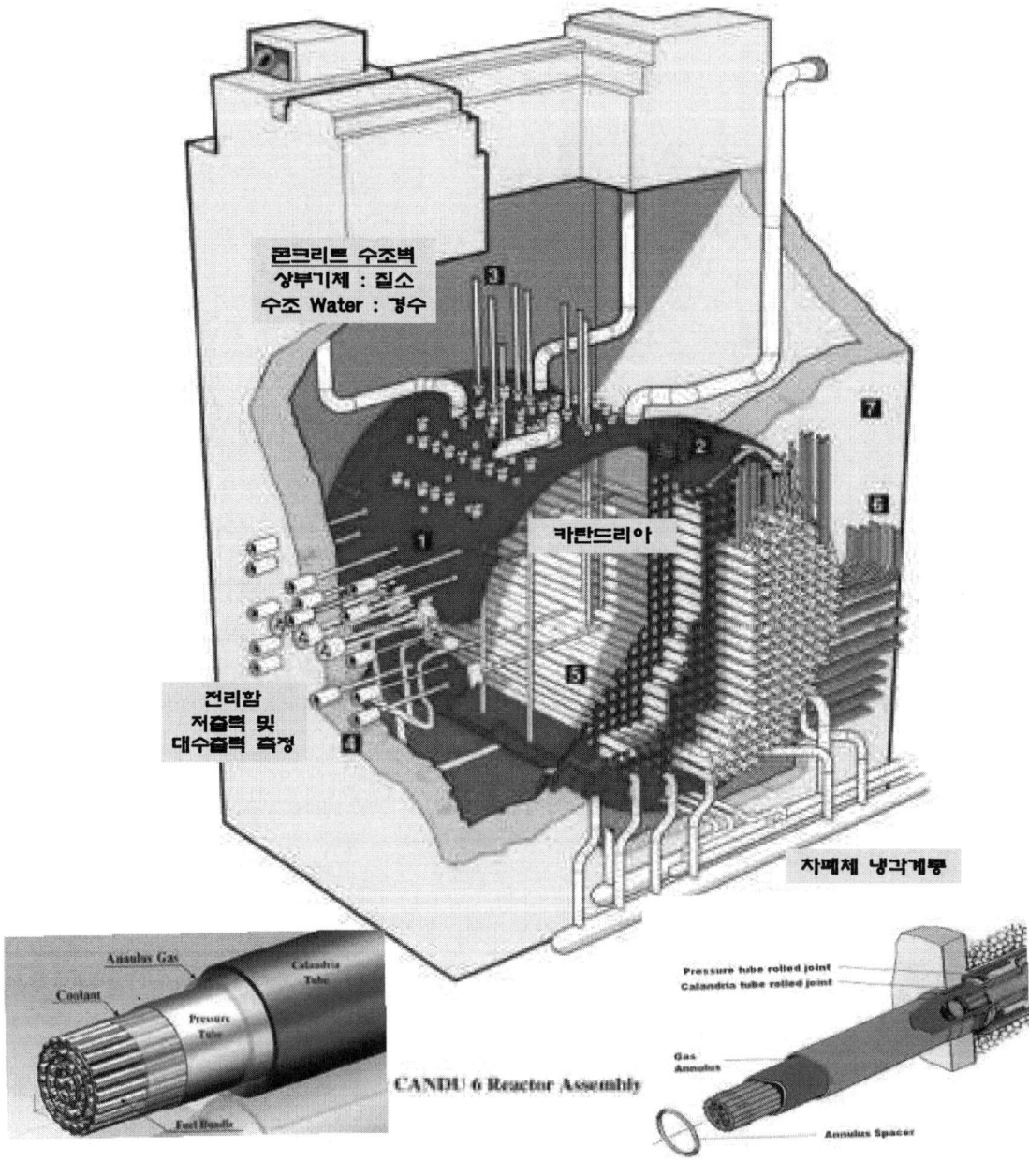

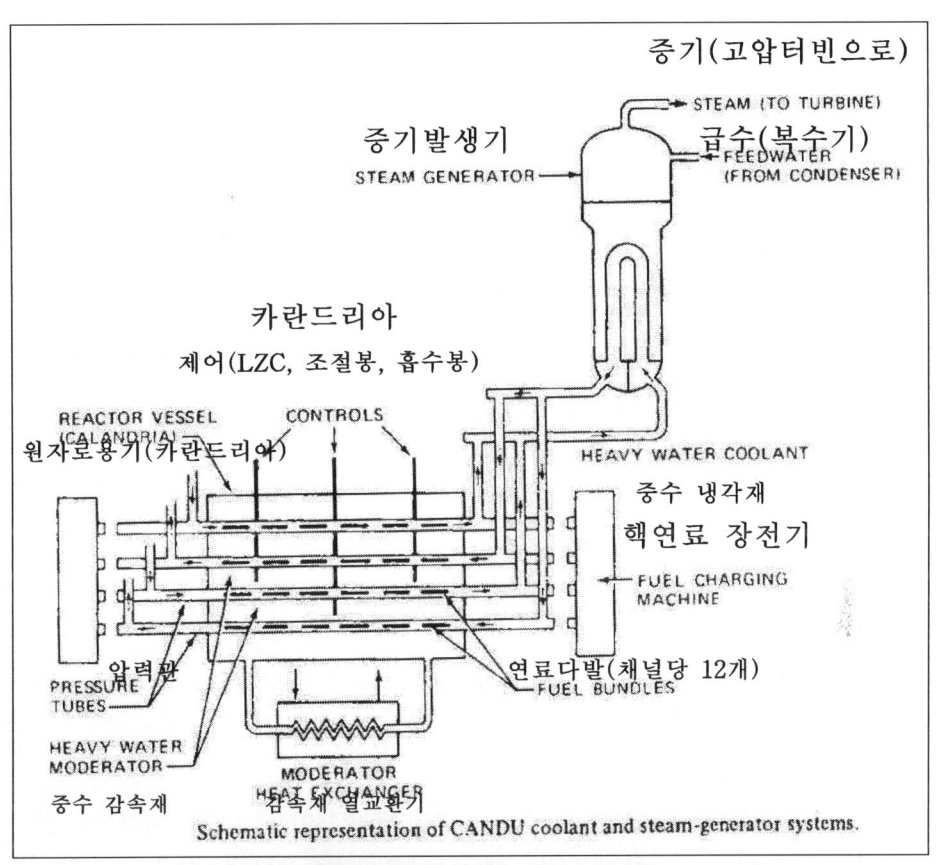

Schematic representation of CANDU coolant and steam-generator systems.

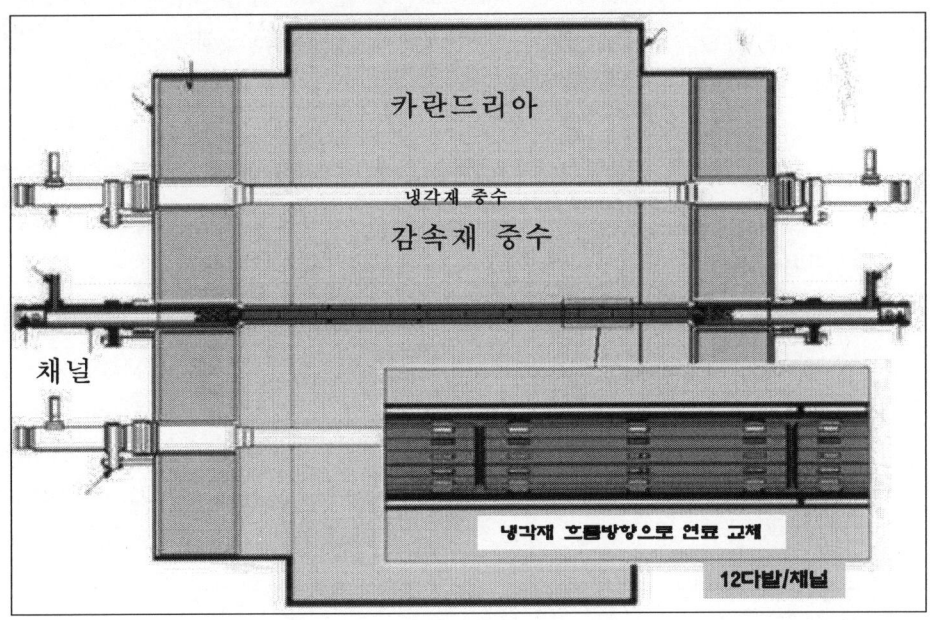

제1장. 중수로 특성

1. 개 요

   원자로 종류는 설계방식에 따라 여러 유형으로 구분되나 현재 국내에서 운전중인 원자로는 경수로와 중수로가 있다. 이들의 현저한 차이점은 구조상 경수로는 압력용기(Pressure Vessel)내에서 압력이 형성되는 반면 중수로는 380개의 압력관이 압력경계로 사용되며 설계상 연료농축도, 냉각재 및 감속재의 종류가 다르다. 경수로의 연료는 저농축 우라늄을, 냉각재 및 감속재로 경수가 사용되나 중수로는 천연 우라늄을 사용하며 냉각재 및 감속재로 중수가 사용된다.

   * CANDU (Canadian Deuterium Uranium)

   가. 운전중 연료교체

   중수로에서는 천연 우라늄을 연료로 사용하므로 일일 유지되는 잉여반응도가 정상운전중 평균 0.8~2mK 정도로 작기 때문에 노심의 반응도를 항상 정(+)의 값으로 유지하고 정상출력을 낼 수 있도록 운전중 연료를 교체하여야 하며 운전중 연료교체를 할 수 있도록 별도의 연료교환 설비가 마련되어 있다.

   나. 정지후 30분 이내 재가동 가능

   원자로 가동후 출력 100% 에서는 약 40시간이 지나서 제논이 평형값인 약 28mK에 도달된다. 원자로가 100%FP로 출력운전중 갑자기 정지하게 되면 출력감소에 따라 중성자 흡수과정이 멈추게 되므로 제논농도가 급격히 상승하게 되며, 약 10시간후 최대 농도인 130mK에 도달된 후 서서히 감소, 제논부하가 약 40mK까지 붕괴되는 약 35시간중에는 원자로의 재기동이 불가능하게 된다. 원자로정지시 약 30분 이내에 제어봉등 (정반응도 주입)을 인출하여 제논부하 생성을 보상하여야 한다. 이를 판단 및 결정시간(Decision & Action Time)이라 한다.

   다. 천연 우라늄 사용

   U^{235}는 천연 우라늄중에 약 0.7%밖에 함유되어 있지않고 99.3%가 열중성자에 대하여 비분열성인 U^{238}로 되어있다. 경수로에서는 U^{235} 함유량이 3%가 되도록 인공적으로 그 농도를 높여 사용하는데 이러한 우라늄을 농축 우라늄이라 한다. 천연 우라늄을 농축하는데는 많은 비용이 소요되므로 천연 우라늄을 사용하는 중수로는 상대적으로 연료비가 적게 드는 장점이 있다.

   라. 제어봉수가 많다.
   1) 원자로의 출력을 높이거나 낮추기 위해 원자로 임계도(Criticality)에 변화를 주려고 할때

2) 원자로가 분열을 진행하여 연료를 소모해감에 따라 임계도가 떨어지는 것을 보충하여 계속 임계상태를 유지하기 위해 제어봉수가 적게되면 필연적으로 중성자 흡수성이 큰 물질을 써야하며 그러면 중성자 분포가 왜곡되어서, 노심내에 출력과 온도가 바람직하지 않은 분포를 이루게되며 안전관리 측면에서도 불리하게 된다.

중수로에서는 제어기능을 수행하는데 제어봉 외에 여러가지 반응도 제어기구를 사용하므로 원자로의 안전성 면에서 유리한 이점이 있다.

제어 및 정지기능을 가진 주요 기구

제 어 봉	수	Bank 수	반응도 mK	최대 반응도 변화율	인출시간 (초)	비 고
경수영역 제어	6	14 Zone	7.3	0.14mK/s		수 직
조 절 봉	21	7	14.2	0.14mK/s	240	수 직
흡 수 봉	4	2	10.3±0.5	0.12mK/s	150	수 직
정 지 봉	28	2	74	0.57mK/s	140±10	수 직
액체독물질 주입	6		300			수 평

마. 냉각재 및 감속재로서 중수사용

천연 우라늄을 연료로 사용하기 때문에 중성자 이용률을 증대시키는 것은 대단히 중요하며 이를 위해 감속재 및 냉각재로 열중성자 흡수단면적이 작은 중성자를 사용하고 있다. 원자로에 사용되는 중수는 총 474톤으로 냉각재 187톤, 감속재 254톤 그리고 예비용 33톤을 확보하고 있다.

중수와 경수의 특성

	H_2O	D_2O	D_2O/H_2O
거시적 흡수단면적(Σa)	0.022	0.000085	0.0039
감속능(SDP)	1.64	0.35	0.213
대수에너지 감쇄계수(ξ)	0.93	0.51	0.548
감속비($\frac{\xi \Sigma_s}{\Sigma_a}$)	72	12,000	166.67

감속비는 중수가 훨씬 크므로 중수로는 천연 우라늄을 사용하고 있지만 감속재 및 냉각재로서 중수를 사용하여 감속이 훨씬 좋으므로 임계도달이 가능하다. 또한 장전 우라늄 양도 고리에 비하여 약 2배 정도가 된다. 따라서

중수로에서는 연료를 천연 우라늄을 사용하므로 중수가 필요하나 중수를 생산하기 위하여는 별도의 중수 생산시설이 필요하기 때문에 고가의 중수를 사용하는 불리한 점이 있다.

바. 원자로 위치가 수평이다.

운전중 연료를 교체할 수 있도록 원자로가 수평으로 설치되어 있으며 원자로 내에는 수평으로 380개의 압력관이 있으며 압력관 내부에 있는 연료를 2대의 연료교환기에 의하여 교체된다.

2. 제어봉의 종류와 기능

가. 개 요

원자로의 열출력을 조절하기 위해서는 핵반응을 일으키는 근본원인이 되는 중성자속을 조절하여야 하며 이는 여러가지 반응도 조절장치를 움직이므로서 이루어진다. 주요 반응도 제어기기로는 14개의 경수영역 제어기구, 21개의 조절봉, 4개의 흡수봉이 있다. 또한 반응도 균형을 얻기 위하여 초기 노심때와 단기간의 원자로 정지후에는 감속재내에 붕소와 가돌리움을 주입시킨다. 원자로 제어계통에 속하는 것은 아니지만 원자로를 긴급정지 시키기 위하여 28개의 정지봉(원자로 정지계통 #1)과 6개의 노즐을 통하여 감속재 내로 가돌리움을 급속히 주입시키는 원자로 정지계통 #2가 있다.

나. 액체(경수)영역 제어

노심의 반응도 제어장치중 히니로 경수기 들이있는 원통형 격실들로 구성되어 있는데 경수는 중성자 흡수체로 작용하기 때문에 각 격실에 들어있는 경수의 양을 조절하여 지역출력 및 전출력을 제어하게 된다. 부분제어를 용이하게 하기위하여 원자로에는 6개의 튜브가 14개의 격실로 나뉘어져 있으며, 수평으로 된 원자로를 좌, 우로 이등분하여 중앙튜브는 3개의 격실로, 그리고 좌우튜브에는 각각 2개의 격실로 되어있어 독립적으로 중성자속 변이(Tilt)를 방지하고 일정치에 가깝게 반응도 값을 유지한다. 경수영역 제어는 전산기에 의해 제어되며 원자로 제어계통의 기본을 이룬다.

각 튜브는 경수를 사용하고 이 경수는 펌프에 의해 들어오며 빈 공간은 헬륨기체로 채워진다. 정상운전시 경수영역제어기(LZC)의 운전범위는 20~80%이며 정지시에는 안전한 방향으로 100% 채워지게 설계되어 있다.

제 원
- ○ 수 : 6개
- ○ 반응도 : 7.3mK
- ○ 운전범위 : 20~80%

다. 조절봉(Adjuster Rod : S/S)

조절봉은 원자로 출력과 연소도를 최적화 시키도록 균등한 중성자속 분포를 형성하게 하며 출력감소후 증가되는 Xe^{135}의 축적으로 인한 영향을 감소시키도록 여유반응도를 제공해준다. 또한 연료교환기의 고장 등으로 연료를 교체할 수 없을때 일정기간 동안 연료의 교체없이 조절봉을 인출하여 연료연소를 보상(Shim Control) 해준다.

운전시에 조절봉은 완전히 노심내 삽입되지며 필요한 반응도를 제공하기 위해 가변속도로 삽입, 인출이 가능하며 온라인 전산기에 의하여 자동조정이 되나 수동으로 사용할때 원자로 제어계통에서 벗어나게 된다. 출력감소 혹은 정지후에 일어나는 제논부하 생성에 대하여 조절봉을 인출하여 정(+) 반응도 제공, 전출력에서 정지나 약 30분간 제논부하 제압, 경수영역 제어수위가 20% 이하로 떨어지면 조절봉이 원자로 노심에서 빠져나가기 시작하여야 하며 이것은 조절봉이 각 군별로 시작하게 된다.

제 원
○ 수 : 21개가 7 뱅크로 구성
○ 반응도 : 14.2~15mK
○ 최대 반응도 : 0.14mK/sec
○ 인출시간 : 240sec

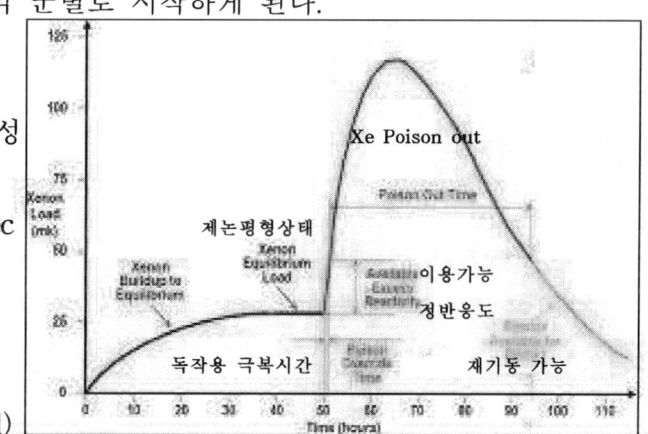

라. 흡수봉(Absorber Rod : Cd)

정상운전중에는 노심에서 완전 인출되었다가 원자로를 정지할 필요는 없으나 갑자기 낮출 필요가 있을 경우 카드늄으로된 흡수봉을 중력을 이용하여 빨리 노심내로 떨어뜨려 단계출력을 감소시키고 부반응도가 충분하지 못한 경우 즉, 경수영역 제어기구의 평균수위가 높거나 정(+)출력 오차가 크게 나타날때 흡수봉을 삽입시킨다. 정지봉과 같은 재질을 사용하나 흡수봉은 안전계통이 아니므로 원자로 제어계통에 의해서 제어된다. 카드늄은 스테인레스강으로 피복되어 구동장치에 연결되어 있는 스테인레스강 케이블에 매달려 있고 지르코늄으로 된 안내관내에서 상하로 움직인다.

제 원
○ 수 : 4개가 2개의 뱅크로 구성   ○ 반응도 : 10.3±0.5mK
○ 최대 반응도 변화율 : 0.12mK/sec ○ 인출시간 : 150초
○ 삽입시간 : 150초

마. 정지봉(Shutoff Rod : Cd)

원자로 정지는 중성자 흡수체를 신속히 노심으로 낙하시킴으로 이루어진다. 정지봉은 안내관내에서 케이블로 원치형의 구동장치에 매달려 있다가 전기전자식 클러치를 떼어주면 도르레가 케이블을 풀어주면서 정지봉은 바닥으로 떨어진다. 정지봉 상부에 위치한 스프링은 중력가속도 외에 초기에 가속도를 주게되어 있다. 바닥에 도착할 때까지의 시간은 2초 미만이다. 중성자 흡수체는 카드늄이나 외부에는 스테인레스강으로 피복되어 밀폐되어 있다. 안내관은 지르코늄으로 되어있으며 큰 구멍이 뚫려있어 중성자 손실을 감소시키고 감속재가 자유롭게 순환하도록 되어있다. 정지봉은 처음 낙하할때 스프링에 의한 가속도를 받지만 거의 밑에 도달했을 때는 수력학 댐퍼에 연결되어 속도를 낮추게 되어 있다. 낙하할 때는 안전계통의 신호를 받아 클러치를 작동시키지만 인출할 때는 원자로 제어계통에 속하며 전산기로 부터 신호를 받는다. 인출시간은 한 개의 정지봉에 150초 정도 걸리며 보통 28개를 한꺼번에 인출한다. 인출도중 어느 위치에서나 정지, 낙하, 방향전환 등이 가능하다.

바. 감속재 독물질 주입계통(Poison Addition System : B, Gd)

반응도의 평형을 이루기 위해서는 용해성 독물질을 주입시키는 방법을 취하며 새연료가 빨리 연소되지 않을 때에는 이 과잉반응도를 보상하기 위해서 붕소를 사용한다. 또한 원자로의 정지상태가 장시간 지속된 후 일어나는 경우로서 제논반응도의 손실을 보상하기 위해서 가돌리늄을 주입시킨다. 정화계통은 감속재로 부터 독물질을 제거시키는 역할을 하며 독물질의 주입 및 제거는 정상적으로 운전원이 수행하게 된다. 그러나 필요한 경우 반응도의 큰 오차를 보상하기 위해 조절계통에 의해 가돌리늄이 주입된다.

사. 원자로 정지계통 #2(Poison Injection System)

원자로를 긴급정지 시켜야 될때 정지봉이 제대로 작동하지 못할 경우를 대비하여 감속재내에 독물질{$Gd(NO_3)_3 \cdot 6H_2O$}을 주입하는 설비가 되어있다. 6개의 주입노즐이 수평으로 원자로내에 놓여 있으며 각 노즐마다 독물질 저장탱크가 있다.

3. 핵계측 설비

가. 개 요

발전소 출력에 대응하여 원자로 열출력을 조절하기 위해서는 원자로에서 내야 될 출력을 결정한 후 현재 원자로의 상태를 고려하여 반응을 일으키는 근본원인이 되는 중성자속을 조절하여야 하며 이는 여러가지 반응도 조절장치를 움직이므로서 이루어진다. 따라서 원자로 제어계통을 구성하는 요소로는 계측기, 반응도 제어장치, 제어회로 및 표시기들이다. 중성자속을 측정하는 계측기로는 전리함, 백금검출기, 바나듐검출기가 있으며 초기 기동시에는 기동영역 계측기가 사용된다.

나. 중성자속 검출기

원자로를 적절히 운전하기 위하여는 자연적인 반응을 일으키는 낮은 영역에서 정격출력의 150% 까지의 전 출력영역에 걸쳐 원자로 내에서의 반응을 감시하고 측정해야 한다. 출력을 측정하기 위한 검출기로서 $10^{-14} \sim 10^{-6}$FP 범위에서는 기동영역 계측기, $10^{-7} \sim 0.15$FP에서는 전리함, $0.1 \sim 1.0$FP에서는 노심내 중성자속 검출기가 사용된다.

1) 기동영역 계측기

기동영역 계측기가 측정하는 출력범위는 $10^{-14} \sim 10^{-6}$FP 이며 이는 중성자속으로 환산할 경우 약 $2 \sim 2 \times 10^8 n/cm^2 \cdot s$가 된다. 낮은 출력의 측정은 노심과 노외에서 표준 중성자속 계측장비를 사용하여 이루어지며 이 측정치는 기동시의 출력을 지시할 뿐아니라 안전계통에서도 이용되고 있다. 3개의 BF_3계수기가 사용되며 검출기의 계수능력을 포화시키지 않고 8등급이나 되는 출력범위를 감시하기 위하여 노심 및 노외계측기 2대를 혼용한다.

전자는 $10^{-14} \sim 10^{-10}$FP 까지 측정하며 이때 계수율은 $8 \sim 80$Kc/s이다. 출력이 약 5×10^{-11}FP가 되면 후자의 측정범위가 되어 계측기기는 후자에 연결되고, 10^{-6}FP 까지 계속 측정한다. 이때의 계수율은 약 70Kc/s 이다.

BF_3 계수기의 중성자속에 대한 감도는 약 4cps, $(n/cm^2 \cdot s)$ 정도이며, 내부에는 순도 96%의 B^{10} 기체를 충전시켰으며 양극사이의 인가전압은 약 1,800Volt 이다. 검출기에서 검출된 신호는 전단증폭기, 증폭기, 판별기를 거쳐서 선형 및 대수형신호로 바뀌어 지시, 기록용으로 사용되고 원자로 정지계통 #1의 입력신호가 된다.

2) 중간영역의 전리함계통

원자로출력 10^{-7}에서 150% 까지의 광범위한 범위에 걸쳐 중성자속을 측정한다. 전리함은 대단히 크기 때문에 원자로 노심외부에 걸쳐 설치되어 있으며 계측기의 용도도 원자로 제어계통, 정지계통 #1, #2에 사용된다. 전리함 내부는 열중성자에 반응이 좋도록 붕소로 배열되어 있으며 내부에는 수소기체로 충전되어 있는 비보상형이다. 구조는 3개의 동축관으로 바깥쪽 관에 고전압이 공급되어 양극관을 형성하고 중간의 관이 음극관이 된다.

붕소는 양극관과 음극관이 마주보는 표면에 입혀져 있으며 열중성자와 붕소와의 반응에 의해 생성된 여기 원자핵이 충전된 기체분자를 이온화시킨다. 양극과 음극의 전위차로 이온은 전극에 모이게 되며 결국 전류가 전리함 외측으로 흐르게 되는데 흐르는 전류는 중성자속에 비례한다.

3) 출력영역 검출기

 가) 수직 중성자속 검출기

노심내 중성자속 검출기는 백금과 바나듐 2종류가 있다. 바나듐 검출기는 중성자에 민감하지만 반응속도가 다소 느려, 중성자속 맵핑(지도제작)에 사용되고 백금 검출기는 중성자와 감마선에 민감하지만 반응시간이 짧아 원자로제어 및 안전계통에 사용한다.

백금검출기는 28개로 원자로 출력을 조절하거나 중성자속 평준화를 기할 목적으로 14개의 경수영역 제어기구에 제어신호를 보내기 위해서는 각 경수영역에 2개씩 설치되어 있는 백금검출기에 의한다. 백금검출기 신호중 약 50%는 열중성자에 기인하여 나머지 약 반은 감마선 조사에 의한 결과이다. 이중 감마선은 일부 지연되어 나타나기 때문에 분열에 의한 즉각적인 반응신호는 전체 신호량의 약 85% 정도 차지한다. 이와같이 백금에서 측정한 원자로 출력이 연료봉에서 발생된 열출력을 정확히 반영시키지 못하기 때문에 백금 측정값은 비록 반응시간은 늦으나 비교적 정확한 원자로 열출력 혹은 증기발생기 열출력과 비교하여 우전중에 자동적으로 교정되어 사용한다. 바나듐 검출기는 102개로 원자로 출력이 15%를 넘어서면 원자로내의 출력을 균등히 하기 위하여 개별제어를 해야 한다. 바나듐 검출기는 중성자에만 민감하지만 이의 시정수가 325초나 되어 안전계통이나 원자로 제어에는 직접 사용할 수 없다. 따라서 개별제어도 반응이 신속한 백금에 의존하고 있으나 이것은 국부적인 중성자속 분포에 영향을 받기 쉽기 때문에 바나듐 검출기를 노심내에 광범위하게 분포시켜 얻은 정확한 중성자속 분포와 비교하여 운전중 자동적으로 측정시켜 교정시켜준다.

 나) 수평 중성자속 검출기

7개의 수평 중성자속 검출기 집합체가 있으며 검출기 자체는 수직 중성자속 검출기중 백금과 자발전력의 Hibon형이며 노심에서 분열에 비례하는 전류를 흘려준다. 이 전류가 증폭기를 거쳐 정지계통 #2를 동작시키는 신호로서 사용된다. 구성요소로는 검출기 집합체, 안내관 집합체, 썸블관 집합체 및 원자로 실(Reactor Vault) 벽 침투 등이다.

수직 중성자속 검출기 집합체와 다른 점은 수평으로 위치하기 때문에 원자로와 원자로실을 옆으로 관통해야 하며 2개의 밀봉벨로우가 있어 하나는 중수가 경수 쪽으로 즉, 원자로내의 감속재 중수가 원자로실 내의 경수로 누설되는 것을 방지하고 다른 하나는 경수가 원자로실 외부로 누설되는 것을 방지토록 되어있다.

라. 공정계측기

원자로에서 발생되는 정확한 열출력을 측정하기 위하여 중성자속 검출기와 다른 일반 공정계측기가 사용된다. 저출력에서는 RTD를 이용 냉각재의 온도를 측정하므로서 원자로 출력을 결정하지만 출력이 높아지면 냉각재의 비등현상 때문에 냉각재 온도상승을 가지고는 결과가 부정확하여 증기발생기의 열출력을 측정한다. 중간출력(50~70%FP) 에서는 두 측정치를 겸용한다.

4. 연 료

가. 개 요

원자로에서는 중성자의 높은 경제성에 비하여 가격이 저렴하고 구조가 간단한 연료를 사용하고 있다. 연료다발은 37개의 연료봉으로 되어있고 각 연료봉의 구성요소인 고밀도 천연 펠렛이 지르칼로이 피복재에 들어있으며 피복재와 펠렛사이에 있는 흑연층은 펠렛-피복재 상호마찰을 줄여준다. 피복재 양 끝에 용접된 연료봉 마개는 각 연료봉을 밀봉하여 주고 다발 지지판을 용접할 수 있게 해주며 연료취급 장비와 적당한 접촉면을 형성해준다. 다발 지지판은 연료봉을 지지해주기 위하여 연료봉 중간에 부착시켰고 또 연료다발과 압력관 사이에 간격을 유지하기 위하여 베어링 패드가 연료봉 주위에 붙어있다.

나. 연료 구성

중수로형으로 타 발전소와는 달리 천연 우라늄을 연료로 사용하며 원자로내 연료는 다음과 같이 구성되어 진다.

노 심 = 380개 연료관
       = 4,560개 연료다발 (1개 연료관 = 12개 연료다발)
       = 168,720개 연료봉 (1개 연료다발 = 37개 연료봉)
       = 4,892,880개 연료 펠렛 (1개 연료봉 = 29개 펠렛)

	연료관 수	비 고
내 부	124	내부영역 (높은 출력분포)
외 부	256	외곽지역 (낮은 출력분포)
계	380	

이 중에서 기본이 되는 것은 연료다발이며 연소도, 출력분포, 연료교체 등의 계산단위를 구성한다. 또한 원자로는 출력이 높은 영역과 낮은 영역으로 나눌 수 있으며 이를 각각 내부노심(Inner Zone) 및 외부노심(Outer Zone)이라 부른다.

균일한 중성자속을 얻기 위하여 초기노심에는 과반수 이상의 연료관에는 천연 우라늄이 아닌 감손(Depleted) 우라늄을 사용하며 이는 12개의 연료다발 중 8번 및 9번째 연료다발이 양쪽방향(Bidirection)으로 장전된다. 이를 표로 종합하면 다음과 같다.

	연료관 수	연료다발수	U^{235} 농축도
천연 우라늄	300	4,400	0.72%
감손 우라늄	80	160	0.52±0.03
계	380	4,560	

내부노심 124개, 연료관중 80개 : 연료관의 #8, 9에 사용(혹은 #4, 5) 연료다발

다. 연료 성질
1) 좋은 열전달 특성
2) 높은 융점
3) 조사(Irradiation) 온도 및 압력에서 유지
4) 냉각재에 의한 부식방지
5) 중성자 흡수보다 중성자 생성이 더 큰 물질
6) 값이 저렴하여 제작에 용이할 것 등의 특성이 요구된다.

라. 펠렛
1) 직경 : 12.154㎜
2) 피복재의 내경 : 12.243㎜
3) 피복재의 외경 : 13.081 ± 0.04㎜
4) 흑연 피복 : 0.0025㎜
5) 비중 : 10.6g/cc
6) 길이 : 16㎜

마. 연료봉(Fuel Element) : 길이×직경 = 480.31㎜×13.081㎜
1) 연료봉 마개(End Cap) : 수 2(연료봉), 두께 (2.5㎜)
2) 베어링 패드
    수 : 54 (연료다발)   길이 : 25.4㎜
    폭 : 2.03㎜   두께 : 1㎜

바. 연료 다발
   길이 : 495.3㎜   직경 : 103.4㎜
   스택길이 ; 480.3㎜   총 무게 : 23.27kg
   UO_2 : 21kg (18.5kg U)   지르칼로이 : 2.27kg

	연료봉 수	비 고
외부 연료봉	18	외 각
중간부분 연료봉	12	
내부 연료봉	6	
중심 연료봉	1	중 심

1) 스페이서(Spacers)
   길이 : 8.26㎜   폭 : 2.29㎜
   두께 : 0.64㎜   수 : 156/다발
2) 연료봉 지지판(End Plate)
   직경 : 90.8㎜   두께 : 1.52㎜

사. 개량형 연료
1) CANFLEX 특성
  가) 2원봉의 43개의 연료봉으로 구성 (기존 연료는 단일크기의 37개 연료봉)
    ○ 외각 2Ring의 11.5㎜의 35개 연료봉
    ○ 다발 중앙부의 13.5㎜의 8개 연료봉
  나) 연료봉 최대 선출력밀도가 15% 이상 감소
  다) 연료 방출 연소도 3배 증가
  라) 임계 채널출력 5% 이상 향상으로 운전여유도 향상
  마) 사용후연료 체적 생성률이 현재의 $\frac{1}{3}$로 감소

2) CANFLEX (저농축 우라늄 사용) 연료효과
  가) 운전여유도 향상 (ROP 여유도 증가)
  나) 연료 방출 연소도가 현재의 3배로 증대
  다) 사용후연료 체적 생성률 감소

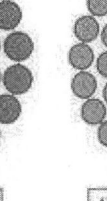

3) DUPIC(Direct Use of Spent PWR Fuel in CANDU Reactor) 연료특성
  가) 경수로의 사용후연료를 해체 및 재가공을 거쳐 CANDU 연료로 사용하는 연계 연료주기 기술
  나) 경수로의 사용후연료 (잔여 연료)를 직접 CANDU 연료로 사용 (건식)
  다) 플루토늄이나 우라늄의 분리공정이 일체 없으므로 국제적 민감성 해소
  라) 재처리 공정을 거치지 않고 사용후연료를 재활용하여 우라늄 이용률을 증가시킴

마) 경수로 사용후연료는 CANDU에 재사용이 충분한 분열성물질이 함유
바) 경수로 사용후연료의 재활용으로 누적되는 사용후연료 관리문제 해결방안 제시
사) 에너지 전략에 유리

아. 연료관 집합체

냉각재계통의 일부로 원자로 내부에서 연료다발을 지지해준다. 원자로 내부에는 380개의 연료관이 있으며 연료관 내부에는 중수가 흐르면서 6.5(MW/연료관)의 열을 증기발생기에 전달해준다. 증기발생기에는 2차계통에 열을 전달해 주어서 터빈발전기를 회전시켜 준다. 연료관은 압력관과 2개의 엔드피팅으로 구성되었으며 압력관(Pressure Tube)은 원자로관(Calandria Tube) 내에 있고 원자로관은 감속재로 부터 압력관을 분리시켜 준다. 압력관과 원자로관 사이의 간격을 환형 Gap이라 칭하며 열전달 방지용 기체(CO_2)로 채워져 있다. 양끝은 벨로우와 연결되었고 벨로우는 압력관에 용접되었다. 또 압력관과 원자로관 사이에 간격을 일정하게 유지시키기 위하여 스페이서가 설치되었다. 엔드피팅은 연료관 양끝에서 베어링에 의하여 지지되고 압력관의 Creep와 열팽창에 대한 신축을 받을 수 있도록 고정시켰다. 냉각재계통의 배관은 커플링에 의하여 엔드피팅 끝에는 연료관 마개가 설치되어 있으며 연료교환 작업시 연료를 고정하기 위한 차폐마개가 설치되었고 연료교환 작업시 연료교환기에 의하여 매가진에 일시 저장된다.

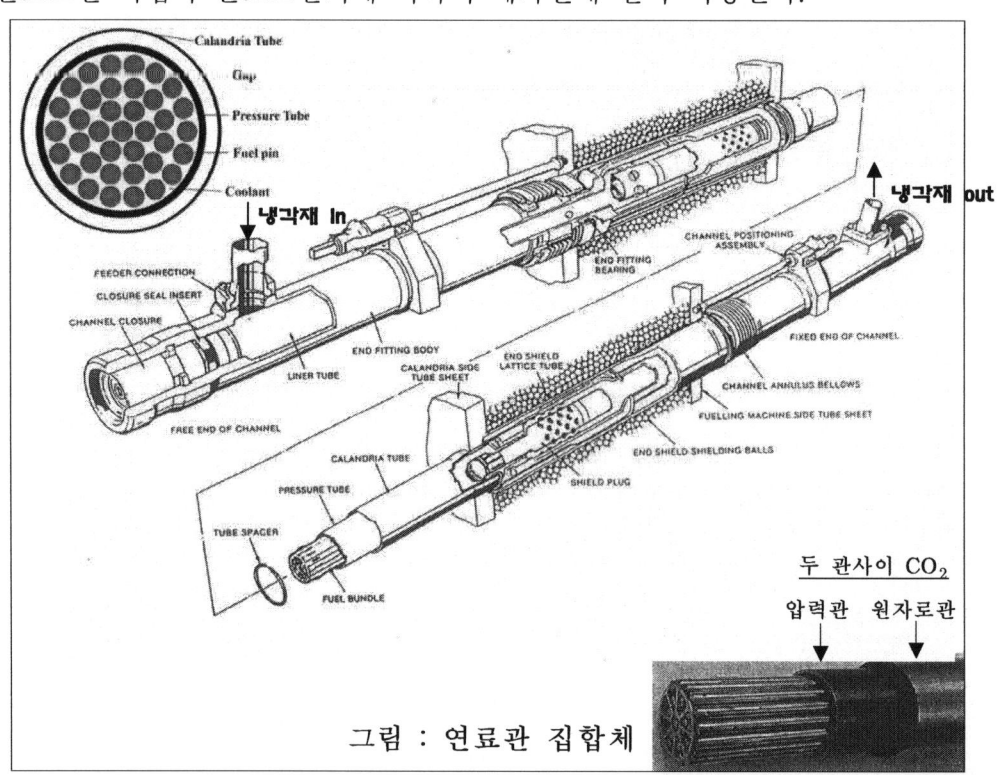

그림 : 연료관 집합체

제2장. 감속재계통 및 냉각재계통(열수송계통)

1. 주감속재계통

   원자로내에 약 260톤의 감속재용 중수가 장전되어 있으며 이 감속재는 속중성자를 열중성자로 감속시키는 역할을 한다. 감속재펌프를 사용하여 감속재를 순환시키며 감속재는 순환중 열교환기에 의해 냉각된다.

   기능으로는 연료가 분열되는 확률이 증가되도록 속중성자를 열중성자로 변화시키는 역할을 하고 원자로 바깥으로 누설되는 중성자를 노심안쪽으로 되돌리는 반사체 역할을 수행한다. 원자로 반응도 조절을 위해 독물질인 붕산(D_3BO_3), 가돌리움($Gd_2O_3 \cdot 6H_2O$)을 주입할 필요가 있을때에 감속재내로 주입한다.

2. 상층기체계통

   감속재계통 상부에 공간이 형성되는 곳은 원자로 압력방출용 도관(Relief Duct)과 헤드탱크 상부로 이 공간에 헬륨기체를 대기압보다 약간 높게 유지한다. 상부의 공간에는 중수증기, 소량의 중수소, 산소 기타 기체가 생성, 혼합되어 있다. 이 상층기체를 순환시키면서 재결합기를 사용하여 중수소와 산소를 중수로 환원하고 압력을 일정하게 유지시키며 필요시 헬륨기체로 보충한다.

3. 감속재 정화계통

   감속재 불순물과 반응도 제어용 독물질을 제거하는 기능을 통하여 감속재 중수의 화학상태를 제어한다. 이 계통에는 여과기 1대와 이온교환수지탑 5대가 설치되어 있으며 이온교환수지탑의 수지보호를 위해 열교환기가 1대 설치되어 있다. 작은 입자등 고체불순물은 여과기를 사용하여 제거하며 수용성 이물질은 이온교환수지탑에 의해 제거된다.

   가. 감속재내의 불순물 및 PD(산성도 : 중수를 사용하므로 PH 대신 사용) 조절
   나. 반응도제어용 독물질농도 조절
   다. 원자로정지계통 #2에서 사용된 독물질 제거

4. 감속재 독물질 첨가계통

   반응도 조절을 위해서 감속재내로 독물질을 주입하고자 할때 사용된다. 이 경우는 중성자를 잘 흡수하는 독물질인 붕소 또는 가돌리움을 주입하게 된다. 초기노심에서 새연료를 장전했을때 과도한 잉여반응도를 낮추기 위해 부반응도 기능을 하는 붕소를 주입하고 가돌리움은 다음과 경우에 사용된다.

가. 원자로정지 후 증가하던 제논(부반응도 주입)이 일정시간이 지난 후(원자로 정지전 제논부하가 평형상태이하) 감소하기 시작하여 원자로내의 정반응도와 같아지기 시작하며 원자로가 임계가 된다. 이후에도 제논은 계속 붕괴하여 감소되기 때문에 원자로는 임계이상으로 되므로 붕괴되는 제논부하 만큼 가돌리움을 주입한다.
나. 반응도 조절장치들과 더불어 반응도 감소 수단으로 사용하고 정상운전중 일시적으로 정반응도 높아질 경우 가돌리움을 주입한다.
다. 원자로출력이 비정상적으로 증가할 경우에 컴퓨터 제어프로그램에 의해 가돌리움이 자동 주입된다.

5. 냉각재계통 (열수송계통)

   냉각재계통은 중수를 매개체로 하여 원자로에서 분열에 의해 발생한 열에너지를 증기발생기까지 이송하여 증기발생기의 2차측 급수에 열에너지를 전달해주는 것을 주 기능으로 하고 있다.
   냉각재계통은 2개의 폐쇄회로로 구성한 이유는 냉각재 상실사고시 누설률(루프간에 격리밸브가 설치됨)을 줄이기 위해서 이다. 각 공급자관의 크기는 연료관 출구에서 냉각재의 건도가 같아지도록 결정된다. 냉각재는 출구모관을 지나 증기발생기로 가며 그중 일부는 가압기와 연결된 배관을 통하여 가압기로 보내져 정상운전중 냉각재계통의 압력을 조절한다. 출구모관과 증기발생기는 2개의 연결관으로 연결되며 출구모관측 배관은 18″, 증기발생기측의 직경은 20″로 증가한다. 이것은 배관내의 중수속도를 줄여 증기발생기 입구측의 침식을 줄이기 위함이다. 증기발생기에서 나온 냉각재는 냉각재펌프에 의해 원자로(Calandria) 입구모관으로 보내진다. 이 계통의 기능은 다음과 같다.
   가. 원자로 내에서 분열에 의해 발생된 열에너지를 증기발생기까지 이송하여 증기발생기의 2차측 급수에 열에너지를 전달한다.
   나. 연료봉의 온도가 과도하게 상승하지 않도록 냉각시켜 연료의 용융을 방지한다.

6. 압력 및 체적제어계통(Pressure & Inventory System)

   본 계통은 가압기, 기체제거 응축기, 배기응축기, 2대의 급수(충전)펌프 및 배관, 밸브 등으로 구성되어 있다. 폐쇄회로인 냉각재계통의 압력과 체적을 제어하고 계통의 압력이 비정상적으로 상승하는 것을 방지한다.
   이 계통의 기능은 다음과 같다.
   1) 냉각재계통의 과도한 압력증가 및 감소를 제어한다.

2) 원자로 긴급정지나 단계출력 감소로 인한 급작스런 출력감소에 따른 냉각재의 압력을 회복한다.
3) 원자로 출력변동에 따른 냉각재계통의 팽창과 수축을 수용한다.
4) 축밀봉수계통에 적절한 압력과 온도의 중수를 공급한다.
5) 냉각재계통에 대한 과압방호 기능 및 배출 냉각재를 수용한다.
6) 냉각재내에 함유된 기체를 제거한다.
7) 기타 관련 압력계통을 시험하는데 사용하는 시험압력을 제공한다.

가. 가압기 (압력제어 : 전열기와 증기배출밸브)

수직 원통형 용기로 용기동체에는 직경 18″의 맨홀이 있고 하부에는 각각 200KW 용량의 전열기 5개를 설치하기 위해 이중으로 밀봉된 9″ 플랜지를 설치한다. 상부에는 증기배출밸브(분무밸브 역할 수행) 및 안전밸브가 설치되어 있고 하부 밀림관(Surge Line)으로 냉각재 중수가 유입 또는 유출된다. 정상운전중 냉각재계통의 압력을 일정하게 유지하고 출력변화에 따른 압력변동을 조절하는 기능을 가지고 있다.

나. 급수(충전)펌프

2대의 수평식 고압 다단형 펌프이며 정상운전중 한 대가 운전되고 나머지 한 대는 대기상태이다. 각 펌프는 최소유량 재순환라인이 있어 펌프출구 격리밸브를 닫은 상태에서 기동할때 과열 또는 과압을 방지한다.

다. 탈기응축기

수직형 탄소강 용기로 바닥에는 2개의 25KW짜리 전열기가 장치되어 있으며 용기하부에는 정상상태에서 $1.98m^3$의 중수를 수용하고 있다.
기체를 제거시키기 위한 유량관과 증기를 응축시키기 위해 분무노즐이 용기상부에 설치되어 있다.

7. 냉각재 정화계통

냉각재계통에 들어 있는 부식생성물, 분열생성물, 이온화불순물 및 입자들을 제거하며 불순물의 축적으로 인한 방사능을 제거하고 냉각재의 중수소 농도치를 일정한 범위내로 유지하는 기능을 갖고 있다.

가. 냉각재계통의 방사화된 부식생성물의 증가를 방지한다.
나. 결함연료로 부터 방출되는 분열생성물의 농도를 조절한다.
다. PD를 일정한 범위내로 유지한다.

8. 정지냉각계통

원자로정지시 노심 및 냉각재계통을 149℃에서 54℃로 냉각시키는 기능을 갖고 있으며 냉각재계통의 기기를 보수하기 위해 냉각재내의 중수를 배수한 상태에서 냉각재의 정상적인 순환이 불가능한 경우라도 노심을 냉각시키는 역할을 한다. 본 계통은 비정상 조건에서 냉각재계통을 260℃ 부터 냉각시킬 수 있다.

○ 정상 냉각(Normal Cooldown) : 149℃에서 54℃로 냉각
○ 비정상 냉각(Alternate Cooldown) : 260℃에서 54℃로 냉각

제3장. 안전계통

1. 개 요

안전계통은 비정상 상태시 원자로를 신속히 정지시키고 정지후의 원자로내 열을 효율적으로 제거하며 또한 그 상태에서 발생될 수 있는 방사성물질이 환경으로 누출되는 양을 제한하기 위하여 다음의 두가지 사고를 가정하여 안전계통을 설계한다.

단일사고는 하나의 공정계통에서의 사고를 말하고 이중사고는 단일사고와 동시에 안전계통의 어느 한 계통이 작동되지 않을때 이 사고범주를 이용한 안전계통의 설계개념은 다음과 같다.

가. 안전계통은 다음의 계통으로 구성되고 설계 및 가동에서 각각 독립적이며 주공정의 어떤 계통과도 가동상의 연관성이 최대한으로 배재된다.
  1) 원자로 정지계통 #1
  2) 원자로 정지계통 #2
  3) 격납용기계통
  4) 비상 노심냉각계통
나. 단일사고시에는 모든 안전계통이 설계 의도대로 작동하는 것으로 가정한다. 이중 사고시에는 안전계통중 어느 하나가 필요한 기능을 수행하지 못하는 것으로 가정한다.
다. 두 개의 원자로 정지계통은 어떠한 단일사고시에도 최소한 한 개 계통은 작동한다는 가정을 만족시킨다.
라. 원자로 정지계통 #1 및 #2가 항상 동시에 작동하는 것은 아니다.
마. 원자로 정지계통은 한 계통만으로 냉각재계통의 고압, 연료의 고온, 연료 파손 등에 의한 냉각재계통의 파손을 방지할 수 있도록 원자로를 정지시킬 수 있다.
바. 안전기능 및 2군 분리개념

1) 안전 기능

   국부적인 화재나 비체(Missile) 등에 의한 인위적 저확률사고에 대비하기 위하여 발전소의 각 계통을 두 개의 군으로 나누었으며 각 군은 원자로를 정지시킨후 정지상태를 유지하고 붕괴열을 제거하여 허용한계 이상의 방사성물질이 환경으로 누출되는 것을 방지한다. 또한 운전원이 1차계통의 각 상태를 감시할 수 있도록 필요한 정보를 제공한다.

2) 군 분리

군	위 치	안 전 계 통	안 전 보 조 계 통
1군	주제어실	원자로 정지계통 #1 비상 노심냉각계통	전원계통, 기기냉각수계통 계측제어용 공기계통 소화설비
2군	제2제어실	원자로 정지계통 #2 격납용기계통	비상용수 공급계통 비상전력 공급계통

   두 개의 군은 서로 충분한 독립성을 지니며 격리되어 있으므로 사고시에도 두 개의 군이 동시에 능력을 상실하지 않는다.

2. 원자로 정지계통 #1

발전소 운전변수가 한계치를 초과할때 원자로의 안전을 유지하고 발전소 외부로 방사성물질의 유출을 방지하기 위하여 일차적으로 긴급정지시키는 방법으로 정지봉을 감속재내에 수직방향으로 낙하시켜 많은 양의 부반응도를 단시간 내에 노심에 가하여 원자로를 긴급정지 시킨다.

원자로를 긴급정지시킬 수 있는 긴급정지 변수들이 있어 이들 각 변수들의 측정요소를 삼중화(D, E, F 채널)시키고 셋중에서 둘의 측정치가 설정한계를 초과하여 정지신호가 발생하면 원자로에 수직으로 설치된 28개의 정지봉(Cd)의 전자식 클러치 전원이 차단되면서 노심내로 낙하되어 원자로를 긴급정지 시킨다.

3. 원자로 정지계통 #2

원자로를 긴급정지 시킬 수 있는 긴급정지 변수들이 있어 이들 각 변수들의 측정요소를 삼중화(G, H, J 채널)시키고 셋 중의 둘의 측정치가 설정한계를 초과하여 정지신호가 발생하면 급속개방 밸브들이 개방되어 고압의 헬륨압력으로 독물질 탱크내의 질산가돌리움(Gd)을 감속재내로 신속히 주입하여 원자로에 약 600mK의 부반응도를 주어 원자로를 긴급정지 시킨다. 독물질탱크는 모두 6개이며 체적 0.079㎥로 중수 1kg에 대해 약 8,000㎎ 비율인 질산가돌리움을 각각 저장한다.

4. 비상 노심냉각계통

   냉각재 상실사고시 냉각재계통에 의한 노심냉각이 불가능할때 연료의 잔열 및 이후 계속 발생하는 붕괴열을 제거하여 연료의 과도한 손상을 방지하기 위하여 노심을 냉각한다.

   비상 노심냉각계통은 고압, 중압, 저압주입의 3단계로 구분되며 고압단계는 원자로건물 외부에 설치된 비상 노심냉각탱크(냉각수탱크 : 순수저장, 기체탱크 : 압축공기)로 부터 고압기체를 이용하여 노심내로 냉각수를 주입시킨다. 중압단계는 원자로건물내 살수탱크(Dousing Tank)로 부터 회수펌프(비상 노심냉각수펌프)를 이용하여 노심내로 살수탱크내 물을 주입시키고 고갈되었을 경우 저압단계로 원자로건물 집수조에 고인 물을 회수하여 비상 노심냉각 열교환기를 거쳐 노심내로 장기간 주입시킨다.

5. 격납용기계통

   격납용기 격리계통과 살수계통으로 나누어지며 격리계통은 원자로건물내에서 외부로 방사성물질의 누출을 방지하기 위하여 격납용기를 관통하는 모든 배관에 격리밸브를 자동으로 격리시킨다. 살수계통은 냉각재 상실사고후 원자로건물 내에서 발생할 수 있는 과압의 정도 및 지속시간을 제한하기 위하여 설치되며 고압에서 살수가 시작되어 허용압력에서 자동 정지하도록 되어 있다.

계 통	구 성 부 품
격납용기	구조물, 배관 및 관통부, 출입문
살수계통	살수탱크, 살수장치
격납용기 격리계통	환기격리계통, 관통배관 격납용기계통
격납용기 보조계통	중수증기 회수계통, 원자로건물 환기계통, 원자로건물 냉각계통

6. 안전 보조계통

 가. 비상용수 공급계통

   지진이나 3급 및 4급 전원의 상실로 정상적인 용수공급으로 붕괴열을 제거할 수 없을때 비상전원 공급계통에서 전원을 공급받아 비상용수 공급펌프를 기동하여 충분한 비상용수를 증기발생기, 냉각재계통 및 비상 노심냉각 열교환기 등으로 공급하여 붕괴열을 제거하는 열제거원의 역할을 수행한다.

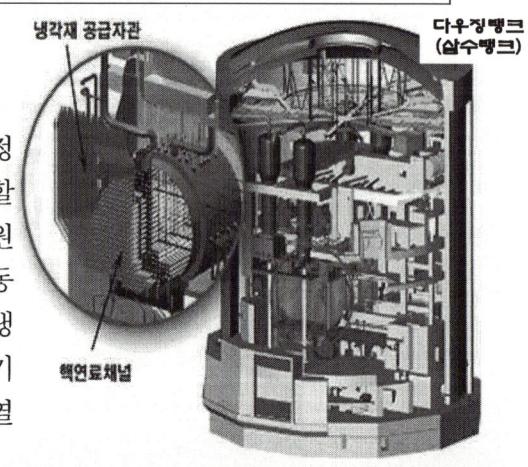

나. 비상전원 공급계통

원자로가 안전하게 정지하고 모든 전원공급이 불가능할때 노심에서 발생하는 붕괴열을 제거하기 위한 독립된 대체전원을 제공하여 준다. 또한 운전원이 주제어실에 상주할 수 없을때 제2제어실에 전등 및 난방을 위해 전원을 공급하는 이들 두 경우는 동시에 일어날 수도 있다.

비상 디젤발전기는 연속정격 1,000KW, 4.16KV, 3상, 60HZ로 두 대가 설치되어 있으며 이 발전기는 현장에서 기동되어지고 제어되지만 출력송전선은 수동으로 작동되는 차단기를 거쳐 제2제어실의 비상전원 공급 배전판넬로 연결되어 있다.

7. 요 약

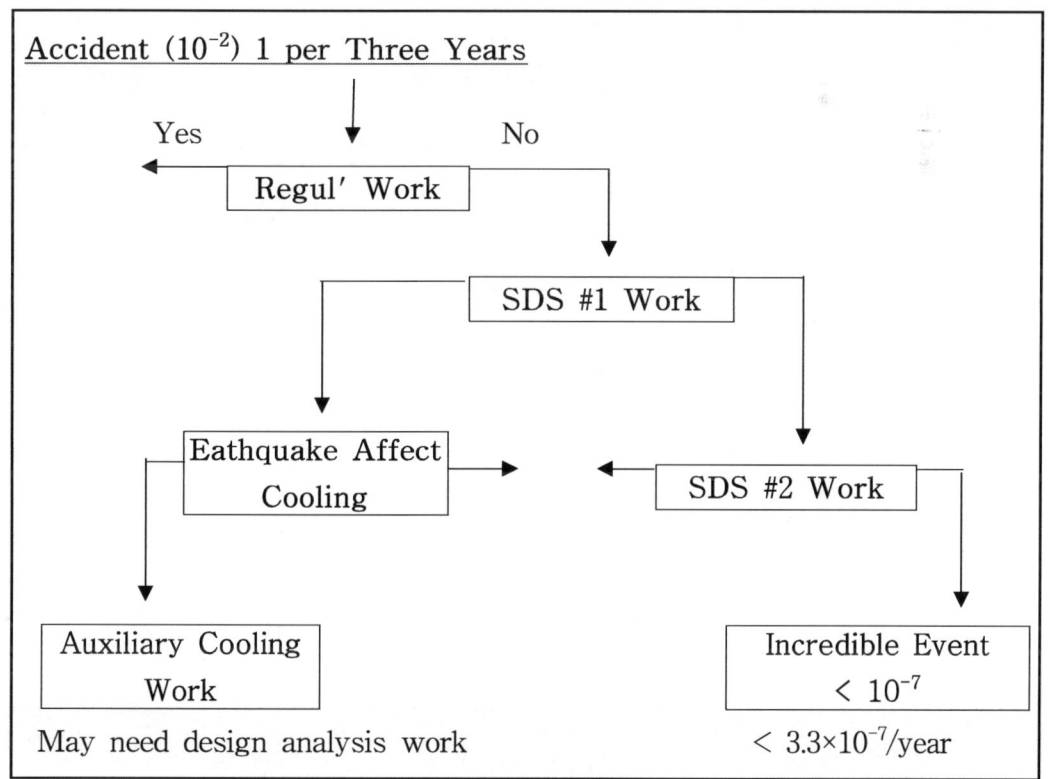

Maximum frequency for dual failure is $\frac{1}{3} \times 0.001$

$\frac{1}{3}$: Process Failure

0.001 : Special Safety System Failure

Reactor Safety Sys always ready to shutdown the reactor if RRS does not control properly. totally independent of RRS.

Accident (10^{-2}) 1 per Three Years

- Yes ← Regul' Work ← No
- SDS #1 Work
- Eathquake Affect Cooling
- SDS #2 Work
- Auxiliary Cooling Work
- Incredible Event < 10^{-7}

May need design analysis work   < 3.3×10^{-7}/year

Process System (NC)	Safety System
Heat Transport Regulating / Control BPC - Heat Sink Turbine Electrical Power Fuel & Fuel Handling	SDS #1 SDS #2 ECCS Containment EWS / EPS

Why 2 safety system?

1) Shutdown the reactor & maintain it shutdown
2) Remove decay heat
3) Supply necessary information to protect against : LOCA, LOR, Loss of Coolant Flow, Loss of Secondary Heat Sink

Safty System Purpose

O Detect & Shutdown
O Ensure Power Production < Heat Removal

When Reactor trips what do you check first?

1) Power is decreasing rapidly
2) All shutoff rods have dropped in

Safety Function	Group #1 System & Equipment	Group #2 System & Equipment
Shutdown Reactor	SDS #1	SDS #2
Remove Decay Heat	Normal Electrical Power & Cooling Water Supply	Emergency Power Supply & Emergency Water Supply
Post-Accident Monitoring	Main Control Room	Secondary Control Area

* Each shutdown system has a requirement to be available 99.9% of the time that the station is operating. : 1 - 0.999 = 0.001

참 고

가. Reactor Poison Out : 원자로 정지중 제논이 많이 Buildup 되어서 조절봉을 인출하여 반응도를 첨가(+)하여도 원자로가 기동되어 질 수 없는 상태

나. 연속감발(Setback) : 원자로출력이 연속적으로 일정한 율에 의해 감소되는 상태

다. 단계감발(Stepback) : 흡수봉을 사용하여 출력을 급격히 단계적으로 감소시키는 상태

라. 냉각재내에 비등이 일어나 연료관(압력관)에 공기가 발생하여 차차 냉각재 대신 관 내부를 차지할 때 void-dry라 한다

8. 주요 용어

 가. CANFLEX (Candu Flexible)
  1) 2개 길이의 43개 연료봉으로 구성 (35 + 8)
  2) 최대 선출력밀도 15% 이상 감소
  3) 핵연료 방출연소도 3배 증가
  4) 임계 채널출력 5% 이상 향상으로 운전여유도 향상
  5) 사용후연료 체적 생성율 감소

 나. 내진범주

   구조물, ESF 설비 및 기타 안전관련계통 및 기기들은 10 CFR 50 APP A 원전의 일반설계기준에 의해 지진발생시 안전기능 상실없이 원기능을 수행할 수 있어야 함

  1) 내진범주 1
    내진범주 1 구조물, 계통 및 기기들은 안전정지 지진사고시 다음 기능을 수행
    ○ 냉각재 압력경계 건전성 유지
    ○ 원자로 안전정지 능력 및 안전정지 상태 유지
    ○ 10 CFR 100의 가상폭발에 상응하는 발전소외에서의 폭발사고로 인한 연속적인 사고방지 또는 완화능력 보장
    ○ 격납용기, PAB, SAB, FAB, ESW 후단, 취수구, CCW HX등

  2) 내진범주 2
    내진범주 1에 포함되지 않는 것, 사고시에 안전성 관련설비의 기능발휘에 영향을 미치는 구조물, 계통 및 기기 : TGB, RAB, ACB등

  3) 내진범주 3 : 내진범주 1, 2에 포함되지 않는 모든 구조물, 계통 및 기기

 다. 원전 내진설계
  1) 부지선정 기준
   가) 부지선정시 부지중심 반경 320km 이내 광역 지질조사, 지진조사를 통해 지진특성 규명 : 문헌에 나타난 지진기록과 계측된 지진중 가장 큰 지진을 SSE라 정의
   나) 부지반경 8km 이내에 길이 300m 이상의 활성단층(과거 3만 5천년 이내에 1회 혹은 과거 500만년 이내 2회 이상의 변위가 존재하는 단층)이 없어야 한다.

2) 안전정지 지진 및 운전정지 지진
  가) SSE
    안전에 중요한 구조, 계통, 부품이 지진등을 받는 동안 그 기능을 유지할 수 있도록 설계될 때의 지진. 안전정지 지진은 0.2G (0.3G : APR)
  나) OBE
    운전 정지지진은 안전정지 지진의 $\frac{1}{2}$ 수준임

라. 10 CFR 50. 34(F) : TMI 후속 조치사항
 1) 설비 개선
    가) 원자로헤드 배기계통 원격조정설비 설치
    나) 사고후 RCS, CV내 시료 측정장치 보완
    다) 안전수치 표시반 설치(SPDS)
    라) RCS 가압방지 장치 설치
    마) 비상대응설비 설치
    바) 주제어실 설계 검토
    사) 가압기 방출밸브, 차단밸브, 수위지시계에 비상전원 공급
    아) CV 광역압력, 수위지시계, 방사선감시기, 노심상태 감시기 설치

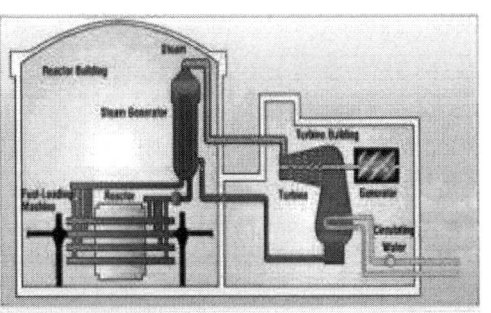

 2) 운영개선
    가) 운전원 교육강화 : 씨뮤레이터 구입 및 훈련
    나) 노심손상 완화 및 교육 강화

마. Pool Boiling
    소형 LOCA시 자연순환에 의해 노심을 냉각할 경우의 열전달 형태. 밀도차에 의해 뜨거운 냉각재는 위로 올라가고 차가운 냉각재는 아래로 흘러들어와 서로 대체되는 현상
    저온관 대형 LOCA시에는 파열부위를 통한 냉각재 방출과 냉각재계통으로 주입된 안전주입 유량이 노심을 효과적으로 냉각시키나 소형 LOCA시에는 대형 LOCA와는 달리 자연순환으로 노심을 냉각시키는 경우 발생, 자연순환으로 발전소 냉각재는 피복재의 표면으로부터 열제거. 이때의 열전달 형태를 Pool Boiling 이라 한다.

바. Thermal Stripping
    가압기에서 냉각재계통내로 소량의 연속 고온유동 형성시 원주방향으로 온도 및 밀도 구배현상 발생. 열유동 성층화에 따른 배관의 굽힘모멘트로 인해 과도한 열응력 발생가능

사. 공동현상(Cavitation)

펌프의 저압영역에서 기포가 생성되어 고압영역(펌프 임펠러의 이면)에서 폐쇄되면서 펌프에 손상을 주는 현상. 운전중 펌프의 입구에서 입구압력이 그 유체의 온도에 해당하는 포화압력 이하가 되면 유체중에 기포가 발생되는 현상

1) 발생 조건
   가) 펌프와 흡입면 사이의 길이가 길어질때
   나) 펌프의 흡입구에 곡관부가 있을때
   다) 유량이 급격히 과다하게 증가시
   라) 유동하는 어느 일부분의 온도가 높을 경우

2) 방지 대책
   가) 회전수가 작은 펌프 선택
   나) 흡입배관은 굵고 짧게
   다) 손실수두를 작게
   라) 실흡수 양정을 가능한 작게 사용
   마) 강한 재질 사용
   바) <u>유효 흡입수두를 충분하게</u>
       유효 흡입 수두는 펌프의 흡입구에서의 전체 압력이 물의 온도에 상당하는 증기압보다 얼마만큼 높은 가를 표시하는 것
   사) 펌프내 최저 압력이 포화증기압 보다 높게 유지

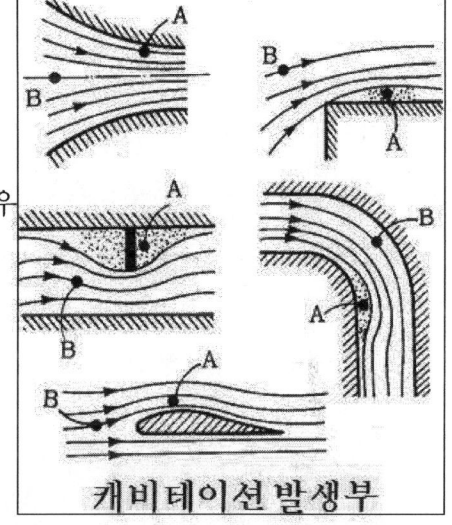
캐비테이션 발생부

아. NDTT(Nil-Ductility Transition Temperature)

금속재료의 온도가 변화함에 따라 재료의 극한강도(파단강도)가 항복점에 접근하고 재료는 더욱 취성화 된다. 이 온도에서는 연성이 없기 때문에 무연성 천이온도 (NDT)라 하고 NDT는 금속시편을 가지고 Charpy V-Notch Drop Weight Test에 의해 결정되는데 완전 무연성파괴가 일어나는 가장 높은 온도가 NDT가 된다.

연성파괴에서 취성파괴로 천이되는 온도를 NDTT라 하고 방사선 조사에 따라 원자로용기의 NDT가 상승하게 된다. 따라서 원자로는 NDTT 값 이상에서 운전되어져야 하고 이것을 제한하기 위해 압력-온도(P-T) 곡선이 사용되고 있다. DT + 60°F를 RT_{NDT}라 하며 중성자가 조사되지 않은 상태에서 행하여 중성자 조사에 의한 원자로용기의 NDTT 추이를 관찰한다.

자. 그리드(Grid)

연료봉 상호거리(Pitch)를 일정하게 유지시켜 핵적으로나 열적으로 Hot Spot를 방지

○ 냉각재의 흐름을 저해하거나 냉각재의 열전달능력을 저하시켜서는 안된다.
  ○ 냉각재의 유동에 의한 연료봉의 진동을 억제하고 연료봉의 반경방향으로의 온도구배로 인한 연료봉의 뒤틀림을 저지할 수 있을 만한 강도를 유지

차. 발전기 전압, 주파수 조절 및 계통 병입
 1) 전압조절계통의 기능
  가) 발전기 단자전압 및 무효전력 조절
  나) 무효전력 조절을 통한 송전계통의 안전성 유지
  다) 과도운전시 빠른 시간내에 설계 운전내에서 운전하도록 하여 계통의 동적 안정도를 향상
  라) 자기여자 현상 방지
  마) 부하차단시 전압상승 억제
 2) 조압조절 문제점
  가) 낮을때 : 송전손실 증가, 송전용량 감소, 계통 안정도 저하, 계통기기의 전반적 부적절 운전
  나) 높을때 : 고조파 발생, 계통기기의 열화 촉진, 수요의 이상 증가
  다) 전압변동 원인 : 부하(유효전력)가 변동하면 무효전력 변화
 3) 주파수 조절 필요성
  가) 전동기의 속도변화
  나) 전기시계, 계산기 등의 정확도 감소
  다) 생산공장의 제품 품질의 문제
  라) 원전에서 터빈 Last Blade 공진현상, 냉각재펌프 트립, 변압기의 여자전류 변화
 4) 주파수 조절 방법
   조절밸브CV ↗ ──→ 증기유량 ↗ ──→ 유효전력 ↗ ──→ 주파수 (속도) ↗
 5) 주파수 변동 원인
  가) 총 생산전력 = 총 소비전력 + 총 손실전력 : 주파수 일정
  나) 총 생산전력 > 총 소비전력 + 총 손실전력 : 주파수 증가 (발전기속도 증가)
  다) 총 생산전력 < 총 소비전력 + 총 손실전력 : 주파수 감소 (발전기속도 감소)
 6) 계통병입 조건 (전압, 주파수, 위상이 같을 것)
  가) 발전기 전압
   ○ 낮은 경우 : 전압차에 의해 무효 순환전류 발생
   ○ 높은 경우 : 병입 순간 계통으로 전력이 공급

나) 발전기 주파수
  ○ 낮은 경우 : 발전기로 전력이 유입되어 전동기화 현상 발생
  ○ 높은 경우 : 병입 순간 계통으로 전력이 공급
다) 위상 : 유효순환 전류 (위상차 10% 이내에서 병입)
  ○ 위상이 앞선 경우 : 발전기 감속작용
  ○ 위상이 느린 경우 : 가속작용
7) 터빈을 정격속도 보다 높거나 낮게 운전(Off Cycle Operation)하면 해로운 이유는 저압터빈 회전날개의 최종 단에서 공명조건이 발달하고 증기유량에 의하여 여기되어 급격히 회전날개의 피로현상을 초래한다. 터빈 회전체 손상의 누적은 터빈 수명기간 동안 10분 초과 금지

카. 발전기 수소냉각
 1) 장 점
  가) 마찰손실이 작다. 풍손이 $\frac{1}{10}$로 감소
  나) 비열이 커 열전도도가 좋고 좁은 공극으로 냉각이 잘된다.
  다) 코로나 및 소음이 작다.
  라) 큰 열용량을 갖고 있어 짧은 시간 안에 많은 발생열 제거
  마) 절연체의 산화방지
  바) 방전을 유도하는 수분 함유 방지
  사) 대류율 1.4배
 2) 단 점
  가) 순도가 5~75%시 폭발 위험
  나) 누설이 많으므로 비 경제적
  다) Purge 절차가 복잡 (탄산가스로 먼저 Purge후 수소 Purge)

타. 품질등급(Q, A, S)
 1) **품질등급 (Q : 안전성 관련)**
   안전성 관련 구조물, 계통 및 기기, 10CFR50, 부록 B의 18개 품질보증 요건을 적용한다. 정상운전 및 안전정지시 안전기능을 수행하는 계통, 기기 및 구조물로 고장 또는 결함발생시 일반인에게 방사선장해를 직, 간접 미치는 품목(원자로용기, 증기발생기, 가압기, 냉각재계통, 화학 및 체적제어계통)
 2) 품질등급 (A : 안전성 영향) : 규제요건에서 품질보증이 요구되는 품목
  가) 내진범주 Ⅱ 구조물 및 해당기기의 구조적 건전성 유지와 관련된 행거 또는 지지물

나) 원전 운영경험과 해외 원전사례 등을 감안하여 발전사업자 스스로 기능의 중요도에 의해 선정한 품목으로 동력변환 및 전력 생산설비중 발전정지 유발기기 또는 비상운전절차와 관련되는 주요설비 등(1차 기기냉각해수계통의 In-take Structure Crane, Cask Handling Crane, 디젤발전기 건물의 Crane, R/F Machine 등)
3) 품질등급 (S : 일반 산업품목)
    가) 상기 안전성(Q) 및 안전성 영향(A) 등급 이외의 전품목이나 용역
    나) 공식적인 품질보증 요건이 적용되지 않으며 인정된 일반산업의 규격 및 기준에 따라 설계 및 제작(품목의 특성에 따라 품질활동을 요구할 수 있음)
하. 증기폭발(Steam Explosion)
 1) 원자로용기 내 잔존물에서 용융노심의 함몰에 의해 발생
 2) In/Ex-Vessel 현상으로 In-Vessel에서 수 mSec 내에 발생하여 원자로용기 손상에 기여
 3) 현상 : 즉발 핵비등 온도보다 높은 온도의 액체가 차가운 액체를 만나면 폭발적인 비등이 발생하여 충격파(Shock Wave)로 전파되는 과정
 4) 전개과정 : 사전 혼합단계 → 폭발 개시단계 → 전파단계 → 팽창단계
 5) 결과 : 용기파손, 기초 파손, 수소발생
 6) 발생가능 형태 : In-Vessel (α-mode Failure) Ex-Vessel
 7) 증기폭발 부하 : 노심용융물 방출량, 용융물과 냉각재와의 상호작용, 연료-냉각재 에너지 교환

제4장. 설계상 차이점

1. 개 요

    구조상 경수로는 두꺼운 대형 압력용기(Pressure Vessel)를 사용하는데 반하여 중수로는 약 380개의 압력관(Pressure Tube)을 압력경계(Pressure Boundary)로 사용하는 점이며 설계상 연료, 냉각재 및 감속재의 종류가 다르다. 경수로의 연료는 저농축 우라늄을 냉각재 및 감속재로 경수가 사용되나 중수로는 천연우라늄을 사용하며 냉각재 및 감속재로 중수가 사용된다.
    경수로는 약 1년에 한번씩 연료를 교체하는 반면 중수로는 가동중 연료교체(On-power Refueling) 방법을 사용하여 가동율을 향상시키는 방법을 채택하고 있다.

2. 안전계통 설계기준

    원전은 연료의 분열에 따른 열을 생성, 제어하여 얻은 열에너지를 증기발생기에서 2차측에 열교환을 하여 증기터빈 및 발전기를 가동시켜 전기에너지를

얻는데 이는 다른 유형의 발전소와 동일하다. 원자로 노심 및 냉각재계통에서 누출되는 방사능의 영향을 고려하여 발전소 종사자 및 인근 주민들의 방사선 피폭을 10CFR50 제한치 이내로 제어하기 위해서는 여러가지 안전설비(Safty Device) 등이 갖추어져야 하는 특수성을 내포하고 있다. 이를 달성하기 위해서는 연료를 보유하고 있는 원자로 노심 및 냉각재계통을 설계기준 범위내에서 운전함으로써 발전소의 안전상태를 유지하고 방사능 외부누출을 방지할 수 있다. 즉, 안전설비에 대해 다음과 같은 기본설계 개념으로 건설 및 운전되고 있다.

가. 다중성(Redundancy)
   안전계통의 설비는 어느 한 계열 혹은 채널이 기능을 상실했을때 나머지 다른 계열이 본래의 설계기능을 충분히 발휘할 수 있도록 같은 기능을 수행하는 계열이 2개 이상으로 구성되어 한 계통의 다중성을 갖도록 설계되었다.

나. 독립성(Independancy)
   안전계통의 설비는 한 계열의 사고가 다른 계열에 영향을 미치지 아니하도록 물리적, 전기적으로 상호분리되어 있도록 설계

다. 안전성(Fail to Safe)
   안전계통 설비의 공기 또는 전동기 구동밸브 및 기기들은 그 구동력 상실시, 즉 수동적(Passive)으로 자기기능을 상실했을때 결과적인 위치가 노심의 안전한 방향으로 최종 동작이 이루어지도록 설계

라. 설비의 손상방지(Preventing Features Damage)
   안전계통 설비의 전원케이블, 구성요소 및 배관등이 화재, 폭발 등의 사고로 인하여 손상을 입지 아니하도록 설치

마. 완전한 설계기능 발휘(Operation of Full Design Functions)
   안전계통의 설비는 지진이나 설계기준사고(Design Base Accident), 냉각재 상실사고(LOCA) 또는 주증기관 파열사고(MSLR)하에서도 충분히 본래의 설계기능을 발휘할 수 있도록 안전하게 설계. 또한 복합적 기능상실에 대비하기 위해 물리적으로 분리

바. 계통의 물리적 분리(Physical Separation)
   안전계통의 기능상실과 동시에 화재, 지진, 해일, 미사일공격 등으로 안전계통은 물론이고 다른 계통의 기능까지 복합적으로 기능이 상실되는 사고발생 가능성을 낮추고 안전관련계통의 기능이 상실된 상태에서 특별 안전계통까지 기능 상실되는 사고를 줄이기 위하여 계통을 2개군(Group)으로 나누었다. 안전계통은 1군과 2군으로 나누어져 있으며 1군에는 원자로 정지계통 #1 및 비상 노심냉각계통, 2군에는 원자로 정지계통 #2, 및 격납용기계통이 포함되

어 있다. 제2제어실에서 주제어실(MCR)과는 별도로 2군제어를 1차적으로 운전할 수 있도록 되어 있으며 주제어실과는 완전히 분리되어 있다.

여러가지 측면에서 안전하게 설계된 발전소의 안전계통의 구조물은 원자로 노심을 보호하여 궁극적인 목적은 노심의 손상을 방지하거나 또는 최대한 완화시키는데 있는 것이다.

4. 안전계통의 비교

경수로와 중수로의 원자로 안전계통은 원자로 노심의 분열생성물에 대한 안전한 제어이므로 안전계통은 원자로운전중 비정상적인 과도상태가 발생하였을때 원자로에 물리적인 영향을 전혀 주지 않도록 안전하게 제어 및 정지시켜 환경방사능 누출을 억제하여 대중의 안전을 보호하는 역할을 하는 것이다.

경수로에서 안전계통 구분
  O 원자로 보호계통(Solid State Protection System)
  O 원자로 정지계통(Reactor Shutdown System)
  O 공학적 안전설비계통(Engineered Safety Feature System) : 격납용기계통, 비상 노심냉각계통, MCR 건전성계통

중수로에서 안전계통 구분
  O 안전관련계통(Safety Related System) : 열수송계통, RRS, 증기발생기
  O 특별안전계통(Special Safety System) : 원자로정지계통 #1, #2, 격납용기계통, 비상 노심냉각계통
  O 안전지원계통(Safety Support System) : Classpower, I/A, EWS, SCA, 기기냉각수계통

원자로 정지계통의 기능은 원자로 보호계통에서 전달된 정지신호에 의하여 정지봉이나 액체독물질 주입 등을 사용하여 원자로를 긴급정지 시키는 것이고 공학적 안전설비의 기능은 냉각재 상실사고(LOCA)와 같은 긴급사고에 원자로 노심의 비상냉각(Emergency Core Cooling)을 가능하게 하여 원자로가 안전하게 정지상태를 유지하면서 격납용기 내부 방사능물질의 외부 누출을 차단하는 것이다. 원자로 보호계통은 원자로 안전측면에서 원자로 정지계통에 정지신호 및 공학적 안전설비계통의 작동신호를 보낸다. 원자로 보호계통의 동작원리는 원자로노심 내외의 계측기로부터 전달되는 신호를 안전한계치(Set Point)와 비교하여 안전을 위협한다고 판단하면 긴급정지 신호나 공학적 안전설비계통 작동신호를 보내는 것이다. 원자로 안전계통의 역할은 원전의 안전성 확보 및 신뢰도 향상 측면에서 대단히 중요하므로 그 성능은 항상 보장되어야 한다. 따라서 이 계통은 운전중 항상 정상적인 기능을 발휘하여야 함은 물론 수시로 시험할 수 있도록 설계되어야 한다.

가. 원자로 보호계통

1) 경수로

원자로 보호계통은 원자로 외부에 설치된 노외계측기로 부터 원자로의 사분면 평균 출력이나 노심 평균출력 등의 노심 특성자료를 전달받는다.
Fission Chamber와 같은 노내계측기(Incore Detector)가 있지만 원자로 보호계통의 입력으로는 사용되지 않으며 노심의 국부출력 변동에 대한 자료를 항상 측정할 수 없다. 그러나 경수로는 NSSS 고유특성인 연료와 냉각재가 공유하는 부(-)의 온도반응계수 때문에 노심의 국부적인 불안정이 조성되더라도 자체내에서 안정시키려는 특성이 있어 노내계측기의 노심내 존재가 안정성에는 필연적인 요소는 아니라고 볼 수 있다.

2) 중수로

원자로 보호계통은 노심내부에 설치되어 있는 노내계측기(Incore Detector Self-Powered)로 부터 노심 평균출력은 물론 국부출력 변화등의 노심 특성자료를 전달 받는다. 따라서 이 계측장치에 의하여 평균출력이나 국부출력의 과도한 증가를 막고 비록 일부 노심 국부출력이라고 안전성을 위협한다고 판단되면 원자로를 자동 정지하도록 하고 있다.
과잉감속 원자로(Over Moderator Rector)로 설계되어 정(+)의 냉각재 온도계수를 갖고 있는 중수로에서는 국부적인 불안정으로 인한 노심의 불안정을 막기 위하여 원자로에 Incore Flux Detector의 설치가 필연적이라 할 수 있다.

	경 수 로	중 수 로
계측기 형태	Excore Neutron Detector 사용 : 사분면과 노심 평균출력 측정	Selfpower Incore Detector (Hilbon형)사용 : 노심 국부출력과 평균 출력측정
계측기 종류	○ 선원영역 : BF_3비례계수기 (2개) ○ IR : 보상형전리함 (2개) (안전채널 : 표준형) ○ PR : 비보상형전리함 (4개)	○ 수직 중성자속 검출기 집합체(16개) : Pt, V ○ 수평 중성자속 검출기 집합체 (7개) ○ 전리함(IC) (9개)

2. 원자로 정지계통

가. 경수로

단일정지계통으로서 원자로 보호계통으로 부터 원자로 긴급정지 신호를 전해받으면 제어봉(Control Rods)과 정지봉(Shutdown Rods)이 동시에 중력에 의하여 자유 낙하함으로서 원자로 긴급정지의 기능을 수행한다. 물론 주증기관 파열과 같은 사고시에 붕소주입에 의하여 원자로가 미임계(Subcritical) 상태를 유지하도록 해주지만 이는 정지계통과 같이 짧은 시간내에 원자로를 정지시킬 수 있는 기능은 없다.

만일 정지계통으로 인한 높은 ATWS(Anticipated Transient Without Scram) 발생 가능성은 그 사고결과의 심각성(원자로 노심용융과 다량의 방사능 대기 누출) 때문에 안전성 문제로 부각되고 있으며 그 가능성을 줄이기 위한 2군의 독립된 정지계통이나 결과의 심각성을 줄이기 위한 Mitigating System의 설치가 요구되고 있다.

나. 중수로

2군의 독립된 정지계통 즉, 정지봉계통과 액체독물질주입(Gd)계통으로 설계됨으로서 정지계통의 신뢰도를 높여 정지계통 상실의 가능성이 ATWS 방지에 유리한 점이 있다. ($\simeq 2\times 10^{-4}$ per PWR year Vs $\simeq 3\times 10^{-6}$ per PHWR year)

노형	경 수 로	중 수 로
계통 형태	단일계통 : 1개의 긴급정지계통 (Shutdown Rods)	2개의 독립된 정지계통 SDS #1, SDS #2
트립 변수	SR High Flux (10^5 cps) IR High Flux (25%) PR High Flux (High/Low) (25% / 109%) PR High Positive / Negative Rate	Neutron High Power (118.5%) Neutron Log Rate High (10%/s)
	Over Temp $\triangle$T (DNBR Trip) Over Power $\triangle$P (High LPD)	
	Rx Coolant Flow Low	Rx Coolant Flow Low Rx Coolant Pressure High Rx Coolant Pressure Low
	PZR Low Pressure PZR High Pressure PZR High Level	PZR Low Level
	RCP Bus UV/UF	
	격납용기 고압	
	S/G Low Level*	S/G Low Level
	SI TBN Trip	저급수관 압력 원자로건물 고압 PDC Watch dog

* 증기발생기 고수위 (CE Type) 주증기관 저압 Trip

3. 공학적 안전설비계통(Engineered Safety Features System)

경수로와 중수로의 공학적 안전설비는 비상 노심냉각계통, 격납용기 및 살수계통, 보조 급수계통과 안전설비의 지원계통으로 분류된다. 계통의 설계목적은 두 가지 원자로형 모두 동일하나 안전성 확보측면에서 그를 추구하는 방법에 차이가 있는 것이다. 안전설비의 주된 차이점은 경수로 안전설비에는 주로 펌프 및 동력에 의해 동작되는 Active 기기가 많이 이용되고 있으며 중수로에서는 살수탱크나 ECC Water Tank와 같은 Passive 기기가 많이 사용되는 점이 다르다고 할 수 있다. 중수로형 원자로에서는 안전상 확보를 위한 신뢰도(Redundancy)를 위해 경수로형 보다 다양성(Diversity)을 강조하고 있다. 즉, 안전계통의 설계중 원자로 정지계통이 2개의 독립된 정지군으로 나눠져 있으며 공학적 안전설비의 Fail시 계통설비의 지원을 위해 감속재계통, 비상급수계통(EWS) 및 Dousing Tank to Boiler Makeup 계통등의 보조계통을 추가로 보유하고 있다. 특히 제2제어실에서도 비상시 원자로를 정지시킬 수 있도록 설계되어 있다. 공학적 안전설비계통중 Dousing Water는 그 사용용도가 다양하여 (ECCS, Spray, Boiler Makeup등) 안전성 확보에 큰 비중을 차지하며 주급수 상실사고시에도 특별한 전기계통의 구동없이 비상급수가 확보 가능케 한다.

계 통	경 수 로	중 수 로
비상 노심냉각계통	○ 고압 안전주입계통 ○ 중압 안전주입계통 　(Accumulator) ○ 저압 안전주입계통 　(LPSI Pump)	○ 고압 안전주입계통 　(비상 노심냉각탱크) ○ 중압 주입계통 　(살수탱크 & 비상 　노심 펌프) ○ 저압 안전주입계통
격납용기 살수계통	Active Spray System (Spray Pump)	Passive Spray System (Dousing Tank)
격 납 용 기	2중 격납방식 사용 Steel Vessel + Conc Ves	1중 격납방식 사용 Prestressed Conc Ves
보조급수계통	2대의 전동기 구동펌프 1대의 터빈구동펌프	1대의 전동기 구동펌프
공학적 안전설비 지원계통	N/A	○ (감속재계통 열교환기 Crashing) Mod Cooling Sys : LOCA와 ECCS 상실이 동시에 발생할 경우에도 노심의 용융을 방지 ○ 비상용수공급계(EWS) : 보조급수계통 지원 ○ 살수탱크 : 비상용수공급계통과 같이 보조급수계통을 지원 (Boiler Makeup)

제5장. APR-1400 주요 설계특성

1. 노심 및 연료 설계특성
   ○ 설계수명 연장 : 40년 → 60년
   ○ 원자로용기 모재 및 용착재의 불순물 함량 제한
   ○ 재장전주기 : 18개월(24개월 주기 수용가능 설계)
   ○ 0.2g 내진설계 만족

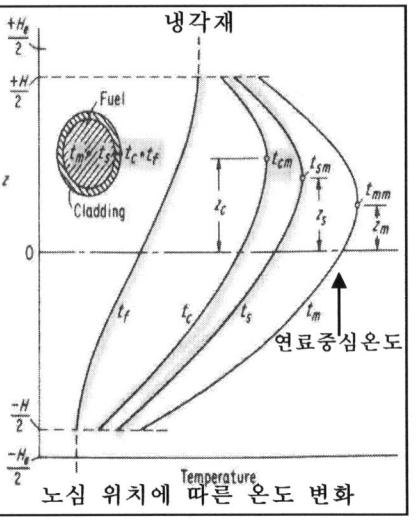

노심 위치에 따른 온도 변화

2. 핵증기 공급계통(NSSS)
   가. 가압기(PZR)
      ○ 파이롯트 구동 안전방출밸브(POSRV) 적용
      ○ Condition 2, 3 사고 조건에서도 PSV 개방 방지
   나. 증기발생기
      ○ 인코넬-690 사용, Plugging Margin 10%로 증가
      ○ 용량증대 : 완전 급수상실사고시 고갈시간 20분 여유 확보 및 수위제어가 용이
   다. 안전주입계통의 특성
   1) 4Train 원자로용기로 직접 주입(DVI)
      ○ 기존호기 2계열 대비 안전주입 신뢰성 제고
      ○ 4개의 독립된 계열에 따라 공통배관 제거로 계통 단순화
      ○ 정지냉각계통의 저압안전주입 기능 제거로 정지냉각계통을 비안전등급화 설계
      ○ 유지보수의 간소화
      ○ 정지냉각계통을 격납건물 살수계통 후비(Backup)용으로 활용할 수 있어 안전계통의 신뢰도 제고
   2) 재장전수조 격납용기내 설치(IRWST)
      ○ 장기 재순환 냉각운전시 안전주입펌프 재배열 필요성 제거
      ○ 사고시 신뢰성 높은 냉각수원의 지속 제공으로 안전성 제고
   3) 안전주입탱크(SIT)내 Fluidic Device 설치
      ○ 안전주입 냉각수의 효율적 사용 : 안전주입탱크내 냉각수 주입시간 연장으로 안전여유도 증진
      ○ 안전주입펌프 작동시기 완화로 사고 대처 신뢰성 증진
   4) 중대사고 대처설비 대폭강화
      ○ 피동형 수소 재결합기 및 수소점화기 설치
      ○ 원자로용기 파손방지를 위한 원자로용기 외벽 냉각설비(IVR) 반영
      ○ 중대사고 완화를 위한 원자로공동(Cavity) 구조 개선

- ○ 노심파편에 의한 격납건물 직접가열(Direct Containment Heating)을 방지하도록 공동 배치
- ○ 노심 용융물 장기 냉각을 위한 공동면적 및 충수설비 확보

5) 안전감압 설비로 POSRV 도입
- ○ 가압기 안전밸브와 중대사고 대처용 감압설비를 통합 배치 : 3PSV + 2SDS → 4POSRV
- ○ 방출라인을 IRWST에 연결하여 밸브개방에 따른 격납용기 오염가능성 최소화
- ○ 설계 단순화 및 유지·보수성 향상

6) 일체형 상부구조물(Integrated Head Assembly)
- ○ 원자로용기 상부구조물 설계 단순화 : 핵연료 재장전기간 단축, 부품보관 장소 감소, 모듈 설계로 시공성 용이
- ○ 작업자 방사선 피폭량 감소

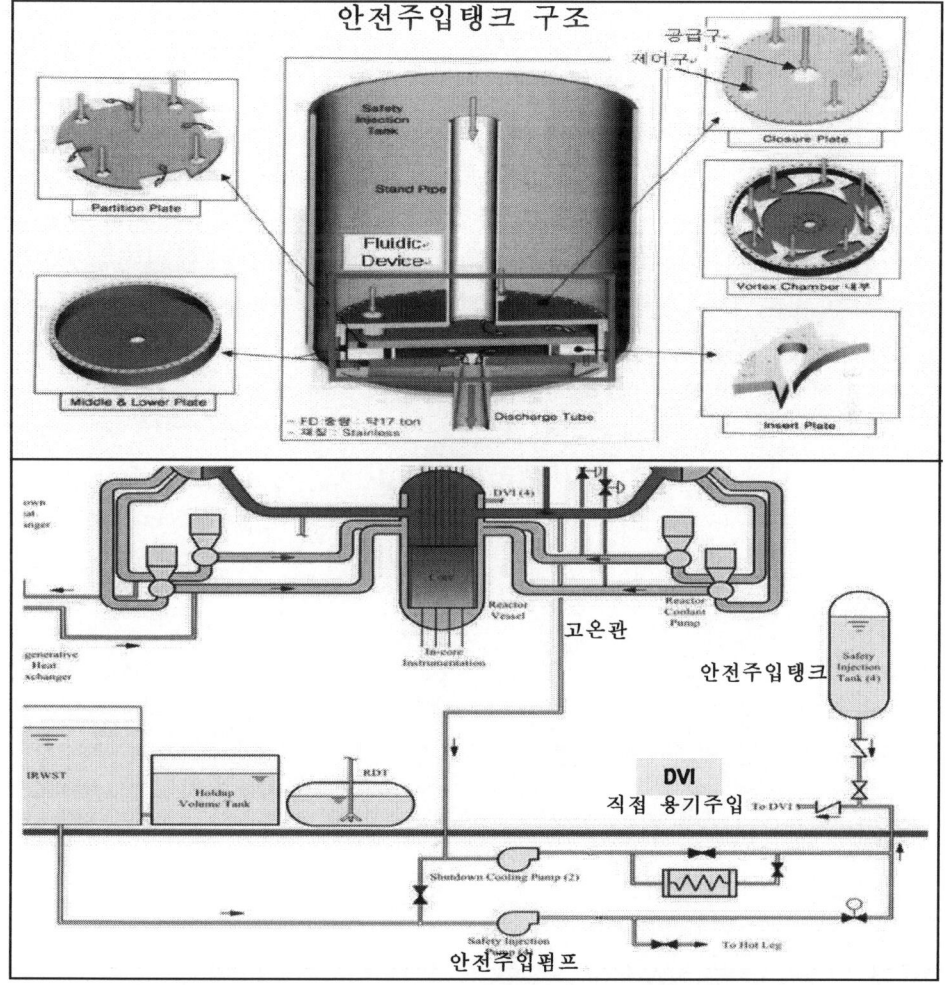

제5장. 고속증식로

1. 개발 이유

 가. 플루토늄의 효율적 활용

  열중성자로에서 생성되는 플루토늄을 효율적으로 활용할 수 있다. 열중성자로에서 플루토늄을 재사용하게 되면 플루토늄의 중성자특성이 저하되는데 이것은 Pu^{240}과 Pu^{242}가 누적되면서 독물질로 작용하기 때문이다. 따라서 고방사성 폐기물인 사용후연료를 오랫동안 저장하여야 한다. 그러나 핵분열성 질을 다소간 가지고 있는 모든 무거운핵종에 대해 속중성자는 열중성자와 같지 않으므로 열중성자로에서 질이 저하된 플루토늄을 속중성자로는 아무 거리낌없이 받아들여 핵분열을 일으킬 수 있으므로 장기적으로 볼때 사용후연료의 문제를 해결하여 줄 수 있다.

 나. 천연우라늄의 효율적 활용

  속중성자로에서는 U^{238}이 소멸되는 것보다는 많은 비율로 Pu^{239}로 변환되기 때문에 U^{238} 즉, 천연우라늄을 최대한 활용할 수 있다. 반면에 증식을 하지 못하는 열중성자로는 U^{235}와 약간의 U^{238}을 핵분열에 사용하거나 또는 1보다 작은 율을 가지고 플루토늄으로 변환시킨다. 특히 농축공장에서 나오는 감손 우라늄은 U^{238}로서 속중성자로에서 이용이 가능하다. 이러한 이득효과를 고려할때 열중성자로 비해 고속증식로는 우라늄 1톤당 에너지를 50배 정도 증가시킬 수 있다고 평가된다. 원전이 늘어날수록 사용후연료의 재고량 역시 늘어남에 따라 이것을 고속증식로에서 활용하기 위해 재처리하여 플루토늄을 저장시킬 필요가 있다. 만약 고속증식로를 건설하지 않고 소모용 핵주기만을 고집한다면 우라늄자원의 고갈로 원자력은 잠정적인 에너지문제 해결책일 수 밖에 없다. 그러나 고속증식로를 이용하여 KWH당 우라늄 이용률을 50배로 증가시키게 되면 에너지 생산비는 더 이상 부존자원인 일차 원료비에 구애를 받지 않게 되며 우라늄 부존자원을 보다 오랫동안 사용할 수 있게 된다.

 다. 고열효율

  속중성자로에서는 액체금속인 나트륨을 냉각재로 사용하여 고온의 증기를 생성시키므로 열효율을 40%이상 증가시킬 수 있다.

  ○ 연료 : UO_2-PuO_2
  ○ 냉각재 : 나트륨
  ○ 구조물 : 스테인레스강

 라. 물리적 특성
 1) 연료 체적비가 크다.

3) 중성자속이 높다. ($3 \sim 7 \times 10^{15} n/cm^2 \cdot s$)
7) 노심주위에 블랑킷을 설치하여 연료를 증식시킨다.
5) 체적 출력밀도가 크다. ($300 \sim 1000 KWt/\ell$)
4) 냉각재로 나트륨을 사용한다.
2) 농축도가 높다.
6) 구조물로 스테인레스강을 사용한다.

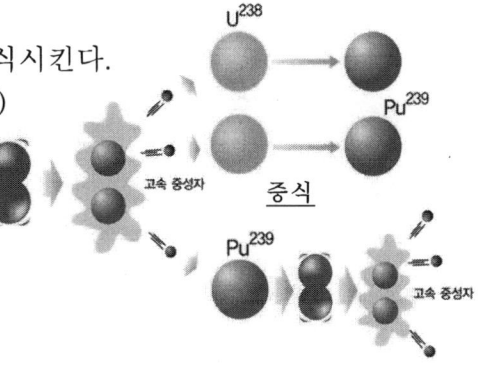

2. 원자로 구성

가. 연 료

열중성자로와 고속증식로간 분열단면적을 비교해보면 동일한 열출력을 내기 위하여 고속증식로는 높은 연료농축도를 가져야함을 알 수 있다. 이 사실은 고속증식로의 근본적인 두 가지 특성 즉, 높은 연료체적비와 연료농축도를 설명하여 준다. UO_2-PuO_2 혼합연료의 체적비는 연료의 이론밀도가 80~95%인 범위내에서 30~40%의 값을 가진다. 연료밀도 즉, 동일체적 내에서 플루토늄과 우라늄의 총 원자 갯수에 대한 플루토늄의 원자 갯수의 비는 200MWe 정도의 원형로에서는 약 30%, 2,000MWe 정도의 대형로에서는 약 13%의 값을 가진다. 여기서 농축도란 무게, 체적, 원자 갯수, Fissile-Pu, Pu-Total, 등가 Pu등 여러가지로 표현될 수 있는데 그 중 원자 갯수의 비로써 나타낸 농축도를 언급한 것이다.

연료는 혼합산화물로서 펠렛의 형태를 갖추며 동일 높이에 4~7mm 정도의 구경이다. 펠렛의 구경은 최적의 원자로 크기를 결정하는데 중요한 역할을 한다. 구경을 작게하면 연료장전량이 적어지지만 농축도를 더 높여야 하며 따라서 증식비가 작아지고 연료봉 제작비가 비싸진다. 또한 고농축연료의 사용은 플루토늄의 사용을 최대한 억제하며 따라서 플루토늄의 출력밀도를 0.6~0.8MWt/kg Pu으로 높이게 된다. Pu^{239}는 고에너지 중성자에 대한 분열단면적이 작기 때문에 노심내 중성자속을 $3 \sim 7 \times 10^{15} n/cm^2 \cdot s$로 높여 주어야만 한다. 이러한 높은 중성자속은 노심구조물의 기계적 특성, 중성자피폭에 의한 팽창, 손상 등에 영향을 미친다.

펠렛은 두께가 0.4~0.8mm인 스테인레스강의 원통형 피복재에 둘러 쌓여있다. 스테인레스강의 성분은 철 70% 크롬 18%, 니켈 10%, 몰리브덴 2%로 구성되어 있다. 연료핀은 중앙에 UO_2-PuO_2 펠렛, 상하부에 블랑킷용 UO_2 펠렛으로 구성되어 있으며 상부공간은 분열생성 기체를 수용할 수 있는 공간이 마련되어 있다. 연료핀은 육각형의 스테인레스강 튜브에 일정 개수씩 묶여져 하나의 집합체를 형성하고 있다. 연료집합체당 연료핀의 개수는 노심의 크기에 따라 169~325개 정도이며 육각형 튜브의 두께는 약 3mm 이다. 연료집합체 1개는 10~20kg 정도의 플루토늄으로 장전되어 있다.

연료의 특성비교

	금속 혼합		산화물 혼합		카바이드 혼합물	
	U	Pu	UO_2	PuO_2	UC	PuC
용융점(℃)	1,131	640	2,730	2,300	2,400	1,650
이론밀도(g/㎤)	19.05	19.86	10.96	11.46	13.63	13.62
1500℃에서 열전도도(W/cm·℃)			0.025		0.017	

1) 금속혼합 연료
  가) 장 점
    ○ 비교적 간단하고 개량화된 가공기술
    ○ 고밀도 연료
    ○ 높은 열전도도 및 열팽창
    ○ 증식비 증대 가능
  나) 단 점
    ○ 연료 팽창
    ○ 비교적 낮은 용융점
2) 산화물혼합 연료
  가) 장 점
    ○ 고온에서 안정성 유지
    ○ 방사선에 강함
    ○ 카바이드 혼합물에 비해 산화저항력 양호
    ○ 카바이드 혼합물에 비해 피복재와의 양립성 양호
  나) 단 점
    ○ 열전도도 불량
3) 카바이드혼합 연료
  가) 장 점
    ○ 고온에서 안정성 유지
    ○ 열전도도 양호
    ○ 열성기체 포용력 양호
    ○ 방사선 피폭에 양호한 구조적 안정성
    ○ 연료 고밀도, 고전환비 및 증배시간 단축
  나) 단 점
    ○ 피복재와 양립성 저하

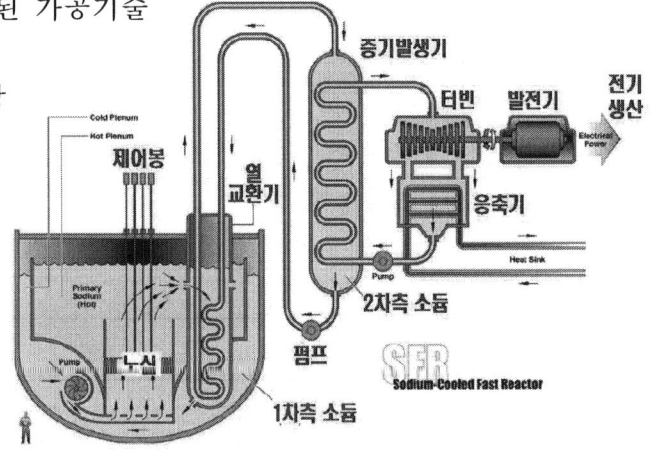

풀 형

○ 산화저항력 불량으로 저산소, 저습도를 함유한 공간에서 취급

실험로에서는 금속혼합 연료가, 기존 대형로에서는 산화물혼합 연료가 쓰이고 있으며 미래에는 UC-PuC가 사용될 것으로 전망된다.

나. 냉각재

고속증식로의 체적 출력밀도는 $0.3 \sim 0.5 MWt/\ell$ 로서 매우 높기 때문에 열교환 면적을 크게(소구경의 연료핀 사용)해야 하며 다음의 특성을 갖춘 냉각재를 선택하여 사용해야 한다.

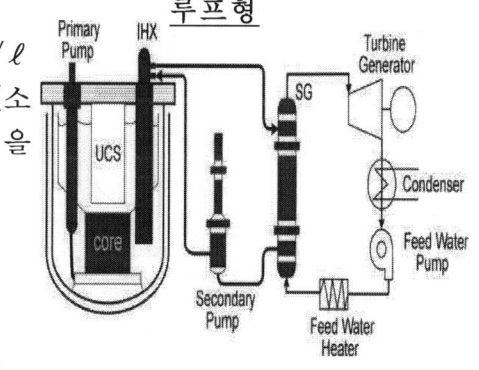
루프형

1) 열적특성이 양호해야 한다.
2) 중성자 흡수와 감속성질이 작아야 한다.
3) 중성자 피폭시 방사화가 작아야 한다.

냉각재 특성 비교

종류	장 점	단 점
나트륨	○ 비상 및 사고후 노심 냉각 기능 양호 ○ 저 압 ○ 증식비 제고 가능 ○ 나트륨 기술 축적 ○ 펌프 구동력 소량 ○ 피복재 온도저하 ○ 열수송 특성 양호	○ 기포 반응도계수 ○ 방사화 : 중간 나트륨회로 필요 ○ 공기 및 물과 폭발적인 반응 ○ 불투명 ○ 보수곤란 및 방사화로 1차계통 보수기간 장기화 ○ 나트륨 특성에 맞는 기기 개발
증 기	○ 직접 사이클 ○ 투 명 ○ 화학반응 최소화 ○ 산업체 경험 축적 ○ 상온에서 액체 상태	○ 고압유지 : 80~250 기압 ○ 고속증식로 분야는 미개척 ○ 펌프 구동력 다량 ○ 비상 및 사고후 노심냉각 불능 ○ 증식비 저하 ○ 고출력 밀도 미입증 ○ 방사분해 및 부식 ○ 분열생성물의 터빈 유입 ○ 반응도계수 불안정
헬 륨	○ 중간 냉각회로 불필요 ○ 증식비 제고 가능 ○ 투 명 ○ 기포계수 최소화 ○ 어느 재질에도 적합 ○ 기체 냉각로 기술활용	○ 고압유지 : 85~120 기압 ○ 고속증식로 분야는 미개척 ○ 펌프구동력 다량 ○ 비상 및 사고후 노심냉각 불능 ○ 고출력밀도 미입증 ○ 기체누설 제어곤란 ○ 피복재 온도 고온

나트륨은 이러한 특성을 잘 갖추고 있는 냉각재이다. 나트륨의 체적비는 30
~40% 이며 400℃에서의 밀도는 0.86 이다. 연료집합체내 연료핀 주위로의
냉각재 순환은 연료핀 주위에 나선형으로 철선을 휘감아 놓아 열전달 특성
을 높이고 있다. 노심으로 유입되는 유량은 초당 3~20톤 정도이고 나트륨은
대기압, 98~882℃ 범위에서 액체상태로 존재하는데 노심 입구온도는 380~
400℃, 정상운전중 최대 출구온도는 550℃ 정도이기 때문에 원자로용기를 일
반 경수로처럼 고압으로 가압할 필요가 없다. 이 점은 원자로출력 상승면에
서 유리한 장점을 갖게 한다.

열전달 측면에서 볼때 나트륨의 양호한 열적특성은 모든 원자로형이 갖고
있는 기술제한치를 넘어서 피복재 최대 온도를 높여주며 높은 노심 출구온
도로 인해 증기질이 향상되어 열효율을 40~45%로 높일 수 있다.

노심구성품의 체적비

UO_2-PuO_2 연료	30~40%	구조물 및 피복재	20~25%
냉각재 나트륨	30~40%	비응축성 기체	2~5%

* 농축된 연료를 쓰는 대신에 감속재는 사용하지 않음

다. 노심 체적

총 열출력 P를 생산하기 위한 총 연료핀 길이는 연료핀 중심온도에 따른 최
대 선출력밀도에 따라 변화한다. 출력 P MWt, 선출력밀도 q W/cm에서 연료
핀 전장을 km로 나타내면 다음과 같다.

$$L = \frac{10\,P}{q_{max}} \left[\frac{q_{max}}{q}\right]_{axial} \left[\frac{q_{max}}{q}\right]_{radial}$$

노심의 높이는 약 1m 정도이며 축방향 첨두계수는 1.3 정도, 반경방향 첨두
계수는 1.2 정도로서 총 첨두계수는 1.5~1.6 범위이다. 최대 선출력밀도를
450W/cm로 할때 250MWe 또는 1,200MWe를 생산하기 위해선 연료핀의 총
길이는 20 또는 100km가 된다. 따라서 노심체적은 1,000~10,000ℓ가 되며
$\frac{노심 높이}{직경}$의 비는 0.6~0.3정도가 된다. 연료 농축도와 연료 체적비를 고려
하면 출력에 따른 임계질량은 800~4,500kg 이다.

라. 노심내 U^{238} 사용 이유

고속증식로 연료의 플루토늄은 감손우라늄 또는 천연우라늄의 혼합산화물
형태로 희석이 되어 있다. 순수한 플루토늄으로만 연료를 제작하는 것은 재

료측면(원하는 출력밀도를 갖기 위해선 연료핀 구경이 아주 작아야 한다.)에서 불가능한 것으로 나타났다. 플루토늄과의 혼합물로서 여러가지를 고려할 수 있으나 그중에서 U^{238}이 다음의 이유로 가장 적합하다.

1) U^{238}의 중성자포획으로 노심내 플루토늄이 생성되어 증식에 기여하며 반응도결손과 출력운전중 노심과 블랑킷 간의 출력편차를 줄여준다.
2) 노심 내에서 U^{238}의 속핵분열이 노심 전체출력의 약 10%를 담당한다.
3) 노심 내 U^{238}이 있으므로 도플러계수는 부(-)의 값을 가져 원자로의 안전성에 기여한다.
4) 순수 플루토늄을 사용하는 것에 비해 U^{238}을 혼합 사용하면 β_{eff} 평균 값이 약 25% 증가되어 중성자 동특성과 안전성에 기여하게 된다.
5) UO_2-PuO_2 혼합 산화물은 연료의 기계적 성능을 향상시킨다.

3. 블랑킷

노심은 반경방향과 축방향으로 감손우라늄 또는 천연우라늄의 산화물로 내장된 블랑킷으로 둘러 쌓여있다. 블랑킷은 나트륨으로 냉각되며 다음 4가지의 주요 기능을 갖고 있다.

1) 노심에서 누설되는 중성자를 노심으로 반사시켜 임계질량을 감소시킨다.
   (노심체적에 따라 80~50% 정도)
2) 연료연소중 U^{238}의 중성자포획으로 블랑킷내에 플루토늄을 생성시켜 증식에 기여한다.
3) U^{238}의 속핵분열로 원자로출력의 5~12%를 담당한다.
4) 노심 외부로의 중성자 차폐역할을 한다.

고속증식로의 노심은 매우 조밀하며 중성자 평균 자유행정이 길다. 따라서 노심외부로의 중성자누설을 블랑킷이 수용하며 블랑킷 내에서 플루토늄을 주로 생성하여 증식로의 기능을 갖추게 된다. 블랑킷의 체적구성은 축방향 또는 반경방향에 따라 다르다. 축방향으로는 블랑킷은 노심의 연료핀과 동일한 규격으로 내장되어 있지만, 반경방향으로는 UO_2 펠렛으로만 내장되며 블랑킷의 연료핀 구경은 노심의 것보다 크다.

UO_2	50~60%	구조물	15~20%
나트륨	25~30%	분열기체	2~3%

노심초기와 말기를 비교할때 반경방향 블랑킷의 출력은 플루토늄의 누적으로 두배로 증가한다. 블랑킷의 두께(25~50㎝)는 경제적 측면 즉, 제작비와 플루토늄 생산과 중성자 차폐측면에서 고려하여 결정된다. 축방향으로는 블랑킷의 두께에 따라 연료집합체 높이가 결정되므로 최적화가 까다롭다. 반경 및 축방향 블랑킷은 다음의 3가지 차폐기능을 갖추고 있다.

1) 중성자와 감마선 차폐
2) 노심주위 구조물의 손상제한
3) 구조물의 방사화 및 중간열교환기 내의 2차 나트륨 방사화를 제한

4. 제어봉

원자로출력 제어는 노심 연료집합체내에 삽입되는 제어봉으로 한다. 제어봉은 B_4C를 사용하며 스테인레스강 피복재로 쌓여 있으며 나트륨으로 냉각된다.

제어봉은 다음 3가지 기능을 수행한다.
1) 안전성 약 3,000pcm의 반응도를 갖는다.
2) 출력보상 : 연료연소에 의한 반응도 보상, 온도 및 출력상승에 따른 반응도 보상
3) 출력조절

제어봉의 총 제어값은 약 8,000~10,000pcm 정도이다. 노심초기 제어봉은 노심 내에 부분적으로 삽입되며 노심말기 제어봉은 노심과 블랑킷 경계인 축방향 상부 블랑킷에 위치한다. 제어봉이 인출된 구역은 냉각재인 나트륨이 차지한다.

발전용 원자로 종류

구 분	명 칭	약 칭	연 료	냉각재	감속재
수 냉각	가압 경수로형	PWR	저농축 우라늄	경 수	경 수
	가압 중수로형	PHWR	천연 우라늄	중 수	중 수
	비등수로형	BWR	저농축 우라늄	경 수	경 수
기체냉각	천연우라늄 흑연감속형	GCR	천연 우라늄	탄산가스	흑 연
	천연우라늄 중수감속형	DMR	천연 우라늄	탄산가스	중 수
	가스터빈 순환형	GTR	저농축 우라늄	탄산가스	-
	고온기체 냉각로	HTGR	고농축 우라늄	헬 륨	흑 연
액체금속 냉 각	흑연 감속형	SGR	저농축 우라늄	액체Na	흑 연
	액체금속 연료형	LMCR	U-Bi혼합연료(액체)	Bi-Na	흑 연
	고속증식로	FBR	U-Pu혼합연료(고체)	액체Na	-

해외원전 소유자 그룹 현황

그 룹 명	회원사 현황	주요 활동분야	해당 원전
Westinghous Owner Group (WOG)	○ 미국 : TVA등 23개 전력회사 ○ 해외 : 한수원등 8개 전력회사	○ W형 원전 주요 인허가 및 운영현안 공동해결 ○ 각종 기술회의 및 세미나 개최	고리 #1, 2, 3, 4 영광 #1, 2
CE Owners Group (CEOG)	○ 미국 : APS등 8개 전력회사 ○ 해외 : 한수원	○ CE형 원전 주요 인허가 및 운영현안 공동해결 ○ 각종 기술회의 및 세미나 개최	영광 #3, 4, 5, 6 울진 #3, 4, 5, 6
CANDU Owners Group (COG)	○ 카나다 : Ontario Hydro등 3개 전력회사 ○ 해외 : 한수원등 5개 전력회사	○ 정보교환 네트워크 활용 ○ 각종 기술회의 및 세미나 개최 ○ CANDU형 원전 주요 현안 공동 연구개발	월성 #1, 2, 3, 4
Framatome Owners Group (FROG)	○ EDF(프랑스) ○ EBL(벨기에) ○ ESKOM(남아공) ○ GNPJVC/LANPC (중국) ○ 한수원 (ROK) ○ Battenfall(스웨덴)	○ 각종 기술회의 및 세미나 개최 ○ 프라마톰형 원전 주요현안 공동 연구개발	울진 #1, 2

요 약

가. 가압 경수로
　냉각재 압력을 높임으로서 원자로내 물이 비등하지 못하도록 한 원자로인데 그 중에서 가압경수로는 U^{235}를 2~5%정도 농축시킨 저농축 우라늄을 사용하며 냉각재와 감속재로 순수를 사용한다.

나. 가압 중수로
　연료로 천연우라늄을 사용하고 운전중에 연료를 교체한다. 감속재와 냉각재로 중수를 사용하고 있으며 감속재계통과 냉각재계통은 별개의 계통이다.

요 약 편

○ 원 자
- 화학반응을 일으키는 가장 작은 단위
- 전자의 전하량의 합과 원자핵의 전하량의 합이 같으므로 전기적으로 중성
- 화학적인 성질은 원자의 외각궤도를 돌고 있는 전자의 수에 따라 결정

○ 분 자
- 어떤 물질의 성질을 보유하고 있는 가장 작은 입자
- 하나 또는 그 이상의 원자로 구성
- 서로 다른 원자끼리 결합하여 생성된 분자를 화합물(Compound) 이라고 한다.

○ 원자핵
- 핵자(양자 및 중성자)로 구성
- 원자의 중심에 있으며 원자질량의 99.9% 이상을 차지
- 핵의 직경 : $3 \times 10^{-13} \sim 2 \times 10^{-12}$ cm (1fermi = 10^{-13} cm)

○ 전 자
- 원자핵 주위를 궤도(Orbital Cloud) 같이 둘러싸고 있다.
- 궤도전자는 에너지를 결정하는 4개의 양자(Quantum Number)로 구성

  ● 주 양자수(n : Principal Quantum Number) : n은 양의 정수를 가지며 전자의 전체 에너지를 나타낸다.

  ● 방위 양자수(ℓ : Angular Momentum Number) : ℓ은 정수로서 $0 \leq \ell \leq n - 1$의 값을 가지며 전자궤도의 모양이나 전자의 궤도의 각 운동량을 나타낸다.

  ● 자기 양자수(m_L : Magic Quantum Number) : m_L은 $-\ell$에서 $+\ell$까지의 정수값을 가지며 공간에서의 전자의 운동이나 전자가 자장(Magnetic Field)에 의해서 받는 영향을 나타낸다.

  ● 스핀 양자수(m_s : Spin Quantum Number) : m_s는 $+\frac{1}{2}$ 또는 $-\frac{1}{2}$의 값을 가지면 전자의 스핀을 나타낸다.

  ● 원자내에서 각각의 전자들은 제각기 다른 에너지준위를 갖는다.(Pauli의 배타원리 : $2n^2$)

  ● 높은 에너지준위의 전자가 낮은 에너지준위로 천이할때 엑스선 형태로 잉여 에너지를 방출

○ 원자질량(Atomic Mass Unit)
  1amu는 질량수 12인 탄소원자(C)의 질량을 12로 나눈 값
  1amu = 1.66×10^{-24} gr
○ 핵종 기호
  $_Z X^A$: 질량수(A) = 양자수(P) + 중성자수(N)   Z : 원자번호(양자수)
  - 동위원소(Isotope) : 양자수는 동일하나 중성자수가 다른 핵종
  - 동중성자원소(Isotone) : 중성자수는 동일하나 양자수가 다른 핵종들 그룹
  - 동중원소(Isobar) : 핵자수(질량수)는 동일하나 중성자수와 양자수가 다른 핵종들 그룹
  - 핵이성체(Isomer) : 양자와 중성자의 수는 동일하나 자유로운 핵자들의 에너지가 다른 핵종
○ 원자밀도 : 단위체적당 원자의 수
  원자수(N) = $\dfrac{\rho \times N_A}{M}$ 밀도(ρ) : gr/cm³ N_A : 아보가드로수   M : 분자량

○ 핵 력
  - 핵의 안정성으로 보아 반발력(쿨롱력)이 아닌 인력(핵자 결합)
  - 양자를 핵 속에 보유하는 것으로 정전기력 보다 큰 힘
  - 핵 내의 핵자들 사이에서만 작용
  - 전하와 무관(P – P, N – N, P – N)
  - 매우 짧은 거리에서만 작용
  - 스핀에 유관
  - 포화성 : 어느 한 핵자가 인력을 미칠 수 있는 핵자의 수는 제한되어 있음
○ 핵의 안정성
  - 마법수 : 양자 또는 중성자의 수가 2, 8, 20, 28, 50, 82, 126이 안정
  - 양자(P) – 중성자(N)가 우수 – 우수이면 안정

○ 질량결손(Mass Defect)과 결합에너지(Binding Energy)
  1905년 아인슈타인이 질량보존의 법칙을 질량과 에너지 보존의 법칙으로 수정하였다. 원자핵의 질량은 그것을 구성하고 있는 양자와 중성자의 질량을 합한 것보다 작다. 이 차이를 질량결손이라 한다. 원자핵에 맞서 양자와 중성자를 분리시키는데 필요한 에너지를 결합에너지라 하고 다음과 같이 설명
  - 질량결손에 상당하는 에너지 : $E_B = mC^2$
  - 핵을 구성입자로 분리시키는데 필요한 에너지
  - 핵을 형성한 후 방출되는 정(+)에너지

○ 여기와 전리

에너지가 제일 낮은 원자의 상태를 기저상태(Ground State) 또는 기저준위라 하고 안정하다. 원자가 전자나 다른 입자와 충돌에 의하여 또는 전자파(엑스선, 감마)을 흡수하여 기저상태에서 에너지가 높은 상태로 이동하는 것을 여기 되었다고 한다.

○ 원자핵 구조
- 각모형(Shell Model) : 폐각을 형성하는 숫자를 마법수라 하고 각모형으로 원자핵의 여기준위, 알파붕괴 현상 등을 설명
- 물방울모형(Liquid Drop Model) : 원자핵을 +Ze로 대전된 고밀도의 물방울 모양으로 생각한 모형이고 물방울 모양으로 핵자의 결합에너지, 핵분열시 복합핵형성 과정을 설명
- 알파입자 모형(α-Particle Model) : 질량수가 큰 핵종이 붕괴할때 알파입자를 방출하는 경향이 있어 무거운 원소들의 붕괴과정 설명

○ 중간자 (Yukawa 예언)

양자와 중성자를 결합시켜 주는 역할을 하며 이 힘을 핵력이라 한다. 두 핵자간의 교환력(위치, 전하)이 존재하며 이것에는 파이(π) 중간자가 매개

○ 용어 정의
- 핵분열 가능핵종(Fissionable Nuclide) : 중성자 흡수시 핵분열을 일으킬 확률이 높은 핵종 Th^{232}, U^{233}, U^{235}, U^{238}, Pu^{239}, Pu^{241}
  핵분열성 핵종(Fissile Nuclide) : 낮은 에너지의 중성자 흡수시 핵분열을 일으킬 확률이 높은 핵종 U^{233}, U^{235}, Pu^{239}, Pu^{241}
- 핵분열 원료핵종(Fertile Nuclide) : 중성자를 흡수하여 핵분열성 핵종을 생성하는 핵종 Th^{232}, U^{238}
- 핵분열 수율(Fission Yield) : 핵분열시 생성되는 특정한 핵종의 분율
  U^{235}(v = 2.43), Pu^{239}(v = 2.89), Pu^{241}(v = 3.06)

○ 임계/발단에너지(Critical/Threshold Energy) : 기저상태와 분열을 시작하는 시점사이의 위치에너지 차이로 분열을 위해 필요한 여기에너지(중성자, 광자 기타 입자의 흡수에 의하여 핵분열을 일으키는 필요한 최소한의 입사에너지)

○ 여기에너지(Excitation Energy) : 운동에너지와 결합에너지의 합

○ 미시적 단면적(σ)

한 개의 원자핵과 한 개의 중성자가 만나서 특정한 반응을 일으킬 유효 표적 면적이다. 그러나 여기서 단면적이라 함은 원자핵의 기하학적 면적을 의미하는 것이 아니라 반응을 일으킬 확률을 의미한다. 1barn = $10^{-24} cm^2$

○ 거시적 단면적(Σ : cm^{-1}) : 밀도가 N인 매질속을 중성자가 통과할때 단위거리 이동할때마다 충돌확률
○ 평균자유행정(Mean Free Path : λ) : 중성자가 어떤 특정한 물질내에서 평균 투과한 거리로 물리적 의미로 λ는 표적물질 내에서 표적핵과 반응하지 않고 중성자가 움직인 거리
○ 중성자속(Neutron Flux : ϕ) : 단위 부피속에서 단위시간 동안에 중성자가 이동한 거리의 총합 ($n/cm^2 \cdot s$)
○ 반응률(R = $\Sigma \cdot \phi$) : 단위체적, 단위시간에 일어나는 반응의 수
○ 감속능(Slowing Down Power : $\xi \cdot \Sigma_s$) : 어떤 감속재가 중성자를 얼마나 빨리 감속시킬 것인가를 나타내는데 감속능이란 용어를 사용하며 중성자 단위 비정당 잃는 에너지
○ 감속비(Moderating Ratio) : 중성자 흡수를 고려하여 감속능을 거시적 흡수단면적으로 나눈 것
○ 감속재 성질
- 거시적 산란단면적이 크고 거시적 흡수단면적이 적을 것
- 대수 에너지 감쇄계수(ξ)가 클 것
- 화학적으로 안정할 것   - 열전달 특성이 우수할 것
- 이용성이 좋고 저렴할 것   - 저 방사화(Low Activation)
- 감속능이 크고 감속비가 좋을 것
○ 페르미 년령(τ) : 중성자가 생성되어 열화될 때까지 움직인 거리
○ 이주거리(Migration Length) : 핵분열에 의해 속중성자로 생성되어 열중성자로 되어 다른 물질에 흡수될 때까지 움직인 직선거리 또는 최단 비행거리
○ 중성자 증배계수(K) : 핵분열에 의해 방출된 1개의 속중성자가 한 세대 동안에 평균 몇 개의 중성자를 출생하는가를 표시하는 양

$$K = \frac{다음 세대의 중성자수}{첫 세대의 중성자수} = \frac{현세대의 중성자수}{전세대의 중성자수}$$

- 무한 증배계수(4인자 공식) : 원자로가 무한히 커서 이론상으로 중성자의 누설이 없다고 가정했을때 증배계수
- 유효 증배계수(6인자 공식) : 실제로 원자로 크기는 유한하므로 중성자의 상당한 량이 원자로 밖으로 누설된다. 이것을 고려했을 때의 증배계수
- K < 1 : 미임계상태   - K > 1 : 초임계상태
- K = 1 : 임계상태
- K_{ex} = K - 1 : 잉여증배계수(연료 교체없이 원자로를 계속 운전할 수 기간의 척도)

○ 중성자 수명 : 중성자가 생성되어 감속 및 확산과정을 통하여 소멸되기까지의 중성자의 한 세대

○ 반사체(Reflector) : 노심에서 누설되는 중성자를 노심내로 다시 반사해주기 위하여 노심 둘레에 설치된 물질이며 반사체가 없는 원자로를 무반사체 노심(Bare Reflector)

○ 반사체 효과 : 속중성자와 열중성자의 반사로 속중성자 및 열중성자 누설이 감소

○ 임계 크기 : 원자로 크기 및 형태, $\dfrac{감속재}{연료}$ 배열이 결정된 원자로에서 지속적인 연쇄반응을 일으키는데 필요한 최소의 원자로 크기

○ 버클링(Buckling) : 중성자속 분포곡선의 기울기 즉, 중성자속 분포의 곡률을 말한다. 기하학적 버클링과 물질버클링으로 구분된다.

○ 즉발중성자 : 핵분열과 동시에 방출되는 중성자

○ 지발중성자 : 핵분열생성물인 선행핵(Precursor)의 베타붕괴에 의해서 뒤늦게 생성되는 중성자

○ 속중성자(Fast Neutron) : 핵분열 과정에서 나타나는 중성자(10^5eV 이상)

○ 열외중성자(Epithermal Neutron) : 속중성자 보다 낮은 준위에 있는 중성자($1 \sim 10^5$eV)

○ 열중성자(Thermal Neutron) : 속중성자가 물질과 충돌하므로서 에너지의 대부분을 잃고 주위의 매질과 열적으로 평형상태에 있는 중성자

○ 반응도(Reactivity) : 현재의 유효증배계수가 임계상태(K = 1)와 차이나는 정도를 나타내는 값으로 임계로부터 K의 변화하는 율을 말한다.
   단위 : △K/K, %△K/K, mK, pcm(per cent milirho) 등

○ 원자로주기(Reactor Period) : 원자로 출력이 자연대수(e)배 만큼 증가 또는 감소하는데 걸리는 시간
 - 안정주기 : 출력이 시간의 함수로 지수적으로 변화하는 상태
 - 과도주기 : 어떤 순간(시간의 함수 및 지수적으로 변화하지 않음)에서의 주기

○ 기동율(Startup Rate : SUR) : 순간의 출력변화율 즉, 원자로출력이 분당 10의 승수배로 증가 또는 감소하는 변화율 $P = P_o 10^{SUR \times t}$

○ 중성자 선원
 - 노심의 반응도 변화 감시
 - 미임계증배 감시(미임계 원자로에 정반응도 제공)
 - 핵계측기(SR)의 동작 확인

○ 미임계증배 : K < 1에서의 중성자증배로 선원중성자의 핵분열에 의하여 중성자수 증가

방사선 및 방사능의 단위

	단위	실용단위	관 계
방 사 능	베큐엘, 큐리	Bq, Ci	1Ci = 3.7×10^{10}Bq(dps)
조사선량	X-unit, 렌트겐	C/kg	1R = 2.58×10^{-4}C/kg
흡수선량	그레이	Gy	1Gy = 1J/kg
등가선량	시버트	Sv	1Sv = 1J/kg

방사선가중치(W_R)

방사선의 종류	에너지	W_R
광자, 전자, μ중간자	전에너지	1
중 성 자	< 10KeV	5
	10~100KeV	10
	0.1~2MeV	20
	2~20MeV	10
	> 20MeV	5
양자(반도양자 제외)	> 2MeV	5
알파, 핵분열단편, 중핵		20

조직가중치

조직 및 장기	W_T	조직 및 장기	W_T
생 식 선	0.2	방광, 간, 식도, 유방, 갑상선	0.05
폐, 적색골수, 위, 결장	0.12	뼈표면, 피부	0.01

마스크의 방호계수

종 류	사용조건	용 도	비 고
반면마스크	1~10DAC	입자 및 옥소제거	활성탄 카트리지 사용
전면마스크	10~50DAC	입자 및 옥소제거	
산소통 부착마스크	10,000DAC	입자 및 기체 흡입 차단	긴급시 넓은 지역에서 작업시 사용
공기공급형 마스크	2000DAC	입자 및 기체 흡입 차단	좁은 지역에서 장시간 작업시 사용

객관식 문제편

1. 국제에너지기구(IEA)가 발간한 신, 재생에너지 발전보급 통계에 따르면 OECD 국가의 신, 재생에너지 발전원중 가장 큰 비중을 차지하는 것은?
   ㉮ 태양광   ㉯ 풍 력   ㉰ <u>수 력</u>   ㉱ 바이오

   【참 고】
   IEA "Renewables Information"에 따르면 OECD 국가의 신, 재생에너지 발전원중 가장 큰 비중을 차지하는 것은 수력발전이다.

신, 재생에너지 발전 점유율(%)							
수 력	태양광	풍 력	폐기물	지 열	S-Bio Mass	기 타	합 계
12.4	0.005	0.6	0.5	0.3	0.9	0.3	15

2. 기후변화 협약(UNFCCC)의 발효는 원전사업에도 영향을 미칠 것으로 판단된다. 기후변화 협약에 대한 사항중 틀린 것은?
   ㉮ 기후변화 협약의 발효는 2005년이다.
   ㉯ 지구온난화를 방지하기 위하여 1992년 브라질의 리우 환경개발회의에서 기후변화 협약이 채택되었다.
   ㉰ 발전원별 CO_2 배출계수를 볼때 원자력은 지구온실기스 배출을 줄일 수 있는 발전원으로서 향후 탄소세나 환경세 도입시 화석연료 발전원에 비해 경제성이 개선되는 효과가 기대된다.
   ㉱ <u>우리나라는 부속서Ⅰ국가군으로 2008~2012년(1차 의무이행기간)부터 온실가스를 1990년 대비 5.2% 감축해야 한다.</u>

   【참 고】
   우리나라는 비부속서Ⅰ국가군으로 3차 의무이행기간(2018~2022년)의 의무감축국이나 OECD 회원국이고 CO_2 총 배출량 세계 9위, 방출량 증가율 1위의 국가로 2차 의무이행기간(2013~2017년)중 감축의무부담 압력이 가중될 것으로 전망

3. 한수원에서 상업운전중인 원전의 <u>총 가동 기수(2023년 9월 현재)</u>는?
   ㉮ 20기   ㉯ 24기   ㉰ 25기   ㉱ 26기

   【참 고】: 발전 전체 용량 약 30,037MW중 원전은 24,650MW로 <u>전체 82%</u> 임

○ 원자력 설비용량 24,650MW, 점유율 82%[2023년도 현재 가동기수 : 25기(고리 1호기, 월성1호기 폐로)] 고리 #1(상업운전 1978. 4. 29, 영구정지 : 2017. 6. 18)
○ 운전중인 발전소 : 한울(1~6호기), 신한울(1호기), 월성(2~4호기), 신월성(1, 2호기), 한빛(1~6호기), 고리(2~4호기), 신고리 1, 2호기), 새울(1, 2호기)
○ 수력 : 21기, 소수력 : 16 (설비용량은 607.5MW), 양수 16기 (설비용량 4,700 MW), 태양광 : 59기, 풍력 1기 (설비용량 : 80.25MW)

4. 다음중 재무비율이 잘못된 것은?

㉮ 부채비율 = $\frac{부채}{자기자본} \times 100$ ㉯ 고정 장기적합율 = $\frac{고정자산}{자기자본} \times 100$

㉰ 당좌비율 = $\frac{당좌자산}{유동부채} \times 100$ ㉱ 유동비율 = $\frac{고정자산}{자기자본} \times 100$

【참 고】

고정 장기적합율 = $\frac{고정자산}{자기자본 + 고정부채}$ 고정비율 = $\frac{고정자산}{자기자본} \times 100$

5. 한수원은 성공적인 원전사업 수행을 위해 지역단체 및 반원전 단체의 주장에 적극적으로 대응하고 있으며 원자력의 안전성에 대해 홍보하고 있다. 다음중 반원전 단체가 아닌 것은?
㉮ 녹색연합   ㉯ 에너지연대   ㉰ 청년환경센터   ㉱ 환경운동연합

【참 고】
에너지연대는 과다한 에너지 사용에 따른 환경문제의 증가에 대응하여 시민들의 자발적인 에너지 절약운동을 확산하는데 목적을 둔 시민단체의 연대체

6. 국민 여론조사를 통해 본 원전에 대한 일반국민들의 인식에 있어 가장 부정적으로 나타난 부분은?
㉮ 원전의 필요성   ㉯ 원전의 환경친화성
㉰ 원전의 안전성   ㉱ 원전의 경제성

【참 고】
국민 여론조사 결과 원전의 필요성, 환경친화성, 경제성 및 경제발전 기여도 등에 대해서는 일관되게 긍정적으로 나타난 반면, 원전의 안전성에 대해서는 부정적인 여론이 지배적인 것으로 나타남

7. 원전주변 지역주민을 위한 지원사업중 기본지원 사업에 해당되지 않는 것은?
㉮ 소득 증대사업   ㉯ 전기요금 보조사업
㉰ 육영사업   ㉱ 공공시설사업

【참 고】
주변지역 지원사업은 크게 기본지원사업, 전기요금 보조, 주민복지사업, 특별지원사업, 기업유치사업, 기타 사업이 있다. 기본지원사업에는 소득증대사업, 공공시설사업, 육영사업 등이 있다.

8. 미국 원자력발전협회(Institute of Nuclear Power Operations : INPO)는 미국내 원전의 안전성 및 신뢰성 향상을 목적으로 운영되고 있는 비영리 단체이다. 다음중 INPO의 주요 업무분야가 아닌 것은?
   ㉮ 운영발전소 주기적 운영평가 및 등급부여
   ㉯ 운영발전소 기술지원
   ㉰ 원전종사자 교육훈련 및 자격부여 프로그램 인증
   ㉱ 운영발전소 특별 안전 점검

【참 고】
INPO의 4가지 주요 업무분야
가. 원전의 주기적 운영평가 및 등급부여
나. 운영발전소 기술지원
다. 운영발전소 기술정보 교류 및 보고서(SOER 등) 발행
라. 원전종사자 교육훈련 및 자격부여 프로그램 인증

9. 다음중 국제원자력기구(IAEA)가 시행하고 있는 안전조치(Safeguards) 요소가 아닌 것은?
   ㉮ 계량(Accountancy)   ㉯ 격납 및 감시
   ㉰ 사찰(Inspection)   ㉱ 보호 및 검사(Protection & Test)

【참 고】
평화적 목적의 원자력활동이 군사적 목적에 전용되지 않는다는 것을 검증하기 위한 IAEA 안전조치(Safeguards)는 다음의 세 가지 요소로 구성
가. 계량(Accountancy) : 핵분열성물질의 위치, 연료 및 사용후연료의 축적량, 핵물질의 가공 및 재처리 등에 대한 장부 유지 및 보고
나. 격납 및 감시(Containment & Surveillance) : 물질의 분실유무를 파악할 수 있도록 하는 봉인(Seal) 및 시설에서 벌어지는 활동을 녹화하는 카메라 설치 운용
다. 사찰(Inspection) : 기구의 사찰관에 의한 봉인 확인, 장부 검증, 재고조사 등

10. 석탄에너지에 대한 설명중 틀린 것은?
   ㉮ 석탄은 지각변동으로 매몰된 식물체에 퇴적물이 쌓여 산소공급이 중단된 상태에서 분해작용으로 생성된다.
   ㉯ 석탄화가 진행될수록 탄소함량이 증가 및 산소함량이 감소한다.
   ㉰ <u>에너지 자원으로는 무연탄이 가장 활용도가 높다.</u>
   ㉱ 고정탄소가 50% 이하인 석탄을 갈탄이라고 한다.

【참 고】
석탄화가 진행될수록 탄소함량 증가 및 산소함량이 감소하고 에너지 자원으로는 역청탄이 가장 활용도가 높다.

11. 천연가스(LNG)에 대한 설명중 틀린 것은?
   ㉮ 천연가스를 이용한 열병합발전의 총 효율은 70~80% 정도 높다.
   ㉯ <u>주성분은 프로판(C_2H_8)이며 80~85%를 차지한다.</u>
   ㉰ LNG 기화시 팽창에너지를 이용하여 냉열발전에 활용된다.
   ㉱ 화석 연료중 대기오염, 온실가스 배출이 적고 발열량이 높아 이용분야가 다양하다.

【참 고】
   ○ 천연가스 주성분은 메탄(CH_4)이며 80~85%를 차지
   ○ 대기오염, 온실가스 배출이 적고 발열량이 높아 다양한 이용 가능
   ○ 가스냉방 : LNG 기화시 주위의 열을 흡수하는 원리, 한대의 기기로 냉난방 시스템, 하절기 냉방전력 대체, 소음과 진동이 작고 운전비가 적다.

13. 재생에너지에 대한 설명중 틀린 것은?
   ㉮ 자연력에 기초한 에너지로 생성과 소모의 순환이 가능한 에너지로 태양에너지, 풍력, 바이오메스, 지열, 조력 등이 있다.
   ㉯ 높은 에너지 밀도로 경제성이 우수하다.
   ㉰ 화석에너지의 대체로 환경 친화성이 강점이다.
   ㉱ 기후등 자연현상에 의존하여 일정하게 처리하기 어려워 공급 안전성이 낮다.

【참 고】
   ○ 재생에너지의 에너지 밀도는 매우 낮아 경제성이 미흡
   ○ 신재생 : 수력·소수력 36호기, 태양광, 풍력(1호기), 연료전지(3호기)
   ○ 양수발전소(16호기 : 4,700MW) : 청평, 삼량진, 무주, 산청, 양양, 청송, 예천

14. 풍력발전의 장점에 대한 설명중 틀린 것은?
    ㉮ 무한정의 청정 에너지원이다.
    ㉯ 풍력 발전시설은 비용이 적게 들고 건설 및 설치기간이 짧다.
    ㉰ 풍력 발전시설 단지는 농사, 목축 등 토지이용의 효율성이 높다.
    ㉱ <u>크기가 작아 시각장해가 없고 소음 발생이 적다.</u>

【참 고】
풍력발전기는 태양에너지와 달리 바람이 불기만 하면 전기를 얻을 수 있고 설치하기가 쉬우며 설치비가 저렴하다. 향후 바람이 많은 사막이나 해변가, 섬 등의 외딴 곳에서 주요 발전방법의 하나가 될 것으로 예상된다. 반면에 풍력발전기는 굉장히 커서 자칫 시각장해를 줄 수 있고 소음공해를 일으킬 수도 있다.

15. 화학반응에 의한 신에너지인 연료전지에 대한 설명으로 틀린 것은?
    ㉮ 수소, 천연가스, 메탄올 등 연료의 화학에너지를 공기와 반응시켜 전기 및 열을 생산
    ㉯ <u>저공해 발전방식이나 에너지 변환효율이 낮다.</u>
    ㉰ Module형 제작 및 분산형 발전방식이 가능하며 열병합, 복합발전을 통한 에너지의 효율적 이용이 가능하다.
    ㉱ 수소의 대량생산 및 경제적인 저장과 수송기술이 필요하다.

【참 고】
<u>상 섬</u>
가. 높은 에너지 변환효율 (효율 60% 이상)
나. 저공해 발전방식 (SO_x, NO_x가 발생하지 않고 저 소음)
다. 열병합, 복합발전을 통한 에너지 효율적 이용
라. 분산형 발전방식 가능

16. 수소에너지에 대한 설명중 틀린 것은?
    ㉮ 수소는 자연계에서 가장 풍부한 원소로 바닷물 1kg당 0.128gr의 수소가 존재
    ㉯ 높은 에너지 밀도로 동일 무게의 가솔린 보다 3배나 많은 에너지 방출
    ㉰ <u>천연가스 등을 이용한 수소 분리시 분리비용이 적게 들어 경제성이 탁월</u>
    ㉱ 일반연료, 자동차, 전력생산 등 현재의 에너지 시스템에 바로 사용이 가능

【참 고】
단점으로 수소가스의 착화 및 폭발이 용이하고 수소화염의 식별의 곤란 등으로 안전성 해결이 필요하다. 저장시 저온, 고압의 용기 또는 고가의 금속을 이용하여 저장비용이 높다.

17. 원자로의 형태와 설명중 맞는 것은?
    ㉮ 가압경수로(PWR) : 냉각재에 경수를 사용하여 비용이 저렴하며 세계 운전중인 원전용량의 $\frac{2}{3}$를 차지하며 1차계통과 2차계통이 분리되어 있어 방사선방호에 취약하다.
    ㉯ 가압중수로(PHWR) : 중수를 냉각재로 경수를 감속재로 사용 및 천연우라늄을 연료로 사용하여 농축이 필요하지 않고 연료비가 싼 장점이 있다.
    ㉰ 비등경수로(BWR) : 냉각재와 감속재로 약 70기압의 보통의 물(H_2O)이 사용되며 원자로내에서 냉각재가 비등하여 증기가 생산되며 원자로에서 생성된 증기가 터빈을 직접 구동시키는 직접 사이클 발전소로 1차와 2차계통의 구별이 없다.
    ㉱ 액체금속 고속증식로(LMFBR) : 감속재로 경수를 사용하고 냉각재로 나트륨을 사용한다.

【참 고】
가. 가압경수로 : 방사선방호 성능이 우수
나. 중수로는 냉각재 및 감속재는 전혀 별개의 계통이고 중수를 사용
다. LMFBR은 감속재와 냉각재로 나트륨을 사용

18. 세계 최초의 상업용 원자로는?
    ㉮ Chicago Pile - 1
    ㉯ Calder Hall
    ㉰ Experimental Breeder Reactor - 1
    ㉱ Shipping Port PWR(60MWe)

【참 고】
세계 최초 상업용 발전은 1956년 영국의 Calder Hall이 운전

19. 원자로와 원자폭탄의 차이를 설명한 것중 틀린 것은?
    ㉮ 원자로는 천연우라늄 또는 U^{235}를 2~5%로 저농축하여 폭발 염려가 전혀 없다.
    ㉯ 원자로내의 핵분열을 조절할 수 있는 제어장치, 온도 및 압력을 조절하여 안전하게 운전된다.
    ㉰ 원자폭탄은 U^{235}을 95% 이상 농축하여 폭발이 가능하다.
    ㉱ 원자폭탄의 우라늄이 반응하기 위해서는 기폭장치가 필요하다.

20. 다음 에너지 단위에 대한 설명중 틀린 것은?
    ㉮ 1Joule은 1N의 힘으로 1m를 움직인 일의 양
    ㉯ 1Cal는 물 1gr을 1℃ 만큼 데우는데 필요한 열량으로 약 4.2Joule 이다.
    ㉰ <u>1Btu는 물 1lb의 온도를 1℉ 만큼 데우는데 필요한 열량으로 1Btu는 252Kcal</u>
    ㉱ 1℃ = $\frac{5}{9}$(℉ - 32)로 환산

    【참 고】
    1lb = 454gr 열량 1Btu = 252cal = 1,055J

21. 다음중 원자력에 대한 틀린 설명은?
    ㉮ 우라늄 1gr의 분열에너지는 열량 기준으로 약 1,000KW 이다.
    ㉯ 우라늄 1gr에서 발생하는 에너지는 석유 9드럼, 석탄 30톤에 해당한다.
    ㉰ 100만KW급 발전소를 1년간 운전할때 필요한 연료는 원자력의 경우 약 30톤 이며 LNG의 경우 약 110만톤 이다.
    ㉱ 우라늄 연료 1개(약 5gr)의 전력량은 약 1,280KWh로 4인 가족이 1년간 사용할 수 있다.

    【참 고】
    U^{235} 1gr 분열시 나오는 에너지는 약 1,000KW이며 석유 9드럼, 유연탄 3톤을 태울때 나오는 열량과 맞먹는다.

22. 다음 에너지 산업의 특성에 대한 설명으로 거리가 먼 것은?
    ㉮ 에너지는 누구에게나 필요한 경제적 필수재로서 공공재의 성격이 강하다.
    ㉯ 전통적으로 국유산업으로 성장하였으나 효율성 향상을 위해 최근 민간산업으로의 전환 및 보완이 추진 중이다.
    ㉰ 에너지 산업은 사회 간접자본의 성격이며 대규모 인프라가 필요한 자본 및 기술 집약적 산업이다.
    ㉱ 에너지 산업은 타 산업의 변동과 관계없이 성장해왔다.

    【참 고】
    에너지는 최종 소비자에게 소비될때 직접 소비되는 것이 아니라 난방기기, 광열기기 또는 동력기기 등 에너지 변환기기를 통해 소비되며 재화와 서비스의 생산에 항상 투입되는 경제적 필수재이다. 따라서 에너지 산업의 변동은 타산업의 변동에 큰 영향을 준다.

23. 우리나라 에너지원별 발전량 점유율이 큰 순서로 배열된 것은?
    ㉮ 원자력 > 석 탄 > LNG > 석 유 > 수 력
    ㉯ 석 탄 > 원자력 > LNG > 석 유 > 수 력
    ㉰ 석 탄 > LNG > 원자력 > 석 유 > 수 력
    ㉱ 석 탄 > 석 유 > 원자력 > LNG > 수 력

【참 고】
년도 별로 차이가 있으므로 수험자가 확인 : 석탄 점유율이 가장 큼

24. 다음중 교토의정서에서 채택한 공동이행제도를 설명한 것은?
    ㉮ 선진국가간 다른 국가에 투자하여 발생한 감축분의 일정분을 실적으로 인정
    ㉯ 선진국이 개도국에 투자하여 발생된 감축분의 일정분을 실적으로 인정
    ㉰ 해당 국가가 온실가스를 흡수하는 만큼 더 많이 배출할 수 있도록 하는 제도
    ㉱ 온실가스 배출 할당량 만큼 국제시장에서 거래

【참 고】
가. 공동이행제도(Joint Implementation) : 선진국인 A국이 선진국인 B국에 투자하여 발생된 온실가스 감축분 일정분을 A국의 배출 저감실적으로 인정하는 제도
나. 청정개발체제(Clean Development Mechanism) : 선진국인 A국이 개발도상국인 B국에 투자하여 발생된 온실가스 배출 감축분을 자국의 감축 실적에 반영할 수 있도록 하는 제도
다. 배출권거래제(Emission Trading) : 온실가스 감축의무가 있는 국가에 배출쿼터를 부여한 후, 동 국가간 배출쿼터의 거래를 허용하는 제도

25. 다음중 에너지, 환경문제와 그 원인의 연결이 틀린 것은?
    ㉮ 스모그 : SO_2, NO_2
    ㉯ 온실효과 : O_3
    ㉰ 오존층 파괴 : CFC
    ㉱ 산성비 : SO_2, NO_2

【참 고】
온실효과의 주범 : CO_2

26. 리우회의에서 제정한 지속 가능한 발전을 실천하기 위한 4원칙(Agenda 21)이 아닌 것은?
    ㉮ 오염원인자 부담원칙(Polluter's Pay Principle)

㉯ 사용자 부담원칙(User's Pay Principle)
㉰ 예방원칙(Precautionary Pay Principle)
㉱ 회피원칙(Avoidance Principle)

27. TMI 사고발생후 그 후속조치 사항으로 원전의 많은 설비가 개선되었다. 그 설비개선 사항이 아닌 것은?
㉮ 원자로 배수밸브 설치   ㉯ 안전수치 표시반 설치(SPDS)
㉰ 냉각재계통 가압방지장치 설치   ㉱ 비상대응설비 설치

【참 고】
TMI 후속조치 사항
가. 원자로헤드 배기계통 원격조정설비 설치
나. 사고 후 냉각재계통, 격납용기내 시료 측정장치 보완
다. 가압기 방출밸브, 차단밸브, 수위지시계에 비상전원 공급
라. 냉각재계통 가압방지장치 설치
마. 비상대응설비 설치
바. 주제어실 설계검토
사. 안전수치 표시반 설치(SPDS)
아. 격납용기 광역 압력지시계, 수위지시계, 방사선감시기, 노심상태 감시기 설치

28. 원전의 비상노심냉각계통의 설계시 고려사항이 아닌 것은?
㉮ 연료의 피복재 최고 온도   ㉯ 수소 생성
㉰ 연료의 피복재 산화   ㉱ 연료 장주기 운전

【참 고】
비상노심냉각계통 설계기준
가. 피복재 최고 온도 ≤ 2,200°F
나. 최대 피복재 산화율 ≤ 총 피복재 두께의 17%
다. 최대 수소 생성 ≤ 총 가상 생성량 1%
라. 냉각을 위한 노심의 기하학적 구조 유지
마. 장기간 노심 냉각능력 유지

29. 원전의 1차측 화학 및 체적제어계통(CVCS)의 기능이 아닌 것은?
㉮ 냉각재계통에 필요한 물의 양(Inventory)을 유지
㉯ 냉각재 수질개선, 방사능준위 및 붕소농도 조절

㉰ 증기발생기 주급수계통의 화학처리
㉱ 냉각재펌프에 밀봉수 주입

【참 고】
화학 및 체적제어계통(CVCS)의 기능
가. 냉각재계통에 필요한 물의 양을 유지
나. 냉각재 수질개선, 방사능 준위 및 붕소농도 조절
다. 냉각재의 충수
라. 배수 및 수압시험 조건 제공
마. 상온정지 및 핵연료 재장전시 냉각재의 정화능력 제공 등

30. 연료의 고밀화(Densification)에 영향을 미치는 인자에 대한 설명중 틀린 것은?
㉮ 기공도와 기공크기의 분포 : 가장 중요한 인자로서 조대기공은 빠른 시간내에 고밀화가 진행된다.
㉯ 핵분열속도 : 핵분열속도가 크면 고밀화 현상은 가속된다.
㉰ 입도 : 입도가 크면 입계까지 확산되는 거리가 길므로 고밀화 현상은 적다.
㉱ 기공의 위치 : 계부근에 초기 기공들이 많이 존재하면 고밀화는 크다.

【참 고】
고밀화(Densification)에 영향을 미치는 인자
가. 기공도와 기공크기의 분포 : 가장 중요한 인자로서 미세기공은 빠른 시간내에 고밀화가 진행된다.
나. 온도 : 핵분열단편에 의해서 생긴 기공의 이동과 생성을 결정하여 주는 인자
다. 핵분열 속도 : 핵분열속도가 크면 고밀화 현상은 가속된다.
라. 입도 : 입도가 크면 입계까지 확산되는 거리가 길므로 고밀화현상은 적다.
마. 기공의 모양 : 구형의 기공이 고밀화에 대하여 안정하다.
바. 기공의 위치 : 입계부근에 초기 기공들이 많이 존재하면 고밀화는 크다.

31. 표준형 원전은 지진에 대비하여 내진설계가 되어 있다. 안전정지 지진 값은?
㉮ 0.1G   ㉯ 0.2G   ㉰ 0.3G   ㉱ 0.4G

APR-1400 : 0.3G(안전정지 지진값)

32. $\dfrac{\text{탈염기 입구에서의 방사능}}{\text{탈염기 출구에서의 방사능}}$을 무엇이라 하는가?
㉮ 물질 전달계수   ㉯ 감속비   ㉰ 열전달계수   ㉱ 제염계수

33. 가압경수로에서 연료 피복재의 피로방지와 열전달을 향상시키기 위해 충전하는 기체는?
   ㉮ 산소   ㉯ 헬륨   ㉰ 공기   ㉱ 메탄

【참 고】
가. 헬륨은 불활성기체로서 화학적으로 다른 원소와 전혀 화합하지 않고 열과 방사선의 작용에 대해서도 안정하다.
나. 열중성자 흡수단면적이 거의 0 barn이며 열전도도(Thermal Conductivity)가 상당히 크다.
다. Creep 응력에 의한 피복재의 압축응력을 최소화시켜 피로현상을 방지하고 냉각재계통 압력으로 인한 피복재의 평탄화를 방지한다.

34. 제어봉 재질의 요구조건이 아닌 것은?
   ㉮ 중성자 흡수단면적이 작을 것
   ㉯ 단위체적당 흡수재의 원자수가 많을 것
   ㉰ 성형이 용이하고 경제적일 것
   ㉱ 핵반응에 의해 생성되는 물질에 의한 화학적, 기계적 성질의 저하가 적을 것

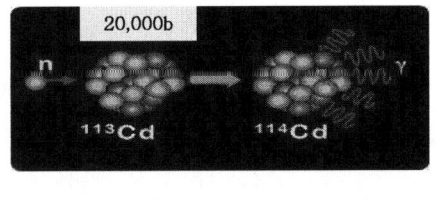

【참 고】
제어봉 재질(B₄C, Ag In Cd, Cd)의 요구조건
가. 중성자 흡수단면적이 클 것
나. 단위체적당 흡수재의 원자수가 많을 것
다. 핵반응에 의하여 생성되는 물질에 의한 화학적, 기계적성질의 저하가 적을 것
라. 사용중 흡수능력의 저하가 적을 것
마. 사용온도에서 화학적, 물리적으로 안정할 것
바. 사용온도에서 화학적, 물리적으로 안정할 것
사. 성형이 용이하여 경제적일 것

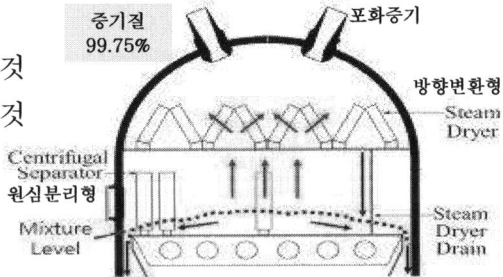

35. 다음중 냉각재계통의 기능이 아닌 것은?
   ㉮ 노심에서 발생한 에너지를 증기발생기를 통하여 2차계통으로 전달
   ㉯ 노심에서 생성되는 핵분열성물질이 대기로 방출되는 것을 방지하는 물리적 방벽
   ㉰ 충분한 냉각재를 제공하며 예상 과도상태에서도 핵연료 손상 방지
   ㉱ 터빈을 회전시키는 동력유체 역할

36. 가연성 독물질봉(Burnable Poison Rod)의 종류가 아닌 것은?
   ㉮ Pyrex   ㉯ WABA   ㉰ IFBA   ㉱ Zirlo

【참 고】
가연성 독물질봉(Burnable Poison Rod : Gd_2O_3)
가. 사용 목적
 1) 원자로 노심 초기(주기초) 감속재 온도계수를 부(-)로 유지
 2) 잉여반응도 제어
 3) 중성자속 첨두치를 억제하며 원자로 노심의 반경방향의 출력분포 균일화
나. 종 류
 1) 분리형
  가) Pyrex : 재질 B_2O_3
  나) WABA : 재질 $B_4C - Al_2O_3$
  WABA 특징
  ○ 봉내부로 냉각재가 흘러 중성자 감속능의 증가로 보다 많은 열중성자를 흡수체가 흡수하여 빨리 소모된다.
  ○ 피복재의 재질이 지르칼로이로 되어 있어 피복재에 흡수되는 중성자수가 상대적으로 줄어들고 흡수체에 흡수되는 중성자수가 증가됨에 따라 빨리 소모된다.
  ○ 흡수체가 빨리 소모됨에 따라 동일 노심에서 주기말에 잔여 반응도 손실(Penalty) 감소
 2) 통합형
  가) IFBA : 재질 ZrB_2
  IFBA 특징
  ○ 주기 길이 및 방출 연소도 증가
  ○ 평형 노심에서 첨두계수 감소 및 잔여 반응도 손실(Penalty) 감소
  ○ 농축도 제한 없음
  나) Gd의 특징
   - 폐기물의 추가 발생이 없다.
   - 노심의 최적화 가능(Gd봉 수 및 Gd 농축도 조정)
   - 핵연료 장전모형 융통성 증가(제어봉 위치 사용 가능)
   - 감속재 온도계수(MTC) 제어효과가 크다.

37. 증기발생기내로 냉각재의 누설이 발생할 경우 이를 감지하는 방법중 가장 거리가 먼 것은?
   ㉮ 복수기내 방사능감지기 동작   ㉯ 격납용기내 방사능감지기 동작
   ㉰ 주증기관 방사능감지기 동작   ㉱ 충전유량 증가

38. 원자로정지 후 원자로제어에 가장 큰 영향을 주는 핵분열생성물은?
   ㉮ 알곤(Ar)   ㉯ 질소(N_2)   ㉰ 제논(Xe)   ㉱ 헬륨(He)

【참 고】
원자로정지 후 8~10 시간에서 제논(Xe^{135})부하로 부반응도가 최대로 된다.

38. 유효반감기를 구하는 공식은? 단, T_B : 생물학적 반감기, T_R : 물리적 반감기, T_E : 유효반감기

㉮ $T_E = \dfrac{T_B + T_R}{T_B \times T_R}$ ㉯ $T_E = \dfrac{T_B \times T_R}{T_B + T_R}$ ㉰ $T_E = \dfrac{T_B - T_R}{T_B \times T_R}$ ㉱ $T_E = \dfrac{T_B \times T_R}{T_R - T_B}$

【참 고】
가. 생물학적 반감기 : 체내에 섭취했을때 신진대사 또는 배설 등에 의하여 초기 방사능이 세기가 반으로 될 때까지 걸리는 시간
나. 물리적 반감기 : 물질자체의 방사능세기가 초기 방사능세기의 반으로 줄어드는데 걸리는 시간
다. 유효반감기 : 인체에 들어간 방사성핵종이 물리적붕괴와 생물학적 배출로 인해 그 양이 처음의 반으로 감소하는 소요되는 시간 ($\lambda_E = \lambda_R + \lambda_B$)

39. 비파괴검사에 대한 기술이 잘못된 것은?
   ㉮ 방사선 투과검사 : 결함의 상 해석은 쉬우며 미세한 결함의 검출도 쉽다.
   ㉯ 초음파 검사 : 관내외 표면에 존재하는 미세결함 및 관의 두께, 내·외경 치수를 마이크론 단위까지 측정가능
   ㉰ 와전류 탐상시험 : 보통 초음파 탐상의 보조수단으로 많이 사용되며 두꺼운 재료의 검사에는 적당하지 않다.
   ㉱ 침투탐상 검사 : 높은 침투성으로 착색 또는 형광을 내는 액체를 사용하여 재료표면의 결함을 탐상

【참 고】

비파괴검사의 종류 및 특징
가. 방사선 투과검사
 1) 방사선은 물질을 투과하는 성질이 있으며 이 투과성은 그 물질을 구성하고 있는 원소나 그 두께 등에 좌우되므로 적당한 에너지의 방사선을 재료 속으로 투과시켰을때 감쇠정도에 따라 재료의 건전성을 조사
 2) 투과검사에 의해 얻어지는 결함의 상의 해석이 쉬우나 미세한 결함의 검출은 어렵다.
나. 초음파 탐상
 1) 재료내의 결함에 의해 반사되어 되돌아오는 것을 수신하여 결함의 크기나 위치를 감지
 2) 관내외 표면에 존재하는 미세결함 및 관의 두께, 내·외경 치수를 마이크론 단위까지 측정 가능
다. 와전류 탐상
 1) 코일에 교류전압을 가하면 교류자기장이 생겨서 그 자기장내의 금속에 발생하는 와전류(Eddy Current)를 분석
 2) 보통 초음파 탐상의 보조수단으로 많이 사용되며 두꺼운 재료의 검사에는 적당하지 않다.
라. 음향반사법에 의한 검사
 1) 재료내부의 변형 또는 파손에 의해 재료자신이 발생하는 음향을 이용
 2) 연료봉 봉단마개 용접부의 품질관리 수단으로 응용
마. 침투탐상
   높은 침투성으로 착색 또는 형광을 내는 액체를 사용하여 재료표면의 결함을 탐상
바. 헬륨누설 검사
   연료봉 내부에 채워진 헬륨의 누설여부로 용접 등의 건전성 평가

40. 다음 계통중 공학적 안전설비에 해당하지 않는 것은?
   ㉮ 화재방호계통   ㉯ 안전주입계통
   ㉰ 보조급수계통   ㉱ 격납용기 살수계통

【참 고】
공학적 안전설비의 구성
가. 격납건물계통
나. 격납건물 살수계통

다. 비상노심냉각계통(ECCS)
라. 보조급수계통

41. 공학적 안전설비의 기능이 아닌 것은?
㉮ 비상노심 냉각으로 사고시 핵연료 피복재 보호
㉯ <u>발전소 출력 조절 기능</u>
㉰ 붕산수 주입으로 부반응도 유지
㉱ 사고시 격납건물 과압 방지

42. 핵연료 피복재의 재료로 사용되는 지르코늄(Zr)의 설명이 틀린 것은?
㉮ Zr-1 : 오랜기간 부식시험(Long Time Corrosion Test)에 불합격되어 실용화 되지 못함
㉯ Zr-2 : 1.5% Sn + 0.12% Fe + 0.05% Ni + 0.1% Cr
㉰ <u>Zr-3 : 기계적성질이 너무 높아 Hydrogen Uptake 문제로 사용되지 않음</u>
㉱ Zr-4 : 1.5% Sn + 0.21% Fe + 0.1% Cr

【참 고】
Zr 합금의 성분 및 특성 차이점

국내원전 연료
피복재 재질 : 저로
Zr + Sn + Fe + Nb

가. Zr-1
 1) 2.5% Sn이 부식특성, 강도, 가공성이 적당
 2) 오랜 기간 부식시험(Long Time Corrosion Test)에 불합격되어 실용화되지 못함
나. Zr-2 : 1.5% Sn + 0.12% Fe + 0.05% Ni + 0.1% Cr
 1) Sn : 단지 부식산화물의 접착력을 증가시키는 효과만 있는 것으로 판명이 났으며 스테인레스강(SS)의 첨가가 부식특성에 좋은 영향을 미침
 2) Fe : 부식특성을 향상
 3) Ni : 고온(750°F)에서의 내식특성이 우수
다. Zr-3
 1) 0.25%(최소량) Sn + 0.25% Fe
 2) 기계적성질이 낮고 Hydrogen Uptake 문제로 사용되지 않음
라. Zr-4
 1) 1.5% Sn + 0.21% Fe + 0.1% Cr
 2) 니켈이 수소흡수(Hydrogen Absorption)의 문제

43. 원자로 안전에 관계되는 시설이 아닌 것은?
   ㉮ 핵연료물질의 취급시설 및 저장시설   ㉯ 순수생산계통
   ㉰ 원자로 냉각계통 시설   ㉱ 원자로 격납건물

참 고
원자력법 시행령 제9조(관계시설), 법 제2조 제10호에서 대통령령이 정하는 것이라 함은 다음 각호의 시설을 말한다.
가. 원자로 냉각계통 시설
나. 계측제어계통 시설
다. 핵연료물질의 취급시설 및 저장시설
라. 원전 안에 위치한 방사성폐기물의 처리, 배출 및 저장시설
마. 방사선 관리시설
바. 원자로 격납시설
사. 원자로 안전계통 시설
아. 기타 원자로의 안전에 관계되는 시설로서 과기부장관이 정하는 것

44. 장기간의 원자로 운전으로 우라늄의 연소를 보상하기 위한 수단은?
   ㉮ 제어봉   ㉯ 붕소농도   ㉰ 해수온도   ㉱ 급수온도

참 고
연소도 증가에 따라 매일 2~3ppm 정도 붕산농도를 희석하여 반응도변화를 보상한다.

45. 장주기 운전의 장점이 아닌 것은?
   ㉮ 연료교체 횟수의 증가   ㉯ 이용률 증가
   ㉰ 방사선 피폭량 감소   ㉱ 발전원가 감소

참 고
장주기 운전의 장점
가. 연료교체 횟수의 감소
나. 이용률 증가
다. 방사선 피폭량 감소
라. 발전원가의 감소

연료봉 충전기체(He)
○ 피복재나 펠렛과 반응하지 않아야 하며 열전도도가 좋은 것이 바람직 함
○ 피복재의 평탄을 방지함(냉각재 외압에 의한 안쪽으로 찌그러짐)
○ 중성자 흡수단면적 낮아야 함
○ 연료봉 내에 헬륨 기체량이 많으면 분열생성 기체의 방출에 의한 펠렛과 피복재 간의 기체 열전도도의 급격한 저하를 방지 함

46. 증기발생기로 유입되는 철 부식생성물의 양을 최소화하기 위해 최근 고리, 영광 및 울진 2발전소에서 사용하는 2차계통의 PH 조절제는?
    ㉮ 삼인산 나트륨   ㉯ 몰포린   ㉰ 암모니아   ㉱ 에탄올아민

참 고
최근 증기발생기 튜브 손상의 주원인이 되는 2차측 응력부식균열(ODSCC)의 요인이 증기발생기로 유입되는 부식생성물에 의한 슬러지 축적에 의한 요인이 많은 것으로 판명되어 부식생성물의 유입량을 최소화하기 위해 암모니아를 사용하는 전휘발성처리법(AVT)에서 에탄올아민 처리법으로 바꾸고 있다.

47. 가압경수로형 원전 1차계통 PH 조절제로 사용하는 것은?
    ㉮ 암모니아   ㉯ 붕 산   ㉰ 하이드라진   ㉱ 수산화리튬

참 고
2차계통에서는 암모니아 또는 에탄올아민을 사용하고 있으나 1차계통은 방사화에 의한 방사선준위 상승 등을 방지하기 위해 수산화리튬(LiOH)을 사용한다.

48. 한국 표준형 원전의 어떤 계통에 대한 설명인가?

> 발전소 설계기준사고를 초과하는 두 대의 증기발생기 완전 급수상실시 원자로 냉각재계통내 압력을 수동으로 감압시켜 안전주입이 가능하게 한다.

㉮ 안전감압계통   ㉯ 가압기 분무계통
㉰ 화학 및 체적제어계통   ㉱ 일차 기기냉각수계통

참 고
열제원(Heat Sink) 모두 상실시 Feed & Bleed를 통한 노심냉각을 가능하게 하는 설비는 안전감압계통이다.

49. 감속재 요구사항중 틀린 것은?
    ㉮ 질량이 작을 것
    ㉯ 원자밀도가 작을 것
    ㉰ 방사선에 대하여 안정할 것
    ㉱ 화학적으로 안정하여 다른 구조물과 반응하지 않을 것

Element	A	ξ	Collisions 2 MeV→1eV	MR
H_2O	-	0.920	16	71
D_2O	-	0.509	29	5670
Be	9	0.207	70	143
C	12	0.158	92	192
238U	238	0.008	1812	0.0092

참 고

감속재 요구 사항
가. 질량이 작을 것 [산소($^{16}_{8}O$) 이하만 감속재로 고려함]
나. 화학적으로 안정하여 다른 구조물과 반응하지 않을 것
다. 방사선에 대하여 안정할 것
라. 중성자 산란단면적이 크고 흡수단면적이 작을 것
마. 원자 밀도가 클 것

50. 원자로출력 즉, 중성자속(Flux)과 관련이 먼 기구(Mechanism)는?
  ㉮ 제어봉   ㉯ 붕산농도   ㉰ 조속기   ㉱ 가연성 독물질

51. 원전 사고, 고장등급(INES)은 0등급부터 7등급까지 8개 등급으로 분류하며 이는 경미한 고장, 고장, 사고 3가지로 구분할 수 있다. 다음중 고장에 해당하는 등급은?
  ㉮ 0~2등급   ㉯ 1~3등급   ㉰ 2~4등급   ㉱ 3~5등급

참 고
원전 사고, 고장등급(INES)은 0~7등급까지 모두 8단계로 구분되며 크게 다음과 같이 분류된다. 3등급 이하는 고장으로 분류하고 4등급 이상은 사고로 분류한다
가. 사고(4~7등급) : 원전연료가 심하게 손상되거나 많은 양의 방사성물질이 외부로 방출되는 경우
나. 고장(1~3등급) : 적은 양의 방사성물질이 방출되거나 발전소 안전설비가 기능이 저하된 경우 (2등급 : 일본 미하마 원전 증기발생기 튜브 누설사고)
다. 경미한 고장(0등급) : 안전성에 전혀 영향이 없는 경미한 사건
* 체르노빌 원전 및 후쿠시마 원전사고 : 7등급, TMI 원전사고 : 5등급

52. 냉각재의 요구 조건이 아닌 것은?
  ㉮ 단위 체적당 열용량이 작을 것   ㉯ 중성자 흡수단면적이 작을 것
  ㉰ 원자로내 구조물과 양립성이 좋을 것 ㉱ 가격이 저렴할 것

참 고
냉각재 요구 조건
가. 냉각 능력이 충분할 것
나. 단위 체적당 열용량이 클 것
다. 중성자 흡수단면적이 작으며 조사에 의한 유도방사능이 작을 것

라. 원자로내 구조물과 양립성이 좋고 방사선에 대하여 안정할 것
마. 가격이 저렴할 것

53. 원전 운영시 수행하는 검사가 아닌 것은?
   ㉮ 정기검사　　㉯ <u>사용전검사</u>　　㉰ 수시검사　　㉱ 품질보증검사

54. 펌프의 Cavitation 방지 대책으로 볼 수 없는 것은?
   ㉮ <u>펌프의 실 흡수양정은 가능한 크게 사용한다.</u>
   ㉯ 펌프의 흡입배관은 짧고 굵게 설계한다.
   ㉰ Elbow 및 기타 부속물을 줄여 손실수두를 작게 한다.
   ㉱ 펌프는 비속도(Ns)가 작은 것을 택한다.

   참 고
   펌프의 실 흡수양정이 적을수록 Cavitation 방지에 유리

55. 출력운전중 증기발생기 튜브 누설 초기 증상으로 틀린 것은?
   ㉮ 주증기관 방사선감시기(N^{16} Detector)에 지시치 증가
   ㉯ 복수기의 배기가스 방사선감시기 지시치 증가
   ㉰ 발전기 출력 증가
   ㉱ 냉각재계통 충전유량 증가

   참 고
   발전기 출력은 튜브 누설과 관련이 없음

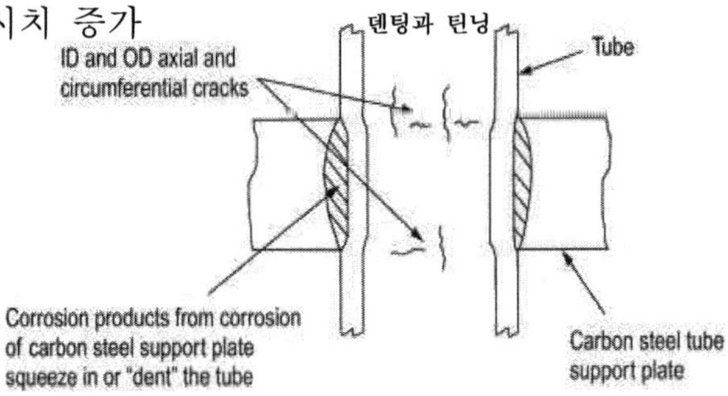

56. 다음중 발전소 성능지표로 볼 수 없는 것은?
   ㉮ 이용률　　㉯ 고장 정지율　　㉰ 가동율　　㉱ 투자보수율

   참 고
   투자보수율은 재무관련 지표

57. 발전소 취수구 해양생물 유입으로 인한 발전정지 또는 출력감발 사례가 발생된 적이 있다. 다음중 발전소 주요 관리대상 해양생물로 볼 수 없는 것은?
   ㉮ 해파리　　㉯ 새 우　　㉰ 멸 치　　㉱ 고등어

참 고
고등어 유입으로 인한 발전정지 또는 출력감발 사례는 없었음

58. 발전소 이용률 산식으로 볼 수 없는 것은?
㉮ $\dfrac{실적\ 발전량}{가능\ 발전량} \times 100(\%)$ ㉯ $\dfrac{평균\ 출력}{설비\ 용량} \times 100(\%)$

㉰ $\dfrac{가동시간}{연간시간} \times 100(\%)$ ㉱ $\dfrac{연간\ 실적\ 발전량}{설비용량 \times 연간시간} \times 100(\%)$

참 고
○ 열효율(Thermal Efficiency) = $\dfrac{Eelectrical\ Eenergy\ Generated}{Heat\ Produced\ in\ the\ Reactor}$

○ 이용률(%) = $\dfrac{일정기간\ 발전된\ 총\ 발전량}{정격\ 발전용량 \times 일정기간} \times 100$ (고출력 운전, 효율 향상)

  = $\dfrac{월간(연간)\ 총\ 발전량(MWh)}{설비용량\ 또는\ 평균출력(MW) \times 발전가능\ 총\ 시간} \times 100(\%)$

○ 가동률(%) = $\dfrac{월간(연간)\ 총\ 발전시간(h)}{월간(연간)\ 발전가능\ 총\ 시간(h)} \times 100(\%)$ = $\dfrac{발전기간}{일정기간} \times 100$

○ 송전단 전력량 = 발전량(MWh) - 소내 전력량(MWh)

○ 소내전력률 = $\dfrac{소내\ 전력량(MWh)}{발전량(MWh)} \times 100(\%)$

○ 최대 전력(MW) : 발전소에서 생산, 공급한 전력량을 시간별로 기록하여 집계하면 시간별 총 발전량이 되는데 이중 가장 큰 것을 말한다.

○ 평균 전력(MW) = $\dfrac{총\ 발전량(MWh)}{발전가능\ 총\ 시간} \times 100(\%)$

○ 부하율(%) = $\dfrac{평균전력(MW)}{최대전력(MW)} \times 100(\%)$

59. 국내 가압경수로 증기발생기 내부 불순물 제거 방법이 아닌 것은?
㉮ Chemical Cleaning ㉯ Steam Generator Blow Down
㉰ Sludge Lancing ㉱ <u>Wet Lay-up</u>

참 고
<u>Chemical Cleaning</u> : 증기발생기 구조물에 부착된 부식물들을 화학약품을 사용하여 탈착 제거하는 방법
<u>SGBD(증기발생기 취출)</u> : 증기발생기 2차측 급수중에 포함된 내부 불순물을 연속적으로 배출하여 정화하는 방법

Sludge Lancing : 증기발생기 튜브내를 고압수를 사용하여 내부 슬러지를 제거하는 방법

60. IAEA 핵사찰의 종류가 아닌 것은?
㉮ 임시사찰　　㉯ 일반사찰　　㉰ 특별사찰　　㉱ <u>협의사찰</u>

참 고
핵물질 사찰 수검
가. 임시(수시)사찰 : 협약당국이 제출한 최초의 보고서에 포함된 정보의 검증. 변동사항에 대한 확인, 국외 반출입에 따른 검증 등
나. 일반사찰 : 당사국 보고, 기록의 일치성 검증, 핵물질의 위치, 동일성, 기록재고상 불확실성 가능한 정보검증
다. 특별사찰 : 당사국이 IAEA에 제출한 특별보고서 검증
라. 강제사찰
마. 상호사찰

61. 주발전기를 냉각하기 위해 수소기체를 사용하는 이유가 아닌 것은?
㉮ 열전도성과 열전달계수가 높다.
㉯ <u>비중이 높다.</u>
㉰ 절연체의 신회방지
㉱ 공기에 비해 대류율이 1.2배로 냉각효율 상승

참 고
수소기체는 비중이 낮아 풍손을 감소시킨다.

62. 다음은 100만KW급 발전소를 1년간 운전할 때 발전연료의 소요량 톤(Ton)을 비교한 것중 맞는 것은?
㉮ 원자력 < 석유 < LNG < 석탄　　㉯ <u>원자력 < LNG < 석유 < 석탄</u>
㉰ 원자력 < 석유 < 석탄 < LNG　　㉱ 석유 < 원자력 < LNG < 석탄

참 고
원자력 28톤, LNG 110만톤, 석유 150만톤, 석탄 220만톤

63. 다음중 방사성물질이 차폐되는 원전의 다중방호설비가 아닌 것은?

㉮ 원전 연료　　　㉯ 중기발생기　　　㉰ 연료 피복재　　　㉱ 원자로건물 내벽

참 고
다중방호설비 : 원전 연료 → 연료 피복재 → 원자로용기 → 원자로건물 내벽 → 원자로건물 외벽

64. 연료 팽윤현상(Swelling)에 영향을 주는 인자가 아닌 것은?
㉮ 온 도
㉯ 원자로 구조물
㉰ 외부로 부터의 구속력
㉱ 핵분열생성물 기체의 방출

참 고
Swelling에 영향을 주는 인자 : 온도, 조성, 밀도, 외부로 부터의 구속력, 핵분열 생성물 기체의 방출

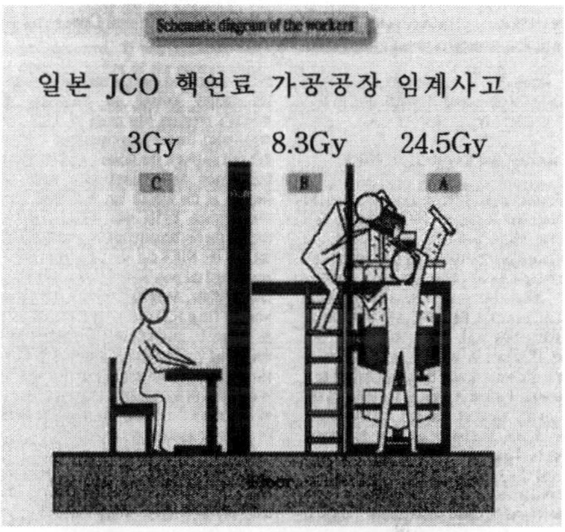

65. 다음은 각 사건의 INES 등급중 틀린 것은?
㉮ 1979년 TMI 원전사고 : 5등급
㉯ 1986년 체르노빌 원전사고 : 7등급
㉰ 1997년 도카이무라 재처리시설 화재 : 3등급
㉱ 1999년 도카이무라 핵임계사고 : 4등급

참 고
○ 1999년 일본 도카이무라 핵임계사고 5등급으로 절차서 및 안전수칙 미이행
○ 작업절차를 무시하고 우라늄 분말을 과투입하여 임계되어 과피폭된 사고

66. 제한구역 경계거리(EAB)를 설명한 내용중 틀린 것은?
㉮ 국내 상업운전중인 원전의 EAB는 원자로중심으로 부터 경수로는 700m, 중수로는 914m를 적용하고 있다.
㉯ 경수로의 EAB 계산시 연료가 모두 용융되는 것으로 가정한다.
㉰ 방사선 피폭선량은 전신 25cSv, 갑상선 300cSv를 기준으로 한다.
㉱ 주민소개는 사고후 2시간이후에 되는 것으로 가정한다.

참 고
제한구역 경계거리(Exclusion Area Boundary)는 원전으로부터 방사능 누출이 발생되는 가상사고시 주변주민이 심각한 방사선피해를 입지 않도록 거주를 제한하기 위하여 산정된 거리로서 지정된 값이 아니고 계산에 의거 산정되므로 영광 3

발의 경우는 560m 이다. 또한 사고시 핵연료의 100%가 용융되고 주민소개도 사고후 2시간이 지나 소개되는 것으로 가정하므로써 대단히 보수적으로 결정하고 있다.

67. 우라늄 자원의 효율적인 이용 및 발전단가를 감소시키고자 핵연료 연소도를 높이는 것이 최근의 추세이다. 핵연료 연소도를 증가시킴에 있어서 핵연료 건전성 관점에서 제일 심각한 현상은?
   ㉮ 피복재 부식　　　　　　　　㉯ 피복재 크립(Creep)
   ㉰ 높은 핵분열기체 방출　　　　㉱ 피복재 조사성장

참 고
가. 핵연료 연소도가 증가될수록 피복재 표면에 산화막도 증가되는데 이러한 산화막 증가에 영향을 주는 인자는 국부출력, 온도, 연소시간이다.
나. 피복재에 산화막(ZrO_2)이 생성되면 부풀어지면서(Blistering) 얇게 각질 형태로 망실되는 현상(Spalling)이 나타나는데 이 부위는 피복재의 온도가 낮아져 피복재내 수소가 국부적으로 증가되어 피복재 강도 및 연성을 감소시켜 피복재 손상을 유발시킨다. 따라서 노심 설계시에는 핵연료 피복재에 형성되는 산화막이 설계제한치인 100㎛ 이하가 되도록 모든 핵연료집합체의 연료봉 최대 누적연소도를 확인한다.

68. 다음 용어의 정의중 틀린 것은?
   ㉮ 핵물질 : 핵연료물질 및 핵원료물질
   ㉯ 방사선 : 전자파 또는 입자선중 직접 또는 간접으로 공기를 전리하는 능력을 가진 것
   ㉰ 가공 : 핵원료물질에 포함된 우라늄 또는 토륨의 비율을 높이기 위하여 물리적, 화학적 방법으로 핵원료물질을 처리하는 것
   ㉱ 변환 : 핵연료물질을 화학적방법으로 처리하여 가공하기에 적합한 형태로 만드는 것

참 고
○ **정련** : 핵원료물질에 포함된 우라늄 또는 토륨의 비율을 높이기 위하여 물리적, 화학적 방법으로 핵원료물질을 처리하는 것
○ **가공** : 핵연료물질을 물리적, 화학적 방법으로 처리하여 원자로의 연료로서 사용할 수 있는 형태로 만드는 것

69. 핵연료 건전성 진단에 있어 요오드(I) 방사능 측정을 이용하고 있다. 그 이유가 아닌 것은?
   ㉮ 인체의 갑상선에 친화력이 있다.
   ㉯ 피복재내에서 이동율이 크다.
   ㉰ 손상된 연료의 손상정도를 알 수 있다.
   ㉱ 물에 대한 용해도가 크다.

Isotope	반감기	수율(%)
I-131	8.04d	3.1(3.8)
I-132	2.3hr	4.7(5.1)
I-133	20.8hr	6.9(5.2)
I-134	52.6m	7.8(7.3)
I-135	6.7hr	6.1(5.7)

참 고
요오드(I)가 핵연료 건전성 진단에 이용되는 이유
가. 핵분열 생성율(Fission Yield)이 크다. I^{131} : 2.9%, I^{133} : 6.5%
나. 피복재내 이동율이 크다.
다. 물에 대한 용해도가 크다.
라. 동위원소간의 반감기 차이가 파손부위 크기 진단에 편리하다. (I^{131} : 8일, I^{133} : 21시간)

70. 다음 발전기 관련 계통중 압력의 고, 저 차이를 나타낸 것중 적당한 것은?
   ㉮ 고정자 냉각수 < 밀봉유 < 수소기체   ㉯ 고정자 냉각수 < 수소기체 < 밀봉유
   ㉰ 수소기체 < 고정자 냉각수 < 밀봉유   ㉱ 수소기체 < 밀봉유 < 고정자 냉각수

참 고
발전기의 밀봉유 압력이 가장 높은 수소가 누설되는 것을 방지할 수 있으며 고정자 냉각수 압력은 수소기체 압력보다 낮아 누설시 발전기 내부로 물이 들어가지 않고 기체가 고정자 냉각수계통으로 포집되어 감시될 수 있도록 되어 있다.

71. 다음중 한수원에서 관리하는 댐이 아닌 것은?
   ㉮ 화천댐   ㉯ 춘천댐   ㉰ 섬진강댐   ㉱ 청평댐

참 고 : 한수원 홈 페이지에서 확인 바람
가. 한수원(주) 댐 : 화천, 춘천, 의암, 청평, 팔당, 괴산, 도암, 보성강댐
나. 한국수자원공사 관리댐 : 소양강, 충주, 대청, 밀양, 안동, 임하, 합천, 남강, 주암, 횡성, 용담댐 등
다. 섬진강 댐의 경우에는 발전소는 한수원 소유이지만 댐은 국가 소유로 한국수자원 공사에서 관리하고 있다.

72. 다음에서 수계 분류가 다른 댐은?
   ㉮ 보성강댐   ㉯ 괴산댐   ㉰ 의암댐   ㉱ 화천댐

   참 고
   우리나라의 수계는 크게 한강수계, 낙동강수계, 섬진강수계, 금강수계 4개로 분류하며 화천, 춘천, 의암, 청평, 괴산, 팔당댐은 한강수계에 위치하고 섬진강, 보성강댐은 섬진강수계에 위치하고 있다.

73. 수력발전소 건설입지 조건으로 적당한 지점이라 할 수 없는 곳은?
   ㉮ 하천의 유황이 좋은 곳   ㉯ 수로의 길이는 길고 폭이 넓은 곳
   ㉰ 대용량 개발이 용이한 곳   ㉱ 송전선 길이가 짧은 곳

   참 고
   수로의 길이가 길어지면 마찰손실 수두 증가 및 공사비 증가로 시설 유지관리의 어려움 등이 발생된다.

74. 우리나라의 수자원 현황에 대한 설명중 틀린 것은?
   ㉮ 1인당 강수량과 이용 가능한 수자원이 적다.
   ㉯ 우리나라의 연평균 강수량은 약 1,283㎜ 정도이며 세계 평균 973㎜의 약 1.3배 정도이다.
   ㉰ 하천유출량의 약 65%가 여름철 홍수기에 집중되어 하천의 하상계수가 매우 작은 편이다.
   ㉱ 국민 1인당 이용 가능량이 약 1,550㎥로 영국, 벨기에 등과 함께 물 부족국가로 분류하고 있다.

   참 고
   우리나라의 연 평균 강수량은 세계 평균의 약 1.3배 이지만 인구밀도가 높아 1인당 강수량과 이용가능한 수자원은 적다. 또한 여름철에 하천유출량이 집중되어 하천의 하상계수가 매우 큰 편에 속하며 유엔에서는 우리나라를 물 부족국가로 분류하고 있다.

75. 수력발전의 특징을 설명한 것중 틀린 것은?
   ㉮ 주파수 추종운전 능력이 우수하다.
   ㉯ 전력계통의 기저부하 전력 공급원이다.

㉰ 기동, 정지가 용이하다.
㉱ 전력생산은 강수량의 변화에 따라 영향을 받는다.

참 고
수력발전소는 주파수 추종 능력이 우수하여 첨두부하 전력 공급원으로 이용된다.

76. 한강수계 댐중 최하류에 있고 북한강과 남한강의 합류지점에 위치하여 유입량이 많은 댐이며 수도권 광역상수도 용수공급을 위한 취수원 역할을 담당하고 있는 댐은?
 ㉮ 화천댐   ㉯ 팔당댐   ㉰ 소양댐   ㉱ 충주댐

참 고
한수원이 관리하고 있는 팔당댐은 한강수계 최하류에 있는 댐이며 북한강과 남한강이 합류되는 지점에 위치하여 유입량이 많고 수도권 2천만 용수공급을 담당하는 취수원 역할을 하는 매우 중요한 댐이다.

77. 수문순환(Hydrologic Cycle) 이란 물이 대기중의 수증기로부터 발생하여 지표에 낙하하고 여러 가지 경로를 지나 다시 수증기로 되어 대기중으로 돌아가는 반복과정을 말한다. 이러한 수문순환의 추진력은?
 ㉮ 증발 및 증산작용   ㉯ 복사에너지
 ㉰ 해면 증발   ㉱ 침루와 침투작용

참 고
수문순환이 발생되는 근본적인 에너지는 태양의 복사에너지이며 수문순환 작용에 따라 강수현상이 발생되며 강수시 유출로 작용하지 않는 각종 손실은 차단, 증발, 증산, 침루와 침투 등이 있다.

78. 다음중 수력발전소의 건설계획 검토시 저수지 크기를 결정하기 위하여 사용되는 자료는 무엇인가?
 ㉮ 유량도   ㉯ 유황곡선   ㉰ 적산유량도   ㉱ Q-H 곡선

참 고
가. 유량도 : 어느 지점 하천의 1년 365일 일별 유량의 상태를 파악할 수 있는 자료

나. 유황곡선 : 유량도 크기순으로 배열하여 놓은 자료로 풍수, 평수, 저수, 갈수량 등으로 나누며 수력발전소 규모나 기기설치 대수 등을 결정하는 자료로 사용
다. 적산유량도 : 수력발전소 저수지 크기를 결정하는 자료
라. Q-H 곡선 : 어느 지점의 하천 특성에 따라 수위에 따른 유량을 쉽게 알 수 있도록 나타낸 곡선 또는 식

79. 다음중 댐 유량 조절방식이 아닌 것은?
　㉮ 제한수위 방식　　　　　㉯ Surcharge 방식
　㉰ 저수위 방식　　　　　　㉱ 예비방류 방식

참 고
가. Surcharge 방식(또는 Sheer Charge 방식) : 계획 홍수위와 최고 수위 사이의 공간을 활용하며 수위를 상승시켜 홍수조절에 활용하는 유량조절 방식
나. 제한수위 방식 : 홍수기 일정한 기간동안 인위적으로 수위를 제한하여 홍수시 저수량을 확보하여 유량을 조절하는 방식
다. 예비방류 방식 : 홍수예보에 따라 홍수발생 전에 미리 저수량을 일정수위까지 방류하므로써 유량을 조절하는 방식

80. 수력발전소 댐 관리규정에 의하면 홍수기간중 제한수위를 유지하여야 한다. 다음중 제한수위 유지에 적용되지 않는 댐으로만 구성된 것은?
　㉮ 괴산, 화천　　㉯ 춘천, 보성강　　㉰ 의암, 청평　　㉱ 팔당, 강릉

참 고
제한수위 적용댐 : 화천댐, 춘천댐, 의암댐, 청평댐, 괴산댐, 보성강

81. 다음 용어중 틀린 것은?
　㉮ 계획 홍수량 : 댐의 안전이 고려된 최대 유량
　㉯ 제한수위 : 홍수조절을 위해 홍수기간중 평상시에 유지할 수 있는 최고 수위
　㉰ 홍수위 : 댐 지역에서 최대 홍수량 발생시 상승할 수 있는 최대 수위
　㉱ 홍수기간 : 매년 6월 1일부터 9월 20일 까지

참 고
홍수기간 : 매년 6월 1일부터 9월 20일까지 (5월 15일 ~ 10월 15일)

82. 댐에 관한 설명중 틀린 것은?
   ㉮ 댐을 목적에 따라 구분하면 일반적으로 다목적 댐과 단일 목적댐으로 분류할 수 있다.
   ㉯ 한수원 댐중 화천댐과 팔당댐은 다목적 댐이고 나머지는 발전 전용 댐이다.
   ㉰ 다목적 댐의 건설은 댐 건설 및 주변지역 지원 등에 관한 법률에 따라 건설교통부장관이 수행한다.
   ㉱ 우리나라의 다목적 댐에 대한 건설 및 관리업무는 관련법령에 따라 한국수자원공사가 국가로부터 위탁받아 수행하고 있다.

참 고
일반적으로 댐을 목적에 따라 분류하면 두 가지 이상의 기능을 가진 다목적 댐과 단일(발전, 용수, 홍수 등) 목적을 가진 단일 목적댐(전용댐)으로 분류하고 있으며 한수원 댐은 전체가 발전사업을 위한 단일목적으로 건설되었으며 다목적 댐의 건설 및 관리는 댐 건설 및 주변지역 지원 등에 관한 법률에 따라 국가에서 수행하도록 되어 있으며 이에 대한 업무를 한국수자원공사에 위탁하여 시행할 수 있도록 규정하고 있다.

83. 원자로내 핵분열 반응에 대한 설명중 틀린 것은?
   ㉮ 핵분열 반응은 중성자와 우라늄 원자간의 반응에 의해 일어난다.
   ㉯ 제어봉은 핵분열 반응에 필요한 중성자를 생산하는 장치이다.
   ㉰ 핵분열 반응에 사용된 중성자수 보다 반응후 생성된 중성자수가 더 많다.
   ㉱ 원자력발전은 핵분열 반응전, 후의 질량차에 의해 생성된 에너지를 이용한다.

참 고
1개의 중성자와 우라늄 원자가 핵분열 반응시 2.5개 정도의 새로운 중성자가 생성되며 이 중성자가 다른 우라늄 원자와 다시 반응함으로써 연쇄반응을 만든다. 제어봉은 중성자를 흡수하여 우라늄과 중성자간의 핵분열 반응을 차단하는 장치이다. 우라늄 원자는 핵분열 반응시 2개의 새로운 원자로 쪼개지는데 쪼개질때 일부 질량이 에너지화 되고 이 에너지를 이용한 것이 원자력발전이다.

84. 국내 경수로 원전의 노심관리의 설명중 맞는 것은?
   ㉮ 연료의 연소에 따른 반응도 보상을 위해 매일 연료를 교체한다.
   ㉯ 저누설 장전모형은 핵연료를 효율적으로 연소시키기 위한 방안이다.
   ㉰ 제어봉은 정상운전중 반응도 제어가 용이하도록 반쯤 삽입한 상태로 운전
   ㉱ 운전중 핵연료 손상징후가 감지되면 즉시 발전소를 정지시켜야 한다.

참 고

경수로는 연료연소에 따른 반응도를 보상하기 위해 12~18개월 주기로 연료를 교체하는 반면 중수로는 매일 연료를 교체하여 부족한 반응도를 보상하고 있다. 저누설 장전모형은 중성자의 누설을 최소화하여 핵연료의 경제성을 높이는 방안이다. 정상운전중 제어봉은 거의 완전 인출상태를 유지하여 첨두출력의 발생을 방지한다. 운전중 핵연료의 손상이 감지되어도 방사능준위에 따라 일정수준의 연속운전이 허용된다.

85. 다음중 경수로형 개량핵연료가 아닌 것은?
㉮ Canflex   ㉯ PLUS-7   ㉰ ACE-7   ㉱ RFA

참 고
○ Canflex : 기존 핵연료에 비해 반경방향의 출력 평탄화, 열전달 및 운전여유도 향상을 위해 개발된 중수로형 개량 핵연료이다.
○ PLUS-7, ACE-7, RFA : 노심에서 연료가 연소되는 기간이 장주기화 되면서 고연소도에 따른 문제에 대응하고 열전달성능, 피복재 재질 및 이물질여과 성능 등을 높여 안전 및 운전여유도를 개선한 경수로형 개량핵연료이다.

86. 다음은 핵연료 건전성 평가방법을 설명한 것이다. 틀린 것은?
㉮ 전 방사능 분석(Gross β γ Activity) : 정밀분석 용이
㉯ I^{131}/I^{133}의 비 : 파손부위 크기 및 원인 추정
㉰ Cs^{137}/Cs^{134}비 : 손상연료 연소도 평가에 따라 손상연료의 위치 파악
㉱ Xe^{133}, Xe^{138}, Kr^{87} : 손상된 연료의 양 진단

참 고
가. 전 방사능 분석(Gross β-γ Activity) : 연속 또는 정기적으로 방사능 분석을 실시할 수 있다. 분석이 용이하고 분석결과가 신속한 반면에 정밀분석이 곤란하다.
나. I^{131}/I^{133}의 비 계산 : I^{131} 반감기(8.03일)와 I^{133} 반감기(20.3시간)에 따라 평형상태에서 냉각재중 방사능 농도는 일정 비율을 유지하나 연료손상 발생시 이 비율은 반감기 차이로 인하여 변하게 되며 피복재 결함의 크기에 따라 냉각재로 이동되는 확률은 변하게 된다.
다. Cs^{137}/Cs^{134}의 비 계산 : 요오드와 같이 인체에 유해한 방사성핵종이며 주로 인체의 근육에 침착되는 특징이 있고 요오드와 같이 핵분열 생성율과 이동율

이 다른 핵종에 비해 매우 높아서 피복재 손상진단에 이용된다.

라. Xe^{133}, Xe^{138}, Kr^{87} : 피복재 결함발생시 냉각재중의 방사능준위가 증가하여 발전소 운전에 영향을 미칠 경우 핵연료집합체에 결함이 발생했는지 신속히 측정하는 방법으로 이는 출력감발중 실시하며 중성자 밀도의 국부적인 증가 현상으로 피복재의 결함을 판단한다. 불활성기체가 냉각재 방사능 80%를 차지한다.

87. 연료봉 제조시 피복재내외 차압으로 인한 응력을 줄여 설계수명동안 피복재 손상을 배제하고 펠렛과 피복재간 열전도도를 향상하기 위한 목적으로 연료봉에 충전하는 기체는?
    ㉮ <u>헬륨</u>　　　　㉯ 탄산가스　　　　㉰ 질소　　　　㉱ 알곤

참 고
피복재내외 차압으로 인한 응력을 줄여 설계수명중 피복재 손상을 배제하고 펠렛과 피복재간의 열전도도를 향상시키기 위해 초기에 다른 기체에 비해 열전도율이 높은 헬륨으로 연료봉을 가압한다. 이 초기 가압은 노심수명 말기에 설계첨두 국부출력밀도로 운전시 내압 최고치가 외측으로 피복재 크리프(Creep)를 유발하지 않고 정상운전 압력을 초과하지 않도록 약 380Psig로 가압한다.

88. 다음중 선행원전연료 주기중 농축단계에서 사용하는 우라늄 농축기술이 아닌 것은?
    ㉮ 가스확산법　　㉯ <u>용매추출법</u>　　㉰ 원심분리법　　㉱ 노즐분리법

참 고
○ 선행 원전연료주기(Front-end Nuclear Fuel Cycle) : 채광, 정련, 변환, 농축 및 성형가공
○ 후행 원전연료주기(Back-end Nuclear Fuel Cycle) : 사용후연료를 소외 저장 시설이나 재처리시설로 수송 및 최종 처분
○ 우라늄 농축기술 : 가스확산법, 원심분리법, 노즐분리법, 화학교환법, 레이저법 등이 개발되었고 이중 가스확산법과 원심분리법이 상업용으로 사용
○ 농축단위는 SWU(Separative Work Unit : 농축역무 단위)라는 특수단위를 사용한다.

89. 다음중 핵분열성물질(Fissile Material)이 아닌 것은?

㉮ U^{235} ㉯ U^{238} ㉰ Pu^{239} ㉱ U^{233}

참 고

핵분열성물질이라 함은 U^{233}, U^{235}, Pu^{239}, Pu^{241} 또는 이의 혼합물을 말한다. 다만, 조사(照射)되지 아니한 천연우라늄 또는 감손우라늄이나 열중성자로에서 조사된 천연우라늄 또는 감손우라늄은 제외한다. 자연계에 존재하는 핵분열성물질은 U^{235}가 유일하다.

90. 다음중 핵물질 계량관리의 목적이 아닌 것은?
 ㉮ 경제상 요구　　　　　　　㉯ 핵물질 전용방지
 ㉰ 안전성 확보　　　　　　　㉱ 행방불명된 핵물질의 소재 파악

참 고
핵물질의 전용방지, 안전성 확보 및 경제상의 요구

91. 저누설 장전모형(LLLP)의 장, 단점의 설명으로 틀린 것은?
 ㉮ 노심내 중성자의 외부 누설감소
 ㉯ 주기(Cycle)의 연소도 향상으로 연료이용률 증가
 ㉰ 핵설계의 용이성
 ㉱ 사용된 연료를 노심 가장자리(Edge)에 장전하여 원자로용기의 피로(Fatigue) 현상 감소

참 고
가. 장 점
 1) 노심내 중성자의 외부 누설감소
 2) 주기(Cycle)의 연소도 향상으로 연료이용률 증가
 3) 사용된 연료를 노심의 가장자리에 장전하여 원자로용기의 피로현상(Fatigue) 감소
나. 단 점
 1) 노심 중앙과 가장자리 사이에 높은 중성자속 구배(Buckling)에 의한 첨두치 발생
 2) 가연성 독물질봉(BPRA)을 2주기 이후에도 계속 사용
 3) 출력제한 문제
 4) 핵설계의 복잡성

사용후연료 저장랙

92. 원자력 안전위원회의 종합계획의 수립에 관한 설명중 틀린 것은?
    ㉮ 위원회는 원자력 이용에 따른 안전관리를 위하여 5년마다 종합계획을 수립
    ㉯ 발전정지시 원전사고, 고장등급 분류체계(INES) 평가를 수립
    ㉰ 부분별 과제 및 그 추진에 관한 사항을 수립
    ㉱ 소요재원의 투자계획 및 조달에 관한 사항을 수립

참 고
원자력 안전 종합계획의 수립
원자력 안전위원회는 원자력이용에 따른 안전관리를 위하여 5년마다 원자력 안전 종합계획을 수립해야 한다.
가. 원자력 안전관리에 간한 현황과 전망에 관한 사항
나. 원자력 안전관리에 관한 정책목표와 기본방향에 관한 사항
다. 부분별 과제 및 그 추진에 관한 사항
라. 소요재원의 투자계획 및 조달에 관한 사항
마. 그 밖에 원자력 안전관리를 위하여 필요한 사항

93. 다음 원자력안전법 시행령의 용어 정의중 틀린 것은?
    ㉮ 제한구역 : 방사선관리구역 및 보전구역의 주변의 구역으로 그 구역경계에서의 피폭방사선량이 과기부장관이 정하는 값을 초과할 우려가 있는 장소
    ㉯ 영구처분 : 방사성폐기물을 회수할 의도없이 인간의 생활권으로 부터 영구히 격리하는 것
    ㉰ 사용후핵연료 중간저장 : 원자로의 연료로서 사용된 핵연료물질이나 기타의 방법으로 핵분열시킨 핵연료물질을 최종적으로 처분하기 전까지 저장하는 것을 말한다.
    ㉱ 자체처분 : 원자력 관계사업자가 발생시킨 방사성폐기물중 원안위가 정하는 값 미만의 방사성폐기물을 당해 원자력 관계사업자가 소각, 매립 또는 재활용 하는 것을 말한다.

참 고
사용후핵연료 중간저장
원자로의 연료로서 사용된 핵연료물질이나 기타의 방법으로 핵분열시킨 핵연료물질을 발생지로부터 인수하여 처리 또는 영구처분하기 전까지 일정기간 안전하게 저장하는 것을 말한다. 참고로 현재 습식 저장시설은 임시저장조

94. 신, 재생에너지 발전에 의하여 공급되는 전기의 사업용 발전원별 기준가격이 가장 높은 것은?
㉮ 풍 력   ㉯ <u>태양광</u>   ㉰ 소수력   ㉱ 조 력

참 고
산업통상자원부 장관은 신, 재생에너지 발전에 의하여 공급한 전기의 전기거래가격이 기준가격보다 낮은 경우에는 당해 전기를 공급한 신, 재생에너지 발전사업자에 대하여 기준가격과 전력거래가격과의 차액을 전력산업 기반기금에서 우선적으로 지원한다.

95. 원자로 시설의 위치에 관한 다음의 기술기준중 내용과 맞지 아니한 것은?
㉮ 지진발생 가능성이 희박하다고 인정하는 곳
㉯ 상류저수지에 의한 하천범람 우려가 적은 곳
㉰ 중대사고 발생시 주민의 전신피폭선량의 총량이 원안위가 정한 제한치를 초과하지 않는 곳
㉱ 필요한 공업용수 및 냉각용수를 공급받을 수 있는 곳

참 고
○ 원자로 시설은 지진 또는 지각의 변동이 일어날 가능성이 희박하다고 인정되는 곳에 설치하여야 한다.
○ 원자로 시설은 방사성물질의 누출사고가 발생하는 경우 주민에 대한 피폭방사선량의 총량이 원안위가 정하여 고시하는 값을 초과하지 아니하는 곳에 설치하여야 한다.
○ 원자로 시설은 상류의 저수지 또는 댐의 유실과 비 등에 의한 하천범람의 영향을 받지 아니하는 곳에 이를 설치하여야 한다.
○ 원자로 시설은 그 운영에 필요한 공업용수 및 냉각용수를 공급받을 수 있는 곳에 이를 설치하여야 한다.

96. 증기발생기 건전성 유지를 위해 계획 예방정비시 수행하는 사항이 아닌 것은?
㉮ <u>자동 초음파검사</u>   ㉯ 증기발생기 슬러지 제거작업
㉰ 잠복불순물 방출시험   ㉱ 튜브 와전류 탐상검사

참 고
자동 초음파검사는 원자로용기 용접부의 건전성을 확인하기 위하여 장기 가동중검사 계획서에 따라 수행한다.

97. 글로브밸브의 용도 및 특성을 설명한 것중 틀린 것은?
   ㉮ 디스크의 움직임에 따라 열리는 비율이 상이하므로 유량조절을 할 수 없다.
   ㉯ 디스크가 시이트로 부터 수직으로 작동되므로 밀봉효과가 매우 좋다.
   ㉰ 디스크의 행정거리가 짧기 때문에 자주 운전되는 곳에 효과적이다.
   ㉱ 유체의 저항이 많지만 설계에 따라 저항을 줄일 수 있다.

참 고
글로브밸브(그림 참조)의 용도 및 특성
가. 디스크의 움직임에 따라 열리는 비율이 일정하므로 유량조절을 할 수 있다.
나. 디스크가 시이트로부터 수직으로 작동되므로 밀봉효과가 매우 좋으나 밀봉부의 마찰이 심하여 스템(Stem)이 회전되지 않는 형이 주로 사용된다.
다. 디스크의 행정거리가 짧기 때문에 자주 운전되는 곳에 효과적이다.
라. 유체의 저항이 많지만 설계에 따라 저항을 줄일 수 있다.

98. 수격현상(Water Hammering)의 방지법으로 틀린 것은?
   ㉮ 관내의 유속을 낮게(관 직경을 크게) 한다.
   ㉯ 급속히 닫히는 역지밸브(Check Valve)를 사용한다.
   ㉰ 펌프에 플라이 휠을 장착하여 급속한 회전감소를 방지한다.
   ㉱ 밸브의 입접한 배관에 공기실을 설치한다.

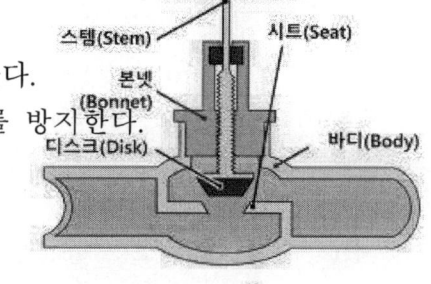

참 고
수격현상은 관로의 유속이 빠를수록 밸브를 닫는 시간이 짧을수록 격심하다.

99. 탄성한계 이내의 안전하중일지라도 계속적으로 반복하여 작용시키면 파괴된다. 이런 파괴를 무엇이라 하는가?
   ㉮ 충격파괴   ㉯ 피로파괴   ㉰ 저온취성   ㉱ 크리이프

참 고
○ 크리이프(Creep) : 금속이 일정한 하중하에서 시간이 흐름에 따라 그 변형이 증가하는 현상으로 일반적으로 고온에서 볼 수 있는 현상
○ 저온취성(Cold Shortness) : 강의 온도가 상온이하로 내려가 재질이 매우 여리게 되고 충격, 피로에 대한 저항이 감소한다.

100. 다음중 밸브의 역할이 아닌 것은?

㉮ 유체의 유량조절   ㉯ 유체의 속도조절
㉰ 유체의 흐름단속   ㉱ 유체의 방향전환

참 고
밸브와 코크는 유체의 흐름, 흐름의 단속, 방향의 전환, 압력 등을 조절하는데 쓰인다.

101. 열전달에 영향을 미치는 인자가 아닌 것은?
㉮ 전열면 재질의 형태와 두께   ㉯ 유체의 종류와 양(체적과 유량)
㉰ 두 유체사이의 거리   ㉱ 두 유체사이의 온도구배(온도차)

참 고
열전달에 영향을 미치는 인자
가. 전열면 재질의 형태와 두께
나. 유체의 종류와 양(체적과 유량)
다. 두 유체사이의 온도구배(온도차)
라. 전열면이나 유체에 오염물질의 존재 여부
* 직접 열전달은 (나)와 (다)의 인자에 영향을 받고, 간접 열전달은 상기 4가지의 모든 인자에 영향을 받는다.

102. 온도측정으로 사용하는 열전대는 다음중 무엇을 이용하여 측정하는가?
㉮ 광전현상   ㉯ 제어벡(Seebeck) 효과
㉰ 홀(Hall) 효과   ㉱ 압전(Piezo-Electric) 효과

참 고
제어벡 효과
서로 다른 두 금속를 접속하고 양 끝의 온도를 T_1, $T_2(T_1 > T_2)$라 하면 온도가 높은 T_1쪽의 접촉전위가 T_2쪽의 접촉전위 보다 크게 되므로 양끝의 접촉전위차에 따라 기전력이 발생하는데 이것을 열기전력이라 하며 이러한 현상을 제어벡 효과라 한다.

103. 액체 및 기체의 유량측정시 차압을 이용하지 않는 것은?
㉮ 오리피스   ㉯ 노즐   ㉰ 벤츄리   ㉱ 초음파

참 고

초음파 유량계
초음파감지기에서 펄스신호를 송, 수신하여 그 시간차를 계산하여 유속 측정

104. 단락비가 큰 발전기를 설명한 것중 틀린 것은?
   ㉮ 공극이 작다.
   ㉯ 철기계로 불린다.
   ㉰ 과부하 내량이 크다.
   ㉱ 전기자권선의 권수가 작고 계자전류가 크다.

참 고
단락비가 큰 동기발전기는 철심 단면적과 공극의 크기, 계자 기전력을 크게 한 것으로 동기임피던스가 작고 안정도가 좋다.

105. 발전소 스위치야드 설비중 가스절연 개폐소(GIS)에서 사용하는 절연매체는?
   ㉮ 질 소   ㉯ SF_6 ㉰ 탄산가스   ㉱ 수 소

참 고
SF_6 기체는 열전달 특성이 우수하고 열적 안전성이 우수(500℃까지 열분해 되지 않음)한 무색, 무취의 불활성기체이다. 또한 전기적으로 절연내력이 높고 소호성능이 우수하다.

106. 전력계통 보호시스템 구성요소가 아닌 것은?
   ㉮ 계기용 변성기   ㉯ 보호계전기   ㉰ 차단기   ㉱ 송전선로

참 고
송전선로는 전력을 변전소로 수송하는 전력의 수송로 역할을 한다.

107. 다음 용어 설명중 틀린 것은?
   ㉮ 근거리 통신망(Local Area Network : LAN) OA, FA 등을 위해 한정된 지역 내의 여러 정보기기들을 효과적으로 연결시켜 모든 정보기기들이 자유롭게 정보를 교환할 수 있게 해주는 통신 네트워크
   ㉯ 프로토콜(Protocol) : 서로 다른 장치나 컴퓨터간의 데이터 통신에 필요한 통신 네트워크
   ㉰ 허브(Hub) : LAN과 LAN을 서로 연결시키는 인터네트 워킹 장비

㉣ MODEM : 아날로그 방식의 전송로를 이용해서 데이터를 전송할 때 사용하는 장비

참 고
○ 허브(Hub) : 네트워크를 확장할 수 있도록 하고 신호를 전달해주는 네트워크 장비로 가까운 거리의 컴퓨터들을 UTP 케이블을 이용해 서로 연결시켜주는 장비
○ 라우터(Router) : LAN과 LAN을 서로 연결시키는 인터네트워킹 장비

108. 한수원의 원전건물내의 전자파 환경에 관한 설명중 맞는 것은?
㉠ 동일 장소의 전자파 환경은 항상 동일하다.
㉡ 주제어실 등 건물 중심부에서는 완전 차폐되어 전자파가 전혀 없다.
㉢ <u>전계의 세기는 주파수에 따라 수 KV/m~수μV/m 까지 다양하다.</u>
㉣ 발전소내 기기에서 발생되는 전파는 전혀 없다.

참 고
○ 동일 장소라도 전자파 환경은 시간, 전류, 온습도 등에 따라 다르다.
○ 외부에서 인입되는 전파(방송파 등)는 거의 없으나 기기 자체에서 발생되는 전자파는 존재한다.

109. 네트워크에서 외부인의 접근을 차단하기 위하여 시설망과 공중망(인터넷) 사이에 설치하는 네트웍 보안시스템은?
㉠ VPN   ㉡ <u>Firewall</u>   ㉢ DNS   ㉣ BACKBONE

참 고
○ Virtual Private Network(VPN) : 네트워크에서 다른 네트워크로 이동하는 모든 정보를 암호화 하므로써 공중망을 사설망처럼 사용할 수 있도록 하는 통신기술이다.
○ Domain Name System(DNS) : 인터넷상 IP 주소는 모두 숫자로 되어 있는데 사용이 불편하므로 보통 문자로 표시하여 사용되고 있으며 이 과정에서 문자와 IP 주소를 상호변환하여 주는 시스템을 DNS라 한다.
○ BACKBONE : 전산망의 근간이 되는 네트워크를 연결시켜 주는 고속 통신망

110. 다음중 발전소내의 방사선 비상상태 발생시 긴급방송을 위한 설비는?

㉠ Evacuation 장비　㉡ 페지폰　　㉢ 사운드파워　　㉣ 업무방송

참 고
원전의 방사선 비상시를 고려하여 주제어실에 근무하는 운전원이 직접 조작하여 방송할 수 있도록 Evacuation 장비가 시설

111. 도메인 네임에 대한 설명으로 틀린 것은?
　㉠ 도메인의 각 부분은 서브 도메인이라고 하며 이를 점(.)으로 구분한다.
　㉡ COM은 영리단체나 기업을 의미하는 도메인이다.
　㉢ 기관의 이름, 기관의 성격, 국가표시 등으로 구성된다.
　㉣ 영어 대, 소문자를 구별한다.

참 고
도메인 네임은 영문자의 대, 소문자를 구분하지 않는다.

112. 최근 정보시스템에 대한 사이버 테러가 급증하면서 사이버 보안에 대한 중요성이 강화되고 있다. 이에 따라 한수원에서 운용중인 네트워크 보안설비의 종류가 아닌 것은?
　㉠ 통합 보완관제설비(Enterprise Security Maneger : ESM)
　㉡ 침입 차단시스템(방화벽, Fire Wall, F/W)
　㉢ 침입방지시스템(Intrusion Prevention System : IPS)
　㉣ 백본 스위치(Backbone Switch)

참 고
○ 통합 보완관제설비(ESM) : IDS, 방화벽, VPN 등 각종 네트워크 보안제품의 통합관리와 개별 침입에 대한 종합적인 대응을 위해서 각 요소 제품간 인터페이스 및 교환되는 메시지 포맷을 표준화하여 모니터링과 원격지 중앙관리까지 가능한 지능형 보완 관리시스템
○ 침입차단시스템(방화벽, Fire Wall) : F/W은 외부망과 내부망의 접점에 위치한 정보 검문소이며 유통되는 정보의 분석을 통해 비인가 접속, 시도를 차단하므로써 외부로부터 내부의 정보자원을 보호
○ 침입방지시스템(IPS) : 내부망과 외부망 사이에 설치되어 네트워크 단에서 발생되는 인터넷 웜 등 악성코드 및 해킹 등에 기인한 유해트래픽을 차단해주는 설비

○ 백본 스위치(Backbone S/W) : 백본은 자신에게 연결되어 있는 소형 회선들로 부터 데이터를 모아 빠르게 전송할 수 있도록 하는 중앙장치로 네트워크 구성을 위한 핵심장비이나 네트워크 보안설비로 분류되지 않는다.

113. 중요 통신설비중의 하나인 교환기의 부가기능중 부재중인 자의 전화기로 착신되는 전화를 자신의 자리에서 미리 지정된 서비스코드를 다이얼하여 받는 기능을 무엇이라 하는가?
㉮ <u>Pickup 기능</u>   ㉯ Transfer 기능   ㉰ Call Back 기능   ㉱ Torwarding 기능

참 고
○ 당겨받기(Pickup) 기능 : 부재중인 자의 전화기로 착신되는 전화를 자신의 자리에서 미리 지정된 서비스코드를 다이얼하여 받는 기능
○ 전환(Transfer) 기능 : 자신에게 걸려온 전화를 다른 사람에게 연결시켜 줄때 사용하는 기능
○ Call Back : 상대방 내선이 통화중일때 서비스 기능을 등록하여 상대방이 통화가 끝남과 동시에 자신과 통화할 수 있도록 해주는 기능
○ 착신전송(Forwarding) 기능 : 착신되는 전화를 미리 지정하여둔 내선 또는 외부전화로 연결하는 기능

114. IP 주소 부족문제를 해결하려고 현재의 인터넷 32 비트 주소체계를 128 비트 체계로 주소공간을 4배로 확장하고자 도입한 주소체계는?
㉮ VLSM   ㉯ CIDR   ㉰ IVp4   ㉱ <u>IVp6</u>

참 고
○ IVp6는 IPng (IP Next Generation) 즉, 차세대 IP라고도 불리고 있다. IPv6는 일련의 IETE 공식 규격이다. IPv6는 현재 사용되고 있는 IP 버전 4를 개선하기 위해 설계되었다.
○ IPv4에 보다 가장 명백하게 개선된 점은 IP 주소의 길이가 32 비트에서 128 비트로 늘어났다는 점이다. 이러한 확장은 가까운 장래에 인터넷이 폭발적으로 성장하므로써 네트웍 주소가 금세 부족해질 것이라는 우려에 대한 대응책으로 제시되었다.

115. 다음중 HDTV에 관한 설명으로 틀린 것은?
㉮ 기존의 TV 방식보다 선명한 화상과 양질의 음성을 제공하는 TV 전송방식

㉯ 영상신호 - 디지털 형태, 음성신호 - 아날로그 형태
㉰ 주사선은 현행방식의 약 2배인 1.125개 이상
㉱ 좌우 화각이 30° 정도로 현장감을 느낄 수 있는 방식

참 고
High Definition Television(고화질 TV)은 기존의 텔레비전 방식의 문제점들을 해결하기 위해 주사선수, 전체 화소수, 화면비 등을 늘리고 디지털신호 처리기법을 사용하여 좌, 우 화각이 30° 정도로 되어 현장감을 느낄 수 있다. 음성신호의 전송에서도 대부분 펄스부호변조(PCM) 보호화한 것을 디지털 전송화기 때문에 CD에 필적하는 음직을 얻을 수 있다. 주요 규격으로는 주사선수 1.125개, 유효주사선수 1.035개, 필드주파수 60Hz, 2 : 1 격행주사, 화면비 16 : 9등을 들 수 있다.

116. 다음중 중대사고 진행시 단계별 안전목표에 해당되지 않는 것은?
㉮ 원자로용기 파손방지 ㉯ 격납건물 파손방지
㉰ 노심 미임계 유지 ㉱ 소외 방사능 누출 최소화

117. 표준형 원전에서 중대사고 완화를 위하여 취한 조치가 아닌 것은?
㉮ 원자로 공동(Reactor Cavity) 최적화 설계
㉯ 격납건물 여과 배기계통 전용 관통부 확보
㉰ 격납건물 재순환 집수조 여과기 최적화
㉱ 수소연소기 설치

118. 다음중 중대사고 관리전략이 아닌 것은?
㉮ 증기발생기 급수 주입 ㉯ 냉각재계통에 냉각수 주입
㉰ 격납건물 냉각수 주입 ㉱ 연료건물 냉각수 주입

119. 중대사고의 정의로서 거리가 먼 것은?
㉮ 원전의 설계기준사고를 초과한 사고 ㉯ 노심의 연료의 용융을 초래한 사고
㉰ 격납건물의 건전성을 위협하는 사고 ㉱ 발전소내 모든 교류전원 상실사고

120. 방사선 외부피폭에 대한 3대 방어원리에 해당되지 않는 것은?
㉮ 작업시간 단축 ㉯ 선원으로 부터 거리를 멀리
㉰ 선원에 따라 적절한 차폐체를 사용 ㉱ 작업장소를 좁게 한다.
참 고

방사선 관리구역에서 방사선피폭을 감소시키는 방법은 작업시간 단축, 선원으로부터의 멀리, 적절한 차폐체를 이용하여 저감시킬 수 있다.

121. 내부피폭에 대한 방호원칙과 거리가 먼 것은?
    ㉮ 호흡기를 통한 흡입을 방지   ㉯ 입에서 소화기를 통한 섭취를 차단
    ㉰ 피부 특히 상처부위를 통한 침투차단   ㉱ 신속하게 방사선을 측정

참 고
내부피폭 방어수단으로 격납, 희석, 차단 등의 방법으로 선원의 격납, 농도의 희석, 내부 오염경로의 차단 및 화학적 처치 등이 있다.

122. 자연방사선에 의한 피폭을 직업상피폭에 포함시키지 않고 있으나 최근 ICRP-60의 권고내용중 자연방사선에 의한 피폭을 직업상피폭으로 인정하고 있다. 해당되지 않는 것은?
    ㉮ 우주여행
    ㉯ 규제기관이 인정한 라돈에 의한 주의가 필요한 작업장소에서의 작업
    ㉰ 제트기 승무원의 운항
    ㉱ 자연에 존재하는 C^{14}에 의한 피폭

123. 원진 방사선 관리구역에서 방사선 작업자가 착용하는 개인 선량계가 아닌 것은?
    ㉮ 열형광선량계(TLD)   ㉯ 포켓선량계(PD)
    ㉰ 자동선량계(ADR)   ㉱ 섬광계수기(Scintillator)

참 고
방사선 관리구역에서 작업시 착용하여야 하는 개인선량계는 열형광선량계, 자동선량계, 포켓선량계 등이 있다.

124. 다음중 방사선방호 체계의 일반원칙에 해당하지 않는 것은?
    ㉮ 개인의 선량한도를 초과하여서는 안된다.
    ㉯ 합리적으로 달성 가능한 낮게 유지되어야 한다.
    ㉰ 방사선피폭이 수반된 실질적인 이익이 있어야 한다.
    ㉱ 관련된 행위들이 순리적으로 진행되어야 한다.
참 고

방사선방호 체계의 일반원칙은 선량한도, 최적화, 정당화이다.

125. 저선량의 방사선이 존재하는 환경조건하에서 장기 방사선피폭이 수명연장 및 질병치유 등의 유익한 효과를 나타내는 현상은?
㉮ 체렌코프 방사선 ㉯ 배가선량 ㉰ <u>호메시스 현상</u> ㉱ 발단선량

참 고
가. 체렌코프 방사선 : 빛의 속도는 진공중에서 가장 빠르나 매질속에서는 빛의 속도가 느려지고 입자선의 속도가 빛의 속도보다 빨라지는 경우 즉, 매질속에서 입자선의 속도가 빛의 속도보다 빠를때 체렌코프 방사선이 발생한다. 체렌코프 방사선은 보라색에 가까운 빛으로 보인다.
나. 배가선량 : 자연발생 돌연변이의 발생률을 2배로 하는데 요하는 선량
다. 발단선량 : 방사선피폭을 유발시키기 위해서는 반드시 일정량 이상의 방사선에 피폭되어야 하는 선량
라. 호메시스 : 저준위 방사선은 세포기능을 자극하고 증식과 재생능력을 증진하여 결과적으로 면역학적 반응의 증진과 체내 호르몬의 평형조절 등으로 인해 인체의 자연방어 메카니즘이 향상된다는 이론

126. 이동성오염 측정방법중 가장 적합한 것은?
㉮ <u>Smear Paper를 이용한 측정</u> ㉯ GM계수기로 측정
㉰ 공기시료를 채취하여 측정 ㉱ 전리함 계측기로 측정

참 고
이동성오염 측정은 스메어 용지를 이용하여 측정 대상지역의 100㎠을 골고루 문지른 후 스메어 용지를 계측기로 측정한다. 이때 스메어 용지로의 전이율은 10%를 반영하며 오염도는 계측기 효율 등을 반영하여 KBq/m^2, $\mu Ci/cm^2$ 등으로 환산한다.

127. 원자력 안전법에서 정하는 일반인에 대한 연간 유효선량은?
㉮ <u>1mSv</u> ㉯ 1.25mSv ㉰ 2mSv ㉱ 5mSv

참 고
원자력 안전법 시행령 제2조에서 정하는 일반인의 유효선량은 1mSv/yr 이다.

128. 다음 단위중 방사선피폭으로 인하여 일어나는 신체의 생물학적 영향을 나타내기 위한 단위는?
   ㉮ 렌트겐(R)   ㉯ 그레이(Gy)   ㉰ 시버트(Sv)   ㉱ 베크렐(Bq)

참 고
가. 조사선량 : 표준상태 건조공기 1cc속에서 이온쌍의 한쪽 전하에 의해 1esu의 전기량을 생성시키는 엑스선 또는 감마선(단위 : R, C/kg)
나. 흡수선량 : 피폭받은 물질의 단위질량(1kg)당 흡수되는 방사선의 평균에너지(1J)로 단위는 그레이(Gy)이며 모든 방사선에 대해 사용되고 간접전리 방사선에 대해서는 커머(Kerma)를 사용
다. 등가선량 : 인체의 조직 또는 장기에 흡수되는 방사선의 종류와 에너지에 따라 다르게 나타나는 생물학적 효과를 동일한 선량값으로 보정하여 나타낸 것을 말하며 단위는 시버트(Sv)이다.
라. 방사선의 단위는 조사선량, 흡수선량, 등가선량으로 구분하고 방사능의 단위는 특별단위(SU)로 큐리(Ci), dps, dpm, tps가 있고 국제단위(SI)로 베큐엘(Bq)이 있다.

129. 감마선과 물질과의 상호작용중 감마선이 물질내의 전자와 충돌하여 전자를 산란시키고 자신은 다른 방향으로 튀어나가는 현상은?
   ㉮ 광전효과   ㉯ 콤프톤산란
   ㉰ 쌍전자생성   ㉱ 광핵반응

참 고
가. 광전효과 : 궤도내의 전자에 감마선의 전 에너지를 주어 자신은 소멸하고 이 전자는 감마선의 에너지에서 전자의 결합에너지를 뺀 운동에너지를 가지고 원자로부터 튀어나가는 현상으로 감마선의 에너지가 낮고 원자번호가 클때 발생확률이 크다.
나. 쌍전자생성 : 어느 일정에너지 이상의 에너지를 가진 감마선이 원자핵이 만드는 쿨롱장 안에서 한쌍의 전자를 만들고 자신은 소멸되는 현상. 이때 감마선의 에너지는 2개의 전자의 에너지보다 커야 하며 전자 한개의 에너지는 0.51MeV 이므로 1.02MeV 이상이어야 한다.

130. 방사선은 우리 산업전반에 활발히 이용되고 있다. 다음중 감마선의 이용에 대한 설명중 틀린 것은?

㉮ 식품의 장기저장 　　　　　 ㉯ 초음파 검사
㉰ 주사기 등의 멸균소독 　　　 ㉱ 비파괴검사

참 고
방사선의 산업분야 이용은 암치료에 널리 이용되고 있으며 1회용 주사기 및 압박붕대의 멸균소독 및 엑스선 촬영, 비파괴검사, 식품의 장기저장 등에 이용되고 있다.

131. 방사선이란 물질을 투과할 수 있는 힘을 가진 광선과 같은 것으로서 종류로는 알파선, 베타선, 감마선 등이 있다. 다음중 방사선종류에 따른 물질을 투과하는 투과력을 차단하는 물질에 대한 설명중 거리가 먼 것은?
㉮ 알파선 : 종이 한장　　　　　 ㉯ 베타선 : 얇은 금속판
㉰ 감마선 : 콘크리트 또는 납　　 ㉱ 중성자 : 철 판

참 고
중성자 : 원자번호가 낮은 수소가 풍부한 물질(예 : 물)

132. 다음의 방사선 검출기중 전리에 의한 전자의 증식을 이용한 것은?
㉮ NaI(Tl)검출기　 ㉯ GeLi 검출기　 ㉰ 비례계수기　 ㉱ 전리함

참 고
기체분자의 전리에 의하여 생성된 이온쌍은 인가전압이 낮을 때는 재결합하여 원래 상태로 되돌아 갈 확률이 크지만 어느 전압 이상이면 재결합이 일어나지 않는다. 이 범위를 전리함 영역이라 한다. 여기서 더욱 전압을 올리면 방사선에 의해 최초로 만들어진 전자가 다른 기체분자를 전리시키기에 충분한 에너지를 얻어 2차적으로 전리하게 된다. 이것을 기체증폭이라 하고 2차 전자수가 일차 전자수에 비례하고 있는 영역을 비례계수기 영역이라 한다. 일차 전자수에 관계없이 일정량의 2차 전자가 생기는 영역을 GM 영역이라 부른다.

133. 원자력 관계사업자가 안전위원회가 정하는 바에 의하여 원자력 이용시설의 방사선 작업종사자에 대하여 실시하는 건강진단의 검사항목이 아닌 것은?
㉮ 말초혈액중의 적혈구수　　　　 ㉯ 말초혈액중의 백혈구수
㉰ 눈　　　　　　　　　　　　　　 ㉱ 혈 압

참 고

문진 및 검사항목

항 목	진 단 내 용
검 사	○ 직업력 및 노출력 ○ 방사선 취급과 관련된 병력 ○ 임상검사 및 진찰 - 임상검사 : 말초혈액 중의 백혈구 수, 혈소판 수 및 혈색소의 양 - 진찰 : 눈, 피부, 신경계 및 조혈기계 등의 증상 ○ 말초혈액도말검사와 세극등 현미경검사(검사결과 질병의심 경우)
실시 시기	○ 작업종사자 및 수시출입자가 최초로 해당 업무에 종사하기 전 ○ 해당 업무에 종사중인 작업종사자 및 수시출입자는 매년 ○ 작업종사자 및 수시출입자의 피폭방사선량이 선량한도 초과한때

134. 원전에 근무하는 방사선 작업종사자는 정기적으로 건강검진을 받고 있다. 건강검진을 시행하는 근본적인 이유로 가장 적합한 것은?
㉮ <u>방사선장해를 방지하기 위해</u>
㉯ 방사성물질의 소외 방출량을 평가하기 위해
㉰ 방사선 작업종사자 등록을 위해
㉱ 법에서 정한 피폭선량 한도 초과여부를 확인하기 위해

참 고
원자력 관계사업자는 방사선장해를 방지하기 위하여 건강진단 등의 조치를 하여야 한다.

135. 원전운영시 발생되는 기체방사성폐기물 배출에 의한 환경상의 위해 방지를 위해 해당시설의 설계에 적용할 제한구역 경계에서의 외부피폭에 의한 유효선량은?
㉮ 0.1mSv   ㉯ 0.2mSv   ㉰ 0.03mSv   ㉱ <u>0.05mSv</u>

참 고
가. 기체상태의 방출물에 의한 제한구역 경계에서의 연간 선량
 1) 감마선에 의한 공기의 흡수선량 : 0.1mGy
 2) 베타선에 의한 공기의 흡수선량 : 0.2mGy
 3) 외부피폭에 의한 유효선량 : 0.05mSv
 4) 외부피폭에 의한 피부 등가선량 : 0.15mSv
 5) 입자상 방사성물질 : H^3, C^{14}, 방사성옥소(I)에 의한 인체 장기의 등가선량 : 0.15mSv

나. 액체상태의 방출물에 의한 제한구역 경계에서의 연간 선량
  1) 유효선량 : 0.03mSv
  2) 인체 장기의 등가선량 : 0.1mSv

136. 원전운전중 발생되는 액체방사성폐기물의 처리방법이 아닌 것은?
   ㉮ 이온교환수지를 이용한 이온교환법   ㉯ 증발기를 이용한 증발법
   ㉰ 역삼투압을 이용한 역 삼투여과법   ㉱ <u>중화처리법</u>

참 고
액체방사성폐기물 처리방법은 이온교환수지법, 증발법, 역 삼투여과법, 필터법 등

137. 방사성폐기물 처리의 기본원칙에 해당되지 않는 것은?
   ㉮ 농축 및 저장   ㉯ 희석 및 확산   ㉰ 지연 및 붕괴   ㉱ <u>중화처리</u>

138. 원전 수명 종료후 해체 방법이 아닌 것은?
   ㉮ 밀폐관리   ㉯ 차폐격리   ㉰ 해체철거   ㉱ <u>영구보관</u>

참 고
원전의 수명 종료후 해체 처리하는 방법으로 밀폐관리후 해체철거, 차폐격리후 해체철거 즉시 해체철거 방법 등이 있다.

139. 고체폐기물을 영구적으로 처분하기 위한 방사성폐기물 관리시설 부지확보를 추진하고 있는데 중, 저준위 고체폐기물의 처분 방법이 아닌 것은?
   ㉮ 천층처분   ㉯ 동굴처분   ㉰ 표층처분   ㉱ <u>해양투기</u>

참 고
○ **극 저준위폐기물** : 저준위폐기물 중에서 방사능 농도가 자체처분 허용농도 이상이고 자체처분 허용농도의 100배 미만(천층 단순매립 방식)
○ **저준위 방사성폐기물** : (공학적) 천층처분, **중준위 방사성폐기물** : 동굴처분

140. 원전에 발생되는 방사성폐기물의 종류가 아닌 것은?
   ㉮ 폐수지   ㉯ 폐필터   ㉰ 농축폐액   ㉱ <u>이리듐</u>

참 고
원전운영중 발생되는 고체방사성폐기물의 종류는 폐수지, 폐필터, 농축폐액 및 잡고체 폐기물 드럼 등이 있다.

141. 다음중 방사성폐기물 처분장 부지로 적합한 지역은?
   ㉮ 활성단층지역   ㉯ 임해지역   ㉰ 국립공원지역   ㉱ 군사시설지역

   참 고
   방사성폐기물 처분장 부지는 활성단층 존재지역, 석회암이 주로 분포하는 지역, 국립, 도립 공원지역, 상수원 보호지역, 국가 문화재 보호구역, 주요 군사시설지역은 고려하지 않는다.

142. 현재 우리나라의 방사성폐기물 관리정책에 대한 설명중 틀린 것은?
   ㉮ 중, 저준위 방사성폐기물 처분시설은 경주에 1단계는 동굴처분시설로 설치되었고, 2단계는 표층처분시설로 예정
   ㉯ 중, 저준위 방사성폐기물 처분시설은 단수 또는 복수의 영구처분시설을 건설할 계획
   ㉰ 사용후연료 중간저장시설의 건설은 국가정책방향, 국내외 기술개발 추이 등을 고려하여 중장기적으로 충분한 논의를 거쳐 국민적 공감대하에서 추진할 계획이다.
   ㉱ 사용후연료 중간저장시설은 원전부지내 각각 건설하여 운영할 계획

   참 고
   단수 또는 복수의 중, 저준위 방사성폐기물 영구처분시설의 건설을 우선 추진하여 완공되었고 중간저장시설 건설 등을 포함하여 사용후연료 관리방침에 대해서는 국가정책방향, 국내외 기술개발 추이 등을 감안하여 중장기적으로 충분한 논의를 거쳐 국민적 공감대하에서 추진

143. 사용후연료에 포함된 성분이 가장 높은 핵종은?
   ㉮ U^{235} ㉯ U^{238} ㉰ Pu^{239} ㉱ Pu^{241}

   참고
   사용후 연료 성분 U^{235} 0.7~0.8%, Pu^{239} : 0.7%

144. 사용후연료의 저장방법중 틀린 것은?
   ㉮ 수조속 깊이 저장
   ㉯ 밀봉된 금속용기에 넣어 콘크리트로 차폐된 저장고에 보관
   ㉰ 밀봉된 금속용기에 넣고 차폐된 우물에 보관
   ㉱ 드럼에 넣어 저장고에 보관

145. 다음중 액체폐기물중 가장 많은 양을 차지하는 것은?
　㉮ 바닥배수　　　㉯ 세탁 및 샤워수　㉰ 약품배수　　㉱ 수지 세척수

146. 원전운영중 발생되는 중, 저준위 방사성폐기물 드럼을 운반시 과기부 고시 방사성물질 등의 포장 및 운반에 관한 규정에 따라 분류시 적용되는 운반용기는?
　㉮ A형 운반용기　　　　　　　㉯ B형 운반용기
　㉰ C형 운반용기　　　　　　　㉱ 핵분열성물질 운반용기

참 고
가. L형 : 규제면제 포장물
나. IP형 : 저준위 방사능물질 및 표면오염물체가 3m 이격에서 방사선량률이 10mSv/hr
다. A형 : 기본 방사성핵종에 대한 방사능한도량(A_2값) 이하. 대부분 발전소에서 발생되는 중, 저준위 방사성폐기물 드럼이 해당
라. B형 : 기본 방사성핵종에 대한 방사능한도량(A_2값) 이상. 3,000 A_2값 미만으로 대부분 사용후연료 운반용기가 해당
마. C형 : 기본 방사성핵종에 대한 방사능한도량이 3,000 A_2값 이상으로 항공운반의 경우에 해당
바. 핵분열성물질 운반용기

147. 최대 18.6KeV의 저에너지 베타선을 방출하고 호흡기 및 피부를 통하여 체내로 흡수시 전신에 방사선영향을 미치는 핵종은?
　㉮ Co^{60}　　　　㉯ C^{14}　　　　㉰ H^3　　　　㉱ Cs^{137}

참 고
삼중수소는 최대 18.6KeV(평균 6KeV)의 저에너지 베타선을 방출하는 방사성 동위원소로 호흡기 및 피부를 통하여 체내로 흡수되어 물과 같은 거동을 보이며 전신에 방사선영향을 미치는 핵종으로 소변 등을 통하여 체외로 배출되어 생물학적(유효) 반감기는 약 10일 정도로 중수로형 발전소에서 많이 생성

148. 질량수와 원자번호는 같으나 에너지준위가 다른 핵종은?
　㉮ 동위원소　　　㉯ 핵이성체　　　㉰ 동중핵　　　㉱ 동중성자원소

참 고
가. 동위원소(Isotope) : 원자번호는 같으나 중성자수 다른 핵종
나. 동중성자원소(Isotone) : 중성자수가 같은 핵종
다. 동중핵(Isobar : 동질량원소) : 질량수가 같은 핵종
라. 핵이성체 : 질량수와 원자번호는 같으나 에너지준위가 다른 핵종

149. 다음중 대기중에서 지구 온난화를 일으키는 대표적인 온실가스는?
㉮ 아황산가스   ㉯ 질소산화물   ㉰ <u>이산화탄소</u>   ㉱ 일산화탄소

참 고
지구 온난화를 일으키는 대표적인 물질인 이산화탄소는 주로 화석연료(석탄, 석유, 천연가스 등)에서 발생되며 이산화탄소는 지구로부터 방출되는 열적외선 에너지가 대기권으로 발산하는 것을 차단시킴으로써 지구표면의 온도를 증가

150. 다음중 화력 및 원자력 등 냉각수를 사용하는 발전소에서 배출되는 온배수에 대한 설명중 틀린 것은?
㉮ 온배수는 터빈을 돌리고 나온 증기를 다시 물로 만들때 냉각용으로 해수나 담수를 사용하면서 발생된다.
㉯ 온배수의 온도는 사용전보다 약 7~10℃ 정도 높다.
㉰ <u>온배수를 자원으로 재활용하는 사례는 온실난방, 수산생물 양식 등이 있다.</u>
㉱ 겨울철에 온배수를 이용하여 어류를 양식할 경우 자연해수에 비해 일반적으로 성장이 늦다.

참 고
온배수는 화력, 원전에서 발생되며 해수(Sea Water)보다 약 7~10℃ 정도 높게 배출되고 온배수를 좋아하는 어종은 모여들고 찬물을 좋아하는 어종은 이동하나 전반적으로 상업적 가치를 가진 대부분 어류는 친온성이기 때문에 온배수가 나오는 배수구 주변에는 어류가 많이 서식한다. 또한 온배수를 이용한 어류는 동계에도 따뜻한 물을 이용하므로 성장성이 빠르다.

151. 원전에서 배출되는 방사성 이외의 폐수는 수질 환경보전법에 따라 배출허용 기준 이내로 처리하여 방류하고 있다. 다음중 원전에서 배출되는 오염물질의 종류가 아닌 것은?
㉮ 화학적 산소요구량(COD)   ㉯ 생물학적 산소요구량(BOD)

㉠ 부유물질(SS)　　　　　　　　㉡ CN(시안) 화합물

참 고
원전에서 배출되는 오염물질은 COD, BOD, SS, n-Hexane(광유류) 등이며 CN 화합물은 배출되지 않는다.

152. UN에서 사람과 생태계에 매우 유해한 물질인 잔류성 유기오염물질(POPs) 감축을 위한 스톡홀름협약을 2001년 5월에 채택하였고 2004년도 5월에 협약이 발효되었다. 다음중 잔류성 유기오염물질 및 스톡홀름협약에 대한 설명중 틀린 것은?
㉮ 분해가 매우 느려 생태계에 장기간 피해를 준다.
㉯ 암, 내분비계 장애 등을 유발할 수 있다.
㉰ 우선 규제대상 물질로 다이옥신, 피시비 등 12종의 물질을 선정하였다.
㉱ 먹이사슬에서 위로 올라갈수록 축적성이 낮아진다.

참 고
가. 잔류성 유기오염물질(POPs : Persistent Organic Pollutants)은 장애를 유발하고 먹이사슬에서 위로 올라갈수록 축적성이 높아진다.
나. 스톡홀름 협약에서는 12종의 잔류성 유기물질을 우선 규제대상 물질로 선정하였다.

153. 원전에서는 발전소 운영이 주변환경에 미치는 방사선의 영향을 조사하고 있다. 원전주변의 환경방사선 조사 목적과 거리가 먼 것은?
㉮ 원전 주변주민들이 받게 되는 방사선량이 연간 선량한도 이내로 충분히 적게 유지되고 있는지 확인하기 위함
㉯ 원전 주변주민의 건강과 안전을 확보하기 위함
㉰ 원전 주변환경의 방사능 오염을 사전에 예방하기 위함
㉱ 원전에서 방출되는 방사성물질의 양을 법적한도 이내로 충분히 낮게 유지하기 위함

참 고
원전 주변 환경방사선 조사목적은 발전소 주변 주민들이 받게 되는 방사선량이 연간 선량한도 이내로 충분히 낮게 유지되고 있는지를 확인하므로써 주변주민의 건강과 안전을 확보하고 또한 주변환경의 방사능오염을 사전에 예방하는데 있다.

154. 자연방사선은 방사선을 방출하는 물질인 우라늄과 같은 광물질의 매장정도와 그 지역의 해발고도에 따라 많은 차이가 있으나 일반인이 1년간 자연으로부터 받는 세계 평균 방사선량은?
    ㉮ 1mSv   ㉯ 1.5mSv   ㉰ 2mSv   ㉱ 2.4mSv

155. 원전주변 환경방사선 조사 및 평가에서 사용하는 용어중 "검출하한치"에 대한 정의는?
    ㉮ 사용한 환경조사 방법으로 측정 가능한 최소한의 방사능 농도
    ㉯ 방사능계측기, 시료량, 계측시간 등의 계측조건에 따라 정해지는 검출가능한 최소 방사능 준위
    ㉰ 방사성물질 배출관리 기준에서 정한 방사성핵종의 검출 허용농도
    ㉱ 자체적으로 설정하는 검출목표 방사능 준위

156. 원전주변 환경방사선 조사시 체외방사선으로 인한 외부적산 피폭선량을 추정하기 위해 사용하는 계측기는?
    ㉮ 공기시료채집기   ㉯ 열형광선량계(TLD)
    ㉰ 액체섬광계수기   ㉱ 환경방사선감시기(ERMS)

157. 원전주변 환경방사선(능) 조사시 비교지점 선정기준에 해당되지 않는 것은?
    ㉮ 최소 풍하지역, 해당 시설로부터의 거리 등을 고려하여 해당시설로 인한 영향이 없을 것으로 예상되는 지점을 선정한다.
    ㉯ 청정해역, 해당 시설로부터의 거리 등을 고려하여 해당시설로 인한 영향이 없을 것으로 예상되는 지점을 선정한다.
    ㉰ 해당 시설로부터의 거리, 풍향, 인구밀도 등을 고려하여 선정하되 인구밀접지역을 우선 선정한다.
    ㉱ 환경조사 항목마다 1개 지점 이상의 비교지점을 둔다.

158. 세계 각국의 방사성폐기물 처분장 중 천층처분 방식을 사용하는 처분장은?
    ㉮ 몰스레벤(독일)   ㉯ 올키우토(핀란드)
    ㉰ 포스마크(스웨덴)   ㉱ 반웰(미국)

참 고
  ○ 중, 저준위 방사성폐기물 관리시설
    - 천층처분 : 듀코바니(체코), 로브(프랑스), 로카쇼(일본), 엘 까브릴(스페인), 드

릭(영국), 반웰(미국)
　- 동굴처분 : 올키우트(핀란드), 폴스레벤(독일), 포스마크(스웨덴)
○ 사용후연료 최종 관리정책
　- 재처리 : 영국, 프랑스, 일본, 러시아
　- 직접 처분 : 미국, 스웨덴, 핀란드, 독일(재처리에서 직접처분으로 정책전환)
　- 미결정 : 한국, 스페인

159. 다음은 비파괴검사 방법에 대한 설명이다. 이에 해당하는 것은?
　　○ 모든 종류의 재료에 적용 가능
　　○ 표면결함 및 내부결함 모두 검출 가능
　　○ 영구기록 보존이 가능하고 결함의 방향성에 민감

㉮ 초음파 탐상시험(UT)　　　　㉯ 액체침투 탐상시험(PT)
㉰ <u>방사선 투과시험(RT)</u>　　　㉱ 와전류 탐상시험(ECT)

참 고
가. 액체침투 탐상시험(PT)
 1) 장 점
　가) 탐상기구 및 탐상방법이 비교적 단순하다.
　나) 용접물의 크기에 제한을 받는다.
　다) 비자성체에도 적용할 수 있다.
　라) 결함을 육안으로 볼 수 있다.
 2) 단 점
　가) 표면으로 열린 결함만 검출 가능하다.
　나) 다공성 재료에는 적용할 수 없다.
　다) 시험을 위한 전처리가 시험결과에 크게 영향을 준다.
　라) 시험부위 주위가 지저분해져 Cleaning 공정이 추가된다.
나. 방사선 투과시험(RT)
 1) 장 점
　가) 표면결함 및 내부결함을 모두 검출할 수 있다.
　나) 모든 종류의 재료에 적용이 가능하다.
　다) 영구적인 기록 수단이 된다.
 2) 단 점
　가) 일반적으로 T형 Joint에의 적용에는 적합지 않다.

나) 결함의 방향성에 비교적 민감하다.
　　다) 방사선 안전문제가 따른다.
　　라) 시간 및 비용이 많이 든다.
　　마) 양 방향 접근이 가능해야 한다.
다. 초음파 탐상시험(UT)
 1) 장 점
　가) 표면 및 내부결함의 탐상에 적용할 수 있다.
　나) 펄스 반사법을 이용할 경우 한쪽면에서 탐상이 가능
　다) 결함위치의 측정과 크기의 추정이 가능하다.
　라) RT에 비해 대형의 대상에 적용 가능하다.
 2) 단 점
　가) 결정이 조대한 재질은 탐상이 어렵다.
　나) 다른 비파괴시험법에 비하여 검사자의 많은 경험과 능력을 요한다.
　다) 초음파 주사를 면밀히 하지 않으면 안되는 부분이 생길 수 있다.
　라) 탐상면이 양호해야 한다.
라. 와전류 탐상시험(ECT)
　　코일에 교번전류를 통하면 코일주위로 교번자장이 형성되며 이 교번자장이 도체표면에 와전류를 형성하는 특성을 이용하여 주로 재료의 표면에 존재하는 결함의 탐상에 적용한다. 고속의 탐상이 가능하기 때문에 플랜트에서 주로 열교환기 튜브 및 배관류의 대상에 적용한다. 원전에서는 증기발생기의 튜브에 대한 가동중검사에 이용되고 있으며 부식으로 인한 벽두께 감소를 측정하는데 아주 효과적이다.

160. 다음중 원전 비상계획구역의 설정범위로 맞는 것은?
　㉮ 긴급보호조치계획구역 직경 20~30km ㉯ 발전소 중심 반경 : 5km
　㉰ 발전소 중심 반경 : 15~20km　　㉱ 발전소 중심 반경 : 700m

161. 산소결핍 위험작업에 근로자가 작업을 수행할 경우 당해 작업을 행하게 될 장소의 공기중 산소농도를 몇 % 이상 유지되도록 해야 하는가?
　㉮ 10%　　㉯ 13%　　㉰ 16%　　㉱ 18%

참 고
산소결핍이라 함은 공기중의 산소농도가 18% 미만인 상태를 말한다. 18% 미만의 장소에서 장시간 작업시 산소결핍증의 병을 유발

162. 국내 원전중 최초로 심층 취, 배수방식을 채택하여 건설되거나 된 발전소는?
    ㉮ 영광 5, 6호기   ㉯ 울진 5, 6호기
    ㉰ 신고리 1, 2호기   ㉱ 신월성 1, 2호기

참 고
  ○ 영광 5, 6호기 및 울진 5, 6호기 : 표층 취, 배수
  ○ 신고리 1, 2호기 : 표층 취수, 심층 배수
  ○ 신월성 1, 2호기 : 심층 취, 배수

163. 다음의 원전건설 추진단계 중에서 정부에서 확정하는 것은?
    ㉮ 입지 타당성조사 보고서   ㉯ 사업 세부추진계획
    ㉰ 건설기본계획   ㉱ <u>전력수급 기본계획</u>

참 고
원전건설 추진을 위한 계획과정중 가장 먼저 수립되는 것은 전기사업법 제25조에 의거 매 2년 단위로 지식경제부에서 수립하여 발표하는 전력수급 기본계획이다. 이 계획서에는 향후 15년간의 발전 설비계획, 송변전 설비계획 등이 포함되어 있으며 최근 산자부 공고의 기본계획에 따라 한수원등 전력사업자는 건설 기본계획, 사업 세부추진계획 등 신규 원전건설을 위한 계획에 착수하게 되었다.

164. 원전건설에 있어 배관설치후 최종 작업으로 인명 및 배관기기 보호, 미관 등을 위해 보온작업을 수행한다. 다음중 보온시공을 위한 보온재의 구비조건중 틀린 것은?
    ㉮ <u>열전도율이 커야 한다</u>.   ㉯ 내구성이 커야 한다.
    ㉰ 비중이 작아야 한다.   ㉱ 시공이 용이하여야 한다.

참 고
<u>보온재 구비조건</u>
가. 열전도율이 작아야 한다. (보온능력이 커야 한다.)
나. 내구성이 커야 한다.
다. 재질의 변형이 없어야 한다.
라. 비중이 작아야 한다.
마. 시공이 용이하여야 한다.
바. 흡습 및 흡수성이 적어야 한다.
사. 기계적 강도를 갖추어야 한다.

165. 표준형 원전의 원자로 종합건전성 감시계통(NSSS System)중에서 원자로용기의 내부 진동상태를 감시하는 계통은?
㉮ Loose Part Monitoring System(LPMS)
㉯ <u>Internal Vibration Monitoring System(IVMS)</u>
㉰ Acoustic Leakage Monitoring System(ALMS)
㉱ RCP Vibration Monitoring System(RCPVMS)

참 고
금속파편감시계통은 냉각재계통 및 증기발생기 2차측 내부의 금속성물질을 검출하는 계통이다. 내부진동감시계통은 원자로 내부의 진동상태를 감시하고 연료집합체를 감시하며 음향누설감시계통은 가압기 안전밸브 누설감시 및 냉각재계통의 균열과 누설을 감시하며 RCPVMS는 냉각재펌프 회전자의 평형유지 및 축 균열을 탐지하는 계통

발전소 방사선관리

○ 종사자 방사선 피폭관리(man-Sv)
1991년도에 중장기 방사선량 저감화 계획을 수립, 추진하여 왔으며 2001년도에 제2차 방사선량 저감화 계획을 수립하여 방사선원 저감, 설비 및 보수장비 개선, 중수로 선량저감 대책 및 운영·제도개선 등의 분야에서 ALARA 활동을 지속적으로 전개하여 온 결과 저감화 계획 시행전에 비해 종사자의 피폭선량이 크게 감소되었다.

○ 방사성 폐기물관리
기체 방사성폐기물은 폐기물 저장탱크에 일정기간 저장하거나 깨끗이 처리하여 배출하고 있으며 액체 방사성폐기물도 증발·농축·이온교환 및 여과 등의 방법으로 깨끗이 처리하여 배출하고 있다.

○ 방사성 폐기물의 정의
방사성물질[핵연료물질, 사용후연료(폐기하기로 결정한 사용후연료만 방사성폐기물로 규정), 방사성 동위원소 및 원자핵분열생성물] 또는 그에 의하여 오염된 물질로서 폐기의 대상이 되는 물질

○ 방사성 폐기물 처리의 원칙
 - 지연 및 붕괴(Delay and Decay)   - 농축 및 저장
 - 희석 및 분산(Dilution and Dispersion)

주요 과학자
- 클라프로드(MH Klaporoth : 독일) : 광물의 정밀분석중 역청광중에서 우라늄을 발견하여 천왕성(Uranus)의 이름을 따서 <u>우라늄이라 명명</u>
- 렌트겐(WK Roentgen : 독일) : 크룩스관을 사용하여 음극관에 관한 연구 중 검은 종이 또는 나무조각 등의 불투명체를 뚫고 지나가는 미지의 방사선을 발견하여 <u>엑스선이라 명명</u>
- 베큐엘(AH Becquerel : 프랑스) : 우라늄 인광현상에 대해 흥미를 갖고 실험을 하던중 우라늄염에서 부터 어떤 것이 나와서 감광작용을 한다는 것을 알고 <u>방사선을 발견</u>
- 큐리(Curie)부부 : 우라늄염에서 나온 어떤 것은 방사선으로서 원자 특유의 현상이며 화학적 및 물리적 상태와는 무관하다고 결론짓고 이 현상을 <u>방사능이라 명명</u> (방사성 원소 발견 : Po, Ra)
- 톰슨(JJ Thomson) : 기체내의 전기 전도에 관한 연구에서 음극선이 (-)전기를 띤 원자에서 나오는 것을 발견하여 <u>전자의 존재를 확인</u>
- 채드윅(J Chadwick : 영국) : 알파와 베릴륨과의 반응에서 방출된 방사선은 수소와 질량이 비슷하고 전하가 없는 중성의 입자를 확인하고 이를 <u>중성자라 명명</u>
- Enrico Fermi : 느린속도로 움직이는 중성자를 우라늄 원자에서 입사시킨 결과 최소한 네가지의 서로 다른 베타입자 방출체(β-Emitter)를 검출
- Neil Bohr & John Wheeler : 핵분열과정을 떨어지는 물방울 현상에 비유한 <u>물방울 모형(Liquid Drop Model)을 제안</u>
- Hahn & Strassmann : 우라늄 분열 발견
- 아인슈타인 : 광전효과는 빛의 입자성(광양자설)에 의존해야 한다는 사실을 증명

- 양전자 : Paul Dirac이 이론적으로 예언하고 Anderson이 실험적으로 확증
- 핵이성체 : F Soddy 명명　　　　　○ 우주선 존재확인 : Hess
- 마법수 : Maria G Mayer 발견　　　○ 중성미자 : 볼프강 폴리 발견
- 핵융합 : Cockroft & Walton 발견　○ 양자 발견 : 앤더선(Anderson)
- 헤르쯔(Hertz) : 전자파 존재를 확인(전자파는 반사, 굴절, 회절)

MeV를 에너지 단위와 비교
- 1KWH = 2.24×10^{19} MeV　　○ 1ft-lb = 8.46×10^{12} MeV
- 1BTU = 6.58×10^{15} MeV　　○ 1Joule = 6.28×10^{12} MeV
* 1fermi(femtometer) = 10^{-13} cm

참 고
○ 가연성 독물질
중성자를 흡수하므로써 연소되어 없어지는 물질로 잉여반응도를 제어하기 위해서는 가연성 독물질은 연료의 연소 속도 보다도 빠른 속도로 연소되도록 하는 것이 바람직하다.

사용 목적
- 원자로 운전 초기에 삽입되어 있는 잉여반응도를 제어하기 위한 것
- 노심내 반경방향의 출력분포를 평탄하게 하기 위한 것

○ 즉발중성자(Prompt Neutron)
분열중성자중 분열과 동시에 방출되는 중성자로 분열중성자의 99% 이상을 차지하며 분열과정에서 10^{-14}초 정도의 단시간에 방출된다. 즉발중성자가 갖고 있는 에너지는 약 17MeV의 것에서부터 아래로는 열중성자 에너지 범위의 것까지 있으나 대부분은 1~2MeV 정도이다.

○ 랭킨 재생사이클(Regenerative Cycle)
- 증기발생기에서 좀더 높은 온도에서 가열되게 하므로써 사이클 효율을 향상시킬 목적으로 급수가열기를 추가시킨 랭킨 사이클
- 급수가열기들은 급수를 가열하는데 있어 터빈추기를 사용하기 때문에 저압 및 고압 급수가열기들은 재생 가열기가 된다. 펌프들은 급수를 순차적으로 가압, 가열시키기 위하여 급수가열기 사이에 위치한다. 이와같이 급수를 순차적으로 가압, 가열시키도록 개선된 랭킨사이클을 랭킨 재생사이클

○ 랭킨 재열사이클(Rankine Reheat Cycle)
고압터빈과 저압터빈 사이에 습분분리 재열기를 추가한 랭킨 사이클로서 습분분리 재열기는 저압터빈내 증기의 건도를 향상시키기 위하여 고압터빈을 나온 증기의 습분을 제거하고 과열증기가 되게 한다.

○ 랭킨 싸이클(Rankine Cycle)
- 증기 동력장치가 열기관으로 작동하는 것을 대표하는 싸이클
- 이상적 싸이클로 성능개선 목적에 사용
- T-S 선도

$$\text{열효율} = \frac{\text{얻은열}}{\text{가열량}} = \frac{\text{터빈일} - \text{급수펌프일}}{\text{증기발생기의가열량} - \text{가열량기의가열량}}$$

○ **엔탈피**
어떤 유체에 저장된 에너지의 척도로 정압하에서 유체를 단위 온도 올리기 위한 에너지

○ **엔트로피**
어떤 계가 어느 정도 효율적으로 일을 했는가를 나타내는 척도(상태량)

○ **버클링(B^2)**
버클링은 속중성자 비누설확률(P_f)과 열중성자 비누설확률(P_{th})의 계산에 쓰이며 중성자속의 곡률(Curvature)을 수학적으로 표현한 것이다. 만약 중성자속이 직선이면 (이론적으로 무한대 원자로) 중성자속 곡률은 없다. ($B^2 = 0$) 따라서 속중성자 및 열중성자 비누설확률은 1이다. 기하학적 버클링이 클수록 중성자가 노심표면에 많이 분포되어 중성자의 누설이 증가한다.

$$B^2 = (\frac{1}{원자로\ 크기})^2 = (\frac{노심\ 표면적}{노심\ 체적})^2$$

- 버클링 : 원자로에서 중성자속의 공간분포 곡률 크기의 정도를 나타내는 양
- 기하학적 버클링 : 원자로의 크기와 모양에 의해 결정되는 버클링
- 물질버클링 : 노심 물질 및 그의 조성에 의해 결정되는 버클링
- 속중성자 비누설확률 : $P_f = e^{-B^2 L_f^2} = e^{-B^2 \tau}$
- 열중성자 비누설확률 : $P_{th} = \frac{1}{1+B^2 L_{th}^2}$
- 총 비누설확률 : $PNL = P_f P_{th} = \frac{1}{1+L^2 B^2} = \frac{1}{1+M^2 B^2}$ ∴ $L^2 = M^2$

○ **자기차폐(Self Shielding)**
- 비균질의 연료 내부에서 ϕ_f가 ϕ_M보다 작은 것은 연료표면에서의 흡수 때문이며 이를 자기차폐라 한다.
- 연료의 미시적 흡수단면적은 공명영역에서 특정에너지(열외중성자)의 중성자에 대한 큰 흡수단면적을 가지나 이 이외의 에너지영역 중성자에 대해서는 흡수가 잘 이루어지지 않는 것

○ **그림자 효과**
제어봉이 노심에 삽입시 주위의 인접한 중성자속 감소 및 반대쪽의 중성자속은 상대적으로 커진다. 만약 <u>다른 제어봉</u>이 처음 제어봉 삽입 영향으로 인해 줄어든 중성자속 근처에 삽입시 이미 중성자수가 줄어든 후 이므로 <u>새 제어봉</u>에 의해 흡수되는 중성자속도 작아서 나중 제어봉의 제어 값이 작아지는 현상을 그림자 효과라 한다.

○ 반그림자 효과
  반대로 제2의 제어봉이 처음 제어봉 삽입으로 인해 중성자속 분포가 커진 곳에 삽입되면 오히려 제어값이 증가하는 현상

○ 1군 확산방정식 : 열중성자만 고려하고 균질로
  1군 확산방정식은 열중성자 로(爐)의 임계를 위한 크기나 구성을 근사적으로 계산한다. 왜냐하면 분열중성자의 대부분은 열중성자 상태에서 거의 흡수되지만 감속되는 동안 상당한 거리로 확산될 수 있기 때문에 그래서 2군 확산이론은 속중성자 영역과 열중성자 영역의 2개로 구분하여 사용

○ 2군 확산방정식 : 속중성자 및 열중성자 고려 (속중성자가 없으면 공명흡수만 고려)
  2군 확산이론은 속중성자 그룹에서 중성자 흡수는 무시하고 공명흡수를 공명이탈확률을 사용한다고 가정

○ 피복재 재질(Thick of Clad : 0.6㎜) : 중성자 흡수단면적이 적을 것, 부식에 대한 저항성이 클 것, 운전온도에서 높은 강도와 큰 연성을 가질 것, 열전달계수가 클 것, 경제성이 있을 것

○ 연료펠렛 : 연료펠렛의 밀도가 낮으면 Open Pore(開空孔)이 많아져서 공기 중의 수분을 흡수하기 쉽다. 이 경우 흡수된 수분을 제거하기 위한 적절한 조치를 취하지 않으면 원자로내에서 피복재의 손상을 가져올 수 있어 이론적 밀도의 약 95%의 펠렛을 사용한다.

○ 제어봉(표준형 : B_4C)
 - 단기적인 반응도 변화를 제어 : 원자로정지, 출력변동으로 인한 감속재의 온도변화, 기포의 생성에 의한 반응도 변화를 제어
 - Ag-In-Cd 합금 : 융점 1,426~1,517°F
 - 열중성자에서 50eV에 이르는 중성자에 대해 완전 흡수체(Black Absorber)
 - 노심초기(BOL)에서 B_4C 제어봉이 Ag-In-Cd 제어봉 보다 제어능이 크다. 원자로 주기가 증가할수록 Ag-In-Cd 보다 제어능이 감소하는 속도가 크며 결국 B_4C 제어봉이 Ag-In-Cd 보다 제어능이 작아지게 된다.
 - 자기차폐(Self Shielding) : 제어봉은 흡수능이 매우커서 중성자는 흡수체 내부까지 진행하지 못하고 표면에서 거의 흡수되는 현상
 - 거미발형 제어봉 장점은 균일한 중성자속 분포 유지 및 중성자 흡수물질의 단위 부피당 더 큰 반응도 효과
 - 붕산농도 조절에 의한 반응도 제어는 그 효과가 제어봉 보다 느리므로 출력변화후 제어봉 위치를 교정하는데 사용

○ 제어봉 간섭
- 하나의 제어봉 다발의 인출 혹은 삽입은 다른 제어봉 특히 인접 제어봉의 제어능에 영향을 미치게 되는데 이 현상을 제어봉의 간섭
- 정간섭(Positive Shadowing : 그림자 효과)은 하나의 제어봉 다발이 삽입되었을때 다른 제어봉의 대해 제어봉 제어능이 작게 되도록 영향을 미치는 것
- 부간섭(Negative Shadowing : 반그림자 효과)은 다른 제어봉의 제어능이 크게 되도록 영향을 미치는 것

○ 가압열충격(PTS)를 유발할 수 있는 운전원 조치
- 가압기 압력방출밸브 오 조작   - 보조급수 유량 및 증기덤프 오 조작
- 냉각재펌프의 정지 및 재기동 잘못   - 안전주입탱크 차단 실패
- 안전주입 정지 및 재투입 잘못

○ 출력계수(Power Coefficient)
단위 출력변화에 대한 반응도 변화량으로 도플러계수, 감속재 온도계수, 기포계수 및 재분포계수로 표시할 수 있다.

○ 가열계수(Heatup Coefficient)/등온 온도계수(Isothermal Temperature)
연료 온도계수와 감속재 온도계수의 합

○ 기저부하(Base Load)
이 방식은 항상 가능한 최대 출력을 계속 유지하는 방식으로 발전소 부하도 주, 야간 사이의 차이가 거의 없다.

○ 부하추종(Load Follow)
발전소 부하를 계통의 요구에 맞추어 수시로 출력을 변화시킨다. 이 방식은 출력변화의 융통성이 크다는 장점은 있으나 경제성이 기저운전 방식보다 못하고 반응도 제어가 상당히 까다롭다.

○ NDTT(Nil Ductility Transition Temperature)
취성천이 온도는 어떤 금속재질이 외력을 받았을때 늘어나지 않고 부서지는 특정 온도

○ 출력밀도(단위 : KW/ft^3)
연료의 단위 체적당 생성되는 열출력

○ 선형 출력밀도
노심에 대한 평균 선형 출력밀도는 노심의 열출력을 연료봉의 총 길이로 나누어 계산

○ 원자력발전 원가 구성
- 자본비 : 발전소 건설비에 대한 경비로 금리, 상각비(償却費), 고정자산세, 보험료로 구성
- 연료비
- 운전유지비 : 인건비, 수선비, 잡비, 분담 관련비, 사업세 등

○ 균질로(Homogeneous Reactor) : 연료와 감속재가 함께 혼합되어 노심을 구성하는 노형

○ 비균질로(Heterogeneous Reactor) : 연료와 감속재가 기하학적으로 확실히 구분되어 있는 노형

○ 냉각재 요건
- 중성자 흡수단면적이 작을 것
- 열전도성이 우수하고 비열이 높을 것
- 밀도 및 점도가 낮아 펌프의 동력이 적을 것
- 융점(融點)이 낮고 비점(沸點)이 높을 것

○ 구조재(Structural Material)의 성질
- 중성자 흡수단면적이 작을 것
- 내열응력 및 내식성(방사선조사에 대한 耐蝕性)이 우수할 것
- 유도방사능(Induced Radioactivity)을 억제하기 위해 불순원소(CO, Ta 등)의 함량이 적을 것

○ 내장된 방사능(Activity) : Wigner Way 식

분열생성물의 방사능 강도 = $14P_o[T_s^{-0.2} - (T_s + T_1)^{-0.2}]$ (Curie)

T_s : 원자로 정지후 냉각시간(sec)

T_1 : 운전시간(sec)

P_o : 정지전 T_o에서 원자로 열출력

τ(총 시간) = T_s(원자로 정지후 냉각시간) + T_1(원자로 운전시간)

○ 붕괴열(Decay Heat)

원자로 정지후에도 노심에서 방출되는 붕괴열로 부터 연료가 용융되는 방지하기 위하여 잔열제거계통(WH형, F형 : <u>정지냉각계통 CE형, 중수로형</u>)을 이용하여 노심을 냉각한다.

Decay Heat Rate or Power (P) = $0.065P_o[T_s^{-0.2} - (T_s + T_1)^{-0.2}]$ (Watt)

열역학

1. 복수기 압력이 27inHg의 진공도로 지시되고 있다. 이 진공도에 상응하는 절대 압력은 얼마인가? 단, 대기압은 15Psia로 가정한다.
   ㉮ 1 Psia   ㉯ 1.5 Psia   ㉰ 13.5 Psia   ㉱ 14 Psia

   풀 이
   30inHg Vacuum = 0 Psia   2inHg/Psia
   $\dfrac{27 inHg}{2 inHg/Psia}$ = 13.5Psia   15Psia - 13.5Psia = 1.5Psia   정답 : 나

2. 절대압력과 게이지 압력의 연관 관계를 표현한 것은?
   ㉮ 게이지압 + 대기압 = 절대압   ㉯ 대기압 = 게이지압
   ㉰ 대기압 - 게이지압 = 절대압   ㉱ 절대압 + 대기압 = 게이지압

   풀 이
   절대압 = 게이지압 + 대기압   정답 : 가

3. 물탱크는 대기로 기포가 누설되는 것을 방지하기 위해 밀봉되어 있고 비등을 방지하기 위해 가압되어 있다. Dry Reference Leg을 사용한 차압측정기는 탱크수위를 측정하는데 사용한다. 가장 정확한 측정치를 얻기 위해서는 측정기의 저압부분을 다음의 어느 부분에 설치해야 하는가?
   ㉮ 탱크 하부   ㉯ 탱크 주위의 대기
   ㉰ 탱크 외부의 물기둥   ㉱ 탱크 상부의 기포 공간

   정 답 : 라

4. 다음에서 낮은 압력에서 높은 압력 순으로 나열한 것은?
   ㉮ 절대압 20inHg, 2Psig, 8Psia   ㉯ 절대압 20inHg, 8Psia, 2Psig
   ㉰ 8Psia, 2Psig, 절대압 20inHg   ㉱ 8Psia, 절대압 20inHg, 2Psig

   정 답 : 라

5. 다음중 비등점과 관련하여 포화 유체온도를 잘 정의한 것은?

㉮ 비등점 이하   ㉯ 비등점   ㉰ 비등점 이상   ㉱ 비등점과 무관

정 답 : 나

6. 일정한 압력의 포화액에 열을 가하면 어떻게 되는가?
   ㉮ 액체가 비등점으로 상승한다.   ㉯ 과냉각 액체로 된다.
   ㉰ 액체가 증발한다.   ㉱ 과열증기가 된다.

정 답 : 다

7. 다음중 포화액의 특성이 아닌 것은?
   ㉮ 포화액의 가열시 온도변화 없이 비등한다.
   ㉯ 포화액의 온도는 포화액의 압력에 의존한다.
   ㉰ 가열함에 따라 포화액의 온도는 증가한다.
   ㉱ 비등이 일어나는 온도에 있는 액체이다.

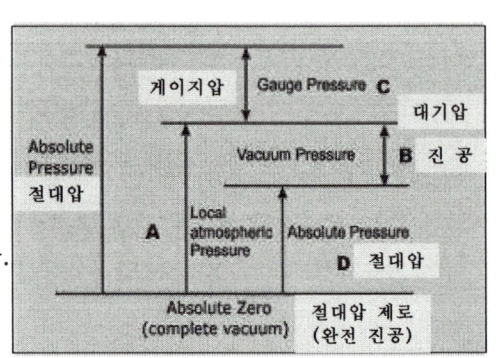

정 답 : 다

8. 5,000lbm의 액체 및 30,000lbm의 증기로 구성되어 있는 혼합유체의 습분함유량은?
   ㉮ 14.3%   ㉯ 16.7%   ㉰ 20%   ㉱ 85.7%

풀 이

습분함유량 $= \dfrac{\text{액체질량}}{\text{증기질량}+\text{액체질량}} \times 100 = \dfrac{5,000}{30,000+5,000} \times 100$ 정 답 : 가

9. 5,000lbm의 액체 및 30,000lbm의 증기로 구성된 혼합유체의 증기질(순도)은?
   ㉮ 14.3%   ㉯ 80%   ㉰ 83.3%   ㉱ 85.7%

풀 이

증기질 : $\dfrac{\text{증기질량}}{\text{증기질량}+\text{액체질량}} \times 100 = \dfrac{30,000}{30,000+5,000} \times 100$ 정 답 : 라

10. 1000Psia, 1145Btu/lbm 증기의 습분량은?

㉮ 3%   ㉯ 5%   ㉰ 7%   ㉱ 9%

풀 이
1,000Psia 압력선과 1,145Btu/lbm 엔탈피선이 만나는 점이 몰리에 선도에서 습분함유량으로 정의한다. 정답 : 다

11. 900Psia, 1100Btu/lbm의 증기질은?
㉮ 71%   ㉯ 86%   ㉰ 89%   ㉱ 92%

풀 이
몰리에 선도에서 900Psia 압력과 1,100Btu/lbm 엔탈피선과 만나는 점이 습분함유량으로 정의한다. 이러한 조건에서 습분함유량으로 14%와 같다. 그러므로 증기질은 100% - 14% = 86%와 같다. 정답 : 나

12. 증기질을 결정하는데 사용되는 것은?
㉮ 엔탈피   ㉯ 습분량   ㉰ 압 력   ㉱ 비체적

정답 : 나

13. 증기질의 정의는?
㉮ 포화증기 상태에 있는 전체 질량의 분율
㉯ 포화액체 상태에 있는 전체 질량의 분율
㉰ 혼합상태에 있는 전체 질량에 의해 나누어진 습증기의 질량
㉱ 포화증기 질량에 의해 나누어진 포화액의 질량

풀 이
증기질(순도)은 포화증기에 대한 물 질량의 분률로 정의   정답 : 가

14. 포화증기인 $\frac{증기}{액체}$ 혼합체의 총 질량분율을 무엇이라 하는가?
㉮ 이슬점   ㉯ 습분함유량   ㉰ 상대습도   ㉱ 증기질

정 답 : 라
노점(이슬점) : 기체중의 수증기 압력이 물의 포화 증기압이 되는 온도

15. 포화온도 이상으로 가열된 증기는?
   ㉮ 포화증기   ㉯ 과열증기   ㉰ 건포화 증기   ㉱ 습포화 증기

   정 답 : 나

16. 다음중 과열증기를 설명한 것은?
   ㉮ 포화온도에 해당하는 압력보다 높은 압력의 증기
   ㉯ 포화압력에 해당하는 온도보다 높은 온도의 증기
   ㉰ 비엔트로피 보다 낮은 비엔탈피를 가진 증기
   ㉱ 습분을 함유한 증기

   정 답 : 나

17. 다음중 과냉각 액체를 설명한 것은?
   ㉮ 비등온도 이상의 온도에 있는 액체   ㉯ 열을 가하면 온도가 증가하는 액체
   ㉰ 가열시 온도가 변하지 않는 액체   ㉱ 가열됨에 따라 증발이 시작되는 액체

   정 답 : 나

18. 과냉각 액체와 과압 액체를 잘 설명한 것은?
   ㉮ 과압 액체는 과냉각 액체보다 주어진 온도에 높은 압력을 가진다.
   ㉯ 과냉각 액체와 과압 액체는 같은 것이다.
   ㉰ 과냉각 액체는 과압 액체보다 차갑다.
   ㉱ 과압 액체는 과냉각 액체보다 낮은 온도에서 동일한 압력을 갖는다.

   정 답 : 나

19. 1,000Psia의 냉각재가 50°F의 과냉각도를 가질때 증기발생기의 압력은? 단, 증기발생기 튜브의 $\triangle T$는 무시한다.
   ㉮ 550Psia   ㉯ 600Psia   ㉰ 650Psia   ㉱ 700Psia

   풀 이
   증기표에서 1,000Psia의 포화온도는 544°F 이다. 과냉각도 50°F을 가진 원자로

온도는 494°F 이다. 포화 증기발생기 압력은 이 온도에서 650°F가 될 것이다.
정 답 : 다

20. 응축감압(Condensate Depression)의 정의를 잘 설명한 것은?
   ㉮ 포화온도 이하로 응축수 냉각   ㉯ 복수계통의 응축수를 일정 온도유지
   ㉰ 복수펌프와 응축수 수두의 차압   ㉱ 포화온도로 응축수 냉각

풀 이
응축감압은 포화온도 이하로 응축수를 냉각하는 것으로 정의   정 답 : 가

21. 응축감압을 잘 설명한 것은?
   ㉮ 복수기 출구온도를 제한하기 위해 순환수 온도를 낮춘다.
   ㉯ 비등을 방지하기 위해 냉각재(RCS) 온도를 포화온도 이하로 유지한다.
   ㉰ 비등을 방지하기 위해 급수를 과냉각 시킨다.
   ㉱ 복수를 포화온도 이하로 낮춘다.

정 답 : 라

22. 응축감압은 어느 정도 냉각하는 것인가?
   ㉮ 포화온도 이하   ㉯ 절대압력 이하   ㉰ 비체적 이하   ㉱ 포화압력 이하

정 답 : 가

23. 1,100Psia 포화수의 엔탈피는?
   ㉮ 557.5Btu/lbm   ㉯ 631.5Btu/lbm   ㉰ 1,189.1Btu/lbm   ㉱ 1192.2Btu/lbm

풀 이
증기표에서 1,100Psia에서 포화액체의 엔탈피는 557.5Btu/lbm 이다.

24. 130°F, 90% 증기질을 갖고 있는 습증기의 비엔탈피는 얼마인가?
   ㉮ 1015.8Btu/lbm   ㉯ 1019.8Btu/lbm   ㉰ 1117.8Btu/lbm   ㉱ 1215.8Btu/lbm

풀 이

증기표에서 Hv = Hf + (x)Hfg = 97.96 + (0.9)·(1019.8) = 1015.78Btu/lbm

정 답 : 가

25. 복수기 집수정의 112°F 복수가 4°F의 과냉각 상태에 있다면 복수기 압력은?
　㉮ 1 Psia　　㉯ 1.2 Psia　　㉰ 1.5 Psia　　㉱ 1.8Psia

풀 이
증기표에서 112°F + 4°F = 116°F　116°F에서 포화압력은 1.5Psia　　정 답 : 다

26. 900°F, 230Psia 증기의 과열도는?
　㉮ 368.3°F　　㉯ 393.7°F　　㉰ 506.3°F　　㉱ 510.1°F

풀 이
증기표에서 230Psia 대한 포화온도는 393.7°F : 900 - 393.7 = 506.3°F　정 답 : 다

27. 다음과 같은 가압기 상태로 발전소가 정지되었다. 가압기(PZR)의
　　○ 액체온도 : 588°F
　　○ 증기온도 : 607°F
　　○ 압력 : 1,410Psig
　가압기 압력을 1,200Psia 까지 배기한다면 가압기 액체온도는 어떻게 될 것인가?
　㉮ 증기 응축으로 인해 증가　　㉯ 액체 증발로 인해 증가
　㉰ 증기 응축으로 인해 감소　　㉱ 액체 증발로 인해 감소

정 답 : 라

28. 1lb 질량의 물이 일정 압력에서 포화상태에 있을때 1Btu의 에너지를 첨가하면 어떻게 되겠는가?
　㉮ 1°F로 물의 온도 증가　　㉯ 물의 기포함유량 증가
　㉰ 물의 밀도 증가　　㉱ 1°F 과열

정 답 : 나

29. 공기 추출기(Air Ejector)의 노즐로 공기 유입을 형성시킬 수 있는 이유는?
   ㉮ 노즐에서 유효한 공기체적   ㉯ 노즐로 유입되는 공기압력
   ㉰ 노즐에서의 압력 감소   ㉱ 노즐의 크기

   정 답 : 다

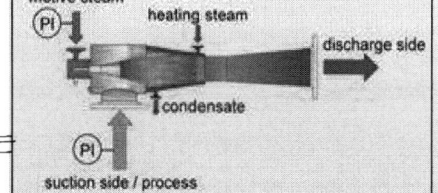

30. 다음중 공기 추출기 노즐의 목을 통해서 지나는 유체에 가장 큰 영향을 미치는 에너지 형태는?
   ㉮ 열에너지   ㉯ 내부에너지   ㉰ 운동에너지   ㉱ 위치에너지

   정 답 : 다

31. 다음중 응축감압이란 용어를 기술한 것은?
   ㉮ 복수펌프 입구에서 가용 유효 흡입수두(Available NPSH)의 양
   ㉯ 복수기 집수정에서 응축수의 과냉각량
   ㉰ 복수펌프 입구에서의 물의 압축성
   ㉱ 복수펌프 입구에서 물의 압력

   정 답 : 나

32. 다음중 복수기내에서 저압터빈 배기증기의 열을 과도하게 제거하면 무엇을 초래할 수 있는가?
   ㉮ 과도한 열응력   ㉯ 복수기 진공의 과도한 감소
   ㉰ 과도한 응축 감압   ㉱ 과도한 유체 압축

   풀 이
   응축감압은 복수기내 응축수의 과냉각 정도이다. 과도한 열제거는 과도한 냉각을 일으킨다.   정답 : 다

33. 다음중 복수기 집수정 응축수 온도를 증가시킬때 일어나는 현상은?
   ㉮ 복수기내 증기압력을 감소시킨다.
   ㉯ 응축감압의 양을 감소시킨다.
   ㉰ 복수펌프 입구 과냉각도를 증가시킨다.
   ㉱ 복수펌프 입구 유효 흡입수두를 증가시킨다.

정 답 : 나

34. 만약 응축감압이 5°F에서 10°F로 증가한다면 발전소 효율은?
    ㉮ 일 정   ㉯ 증가, 감소를 반복
    ㉰ 증 가   ㉱ 감 소

    정 답 : 라

35. 다음중 응축 감압에 직접적으로 영향을 미치는 것은?
    ㉮ 급수예열의 정도   ㉯ 냉각재 온도
    ㉰ 순환수계통의 온도   ㉱ 복수기로 유입되는 증기의 습분량

    풀 이
    응축감압은 복수기 수실내에서 응축수의 포화온도 이하로 냉각시키는 과정이다. 어느 정도 응축감압을 통해 보다 차가운 물이 응축감압을 통해 응축수 펌프와 복수 승압펌프 입구의 NPSH를 증가시킨다. 단점은 발전소 효율을 감소시키는 것이다. 왜냐하면 순환수로 추가로 열전달을 하기 때문이다.   정답 : 다

36. 발전소 Cycle의 증기터빈과 복수기 사이에서 응축수 과냉각이 필요한 이유는?
    ㉮ 전반적인 2차측 효율을 최대로 하기 위해
    ㉯ 보다 좋은 복수기 진공을 얻기 위해
    ㉰ 습분 유입에 의한 터빈날개 및 복수기 튜브의 침식을 최소로 하기 위해
    ㉱ 복수펌프의 유효 흡입수두(NPSH)를 제공하기 위해

    정 답 : 라

37. 복수기의 진공을 형성시키는 이유는?
    ㉮ 응축감압을 증가시키기 위해
    ㉯ 응축과정을 감소시키기 위해
    ㉰ 랭킨 사이클(Cycle)에서 가용 에너지의 양을 증가시키기 위해
    ㉱ 복수기로 유입되는 증기의 습분량을 감소시키기 위해

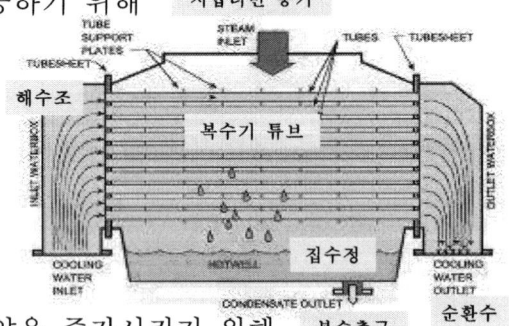

    정 답 : 다

38. 복수기 압력은 다음중 어떤 요인에 좌우되는가?
   ㉮ 복 수
   ㉯ 순환수
   ㉰ 급 수
   ㉱ 고압터빈으로 들어오는 증기

   정 답 : 나 [복수기로 유입되는 순환수(해수)의 온도 및 유량] (응축수 : 복수)

39. 복수기 증기에 함유된 비응축성 기체들이 미치는 영향은?
   ㉮ 발전소 효율을 증가시킨다.
   ㉯ 발전소 효율을 감소시킨다.
   ㉰ 복수기로부터 열전달을 증가시킨다.
   ㉱ 터빈을 통과하는 증기 유량율을 증가시킬 것이다.

   풀 이
   터빈 배기 증기압의 증가는 발전소 효율을 감소시킨다.   정답 : 나

40. 복수기 입구에서 순환수계통의 온도가 60°F라고 가정할때 이론상 복수기에서 형성되는 가장 낮은 압력은?
   ㉮ 0.256Psia   ㉯ 0.507Psia   ㉰ 0.275Psia   ㉱ 0.949Psia

   정 답 : 가

41. 다음중 응축과정을 잘 설명한 것은?
   ㉮ 상변화와 증발잠열 방출
   ㉯ 증발잠열이 응축잠열로 전환
   ㉰ 복수기내 증기의 승화작용
   ㉱ 복수기를 통한 등 엔트로피 팽창

   정 답 : 가

42. 다음중 과냉각이 없는 이상적 응축과정을 잘 설명한 것은?
   ㉮ 등압 응축과정
   ㉯ 등 엔탈피 응축과정
   ㉰ 단열 응축과정
   ㉱ 등 엔트로피 응축과정

   정 답 : 가

43. 주증기 모관의 증기가 가변과정을 거쳐 대기로 배기되고 있을때 다음의 변수 중 증가되는 것은?
    ㉮ 엔탈피   ㉯ 압력   ㉰ 비체적   ㉱ 온도

   풀 이
   증기가 팽창함에 따라 증기의 비체적이 증가한다.   정답 : 다

44. 가압기 온도가 636°F이고 압력이 2,000Psia로 유지되고 있는 발전소가 있다. 가압기 안전밸브를 통해 10Psia로 유지되고 있는 원자로 배수탱크(RDT)의 유체가 누설될때 누설유체의 온도는?
    ㉮ 652°F   ㉯ 450°F   ㉰ 330°F   ㉱ 212°F

   풀 이
   몰리에 선도 참조
   제어되고 있는 과정은 등엔탈피 과정이다. 2,000Psia 압력선에서 25Psia(10Psia + 15 = 25Psia) 압력선에 해당하는 등엔탈피선을 따라간다. 다음 포화곡선까지 25 Psia 압력선을 따라 내려온 후 그 점에서 등온도선 값을 읽는다.   정답 : 나

45. 가압기 안전밸브가 부분적으로 열린상태에서 고착되어 원자로 배수탱크로 유체가 방출되고 있다. 가압기 압력은 2,000Psia이고 배수탱크 압력은 5Psia일때 배수탱크의 후단의 유체의 상태는?
    ㉮ 과열증기   ㉯ 과냉각 액체   ㉰ 건포화증기   ㉱ 습증기

   풀 이
   제어되고 있는 과정은 등엔탈피 과정이다. 20Psia (5Psig + 15 = 20Psia) 압력선에 있어 등엔탈피선을 지나가는 모든 압력선은 몰리에 선도의 습증기 영역에 놓이게 된다.   정답 : 라

46. 주 복수기에서의 응축 감압의 장점을 설명한 것은?
    ㉮ 2차측 Cycle 효율이 증가한다.
    ㉯ 증기발생기로 공급되는 급수온도를 증가시킨다.
    ㉰ 복수펌프의 가용 NPSH를 증가시킨다.
    ㉱ 주 복수기 집수정 응축을 증가시킨다.

   정 답 : 다

47. 응축이 일어나는 포화압력에 직접 영향을 미치는 것은?
   ㉮ 응축수의 과냉각 정도   ㉯ 복수기 집수정의 수위
   ㉰ 순환수 온도   ㉱ 고압터빈 입구 증기질

   정 답 : 다

48. 다음중 발전소 효율을 감소시키는 결과를 가져오는 것은?
   ㉮ 터빈에 들어가는 증기를 추가로 가열하여 증기질 증대
   ㉯ 증기발생기에 들어가는 급수온도 증가
   ㉰ 응축 감압 감소
   ㉱ 터빈 입구 증기온도 감소

   풀 이
   터빈입구 증기온도 감소는 터빈이 할 수 있는 일의 감소를 의미한다. 터빈일이 감소하여 결과적으로 전체 발전소 효율은 감소한다.   정답 : 라

49. 급수가열기 추가 설치는 다음중 어떤 이유로 효율을 향상시키는가?
   ㉮ 증기발생기에서 열전달 되는 평균온도 증가
   ㉯ 터빈을 통과하는 증기유량 감소로 효율증가
   ㉰ 급수온도 증가로 열손실 감소
   ㉱ 점진적인 급수온도 증가는 낮은 열전달율을 허용한다.

   풀 이
   열원 추가는 평균온도를 증가시켜 열효율을 향상시킨다.   정답 : 가

50. 다음중 발전소 효율을 증가시키는 것은?
   ㉮ 증기발생기 급수 엔탈피 감소   ㉯ 터빈 배기증기 엔탈피 증가
   ㉰ 복수기 순환수 유량 감소   ㉱ 복수기 순환수 유량 증가

   풀 이
   순환수 유량증가는 복수기 온도를 감소시켜 터빈 배기증기의 엔탈피가 감소한다. 그러므로 터빈의 열낙차($\triangle h$)가 커져 발전소 효율을 증가한다.   정답 : 라

51. 저압터빈 입구에서 증기질이 높게 요구되는 이유는?
   ㉮ 발전소 열효율 향상을 위하여
   ㉯ 복수기 순환수로 열전달율 감소를 위해
   ㉰ 터빈날개에서 유동을 좋게 하여 마찰손실을 감소시킨다.
   ㉱ 터빈날개에서 부식 감소

   풀 이
   고 증기질은 습분 함유량이 적은 증기를 말하며 날개에서 작은 물방울에 의한 충격으로 발생하는 터빈날개 부식을 감소시킨다.   정답 : 라

52. 원자로 및 터빈제어가 수동이며 부(-)감속재 온도효과를 갖고 있는 발전소에서 급수가열기가 차단된 경우 초기 원자로 출력 및 발전소 효율은 어떻게 변하겠는가?
   ㉮ 원자로출력 일정, 발전소 효율 증가   ㉯ 원자로출력 증가, 발전소 효율 감소
   ㉰ 원자로출력 증가, 발전소 효율 일정   ㉱ 원자로출력 감소, 발전소 효율 감소

   풀 이
   급수가열기 차단은 발전소효율을 감소시킨다. 증기발생기에 들어가는 급수온도 감소는 냉각재계통 온도를 감소시켜 원자로출력을 약간 증가시킨다.   정답 : 나

53. 0°F 복수 과냉각을 갖고 전출력 운전중인 발전소의 복수기 순환수 입구온도가 3°F 상승시 2차측 효율은?
   ㉮ 복수기에서 열제거 감소로 감소   ㉯ 복수기에서 열제거 증가로 증가
   ㉰ 복수기 진공도 감소로 감소   ㉱ 복수기 진공도 증가로 증가

   정 답 : 다

54. 수격작용의 가능성이 최소화 될 수 있는 것은?
   ㉮ 계통의 온도를 포화온도 이상으로 유지
   ㉯ 케이싱 배기밸브가 완전히 열린 상태로 원심펌프를 기동
   ㉰ 출구밸브가 닫힌상태로 왕복 충동펌프를 기동
   ㉱ 원심펌프를 기동하기 전에 계통을 배기

풀 이
계통을 배기하는 것은 수격작용의 가능성을 최소화하는 것과 관련하여 공기제거를 확실히 하는 것이다. 정답 : 라

55. 수격작용의 가능성이 증가될 수 있는 것은?
 ㉮ 자동으로 기동되는 펌프에서 출구 배관을 액체가 채워진 상태로 유지
 ㉯ 응축에 따른 증기관의 물을 수집
 ㉰ 유량이 형성되기 전에 계통의 증기관을 예열
 ㉱ 펌프가 정지되기 전에 출구 밸브를 천천히 닫음

풀 이
내부에 물이 차 있는 배관으로 증기를 보내는 것은 물과 증기의 수격작용을 일으킬 것이다. 정답 : 나

56. 응축수를 증기관 밖으로 배수하는 주된 이유는?
 ㉮ 열손실을 감소   ㉯ 부식(침식)의 축적을 방지
 ㉰ 증기트랩을 설치   ㉱ 물과 증기의 수격작용을 방지

정 답 : 라 (증기관에 있는 응축수는 유량이 생기기 시작하면 물/증기 수격작용)

57. 급수펌프 출구의 유체가 포화조건인 상태에서 급수펌프를 기동했을때 염려되는 것은?
 ㉮ 공동현상   ㉯ 수격작용   ㉰ 열충격   ㉱ 정반응도 첨가

풀 이
배관안에 포화된 유체가 있는 상태에서는 증기와 물의 혼합물이 존재하게 된다. 펌프가 기동되면 유체가 이미 증기로 채워진 배관으로 유입되어 그 결과 수격작용이 발생한다. 정답 : 나

58. 수격작용 가능성을 최소화시키면서 계통내로 유량을 형성시키기 위한 적합한 방법은?
 ㉮ 유량이 형성되기 전에 계통을 배기
 ㉯ 유량이 형성된 후 계통을 배기

㉰ 펌프를 기동하기 전에 펌프 출구밸브를 천천히 개방
㉱ 펌프를 기동한 후 신속히 출구밸브를 개방

풀 이
계통을 완전히 배기시킨 후 밸브를 천천히 열어서 유량을 주면 수격작용의 가능성을 현저히 감소시킬 것이다.   정답 : 가

59. 질량유량(Mass Flow Rate)은 다음중 어느 공식으로 표현되는가?
㉮ $\dfrac{\text{유체의 속도}}{\text{비체적}}$ ㉯ $\dfrac{\text{체적 유량율}}{\text{밀도}}$
㉰ 밀도 × 단면적 × 유체의 속도 ㉱ 밀도 × 단면적 × 체적 유량율

풀 이
○ 고정된 계에서 질량유량율과 체적유량율 사이의 차이는 유체의 밀도에 의존한다. 질량유량율은 밀도와 체적유량율의 곱에 비례한다.
○ 혼상유량(Two Phase Flow)은 흐르는 액체가 그 유체의 국부적인 상변화를 일으킬때 생긴다.   정답 : 다
m = (밀도) × (면적) × (유체의 속도) = (lbm/ft^3)×(ft^2)×(ft/hr) = lbm/hr

60. 85gpm의 누설이 100Psig로 운전중인 냉각재계통에서 시작되었다. 계통압력이 500Psig로 감소했을때 누설율은 얼마인가?
㉮ 33.3 gpm   ㉯ 42.5 gpm   ㉰ 51.7 gpm   ㉱ 60.1 gpm

풀 이
누설율(e)는 누설되어 나가는 물의 속도에 비례하다. 이어서 속도는 계통 압력이 제곱근에 비례한다.

$\dfrac{Q_2}{Q_1} = \dfrac{V_2}{V_1} = \dfrac{\sqrt{P_2}}{\sqrt{P_1}}$ $Q_2 = 85 \times \dfrac{\sqrt{50}}{\sqrt{100}}$ $Q_2 = 60.1\text{gpm}$

61. 발전소가 외부전원 상실로부터 회복중에 있다. 냉각재 펌프를 기동하기 전에 증기발생기의 온도가 냉각재계통 온도 이하로 되어야 하는 것은 어떤 가능성을 피하기 위함인가?
㉮ 냉각재계통을 통한 큰 압력 스파이크(Spike)

㈏ 증기발생기 측의 가압 열충격
㈐ 부주의에 의해 증기발생기 대기밸브를 개방
㈑ 냉각재계통의 국부적 수격작용

정 답 : 가

62. 원심펌프가 보수된 후 운전원이 펌프를 충분히 배기하지 못했다. 운전원이 펌프를 기동했을때 어떤 현상이 일어나겠는가?
㈎ 더 낮은 용량(Capacity) 및 더 낮은 출구 압력
㈏ 더 낮은 용량 및 더 높은 출구 압력
㈐ 더 높은 용량 및 더 낮은 출구 압력
㈑ 더 높은 용량 및 더 높은 출구 압력

정 답 : 가

63. 유체유량의 갑작스런 정지로 발생되는 배관의 압력변화는 무엇으로 간주되는가?
㈎ 공동현상   ㈏ 차단수두
㈐ 수격작용   ㈑ 유량수두(Flow Head)

정 답 : 다

64. 펌프의 임펠라 눈(Eye)에서 증기기포가 형성되고 펌프의 고압영역에서 이들 기포가 계속적으로 부서지는 현상은?
㈎ 공동현상   ㈏ 응 축
㈐ 복 사   ㈑ 집중(Convergence)

풀 이
공동현상은 펌프에서 증기기포가 형성되고 부서지는 현상   정답 : 가

65. 공동현상을 잘 설명한 것은?
㈎ 복수기에서 응축수가 포화조건 이하로 과냉각되는 과정
㈏ 일반적으로 펌프의 저압측에서 증기기포가 형성되고 이들 기포가 펌프의 고압측에서 파괴되는데 따르는 현상

㉰ 높은 열전달율로 연료봉의 열전달 표면을 따라 증기기포가 형성되는 현상
㉴ 기포가 응축될 수 있는 것보다도 더욱 빠르게 과열상태에서 포화영역으로 돌아오는 유체에 의해 발생되는 비안정조건

풀 이
공동현상은 어떤 유체 계통에서 증기기포가 만들어지고 이어서 파괴되는 현상
정 답 : 나

66. 운전중인 원심펌프가 공동현상을 일으킬 수 있는 조건은?
㉮ 흡입측 온도를 낮게 유지
㉯ 펌프의 입구 밸브를 약간만 개방(Throttling)
㉰ 펌프의 출구 밸브를 약간만 개방(Throttling)
㉴ 펌프의 속도를 감소

정 답 : 나

67. 공동현상의 증상으로 맞는 것은?
㉮ 저 출구압 및 저유량   ㉯ 고 출구압 및 고유량
㉰ 저 출구압 및 고유량   ㉴ 고 출구압 및 저유량

정 답 : 가

68. 어떤 계통에서 유체의 온도가 증가되었다. 유량계기가 밀도 보상되어 있지 않고 일정한 질량유량이 유지되고 있다면 이것은 지시되는 체적유량에 어떻게 영향을 주겠는가?
㉮ 똑 같은 질량유량을 유지하기 위해서는 유체의 속도증가에 따라 지시되는 유량은 증가할 것이다.
㉯ 똑 같은 질량유량을 유지하기 위해서는 유체의 속도증가에 따라 지시되는 유량은 감소할 것이다.
㉰ 유체의 밀도가 지시되는 질량유량에 영향을 주지 않기 때문에 지시되는 유량은 변하지 않을 것이다.
㉴ 일정한 질량유량을 유지하기 위해서는 밀도변화에 대한 보상으로 유체의 속도가 변해야 하기 때문에 지시되는 유량은 변하지 않을 것이다.

풀 이
질량유량이 일정하게 유지된다면 (온도 증가로 발생되는) 밀도 감소는 속도증가를 동반해야 한다. 속도의 증가는 차압을 증가시키고 그것은 지시유량을 증가하게 한다. 정답 : 가

69. 일정한 유속을 가지고 운전중인 냉각수계통에서 물의 온도가 감소하면 지시되는 체적유량(gpm)은 어떻게 되겠는가?
㉮ 물의 밀도가 변하지 않았기 때문에 같은 값을 유지할 것이다.
㉯ 물의 밀도가 증가했기 때문에 증가할 것이다.
㉰ 물의 속도가 변하지 않았기 때문에 똑같은 값을 유지할 것이다.
㉱ 물의 점도가 증가했기 때문에 증가할 것이다.

풀 이
체적 유량율(gpm) $V = A \cdot v$ A : 단면적   정 답 : 다
v : 유체의 속도(Water Velocity)이기 때문에 그 Rate는 똑같이 유지된다.

70. 어떤 계통에서 유체의 온도가 감소되었다. 유량계가 밀도 보상되어 있지 않고 일정한 질량유량이 유지되고 있다면 이것은 지시되는 체적유량에 어떻게 영향을 주겠는가?
㉮ 똑같은 질량유량을 유지하기 위해서는 유체의 속도 감소에 따라 지시되는 유량은 증가할 것이다.
㉯ 똑같은 질량유량을 유지하기 위해서는 유체의 속도 감소에 따라 지시되는 유량은 감소할 것이다.
㉰ 유체의 밀도가 지시되는 유량에 영향을 주지 않기 때문에 지시되는 유량은 변하지 않을 것이다.
㉱ 일정한 질량유량이 유지되기 위해서는 밀도변화를 보상하기 위해 유체의 속도가 변해야 하기 때문에 지시되는 유량은 변하지 않을 것이다.

풀 이
질량유량이 일정하게 유지되면 (온도감소로 생기는) 밀도증가는 속도의 감소와 동반되어야 한다. 그 속도 감소는 차압의 감소를 일으키고 그것은 지시유량을 감소시킨다. 정 답 : 나

71. 동역학계에서 있어서 왜 유체온도가 유량측정에 영향을 주는가? 단, 점도는 불변한다고 가정한다.
   ㉮ 체적유량은 밀도에 비례한다.
   ㉯ 체적유량은 절대온도 변화에 비례한다.
   ㉰ 질량유량은 밀도에 비례한다.
   ㉱ 질량유량은 절대온도 변화에 비례한다.

   풀 이
   질량유량 = 밀도 × 단면적 × 속도   정 답 : 다

72. 체적 유량이 일정하게 주어지면 질량 유량은?
   ㉮ 유체의 밀도 증가에 따라 감소할 것이다.
   ㉯ 유체의 밀도 감소에 따라 증가할 것이다.
   ㉰ 유체의 온도 증가에 따라 증가할 것이다.
   ㉱ 유체의 온도 증가에 따라 감소할 것이다.

   풀 이
   질량유량은 유체밀도에 비례한다. 온도증가는 밀도와 질량유량을 감소시킨다.

73. 유체 측정계기에 밀도가 보상되지 않았을때 나타나는 질량유량은?
   ㉮ 유체온도의 변화에도 실제 질량유량은 같다.
   ㉯ 유체온도의 감소에 따라서 실제 질량유량 보다 증가한다.
   ㉰ 유체의 온도감소에 따라서 실제 질량유량 보다 감소한다.
   ㉱ 유체의 온도증가에 따라서 실제 질량유량 보다 감소한다.

   정 답 : 다

74. 계통의 총 체적 유량은 일반적으로 무엇에 의하여 조절되는가?
   ㉮ 계통의 조절밸브 조정   ㉯ 유량 오리피스의 제거나 설치
   ㉰ 계통 배관의 관경 변화   ㉱ 운전중인 펌프의 흡입압력 변화

   풀 이
   개방계통에서 밸브조절은 유량을 증가시킬 것이나 밀폐계통에서 밸브조절은 유량을 감소시킬 것이다.   정 답 : 가

75. 증기발생기(SG)로 급수유량을 증가시키는 한 방법은?
   ㉮ 복수기 집수정 수위를 증가시킨다.
   ㉯ 급수 조절밸브를 조절한다.
   ㉰ 증기발생기 압력을 감소시켜서 배압을 감소시킨다.
   ㉱ 주급수 차단밸브를 조절한다.

   풀 이
   급수 조절밸브의 조절이 급수 유량을 변화시키는 가장 일반적인 방법이다.
   정 답 : 나

76. 펌프 한대를 운전하는 대신에 펌프 두 대를 병렬로 운전하면은?
   ㉮ 계통의 양정은 다량 증가하고 유량은 소량 증가한다.
   ㉯ 계통의 양정과 유량은 소량 증가한다.
   ㉰ 계통의 양정은 소량 증가하고 유량은 다량 증가한다.
   ㉱ 계통의 양정과 유량은 다량 증가한다.

   풀 이
   두 대의 펌프를 병렬로 설치하는 것은 근본적으로 계통 유량을 증가시키지만 계통에서 더 많은 손실수두를 일으키는 유량증가로 인하여 펌프수두는 조금 증가할 것이다.   정 답 : 다

77. 왕복동 펌프가 운전되는 동안에 계통의 체적유량을 감소시키는 가장 바람직한 방법은?
   ㉮ 펌프 출구밸브의 조절   ㉯ 펌프 입구밸브의 조절
   ㉰ 펌프 유효흡입수두의 감소   ㉱ 펌프 회전수의 감소

   풀 이
   왕복동 펌프의 속도증가는 펌프 출구유량을 증가시키고 총 유량을 증가시킨다.
   정 답 : 라

78. 개방된 계통에서 운전되고 있는 원심펌프 한 대에 병렬로 설치되어 있는 두 번째 펌프를 기동할 때의 큰 영향은?
   ㉮ 계통의 압력이 감소된다.   ㉯ 계통의 유량이 증가한다.
   ㉰ 펌프 출구압력이 감소된다. ㉱ 펌프 유량이 감소된다.

정 답 : 나

79. 증기발생기의 과도현상은 질량유량이 터빈을 일정하게 유지하지만 주증기 압력을 감소시킨다. 주증기 유량측정계가 밀도보상이 되지 않았다면 나타나는 체적유량은?
   ㉮ 증기의 속도증가로 증가할 것이다.
   ㉯ 증기의 속도감소로 감소할 것이다.
   ㉰ 증기의 증가된 밀도로 인하여 증가할 것이다.
   ㉱ 증기의 감소된 밀도로 인하여 감소할 것이다.

풀 이
감압시에 질량유량을 동일하게 유지하기 위하여 증기속도는 증가되어야 한다. 증기의 속도는 더 많은 유량으로 증기유량계 차압이 증가한다.　　정 답 : 가

80. 밀도가 보상된 유량계가 증기계통에서 질량유량 측정에 사용되고 있다. 만약 증기압력이 감소한다면 질량유량은 어떻게 변화하겠는가? 단, 체적유량은 일정하다고 가정한다.
   ㉮ 밀도보상의 영향으로 증가한다.
   ㉯ 밀도보상의 영향으로 감소한다.
   ㉰ 증기속도가 일정하기 때문에 변화하지 않는다.
   ㉱ 유량이 일정하기 때문에 변화하지 않는다.

풀 이
체적유량율이 일정한 경우 유량계 양단에 걸리는 차압은 일정하게 유지될 것이다. 압력감소에 따른 밀도 감소는 질량유량 감소를 초래할 것이다. 밀도보상은 감소된 질량유량 때문에 지시된 유량을 감소시킬 것이다.　　정 답 : 나

참 고
○ 수두손실에 영향을 주는 요인
 - 배관길이(L) : 배관길이가 길면 길수록 유체가 배관과 마찰하는 시간이 길어지고 따라서 유체를 이동시키는데 마찰력이 커진다.
 - 배관직경(d) : 관 직경이 클때는 유체의 좀더 작은 %가 배관과 접하고 있기 때문에 총 마찰손실은 감소 $H = f \cdot \dfrac{L}{d} \cdot \dfrac{V^2}{2g}$

- 유체의 속도 : 유체의 속도가 증가하면 할수록 단위시간당 유체가 관과 접촉하는 면적이 증가하고 유체사이의 내부 마찰이 증가하기 때문에 수두손실을 증가시킨다.
- 마찰계수 : 배관내면의 거칠음, 유체의 형태(층류, 난류)에 의존하는 마찰량을 나타내는 척도, 배관내면의 거칠음이 증가할때 마찰계수는 증가하고 또한 수두손실이 커진다.

○ 공동현상(Cavitation)의 방지

> ○ 유효 흡입수두를 압력강하 수두보다 높게 함
> ○ 유효 흡입수두를 높게하는 방법
> - 흡입 실손을 낮추는 방법
> - 손실수두를 적게하는 방법
> ○ 양 흡입펌프를 사용한다거나 펌프의 회전수를 낮춘다.

- 펌프선정에 있어 계산에 의한 최대 흡입 양정으로 인하여 공동현상 발생이 없는 것을 확인
- 공동현상 발생이 예상될 때에는 될 수 있는한 비속도(Ns)가 작은 펌프를 택하고 형이 커도 회전수가 작은 것으로 한다.
- 흡입배관은 될 수 있는 한 굵고 짧게하고, 엘보우 및 기타 부속물을 될 수 있는 한 줄여 손실수두를 작게 한다.
- 양정에 필이상 여유를 주지 말 것.
- 공동현상의 발생이 경미한 때에는 현장에서 흡입측에 극소량의 공기를 넣으므로 진동, 소음을 제거할 수 있다.
- 공동현상의 발생을 피할 수 없는 경우에는 공동현상에 강한 재질을 사용한다.
- 발전소에서 공동현상이 발생되는 대표적인 펌프는 복수 취출펌프로서 복수기의 진공압에 따라 유효흡입수두가 충분하지 못하기 때문이다.

○ 수격작용(Water Hammering)

펌프의 기동, 정지시의 과도현상으로 정회전 역류, 역회전 역류시 발생하는 현상으로 이를 방지하기 위해서는 유속변화의 비율이 작게 되도록 하기 위해 펌프회전 부분의 관성모멘트를 크게하고 필요하면 플라이 휠을 붙이며 토출관로에 공기를 흡입시키거나 공기주입 또는 공기실 설치, 공기밸브를 설치

열 전 달

1. 물질을 구성하고 있는 분자 사이의 상호작용에 의한 열전달 형태는?
   ㉮ 전 도   ㉯ 대 류   ㉰ 복 사   ㉱ 분자 열전달

   정 답 : 가

2. 진공상태에서 서로 분리된 두 물체간의 온도차이로 발생되는 열전달 형태는?

㉮ 전 도　　　㉯ 대 류　　　㉰ 복 사　　　㉱ 분자 열전달

정 답 : 다

3. 냉각재 상실사고 진행중 연료표면이 냉각재와 접촉하고 있지 않을때 노심 냉각을 주로 담당하는 열전달 형태는?
㉮ 복 사　　　㉯ 방 출　　　㉰ 대 류　　　㉱ 전 도

참 고
가. 복사 : 전자기적 복사파의 방사에 의해 일어나는 열전달
나. 전도 : 물질의 인접 분자사이의 상호작용에 의해 일어나는 열전달
다. 대류 : 열전도, 에너지 저장, 고온과 저온영역 사이에서 발생되는 유체의 혼합 양상에 의해 조합된 형태로 일어나는 열전달

정 답 : 가

4. 대류 열전달은 어떤 형태로 이루어지는가?
㉮ 고체물질 구성분자의 상호작용 및 혼합
㉯ 물체의 온도상승에 의해 발생되는 전자기적 복사
㉰ 매질의 거시적 상호작용이 동반되지 않은 상태에서 인접 분자사이의 작용
㉱ 유체의 유동과 혼합

정 답 : 라

5. 단상 열교환기에서 체적 비등(Bulk Boiling)은 무슨 이유로 바람직스럽지 않은가?
㉮ 기포형성으로 인해 열교환기에서의 층류 층이 깨질 수 있기 때문
㉯ 열교환기에서 유로 장애가 발생
㉰ 튜브 내, 외측 $\triangle T$의 감소 초래
㉱ 열교환기에서 열전달계수 증가

정 답 : 나

6. 단상(액상) 열교환기에서의 증기형성 효과에 대한 설명중 맞는 것은?

㉮ 튜브를 통한 △T 감소
㉯ 증기 기포로 인한 열전달계수 감소
㉰ 미량의 증기로 인한 열전달량 감소
㉱ 증기 기포 축적으로 인한 유량 차단 발생

정 답 : 라

7. 다음중 열교환기를 통한 질량유량에 영향을 주지 않는 사항은?
㉮ 유체에 함유된 기체　　　　㉯ 유체에서의 증기기포 형성
㉰ 유체에 용존된 화학성분　　㉱ 유체의 온도

정 답 : 다

8. 복수기로 공기가 유입되면 복수기의 동체(Shell)측에 비응축성 기체가 축적되어 복수기에서의 열전달율에 다음과 같은 영향을 미친다. 맞는 것은?
㉮ 감소 : 복수기튜브 표면에 기체가 축적되어 전도 열전달에 심각한 제한을 가하기 때문
㉯ 감소 : 기체입자들에 의해 응축의 열역학적 과정에 풍손이 발생하기 때문
㉰ 증가 : 기체에 의한 증기의 혼합 촉진 및 튜브표면에서의 응축방지 효과때문
㉱ 증가 : 기체로 인해 복수기 압력이 증가하여 응축을 촉진하기 때문

풀 이
공기가 비응축성 기체와 혼합형태로 존재하면 복수기에서 응축되지 않으므로 기체는 복수기내에 축적될 것이며 이로 인해 열전달 계수는 심각하게 감소할 것이다. 이는 열전달율의 감소를 초래하게 되어 복수기 온도 및 압력증가로 인한 발전소효율 저하가 발생한다. 단상(액상) 열교환기 내에 기체가 존재시 두 가지 유해효과가 발생한다.

가. 열전달 표면에 기체가 축적되어 열전달계수가 낮아지고 이로 인하여 열전달율도 감소한다.
나. 다량의 기체 집합체가 존재하면 열교환기 내부에 포켓을 형성하여 그 부분에서의 유로를 차단하게 되고 이로 인해 열전달율이 감소한다.

정 답 : 가

9. 노심의 열출력에 대한 정의로서 맞는 것은?
   ㉮ 노심의 체적에 의해 증배되는 평균 출력밀도
   ㉯ 부가된 에너지당의 순 일 생성
   ㉰ 발전기에서 생산된 출력
   ㉱ 단위시간, 단위부피당 생산되는 열에너지

   정 답 : 가

10. 노심 열출력은 어떻게 결정되는가?
    ㉮ 노심을 통한 엔탈피 변화에 열부가율을 곱한 것
    ㉯ 냉각재계통의 질량유량율에 비열을 곱하고 노심을 통한 온도변화를 곱한 값
    ㉰ 냉각재계통의 질량유량율에 비열을 곱하고 증기발생기를 통한 온도변화를 곱한 값
    ㉱ 냉각재계통의 질량유량율에 노심을 통한 온도변화를 곱한 값

    정 답 : 나

11. 원자로가 출력운전중 일때 운전원에 의해 취해지는 제한사항의 하나는 노심 열출력이다. 노심 열출력의 단위는?
    ㉮ MWe   ㉯ MWt   ㉰ Btu/hr-°F   ㉱ Btu/lbm-°F

    정 답 : 나

12. 200MW의 노심 열출력으로 원자로가 운전되고 있으며 냉각재펌프에 의해 10MW에 해당되는 열출력이 냉각재계통에 부가되고 있다. 이 노심의 정격 열출력이 1,330MW라면 이때 노심 열출력은 몇 % 열출력 운전중인가?
    ㉮ 14%   ㉯ 14.3%   ㉰ 15%   ㉱ 15.8%

    풀 이
    % 노심열출력 = $\frac{200}{1,330}$ = 0.15 = 15% (정 답 : 다)

13. 정상운전중 노심열출력은 다음의 어떤 항목으로 정확하게 결정될 수 있는가?

㉮ 노심을 통한 온도변화에 냉각재의 질량 유량율을 곱한 값
㉯ 증기발생기에서의 엔탈피 변화에 냉각재의 질량 유량율을 곱한 값
㉰ 증기발생기에서의 엔탈피 변화에 급수의 질량 유량율을 곱한 값
㉱ 노심을 통한 온도변화에 급수의 질량 유량율을 곱한 값

정 답 : 다

14. 노심을 통한 온도변화에 냉각재계통의 질량유량율 및 비열을 곱한 값은?
㉮ 원자로 출력   ㉯ 열용량   ㉰ 열유속   ㉱ 노심 열출력

풀 이
$Q = m \cdot Cp \cdot \triangle T$
 Q : 열출력   m : 질량유량율   Cp : 비열   △T : 온도변화   (정 답 : 라)

15. 다음중 노심의 열출력(Q) 계산에 사용되어 질 수 없는 방정식은? 단, 사용된 기호에 대한 정의는 다음과 같다.

기 호	정 의	기 호	정 의
m	질량 유량율	△T	온도변화
△h	비엔탈피 변화	Cp	비 열
△S	엔트로피 변화	V	노심체적
P·D	평균 출력밀도		

㉮ $Q = m \cdot \triangle S$ ㉯ $Q = P \cdot D \cdot V$
㉰ $Q = m \cdot Cp \cdot \triangle T$ ㉱ $Q = m \cdot \triangle h$

정 답 : 가

16. 증기발생기 2차측의 엔탈피 변화에 급수의 전유량율을 곱한 값은 다음 어느 것을 결정하는데 사용될 수 있는가?
㉮ 노심열출력   ㉯ 최대 출력밀도   ㉰ 열중성자 속   ㉱ 출력분포

정 답 : 가

17. 2차측 열평형 개념에 근거한 계산된 열출력 결과에 출력영역 계측기가 100%로 보정되고 있다. 계측기에 지시되는 원자로출력에 비해 실제의 원자로출력이 낮은 이유는?
   ㉮ 열출력 계산시 사용되는 급수온도가 실제 급수온도 보다 더 높기 때문
   ㉯ 열출력 계산시 냉각재펌프의 열이 누락되었기 때문
   ㉰ 열출력 계산에 사용되는 급수유량이 실제의 급수유량 보다 더 낮기 때문
   ㉱ 열출력 계산에 사용된 증기압력이 실제의 증기압력 보다 더 낮기 때문

   정 답 : 나

18. 출력영역 계측기가 계산된 열출력에 의해 100%로 보정되었다면 이는 무엇을 의미하는가?
   ㉮ 열출력 계산시 사용된 급수온도가 실제의 급수온도 보다 더 높다면 실제출력은 지시되고 있는 출력보다 더 낮을 것이다.
   ㉯ 열출력 계산시 냉각재펌프의 열이 누락되었다면 실제 출력은 지시되고 있는 출력보다 더 낮을 것이다.
   ㉰ 열출력 계산시 사용된 증기유량이 실제의 증기유량 보다 더 낮다면 실제출력은 지시되고 있는 출력보다 더 낮을 것이다.
   ㉱ 열출력 계산시 사용된 증기압력이 실제의 증기 압력보다 더 낮다면 실제의 출력은 지시되고 있는 출력보다 더 낮을 것이다.

   정 답 : 나

19. 저출력(3%)에서 소형 증기관 파단사고 초기에 연료로 부터의 열전달율은 $Q = UA(T_1 - T_2)$ 관계식에서 주로 어느 항에 의해 지배 받는가? 단, 원자로 출력 변화가 없다고 가정한다.
   ㉮ U   ㉯ A   ㉰ T_1 ㉱ T_2

   정 답 : 라

20. 원자로 출력(%)은 다음의 무엇에 대한 백분율(%)로써 나타내는가?
   ㉮ 정격 열출력   ㉯ 정격 전기출력
   ㉰ 정격 중성자속의 준위   ㉱ 계통의 전체 전기출력(MWe)

정 답 : 가

21. 노심 열출력을 계산할때 다음 어느 공식을 사용하는가?

기 호	정 의	기 호	정 의
Mros	냉각재계통의 질량유량율	T_H	노심출구에서 냉각재온도
Mfwtr	증기발생기 급수 질량유량율	T_C	노심입구에서 냉각재온도
Hfwtr	증기발생기 급수 비엔탈피	Hstm	증기발생기 출구측 증기의 비엔탈피
Tfwtr	증기발생기 급수온도		
Cp	정압 비열		

㉮ Mfwtr (Hfwtr - Hstm)   ㉯ Mros (T_H - T_C)
㉰ Mros (Hstm - Hfwtr)   ㉱ Mros (T_C - T_H)

정 답 : 나

22. 냉각재가 545°F로 노심에 유입되고 595°F로 유출되며 이때의 유량율은 6.6× 10^7 lbm/hr 이다. 냉각재의 열용량은 1.3Btu/lbm-°F이며 냉각재계통으로 부터 1.2×10^7Btu/hr의 엔탈피로 유출수가 형성되고 있다. 또한 펌프로부터 4.8×10^7 Btu/hr의 열이 냉각재에 유입되고 있을때 노심 열출력은? 단, 1Watt = 3.413 Btu/hr 이다.
㉮ 1,243MWt   ㉯ 1,247MWt   ㉰ 1,257MWt   ㉱ 1,268MWt

풀 이
Q = m · Cp · △T
 Q : 노심 열출력   m : 질량유량율   Cp : 비열   △T : 온도변화
Q = (6.6×10^7lbm/hr) (1.3Btu/lbm-°F) (595°F - 545°F)
  = (4.29×10^9Btu/hr) ($\frac{1\,Watt}{3.413\,Btu/hr}$) = 1,257MWt   정 답 : 다

23. 냉각재가 553°F로 노심에 유입되어 611°F로 노심에서 유출되며 순환하고 있다. 냉각재의 유량율은 1.48×10^8lbm/hr 이며 열용량은 1.35Btu/lbm-°F 이다. 또한 급수유량은 7.5×10^6lbm/hr 이며 증기발생기 압력은 850Psia, 복수기 진공압력은 수은주로 28인치이다. 이때의 노심출력은?
㉮ 2,714MWt   ㉯ 3,050MWt   ㉰ 3,396MWt   ㉱ 3,590MWt

풀 이

Q = (1.48×10⁸lbm/hr) (1.35Btu/lbm-°F) (611°F - 553°F)

= 1.15884×10¹⁰ ($\frac{1\,Watt}{3.4127\,Btu/hr}$) = 3,396MWt   정 답 : 다

24. 2루프 가압경수로에서 노심을 통한 온도상승은 54°F 이다. 각 증기발생기의 급수유량은 3.3×10⁶lbm/hr이고 이때의 급수 엔탈피는 419Btu/lbm 이다. 각 증기발생기 출구의 증기압력은 800Psia이고 증기건도는 100% 이다. 취출수계통을 통한 열손실 및 펌프열을 무시할때 노심 열출력은 얼마인가?
   ㉮ 1,509MWt   ㉯ 1,406MWt   ㉰ 754MWt   ㉱ 703MWt

풀 이

Q = (3.3×10⁶lbm/hr) (1,199.4 - 419) = 5.15×10⁹Btu/hr

= 5.15×10⁹Btu/hr ($\frac{1\,Watt}{3.4127\,Btu/hr}$) = 1,509MWt   정 답 : 가

25. 노심을 통한 △T가 56°F로 100% 출력으로 운전되고 있는 2루프 가압경수로가 있다. 냉각재의 유량율은 6.7×10⁷lbm/hr 이며 비열은 1.3Btu/lbm-°F 이다. 취출수계통 및 냉각재펌프 열은 무시할때 노심 열출력은 얼마인가.
   ㉮ 1,099MWt   ㉯ 1,276MWt   ㉰ 1,429MWt   ㉱ 1,530MWt

풀 이

Q = (6.7×10⁷lbm/h)(.3Btu/lbm-°F)(56°F) = (4.8776×10⁹)($\frac{1\,Watt}{3.4127\,Btu/hr}$) =
정 답 : 다

26. 발전소 운전변수가 다음과 같이 주어져 있다. 원자로출력 100%, 냉각재 평균온도 573.5°F, 증기온도 513.5°F 이다. 이때 증기발생기 튜브의 관막음을 5%로 관막음후 100% 출력운전으로 복귀되었다면 새로운 증기발생기의 증기압력은? 단, 냉각재의 질량유량율과 온도는 불변이다.
   ㉮ 710Psia   ㉯ 733Psia   ㉰ 748Psia   ㉱ 763Psia

풀 이

출력 = U · A(Tavg - Tstm)

출력 및 증기발생기 튜브(U)가 일정한 상태에서 관막음으로 인해 A가 5% 정도 감소되었다면 Tavg - Tstm은 5% 증가되어야 한다. 새로운 $\triangle T$ = (1.05) (변화전 $\triangle T$) = (1.05) (573.5 - 513.5) = 63°F
Tavg가 일정하다면 새로운 stm은 573.5 - 63 = 510.5°F
증기표로 부터 510.5°F에 대한 포화압력은 748Psia

27. 다음과 같은 운전변수로 원자로가 운전중이다.

원자로 출력	노심 $\triangle T$	냉각재 유량율	냉각재 평균온도
100%	42°F	100%	587°F

이때 소외전원 상실사고가 발생되었고 다음과 같은 안정조건으로 자연순환이 형성되고 있다. 붕괴열 : 2%, 노심 $\triangle T$: 28°F, 냉각재 평균온도 : 572°F의 조건에서 노심의 질량유량율은 몇 % 인가?
㉮ 2%　　　㉯ 2.5%　　　㉰ 3%　　　㉱ 4%

풀 이
전출력 운전상태에서 : Q = 100%　　m = 100%　　$\triangle T$ = 42°F
정지상태에서 : Q = 2%,　　m = (　)　　$\triangle T$ = 28°F
m = $\frac{m \times 28}{100 \times 42}$ = $\frac{2}{100}$　　m = $\frac{8400}{2800}$ = 3%　　정 답 : 다

28. 냉각재의 노심 입, 출구 온도는 각각 545°F, 595°F이며 유량율은 6.6×10⁷lbm/hr이고 냉각재의 비열용량은 1.3Btu/lbm-°F이다. 노심 열출력은 얼마인가?
단, 1Watt = 3.4127Btu/hr
㉮ 100.6MWt　　㉯ 125.7MWt　　㉰ 1005.7MWt　　㉱ 1257.1MWt

풀 이
Q = $\frac{6.6 \times 10^7 \times 1.3 \times (595-545)}{3.4127}$ = 1,257.1MWt　　정 답 : 라

29. 2루프 가압 경수로에서 각 증기발생기로의 급수유량은 3.3×10⁶lbm/hr이며 엔탈피는 419Btu/lbm 이다. 각 증기발생기 출구의 증기질은 100% 이며 증기압력은 800Psia 이다. 취출수 및 펌프의 열은 무시할때 노심 열출력은? 단, 100% 증기질, 800Psia 압력하에의 증기엔탈피는 1,200Btu/lb 이다.

㉮ 3,411MWt   ㉯ 2,915MWt   ㉰ 2,212MWt   ㉱ 1,509MWt

정 답 : 라

30. 출력(제어)영역 계측기가 계산된 열출력을 근거로 100%로 교정되어 운전되고 있을때 다음 설명중 맞는 것은?
   ㉮ 열출력 계산에 사용된 급수온도가 실제 급수온도 보다 더 높다면 실제 출력은 계측기의 지시 출력보다 더 낮을 것이다.
   ㉯ 냉각재 펌프의 열이 열출력 계산시 무시되었다면 실제 출력은 계측기의 지시 출력보다 더 낮을 것이다.
   ㉰ 열출력 계산시 사용된 증기유량이 실제 증기유량보다 더 낮았다면 실제 출력은 계측기의 지시 출력보다 더 낮을 것이다.
   ㉱ 열출력 계산시 사용된 증기압력이 실제 증기압력보다 더 낮았다면 실제 출력은 지시 출력보다 더 낮을 것이다.

풀 이
펌프 열에 의한 출력 입력이 생략될 경우 계산에 의한 원자로출력은 실제 출력보다 더 높아진다. 이와같은 상태에서 계산된 출력으로 지시 출력을 조절하게 되면 실제 출력은 지시 출력보다 더 낮아진다.   정 답 : 나

31. 출력(제어)영역 계측기를 교정하기 위해 2차측 열평형 계산이 수행되었다. 계산된 원자로출력이 실제 원자로출력 보다 더 낮은 경우는 다음의 어떤 경우에 해당되겠는가?
   ㉮ 증기발생기 압력이 실제의 증기발생기 압력보다 더 높게 지시되고 있을 때
   ㉯ 증기발생기 온도가 실제의 증기발생기 온도보다 더 낮게 지시되고 있을때
   ㉰ 급수유량율이 실제의 급수유량율 보다 더 높게 지시되고 있을때
   ㉱ 급수온도가 실제의 급수온도 보다 더 낮게 지시되고 있을때

정 답 : 가

32. 피복재의 건전성은 다음의 무엇에 의해 보증되어 지는가?
   ㉮ 열출력 제한치보다 노심의 조건을 더 낮게 유지하므로써
   ㉯ 노심에서의 출력밀도를 극대화 하므로써

㉓ 사용후 연료집합체들에 대한 주기적인 점검으로써
㉔ 피복재의 재질로 지르코늄을 사용하므로써

정 답 : 가

33. 원자로 열출력 제한 목적은?
   ㉮ 발전소 열효율 최적화
   ㉯ 노심 재질의 특성한계 초과방지
   ㉰ 노심 통과시의 냉각재 온도상승에 대한 예측
   ㉱ 제어봉 삽입한계 확보

정 답 : 나

34. 정상운전중 피복재의 건전성은 다음의 무엇에 의해 보증되는가?
   ㉮ 일차계통의 방출밸브들   ㉯ 노심 우회유량 제한
   ㉰ 이차계통의 방출밸브들   ㉱ 노심 열출력의 제한치 이내 유지

정 답 : 라

35. 노심 열출력 제한치 이내로 원자로를 운전하면은?
   ㉮ 발전소 열효율의 최적화를 기할 수 있다.
   ㉯ 피복재의 건전성이 확보될 수 있다.
   ㉰ 가압 열충격이 방지될 수 있다.
   ㉱ 원자로용기의 열응력이 최소화될 수 있다.

정 답 : 나

36. 연료제작시 펠렛과 피복재 사이의 간극을 두는 이유는?
   ㉮ 펠렛의 함몰을 감소시키기 위해
   ㉯ 분열시 방출되는 감마선을 감쇠시키기 위해
   ㉰ 열전달을 증진시키기 위해
   ㉱ 피복재 내부의 변형을 감소시키기 위해

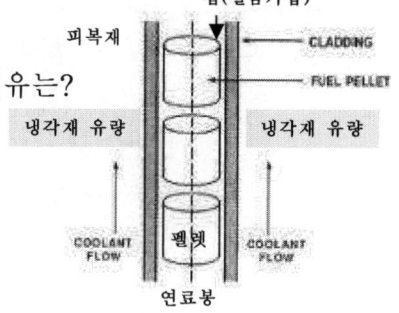

정 답 : 라

열수력학

1. 다음 설명중 복사에 관련된 것은?
   ㉮ 기화된 원자로용기 내에서 피복재로부터 노심 배럴(Core Barrel)로 열전달
   ㉯ 펠렛 중심으로부터 가장자리로 열전달
   ㉰ 냉각재로부터 증기발생기내 급수에 열전달
   ㉱ 과냉각 핵비등을 통한 피복재로부터 냉각재로의 열전달

   정 답 : 가 (Core Barrel : 노심지지통)

2. 전출력 운전중 원자로에서 다음중 어떤 조건에 있는 피복재의 국부적 열전달 계수가 처음 감소하겠는가?
   ㉮ 부분 막비등   ㉯ 핵비등   ㉰ 대류   ㉱ 안정된 막비등

   정 답 : 가

3. 연료봉 표면에서 일어나고 있는 핵비등은?
   ㉮ 연료봉에서 냉각재로의 대류에 의한 열전달이 증가할 것이다.
   ㉯ 연료봉에서 냉각재로의 대류에 의한 열전달이 감소할 것이다.
   ㉰ 그것이 비등에 의한 열전달이기 때문에 대류에 의한 열전달에는 아무 영향이 없다.
   ㉱ 층류(Laminar Flow) 때문에 연료봉에 손상을 일으킬 것이다.

   정 답 : 가

4. 핵비등이 노심에서 열전달을 증가시키는 이유는?
   ㉮ 피복재 표면에 형성된 기포는 전도에 의하여 보다 많은 열이 전달되기 때문이다.
   ㉯ 연료봉에서 감열과 기화잠열에 의해 열이 제거되며 기포가 연료봉 근처의 냉각재를 빨리 혼합시키기 때문이다.
   ㉰ 연료봉에서 감열과 응축잠열에 의해 열이 제거되며 열은 방사열 전달에 의해 냉각재로 직접 전달되기 때문이다.
   ㉱ 피복재 표면에 형성된 기포는 그곳의 냉각재 유량을 감소시켜 대류에 의해 더 많은 열이 전달되도록 한다.

풀 이

핵비등의 시작은 다음 메카니즘을 통해 열전달을 증가시킨다.

가. 유체가 기화될때 연료봉으로부터 기화잠열을 얻는다. 기화잠열은 유체가 단순히 온도증가시 필요로 하는 열량보다 더 큰 값이다. 따라서 핵비등의 시작은 열전달을 증가시킨다.

나. 증기기포가 확산되어 이것이 난류(Turbulent) 층으로 휩쓸릴때 연료봉 근처의 뜨거운 유체가 그 자리를 매우게 된다. 이 뜨거운 유체는 보다 온도가 낮은 유체에게 밀리게 되어 열전달 표면의 △T는 효과적으로 증가하며 따라서 열전달은 증가하게 된다.

다. 연료봉 표면의 증기기포가 냉각재속으로 휩쓸려 가면서 층류를 휘저어 난류를 증가시키게 된다. 난류의 증가로 열전달율은 증가한다.   정 답 : 나

5. 대류는 연료표면에 핵비등이 시작될때 실질적으로 증가한다. 그 이유는 잠열 및 기화잠열에 의한 열제거와 다음의 이유이다. 맞는 것은?
   ㉮ 기포가 연료봉의 냉각재 흐름을 감소시키기 때문이다.
   ㉯ 기포가 연료봉의 냉각재 흐름을 증가시키기 때문이다.
   ㉰ 기포막이 연료봉 표면을 따라 형성되기 시작하기 때문이다.
   ㉱ 기포에 의해 냉각재가 빠르게 혼합되도록 하기 때문이다.

풀 이

핵비등은 기화잠열과 감열을 제거하므로써 또한 기포방울에 의해 신속히 냉각재가 섞이면서 열전달이 증가된다.   정 답 : 라

6. 연료 상부에서 DNB를 경험한 연료봉은 냉각재가 연료를 따라 상부로 올라가면서 대류 열전달계수(Convective Heat Transfer Coefficient)가 어떻게 변하는가?
   ㉮ 증가후 감소   ㉯ 계속해서 증가   ㉰ 감소후 증가   ㉱ 계속해서 감소

풀 이

핵비등은 열전달계수를 증가시킨다. 일단 DNB에 도달되면 열전달계수는 급격히 감소한다.   정 답 : 가

7. 전출력 운전중에 DNB를 경험하는 연료봉은 냉각재가 연료를 따라 상부로 올라가면서 대류 열전달(Convection Heat Transfer)은 어떻게 변하는가?
   ㉮ 계속해서 증가   ㉯ 증가후 감소   ㉰ 계속해서 감소   ㉱ 감소후 증가

정 답 : 가

8. 열발생체의 표면에 인접한 물에 열이 전달될때 기포를 형성하는데 많은 인자가 영향을 준다. 다음중 기포형성을 증진시키는 사항은?
   ㉮ 물에 화학약품이 녹아 있을때
   ㉯ 물을 이온화시키는 방사선이 없을 때
   ㉰ 열전잘 표면이 아주 매끄러울때
   ㉱ 물에 기체성분이 녹아 있을때

정 답 : 라

9. 유체가 포화온도에 있고 냉각재 흐름이 있는 상태에서 발열체 표면에 기포가 형성되고 증기의 정격출력이 유지되고 있다. 어떤 상태의 비등인가?
   ㉮ 안정된 막비등
   ㉯ 체적비등(Bulk Boilng)
   ㉰ 과냉각 핵비등
   ㉱ 풀비등(Pool Boiling)

정 답 : 나

10. 유체가 비등점 이하의 Bulk 온도에 있으나 열전달면의 온도는 포화이상으로 유지된다. 열전달 면에서는 기포방울이 형성되나 온도가 낮은 유체 내에서 응축되는 상태로 필요한 증기를 얻을 수 없는 상태이다. 어떤 형태의 비등인가?
    ㉮ 체적비등   ㉯ 과냉각 핵비등   ㉰ 막비등   ㉱ 부분 막비등

정 답 : 나

11. 열전달 면에 작은 기포방울이 형성되며 곧 표면에서 사라지는 상태는 어떤 비등인가?
    ㉮ 난류(Turbulent)비등
    ㉯ 부분 막비등
    ㉰ 순간 막비등
    ㉱ 핵비등

정 답 : 라

12. 과냉각 핵비등이 열발생면을 따라 일어나고 있다가 열속이 약간 증가했다. 열 발생면과 유체간의 △T는 어떻게 나타나는가?

㉮ 증기에 의한 차폐(Blanketing)로 △T가 많이 증가한다.
㉯ △T가 많이 증가해서 방사 열전달이 주가 되게 한다.
㉰ 증기에 의한 차폐(Blanketing)로 △T가 조금 증가한다.
㉱ 증기 기포가 형성되었다 사라지면서 △T가 조금 증가한다.

풀 이
열전달 면의 유체가 액체로서 그 속에 기포가 방울방울로 존재하면 핵비등은 발생한다. 만약 열전달 면의 유체가 포화온도 보다 낮은 상태이면 열전달 면에 형성된 기포방울은 Bulk 유체속으로 흘러들어 가면서 응축된다. 이것은 전출력으로 운전시 일반적으로 발생되는 현상으로 과냉각 핵비등이라고 한다. 만약 Bulk 유체가 포화온도를 가지면 기포방울은 응축되지 않고 Bulk 유체속에서 기포로 존재하게 된다. 이 상태를 포화핵비등 또는 체적비등(Bulk Boiling)이라 한다.
정 답 : 라

13. Pool Boiling시 열속이 증가하면서 나타나는 비등의 영역은 다음중 어느 것인가?
㉮ 과냉각 핵비등, 포화 핵비등, 막비등 ㉯ 포화 핵비등, 과냉각 핵비등, 막비등
㉰ 막비등, 포화 핵비등, 과냉각 핵비등 ㉱ 포화 핵비등, 막비등, 과냉각 핵비등

정 답 : 가

14. 원자로 출력을 증가시킨 결과 몇 개의 연료봉에 증기차폐(Blanketing)가 발생하였다. 이러한 상태는 어떤 때 발생하는가?
㉮ DNB   ㉯ 과냉각 핵비등 ㉰ 포화 핵비등   ㉱ 핵비등 시작시

풀 이
핵비등은 연료봉을 따라 열전달면에 기포방울을 형성시킨다. 연료봉이 기포로 완전히 감싸이면 더 이상 핵비등 과정이 아니다.   정 답 : 가

15. 연료봉의 열속이 증가하다가 감소하면서 피복재와 냉각재 사이의 △T가 갑자기 증가하는 현상이 발생했다. 이런 상황은 무엇을 의미하는가?
㉮ 체적비등 시작   ㉯ DNB의 도달
㉰ 임계열속(CHF)이 증가하기 시작 ㉱ 핵비등의 시작

정 답 : 나

16. DNB가 노심에서 발생되었다면 피복재의 표면온도는?
    ㉮ 급격히 증가   ㉯ 급격히 감소   ㉰ 점차 증가   ㉱ 점차 감소

    풀 이
    피복재 온도는 기포로 둘러싸인 관계로 급격히 증가한다.   정 답 : 가

17. 냉각재 상실사고후 노심 핵계측계통이 과열증기가 몇 개의 연료집합체에 나타남을 지시했다. 그 원인은?
    ㉮ 과냉각 핵증기가 존재하기 때문   ㉯ DNB에 도달했기 때문
    ㉰ 포화 핵증기가 존재하기 때문   ㉱ 핵증기의 시작 때문

    정 답 : 나

18. 다음중 DNBR를 감소시키는 것은?
    ㉮ 원자로출력의 감소   ㉯ 가압기 압력의 감소
    ㉰ 냉각재 유량의 증가   ㉱ 냉각재 온도의 증가

    정 답 : 라

19. 다음중 DNBR를 증가시키는 것은?
    ㉮ 원자로출력의 감소   ㉯ 가압기 압력의 감소
    ㉰ 냉각재 유량의 감소   ㉱ 냉각재 온도의 증가

    정 답 : 가

20. 냉각재계통 관련 항목중 DNB에 가장 적게 영향을 주는 것은?
    ㉮ 가압기 수위   ㉯ 국부출력 밀도   ㉰ 저온관 온도   ㉱ 냉각재 유량율

    풀 이
    가압기 수위는 원자로출력에 거의 영향을 주지 않는다.   정 답 : 가

21. 다음 사고중 원자로정지가 없다는 가정하에 DNBR을 증가시키는 것은?
   ㉮ 원자로출력 20%에서 1대의 RCP 정지
   ㉯ 원자로출력 100%에서 제어봉을 수동으로 제어중 1개의 제어봉이 떨어진 사고 발생
   ㉰ 원자로출력 50%에서 증기덤프밸브가 1개 고장 개방시
   ㉱ 원자로출력 40%에서 가압기 전열기가 모두 켜졌을때

풀 이

DNBR은 DNB를 예상할 수 있는 임계열속과 실제 국부열속의 비이다. 따라서 국부열속과 임계열속에 의한 영향을 주는 인자는 DNBR에 영향을 준다. 예:
가. 냉각재 온도 : 냉각재 온도의 증가는 노심내의 가장 뜨거운 부위에서 포화핵비등을 유발시키며 DNB에 접근시킨다.
나. 냉각재 압력 : 압력의 감소는 냉각재를 포화온도로 접근시켜 임계열속을 감소시킨다. 따라서 DNBR이 감소된다.
다. 노심유량 : 유량의 감소는 노심의 가장 뜨거운 부위에서 온도를 증가시키며 이것이 DNBR을 감소시킨다.
라. 원자로출력 : 출력의 증가는 실제 열속을 증가시켜 DNBR을 감소시킨다.
마. 출력분포 : 노심의 제한된 영역내에서 열속의 증가에 영향을 주는 출력분포의 변화는 DNBR을 감소시킨다.

DNBR을 증가시키기 위해서는 냉각재 압력을 증가시켜야 한다.   정 답 : 라

22. 임계열속(CHF)을 가장 잘 설명한 것은?
   ㉮ 원자로가 임계상태일때 연료봉의 단위면적당 열전달율
   ㉯ DNB를 일으키는데 필요한 양으로 연료봉의 단위 면적당 열전달율
   ㉰ 핵비등이 발생되기 시작할때 냉각재에 전달되는 열의 총량
   ㉱ 냉각재의 체적비등을 일으킬 수 있는 총 열전달량

정 답 : 나

23. 임계열속은 단위 면적당 열전달율로 만약 임계열속이 증가하면은?
   ㉮ 급격한 대류 열전달계수가 증가한다.
   ㉯ 피복재 표면과 냉각재 사이의 온도차이가 급격하게 감소한다.
   ㉰ 펠렛의 온도가 급격히 증가한다.
   ㉱ 연료중심에서 피복재까지의 열구배가 급격히 감소한다.

정 답 : 다

24. DNB의 원인이 되는 열전달율은?
㉮ 임계열속이다.   ㉯ 핵열속이다.   ㉰ 천이열속이다.   ㉱ 이탈열속이다.

정 답 : 가

25. 임계열속은 노심의 높이에 따라 어떻게 변하는가?
㉮ 노심의 아래에서 위로 가면서 증가한다.
㉯ 노심의 아래에서 중간까지는 감소하고 중간부터 상부까지는 감소한다.
㉰ 노심의 아래에서 위로 가면서 감소한다.
㉱ 노심의 아래에서 중간까지는 증가하고 중간부터 상부까지는 감소한다.

풀 이
노심 상부로 냉각재가 올라가면서 온도가 증가하기 때문에 DNB는 감소한다.
정 답 : 다

26. 발전소가 전출력으로 운전되고 있을때 노심의 아래에서 상부로 가면서 임계 열속은 어떻게 변하는가?
㉮ 계속해서 감소한다.   ㉯ 감소후 증가한다
㉰ 계속해서 증가한다.   ㉱ 증가후 감소한다.

정 답 : 가

27. 출력이 노심중간에 집중된다고 가정했을때 전출력 운전중 임계 열속에 가장 근접한 실제 열속은 노심의 어느 위치에 있는가?
㉮ 노심 중간 높이   ㉯ 노심 상부
㉰ 노심 중간에서 상부사이   ㉱ 노심 중간과 하부사이

정 답 : 다

28. 다음중 임계 열속을 감소시키는 조건은?
㉮ 냉각재의 과냉각도가 증가할때   ㉯ 원자로출력이 감소할때
㉰ 냉각재 유량이 증가할때   ㉱ 원자로압력이 온도 변화없이 감소할때

풀 이
임계 열속은 냉각재의 과냉각도, 유량 및 압력에 비례한다.   정 답 : 라

29. 다음의 어떠한 조건이 임계열속으로 부터 벗어날 수 있는가?
    ㉮ 가압기 압력의 감소   ㉯ 냉각재 유량의 감소
    ㉰ 원자로 출력의 감소   ㉱ 냉각재 온도의 증가

풀 이
원자로출력을 감소시키는 것만이 정답으로 이것은 임계열속으로 부터 더 멀어지게 한다.   정 답 : 다

30. 피복재 표면과 냉각재가 만나는 곳에서의 부분막비등이 주는 영향을 설명한 것은?
    ㉮ 열속이 조금 증가하면 증기차폐(Blanketing)가 증가하여 피복재의 온도를 많이 올린다.
    ㉯ 피복재의 온도가 높아 열방사에 의한 열전달이 점차 커지고 따라서 열속은 증가한다.
    ㉰ 열속이 조금 증가하면 증기기포의 형성이 증가하여 이것이 냉각재를 난류층으로 만들며 따라서 피복재의 온도를 감소시킨다.
    ㉱ 열속이 증가하면서 약간의 증기기포가 형성되나 냉각재로 휩쓸리면서 없어져 피복재의 온도를 감소시킨다.

정 답 : 가

31. 원자로 노심내 막비등은?
    ㉮ 피복재를 에워싼 증기차폐를 통과하여 열을 전달한다.
    ㉯ 상변화 없이 열전달이 이루어 진다.
    ㉰ 비등 열전달이 가장 효과적인 방법이다.
    ㉱ 피복재에서 산화막을 통한 열전달이다.

정 답 : 가

32. 열전달이 이루어지는 곳의 △T가 심하게 증가하고 열방사에 의한 기여도가 점차 커지며 열속이 증가한다. 어떤 비등을 설명한 것인가?

㉮ 핵비등　　　㉯ 부분막비등　　　㉰ 과냉각 대류　　　㉱ 막비등

정 답 : 라

33. 막비등이 일어나는 상태에서 운전시, 열속이 한 단계 증가했을때 피복재와 냉각재간의 △T 변화를 잘 설명한 것은?
   ㉮ 약간 증가한 후 원래의 값으로 되돌아 간다.
   ㉯ 약간 감소한 후 원래의 값으로 되돌아 간다.
   ㉰ 증가한다.
   ㉱ 감소한다.

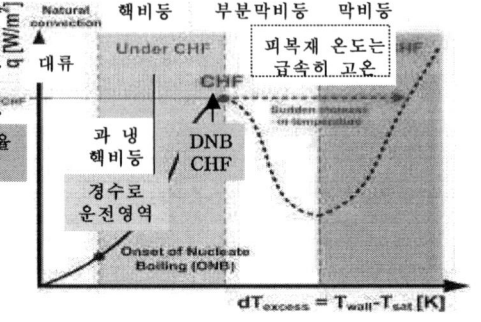

정 답 : 다

34. 노심에 핵비등이 시작되면 열전달계수는?
   ㉮ 부의 값을 갖게 된다.　　　㉯ 아주 작아진다.
   ㉰ 일정하다.　　　　　　　　㉱ 아주 커진다.

풀 이
열전달 계수는 유체가 포화시 열용량이 증가하면서 증가하고 비등현상은 층류를 휘젓는 효과에 의해 난류로 바뀌게 된다.　　정 답 : 다

35. 노심에 열전달 계수가 최대로 되는 때는?
   ㉮ 층류이면서 핵비등이 없을때　　　㉯ 난류이면서 핵비등이 없을때
   ㉰ 층류이면서 핵비등이 있을때　　　㉱ 난류이면서 핵비등이 있을때

풀 이
열전달 계수는 유체의 형태와 냉각재내에서 상의 변화에 따라 다르다. 정답 : 라

36. Bulk Boiling을 가정할 때 노심의 열전달 계수는 다음의 어느 조건에서 직접 증가하는가?
   ㉮ 냉각재의 온도가 감소할때　　　㉯ 냉각재의 유량율이 감소할 때
   ㉰ 냉각재내에 핵비등이 일어날때　㉱ 냉각재가 난류가 아니고 층류일때

정 답 : 다

37. 노심내의 냉각재가 핵비등이 일어날때 열전달계수는 핵비등이 일어나지 않는 때 보다 어떻겠는가?
   ㉮ 약간 높다.   ㉯ 약간 낮다.   ㉰ 매우 높다.   ㉱ 매우 낮다.

   정 답 : 다

   참 고
   가. 유량 증가시 열전달 계수의 영향
      열이 피복재에서 냉각재로 전달될때는 층류지역을 거쳐 난류지역으로 간다. 층류의 두께는 열흐름 저항으로 나타나며 이것은 Bulk 유체흐름의 속도에 달려 있다. 유량율이 증가하면서 층류층은 난류층으로 변해가면서 열전달계수가 증가한다.
   나. 과냉각도에 영향을 주는 인자
    1) 냉각재 온도 : 냉각재의 보다 높은 온도는 포화온도로 접근시켜 과냉각 여유도를 감소시킨다.
    2) 가압기 압력 : 압력이 보다 높아지면 포화온도가 높아져 과냉각 여유도를 증가시킨다.

38. 액체의 실제온도와 포화온도의 차이점은 다음중 어느 것으로 설명되는가?
   ㉮ 임계열속   ㉯ DNBR   ㉰ 과냉각여유도   ㉱ 포화여유도

   정 답 : 다

39. 냉각재 상실사고시 적절한 과냉각 여유도를 갖는다는 것은 다음중 직접적으로 무엇이 유지되고 있다는 것인가?
   ㉮ 증기발생기 수위   ㉯ 격납건물 건전성   ㉰ 노심 냉각   ㉱ 미임계

   정 답 : 다

40. 다음 인자중 과냉각 여유도를 감소시키는 것은? 직접 영향을 주는 인자를 선택할 것
   ㉮ 가압기 수위의 증가   ㉯ 가압기 압력의 감소
   ㉰ 냉각재 유량의 증가   ㉱ 붕소 농도의 감소

풀 이

과냉각 여유도에 영향을 주는 인자는 포화온도와 유체의 온도이며 압력의 변화는 포화온도를 변화시켜 과냉각 여유도가 변한다. 정 답 : 나

41. 다음 인자중 과냉각 여유도를 직접적으로 증가시키는 것은?
    ㉮ 가압기 압력의 증가   ㉯ 가압기 수위의 감소
    ㉰ 냉각재 유량의 증가   ㉱ 저온관 온도의 증가

풀 이

압력의 증가는 포화온도를 증가시켜 과냉각 여유도를 증가시킨다. 정 답 : 가

42. 다음 요인중 냉각재 과냉각 여유도를 직접적으로 감소시키는 것은?
    ㉮ 가압기 압력의 증가   ㉯ 가압기 수위의 증가
    ㉰ 냉각재 유량의 증가   ㉱ 냉각재 온도의 증가

    정 답 : 라

43. 다음 사항중 소형 냉각재 상실사고(LOCA) 후 적절한 노심 냉각을 위해 유지되어야 할 것은?
    ㉮ 미싱 노심냉각 유량율이 계기에 나타나야 한다.
    ㉯ 가압기 수위가 지시범위 내에서 유지되어야 한다.
    ㉰ 과냉각 여유도가 영(0)보다 크게 유지되어야 한다.
    ㉱ 가압기 압력이 안전주입 동작점 보다 높아야 한다.

    정 답 : 다

44. 100% 운전중이고 냉각재가 단상을 유지할때 펠렛 중심선에서부터 냉각재 유로의 중심선까지 온도구배를 생각해보고 다음 사항중 초기 노심에서 가장 큰 온도편차가 발생되는 구간은?
    ㉮ 펠렛에서 피복재까지   ㉯ 지르칼로이 피복재
    ㉰ 피복재 부식막   ㉱ 냉각재 층(Layer)

    정 답 : 가

45. 출력운전중 냉각재 유량이 감소하면 노심의 △T에 어떤 영향을 미치는가? 이때의 출력변화는 없다고 가정한다.
   ㉮ 증가한다.
   ㉯ 감소한다.
   ㉰ 불변한다.
   ㉱ 일시적으로 감소하다가 본래의 값으로 돌아온다.

   풀 이
   Q = m·Cp·△T 만약 Q가 일정하면 m의 감소는 △T의 증가를 가져온다.
   정 답 : 가

46. 원자로출력이 30%로 유지된다고 가정하고 이때 냉각재 유량이 10%로 감소한다면 연료온도는 어떻게 되겠는가?
   ㉮ 증가한 후 그 온도에서 유지된다.
   ㉯ 감소한 후 그 온도에서 유지된다.
   ㉰ 증가한 후 본래의 온도로 되돌아온다.
   ㉱ 감소한 후 본래의 온도로 되돌아온다.

   풀 이
   유량이 감소하면서 층류의 폭은 확대되며 열전달 계수는 감소한다. 출력과 T_{avg}가 일정하고 열전달 계수 U가 감소하면 T_{fuel}이 증가해야 한다. 정 답 : 가
   Q = U·A·(T_{fuel} - T_{avg})

47. 발전소가 냉각운전중으로 감압이 진행되면서 강제순환을 하고 있을때 냉각재 유량 및 냉각재펌프(RCP) 전류값이 불규칙하게 지시되고 있다면 다음 사항 중 어떤 상황인가?
   ㉮ 냉각재펌프 공동현상   ㉯ 냉각재펌프 런아웃
   ㉰ 냉각재 유로의 수격현상   ㉱ 고온관 포화현상

   정 답 : 가

48. 냉각재 유량은 원자로 보호계통의 신호로 사용되는데 다음중 어느 것을 보호하기 위한 것인가?

㉮ 냉각재 과냉각 방지 ㉯ DNB 방지
㉰ 열제거원 상실 방지 ㉱ 원자로계통 과압 방지

정 답 : 나

49. 계통내의 단상흐름에 직접적으로 영향을 주는 인자는 다음 사항중 어느 것인가?
㉮ 유체 속도, 배관 직경, 배관의 거칠음 정도
㉯ 유체 압력, 배관 직경, 배관 길이
㉰ 배관의 거칠음 정도, 유체 밀도, 유체 속도
㉱ 비체적, 유체 온도, 유체 압력

풀 이
유로 저항은 유체 속도의 자승에 비례하고 배관 마찰계수에 비례하고 배관 직경에 반비례한다.   정 답 : 가

50. 계통 내에 일정 유량이 흐른다고 가정하고 단상과 2상 흐름에서 저항에 관하여 잘 설명한 것은?
㉮ 단상 흐름에서 저항이 더 크다.
㉯ 2상 흐름에서 저항이 더 크다.
㉰ 저항은 총 유량율과 비례하며 따라서 단상과 2상 흐름의 저항은 동일하다.
㉱ 체적비등이 일어날 때만 단상흐름 저항보다 크고 일반적으로 2상 흐름 저항이 더 작다.

풀 이
단상 흐름 저항보다 2상 흐름의 저항이 실험적으로 크게 나타난다.   정 답 : 나
수두상실에 따른 흐름의 저항은 다음 사항에 달려 있다.
  ○ 유체 속도 : 수두상실은 속도자승에 따라 증가
  ○ 계통 마찰 : 마찰이 클수록 수두상실이 크다.
  ○ 배관 구경 : 구경이 클수록 수두상실이 적어진다.

51. 노심을 우회하며 원자로 노심냉각에 기여하지 않는 냉각재를 무엇이라 하는가?

㉮ 연료 우회유량이라 한다.　　㉯ 노심 우회유량이라 한다.
㉰ 원자로 우회유량이라 한다.　㉱ 내부 우회유량이라 한다.

풀 이
노심 우회유로는 노심을 우회하며 노심냉각에 기여하지 않는다.　　정 답 : 나

52. 노심 우회유량은 노심의 냉각에 기여하지 않지만 중요하다. 그 이유는?
　㉮ 강제순환 상실시 자연순환이 이루어지도록 한다.
　㉯ 연료를 통과하도록 유로를 형성시킨다.
　㉰ 원자로용기 헤드의 냉각재를 혼합시키는 역할을 한다.
　㉱ 냉각재의 온도를 RTD를 통해 신호를 받을 수 있다.

정 답 : 다

53. 노심 우회유량의 기능중 맞는 것은?
　㉮ 노심출력에 따른 유량율을 제어한다.
　㉯ 노냉각재 온도지시에 사용한다.
　㉰ 노냉각재 유량지시에 사용한다.
　㉱ 여러가지 원자로용기 내장품을 냉각시킨다.

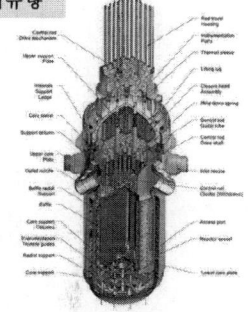

정 답 : 라

54. 적절한 노심 우회유량이 필요한 이유는?
　㉮ 원자로내의 냉각재에 층류 형성을 방지한다.
　㉯ 냉각재 펌프(RCP) 최소 유로를 형성한다.
　㉰ 노외계측 설비를 냉각시킨다.
　㉱ 노내와 용기헤드 상부의 온도를 같게 유지한다.

정 답 : 라

55. 다음 사항중 자연순환이 이루어지기 위해서 맞는 것은?
　㉮ 열원이 열제거원 보다 커야 한다.
　㉯ 열원이 열제거원 보다 높게 위치해야 한다.

㉰ 열제거원이 열원 보다 커야 한다.
㉱ 열제거원이 열원보다 높게 위치해야 한다.

풀 이
열원 또는 열침원의 크기는 유량율을 결정하는데 사용되며 자연순환을 형성하기 위한 구동력을 얻기 위해서는 열침(제)원이 열원보다 높아야 한다.   정 답 : 라

56. 냉각재계통의 자연순환이 형성되기 위해서는 어떻게 설계되어야 하는지 맞는 것은?
㉮ 노심 열중심과 증기발생기 열중심의 위치차이를 최소화해야 한다.
㉯ 노심 열중심과 증기발생기 열중심의 위치차이를 최대로 해야 한다.
㉰ 고온관과 저온관의 직경 차이를 최소화 해야 한다.
㉱ 고온관과 저온관의 직경 차이를 최대로 해야 한다.

풀 이
노심 열중심과 증기발생기 열중심의 차이가 가장 큰 것이 좋다.   정답 : 나

57. 노심 열중심과 증기발생기 열중심의 위치 차이를 최대로 하고 냉각재의 유로 방해를 최소로 하기 위해 설계에 반영하는 이유는?
㉮ 냉각재의 부피를 최소로 하기 위함이다.
㉯ 강제순환시 냉각재 유량율을 최대로 하기 위함이다.
㉰ 냉각재 루프의 통과시간을 최대로 하기 위함이다.
㉱ 냉각재에 자연순환을 확실히 형성시키기 위함이다.

정 답 : 라

58. 증기발생기 열중심선과 노심 열중심선의 높이가 같으면 자연순환은 어떻게 되겠는가?
㉮ 형성되지 않을 것이다.
㉯ 영향을 받지 않을 것이다.
㉰ 높이 차이가 큰 것에 비해 더 잘 일어날 것이다.
㉱ 역방향으로 유로가 형성될 것이다.

풀 이
가. 자연순환이 일어나기 위한 조건
  자연순환은 열원과 열제거원이 있어야 된다. 열제거원은 열원보다 높이 위치해야 하며 열원에서 생성되는 열용량보다 커야 한다. 열원에 의해 냉각재의 온도가 상승되어 밀도가 감소되면서 유체는 상승하려고 하고 열제거원은 냉각재의 온도를 낮추어 밀도를 증가시키므로써 하강하려는 힘이 발생된다.
  따라서 열원과 열제거원 사이에 유로가 형성되는데 고온관의 냉각재는 상승하여 열제거원으로 유입되고 냉각되어 열원으로 흐르게 된다. 이런 현상은 냉각재내의 밀도차이가 존재하여 계통의 유로 저항보다 커서 구동력이 생기는 한 진행된다.
나. 자연순환 현상을 운전원이 확인하는 방법
  자연순환을 유지하기 위해서는 운전원은 냉각재에 가해지는 열보다 최소한 같거나 더 많이 제거해야 한다. 그 방법으로는 복수기 덤프나 증기발생기 덤프밸브를 이용할 수 있으며 운전원은 노심보다 증기발생기의 온도가 더 낮음을 확인하여 구동력을 유지해야 한다.   정 답 : 가

59. 자연순환을 향상시킬 수 있는 사항은?
  ㉮ 열원을 열제거원 보다 더 높게 증가시킨다.
  ㉯ 열제거원과 열원의 온도차를 더 크게 한다.
  ㉰ 열제거원과 열원의 온도차를 감소시킨다.
  ㉱ 열원과 열제거원의 높이 차이를 감소시킨다.

풀 이
자연순환을 위한 열 구동력을 증가시키기 위해서는 열원과 열제거원 사이의 높이를 증가시키거나 이들 사이의 ΔT를 증가시키면 된다.   정 답 : 나

60. 냉각재의 자연순환을 개선할 수 있는 방법은?
  ㉮ 냉각재계통의 압력 감소   ㉯ 증기발생기 압력 증가
  ㉰ 증기발생기 수위 증가   ㉱ 가압기 수위 감소

풀 이
증기발생기의 수위를 증가시키면 열원과 열제거원 사이의 높이를 증가시키는 결과로 열 구동력은 증가한다.   정 답 : 다

61. 자연순환율이 가장 잘되는 경우는?
   ㉮ 원자로정지 후 모든 냉각재펌프를 1시간 운전한 다음 정지시킨다.
   ㉯ 원자로정지 후 2대의 냉각재펌프를 1시간 운전한 다음 정지시킨다.
   ㉰ 원자로정지 후 1대의 냉각재펌프를 1시간 운전한 다음 정지시킨다.
   ㉱ 원자로정지와 동시에 냉각재펌프를 정지한다.

   풀 이
   자연순환은 열구동력에 달려 있다. 열원이 커질수록 구동력도 커지며 따라서 원자로정지 직후의 잔열이 가장 크므로 열구동력도 가장 크다.   정 답 : 라

62. 냉각재계통이 과냉각도를 유지하고 모든 냉각재 펌프(RCP)는 정지되었다. 다음 사항을 증가시킬때 자연순환에 영향을 주지 않는 것은?
   ㉮ 냉각재 압력 증가   ㉯ 원자로정지 후 경과시간
   ㉰ 증기발생기 수위 증가   ㉱ 증기발생기 압력 감소

   정 답 : 가

63. 다음중 Reflux 냉각으로 노심의 열을 제거하는 메카니즘은?
   ㉮ 냉각재 강제순환   ㉯ 냉각재 자연순환
   ㉰ 정체된 냉각재의 전도   ㉱ 노심전체 기화에 의한 방사화

   풀 이
   Reflux 냉각은 사고상태에서 자연순환이 이루어질때 노심에서 발생된 증기가 증기발생기 고온관에서 다시 응축되어 노심으로 흘러내리면서 냉각하는 과정이다.
   정 답 : 나

64. 원자로에서 자연순환이 진행되고 있으며 증기발생기의 대기덤프밸브를 수동으로 조작하여 냉각되고 있다. 만약 U튜브 상부의 기포로 자연순환이 간섭을 받게 되면 다음의 어떤 사항이 발생되겠는가? 이때 급수량, 덤프밸브의 개도, 잔열크기는 일정하다고 간주한다.
   ㉮ 증기발생기 수위와 압력이 증가할 것이다.
   ㉯ 증기발생기 수위는 증가하고 압력을 감소할 것이다.
   ㉰ 증기발생기 수위는 감소하고 압력은 증가할 것이다.
   ㉱ 증기발생기 수위와 압력이 감소할 것이다.

정 답 : 나

65. 원자로가 자연순환 상태에서 증기발생기의 대기덤프밸브를 수동으로 조작하여 냉각되고 있다. 만약 U튜브 상부의 기포로 자연순환이 간섭을 받게되면 다음의 어떤 사항이 발생되겠는가? 이때 급수량, 덤프밸브 개도, 잔열크기는 일정하다고 간주한다.
㉮ 증기발생기 수위와 열전대의 지시 값은 감소한다.
㉯ 증기발생기 수위는 감소하고 열전대 지시 값은 증가한다.
㉰ 증기발생기 수위는 증가하고 열전대 지시 값은 감소한다.
㉱ 증기발생기 수위와 열전대 지시 값이 증가한다.

정 답 : 라

66. 만약 노심에 과냉각을 유지하는 냉각재가 유입된 후 과열증기로 빠져나간다면 대류 열전달계수는 연료봉 하부에서부터 상부로 올라갈수록 어떻게 변하겠는가?
㉮ 계속 증가한다.　　　　　　㉯ 증가 후 감소한다.
㉰ 계속 감소한다.　　　　　　㉱ 감소 후 증가한다.

풀 이
냉각재가 노심을 따라 상승하면서 핵비등이 증가하며 대류 열전달계수를 증가시킨다. 이때 DNB를 만나면 부분 막비등이 시작되어 열전달계수는 감소하기 시작한다.　정 답 : 나

67. 원자로가 노심말기에 있고 제어봉이 모두 인출된 상태에서 100% 운전을 하고 있다. 연료의 축 방향으로 어느 위치에서 최대 DNB가 되는가?
㉮ 연료다발(집합체)의 밑 부분
㉯ 연료다발(집합체)의 상부
㉰ 연료다발(집합체)의 밑 부분부터 중간 높이 까지
㉱ 연료다발(집합체)의 중간에서 부터 상부까지

정 답 : 가

68. 원자로출력이 일정하게 유지되고 있을때 냉각재 유량이 감소한다면 연료온도

는?
㉮ 감소한다. ㉯ 증가한다.
㉰ 일정하게 유지된다. ㉱ 감소한후 원래의 안정 온도로 회복

정 답 : 나

69. 원자로가 열출력 3,400MWt로 운전되고 △T가 60°F이며 냉각재 유량이 1.4×10^6lbm.hr 이다. 노심의 △T가 63.6°F이면 노심 우회유량율은 얼마인가?
㉮ 7.92×10^6lbm/hr ㉯ 8.4×10^6lbm/hr ㉰ 1.26×10^6lbm/hr ㉱ 1.32×10^6lbm/hr

정 답 : 가

밸 브

밸브는 배관 및 튜브와 같은 밀폐된 관을 흐르는 유체를 차단 또는 유량조절을 하는 기계 장치

1. 압력방출 안전밸브의 일차적인 목적은?
㉮ 계통에너지 감소 ㉯ 계통압력 감소 ㉰ 계통건전성 유지 ㉱ 계통질량 유지

풀 이
압력방출밸브가 압력을 감소시켜 에너지를 감소시킨다. 이 밸브의 목적은 계통을 보호하는 것이다. 정 답 : 다

2. 계통압력이 정해진 압력 이상으로 증가하면 열려서 증기나 액체를 방출하고 계통압력이 설정치 이하로 떨어지면 닫혀서 계통 건전성을 유지하도록 설계되어 있는 밸브는?
㉮ 압력제어밸브 ㉯ 조절밸브 ㉰ 역지밸브 ㉱ 방출밸브

정 답 : 라

3. 방출밸브의 기능은?
㉮ 계통 상호연결 ㉯ 계통 압력제한
㉰ 계통 잉여열 제거 ㉱ 계통의 일정유량 유지

정 답 : 나

4. 과압보호밸브의 목적은 용기의 내부압력을 제한하여 기기와 인명을 보호하는 것이다. 다음중 어느 밸브가 위와 같은 설명에 가장 부합되는 밸브인가?
   ㉮ 안전밸브   ㉯ 제어밸브   ㉰ 압력조절밸브   ㉱ 감시(Sential)밸브

   정 답 : 가

5. 다음중 언제나 과압 보호밸브로서 기능을 하는 것은?
   ㉮ 역지밸브   ㉯ 안전밸브
   ㉰ 압력제어밸브   ㉱ 스프링장치 감쇄밸브

   정 답 : 나

6. 안전/방출밸브가 열리기 시작하는 압력과 완전히 개방된 압력과의 차이를 무엇이라 하는가?
   ㉮ 배 출   ㉯ 축 적   ㉰ 설정점 공차   ㉱ 설정점 편차

   정 답 : 나 (축적 : Accumulation)

7. 안전밸브가 열리는 압력설정점과 닫히는 압력설정점 차이를 무엇이라 하는가?
   ㉮ 배 출   ㉯ 축 적   ㉰ 설정점 공차   ㉱ 설정점 편차

   정 답 : 가 (배출 : Blowdown)

8. 배관계통 출구의 제어밸브가 열리면 유량은?
   ㉮ 증가한다.   ㉯ 변화없다.   ㉰ 감소한다.   ㉱ 요동한다.

   정 답 : 가

9. 고정된 재순환 유량을 가진 일정속도 펌프에서 펌프 출구밸브가 열리면 펌프 흡입(Suction) 유량은?
   ㉮ 감소한다.   ㉯ 증가한다.   ㉰ 요동한다.   ㉱ 계속 일정

   정 답 : 나

10. 원심펌프(Centrifugal Pump)를 사용하는 폐쇄계통(Closed System)에서 수동 조절밸브가 한바퀴 더 닫혔다. 계통 전체 유량에 미치는 영향은?
 ㉮ 변화없고 단지 압력만 영향을 받는다.
 ㉯ 증가된 저항으로 인해 감소한다.
 ㉰ 감소된 저항으로 인해 요동한다.
 ㉱ 새 계통 수두에 의한 밸브조작으로 증가한다.

 정 답 : 나

11. 방출밸브가 대기로 열렸을때 밸브의 상부측 압력과 하부측 압력변화는?

구 분	상부측 압력	하부측 압력
㉮	같은 상태 유지	증 가
㉯	증 가	같은 상태 유지
㉰	같은 상태 유지	감 소
㉱	감 소	같은 상태 유지

 정 답 : 라

12. 방출밸브가 대기를 향해 열렸을때 밸브의 상부측 압력은?
 ㉮ 일정 유지하며 하부측 압력은 증가 ㉯ 증가하며 하부측 압력은 일정 유지
 ㉰ 일정 유지하며 하부측 압력은 감소 ㉱ 감소하며 하부측 압력은 일정 유지

 정 답 : 라

13. 열교환기 냉각수 출구밸브가 완전 개방 상태에서 부분적으로 닫히면 밸브상부측 열교환기 냉각수 압력은?
 ㉮ 증 가   ㉯ 무 영향   ㉰ 감 소   ㉱ 요 동

 정 답 : 가

14. 유출밸브를 수동으로 10% 닫으면 상부측 압력과 유출수 유량율은 어떻게 변화하겠는가?

구 분	상부측 압력	급수유량율	구 분	상부측 압력	급수유량율
㉮	감 소	증 가	㉯	감 소	감 소
㉰	증 가	증 가	㉱	증 가	감 소

정 답 : 라

15. 급수조절(제어)밸브를 10% 더 수동으로 개방하면 상부측 압력과 급수유량율은 어떻게 변화하는가?

구 분	상부측 압력	급수유량율	구 분	상부측 압력	급수유량율
㉮	증 가	증 가	㉯	증 가	감 소
㉰	감 소	증 가	㉱	감 소	감 소

정 답 : 다

16. 스프링 동작밸브는 계통 압력상실시 어떠한 위치로 움직이는가?
   ㉮ 완전 열림 위치
   ㉯ 이전의 위치
   ㉰ 완전 닫힘 위치
   ㉱ 중간 위치

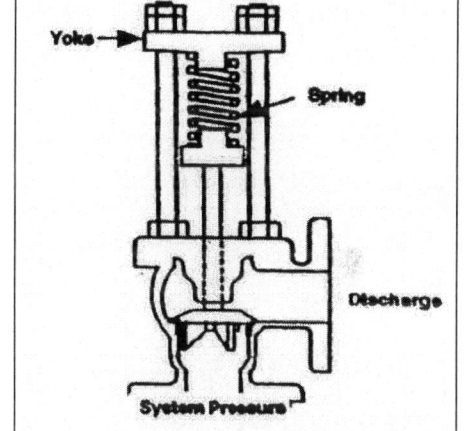

정 답 : 다

17. 스프링 동작 공기구동밸브는 공기압력 상실시 어떻게 되는가?
   ㉮ 완전 열림 위치로 간다.
   ㉯ 현재상태로 유지한다.
   ㉰ 완전 닫힘 위치로 간다.
   ㉱ 중간 위치로 간다.

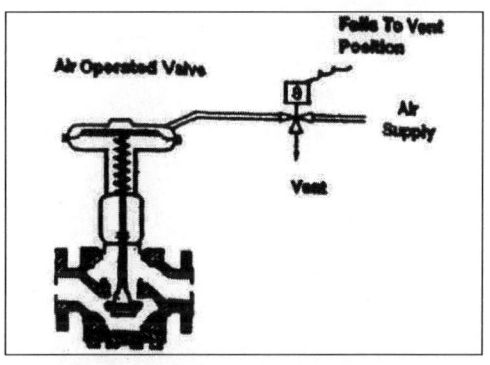

정 답 : 다

18. 공기구동밸브 그림(17번 참조)에서 전원상실시 밸브 위치는?
㉮ 중간 위치   ㉯ 닫 힘   ㉰ 변화 없음   ㉱ 열 림

정 답 : 나

19. 만약 공기구동밸브(그림 17번 참조)의 다이아프램에서 누설발생시 밸브 위치는 어떻게 되는가?
㉮ 열 림   ㉯ 변동 없음
㉰ 닫 힘   ㉱ 계통유량에 따라 변함

정 답 : 다

20. 하이드로릭 밸브에서 하이드로릭 압력 상실시 밸브 위치는 어떻게 되는가?
㉮ 열 림
㉯ 변동 없음
㉰ 닫 힘
㉱ 밸브시트에서의 압력에 따라 변화

풀 이
동작 원리는 공기 구동밸브와 동일
정답 : 가

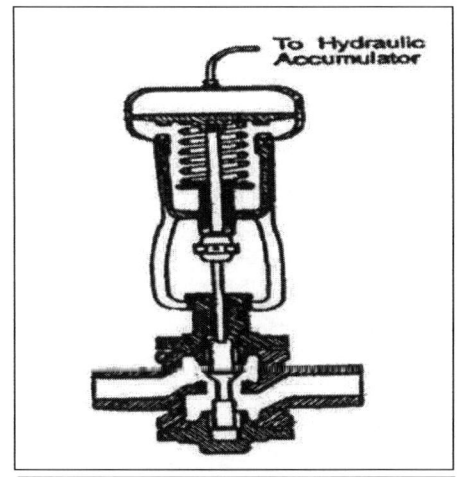

21. 그림의 밸브에서 제어용 공기압력 상실시 스프링 동작밸브는?
㉮ 열 림
㉯ 변동 없음
㉰ 닫 힘
㉱ 중간 위치

풀 이 : 공기압이 상실되면 스프링은 밸브를 열리게 한다.   정 답 : 가

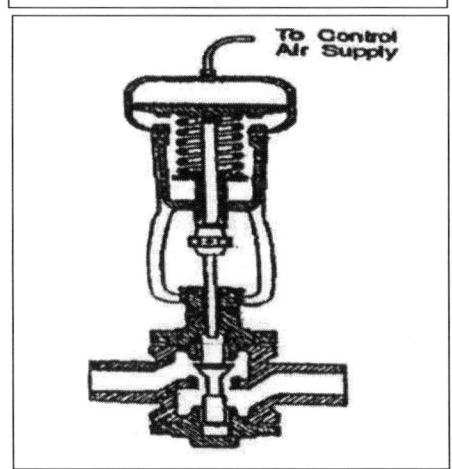

22. 전동기 구동밸브에서 전원상실시 일반적으로 밸브 구동기는 어떻게 작용하는가?
   ㉮ 완전 열림   ㉯ 완전 닫힘   ㉰ 변동 없음   ㉱ 50% 열림

   풀 이
   전동기 구동밸브에서 전동기는 밸브의 열림과 닫힘에 대한 구동력을 제공한다. 전동기 전원이 상실되어도 밸브는 계속 그 상태를 유지한다.   정 답 : 다

23. 밸브 핸드 휠을 양손으로 사용하여 열어야 하는 경우는?
   ㉮ 수격작용을 막기 위해 밸브를 제한하는 경우
   ㉯ 설치되어 있는 잠금장치의 저항을 극복하기 위해
   ㉰ 밸브스템에 작용하는 굽힘력 극복을 위한 측면에 작용하는 힘을 제어하기 위해
   ㉱ 밸브동작 동작계통 압력, 온도와 유량이 제어되는 것을 보증하기 위해

   정 답 : 다

24. 글로브밸브의 열굽힘이나 압력잠김을 방지하기 위해 정상적으로 사용하지 않는 기술은?
   ㉮ 냉각이나 가열시에 닫혀진 밸브를 보통 $\frac{1}{4}$바퀴 연다.
   ㉯ 압력평형을 위해 밸브 본넷에 있는 릴리프 밸브를 이용
   ㉰ 수동밸브를 닫기 위해 적정한 토오크 이용
   ㉱ 냉각되는 동안 밸브 Cycle

   풀 이
   정상적으로 닫혀있는 밸브를 약간 열어두는 것은 밸브의 열구속이나 압력잠김을 방지하기 위해 사용가능한 방법이 아니다.   정 답 : 가

25. 소량의 패킹누설이 있는 밸브의 패킹 글랜드를 조절후 운전원이 밸브조작을 시도했으나 밸브가 고착되었다. 가장 적절한 원인은?
   ㉮ 패킹을 조정도중 운전원이 잘못된 위치에 밸브를 위치시켰다.
   ㉯ 패킹을 과도하게 조인결과 밸브 스템에서 디스크가 분리되었다.

㉓ 패킹 운전중 닫힘 방향으로 밸브에 과도한 힘이 가해졌다.
㉔ 스템을 묶기 위해 운전원이 패킹을 과도하게 조였다.

정 답 : 라

26. 정지된 계통에서 펌프를 격리시키기 위해 수동 게이트밸브를 닫으려고 했다. 그러나 핸드휠을 돌리는 것이 불가능했다. 다음중 그 원인이 아닌 것은?
㉮ 밸브패킹이 부적당하게 조절되어서 밸브 스템에 과도한 힘이 작용했다.
㉯ 계통이 정지후 냉각중이고 열수축이 밸브 스템 구속에 영향을 미쳤다.
㉰ 정지후 계통이 배수되었고 밸브 디스크 밑에 수력잠김이 형성되었다.
㉱ 밸브가 이미 완전닫힘 위치로 조정되어서 더 이상 닫을 수 없다.

정 답 : 다

27. 운전중인 계통에서 수동밸브의 백시팅(Back-Seating) 목적은?
㉮ 계통압력을 패킹과 스터핑 박스로부터 격리시켜 패킹누설을 최소화
㉯ 유체흐름으로 부터 밸브디스크를 완전 격리시켜 계통 수두 손실을 최소화
㉰ 1차 시트 누설발생시 흐름차단을 위한 보충수단 제공
㉱ 배관파열시 흐름차단을 위한 보충수단 제공

풀 이
백시트는 밸브패킹과 패킹 스터핑 박스로부터 압력을 감소시키거나 제거시키는 기능을 한다.   정 답 : 가

28. 밸브 백시트의 기능은?
㉮ 계통 압력을 패킹과 스터핑 박스로부터 격리시켜 패킹누설을 최소화
㉯ 유체흐름으로 부터 밸브디스크를 완전 격리시켜 계통 수두손실을 최소화
㉰ 1차 시트누설 발생시 흐름차단을 위한 보충 수단제공
㉱ 배관파열시 흐름차단을 위한 보충수단 제공

정 답 : 가

29. 운전원이 수동밸브를 조작하려 했으나 고착된 것 같았다. 열거나 닫으려면?

㉮ 밸브구동을 위한 해머를 이용 핸드 휠을 친다.
㉯ 밸브구동을 위해 승인된 밸브 랜치를 이용한다.
㉰ 밸브구동을 위해 밸브 본넷을 약간 느슨하게 한다.
㉱ 밸브 고착을 일으키는 압력을 감소시키기 위해 닫혀있는 배기 및 배수밸브를 연다.

풀 이
고착된 밸브를 움직이게 하기 위해서 운전원은 반드시 허용된 밸브 랜치를 사용해야 한다.　　정 답 : 나

30. 전동기 구동밸브를 수동으로 운전하기 위해 먼저 조치해야 하는 좋은 방법은?
㉮ 클러치를 부드럽게 연동시키기 위해 수동 클러치 연동레버를 누르고 있는 동안 밸브를 전기적으로 작동시킨다.
㉯ 밸브구동 모터의 전원공급 차단 꼬리표를 취부 한다.
㉰ 클러치를 원위치 시키기 위해 클러치 핸드레버를 확실하게 잡아당긴다.
㉱ 정상 전동기 토오크 값으로 자유롭게 동작하는 것을 확인하기 위하여 밸브를 전기적으로 충분히 동작시킨다.

풀 이
밸브 구동기에 공급되는 전원은 수동운전 동안 원격 또는 자동동작 되는 것을 방지하기 위해 반드시 격리되고 꼬리표를 부착해야 한다.　　정 답 : 나

31. 전동기 구동밸브를 수동으로 조작한 후 밸브 구동기가 다시 동작한다. 무엇에 의한 것인가?
㉮ 분리위치로 하기 위한 Declutch 레버 동작
㉯ Engage 위치로 하기 위한 수동 Declutch 레버 동작
㉰ 구동 전동기 차단기가 Racked-In 상태에서 Racked-In 리미트 스위치의 동작
㉱ 열림방향으로 있는 밸브 구동 전동기 동작

풀 이
수동 운전시에는 구동모터 Declutch 레버와 Clutch Ring에 의해 밸브 스템으로부터 Disengage 된다.　　정 답 : 라

32. 운전중인 전동기 구동밸브의 전동기를 수동으로 조작하려고 하면 안된다. 무엇의 손상을 방지하기 위함인가?
    ㉮ 웜 기어 스위치   ㉯ 토오크 스위치   ㉰ 리미트 스위치   ㉱ 클러치

    풀 이
    전동기가 동작중일때 전동기를 수동으로 분리(Disengage)하려 하면 클러치 링과 Declutch 레버의 손상을 초래한다.   정 답 : 라

33. 전동기 구동밸브가 수동위치에 있을때 과도한 밸브 Seating/Back Seating 사용을 피하여야 하는 이유는?
    ㉮ 밸브 스템 제한스위치 설정치가 부정확하게 될지 모르므로
    ㉯ 밸브조작 후 이어지는 운전중에 Binding 될지 모르므로
    ㉰ 밸브 전동기가 필요할때 클러치가 Re-engage 안될지 모르므로
    ㉱ 스템위치가 더 이상 밸브위치를 정확한 지시가 아닐지 모르므로

    풀 이
    과도한 Seating/Back Seating은 밸브디스크가 밸브시트에 과도하게 압착되는 결과를 가져온다.   정 답 : 나

34. 유체 흐름방향을 제어하고 계통에서 역류되는 것을 방지하는 기능을 갖고 있는 밸브는?
    ㉮ 안전밸브   ㉯ 방출밸브   ㉰ 전환밸브   ㉱ 역지밸브

    풀 이
    역지밸브는 유체흐름이 반대가 되면 자동적으로 차단되어 유체가 한 방향으로만 흐르도록 설계되어 있다.   정 답 : 라

35. 역지밸브의 사용 목적은?
    ㉮ 한 방향 흐름 허용   ㉯ 계통 과압방지
    ㉰ 유체 요동완화   ㉱ 수격작용 방지

    정 답 : 가

36. 발전소에서 사용되는 역지밸브의 세 가지 일반유형은?
   ㉮ 스윙, 리프트, 게이트밸브   ㉯ 리프트, 볼, 니들밸브
   ㉰ 볼, 스윙, 리프트밸브   ㉱ 스윙, 리프트, 다이아프램 밸브

   풀 이
   발전소에서 사용되는 역지밸브의 세 가지 유형은 다음과 같다.
   ○ 수평 또는 수직 리프트 역지밸브
   ○ 스윙 역지밸브
   ○ 볼 역지밸브
   게이트밸브는 계통의 유체를 차단하는데 이용되며 유체 흐름방향을 제한하는데는 이용되지 않는다.   정 답 : 다

37. 정지역지밸브는 역지밸브의 수동된 형태로 다음의 기능을 수행한다.
   ㉮ 원격으로 닫혀 지지 않는다.
   ㉯ 유체의 양방향 흐름을 막는데 사용된다.
   ㉰ 유체의 양방향 흐름을 가능하도록 수동으로 열 수 있다.
   ㉱ 게이트밸브 디스크와 역지밸브 디스크를 다 포함한다.

   정 답 : 나

38. 수동밸브의 닫힘상태를 확인하기 위한 운전원의 조작사항중 맞는 것은?
   ㉮ 완전 열림 상태로 한 후 보통의 힘으로 밸브를 다시 닫는다.
   ㉯ 보통의 힘을 사용하여 닫힘 방향으로 밸브를 조작한다.
   ㉰ 유체가 흐르는 소리가 들릴 때까지 열림 방향으로 조작후 보통의 힘을 사용하여 밸브를 닫는다.
   ㉱ 밸브가 정지될때까지 닫힘 방향으로 조작후 보통의 힘을 사용하여 반바퀴 추가로 닫는다.

   정 답 : 나

39. 운전중인 계통에서 수동밸브의 닫힘상태를 보증하기 위해서 운전원의 핸드휠 조작은?
   ㉮ 열림 방향으로 밸브가 완전 열릴때까지 조작후 보통의 힘을 사용하여 밸브를 다시 닫는다.

㉯ 닫힘 방향으로 보통의 힘을 가하여 조작후 실질적인 핸드 휠 움직임이 없음을 확인한다.
㉰ 유체의 흐르는 소리가 들릴 때까지 열림 방향으로 조작후 보통의 힘을 가하여 밸브를 다시 닫는다.
㉱ 밸브가 정지될 때까지 닫힘 방향으로 조작후 필요시 반바퀴 더 닫는다.

정 답 : 나

40. 수동밸브의 완전 열림 상태를 확인하기 위해 운전원은?
㉮ 핸드 휠 움직임이 정지될때까지 열림 방향으로 밸브 핸드 휠을 조작 후 닫힘 방향으로 한 바퀴 조작한다.
㉯ 핸드 휠 움직임이 정지될때까지 열림 방향으로 밸브 핸드 휠을 조작 후 열림 방향으로 반 바퀴 추가로 연다.
㉰ 밸브 핸드 휠을 조작 완전 닫힐 때까지 조작 후 밸브를 완전 개방한다.
㉱ 닫힘방향으로 핸드 휠을 조작하여 밸브를 부분적으로 닫은후 완전 개방한다.

정 답 : 라

41. 유체조절용 밸브로 가장 적합한 밸브 유형은?
㉮ 게이드밸브, 다이아프렘밸느   ㉯ 세이트밸브, 글도브밸브
㉰ 게이트밸브, 버터플라이밸브   ㉱ 글로브밸브, 다이아프램밸브

정 답 : 라

42. 게이트밸브와 글로브밸브를 비교하여 설명한 것이다. 맞는 것은?
㉮ 글로브밸브는 완전개방시 압력강하가 심하며 따라서 조절용으로 더 적합
㉯ 게이트밸브는 완전개방시 압력강하가 크며 따라서 조절용으로 더 적합
㉰ 게이트밸브는 완전개방시 압력강하가 크며 따라서 조절용으로 더 적합
㉱ 글로브밸브는 완전개방시 압력강하가 적으며 따라서 조절용으로 더 적합

풀 이
게이트밸브는 완전열림 위치에서 낮은 압력강하 특성을 갖고 있다. 게이트밸브는 유체흐름을 완전 차단하기 위한 가장 좋은 밸브이며 조절용으로는 적합하지

않다. 게이트밸브와 대비해서 글로브밸브는 완전 열림위치에서 높은 압력강하 특성을 갖는다. 글로브밸브는 조절용으로 이용되도록 설계되었다.   정 답 : 가

43. 게이트밸브와 비교할때 글로브밸브의 주요 약점은?
㉮ 글로브밸브는 유체 조절용으로 사용되어 질 수 있다.
㉯ 글로브밸브는 고가이고 설치하기가 어렵다.
㉰ 글로브밸브는 완전 개방시 높은 압력강하가 발생한다.
㉱ 글로브밸브는 유속이나 압력을 적절하게 제어하지 못한다.

정 답 : 다

44. 게이트밸브의 설치 목적은?
㉮ 유체차단   ㉯ 유체조절   ㉰ 역류방지   ㉱ 압력조절

정 답 : 가

45. 게이트밸브의 유체조절용 밸브로 사용되지 않는 이유는?
㉮ 밸브조절시 큰 압력강하가 부정확한 유량을 지시할지 모르므로
㉯ 모든 게이트밸브는 스템누설을 방지하기 위하여 Backseats에 의존하며 따라서 조절용으로 사용하지 않는다.
㉰ 부분적으로 열려있는 게이트밸브에 의한 유체요동이 밸브에 커다란 손상을 끼치므로
㉱ 큰 규모의 게이트밸브는 밸브위치를 정확하게 지시하기 위해 과잉규모의 구동기가 필요하게 되므로

정 답 : 다

46. 전형적인 역지밸브의 설계특성은?
㉮ 한 방향 흐름만 허용   ㉯ 계통 과압방지
㉰ 계통 구성기기 분리   ㉱ 자동펌프 배기(Vent) 수행

정 답 : 가

47. 그림의 밸브 단면도는 다음중 어떤 형태의 밸브를 나타내고 있는 것인가?

㉮ Rising-Stem 게이트밸브
㉯ Nonrising-Stem 게이트밸브
㉰ Rising-Stem 글로브밸브
㉱ Nonrising-Stem 글로브밸브

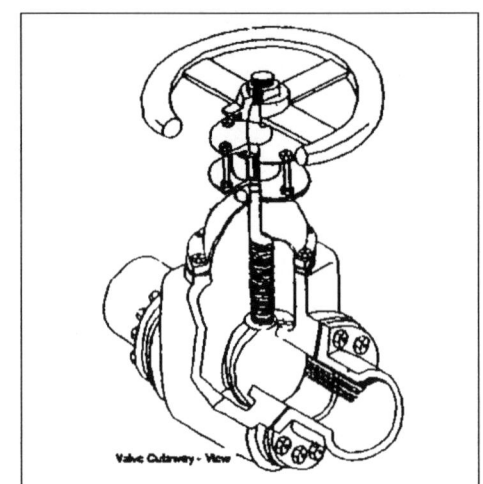

정 답 : 나

참 고

방출 및 안전밸브(Relief & Safety Valve)
유체계통의 우발적인 고압하(Over Pressurization)를 방지하므로써 기기의 손상을 방지한다. 방출밸브와 안전밸브의 차이점은 설정압력에서 밸브가 열리는 정도에 있다. 방출밸브는 입구압력이 설정치 이상 증가함에 따라 점차적으로 열린다. 즉, 과압조건을 제거하기 위해 오직 필요시 열린다. 안전밸브는 압력이 설정치에 도달하자마자 신속하게 열린다. 또한 압력이 Reset Pressure 이하로 떨어질 때까지 계속 열린다. 회복압력은 개방 압력설정치 보다 아래에 있다. <u>안전밸브에서 개방압력 설정치와 회복압력의 차를 Blowdown</u> 이라 한다. 방출밸브는 물이나 기름같은 비압축성 유체에 사용되며 안전밸브는 증기나 기체와 같은 압축성 유체에 사용된다. 안전밸브는 동작점검으로 사용되는 밸브 몸체 상부에 달려있는 레버로도 구별될 수 있다.

감지기 및 검출기

1. 밀도보상 유량계기가 고장시 밀도가 높게 입력되었다면 지시되는 유량은?
   ㉮ 새로운 높은 값으로 증가
   ㉯ 새로운 낮은 값으로 증가
   ㉰ 일시적으로 증가하나 초기 값으로 되돌아온다.
   ㉱ 일시적으로 감소후 초기 값으로 되돌아온다.

   정 답 : 가

2. 유량계에 입력된 보상치는 밀도에 비례한다. 이 입력치는 체적유량율을 다음과 같이 전환한다.

㉮ 속도 유량율   ㉯ 적층 유량율(Leminer)
㉰ 질량 유량율   ㉱ 차압 유량율

정 답 : 다

3. 증기 유량계의 밀도보상 입력은 체적 유량율을 무엇으로 바꾸는데 이용되는가?
   ㉮ 속도 유량율   ㉯ 분당 갤런   ㉰ 질량 유량율   ㉱ 차압 유량율

정 답 : 다

4. 보상된 유량계의 밀도입력이 Fail Low 된다면 유량지시치의 변화는?
   ㉮ 새로운 높은 값으로 증가
   ㉯ 새로운 낮은 값으로 증가
   ㉰ 일시적으로 증가하나 초기 값으로 돌아온다.
   ㉱ 일시적으로 감소하나 초기 값으로 돌아온다.

정 답 : 나

5. 일정한 속도 유량율에서 보상된 유량계기에 밀도 입력신호를 증가시키면 유량지시치가 증가한다. 이 현상이 일어나는 이유는?
   ㉮ 체적유량율 감소   ㉯ 질량유량율 감소
   ㉰ 체적유량율 증가   ㉱ 질량유량율 증가

풀 이
주어진 체적 유량율에서 유체의 밀도증가는 질량 유량율 증가로 나타난다.
정답 : 라

6. 액체 유량을 차압검출기의 지시가 요동하게 하는 가장 가능성이 있는 원인은?
   ㉮ 액체에 Trap 되어 있는 기체나 증기
   ㉯ 액체내의 온도가 불균일한 성분(Gradients)
   ㉰ 검출기를 통해 흐르는 액체의 와류(Vortexing)
   ㉱ 고압감지기 밸브가 부분적 닫힘

정 답 : 가

7. 기체 또는 증기기포가 액체 유량지시계 안에 존재(Entrapped)할때 지시되는 유량이 요동(Flactuation)하는 원인은?
   ㉮ 온도 변화　　　　　　　　㉯ 체적유량율 변화
   ㉰ 차압지시계 도관의 막힘　　㉱ 차압지시계 도관에 감지된 압력변화

   정 답 : 라

8. 차압 액체유량율 검출기를 통하여 흐르는 액체 기포(기체나 공기)가 함유되면 지시된 유량율은 어떻게 변화는가?
   ㉮ 비정상적으로 높게　　　　㉯ 비정상적으로 낮게
   ㉰ 영향받지 않음　　　　　　㉱ 요동(Flactuating)한다.

   정 답 : 라

9. 차압 유량검출기의 고압감지관의 누설이 증가되면 유량지시는 어떻게 되는가?
   ㉮ 증 가　　　　　　　　　　㉯ 감 소
   ㉰ 변화 없음　　　　　　　　㉱ 요동(Flactuating)

   풀 이
   차압 유량검출기에서 고압 감지관이 누설되면 고압보다 저압부 탭간의 차압은 감소되고 감소된 유량으로 지시한다.　　정 답 : 나

10. 차압 유량검출기의 저압감지관의 누설이 증가하면 유량지시는 어떻게 되는가?
    ㉮ 증 가　　　　　　　　　　㉯ 감 소
    ㉰ 변화 없음　　　　　　　　㉱ 요동(Flactuating)

    정 답 : 가

11. 차압 유량검출기의 다이아프램이 파손되면 지시된 유량은 어떻게 되는가?
    ㉮ 증 가　　　　　　　　　　㉯ 감 소
    ㉰ 변화없음　　　　　　　　　㉱ 요동(Flactuating)

    풀 이
    차압 유량감지기에서 다이아프램의 파손은 차압을 감소시켜 영(0)으로 된다. 이것은 저 유량을 지시하는 결과를 가져온다.　　정 답 : 나

12. 차압검출기가 냉각재계통에서 유량율을 조정하는데 사용중이다. 유량율이 눈금 75%를 지시한다. D/P 감지기 다이아프램이 파손되면 지시된 유량율은 어떻게 되겠는가?
   ㉮ 낮은 차압이 감지되어 0%로 간다.   ㉯ 높은 차압이 감지되어 0%로 간다.
   ㉰ 낮은 차압이 감지되어 100%로 간다.   ㉱ 높은 차압이 감지되어 100%로 간다.

   풀 이
   차압계기에 다이아프램이 파손되면 차압이 0이 되며 지시 유량율도 0이 된다.
   정 답 : 가

13. 차압 유량검출기의 평형관이 열려 있으면 유량검출기의 지시는 어떻게 되는가?
   ㉮ 조금 증가   ㉯ 조금 감소   ㉰ 영(0)이 된다.   ㉱ 변화 없음

   정 답 : 다

14. 차압 유량감지기 오리피스가 마모되면 오리피스 또는 유량노즐이 확대된다. 지시된 유량율이 어떤 영향을 미치겠는가?
   ㉮ 정상보다 더 높게 지시   ㉯ 정상보다 더 낮게 지시
   ㉰ 변화 없음   ㉱ 요동한다.

   정 답 : 나

15. 밀도보상 증기유량 계기 고장시 증기압이 높게 입력되었다면 지시된 유량율은 어떻게 되는가?
   ㉮ 밀도 입력이 감소하므로 감소   ㉯ 밀도 입력이 감소하므로 증가
   ㉰ 밀도 입력이 증가하므로 감소   ㉱ 밀도 입력이 증가하므로 증가

   풀 이
   높게 입력된 증기압은 증가된 증기밀도를 나타내게 한다. 동일한 체적질량율 하에서는 높은 밀도는 높은 질량 유량율을 나타내게 한다.   정 답 : 라

16. 사용중인 차압 유량검출기와 교정된 오리피스에 실제 체적유량율 보다 지시된 체적유량율이 더 낮게 지시되는 이유중 하나는?

㉮ 고압 감지관의 누설 증가 ㉯ 오리피스에 남아있는 이물질(Debris)
㉰ 시간경과에 따른 오리피스 부식 ㉱ 계통 압력감소

정 답 : 다

17. 사용중인 차압 유량검출기와 교정된 오리피스에 실제 유량을 보다 높게 유량율이 지시되는 이유중 하나는?
㉮ 저압 감지관의 누설 증가 ㉯ 오리피스에 남아있는 이물질(Debris)
㉰ 시간경과에 따른 오리피스 부식 ㉱ 유량감지기 평형밸브가 우연히 열림

풀 이
오리피스내의 이물질은 주어진 유량 하에서 보다 높은 압력강하를 유발한다. 따라서 더 높은 유량율이 지시된다.   정 답 : 나

18. 전리함 방사선감지기에서 전장크기(Electric Field Strength)가 전리함 영역의 하부에서 상부 끝까지 증가하면 검출된 전체 이온의 숫자는 (   )하고, 전리함에 검출된 이온들은 수집되는 감마선 준위와는 (   ) 하다.
㉮ 증가, 무관 ㉯ 본래와 동일, 무관
㉰ 증가, 비례 ㉱ 동일, 비례

참 고
전리함에서 출력신호는 입사된 방사선에 의해 생성된 일차 이온화의 양에 의한 함수이다. 전압이 증가함에 따라 계측기의 출력은 계속 일정하다. 정답 : ㉱

19. 이온화 영역에서 작동중인 기체봉입형 방사선감지기가 감마선 영역에 노출되어 있다. 감마선 영역이 일정하게 유지되고 공급전압이 증가하나 이온화 영역을 유지한다면 감지기 출력은 어떻게 되겠는가? (㉯)
㉮ 2차 이온화 증가로 증가한다.
㉯ 영역에서 전압변화는 감지기 출력에 영향이 없으므로 동일하게 유지된다.
㉰ 1차 이온 재결합 감소로 인해 증가한다.
㉱ 감지기가 이미 최대한 출력을 형성하고 있으므로 동일하게 유지된다.

20. 열중성자 검출과 원자로출력 지시에 대표적으로 사용되는 전리함 내부 재료는?

㉮ 폴리에칠렌　　㉯ B^{10}　　㉰ U^{238}　　㉱ Rh^{103}

[참 고]
검출기는 중성자와 반응하여 이온을 형성할 수 있는 물질을 포함해야 한다. 최적의 표적물질은 붕소이다. 일반적으로 전리함에서 B^{10}은 검출기 내부벽에 도포되어 있다. 정답 : ㉯

21. 전리함의 중성자 감지기는 중성자가 이온화된 분자가 아니기 때문에 감지기 내부에 특별한 형태가 요구된다. 전리함 중성자 감지에 요구되는 특별한 형태는? (㉱)
㉮ 폴리에칠렌으로 된 감지기 내부 선(Line)
㉯ B^{10}으로 된 감지기 내부 선
㉰ 폴리에칠렌으로 감지기를 캡슐화
㉱ B^{10}으로 감지기를 캡슐화

22. GM 튜브 방사선감지기가 고 감응도인 이유는? (㉰)
㉮ 감지기에 공급되는 전압변화가 감지기 출력에 영향이 거의 없다.
㉯ GM 튜브가 다른 방사선감지기 보다 길다.
㉰ 1차 이온화에 영향을 주는 입사 방사선(Event)은 전체 감지기 기체를 이온화 시킨다.
㉱ GM 튜브는 저준위 방사선 감지에 공급되는 저감지 전압에 관련되어 작동된다.

23. GM 튜브 방사선 감지기는? (㉱)
㉮ 중성자와 감마선을 구별한다.
㉯ MeV 영역에서 에너지준위가 다른 감마선을 구별한다.
㉰ 공급된 전압이 증가되면 출력이 증가한다.
㉱ 기체증폭에 유용하다.

[참 고]
GM 튜브가 방사선에 민감하기는 하지만 방사선의 에너지를 구별하지 못한다.

24. 섬광계수기는 방사선 에너지를 빛으로 전환시키는데 어떠한 과정을 거치는가? (㉰)

㉮ 기체 증폭　　㉯ 공간 충전효과　㉰ 발 광　　　㉱ 광이온화

풀 이
물질이 빛의 자극에 의해 발광하는 현상
조사광을 제거하여도 계통 발광하는 것은 인광, 조사광을 제거하면 바로 소멸하는 것을 형광(Flurorescene)이라 구별한다. 즉, 형광은 빛 에너지를 흡수한 물질내의 전자가 여기상태(Excited Level)가 되었다가 곧 기저상태(Ground Level)로 돌아가면서 빛을 발산하는 것.

25. 비례계수기의 기능을 설명한 것중 가장 적합한 것은?
　㉮ 1차 이온화에서 나온 이온 일부가 검출된다. 2차 이온화 현상은 일어나지 않는다.
　㉯ 1차 이온화에서는 생성된 모든 이온이 검출된다. 2차 이온화는 일어나지 않는다.
　㉰ 2차 이온화에서 생성된 일부 이온과 1차 이온화된 이온 전체가 검출된다.
　㉱ 1차 이온화, 2차 이온화 그리고 전자사태(Townsend Avalanche)된 모든 이온이 검출된다.

[참 고]
비례계수기에서는 2차 이온화가 발생된다. 2차 이온의 생성은 전극에 수집된 총 전하에 추가된다. (㉰)

26. 비례계수기에 의한 중성자 검출에는 어떤 형태가 요구되는가?
　㉮ 감지기 외부면을 B^{10}으로 감압
　㉯ BF_3 기체로 채워진 감지기
　㉰ B_4C로 만들어진 양극 감지기
　㉱ 붕산염 폴리에틸렌에 담겨진 감지기

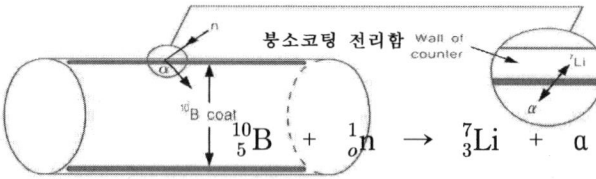

[참 고]
BF_3 비례계수기는 기체봉입형 검출기 특성 곡선상의 비례영역에서 동작하며 BF_3 기체로 채워진 원통형 검출기 형태이다. 중성자는 붕소원자와 반응하여 하전입자를 만들어 내는데 이것은 계측기 내부의 기체를 이온화 시킨다.(㉯)

27. 휴대용 측정장치를 사용하기 전 점검하는 4가지 사항에 해당되지 않는 것은?
   ㉮ 건전지 점검   ㉯ 누설 점검   ㉰ 육안 점검   ㉱ 검교정 일자점검

   [참 고]
   휴대용 측정기기를 사용하기 위해서는 건전지 점검, 검교정 인자점검, 육안점검 및 선원점검 등 4가지 점검이 선행되어야 한다. 정답 : ㉯

28. 다음중 저 감마선 영역을 측정하는데 사용되는 방사선 감지기는? (㉯)
   ㉮ 전리함   ㉯ GM 튜브   ㉰ 비례계수기   ㉱ 분열함

29. TLD에 기록된 선량판독에 사용되는 방법은? (㉰)
   ㉮ TLD에 빛을 쬐고 렌즈를 통과시켜 내부의 투명한 범위에 대한 조직위치로 측정
   ㉯ TLD의 "Read" 버튼을 누르고 디지털로 표시된 내용을 바로 읽음
   ㉰ TLD 판독계에 TLD를 넣고 TLD를 가열하여 측정기로부터 방출되는 광도 측정
   ㉱ TLD에 빛을 쬐어 TLD 유리체의 어두운 정도를 측정

30. BF_3 비례계수기는 여러 종류의 방사선 지역에서 한 종류의 방사선 세기(Strength)만을 측정하는데 사용할 수 있다. 이것은 지시에 필요한 (   ) 신호만이 남도록 하기위해 (   ) 신호가 제거된다. (㉮)
   ㉮ 중성자, 감마   ㉯ 감마, 중성자   ㉰ 중성자, 베타   ㉱ 베타, 중성자

   공간 방사선량율을 측정 감시하는 방법
   ○ 연속적 측정 감시 : 방사선이 연속적으로 방출되는 방사선구역은 Monitor에 의해 연속감시하며 이상시 이를 알리는 경보장치를 부착하여 감시
   ○ 주기적 측정 감시 : 방사선이 간헐적으로 발생하거나 필요시 방사선작업을 수행하는 지역에는 주기적인 감시로 휴대용 방사선 측정기를 사용하여 선정된 위치를 주기적으로 측정 감시한다.
   Smear
   채취효율은 보통 재료에서 10% 정도, 표면이 원활한 비침투성 재료에서는 50% 정도

주요 용어

○ 선형에너지 전달계수(LET : 매질측면) : 물질에 전달되는 에너지중 2차 방사선에너지(δ) 형태로 관심영역을 빠져나간 것을 제외한 에너지 전달량

○ 생물학적 효과비(RBE) : 어떤 지정된 효과를 일으키는데 필요한 기준방사선의 흡수선량에 대한 동일한 효과를 일으키는 비교방사선의 흡수선량의 비

$$RBE = \frac{어떤 효과를 발생시키는데 필요한 기준 방사선의 흡수선량}{동일한 효과를 발생시키는데 필요한 시험 방사선의 흡수선량}$$

○ 선량예탁 : 방사성물질의 호흡, 섭취 등 체내피폭과 관련한 방사선피폭이 장기간 계속될때 특정 인구집단에서 개인당 조직 또는 장기의 선량의 무한시간 적분 값으로 주어지는 선량

○ ICRU 구(Sphere : 직경 30㎝) : 밀도가 1gr/㎤의 조직등가(Phantom)인 구(Sphere)로 산소(76.2%), 탄소(11.1%), 수소(10.1%), 질소(2.6%)의 성분으로 구성된다. 1㎝ 깊이 심부선량, 0.3㎝ 깊이 눈의 수정체 선량

○ 개입(Intervention : 사후 대응형) : 피폭원을 제거하거나 피폭경로를 변화시키거나 또는 피폭자 집단을 감소하는 등의 활동을 유도하여 피폭선량을 감소하게 하는 인간 활동으로 사고시의 옥내대피나 소개 또는 라돈농도가 높은 가옥에 대한 대책 등으로 기존의 피폭을 저감하는 인간 활동

○ 방호의 최적화를 판단하기 위한 기법
 - 비용 편익분석(Cost Benefit Analysis)
 - 비용 효과(Cost Effectiveness)분석
 - 다속성효용(Multi Attribute Utility)분석
 - 다범주우위(Multi Criteria Outranking)

내부오염 치료 Chelating Agent : 체내에 섭취된 방사성 물질의 배설을 촉진방법(EDTA, TTHA, DTPA)	
액 종	치 료
Cs-137	위장관 흡수 차단 : Prussian Blue
H-3	배설 증가 : 다량의 수액
I-131	갑상선 섭취 차단 : KI, KIO_3
Pu-239	소변 배설 증가 : DTPA(Ca, Zn)
U-238	구연산염, 중탄산 나트륨(일명 소다)

○ 생애 리스크 예측모델
 - 절대위험모델(더하기 모델) : 암 위험이 선량크기에 따라 일정량이 되고 이것이 자연 암 위험에 더해진다고 간주
 - 상대위험모델(곱하기 모델) : 암 위험이 자연 발암위험에 비례할 것으로 보는 모델

○ ICRP-103 피폭상황체계
 - 계획피폭상황(Planned Exposure Situations) : 선원을 의도적으로 도입하고 운영함에 수반되는 피폭상황
 - 비상피폭상황(Emergency Exposure Situations) : 참고준위 20~100mSv
 - 기존피폭상황(Existing Exposure Situations) : 참고준위 1~20mSv 설정

펌프, 열교환기 및 복수기 등

1. 다음 계기 지시중 펌프 공동현상(Cavitation)시 나타나는 것은?
   ㉮ 모터 전류가 높은 상태이다.　　㉯ 펌프 출구압력이 영(0)을 지시한다.
   ㉰ 모터 전류가 계속 흔들린다.　　㉱ 펌프 출구압력이 차단수두를 지시
   참 고
   공동현상은 일정하지 않거나 변화가 심한 전류 그리고 출구유량의 심한 변화로 특정된다. 펌프의 유량이나 출구압력이 최대 또는 최소치로 일정한 변화를 나타내는 것을 의미　정답 : ㉰

2. 원심펌프의 공동현상의 증상으로 맞는 것은?
   ㉮ 출구 저압력과 모터의 고전류　　㉯ 출구 고압력과 모터 저전류
   ㉰ 출구 저압력과 펌프의 저유량　　㉱ 출구 고압력과 펌프의 저유량
   참 고
   [펌프는 액체에 에너지를 주어 이것을 저압부(또는 낮은 곳)에서 고압부(또는 높은 곳)로 송출하는 기계]
   공동현상(Cavitation) : 유체속도 변화에 의해 압력변화로 인해 유체내에 공동이 생기는 현상으로 빠른 속도로 액체가 운동할 때 액체의 압력이 증기압 이하로 낮아져서 액체내에 증기기포가 발생하는 현상　정 답 : ㉰
   발생 원인
   ○ 펌프의 흡입측 수두가 클 경우
   ○ 펌프의 마찰손실이 클 경우
   ○ 배관내 유체가 고온일 경우
   ○ 펌프의 회전자(임펠러)속도가 너무 클 경우
   ○ 펌프의 흡입관경이 유체의 증기압 보다 낮은 경우
   ○ 펌프의 흡입압력이 유체의 증기압 보다 낮은 경우

   [Ha : 대기압 수두 / Hs : 흡입 실양정 / Hv : 포화 증기압 환산 수두]
   [Ha - Hs - Hv]
   [유효 흡입수두 = 1.3 × 필요 흡입수두]
   [Re NPSH (압력강하수두) : 회전차에서 운동에너지 변화에 필요한 수두]
   [Av NPSH (유효흡입수두)]

3. 펌프 회전날개의 빈번한 손상과 점식의 원인이 되는 증기기포의 생성원인으로 맞는 것은?
   ㉮ 증기 결함　　㉯ 과열된 베어링　　㉰ 수격작용　　㉱ 공동현상
   참 고
   공동현상은 펌프 회전자에서 기포의 생성과 뒤이은 소멸로 정의된다. 공동현상은 증기기포가 펌프로부터 기포가 충돌되어지는 곳인 하향유로 배관으로 방출되어지고 수격작용을 일으킨다.　정답 : ㉱

4. 개방(Open) 유로에서 정격상태에 운전중인 원심펌프가 공동현상으로 이어질 수 있는 운전변수의 변화로서 맞는 것은?
   ㉮ 펌프 입구 온도의 지속적인 증가   ㉯ 펌프 회전 속도의 지속적인 감소
   ㉰ 펌프 재순환 유량의 지속적인 감소   ㉱ 펌프 흡입압력의 지속적인 증가
   참 고
   펌프 입구 온도가 지속적으로 증가하면 어떤 주어진 압력에서의 포화온도에 더 근접하게 된다. 온도차이를 유지하는 것이 공동현상을 방지하는 것임   정답 : ㉮

5. 원심펌프 기동시 공동현상 가능성을 최소화하기 위한 조치사항은?
   ㉮ 유효흡입수두 확보   ㉯ 출구밸브 열림을 확인
   ㉰ 펌프 배기를 확실하게 유지   ㉱ 펌프 흡입밸브 닫힘을 확인
   참 고
   적절한 유효흡입수두 보증은 공동현상을 방지하기 위한 여유를 제공   정답 : ㉮

6. 원심펌프에서의 공기결합은 바람직하지 않으므로 이것을 방지하기 위한 조치는?
   ㉮ 펌프가 안정되어질 때 배기밸브를 연다.
   ㉯ 펌프가 운전중일 때 배기밸브를 닫는다.
   ㉰ 펌프를 프라이밍(Priming)하는 동안 일정한 물줄기가 형성될때까지 펌프 케이싱 배기밸브를 열어둔다.
   ㉱ 펌프 기종시 입구 배기밸브를 열고 펌프가 돌고난 후 닫는다.

   원심펌프의 원리
   임펠러가 케이싱 내에서 회전하여 발생하는 원심력 작용에 의해 유체는 임펠러 중심으로 흡입되어 반지름 방향으로 토출하면서 압력 및 속도 에너지를 얻고 안내깃을 지나 와류실을 통과하는 사이에 압력 에너지로 변환된다. 그리고 반경방향으로 물이 방출된 임펠러의 중앙부에는 국부진공이 생겨서 흡입관으로부터 물을 연속적으로 흡입하게 된다.

   참 고
   펌프 케이싱으로부터 공기제거 또는 기체(증기 등) 추출을 위한 일반적인 방법은 펌프가 충수되어 지도록 펌프 케이싱 배기밸브를 여는 것이다. 펌프 충수는 운전원이 배기밸브를 당기 전에 잔존공기 징후를 볼 수 없을 때까지 기다려야 한다. 정답 : ㉰

7. 원심펌프가 기동되고 나서 유량, 출구압력, 전류지시치가 심하게 흔들린다. 이것이 의미하는 펌프의 상태로 맞는 것은?
   ㉮ 과도한 추력상태   ㉯ 공동현상
   ㉰ 런 아웃   ㉱ 웨어링(Wearing) 손실
   정답 : ㉯

8. 원심펌프에서 기체 결합은 다음중 펌프가 어떤 상태일 때 발생하는가?
   ㉮ 펌프가 최대 용량에서 운전중일 때
   ㉯ 와류관(Volute)이 증기와 공기로 채워졌을 때
   ㉰ 회전자가 펌프 케이싱내 기체의 생성공간에서 잠겨 있을 때
   ㉱ 유효흡입수두가 펌프 흡입수두를 초과했을 때
   참 고
   펌프 케이싱 내에 포집된 공기는 기체결합과 펌프의 유량, 압력을 감소시키는 요인이 될 수 있다. 서징(Surging)은 공동현상과 같이 운전중 진동과 소음이 발생하는 현상   정답 : ㉯

9. 원심펌프의 차단수두(Shutoff Head)를 설명하고 있는 것은?
   ㉮ 주어진 펌프 차압에서 체적 유량율이 최대로 되었을 때
   ㉯ 공동현상은 차단수두에 도달되므로서 발생
   ㉰ 유효흡입수두가 최대 수위에 있을 때
   ㉱ 펌프 차압이 최대치 일 때
   참 고
   차단수두는 일반적으로 펌프가 낼 수 있는 수두의 최대치(차압)으로 정의되고 공동현상 방지는 액체 온도를 낮추거나 펌프 흡입구 압력을 증가   정답 : ㉱

10. 계통압력이 펌프 차단수두 보다 높을때 원심펌프를 정지하여야 하는 이유는?
    ㉮ 고압에 의해 펌프 케이싱이 손상되는 것을 방지하기 위함
    ㉯ 불충분한 유량으로 과열되는 것을 방지하기 위함
    ㉰ 펌프출구 하항유로의 계통압력의 감소에 의한 수격작용을 방지하기 위함
    ㉱ 계통압력 감소시 유체의 부주의한 주입을 방지하기 위함
    참 고
    펌프의 과열은 펌프의 불충분한 유량의 결과   정답 : ㉯

11. 그림에서 밸브"A"를 통한 유로의 설계목적은?
    ㉮ 펌프가 차단수두 상태 운전시 최소 재순환 유량 제공
    ㉯ 재순환유로 형성으로 펌프 런-아웃 방지
    ㉰ 유효흡입수두를 올려 펌프 입구측에 소량의 물 공급
    ㉱ 유량이 없는 상태에서 과도한 압력으로부터 출구배관 보호
    참 고

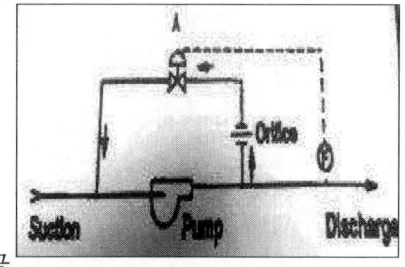

- 295 -

펌프의 일반적인 설계로 가끔 오리피스를 통하여 최소유량의 재순환유로를 형성하도록 하는 것도 있다. 정답 : ㉮

12. 충전펌프를 기동하고 5분후 운전원 점검결과 펌프 케이싱이 뜨겁고 소음이 매우 심하며 또한 유량이 정상치를 벗어나 예상보다 낮다. 이 현상의 원인이 아닌 것은?
   ㉮ 펌프의 공동현상
   ㉯ 펌프의 공기결합
   ㉰ 펌프 런-아웃 상태에서 운전
   ㉱ 출구밸브 닫힘상태로 운전 및 재순환 유로가 차단됨
   참 고
   펌프 런-아웃이 일어날 때 체적 유동율은 최대치 고수위에 도달한다. "A"밸브 개방으로 탱크수위가 증가하면 펌프 흡입측 위치수두는 크게 된다. 정답 : ㉰

13. 원심펌프의 유효흡입수두를 감소시키는 원인에 해당하는 것은?
   ㉮ 흡입유체 온도 감소
   ㉯ 펌프 출구압력 증가
   ㉰ 펌프 출구밸브 조절 닫음
   ㉱ 펌프 출구밸브 조절 열음
   참 고
   라)는 흡입측 압력이 낮음으로 인해 유량증가가 이루어지므로 NPSH를 감소시킨다. 유효흡입수두의 산술적 표현은 흡입압력 = 포화압력 정답 : ㉱

14. 교류 전동기 구동 원심펌프 운전중 최대 전류를 유발시킬 수 있는 경우는?
   ㉮ 펌프출구 수두가 차단수두에 도달시
   ㉯ 펌프가 최소유량으로 운전중일때
   ㉰ 펌프출구 수두가 설계수두에 도달시
   ㉱ 펌프가 런-아웃 상태에서 운전중일때
   참 고
   런-아웃(Run-out)은 전동기 전류를 최대치가 되게 함 정답 : ㉱

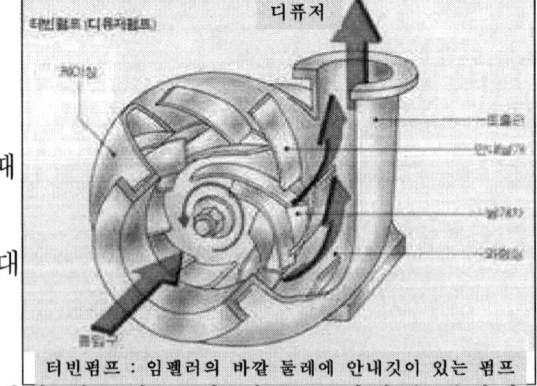

15. 운전중인 원심펌프의 출구밸브를 서서히 닫으면 모터 전류는 어떻게 변할까?
   ㉮ 증 가
   ㉯ 감 소
   ㉰ 잠시 증가후 원래값으로 복귀
   ㉱ 잠시 감소후 원래값으로 복귀

참 고
출구밸브가 조절상태로 되므로 펌프 출구압력은 증가하고 유량은 감소하며 또한 요구전력도 감소한다.   정답 : ㉯

16. 펌프 런-아웃을 나타내는 것은?
   ㉮ 출구압 높음   ㉯ 모터전류 낮음   ㉰ 유량율 높음   ㉱ 역회전 유량
   참 고
   낮은 출구압, 고전류 그리고 많은 유량은 런-아웃 상태에서 관찰됨

17. 펌프 런-아웃이 바람직하지 않은 이유는?
   ㉮ 과도한 유량에 의해 발생되는 배압의 상실을 나타내기 때문
   ㉯ 모터가 높은 운전전류로 손상을 받을 수 있기 때문
   ㉰ 감소된 입구압으로 응축 감압된 것은 증가상태로 유도하기 때문
   ㉱ 수격작용은 출구배관내에 압력충격에 의하여 일어난다.
   참 고
   펌프를 통해 흐르는 유량은 모터 권선 과열을 유발하는 회전속도 증가에 따라 증가하기 때문   정답 : ㉯

18. 대형 원심펌프를 기동할 때 적절한 출구밸브 개도와 그 이유로 맞는 것은?
   ㉮ 모터 소요전력을 감소시키기 위해 출구밸브를 완전 개방
   ㉯ 모터 소요전력을 감소시키기 위해 출구밸브를 조절 개방
   ㉰ 적절한 펌프 유효흡입수두를 만족시키기 위해 출구밸브를 완전히 개방
   ㉱ 적절한 펌프 유효흡입수두를 만족시키기 위해 출구밸브를 조절상태
   정답 : ㉯

안내깃이 없으며 임펠러 바깥 둘레에 볼트류 케이싱이 있는 펌프

그림 : 볼트류 펌프

19. 유효흡입수두의 정의는?
   ㉮ 유체수두, 속도수두 및 위치수두의 합계
   ㉯ 공동현상을 방지하기 위해 필요한 최소 흡입수두
   ㉰ 전흡입수두와 펌프 흡입구에서 유체 포화압력과의 차이
   ㉱ 펌프 입구압과 출구압의 차이
   정답 : ㉰   참고로 차압의 정의는 펌프 입구압과 출구압의 차이

20. 다음중 펌프 운전특성에 대한 설명으로 맞는 것은?
   ㉮ 원심펌프는 일정한 수두에서 다양한 유량을 형성시킨다.
   ㉯ 용적형 펌프는 유량의 다양한 변화에도 일정한 수두를 형성시킨다.
   ㉰ 원심펌프는 수두에서 극히 높은 유량을 형성시킨다.
   ㉱ 용적형 펌프는 수두의 변화에 대하여 일정한 유량을 형성시킨다.
   참 고
   용적형 펌프(왕복펌프와 회전펌프로 구분)는 수두에 상관없이 일정한 유량을 낸다. 펌프는 회전속도와 왕복운동이 변화되지 않는다면 정해진 실재적인 유량을 확보하도록 설계되어 진다. 이상적인 용적형 펌프에서 출구밸브 개도 조절은 단지 수두를 변화하게 할 것이다. 정답 : ㉱

11번 그림 참조

21. 정격유량에서 운전중인 펌프가 곧바로 공동현상으로 연결될 수 있는 사항은?
   ㉮ 재순환 유로로 배열될때   ㉯ 재순환 유로 차단시
   ㉰ 입구밸브 완전 닫힘시   ㉱ 출구밸브 완전 열림시
   정답 : ㉰

22. 이상적인 용적형 펌프에서 최소 필요흡입 수두는 다음중 어떤 경우에 증가될까?
   ㉮ 모터 회전속도 증가   ㉯ 출구압력 감소
   ㉰ 입구온도 증가   ㉱ 출구밸브 조절 열음
   참 고
   증가된 유량은 NPSH(유효흡입수두의 값이 클수록 공동현상이 발생할 가능성이 적어진다. 펌프의 회전자 입구 부분에서 압력강하가 발생)로 입구압력을 보다 낮도록 할 것이므로 필요 흡입수두는 증가 할 것이다. 정답 : ㉮

23. 정의중 "불균일한 온도분포에 의해 기계 구조물에 갑자기 강한 응력이 가해지는 것"을 무엇이라 하는가?
   ㉮ 열응력   ㉯ 열충격   ㉰ 취성파괴   ㉱ 가압열충격
   정답 : ㉯

24. 다음중 압력용기의 열충격을 일으키는 원인은?
   ㉮ 용기 담근질   ㉯ 위험한 과냉각   ㉰ 빠른 압력변화   ㉱ 빠른 유량변화
   정답 : ㉯

25. 압력용기의 급작스런 냉각으로부터 주로 발생되는 열역학적 결과는?
   ㉮ 과냉각 여유도 상실   ㉯ 열충격
   ㉰ 정지여유도 상실   ㉱ 응 축
   정답 : ㉯

26. 열교환기 튜브에 축적되는 관석이 열전달계수에 미치는 영향은?
   ㉮ 열전달계수의 증가   ㉯ 열전달계수의 감소
   ㉰ 열전달계수의 불규칙한 변화   ㉱ 무 변화
   참 고
   관석의 증가는 열교환기 튜브 위에 단열층을 형성한다. 관석층의 두께가 증가할 수록 열전달계수는 감소한다. 튜브 오염은 유효 열전달계수의 감소와 열교환기 튜브를 통하는 흐름의 방해물로써 열교환기의 열전달율을 감소시킴 정답 : ㉯

27. 열교환기 내의 튜브 오염이 열전달율을 감소시키는 이유는?
   ㉮ 열교환기 관외측의 유체속도 감소와 열전달 면적 감소
   ㉯ 열교환기 관내측을 통하는 유량증가와 열전달 면적 증가
   ㉰ 총 열전달계수 감소와 튜브내측 유량 감소
   ㉱ 총 열전계수 증가와 튜브외측 유량 증가
   참 고
   튜브 오염은 열교환기 튜브의 일부를 막히게 하여 튜브를 통하는 냉각 유체의 유량을 감소시킨다. 유효 열전달계수는 감소하게 하고 따라서 열전달이 감소한다. 정답 : ㉰

28. 붕산수가 열교환기 튜브를 통과하여 순수에 의해 냉각되어 진다. 열교환기 튜브외측 압력이 튜브내측 압력보다 낮다면 튜브 손상시 나타나는 결과는?
   ㉮ 열교환기 튜브외측 압력이 증가하고 붕산수 계통이 희석된다.
   ㉯ 열교환기 튜브외측 압력이 감소하고 붕산수 재고량이 소모된다.
   ㉰ 열교환기 튜브외측 압력이 증가하고 붕산수 재고량이 소모된다.
   ㉱ 열교환기 튜브외측 압력이 감소하고 붕산수 계통이 희석된다.
   정답 : ㉮

29. 열교환기 성능에 관한 설명중 관련이 없는 것은?

㉮ 열교환기 튜브표면에 축적되는 관석은 열전달계수를 감소시킨다.
㉯ 열교환기 튜브의 오염은 총 열전달계수를 감소시킨다.
㉰ 열교환기 내에서 층류에 의한 열전달은 난류에 의한 열전달보다 효과적이다.
㉱ 작은 양의 공기 또는 비응축성기체의 유입은 열교환기 성능을 개선시킨다.
참 고
공기와 비응성기체는 열교환기의 총 열전달율을 감소시킨다. 정답 : ㉱

30. 전출력 정상운전중 각각 같은 양이 주복수기에 유입되었을 때 복수기 진공에 가장 작은 영향을 미치는 것은?
㉮ 알곤과 같은 화학적으로 불활성인 기체
㉯ 이산화탄소와 같은 화학적으로 활성인 기체
㉰ 높은 습도의 수증기
㉱ 낮은 습도의 수증기
정답 : ㉰

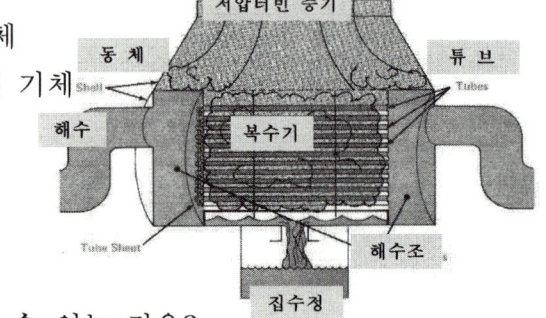

31. 탈염기가 포화된 정도를 가장 쉽게 알 수 있는 것은?
㉮ 탈염기 운전시간과 출구에 용해된 전체 고형물 양
㉯ 탈염기 유량율 및 처리된 전체 유체량
㉰ 탈염기 유량율 및 출구에 용해된 전체 고형물 양
㉱ 입구 전도도 및 처리된 전체 유체량
참 고
유체의 전도도 증가로 포화된 정도를 알 수 있다. 제염계수(DF) = 입구 전도도/출구 전도도로 입구와 출구의 전도도 비는 탈염기의 효율을 나타냄 정답 : ㉱

32. 탈염기의 목적은?
㉮ PH에 영향을 미치지 않으면서 유체내 전도도를 증가시키기 위함
㉯ PH에 영향을 미치지 않으면서 유체내 전도도를 감소시키기 위함
㉰ 양이온 감소에 의한 PH 증가
㉱ 음이온 감소에 의한 PH 감소
정답 : ㉯

33. 탈염기를 지나면서 큰 압력감소의 원인은?

㉮ 수지내에서 수로형성(Channeling)   ㉯ 탈염기내 수지 고갈
㉰ 수지가 막힘   ㉱ 최근에 수지를 재생

참 고

오염(Fouling)된 탈염기를 유체가 통과할 경우 탈염기의 차압이 증가. 탈염기에 Channeling의 발생은 정상유로에 비해서 유로의 저항을 감소시킨다. 결과적으로 탈염기의 차압을 감소시킨다.   정답 : ㉰

33. 정화계통에 사용되는 탈염기에 고형물(Suspended Solids)이 축적되면 탈염기 성능에 어떤 영향을 미치는가?
   ㉮ 수지 감소율 증가   ㉯ 이온교환수지 영역의 감소
   ㉰ 탈염기 통과 유량 증가   ㉱ 계통내 불순물 제거율 감소

참 고

부식생성물 및 다른 고형물은 결국 탈염기에 축적되는데 탈염기를 통과하는 유체가 증가할수록 탈염기의 차압은 증가한다.   정답 : ㉱

34. 혼상 탈염기가 이온교환 능력이 상실되었을 때 수지를 교체하는 이유는?
   ㉮ 수지가 물리적으로 뭉쳐있기 때문에 유량흐름을 방해하기 때문
   ㉯ 수지에 의해 제거된 이온들이 다시 이탈하여 용해되기 때문
   ㉰ 수지가 파손되어 차단막을 통과할 가능성이 있기 때문
   ㉱ 걸러진 입자들이 다시 이탈되어 나가기 때문

참 고

탈염기 수지가 포화되면 수지에서 역변환이 일어날 수 있다.   정답 : ㉯

35. 발전소 상태중 냉각재내 크러드(CRUD)를 가장 급격히 증가시키는 것은?
   ㉮ 충전펌프 기동시
   ㉯ 단계출력(2MW/min) 변화에서부터 전출력 운전시 까지
   ㉰ 출력 50%에서부터 정지시 까지
   ㉱ 원자로 기동시 약 99℃부터 전출력운전(약 290℃)까지 출력증가율은 55°F/hr

참 고

발전소 특성상 냉각재의 압력 또는 온도가 급변시 크러드(금속의 마모 또는 부식에 의하여 생성되어 냉각재내에 있는 고형물)가 급격히 증가한다.   정답 : ㉰

36. 계통의 크러드가 급증기 탈염기 운전에 어떤 역효과를 미치는가?
   ㉮ 탈염기를 통과 압력강하 현상 증가   ㉯ 탈염기를 지나는 유량 증가
   ㉰ 탈염기 출구 전도도 증가   ㉱ 탈염기 입구 PH 증가
   참 고
   냉각재의 불순물이 탈염기에 여과되어 탈염기의 차압이 증가   정답 : ㉮

37. 냉각재내에 아주 작은 물질로 존재하며 부식 및 구조물 마모를 일으키는 것은?
   ㉮ 이온쌍   ㉯ 크러드   ㉰ 양이온   ㉱ 탈염기 수지
   참 고
   크러드는 금속의 마모 또는 부식에 의하여 생성되어 냉각재 내에 있는 고형물
   정답 : ㉯

38. 탈염기에 붕산이 포화되었을 때 발생하는 현상은?
   ㉮ 탈염기 입구보다 출구측 붕산농도 증가
   ㉯ 시간당 20ppm 이상 붕산 흡수
   ㉰ 탈염기 입구 및 출구 붕산농도가 균일
   ㉱ 탈염기 출구 붕산농도가 급격히 증가
   참 고
   탈염기에 붕소원자가 완전히 채워졌을때를 붕산포화라 하고, 붕산주입과 희석율의 감소는 탈염기가 포화되었음을 의미한다.   정답 : ㉰

39. 발전소를 계획정지 하기 전에 냉각재에 화학적 충격을 주어 크러드의 급증을 유도한다. 이 경우 크러드의 급증이 유출수 탈염기에 미치는 영향은?
   ㉮ 탈염기 주위의 방사선준위 증가   ㉯ 탈염기 유량 증가
   ㉰ 탈염기 출구 전도도 감소   ㉱ 탈염기 통과 압력강하 감소
   정답 : ㉮

40. 탈염기 출구에서 갑작스런 전도도 증가의 원인은?
   ㉮ 탈염기 유량 증가   ㉯ 탈염기 입구 온도 감소
   ㉰ 탈염기 입구 전도도 감소   ㉱ 탈염기 유체 압력 증가
   정답 : ㉮

원자로 이론

1. 즉발중성자의 정의는?
   ㉮ 0.1MeV 보다 큰 운동에너지를 가진 중성자
   ㉯ 모핵종의 여기된 딸핵종에 의해 방출되는 중성자
   ㉰ 2MeV의 평균 운동에너지를 가지고 핵분열로부터 생성되는 중성자
   ㉱ 핵분열후 평균 13초 후에 방출되는 중성자
   참 고
   핵분열 중성자의 즉발형태에만 해당되는 정의   정답 : ㉰

2. 지발중성자의 정의는?
   ㉮ 주위 매개체와 열적평형에 도달한 중성자
   ㉯ 열중성자로 생성되는 중성자
   ㉰ 대부분의 다른 분열 중성자들보다 낮은 평균 에너지에서 생성되는 중성자
   ㉱ U^{235} 핵분열 대부분의 원인이 되는 중성자

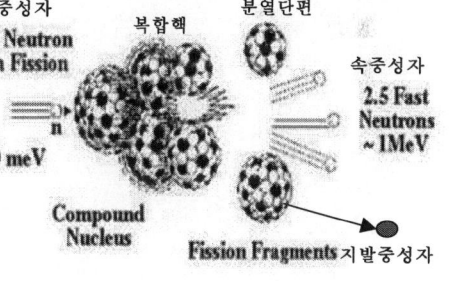

   참 고
   지발중성자는 분리된 준위에서 열외(KeV) 에너지 영역에서 생성된다. 지발중성자(평균 0.5MeV)는 생성된 중성자의 1% 보다 작으므로 U^{235}의 대다수 핵분열을 유도하지 못한다. 정답 : ㉰

3. 지발중성자 방출 메카니즘은?
   ㉮ 중성자 모핵종의 딸핵종에 의해 방출된다.
   ㉯ 여기된 최초의 핵분열단편에 의해 방출된다.
   ㉰ 지발중성자 모핵종으로부터 즉시 방출된다.
   ㉱ 광중성자 선원의 결과로서 방출된다.
   정답 : ㉮

4. 즉발중성자와 비교하여 지발중성자의 특징은?
   ㉮ 핵연료에 속핵분열을 일으킨다.
   ㉯ 핵연료에 공명을 일으켜 흡수된다.
   ㉰ 핵연료에 열중성자 분열을 일으킨다.
   ㉱ 노외계측기에 의해 측정된다.
   참 고

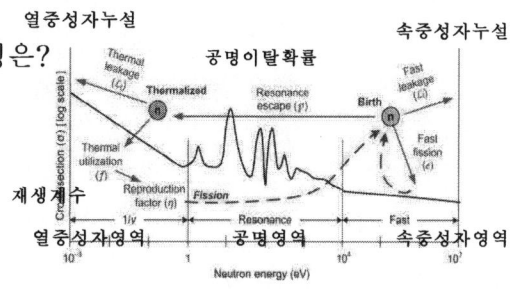

지발중성자는 즉발중성자의 평균에너지(2MeV)보다 낮은 에너지(0.5MeV)에서 생성된다. 연쇄반응을 유지하는 두 형태의 중성자의 상대적 중요성은 K_{eff} 계수를 고찰하므로서 생각할 수 있다.

지발중성자의 낮은 생성에너지 때문에 감속 중에 원자로로부터 누설이 적게된다. 따라서 열중성자 핵분열을 일으킬 가능성이 높다. 지발중성자는 U^{238}의 핵분열 발단에너지 이하에서 생성되므로 즉발중성자보다 중요성이 낮다. 즉발 및 지발중성자는 공명영역에서 감속되어야 하고 흡수될 똑같은 가능성을 가진다. 고에너지에서 생성되는 즉발중성자는 큰 감속거리를 가진다. 즉발중성자는 원자로로부터 누설이 크고 노외계측기에 의해 잘 측정된다. 정답 : ㈐

5. 중성자 감속을 잘 정의한 것은?
  ㈎ 중성자가 노심에서 산란반응으로 인한 에너지가 감소되는 현상
  ㈏ 중성자가 공명흡수 때문에 핵분열 연쇄에서 없어지는 현상
  ㈐ 중성자 독물질 감소로 인한 중성자 증배계수의 증가
  ㈑ 노심으로부터 빠져나온 열중성자를 노심을 다시 반사시키는 것
  정답 : ㈎

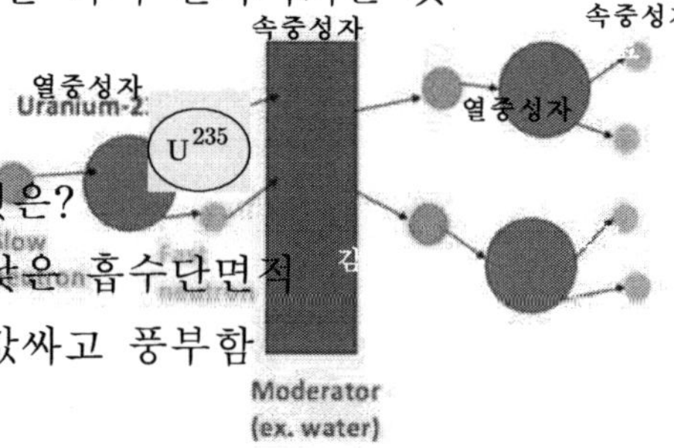

6. 중성자 감속재의 바람직한 특징이 아닌 것은?
  ㈎ 높은 산란단면적   ㈏ 낮은 흡수단면적
  ㈐ 충돌당 낮은 에너지 손실   ㈑ 값싸고 풍부함
  참 고
  좋은 산란매개체와 흡수를 통한 낮은 중성자 손실이 필요 정답 : ㈐

7. 다음중 즉발중성자의 특성중 하나는?
  ㈎ 0.1MeV 이하의 평균 운동에너지를 가지고 생성된다.
  ㈏ 분열생성물 딸핵종의 여기된 핵에 의해 방출된다.
  ㈐ 분열중성자의 99% 이상을 차지한다.
  ㈑ 핵분열후 평균 13초 후에 방출된다.
  정답 : ㈐

8. 중성자원이 설치된 기동영역에서 1,000cps에서 정확하게 임계이다. 수분 후에 계수율 변화는?
  ㈎ 일정하게 유지   ㈏ 선형적으로 증가

㉰ 기하학적으로 증가   ㉱ 지수학적으로 증가
정답 : ㉯

9. 유효증배계수(K_{eff})를 정의한 것은?
 ㉮ $\dfrac{\text{속중성자 분열에 의해 생성된 중성자의 수}}{\text{열중성자 분열에 의해 생성된 중성자의 수}}$
 ㉯ $\dfrac{\text{한 세대의 분열로부터 생성된 중성자수}}{\text{전 세대의 중성자수}}$
 ㉰ $\dfrac{\text{중성자원에 의해 생성된 중성자수}}{\text{연료에 흡수된 중성자수}}$ ㉱ $\dfrac{\text{전세대의 중성자수}}{\text{현 세대의 중성자수}}$
참고 : 표   정답 : ㉯

Geometry	Dimensions	Buckling	Flux	A	Ω
Infinite slab	Thickness a	$\left(\dfrac{\pi}{a}\right)^2$	$A\cos\left(\dfrac{\pi x}{a}\right)$	$1.57P/aE_R\Sigma_f$	1.57
Rectangular parallelepiped	$a \times b \times c$	$\left(\dfrac{\pi}{a}\right)^2+\left(\dfrac{\pi}{b}\right)^2+\left(\dfrac{\pi}{c}\right)^2$	$A\cos\left(\dfrac{\pi x}{a}\right)\cos\left(\dfrac{\pi y}{b}\right)\cos\left(\dfrac{\pi z}{c}\right)$	$3.87P/VE_R\Sigma_f$	3.88
Infinite cylinder	Radius R	$\left(\dfrac{2.405}{R}\right)^2$	$AJ_0\left(\dfrac{2.405r}{R}\right)$	$0.738P/R^2E_R\Sigma_f$	2.32
Finite cylinder	Radius R, Height H	$\left(\dfrac{2.405}{R}\right)^2+\left(\dfrac{\pi}{H}\right)^2$	$AJ_0\left(\dfrac{2.405r}{R}\right)\cos\left(\dfrac{\pi z}{H}\right)$	$3.63P/VE_R\Sigma_f$	3.64
Sphere	Radius R	$\left(\dfrac{\pi}{R}\right)^2$	$A\dfrac{1}{r}\sin\left(\dfrac{\pi r}{R}\right)$	$P/4R^2E_R\Sigma_f$	3.29

10. 잉여 증배계수(K_{ex})의 정의는?
 ㉮ 임계를 유지하기 위해 필요한 양 이상으로 주입된 정(+) 반응도의 양
 ㉯ 어느 한 세대의 핵분열 수와 전 세대의 핵분열 수와의 비
 ㉰ 정지반응도와 기준반응도와의 차
 ㉱ 한 세대에서 중성자수의 단편적인 변화
참 고
잉여반응도가 필요한 이유는 핵분열생성물의 축적, 연료의 연소, 출력결손, 가열 등에 의해 (-)부반응도가 주입될 때 임계를 유지하기 위해 필요   정답 : ㉮

11. 노심내 잉여반응도를 준 이유는?
 ㉮ 출력변화로 인한 Xe^{135}와 Sm^{149}를 보상하기 위해
 ㉯ 감속재 온도계수가 부반응도를 갖도록 냉각재 붕산농도를 희석시키기 위해
 ㉰ 출력증가시 출력결손에 의해 주입되는 부반응도를 보상하기 위해

㉑ 노심수명동안 U^{238}과 Pu^{239} 전환을 보상하기 위해
정답 : ㉓

12. 정지여유도를 결정하기 위하여 어떤 제어봉이 완전히 인출되었다고 가정하는가?
   ㉮ 반응도가 가장 높은 단일 제어봉
   ㉯ 반응도가 가장 높은 대칭 형태의 한 쌍의 제어봉
   ㉰ 평균 반응도를 가진 단일 제어봉
   ㉱ 평균 반응도를 가진 대칭 형태의 한 쌍의 제어봉
   참 고
   정지여유도에 영향을 주는 5개 변수와 변수 증가시 정지여유도에 미치는 영향
   가. 감속재 온도 : 온도 증가는 부반응도 삽입 및 정지여유도를 증가시킴
   나. 연료 온도 : 온도 증가는 부반응도 삽입 및 정지여유도 증가시킴
   다. 제논 : 제논증가는 부반응도 삽입 및 정지여유도 증가시킴
   라. 붕소 농도 : 증가는 부반응도 삽입 및 정지여유도 증가시킴
   마. 연료 연소 : 증가는 부반응도 삽입 및 정지여유도 증가시킴
   바. 연료집합체 수 : 증가는 부반응도 삽입 및 정지여유도 감소시킴
   정지여유도란 운전중인 원자로를 제어봉을 삽입하여 정지할 때 임계에서 벗어난 반응도의 양을 말하고 기술지침서에는 반응도가 가장 높은 제어봉 하나가 삽입되지 않는다고 가정한다. 정답 : ㉮

13. 노심말기(EOC)에 100% 출력에서 원자로가 정지되고 3일 경과후 140°F로 냉각되었다. 냉각기간 동안 붕소농도는 100ppm 증가되었다. 정지여유도는?

제논 : 2.5%△K/K	냉각재 온도 : 0.5%△K/K	출력결손 : 1.5%△K/K
제어봉 : 1%△K/K	붕소 : 1%△K/K	

   ㉮ -8.5%△K/K   ㉯ -0.5%△K/K   ㉰ -3.5%△K/K   ㉱ -1.5%△K/K
   풀 이
   (제논감쇠 +2.5%△K/K) + (온도냉각 - 0.5%△K/K) + (출력감소 +1.5%△K/K)
   + (붕소농도 증가 - 1%△K/K) + (제어봉 삽입 - 7%△K/K) = -3.5%△K/K

14. EOC에서 원자로가 정지될 때 다음중 어느 것이 정지여유도를 증가시키는가?
   ㉮ 원자로 붕소농도가 100ppm 증가

㉯ 시험을 위해 제어봉 하나가 완전히 인출
㉰ 정지후 72시간 동안 제논 붕괴   ㉱ 냉각재 온도가 300°F로 냉각
정답 : ㉮ (EOC 또는 EOL : 노심 말기)

15. 반응도의 정의는?
   ㉮ 세대당 중성자 수의 단편적 변화
   ㉯ 세대당 중성자 속(φ) 변화에 의한 중성자 수
   ㉰ 초당 원자로 출력변화율
   ㉱ 분열을 일으키는 초당 중성자 수의 변화율
   참 고

임계로부터 유효증배계수 단편적인 변화 또는 임계로부터 벗어난 정도 $\frac{K-1}{K}$
을 반응도(ρ)라 한다. ρ > 0 : 초임계 ρ = 0 : 임계 ρ < 0 미임계   정답 : ㉮

16. 작은 정(+)반응도 삽입에 대응하는 미임계 원자로의 중성자 수를 가장 잘 표현한 것은?
   ㉮ 약간 감소한다. 그 다음 원래 값으로 증가한다.
   ㉯ 약간 증가한다. 그 다음 원래 값 이상에서 안정된다.
   ㉰ 약간 증가한다. 그 다음 원래 값으로 감소한다.
   ㉱ 약간 감소한다. 그 다음 증가하여 원래 값 보다 낮은 곳에서 안정된다.
   참 고

정반응도 부가는 K_{eff}를 증가시키고 중성자 연속세대의 분열을 통하여 생성되는 중성자수를 증가시킨다. 원자로 총 중성자수는 증가되지만 원자로가 미임계 상태에 있으면 중성자 준위는 좀 높은 준위에서 안정화 된다.   정답 : ㉯

17. 미임계 증배에 관한 다음 설명중 맞는 것은?
   ㉮ K_{eff}가 1에 접근할 때 평형 계수율에 도달하는 시간은 증가한다.
   ㉯ 선원영역 계수율은 K_{eff} 변화에 이해 영향을 받지 않는다.
   ㉰ K_{eff}가 1에 접근할 때 선원의 크기는 증가한다.
   ㉱ 부가적인 중성자 선원을 첨가하는 것은 K_{eff}를 증가시킨다.
   참 고
미임계증배는 중성자 선원과 중성자 선원 수보다 큰 정상상태 중성자수를 만드는 미임계 원자로와 조합에 의해 영향을 받는다.

18. 미임계 원자로가 0.8의 초기 K_{eff}를 가진다. 미임계 계수율이 두배가 될 때까지 정(+) 반응도가 주어진다. 얼마 정도의 반응도가 첨가되었는가?
    ㉮ 1.39%△K/K (1,390ppm)　　㉯ 3.61%△K/K (3,610ppm)
    ㉰ 13.9%△K/K (13,890ppm)　　㉱ 36.1%△K/K (36,110ppm)

풀 이

계수율을 두배로 한다는 것은 원자로가 임계의 절반까지 접근한다. 따라서 만약 K_1가 0.8이었다면 K_2는 0.9이다.

$$\triangle \rho = \frac{K_2 - K_1}{K_1 K_2} = \frac{0.9 - 0.8}{0.9 \times 0.8} = 0.1389 \triangle K/K = 13.89\% \triangle K/K$$

19. 원자로가 1.8%△K/K까지 정지되었다. 만약 정(+)반응도의 계수율이 20까지 부가되고 원자로가 미임계상태에 있다면 새로운 K_{eff}는 얼마인가?
    ㉮ 0.982　　㉯ 0.99　　㉰ 0.995　　㉱ 0.999

풀 이

$$\frac{CR_1}{CR_2} = \frac{1 - K_2}{1 - K_1} \quad \frac{1}{20} = \frac{1 - K_2}{1 - 0.9823} \quad K_2 = 0.999$$

20. 다음중 미임계증배의 특성에 관한 설명중 맞는 것은?
    ㉮ 미임계 중성자 준위가 중성자 선원 크기에 정확히 비례한다.
    ㉯ 반응도 부가에 의한 지시된 계수율을 두배로 하는 것은 임계로 가는 여유를 1/4로 감소시킨다.
    ㉰ 똑같은 반응도 부가에 있어 K_{eff}가 1로 접근할 때 새 평형 선원영역 계수율에 도달되는데 많은 시간이 소요되지 않는다.
    ㉱ 주어진 제어봉의 증대 인출은 K_{eff}가 0.88이든 0.92든 같은 평형계수율 증가를 초래한다.

참 고

미임계 원자로에서 얻어지는 정상상태 중성자 준위는 선원의 크기와 미임계 증배인자의 산물이다. 중성자 증배는 분열과정을 통해 일어난다. 만약 중성자 선원이 미임계 원자로에서 제거된다면 중성자 준위는 영(0)까지 감소할 것이다.

정답 : ㉮

21. 노심 수명동안 평균 유효지발중성자($\overline{\beta_{eff}}$) 분율의 점진적인 증가에 기여하는 인자가 아닌 것은?
    ㉮ Pu^{239}이 축적　㉯ U^{235}의 연소　㉰ Pu^{240}의 축적　㉱ U^{238}의 연소

참 고
노심 수명동안 U^{235}는 소모되고 U^{238}은 Pu^{239}로 전환된다. U^{235}의 소모와 작은 지발중성자 분율을 가지는 Pu 동위원소의 생성은 노심수명 동안 평균 유효지발중성자 분율을 감소시킨다. Pu^{240}은 노심 수명동안 지발중성자 분율의 변화에 영향을 미치지 못한다.

22. 유효 지발중성자 분율은 다음중 지발중성자의 어떠한 특성을 고려하였는가?
 ㉮ 열중성자 영역의 에너지에서 생성된다.
 ㉯ 즉발중성자에 비해 속핵분열을 잘 일으키지 않는다.
 ㉰ 즉발중성자에 비해 열핵분열을 잘 일으키지 않는다.
 ㉱ U^{238}에 공명흡수가 잘된다.
 정답 : ㉯

23. 분당 10의 승수로 표현되는 원자로 출력 변동율을 잘 설명한 것은?
 ㉮ 기동율   ㉯ 정지여유도   ㉰ 원자로 주기   ㉱ 가열율
 참 고
 기동율이란 분당 10의 승수로 표현되는 원자로 출력의 변화율로 정의 정답 : ㉮

24. 원자로가 핵열방출점(Heat Adding Point) 이하에서 임계이다. 그 다음 평균 유효 지발중성자 분율보다 작은 반응도를 삽입하면서 제어봉이 인출된다. 다음중 안정 기동율의 크기에 가장 중요한 영향을 미치는 것은?
 ㉮ 즉발중성자의 수명   ㉯ 평균 붕괴상수
 ㉰ 제어봉 길이   ㉱ 축방향 중성자속 불균형
 참 고
 원자로가 즉발임계 이하에 존재하는 한 출력변동율은 지발중성자에 의존할 것이다. 지발중성자의 영향은 그들의 상대적인 수와 어떻게 "지발화"되는가에 의존한다. 이 두 개념은 각각 평균 유효 지발중성자 분율과 평균 붕괴상수에 의해 설명된다. 정답 : ㉯

25. 다음중 원자로 제어에 관한 지발중성자의 효과를 가장 잘 설명한 것은?
 ㉮ 모든 핵분열 중성자의 평균 세대시간을 증가시킨다.
 ㉯ 모든 핵분열 중성자의 평균 세대시간을 감소시킨다.
 ㉰ 단지 속분열 중성자의 평균 세대시간을 증가시킨다.

㉣ 단지 속분열 중성자의 평균 세대시간을 감소시킨다.
참 고
지발중성자는 원자로 출력변화를 감소시키고 원자로를 제어 가능하게 만드는 수준까지 평균 중성자 세대시간을 증가시킨다. 정답 : ㉮

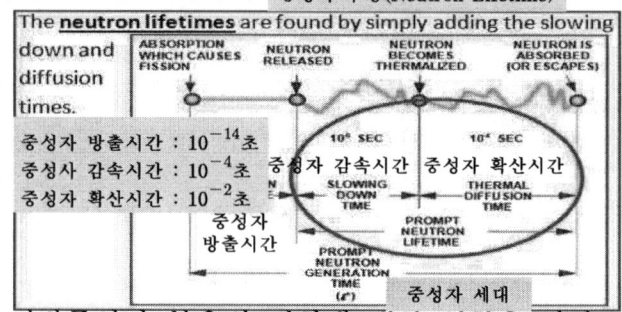

26. 다음중 노심수명동안 평균 유효 지발중성자 분율의 변화에 대한 영향을 가장 잘 설명한 것은?
㉮ 낮은 임계 붕소농도가 노심말기에 요구된다.
㉯ 노심말기 일정한 반응도 부가는 노심초기보다 낮은 기동율의 결과를 낳는다.
㉰ 노심말기 일정한 반응도 부가는 노심초기보다 큰 기동율의 결과를 낳는다.
㉣ 큰(More Negative) 감속재 온도계수가 노심말기에 생긴다.
참 고
플루토늄의 생성으로 인한 작은 평균 유효 지발중성자 분율은 노심말기에 빠른 반응의 결과를 낳는다. 정답 : ㉰

27. 원자로 정지에 이어 출력감소율이 언제 (-)1/3 dpm에서 안정되는가?
㉮ 단수명 지발중성자 모핵종이 붕괴되어 사라질때
㉯ 장수명 지발중성자 모핵종이 붕괴되어 사라질때
㉰ 총 중성자속에 대한 설치된 중성자 선원의 기여도가 중요하게 될때
㉣ 붕괴 감마선 가열이 부가적인 부반응도를 시작할 때
정답 : ㉮

28. 임계 원자로에 부반응도의 단계삽입에 이어 원자로 출력은 어떤 즉발강하를 하는가?
㉮ 평균 유효 지발중성자 분율의 값을 초과하는 반응도 크기에 의한 즉발강하
㉯ 반응도 삽입의 크기에 상관없이 -1/3 dpm 율에서 일어나는 즉발강하
㉰ 연료온도계수의 빠른 반응의 결과인 즉발강하
㉣ 즉발중성자수의 빠른 감소에 대응하여 일어나는 즉발강하
정답 : ㉣

29. 임계 원자로는 다음중 무엇과 동일한 반응도가 부가될때 즉발임계가 되는가?
   ㉮ 정지여유도　　　　　　　　㉯ 평균 유효 지발중성자 분율
   ㉰ 평균 유효 붕괴상수　　　　㉱ 가장 반응도가 큰 제어봉값
   정답 : ㉯

30. 원자로가 78.18초의 안정주기에 있도록 감시되고 있다. 초기 출력준위가 10 MW라 가정하고 1분후 출력준위는 얼마인가?
   ㉮ 4.6 MW　　㉯ 10.1 MW　　㉰ 21.5 MW　　㉱ 36.8 MW
   풀 이
   $$P = P_o \cdot e^{\frac{t}{T}} = 10MW \cdot e^{\frac{60}{78.18}} = 21.5MW$$

31. 운전중인 원자로에서 0.75dpm의 안정기동율이 30MW의 초기 출력준위로부터 확립된다고 가정하면 30초후 원자로 출력준위는 대략 얼마인가?
   ㉮ 71 MW　　㉯ 78 MW　　㉰ 90 MW　　㉱ 97 MW
   풀 이
   $$P = P_o \cdot 10^{SUR \times t} = 30MW \cdot 10^{(0.75)(0.5)} = 71MW$$

32. 다음중 원자로 노심에 설치된 중성자 선원의 목적이 아닌 것은?
   ㉮ 기동을 위해 핵분열 연쇄반응을 일으키기 충분한 중성자 수를 생성하는 것
   ㉯ 규칙적이고 제어되는 임계로의 접근을 허용하기 위한 측정 가능한 중성자 준위를 생성하는 것
   ㉰ 임계 이전 계측기의 적절한 동작을 검증하기 위한 충분한 중성자 계수율을 생성하는 것
   ㉱ 정지 원자로에서 반응도 변화를 감시하기 위한 측정가능한 중성자 선원준위를 생성하는 것
   참 고
   선원 집합체의 목적 : 선원은 분열 연쇄반응을 시작하기 설비와 거리가 멀다.
   가. 정지 원자로에서 반응도 변화를 감시하기 위한 방법을 제공
   나. 규칙적이고 제어된 임계로의 접근을 보장하기 위한 중성자 준위를 제공
   다. 선원영역 계측기의 적절한 운전을 검증　　정답 : ㉮

33. 중성자 선원을 노심에 설치하는 목적은?

㉮ 중성자 선원 없이는 미임계증배가 일어날 수 없기 때문
㉯ 가연성 독물질에 흡수되는 중성자를 보상하기 위해
㉰ 계측기에 대한 측정이 가능하도록 충분하게 중성자 수를 증가시키기 위해
㉱ 기동시 연쇄반응을 일으키기에 충분한 중성자를 제공하기 위해

참 고

선원중성자의 존재는 K_{eff}나 원자로를 기동하는 능력에 영향을 주지 않는다. 그들은 임계에 도달하기 전과 도달했을 때 노심상태를 운전원이 감시할 수 있도록 하고 측정될 수 있는 준위까지 중성자 수를 증가시키는데 사용   정답 : ㉰

34. 감속재 온도계수를 잘 설명한 것은?
㉮ 냉각재 온도변화에 따른 반응도 영향
㉯ 냉각재 온도변화에 따른 감속재 밀도의 변화
㉰ 냉각재 온도변화와 연료 온도변화로 인한 반응도 변화
㉱ 냉각재 온도변화에 따른 감속재 압력변화

참 고

<u>감속재 온도변화에 따른 6인자 반응도 변화</u>

가. 속분열인자(계수) : 감속재 밀도의 감소로 감속시간이 길어지므로 증가시킨다. 그 효과는 상대적으로 적다.
나. 중성자 비누설확률 : 감속재 밀도의 감소로 중성자의 자유행정이 길어지므로 누설을 증가시킨다. 동력로에서는 그 효과가 작다.
다. 공명흡수이탈확률 : 감속재 밀도의 감소로 중성자는 열외 중성자 에너지대 범주에 속하므로 공명흡수될 기회가 증대된다. 그 효과는 크다.
라. 재생계수 : 변화 없음

정답 : ㉮ (경수로에서는 감속재 = 냉각재 = 반사체가 동일)

35. 저출력 노물리시험시 다음의 어느 것이 감속재 온도계수에 정(+)반응도 효과를 주는가?
㉮ 냉각재 감소는 노심 반응도 증가를 초래
㉯ 냉각재 증가는 노심 반응도 감소를 초래
㉰ 냉각재 증가는 노심 반응도 증가를 초래
㉱ 냉각재 감소 또는 증가는 노심 반응도에 영향이 없음

정답 : ㉰

36. 도플러(연료온도)계수를 정의한 것은?
   ㉮ 원자로 출력증가 분에 따른 반응도 증가 변화
   ㉯ 원자로 출력변화 분에 대한 반응도의 전체 변화
   ㉰ 연료온도 증가변화 분에 대한 반응도 증가 변화
   ㉱ 연료온도 증가 분에 의한 전체 반응도 변화
   참 고
   도플러 온도계수는 연료펠렛 온도변화에 의한 반응도 효과   정답 : ㉰

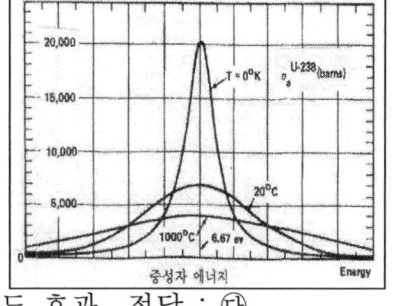

고온과 저온의 흡수단면적 크기는 같으나 고온에서 공명흡수가 크다.

37. 다음중 연료온도계수에 Less Negative 하게 하는 직접적 원인은?
   ㉮ 연료연소의 증가   ㉯ 연료 온도의 증가
   ㉰ 기포분율의 증가   ㉱ 감속재 온도의 감소
   정답 : ㉱

38. 노심말기(EOC)에서 냉각(Cool-down) 중일 때 감속재 온도계수 변화를 가장 잘 설명한 것은?
   ㉮ 감속재 온도계수는 Less Negative 하게 된다.
   ㉯ 감속재 온도계수는 More Negative 하게 된다.
   ㉰ 감속재 온도계수는 거의 변화하지 않는다.
   ㉱ 감속재 온도계는 More Negative 하게 된후 Less Negative 하게 된다.
   정답 : ㉮

39. 연료온도가 증가함에 따라 미시적단면적(σ)과 중성자 에너지와의 상관 그림에서 흡수 최대치 변화는?
   ㉮ 낮아지고 좁아진다.   ㉯ 더 높아지고 좁아진다.
   ㉰ 낮아지고 넓어진다.   ㉱ 최대치가 넓어지는 만큼 높게 유지
   참 고
   연료온도 증가에 따른 반응도 변화
   U^{238}과 Pu^{240}은 열외중성자 대의 에너지영역에서 중성자를 포획하는 높은 단면적을 가지고 있고 충돌로 인해 표적원자 핵은 중성자와 핵자로 나누어지고 공명 최대치와 같은 에너지 대에 머물게 되어 중성자는 흡수(포획)될 가능성이 높아져 연쇄반응에 기여할 기회가 적어진다. 그러나 표적핵들은 자체적 움직이므로 연료온도가 증가할수록 움직임은 더 활발하여 들어오는 특수영역대의 에너

지를 가진 중성자에 대해 충돌로 인한 전체 에너지는 핵자의 운동에 따라 변하게 된다. 즉, 온도가 증가할수록 충돌 가능영역의 에너지 대는 커지고 공명영역 대의 에너지를 가지게 된다. 이 현상을 도플러확장이라 하고 도플러효과는 최대 단면적 값에서는 낮아진다. 공명 최대치에서 단면적은 같게 유지되므로 도플러확장 자체에 의한 공명상태의 중성자 포획은 증가될 것으로 기대 되어 지지 않고 연료온도가 증가함에 따라 부(-)반응도가 삽입된다.   정답 : ㉰

40. 연료온도 증가로 노심내 주입된 반응도 변화는?
  ㉮ 노심초기와 말기의 모든 출력준위에서 정(+)반응도 주입
  ㉯ 초기노심에서 정(+)반응도, 노심말기에서 부(-)반응도 주입
  ㉰ 원자로에 가열온도점 이상에서 부(-)반응도 주입
  ㉱ 노심초기와 말기의 모든 출력준위에서 부(-)반응도 주입
  정답 : ㉱

41. 원자로 노심에서 도플러확장에 대한 설명중 맞는 것은?
  ㉮ 도플러확장은 비공명중성자의 공명포획을 증가시킨다.
  ㉯ 도플러확장은 용해된 붕소에 의해 중성자 흡수를 부수적으로 증가시킨다.
  ㉰ 도플러확장은 주로 감속재 온도가 증가하기 때문이다.
  ㉱ 도플러확장은 속중성자에만 효과를 가진다.
  참 고
  연료온도가 증가함에 따라 연료온도계수의 중요도는 감소한다. 그 이유는 저온보다 고온에서 단위 온도 증가에 대한 도플러확장이 적기 때문이다. 즉, 도플러확장의 감소는 공명이탈확률(P) 감소를 낮추고 단위 온도변화에 대한 부(-)반응도 값이 적어진다.   정답 : ㉮

42. 다음의 어느 경우에 감속재 온도계수를 가장 큰 정(+)반응도 계수값을 갖게 하는가?
  ㉮ 냉각재 온도가 낮고 붕산농도도 낮을 때
  ㉯ 냉각재 온도가 높고 붕산농도가 낮을 때
  ㉰ 냉각재 온도가 낮고 붕산농도가 높을 때
  ㉱ 냉각재 온도가 높고 붕산농도가 높을 때
  참 고
  냉각재내 붕산농도가 증가하면 감속재 온도계수는 Less Negative 되는 이유는

냉각재 온도 증가는 열중성자 이용률(f)을 증가시킨다. 정답 : ㉰

43. 연료온도가 증가함에 따라 공명흡수 최대를 가지는 도플러확장이 도플러 온도계수를 Negative 하게 만든다. 그 이유를 잘 설명한 것은?
    ㉮ 공명흡수 단면적이 증가하고 공명에너지 영역의 중성자가 더 많이 흡수됨
    ㉯ 비공명 중성자흡수가 증가하고 공명흡수영역의 중성자는 상대적으로 일정하게 유지된다.
    ㉰ 공명흡수 에너지대의 단면적이 감소하고 공명이탈확률(P)이 증가
    ㉱ 중성자에너지 스펙트럼이 더 높은 에너지대로 이동하여 공명흡수가 더 증가
    정답 : ㉯

44. 연료의 자기차폐가 연료온도계수의 부반응도 효과를 잘 설명한 것은?
    ㉮ 더 높은 연료온도에서 공명상태의 중성자는 연료내로 깊이 이동하고 흡수됨
    ㉯ 내부연료는 속중성자로 차폐되고 속분열인자를 감소시킨다.
    ㉰ 내부연료는 공명상태 중성자로 차폐되고 공명이탈확률을 증가시킨다.
    ㉱ 중성자 에너지 스펙트럼은 더 높은 에너지대로 이동하여 공명흡수는 증가됨
    정답 : ㉮

45. 다음중 도플러계수를 More Negative 하게 만드는 것은?
    ㉮ 증가된 피복재의 크리프(Creep)   ㉯ 펠렛 팽창 증가
    ㉰ 낮은 출력준위   ㉱ 붕산농도의 낮음
    정답 : ㉰

46. 초기노심(BOC)에서 전출력 운전중 정지가 되면 다음중 정(+)반응도를 가장 크게하는 하는 것은?
    ㉮ 감속재 온도계수   ㉯ 기포계수
    ㉰ 압력계수   ㉱ 도플러계수
    참 고
    출력결손의 구성요소는 도플러 결손, 감속재 온도결손, 기포결손이다. 출력이 증가함에 따라 연료온도도 증가하고 도플러확장이 일어나서 부(-)반응도가 삽입된다. 출력에 따라 냉각재 온도가 프로그램되어 있음으로 감속재 온도계수로 인한 부반응도가 주입된다. 정답 : ㉱

47. 반응도계수를 잘 설명한 것은?
   ㉮ 100% 출력과 열방출점(Heat Adding Point)사이를 극복해야 할 전체 반응도
   ㉯ 연료 온도단위로 변화에 대한 반응도의 점진적 변화
   ㉰ 원자로를 임계상태로 만들기 위한 반응도
   ㉱ 1분 동안 원자로주기 e에 의해 출력변화를 만들기 위해 필요한 반응도의 양
   참 고
   반응도계수는 미분변화로 표시된다. 어떤 변수의 단위변화에 대한 반응도 변화를 말하고 반응도 결손은 반응도의 전체변화를 말한다. 즉, 출력결손은 출력증가로 인해 노심내에 주입된 전체 반응도의 양을 말한다.   정답 : ㉯

48. 출력결손을 잘 설명한 것은?
   ㉮ 적절한 원자로의 과냉각을 유지하기 위하여 T_{avg} Program에 필요하다.
   ㉯ 원자로정지 후 정지여유도를 유지하기 위하여 필요한 제어봉 위치를 증가시킨다.
   ㉰ 붕산농도가 증가하기 때문에 출력결손은 초기노심에서 More Negative 하다.
   ㉱ 원자로출력이 감소함에 따라 출력결손은 제어봉을 인출하게 작용한다.
   정답 : ㉯

49. 노심말기에서 고출력 운전중일 때 도플러에 대한 출력계수는 감속재에 대한 출력계수에 비해 급격한 출력증가를 억제하는데 보다 큰 작용을 한다. 그 이유는?
   ㉮ 연료 온도가 냉각재 온도보다 먼저 증가하기 때문
   ㉯ 연료 온도증가에 따라 도플러에 대한 출력계수가 More Negative 하기 때문
   ㉰ 냉각재 온도증가에 따라 감속재에 대한 출력계수가 Less Negative하기 때문
   ㉱ 냉각재 온도 증가가 연료 온도 증가보다 작기 때문
   정답 : ㉮

50. 다음 조기조건에서 냉각재 온도를 6°F 증가시키고자 한다. 최종 붕소농도는? 단, 제어봉, 원자로 및 터빈출력은 변화가 없다고 가정한다. 표는 초기 조건

   | 붕소 농도 : 500ppm | 감속재 온도계수 : -0.0012%△K/K/°F |
   | 미분 붕소농도 : -0.008%△K/K/ppm | 적분 붕소농도 : -125ppm/%△K/K |

   ㉮ 509 ppm   ㉯ 505 ppm   ㉰ <u>496 ppm</u>   ㉱ 491 ppm

51. 원자로가 열방출점 이하에서 정확히 임계일 때 제어봉을 인출하여 기동율을 0.5dpm으로 하면 원자로 출력은?
   ㉮ 증가하여 열방출점 이상에서 안정
   ㉯ 일시적으로 증가하지만 본래 값에서 안정
   ㉰ 증가하여 열방출점 이하에서 안정
   ㉱ 제어봉이 삽입될때까지 계속 증가
   정답 : ㉮

52. 원자로 긴급정지(Scram 또는 Trip)의 정의는?
   ㉮ 비정상시 모든 제어봉이 급속한 완전 삽입
   ㉯ 비정상시 정해진 제어봉의 급속한 완전 삽입
   ㉰ 비정상 조건 해제 때까지 모든 제어봉의 급속한 부분 삽입
   ㉱ 비정상 조건 해제 때까지 정해진 제어봉의 급속한 부분 삽입
   정답 : ㉮

53. 노심초기 미분제어봉 값은 노심 상, 하부에 비해 중심에서 큰데 그 원인은?
   ㉮ 붕산 농도   ㉯ 제논 농도
   ㉰ 중성자 밀도 분포   ㉱ 냉각재 온도
   참 고
   제어봉의 반응도효과는 제어봉 끝의 열중성자 밀도에 의존한다. 제어봉 끝 근처의 중성자밀도가 높으면 높을수록 제어봉을 삽입, 인출시 제어봉영향은 크게 된다. 일반적으로 열중성자 밀도는 노심중심 근처에서 크고 상, 하부에서는 적기 때문에 제어봉값은 노심근처에서 크고 노심에서 멀어질수록 적어짐 정답 : ㉰

54. 제어봉을 중첩시키지 않으면 제어봉 뱅크에 대한 적분제어봉 값 곡선의 경사도는 가장자리보다 중간에서 가파른데 그 원인은?
   ㉮ 중성자 밀도 분포   ㉯ 붕산 농도
   ㉰ 노심 수명   ㉱ 냉각재 온도
   정답 : ㉮

55. 미분제어봉 값과 적분제어봉값 사이에 상관관계를 설명한 것은?
   ㉮ 미분제어봉 값은 2개의 제어봉 사이의 적분제어봉 값 곡선의 아래 면적이다.

㈏ 미분제어봉 값은 주어진 제어봉 위치에서 적분제어봉 값 곡선의 기울기이다.
㈐ 미분제어봉 값은 주어진 제어봉 위치에서 적분제어봉 값이다.
㈑ 미분제어봉 값은 주어진 제어봉 위치에서 적분제어봉 값의 평방근이다.
참 고
미분제어봉 값은 제어봉의 단위거리 인출시 투입되는 반응도로 나타낸다. 적분제어봉 값은 제어봉을 기준위치(보통 완전 삽입위치)에서 목표 위치로 인출시 투입되는 총 반응도로 나타낸다. 정답 : ㈏

56. 제어봉을 완전 삽입상태에서 노심 중심으로 인출하면 미분제어봉 값은?
  ㈎ 제어봉이 노심으로 접근함에 따라 중성자 누설의 과다로 감속재 밀도가 감소하기 때문에 감소한다.
  ㈏ 높은 연소로 인해 연료 농축도가 중심에서 감소하기 때문이다.
  ㈐ 제어봉이 노심 중심으로 접근함에 따라 독물질농도가 증가하기 때문에 증가한다.
  ㈑ 제어봉이 노심 중심으로 접근함에 따라 상대적으로 중성자 밀도가 증가하기 때문에 증가한다.
  정답 : ㈑

57. 감속재 온도가 감소함에 따라 미분제어봉 값의 총량은?
  ㈎ 중성자 이주거리 감소로 감소한다.
  ㈏ 중성자 감속이 좋아져 증가한다.
  ㈐ 감속재의 중성자 흡수가 감소하기 때문에 감소한다.
  ㈑ 연료의 중성자 흡수감소로 연료온도가 낮기 때문에 증가한다.
  참 고
  감속재 온도증가에 따라 밀도가 감소되어 중성자 감속 및 확산거리는 길어진다. 따라서 중성자는 제어봉에 흡수가 더 많이 되므로 제어봉 값은 감소한다.
  정답 : ㈎

58. 냉각재계통의 붕산농도 변화에 따라 미분제어봉 값이 변하는데 그 원인은?
  ㈎ 제어봉 그림자효과   ㈏ 과도한 감속
  ㈐ 독물질 경쟁   ㈑ 제어봉 침식
  참 고

붕산농도 증가는 제어봉 값을 감소시킨다. 붕산은 강한 열중성자 흡수재이기 때문에 붕산농도가 증가하면 중성자의 열확산거리는 감소되어 보다 적은 수의 중성자가 제어봉에 도달하므로 제어봉 값은 감소한다. 정답 : ㉰

59. 제어봉 뱅크 중첩의 목적은?
 ㉮ 충분한 정지여유도를 준다.
 ㉯ 미분제어봉 값을 균일하게 해준다.
 ㉰ 제논진동을 완화시켜 준다.
 ㉱ 제어봉 삽입 제한치가 초과되지 않았다는 것을 확인시켜 준다.

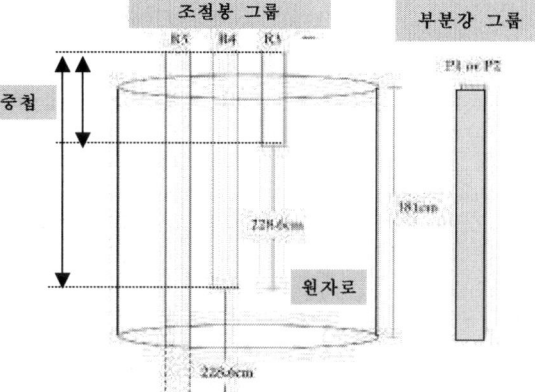

참 고
제어봉 뱅크는 일정한 미분제어봉 값을 가지도록 중첩되어 있다. 일반적으로 제어봉 값은 노심중심 근처에서 가장 크고 상, 하분 근처에서 가장 낮다. 제어봉을 중첩시키면 인출되는 한 개의 제어봉 상부근처에서 다른 제어봉이 인출된다. 합성된 미분제어봉 값은 노심 중심 부근에 있는 단일 제어봉의 값과 비슷하다.
정답 : ㉯

60. 노심내 최고 열속채널 대 노심내 평균 열속비를 설명한 것은?
 ㉮ 노심 정 교정계수(Core Correction Calibration Factor)
 ㉯ 고온 열수로계수(Hot Channel or Peaking Factor)
 ㉰ 정상 열속계수(Heat Flux Normalizing Factor)
 ㉱ 축 또는 반경방향 중성자 밀도 이탈계수
정답 : ㉯

61. 출력운전중 제어봉 삽입제한치를 두는데 제한치를 초과하여 삽입하면은?
 ㉮ 노심 출력분포가 불균형을 이루게 된다
 ㉯ 희석으로 과도한 액체폐기물이 발생한다.
 ㉰ 제어봉 수명을 단축시킨다.
 ㉱ 속중성자와 열중성자의 심각한 누설을 일으킨다.
참 고
제어봉 삽입한계치를 두는 이유
가. 제어봉 이탈사고시 그 영향을 최소화 : 제어봉을 노심에서 상대적으로 높게 유지하면 제어봉 이탈사고시 정(+)반응도 투입을 최소화할 수 있다.

나. 충분한 정지여유도 확보 : 제어봉을 노심에서 상대적으로 높게 유지하면 낮은 위치에 있을때보다 긴급정지시 부반응도를 더 줄 수 있다.

다. 균일한 축방향 중성자 밀도 확보 : 제어봉은 강한 중성자 흡수재이기 때문에 노심내로 너무 삽입하면 노심상부의 출력이 낮아져 동일 출력발생시 노심하부의 출력밀도 상승으로 안전성이 저해된다.   정답 : ㉮

62. 제어봉 삽입제한치는 출력에 의존하는데 그 이유는?
   ㉮ 제어봉 값이 출력증가에 따라 감소한다.
   ㉯ 출력결손은 출력증가에 따라 증가한다.
   ㉰ 도플러계수가 출력증가에 따라 감소한다.
   ㉱ 감속재 온도계수는 출력증가에 따라 증가한다.
   정답 : ㉯

63. 노심의 사분출력분포가 설계치 내에 유지되고 있다는 것을 나타내는 것은?
   ㉮ 축방향 출력분포가 설계치 내에 있다.
   ㉯ 반경방향 출력분포가 설계치 내에 있다.
   ㉰ 계측기가 설계 정밀도 내에 지시되고 있다.
   ㉱ 핵비등이탈비가 설계치 내에 있다.
   참 고
   사분출력경사는 노심의 반경방향 출력분포 불균형을 나타내는 척도이다. 4개의 노외출력영역 계측기가 노심 사분지역중 한곳씩 측정하여 어느 한 지역의 출력이 평균 사분출력을 초과하면 사분출력경사가 존재하고 있음을 알게 된다.
   정답 : ㉯

64. 핵분열생성 독물질에 대한 용어를 가장 잘 설명한 것은?
   ㉮ 중성자를 흡수하고 핵분열하지 않는 분열단편 또는 그것의 딸핵종이다.
   ㉯ 중성자를 흡수하고 핵분열하는 분열단편 또는 그것의 딸핵종이다.
   ㉰ 중성자를 방출하고 핵분열하지 않는 분열단편 또는 그것의 딸핵종이다.
   ㉱ 중성자를 방출하고 핵분열하는 분열단편 또는 그것의 딸핵종이다.
   참 고
   핵분열생성 독물질은 분열단편 또는 그 부속물로써 매우 큰 중성자 흡수단면적을 가지며 핵분열은 하지 않는다.   정답 : ㉮

65. 핵분열 생성 독물질은 어떤 핵분열 생성 물질인가?
   ㉮ 중성자에 대한 큰 핵분열 단면적을 가진다.
   ㉯ 단(짧은) 반감기를 가진다.
   ㉰ 많은 양이 생성된다.
   ㉱ 중성자에 대한 핵분열 물질과 강하게 경쟁한다.
   참 고
   핵분열 생성 독물질은 분열단편 또는 그 딸핵종들로 매우 큰 중성자 흡수단면적을 가지며 핵분열은 하지 않는다. 정답 : ㉱

66. 원자로내 주된 독물질 및 중성자 흡수체로 존재하는 Xe^{135}의 두 가지 특징은?
   ㉮ 상대적으로 낮은 분열수율과 큰 중성자 흡수단면적
   ㉯ 상대적으로 낮은 분열수율과 작은 중성자 흡수단면적
   ㉰ 상대적으로 높은 분열수율과 큰 중성자 흡수단면적
   ㉱ 상대적으로 높은 분열수율과 작은 중성자 흡수단면적
   참 고
   Xe^{135}는 열중성자에 대해 매우 큰 미시적 흡수단면적을 가지고 분열수율이 높다. 정답 : ㉰

67. 다음중 분열생성물인 Xe^{135}의 특성이 아닌 것은?
   ㉮ Xe^{135}의 농도는 열중성자 속과 관계 있다.
   ㉯ Xe^{135}는 열중성자에 대해 큰 흡수단면적을 가진다.
   ㉰ Xe^{135}는 비 1/V 흡수체이다.
   ㉱ Xe^{135}는 Ba^{135}로부터 방사성붕괴에 의해 생성된다.
   참 고
   Xe^{135}는 I^{135}의 붕괴로부터 생성되는 것이지 Ba^{135}의 붕괴로부터 생성되지 않는다. 정답 : ㉱

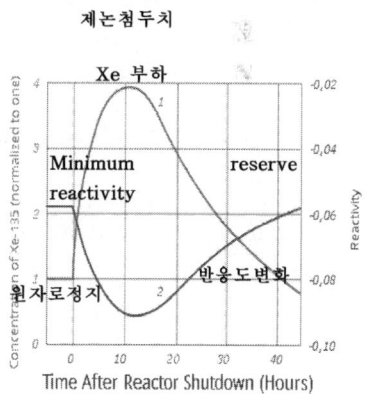

68. 고출력 운전중이던 원자로가 정지된다면 원자로내 Xe^{135}의 농도는 어떻게 변하는가?
   ㉮ 분열로부터 제논이 직접 생성되므로 감소한다.
   ㉯ 노심내 존재하던 요오드(I)가 붕괴되므로 증가한다.

㉰ 제논과 요오드는 서로 균형있게 붕괴하므로 전과 같다.
㉯ 즉시 감소했다가 요오드와 제논의 반감기 차이 때문에 천천히 증가한다.
참 고
제논의 농도는 노심내 이미 존재하던 요오드 농도 때문에 원자로정지후 증가할 것이다. 요오드 반감기(6.7시간)는 제논(9.2시간)보다 짧다. 중성자속과 관련된 제논생성 및 소멸은 원자로 정지후에는 실질적으로 존재하지 않는다. 정답 : ㉯

69. 운전중인 원자로내의 Xe^{135} 소멸은 두 가지에 의해 일어나는데 그중 한 가지는 Cs^{135}로 베타붕괴하는 것이다. 다른 한 가지는?
㉮ 감마붕괴   ㉯ 알파붕괴   ㉰ 이온교환   ㉯ 중성자 포획
참 고
원자로 운전중 Xe^{135}의 소멸은 β^- 붕괴 및 중성자 흡수에 의함   정답 : ㉯

70. 원자로 출력이 한 시간 동안 50%에서 60%로 증가할 때 제논에 의한 반응도 초기변화에 가장 큰 영향을 주는 것은 무엇의 증가 때문인가?
㉮ 핵분열로부터 제논 생성   ㉯ 제논의 세슘으로 붕괴
㉰ 제논의 중성자 흡수   ㉯ 요오드 붕괴로부터 제논 생성
참 고
출력증가로 중성자속이 증가하여 Xe^{135}에 흡수되는 중성자 흡수율의 증가를 가져온다. 핵분열로부터 Xe^{135} 생성은 증가하지만 Xe^{135} 대부분이 요오드 붕괴로부터 생성되기 때문에 이 효과는 작다. 요오드 붕괴는 증가하지만 요오드가 새롭고 보다 큰 평형값으로 축적되어 감에 따라 훨씬 천천히 일어난다. 정답 : ㉰

71. 반응도 조절을 위해 붕소를 주입하면서 원자로 출력을 100%에서 50%로 급감발 후 안정된 상태로 15시간 동안 운전중인 원자로가 있다. 현재 노심내 제논농도의 변화는?
㉮ 증가하고 있다. ㉯ 감소하고 있다. ㉰ 평형상태이다. ㉯ 진동하고 있다.
참 고
출력변화가 일어난 초기의 제논농도는 증가한다. 중성자속 감소로 제논 감소율은 감소되어 왔기 때문이다. 약 6시간 후 제논농도는 최고치에 도달하고 나서 50% 출력평형 준위로 감소한다. 제논평형에 도달하는데 약 30시간이 걸리므로 15시간 후의 제논농도는 계속 감소하고 있을 것이다. 정답 : ㉯

72. 장시간 동안 안정상태 운전중인 원자로의 축방향 출력분포의 변화는 무엇의 영향을 받는가?
   ㉮ 제논 첨두(Peak)   ㉯ 제논 극복(Overide)
   ㉰ 제논 연소(Burn-out)   ㉱ 제논 진동(Oscillation)
   참 고
   제논진동은 원자로에서 Xe^{135}의 진동은 중성자속 진동을 유발   정답 : ㉱
   약간의 변동이 노심의 국한되어진 부분에서 중성자속에 작은 변화(감소)를 유발할 때 그 분분에서의 제논농도(감소된 소멸로 증가) 변화할 것이다. 변화한 제논농도는 더욱더 국부적 출력밀도(감소)에 영향을 미치는 곳에서 반응도(부반응도 삽입)에 영향을 줄 것이다. 노심출력을 일정하게 유지하기 위하여 다른 부분의 노심 출력밀도는 변화(증가)하고 초기에 그 부분에서 제논 과도현상(소멸의 증가로 감소)이 일어난다.

73. 증기 수요가 일정할 때 다음중 노심 상, 하부의 진동을 야기시키는 것은?
   ㉮ 증기발생기 수위 진동   ㉯ 요오드 Spiking
   ㉰ 제논 진동   ㉱ 부적절한 붕소 희석
   정답 : ㉰

74. 다음 그래프를 보고 곡선을 선택하시오.
   "장기간 정지했던 원자로가 50% 출력이 되고 50시간 유지했다."
   ㉮ A 곡선   <u>㉯ B 곡선</u>
   ㉰ C 곡선   ㉱ D 곡선

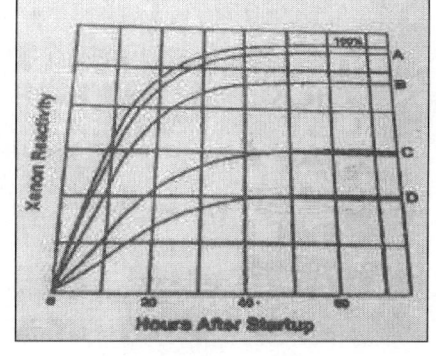

75. 원자로 출력이 증가됨에 따라 Xe^{135}의 평형 값이 증가되는 이유는?
   ㉮ Te^{135}와 Ne^{149} 생성이 원자로 출력과 비례하므로
   ㉯ Xe^{135}의 반감기가 I^{135}의 반감기보다 길기 때문
   ㉰ I^{135}에 의한 중성자 흡수는 원자로 출력에 비례하므로
   ㉱ I^{135}의 생성이 원자로 출력에 비례하므로
   참 고
   Sb^{135}와 Te^{135}의 반감기 매우 짧으므로 이들 동위원소들은 수초내에 생성율과 붕괴율이 같아져 포화될 것이다. 이런 이유로 Sb^{135}와 Te^{135}를 분리하여 취급하

지 않지만 요오드에 대한 수율 값에 그들의 수율 값을 더해서 그들의 존재를 허용한다. 왜냐하면 I^{135}는 핵분열에 의해 생성되고 I^{135}생성은 출력에 비례하기 때문이다. 정답 : ㉣

76. 원자로가 정지한 후 초기에 제논의 농도가 증가하는 이유는?
㉮ 제논이 요오드(I)에 의해 생성되므로
㉯ 제논이 우라늄의 자발적 분열로부터 생성되므로
㉰ 중성자속의 감소에 따른 제논의 붕괴가 감소되므로
㉱ 제논의 이온교환에 의한 제거가 더 이상 이루어지지 않으므로
참 고
저출력 준위에서 빠르고 작은 첨두값을 가짐   정답 : ㉯

77. 전출력으로 운전중이던 원자로를 정비하기 위해 긴급히 정지하여야 한다. 정지후 3일 동안에 제논농도의 변화는?
㉮ 제논은 3일 동안 안정적으로 붕괴되어 거의 없어진다.
㉯ 제논은 3일 동안에 새로운 평형에 도달한다.
㉰ 제논은 10시간 후 최고치를 나타내고 3일 후 거의 없어진다.
㉱ 제논은 원자로 출력과 함께 일정 비율로 서서히 작아진다.
참 고
제논은 정지후 8~10시간에 최고치를 나타내고 이후 80시간 후에 거의 제논 소멸상태에 도달한다. 정답 : ㉰

78. 초기노심에서 고농도의 수용성 독물질을 사용하는 대신에 가연성 독물질을 장전하는 이유는?
㉮ 정상운전중 붕산 침전을 방지
㉯ 감속재 온도계수의 과도한 정(+)반응도 제한
㉰ 미분붕소 값 증가   ㉱ 적분제어봉 값 증가
참 고 수용성 독물질은 붕산(H_3BO_3), 가연성 독물질은 고체로 Gd 정답 : ㉯

79. 가연성 독물질을 원자로 사용하는 이유는?
A : 균일한 출력밀도 제공   B : 제어봉 연소효과 보상
C : 초기노심에 고농축연료 이용   D : 중성자속 모형을 균일화

㉮ A - B - C ㉯ A - B - D ㉰ A - C - D ㉱ B - C - D

참 고

가연성 독물질을 장전하는 이유

가. 감속재 온도계수가 정(+)으로 되는 것을 방지한다. 가연성 독물질이 없으면 고농도의 수용성 독물질이 잉여반응도를 보상하기 위해 필요로 하게 되고 이것은 감속재 온도계수를 정(+)으로 되게 한다. 이런 문제점을 해결하기 위해 가연성 독물질을 사용하여 높은 잉여반응도를 상쇄시킨다.

나. 중성자속 밀도를 평탄화하여 출력밀도를 균일화시킨다. 가연성 독물질봉을 중성자속 밀도가 높은 지역에 장전하여 중성자속 밀도와 출력밀도를 평탄화시킨다.

다. 고농축도이 연료장전이 가능하게 된다. 연료의 양이나 농축도를 증가시켜 잉여반응도를 높일 수 있다. 따라서 가연성 독물질은 노심초기 잉여반응도를 상쇄시키기 위해 사용되고 연료연소에 따라 연소된다.   정답 : ㉰

80. 노심초기에서 말기까지 가연성 독물질 변화를 가장 잘 설명한 것은?
㉮ 계속 증가   ㉯ 약간 증가후 곧 원상회복
㉰ 완전 연소때까지 감소   ㉱ 약간 감소후 곧 원상회복
정답 : ㉰

81. 노심수명에 따라 잉여반응도는 연료연소로 감소하는데 장기운전시 연료연소에 따른 발전소 임계는 어떻게 유지되는가? 단, 연장운전은 고려하지 않는다.
㉮ 제어봉 인출   ㉯ 냉각재 온도 감소
㉰ 원자로출력 감소   ㉱ 붕산농도 감소
정답 : ㉱

82. 노심말기 운전시 임계를 유지하기 위해 연장운전이 요구될 때 연료연소를 보상하기 위해 붕산희석을 할 수 없는 이유는?
㉮ 붕산농도가 너무 낮아 미미한 붕산농도 변화시에도 아주 많은 양의 물이 주입된다.
㉯ 붕산의 반응도 값이 너무 적어 미미한 반응도 변화시에도 아주 많은 양의 물이 주입된다.
㉰ 붕산농도가 너무 높아 미미한 반응도 변화시에도 아주 많은 양의 물이 주입

된다.

㉣ 붕산의 반응도 값이 너무 커서 붕산희석에 의한 반응도 변화시 운전원이 안전하게 제어할 수 없다.

정답 : ㉮

83. 원자로가 임계에 접근할 때 특별히 감시 및 제어되어야 할 인자(Parameter)는?
㉮ 선원영역(SR) 계수율, 기동율(Start-up Rate), 제어봉 위치
㉯ 선원영역(SR) 계수율, 냉각재 온도, 터빈 제1단 압력
㉰ 축방향 편차(ASI), 기동율(Start-up Rate)
㉣ 축방향 편차(ASI), 증기펌프 요구량, 냉각재 온도
정 답 : ㉮ 제어봉 조작은 원자로 기동을 위해 직접적인 반응도 제어 과정

84. 원자로가 임계에 접근할 때 감시 및 제어되어야 할 가장 중요한 인자는?
㉮ 감속재 온도 ㉯ 노심 출구 연전대 온도
㉰ 선원영역(SR) 계수율 ㉣ 축방향 편차(ASI)
참 고
임계접근시 감시 및 제어되어야 할 인자
가. 제어봉 위치 : 제어봉은 운전원에게 반응도의 직접적인 조절을 제공하고 제어봉 위치는 임계가 예상 임계 제어봉 위치 제한범위 내에 이루어지는지 확인해야 한다. 또한 적절한 제어봉 이동과 중첩이 되는지 확인해야 한다.
나. 선원영역 계수율(자발적 분열의 출력측정은 불가) : 원자로 측정 수단으로 반응도 주입의 영향을 반영하는 것이며 예상 임계의 수단(계수율과 1/M 곡선을 통해)을 제공한다. 또한 임계가 도달했음을 지시계로 나타나게 해준다.
다. 기동율(SUR) : 중성자 준위의 변화율의 측정수단이며 제어봉 움직임이 없는 상태로 일정한 정(+)기동율은 원자로가 임계에 도달했거나 초임계임을 지시하는 것이다. 정답 : ㉰

85. 제어봉을 인출하기 전에 계수율은 220cps 였다. 미임계 중배계수(M)가 2배로 될 수 있는 반응도를 주입하였다면 최종 안정계수율은?
㉮ 110 cps ㉯ 320 cps ㉰ 440 cps ㉣ 520 cps
풀 이

$$M = \frac{C_1}{C_o} \quad \frac{M_2}{M_1} = \frac{C_2}{C_1} \quad 2 = \frac{C_2}{220} \quad C_2 = 440\text{cps}$$

86. 연료장전시 1/M 곡선의 모양에 영향을 주는 것은?
   A : 노심의 중성자 선원의 위치   B : 노심주변 중성자 계측기의 위치
   C : 노심의 중성자 선원의 세기   D : 장전시 연료집합체의 배치 순서
   ㉮ A - B - C   ㉯ A - B   ㉰ A - C - D   ㉱ B - C - D
   참 고
   선원중성자 세기는 1/M 곡선 동안 일정하므로 곡선 모양에 영향을 주지 못함
   정답 : ㉯

87. 원자로가 90% 출력에서 안정상태로 운전중 증기유량이 감소되었다. 모든 제어계통이 자동 상태라면 원자로 출력은?
   ㉮ 더 높은 값으로 증가한다.
   ㉯ 일시적으로 증가했다가 초기값으로 돌아간다.
   ㉰ 더 낮은 값으로 감소한다.
   ㉱ 일시적으로 감소했다가 초기값으로 돌아간다.
   참 고
   증기유량의 변화는 원자로 출력의 변화를 가져온다. 증기유량 감소로 1차계통의 온도가 상승되어 노심출력이 감소된다.   정답 : ㉰

88. 원자로가 2×10^{-7}% 출력에서 임계이다. 운전원이 제어봉을 인출하여 0.1dpm의 일정 기동율을 유지한다면 몇 분후에 출력이 7×10^{-7}%가 되는가?
   ㉮ 2.5 분   ㉯ 5.5 분   ㉰ 7.4 분   ㉱ 10.5 분
   풀 이
   $P = P_o \times 10^{SUR \times t}$ $7 \times 10^{-7} = 2 \times 10^{-7} \times 10^{SUR \times 0.1}$ $0.5441 = 0.1 \cdot t$ $t = 5.5$분

89. 원자로가 수 주동안 75% 출력에서 운전되고 있다. 주증기관 파열사고로 총 증기유량의 3%가 방출되고 있다. 자동 및 운전원 조치가 없다고 가정하면 안정된 원자로출력과 안정된 냉각재 온도는?

	출 력	온 도		출 력	온 도
㉮	증 가	증 가	㉯	변하지 않음	증 가

| ㉐ | 증가 | 감소 | ㉑ | 변하지 않음 | 감소 |

참 고
감속재 온도감소로 증기 요구량에 따른 원자로 출력을 증발시키는데 필요한 정반
응도가 제공된다. 따라서 출력은 증가하고 T_{avg}는 감소한다.　정답 : ㉐

90. 다음중 원자로 출력운전중 기동율이 정(+)으로 될 수 있는 조건은?
　㉮ 터빈부하의 증가　　　　　　㉯ 원하지 않은 붕소주입
　㉰ 터빈 런백　　　　　　　　　㉱ 예상치 않은 주증기 차단밸브의 닫힘
　참 고
　터빈부하 증가로 증기요구량이 증가하면 증기발생기 내의 냉각재가 더 냉각되어
　정(+)반응도의 삽입 및 기동율이 정(+)으로 되는 결과를 초래한다.　정답 : ㉮

91. 수용성 붕산농도를 증가시키면 알맞는 현상은?
　㉮ 열중성자 이용률의 증가로 노심주기가 연장된다.
　㉯ 장전되는 연료량의 증가로 노심주기가 연장된다.
　㉰ 냉각재계통 유량의 증가로 노심주기가 연장된다.
　㉱ 증기발생기 열전달의 증가로 노심주기가 연장된다.
　참 고
　장전되는 연료량이 많을수록 더 오랫동안 출력을 생산할 수 있다.　정답 : ㉯

92. 그림에서 A점부터 B점까지의 원자로출력 감소를 가장 잘 나타낸 식은?

　㉮ $T = \dfrac{\beta_{eff} - \rho}{\lambda \rho}$

　㉯ $P = P_o \cdot e^{\frac{t}{T}}$

　㉰ $P = P_o \cdot 10^{SUR \times t}$

　㉱ $P = P_o \cdot \dfrac{\beta_{eff}}{\beta_{eff} - \rho}$

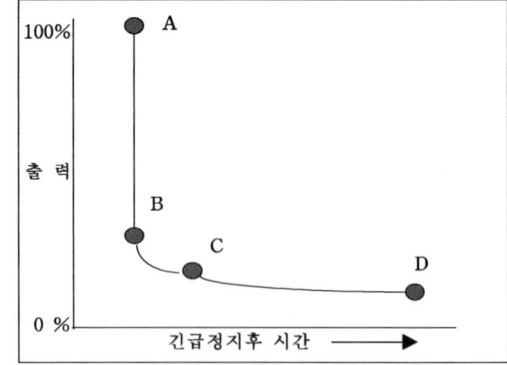

　참 고
　즉발강하에 의한 출력감소는 삽입된 부반응도의 초기에 의존　정답 : ㉱

93. 그림 CD 구간의 노심내 중성자 출력감소를 가장 잘 나타낸 식은?

㉮ $T = \dfrac{\beta_{eff} - \rho}{\lambda \rho}$ ㉯ $P = P_o \cdot e^{\frac{t}{T}}$

㉰ $P = P_o \cdot \dfrac{\beta_{eff}}{\beta_{eff} - \rho}$ ㉱ $T = \dfrac{\ell}{\rho}$

참 고
지발중성자는 -80초 주기로 붕괴하고 있다. 주기가 주어졌을때 중성자 출력변화에 대한 식은 $P = P_o \cdot e^{\frac{t}{T}}$ 이다.

○ A - B : 양이 큰 부반응도의 빠른 삽입은 즉발중성자수가 빠르게 감소하는 원인이 된다. 곡선 A - B 구간은 이 같은 즉발강하를 나타낸다.

○ B - C : 이 기간동안 중성자수는 수명이 짧은 지발중성자 모핵종과 수명이 중간정도인 지발중성자 모핵종으로부터 나오는 지발중성자에 의해 좌우된다. 원자로가 100% 출력에 있을 때 생긴 이들 모핵종은 수분에 걸쳐 붕괴한다.

○ C - D : 수명이 짧은 모핵종은 사실상 모두 붕괴되고 중성자수는 수명이 가장 긴 모핵종으로부터 나오는 지발중성자에 의해 좌우된다. 이 점에서부터 출력은 중성자 준위가 중성자원 효과가 나타나고 미임계 평형상태에 도달되기에 충분히 낮을때까지 $-\dfrac{1}{3}$ 의 일정한 지수율로 떨어진다.

94. 붕괴열의 주 생성원은?
㉮ 분열반응   ㉯ 연료 피복재   ㉰ 방사화 생성물   ㉱ 분열생성물
참 고
분열생성물의 붕괴에 의해 가장 많은 양의 붕괴열이 발생한다.   정답 : ㉱

95. 원자로 정지후 다음중 무엇에 의해 노심에 가장 많은 양의 열이 발생하는가?
㉮ 즉발중성자   ㉯ 지발중성자
㉰ 감마 및 베타 붕괴   ㉱ 알파 및 중성자 방사
참 고
여러 형태의 붕괴에 의해 붕괴열이 발생되지만 감마 및 베타 붕괴에 의해 발생되는 열에 비해 상당히 적다. 정답 : ㉰

96. 노심수명에 걸쳐 붕괴열이 증가되는 주된 이유는? (㉮)
㉮ 분열생성물 활동이 증가되므로   ㉯ 자발적 분열이 증가되므로

㈐ 플루토늄 생성량이 증가되므로   ㈑ 중성자속이 증가되므로
참 고
노심수명에 걸쳐 붕괴열이 나오는 분열생성물(특히 수명이 가장 긴 핵)은 연료가 소모되므로 증가한다. 방사화 생성물 또한 증가되므로 붕괴열은 증가한다.

97. 원자로가 열방출점 아래에서 안정 출력준위로 임계상태에 있을 때 적은 양의 정(+)반응도가 삽입되었다. 열방출점에서 원자로 출력을 안정시키는 반응도계수는?
 ㈎ 연료 온도 및 기포   ㈏ 연료 온도 뿐(Only)
 ㈐ 감속재 온도 및 연료 온도   ㈑ 감속재 온도 뿐(Only)
참 고
열방출점에서 연료와 감속재의 현저한 온도증가에 따른 반응도계수는 출력이 열방출점으로 돌아가 안정되도록 부(-)반응도를 삽입한다.   정답 : ㈐

98. 원자로가 정상 원자로 기동 동안 임계에 도달되었음을 말하는 것은?
 ㈎ 제어봉을 인출하는 동안 일정한 양의 기동율 유지
 ㈏ 제어봉을 인출하는 동안 증가되는 양의 기동율
 ㈐ 제어봉 동작없이 일정한 양의 기동율
 ㈑ 제어봉 동작없이 증가되는 양의 기동율

99. 노심말기 근처에 있는 원자로가 0.3dpm 기동율로 $10^{-2}\%$ 출력상태에 있다. 운전원 조치가 없다면 10분후 원자로 출력은 얼마나 되겠는가? 단, 보호계통의 동작이 없다고 가정한다.
 ㈎ 열방출점 1%   ㈏ 10%   ㈐ 50%   ㈑ 100%

100. 원자로가 6개월 동안 100%로 운전되고 있을 때 증기관 파열사고 발생으로 원자로가 정지되고 1시간 후 모든 증기발생기가 고갈되는 결과를 가져왔다. 증기발생기가 고갈되는 동안 냉각재 온도는 증기발생기 고갈로 냉각재계통의 가열이 시작되는 시점에 이르러 450°F까지 감소되었다. 다음 주어진 정보를 이용하여 증기발생기 고갈직후 안정된 대략적인 냉각재계통 가열율을 계산하시오.

원자로 정격 열출력 3,400MWt	RCS에 가해지는 RCP열 15MWt
RCS 비열(Cp) 1.1BTU/lbm°F	RCS 재고 475,000lbm

㉮ 8~15°F/hr   ㉯ 25~50°F/hr   ㉰ 80~150°F/hr   ㉱ 300~600°F/hr

참 고 : 붕괴열은 원자로 정지후 4~6시간 만에 거의 <u>노심 출력의 1%</u>까지 감소

○ 3,400MWt의 1%   34MWt + 15MWt(펌프열) = 49MWt   정답 : ㉱

○ 49MWt × (3.41×10^{-6}BTU/MW-hr) × (lbm-°F/1.1BTU) × 1/475,000lbm =

표준 경수로 개요

- 가압경수로형 원전은 2(3)개의 폐쇄된 회로로 구성
- 1차측 유로의 방사성 유체와 2차측 유로의 비방사성 유체가 완전히 분리됨 : <u>분리기기는 증기발생기</u>
- <u>핵증기공급계통(NSSS)</u>은 원자로 내에서 우라늄의 핵분열로 생긴 열을 흡수하여 증기발생기 튜브를 통하여 2차측 급수에 전달하여 터빈·발전기를 구동하기 위한 증기를 생산

열생성원과 열제거원

Heat Production Sources	Heat Removal Sources
분열 열 (Fission Heat)	Steam Generation in SGs
붕괴열 (Decay Heat)	Cool FW to SGs
냉각재 펌프 마찰열 (RCP Heat)	Cool SI Flow to RCS
Chemical Reaction Heat	Steam Release from RCS

Adequate Core Cooling
Heat Production Sources ≤ Heat Removal Sources

1. 경수로 발전원리

경수로형 원전의 발전 원리
- 에너지 발생원 : 우라늄 분열
- 분열 발생기기 : 원자로(Reactor)
- 열전달 매체(냉각재) : 경수(H_2O)
- 열제거원(순환수) : 해수(Sea Water)

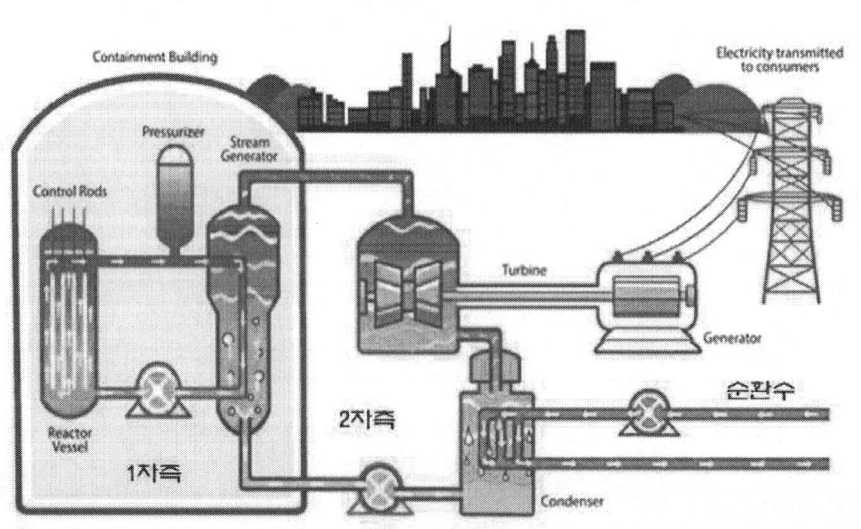

2. 경수로 특징

경수로형 원전은 미국에서 개발한 발전소로 안전성이 매우 높아 전세계에서 가장 많이 이용하고 있음

- 전 세계에서 가장 많이 사용
- 연료로 농축 우라늄 사용(1~5%) : 농축도가 높을수록 장 주기
- 연료교체는 발전소를 정지한 후 원자로용기 뚜껑을 열어 1/3씩 교체 : 장 주기 연료 사용(18개월)
- <u>냉각재와 감속재</u>로 탈염 순수 즉, 경수를 사용(경제성)
- 열전달 효율을 높이기 위하여 냉각재를 <u>높은 압력상태</u> 유지
- 원자로와 터빈 사이에 증기발생기를 두어 증기를 생산
- 전체 계통을 크게 <u>1차 계통과 2차 계통으로 분리</u>하여 구성
- 원자력 잠수함 및 항공모함에 탑재한 원자로

원자력발전소 건물배치

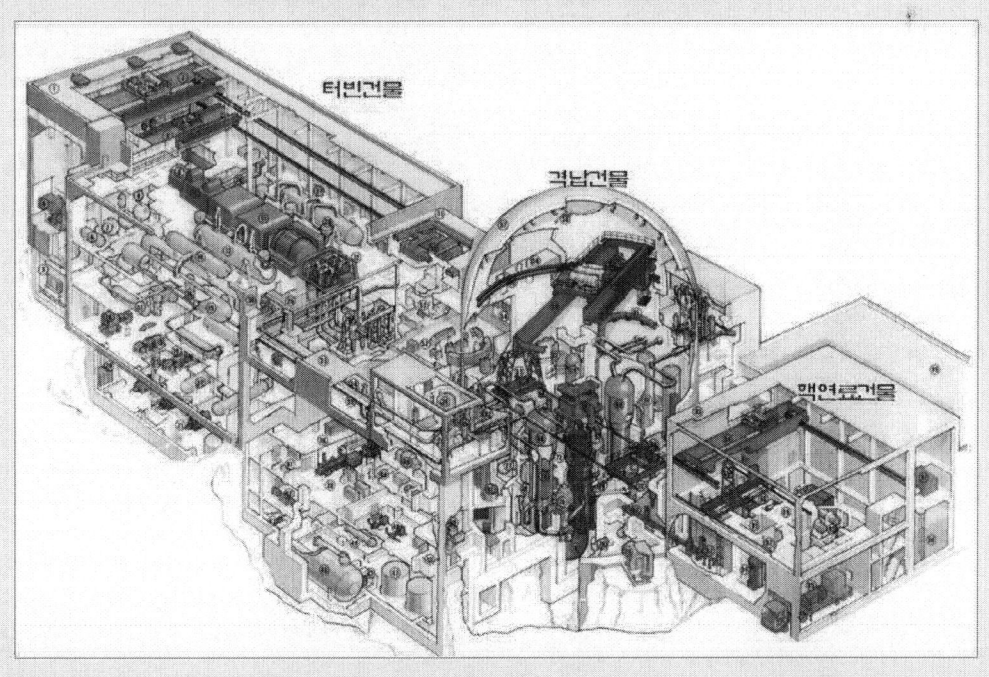

- 333 -

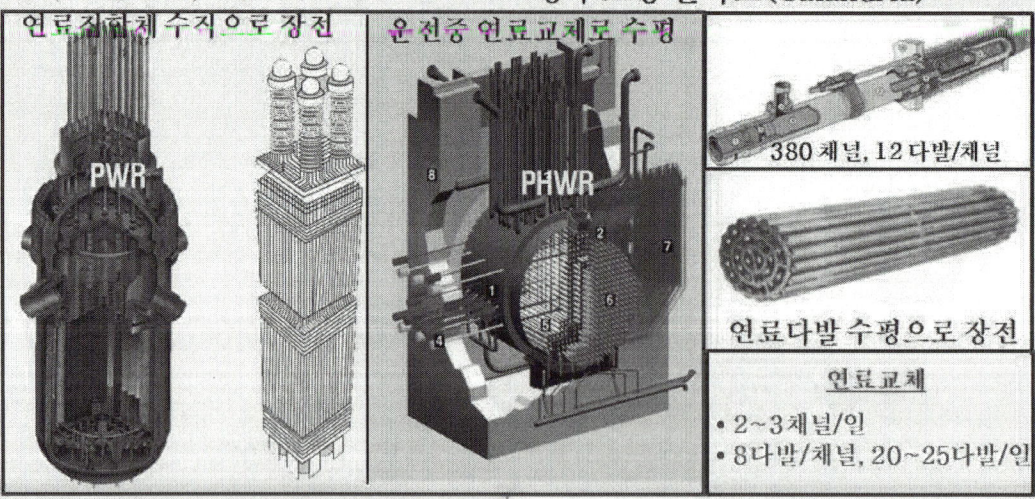

- 원자로 : 수직형
- 감속재, 냉각재, 반사체 : 경수(H_2O)
- 사용 연료 : 저농축우라늄(2~5% U^{235})
- 연료 교체 : 18개월 운전 정지 후 1/3씩 교체
- 주요 운영국 : 미국, 프랑스, 일본, 한국 등

- 원자로 : 수평형
- 감속재, 냉각재, 반사체 : 중수(D_2O)
- 사용연료 : 천연우라늄(0.71% U^{235})
- 연료교체 : 운전중 매일 교체 (20~25개/일)
- 주요 운영국 : 캐나다, 한국 등

원전명	용량(MW)	상업운전 개시(月)	설계수명 만료시점	원전수명(年)
고리1호기	587	1978.04	폐로조치	
월성1호기	679	1983.04		
고리2호기	650	1983.07	2023.04	40
고리3호기	950	1985.09	2024.09	40
고리4호기	950	1986.04	2025.08	40
영광1호기	950	1986.08	2025.12	40
영광2호기	950	1987.06	2026.09	40
울진1호기	950	1988.09	2027.12	40
울진2호기	950	1989.09	2028.12	40
영광3호기	1000	1995.03	2034.09	40
영광4호기	1000	1996.01	2035.06	40
월성2호기	700	1997.07	2026.11	30
울진3호기	1000	1998.08	2037.11	40
울진4호기	1000	1999.12	2038.10	40
월성3호기	700	1998.07	2027.12	30
월성4호기	700	1999.10	2029.02	30
영광5호기	1000	2002.05	2041.10	40
영광6호기	1000	2002.12	2042.07	40
울진5호기	1000	2004.07	2043.10	40
울진6호기	1000	2005.04	2044.11	40
신고리1호기	1000	2011.02	2050.05	40
신고리2호기	1000	2012.07	2051.12	40
신월성1호기	1000	2012.07	2051.12	40
신월성2호기	1000	2013.-	2053.-	가동일 미정
	신울진 1호기, 새울(신고리 3, 4호기) : 운전중			

국내 태양광의 이용효율은 15%, 풍력은 2% 수준에 불과하고, 원자력의 경우 100만kW의 발전설비를 건설하기 위해 여의도 면적 10분의 1

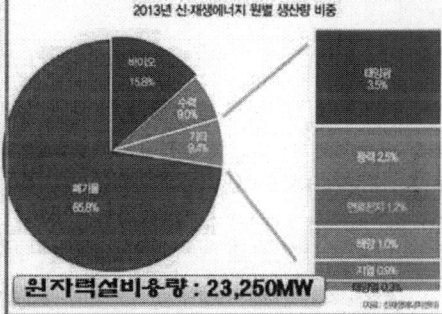

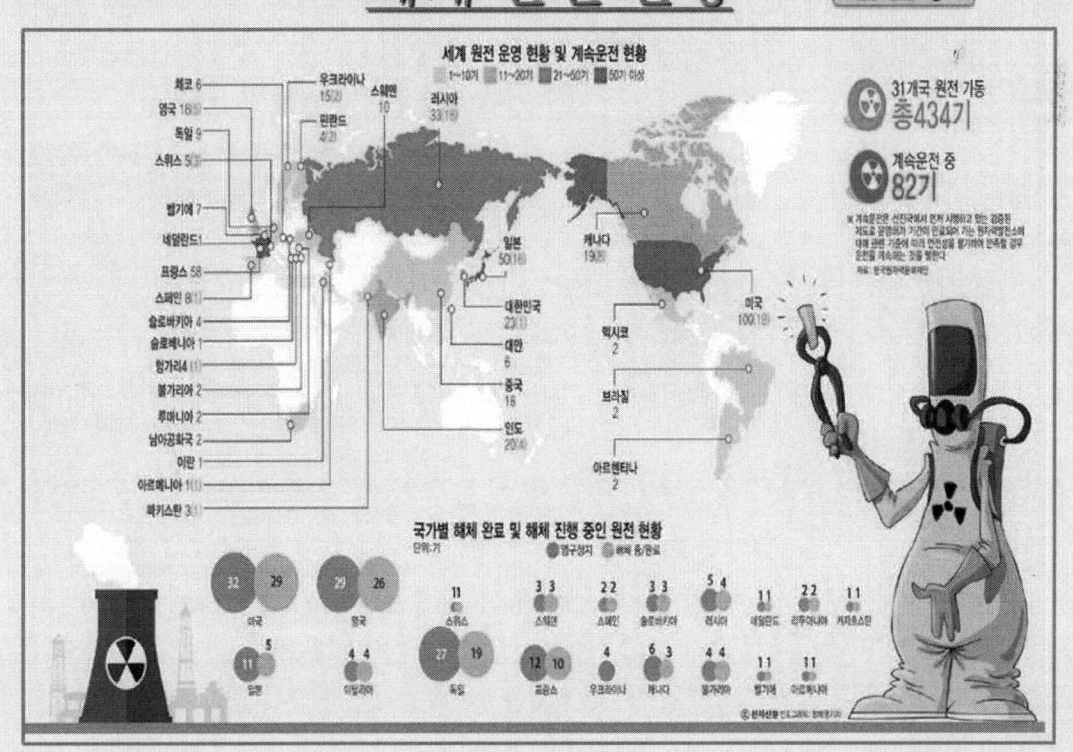

터빈·발전기
주제어실
가압기
증기발생기
터빈
복수기
Steam
Heated Water
원자로
임시 사용후
연료 저장조

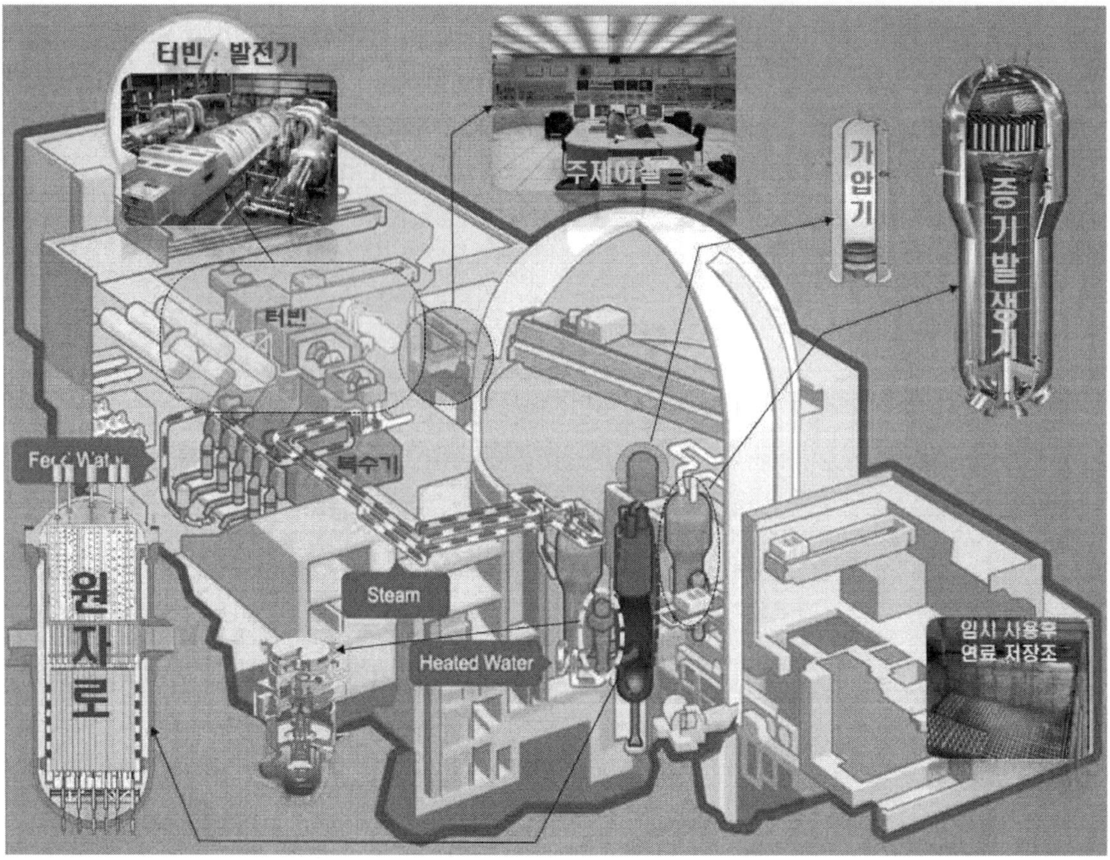

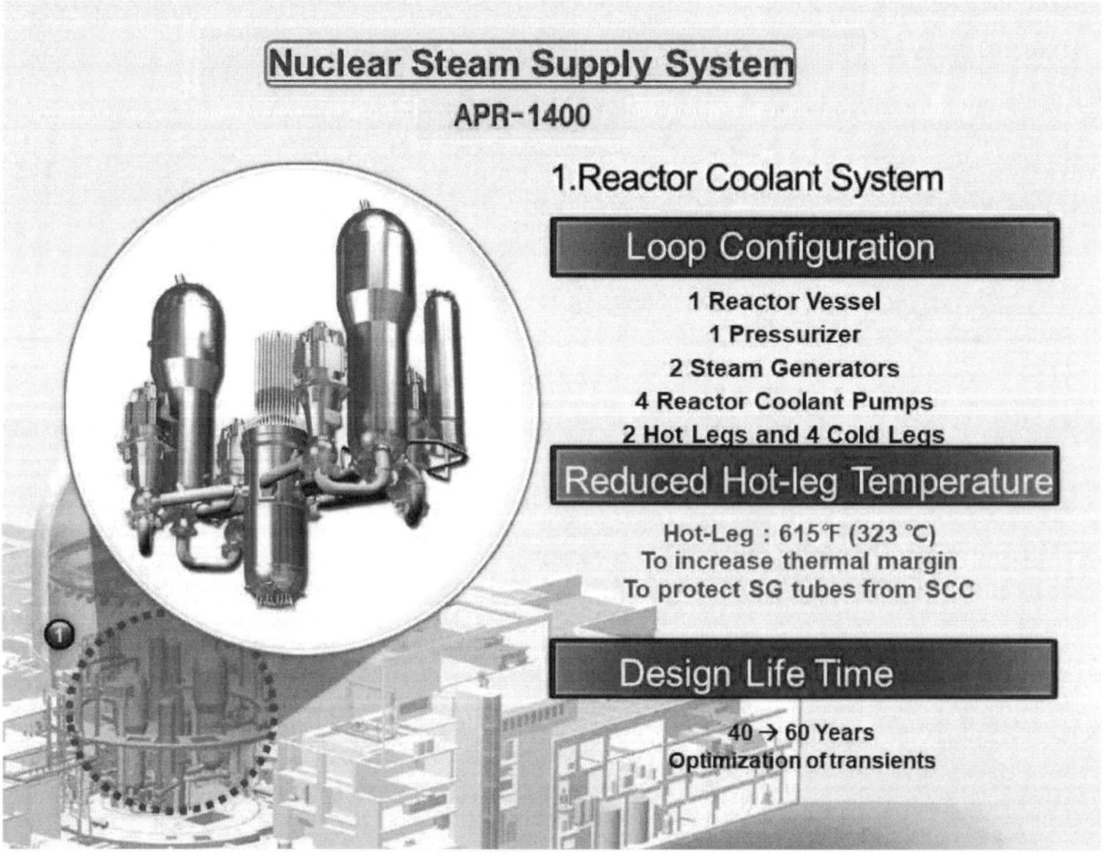

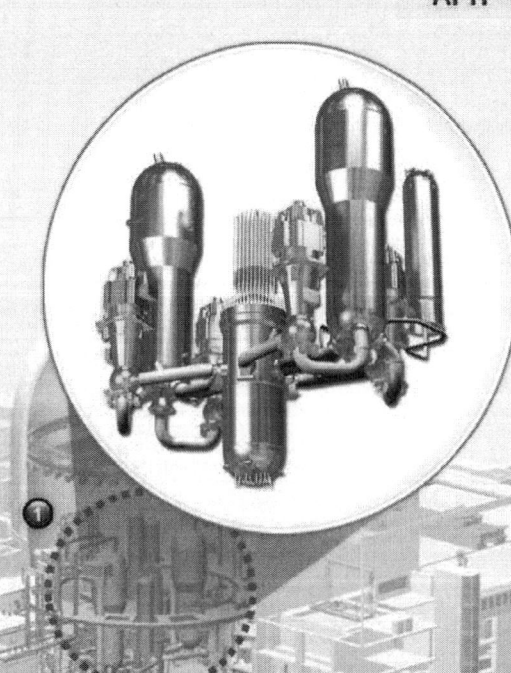

Nuclear Steam Supply System
APR-1400
1.Reactor Coolant System
Loop Configuration
1 Reactor Vessel
1 Pressurizer
2 Steam Generators
4 Reactor Coolant Pumps
2 Hot Legs and 4 Cold Legs
Reduced Hot-leg Temperature
Hot-Leg : 615℉ (323 ℃)
To increase thermal margin
To protect SG tubes from SCC
Design Life Time
40 → 60 Years
Optimization of transients
1

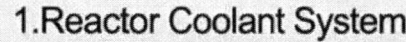

3. 표준 경수로계통 개요

- 핵 증기공급계통
- 터빈 발전기계통
- 보조계통
- 계측제어계통
- 전기계통

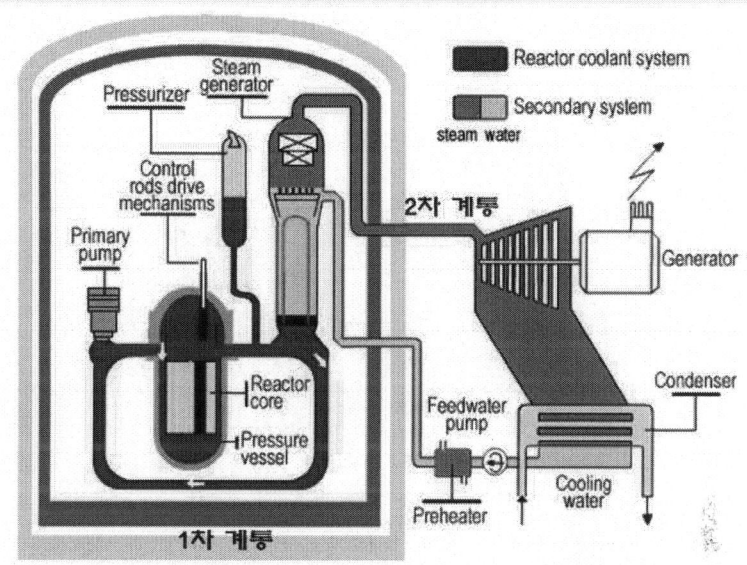

4. 표준 경수로계통 개요

- 핵 증기공급계통(NSSS)
    - 냉각재계통(RCS) : 정상운전중 노심 열제거
    - 화학 및 체적제어계통(CVCS) : 수질관리 및 체적제어
    - 안전주입계통(SIS) : 비상시 노심 열제거
    - 정지냉각계통(SCS : 공학설비) : 정지중 노심 열제거
    - 1차측 기기냉각수계통(CCWS) : 순 수
    - 1차측 기기냉각해수계통(ESWS) : 해 수
- 터빈 발전기계통(T/G)
    - 주증기계통(MSS) : 포화증기
    - 주급수계통(FWS) : 급수가열기를 기준하여 5번 이상
    - 복수계통(CS) : 급수가열기 4번까지
    - 2차측 기기냉각수 및 2차측 기기냉각해수계통
    - 순환수계통(CWS) : 해수

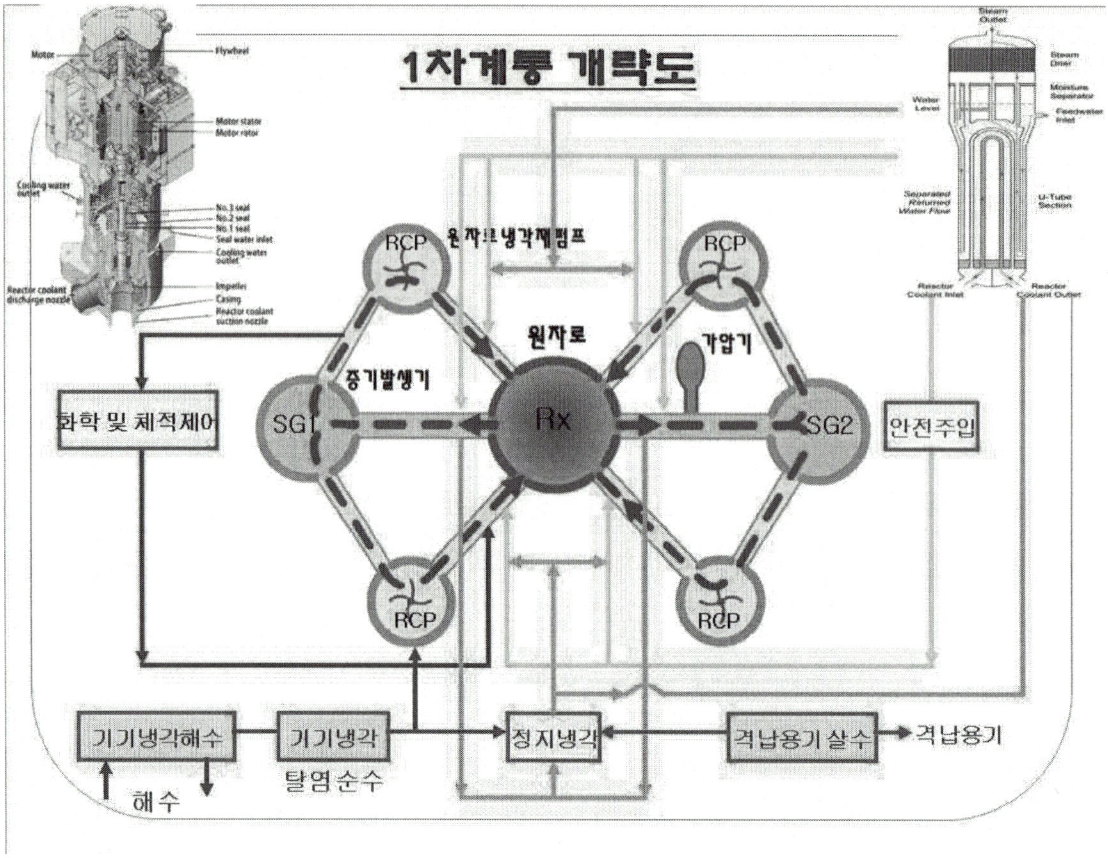
1차계통 개략도
Motor
Flywheel
Motor stator
Motor rotor
Cooling water outlet
No.3 seal
No.2 seal
No.1 seal
Seal water inlet
Cooling water outlet
Reactor coolant discharge nozzle
Impeller
Casing
Reactor coolant suction nozzle
RCP
원자로냉각재펌프
원자로
가압기
증기발생기
SG1
Rx
SG2
화학 및 체적제어
안전주입
기기냉각해수
기기냉각
정지냉각
격납용기 살수
격납용기
해수
탈염순수
Steam Outlet
Steam Drier
Moisture Separator
Water Level
Feedwater Inlet
Separated Returned Water Flow
U-Tube Section
Reactor Coolant Inlet
Reactor Coolant Outlet

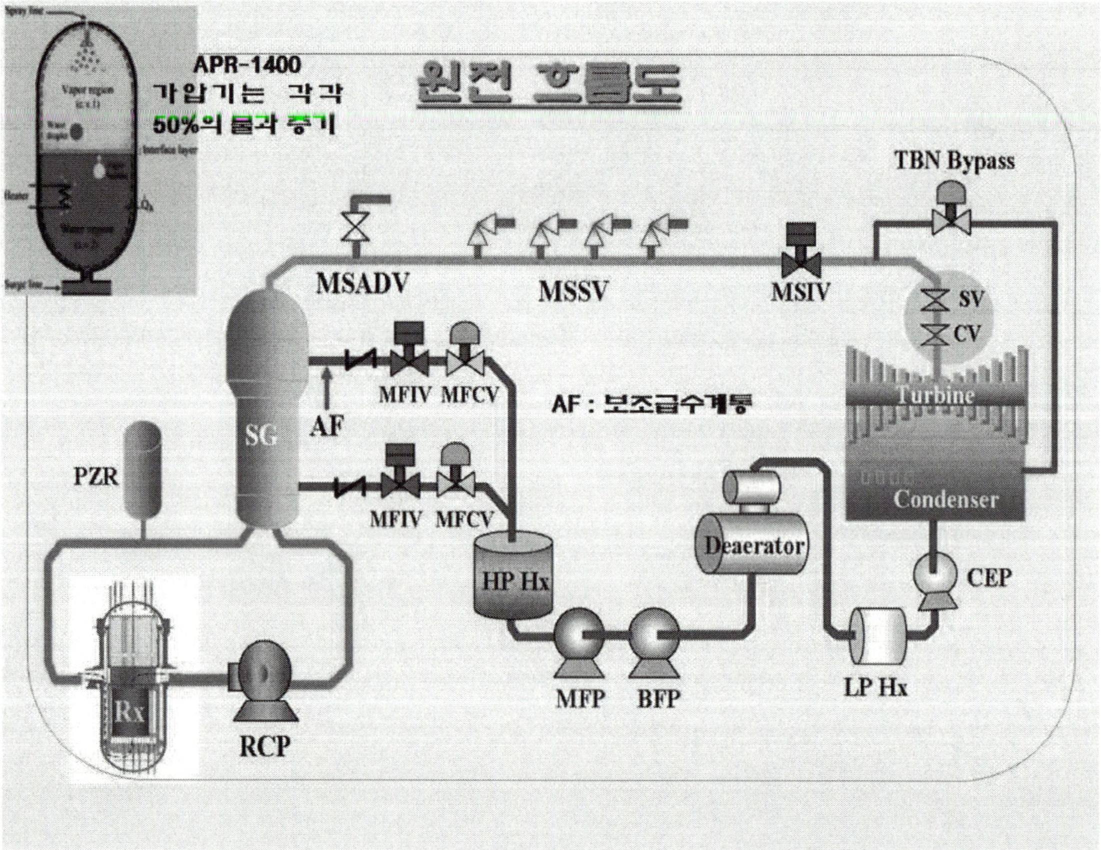
APR-1400
가압기는 각각
50%의 물과 증기
원전 흐름도
TBN Bypass
MSADV
MSSV
MSIV
SV
CV
Turbine
MFIV MFCV
AF : 보조급수계통
AF
SG
PZR
MFIV MFCV
Condenser
Deaerator
CEP
HP Hx
MFP
BFP
LP Hx
Rx
RCP

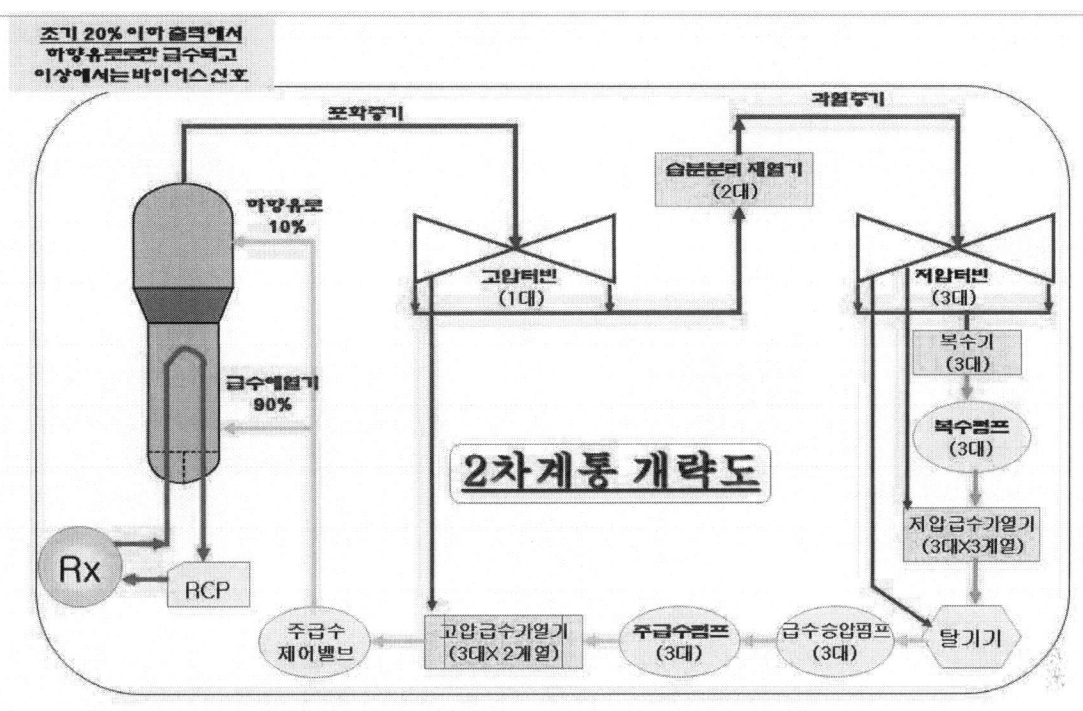

5. 표준 경수로계통 개요

가. 핵 증기공급계통 (1차 계통)

1) 냉각재계통

- 주요 기기
  원자로, 증기발생기, 냉각재 펌프, 가압기 및 관련 배관
- 계통 기능
  ○ 폐쇄회로 내에서 노심에서 발생된 열을 2차 계통으로 전달
  ○ 증기발생기는 냉각재계통과 주증기계통 간의 압력경계 형성
  ○ 계통 압력은 증기와 물이 열적 평형을 이루고 있는 가압기에서 제어
  ○ 냉각재 평균온도는 출력에 비례하여 변하고 냉각재가 팽창/수축하므로서 가압기 수위 변화
  ○ 화학 및 체적제어계통의 충전펌프와 유출제어를 통해 가압기 수위유지 (충전, 일정 유출유량 제어 방식)

OPR-1000 원자로 설계변수

- 원자로 열출력 : 2,825 MWth
- 냉각재 온도(Hot/Cold) : 327 ℃ / 296 ℃
- 냉각재 체적 : 320 m³
- 정상 운전압력 : 158 kg/cm²·a
- 연료집합체(Fuel Assembly) : 177 다발
- 연료 높이/전체 연료반경 : 3.8 / 3.1 m
- 연료 피복재(Fuel Clad) 재질 : 저 로
- RCS 유량 속도(Flow Speed) : 5.1 m/s
- 냉각재 가열율(정상, 최대) : 28℃/hr, 56℃/h

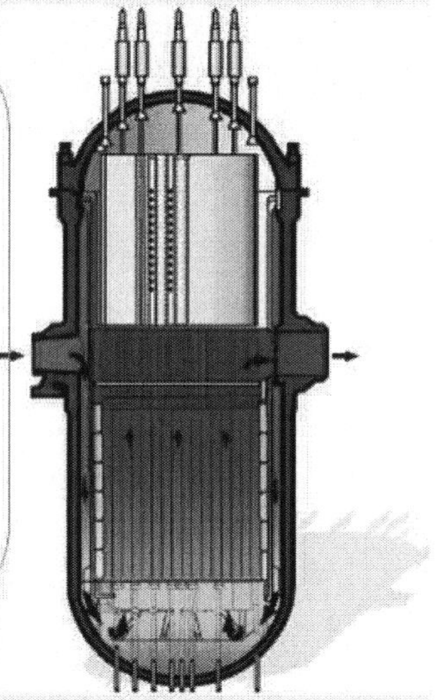

APR-1400 : 원자로 열출력 4,000MWth, 전기출력 1,400MWe

- 냉각재와 감속재로 가압된 경수 사용(158kg/cm²)
- 반응도 제어제로 수용성 붕산수(H_3BO_3) 사용

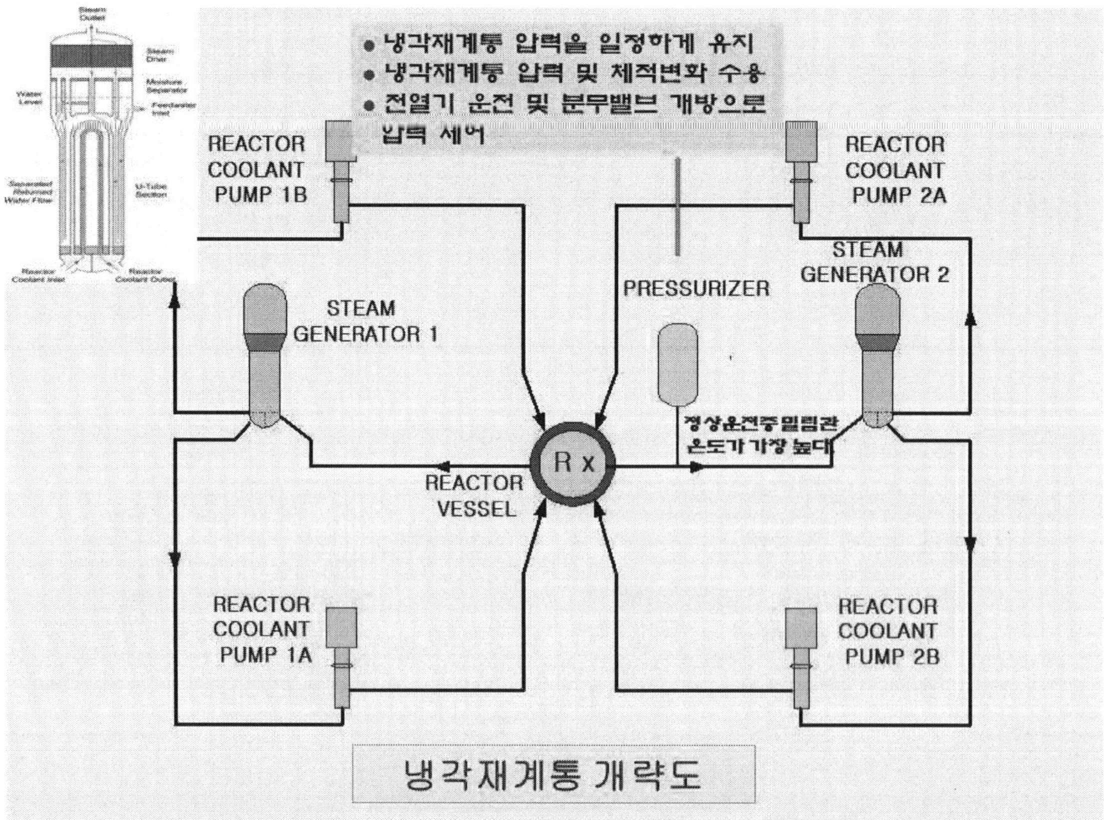

냉각재계통 개략도

- 냉각재계통 압력을 일정하게 유지
- 냉각재계통 압력 및 체적변화 수용
- 전열기 운전 및 분무밸브 개방으로 압력 제어

경상운전중 밀림관 온도가 가장 높다

원자로(Reactor Vessel)

- 원자로 형태
    - 하부 Head 및 상부 Head가 있는 원통형 용기
- 원자로 재질
    - 동체 : 탄소강
    - 내부 표면 : Stainless Steel 피복
- 내부 구조물
    - 노심 지지동체 집합체
    - 상부 안내구조물 집합체
    - 유량분배판

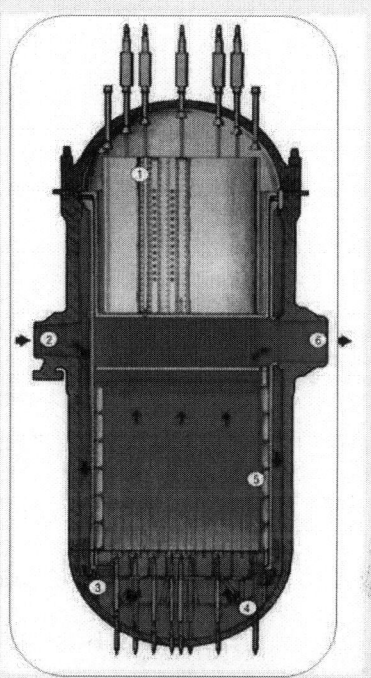

2) 화학 및 체적제어계통
- 주요 기기
  충전펌프, 체적제어 탱크, 열교환기, 이온교환수지탑, 필터, 충전 및 유출관로 등
- 계통 기능
    - 냉각재의 순도(용존산소 제거, PH 제어, CRUD 제거), 체적, 붕산농도 조절
    - 냉각재 일부를 우회시켜 연속정화

3) 안전주입계통
- 계통 기능
    - 냉각재 상실사고시 노심냉각을 위한 붕산수 공급 및 장기 노심냉각의 수단 제공
    - 계통의 과잉냉각으로 인한 정(+)반응도 유입시 붕산수를 주입하여 충분한 정지여유도 확보

4) 정지냉각계통

원자로 정지(296℃) $\xrightarrow{SBCS냉각}$ 냉각재 온도(177℃) $\xrightarrow{SCS로 냉각}$

● 계통 기능

  ○ 주증기계통과 주급수계통 또는 보조급수계통과 더불어 운전 정지 후 RCS 온도를 177℃에서, 재장전 온도인 125°F(51.6℃)까지 낮추는 동안 사용

  ○ 증기관과 급수관 파단사고, 증기발생기 튜브누설 또는 파단 사고 후 RCS 냉각에 사용 (비상시 공학적 설비 보조)

  ○ 발전소 기동시 냉각재 펌프가 운전되기 전 노심으로의 유량을 유지시키기 위해 사용

5) 1차 기기냉각수(CCW)계통

● 주요 기기

  기기냉각수 펌프, 기기냉각수 열교환기, 기기냉각수 완충탱크, 화학약품 주입탱크, 원자로 보조기기 열교환기, 기기냉각수 보충펌프

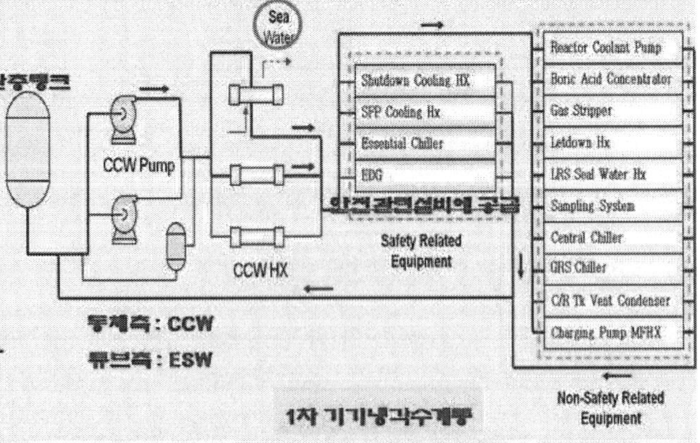

● 계통 기능

  ○ 방사능 오염 가능성이 있는 계통과 기기냉각 해수계통 사이에서 중간 방호벽 역할을 하는 폐쇄 순환계통

  ○ 발전소 정상운전시 1차 계통의 특정 보조기기에 냉각수 공급

  ○ 냉각재 상실 사고시에는 공학적 안전설비에 냉각수 공급

6) 1차 기기냉각해수계통 (ESW)

- 주요 기기
  기기냉각해수 펌프, 기기냉각해수 여과기, 취수 및 배수 구조물
- 계통 기능
  ○ 기기냉각수 열교환기에 냉각 해수 공급

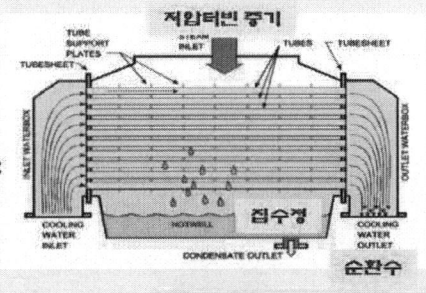

회전스크린은 원통형의 그물식 방목이 회전하면서 스크린 외부에 이물질이 걸리고 물은 내부로 통과하여 걸러질 수 있도록 되어 있으며 바 스크린보다 작은 입자를 제거

나. 터빈 발전기계통 (2차 계통)

1) 주증기계통

증기발생기에서 생성된 증기를 터빈과 기타 보조계통에 공급

- 주요 기기

  주증기 배관, 주증기 격리밸브, 주증기 대기방출 밸브, 주증기 안전밸브, 터빈 우회밸브, 유량 제한기

2) 주급수계통

- 주요 기기

  급수 승압펌프, 급수펌프, 고압 급수가열기, 주급수 격리밸브 (하향유로 및 예열기), 주급수 조절 밸브 (하향유로 및 급수예열기)

- 계통 기능

  증기발생기 배수 또는 건조 보관상태 이후 재 충수를 포함한 모든 운전 기간 중에 증기발생기에 요구되는 온도, 유량 및 압력으로 급수를 공급

3) 복수계통(탈염순수) 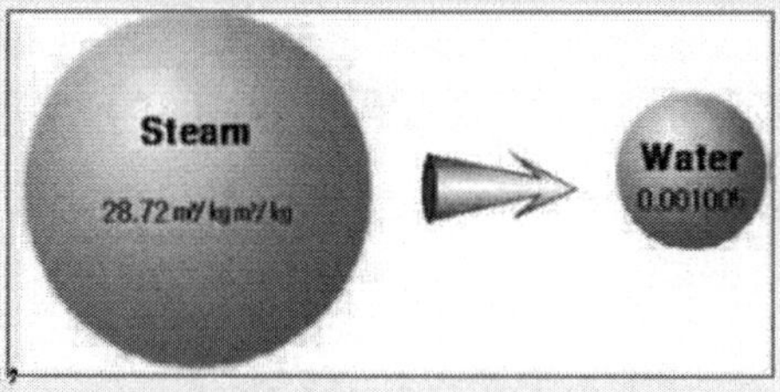
- 주요기기
  복수기, 복수펌프, 저압 급수가열기, 탈기기, 탈기기 저장탱크, 복수저장 탱크
- 계통 기능
  ○ 복수기 집수정으로 회수된 응축수를 복수펌프로 급수계통에 공급
  ○ 일련의 급수가열기를 통해 급수를 가열하여 효율 증대

4) 2차측 기기냉각수 및 2차측 기기냉각 해수계통

   2차기기 냉각기 또는 2차측 비안전 관련기기에 냉각수 공급

5) 순환수계통(해수)

   복수기 폐열을 제거(폐증기를 냉각)하기 위한 해수 공급

공학적 안전설비 기능

기능	내용
연료 피복재 보호	· 연료 중심온도 ≤ 2,590℃ · 피복재 표면온도 ≤ 1,204℃
격납용기 건전성 확보	· CV내 수소 함유량 ≤ 4% · CV 대기 설계 온도·압력 이하 유지
CV 방사성물질 제거	· 방사능물질 함유량 제한치내 유지
주제어실 건전성 확보	· 주제어실 내부온도/습도/방사능 준위 제한치 내 유지
냉각재 재고량 확보	· DBA시 손실된 냉각재 재고량 확보로 노심 냉각
자연순환 & 1차측 냉각	· S/G에 보조급수 공급하여 NSSS 열 제거원 확보

공학적 안전설비 구성

- 격납건물계통 (Containment Vessel System)
  - 격납건물, 격납건물격리계통, 가연성기체 제어계통, 격납건물 공기정화 및 청정계통
- 격납건물 살수계통 (CV Spray System)
- 공학적 안전주입계통 (ECCS)
  - 고압 안전주입계통, 안전주입탱크, 저압 안전주입계통
- 보조급수계통 (AFWS)
- 분열생성물 제거 및 제어 계통
  - 핵연료건물 비상배기계통, 주제어실 비상보충계통, 비상노심냉각 기기실 배기계통

터빈우회밸브 TBV (증기우회제어밸브, SBCV)

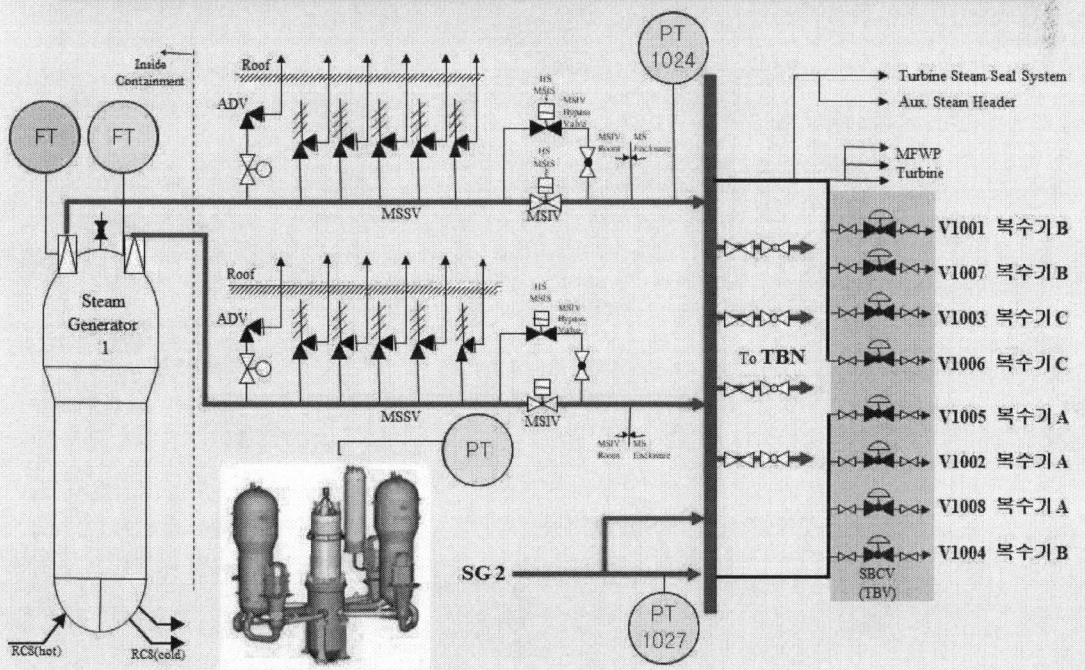

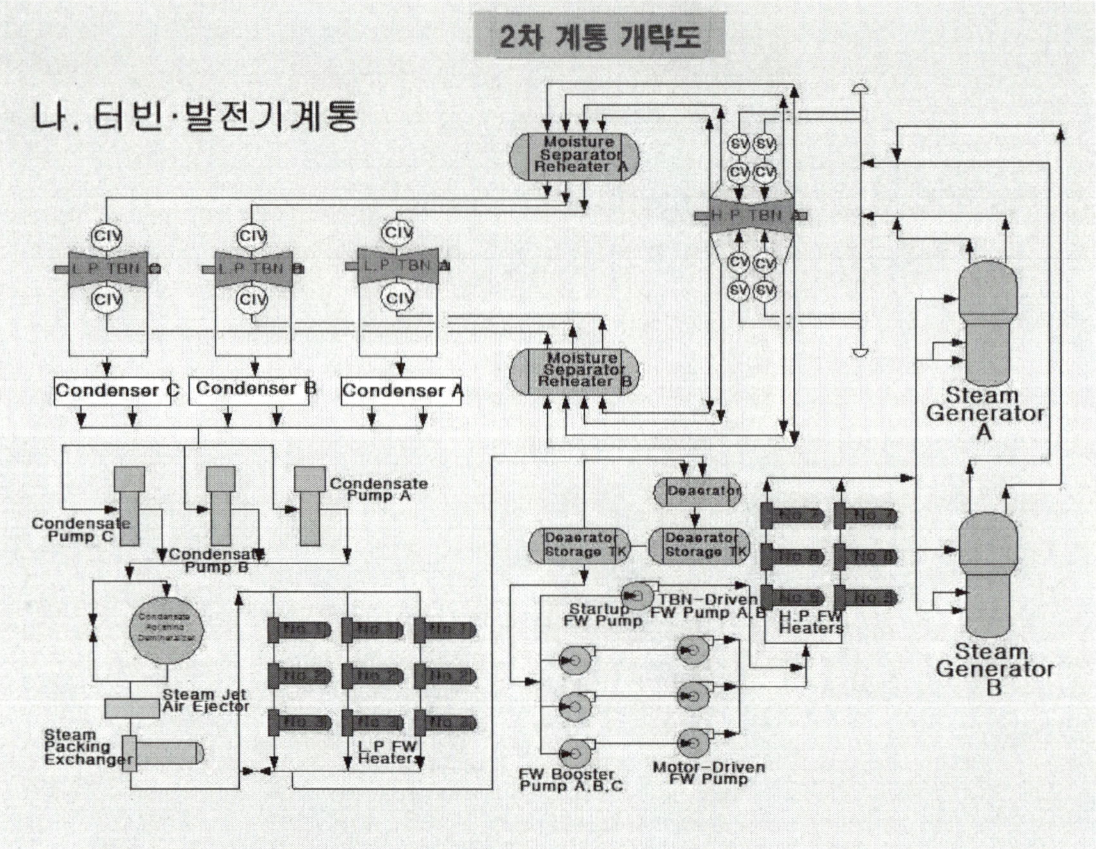
2차 계통 개략도
나. 터빈·발전기계통
Moisture Separator Reheater A
SV SV
CV CV
H.P TBN
CV CV
SV SV
CIV
L.P TBN C
L.P TBN B
L.P TBN A
Moisture Separator Reheater B
Condenser C
Condenser B
Condenser A
Steam Generator A
Condensate Pump A
Condensate Pump C
Condensate Pump B
Deaerator
Deaerator Storage TK
Deaerator Storage TK
No.7
No.6
No.5
Startup FW Pump
TBN-Driven FW Pump A,B
H.P FW Heaters
Steam Generator B
No.1
No.2
No.3
Steam Jet Air Ejector
Steam Packing Exchanger
L.P FW Heaters
FW Booster Pump A,B,C
Motor-Driven FW Pump

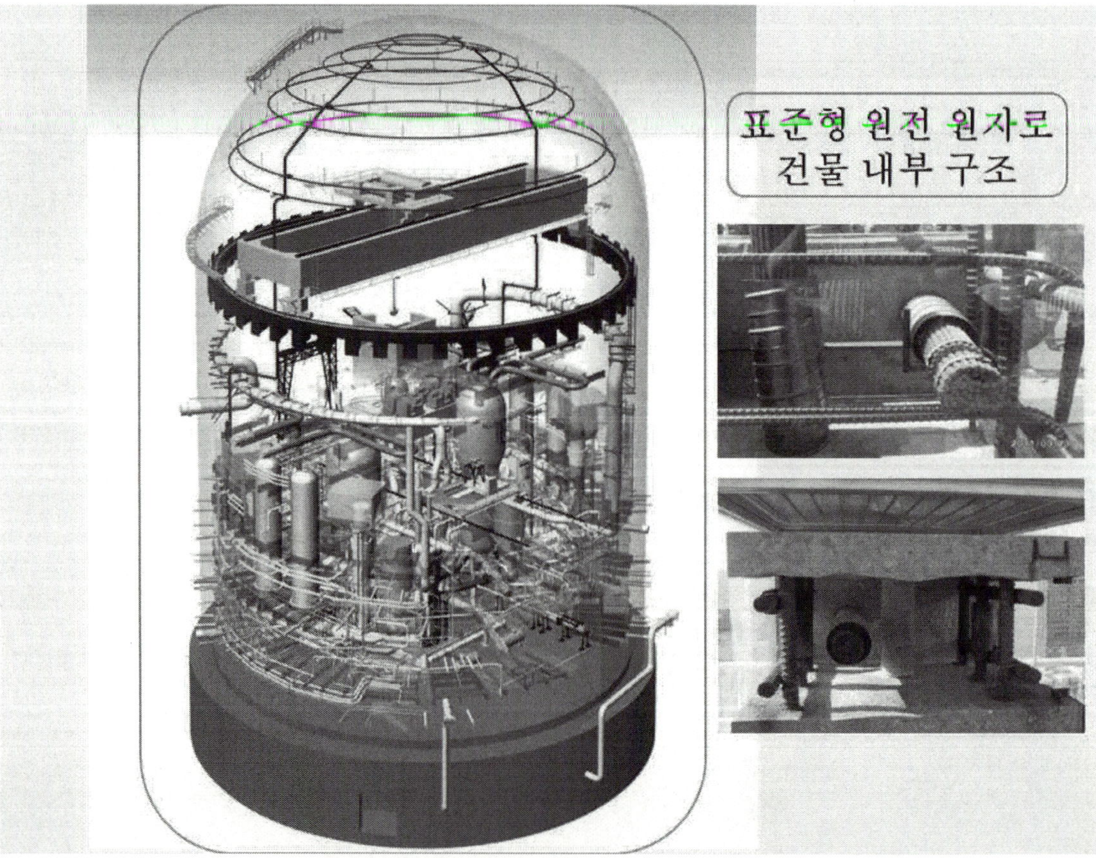
표준형 원전 원자로
건물 내부 구조

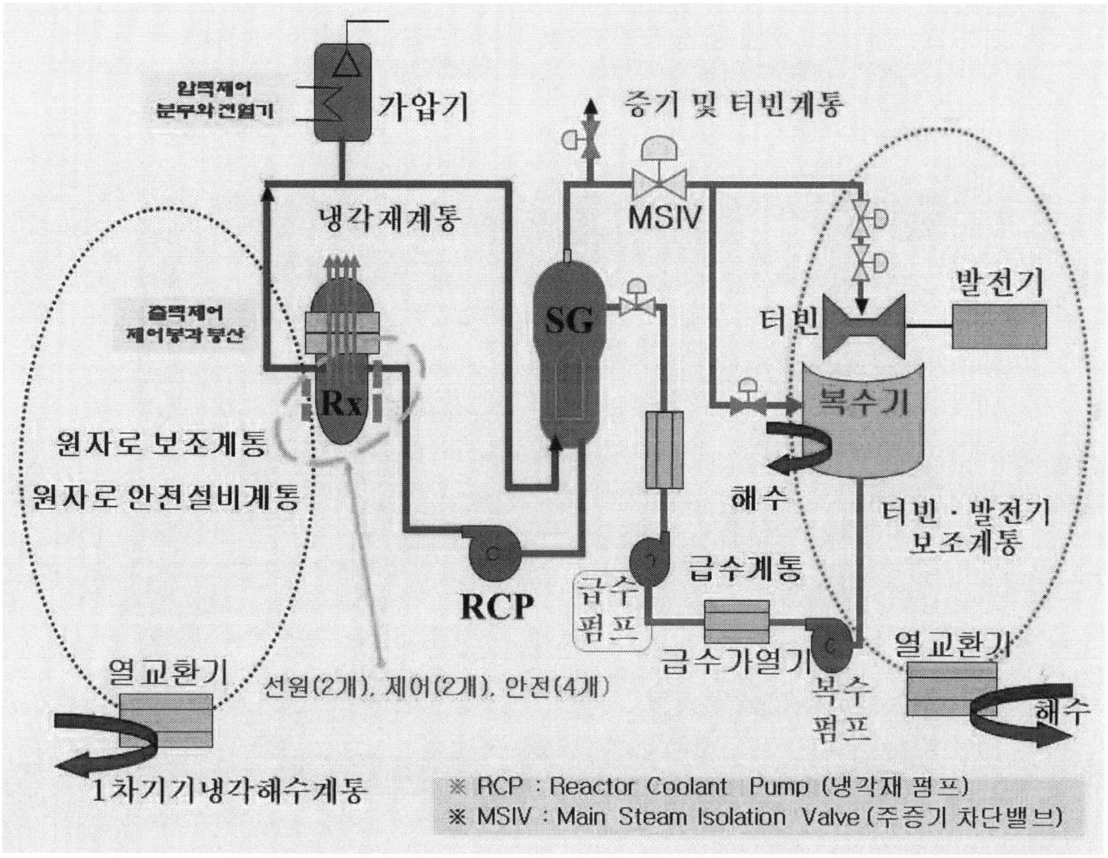
압력제어
분무와 전열기
가압기
증기 및 터빈계통
냉각재계통
MSIV
출력제어
제어봉과 붕산
Rx
SG
발전기
터빈
복수기
원자로 보조계통
원자로 안전설비계통
해수
터빈 · 발전기
보조계통
급수계통
RCP
급수
펌프
열교환기
급수가열기
복수
펌프
열교환기
선원(2개), 제어(2개), 안전(4개)
해수
1차기기냉각해수계통
※ RCP : Reactor Coolant Pump (냉각재 펌프)
※ MSIV : Main Steam Isolation Valve (주증기 차단밸브)

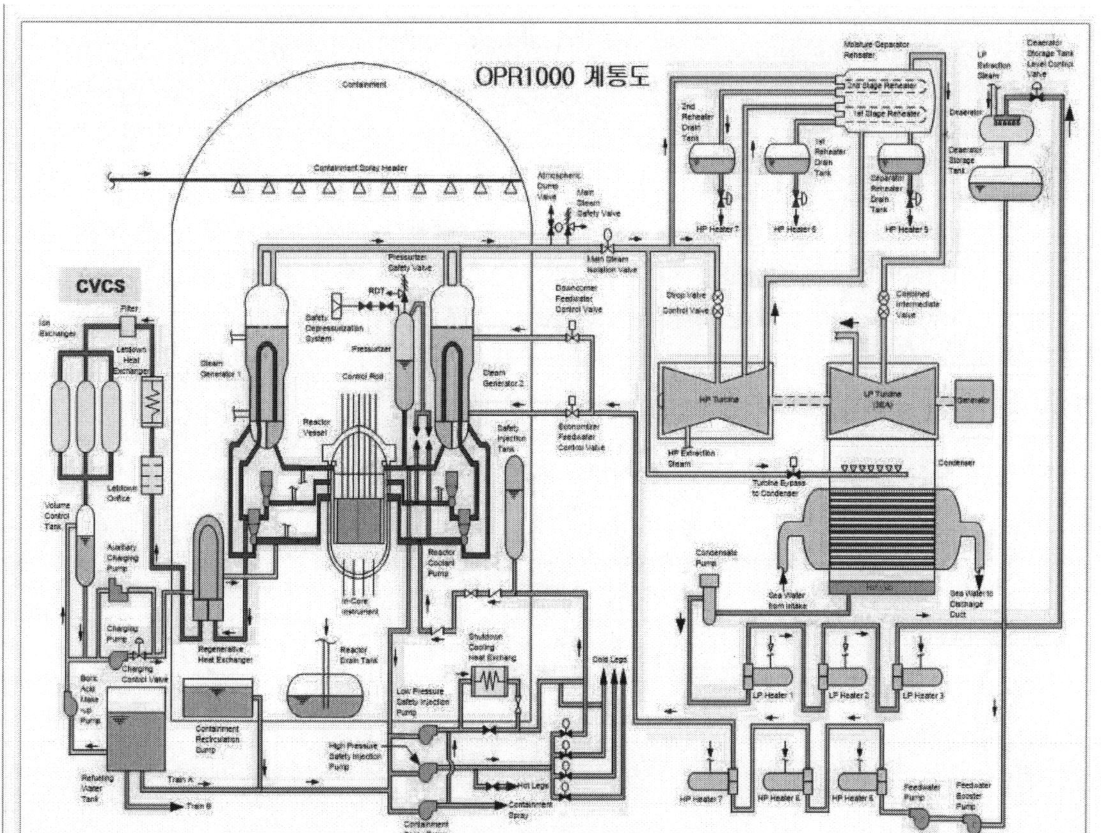
OPR1000 계통도
CVCS
Containment
Containment Spray Header
Pressurizer
Reactor Vessel
Steam Generator 1
Steam Generator 2
HP Turbine
Generator
Condenser
LP Heater 1
LP Heater 2
LP Heater 3
HP Heater 7
HP Heater 6
HP Heater 5
Deaerator
Feedwater Pump

원전 연료/원전 연료집합체

연료봉 지지 및 위치를 고정하여 적절한 공간을 유지되도록
하여 노심 냉각이 가능하도록 기하학적 형상을 유지

Barriers Fuel Pellet → Cladding → Coolant Pressure Boundary → Steel Containment Shell → Reinforced Concrete Containment Structure

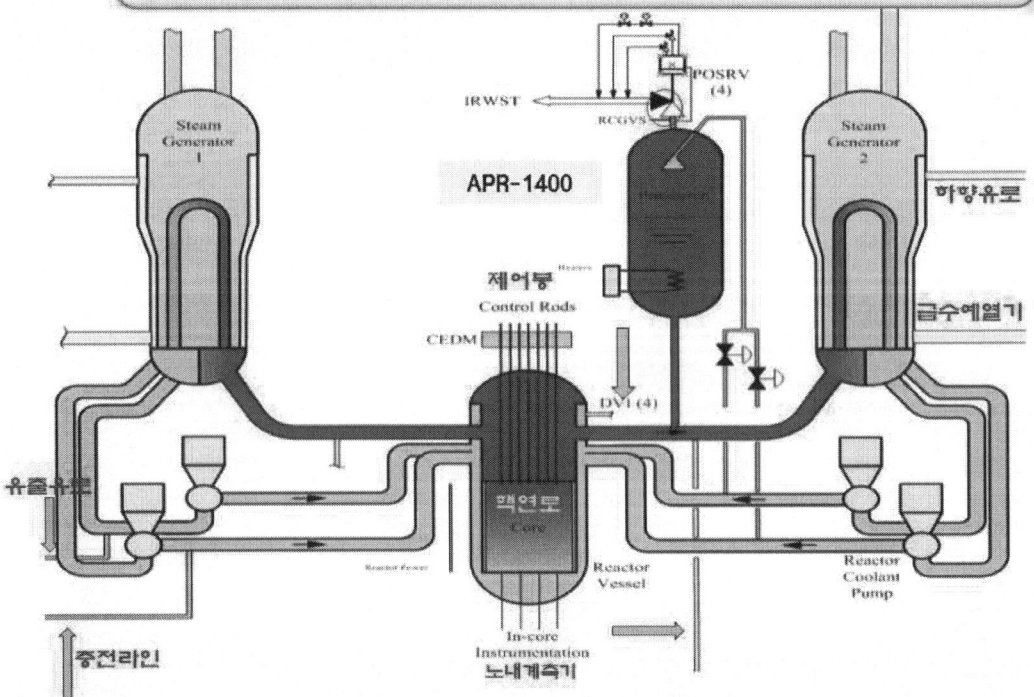

구성기기

원자로용기 (표준형)

- 열에너지 생성장소 제공
- 상·하부 헤드, 몸통의 3부분으로 구성
- 설계변수
  - 체적(내부구조물 제외) : 160㎥
  - 높이·내경 : 14.6m·4.13m
  - CEDM 노즐/계측기 노즐 : 73개/45개
  - 용기헤드 배기노즐 : 1개
  - 가열접점 열전대용 노즐 : 2개
  - 상부헤드 예비용 노즐 : 8개
  - 냉각재 유량(정상운전) :
    330,000gpm (1,249m³/min)
- Flow Speed : 5.1m/s
- 가열율(정상, 최대) : 28℃/hr, 56℃/hr

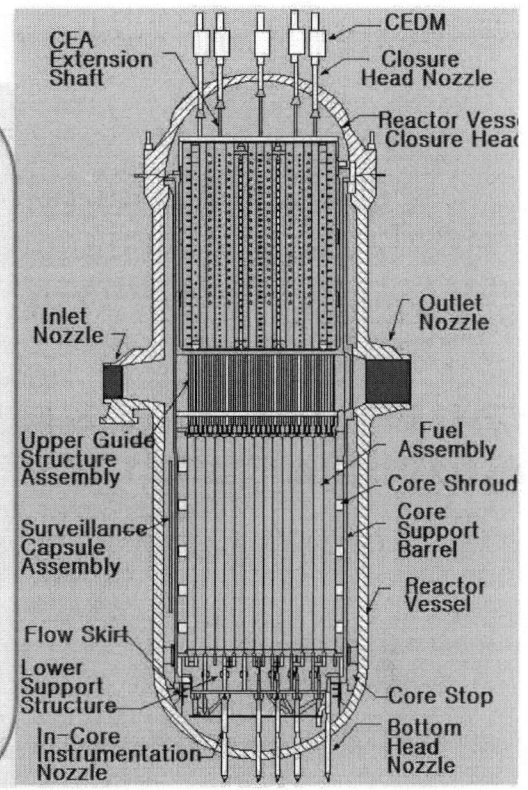

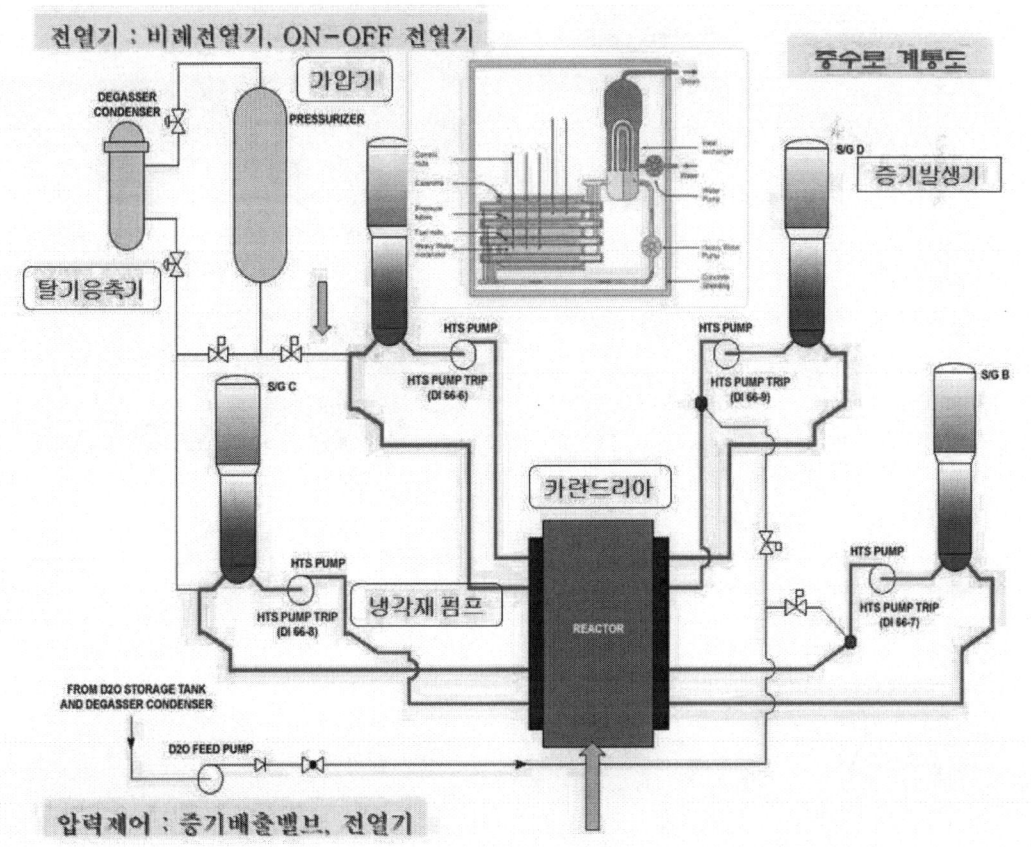

우라늄

- 체코 에르쯔산지 광산지대에서 16세기부터 Pitch-Blend 라 불리는 광물이 안료, 유약으로 사용됨
- 독일 화학자 Klaproth가 이 광물에서 황색 산화물을 추출
- 천문학자 하젤이 이 원소를 발견하고 Uran이라 명명
- 우라늄은 천연에 존재하는 가장 무거운 원소이며 비중 19g/㎤, 융점은 1,130℃
- 변환 : U_3O_8의 불순물을 제거하여 순도를 99.5% 정도로 높이고 기체상태의 우라늄(UF_6)으로 바꾼다.
- 재변환 : 기체상태의 농축 UF_6 (56.4℃ 이하에서는 고체상태)를 분말로 가공
- 원전연료 재처리 : 사용된 원전연료는 핵분열성 물질(U^{235}와 Pu^{239})을 포함하고 있는 재활용 가능한 자원
- $UO_2 + 4HF \rightarrow 2H_2O + UF_4$
- Fluorine has only one isotope, F^{19}

원전연료

1. 원전연료 물질

- 핵분열 물질(Fissile Material)
  - 열중성자 흡수 → 핵분열
  - $U^{233}, U^{235}, Pu^{239}, Pu^{241}$
- 핵분열 원료물질(Fertile Material)
  - 중성자 흡수 → 핵분열성 물질
  - $Th^{232}, U^{238}, Pu^{240}$
- 핵분열성 물질(Fissionable Material)
  - 중성자 흡수 → 분열 가능성
  - 1.1MeV 이상의 중성자 흡수시 분열
  - $Th^{232}, U^{233}, U^{235}, U^{238}, Pu^{239}, Pu^{240}, Pu^{241}$

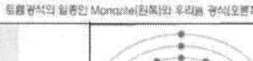
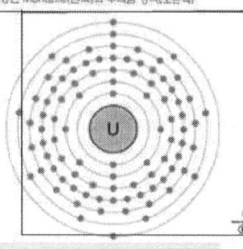

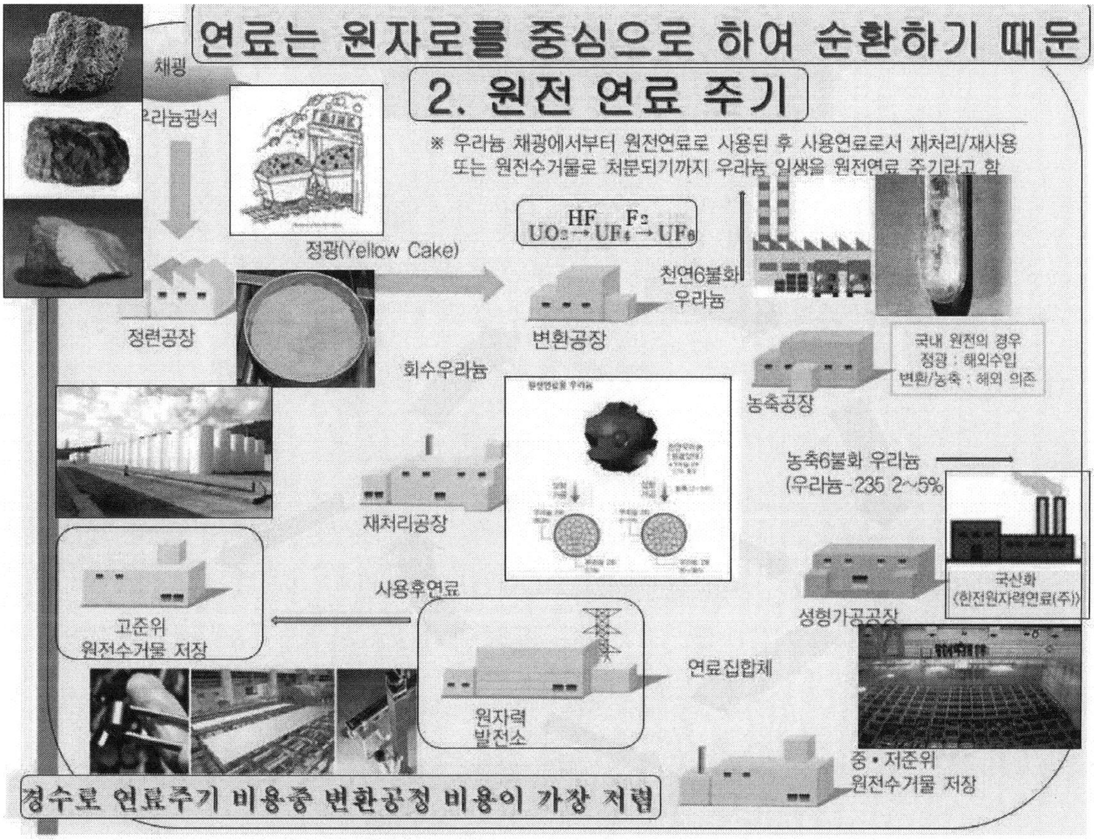

연료는 원자로를 중심으로 하여 순환하기 때문
2. 원전 연료 주기
※ 우라늄 채광에서부터 원전연료로 사용된 후 사용연료로서 재처리/재사용 또는 원전수거물로 처분되기까지 우라늄 일생을 원전연료 주기라고 함
채광
우라늄광석
정광(Yellow Cake)
HF F2
UO2 → UF4 → UF6
천연6불화 우라늄
정련공장
변환공장
회수우라늄
국내 원전의 경우
정광 : 해외수입
변환/농축 : 해외 의존
농축공장
농축6불화 우라늄
(우라늄-235 2~5%
재처리공장
사용후연료
고준위
원전수거물 저장
국산화
(한전원자력연료(주))
성형가공공장
연료집합체
원자력
발전소
중 • 저준위
원전수거물 저장
경수로 연료주기 비용중 변환공정 비용이 가장 저렴

원자력산업 화학분석
방사성물질 공인시험
Uranium ore
Yellow cake (U_3O_8)
UF_6
Enriched UF_6
우라늄 광산
채광/정련
변환
농축
재변환
극미량 핵물질 감지
UO_2
Uranium recycling
용융염 화학
Plutonium recycling
MOX연료제조
Vitrified high-level waste
High-level waste
고준위폐기물 유리화
위해도 저감화
SF 관리
MOX fuel
원전 수화학
핵연료제조
핵연료 화학특성
악티나이드 화학거동
Spent fuel
Fuel assembly
원자력발전
핵종분석
Low-level waste
고준위폐기물 처분
중간저장
방폐 척도인자
중저준위폐기물 처분

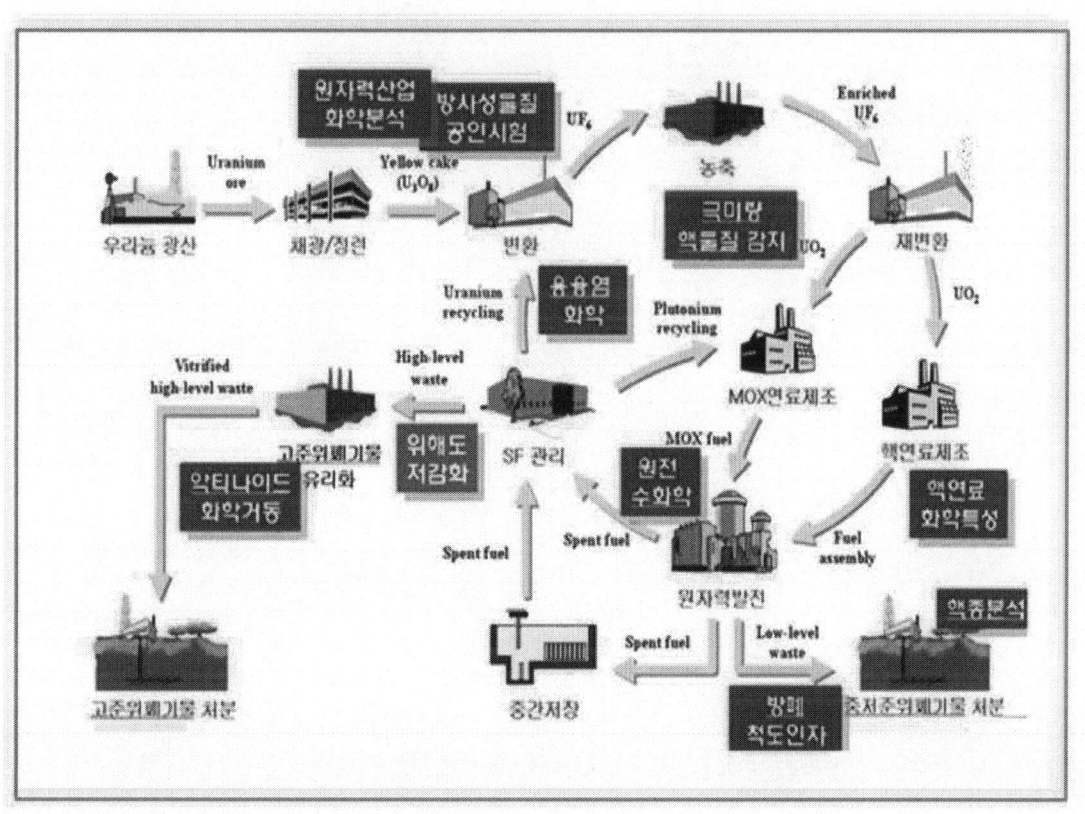

정련(Refining)과 재변환

- 침출(Leaching) : 채굴된 광석에서 금속을 회수하려면 우선 제련의 전처리 단계로서 선광작업을 하게되는데 광석 안에 필요 없는 돌덩어리를 물리적, 화학적 방법으로 분리 제거하기 위한 방법이다. 광석을 전부 분쇄하여 산이나 알카리로 녹여서 우라늄을 용출하는 방법을 침출이라 부르고 얻은 용해액을 귀액이라 함
- 침출에는 황산이나 탄산소오다를 사용

- 농축된 UF_6를 UO_2 분말로 만드는 공정을 재변환이라 하며 습식공정으로 Ammonium Di Uranate(ADU)법, Ammonium Uranyl Carbonate(AUC : 원전연료에서 제조공정으로 채택)법이 있고 건식공정으로 Intergrated Dry Route(IDR), 유동층법, GECO법

우라늄 농축

- 동위원소는 물리적 성질이나 화학적 성질이 같으므로 보통의 방법으로는 분리할 수 없다. 원자핵의 질량수의 근소한 차이로 생기는 동위원소 효과를 이용하여 물리적 또는 화학적 방법에 의하여 목적하는 동위원소를 분리하여야 한다.

동위원소 분리법
- 동위원소 간에 나타나는 동위원소 효과로는 질량 차 (원심분리법, 노즐법, 전자기법)
- 운동 속도의 차 (기체확산법, 열확산법)
- 열역학적 차 (화학교환법, 흡착법)
- 화학 활성의 차 (광 화학법)
- 원자흡수 스펙트럼의 다름 (레이저법)

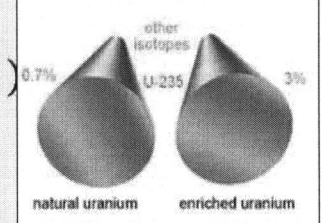

원전연료

- **천연 우라늄 성분**

  U^{235} 0.711%, U^{234} 0.0055%, U^{238} 99.238%

  채광 → 정련 → 변환 → 농축 → 성형가공 → 연소 → 사용후연료 저장
  → 재처리 or 영구 저장 (처분)

- **원전연료 주기**
  - 채광 : 광상이 지표에서 100m 이내 깊이 일때 노천채굴하고 이상에서 갱내채굴
  - 정련 : 우라늄 정광(Yellow Cake) 생산과정 (U_3O_8 품위 70~90%)
  - 변환 : 중성자 흡수물질이 많아 불순물 제거 (U_3O_8 → UF_6로 변환)
  - 농축 : U^{235} 존재비를 1.7~3.6%로 농축 (평균 농축도 : 4.09W/o)
  - 성형가공 : 원전 연료집합체 제작 과정
  - 연소 : 전환율 (변환율 : 50~70%)
  - 사용후연료 저장 : 교체연료 수 92(68개 : OPR)개 집합체 (DUPIC)
  - 재처리 : 재사용이 가능한 핵연료물질이 사용후연료에 남아있어 우라늄과 플루토늄을 분리, 회수 (용매추출법 : Purex법)
  - 재처리의 목적 : 유용한 핵분열성 물질을 회수, 분열생성물을 제거, 사용후연료 중의 방사성물질을 안정된 장기보관을 위한 형태로 변환

원전연료 제조공정

펠렛을 통한 전도 열전달

□ 펠렛의 반경방향 온도분포

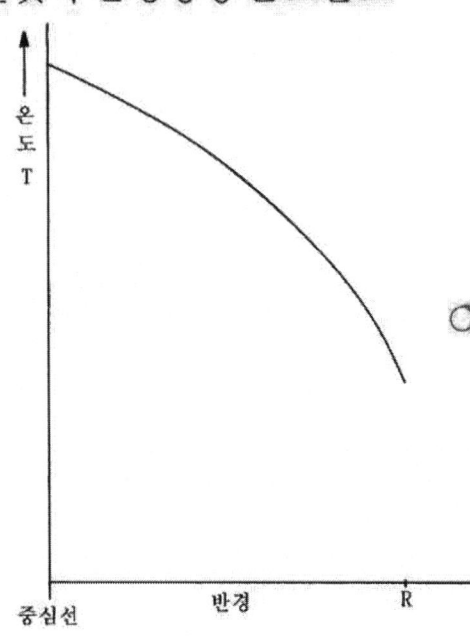

○ 온도 구배 : $\dfrac{dT}{dr}$

▲ 중심선 근처 : ≈ 0
▲ 반경 증가시 : 증가
▲ 온도차 : 열전달 구동력

펠렛을 통한 전도 열전달

□ 펠렛의 반경방향 열 발생률 분포

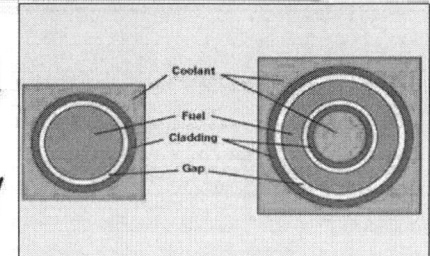

$$Q = G\pi r^2 L\,(cal/hr)$$

발생 열량 : 펠렛 반경 제곱에 비례

원자로에서 열전달 방식

- ❏ 원자로 열원   <u>경분열단편 : 약 100MeV / 중분열단편 : 약 68MeV</u>
  - ○ 우라늄 분열 : 분열단편의 운동에너지 발생
- ❏ 전도 : 연료봉에서의 열전달
  - ○ 퓨리에 방정식 : $Q = -KA\,(dT/dr)$
- ❏ 대류 : 연료봉에서 냉각재로 열전달
  - ○ 뉴우톤 냉각 법칙 : $Q = h_{coolant}\,A\,(T_{clad} - T_{유체})$
  - ○ 비등과 응축 열전달
- ❏ 복사 : 노심 노출 사고상태에서 중요
  - ○ 스테판-볼츠만 법칙 : $Q = \sigma A T^4$

- 레이놀즈 수 : 유체의 관성력에 대한 점성력의 비
- 누설트 수 : 전도 열전달에 의한 대류 열전달의 비
- 그라쇼프트 수 : 유체의 부력과 동 점성력의 비 (자연대류에 의한 열 전달의 수)

- 연소 초기에는 고밀화가 우세하고 평형을 이루다가 주기말로 갈수록 팽윤이 우세

- 연료주기에서 Cf-252 이용
  - 핵연료 가공시설 Rod Scanner (연료탐상 시험기)
  - 우라늄 농축도, 펠렛 잠입길이 및 간격, 스프링 잠입 유무의 비파괴검사

연료봉에서의 열전달

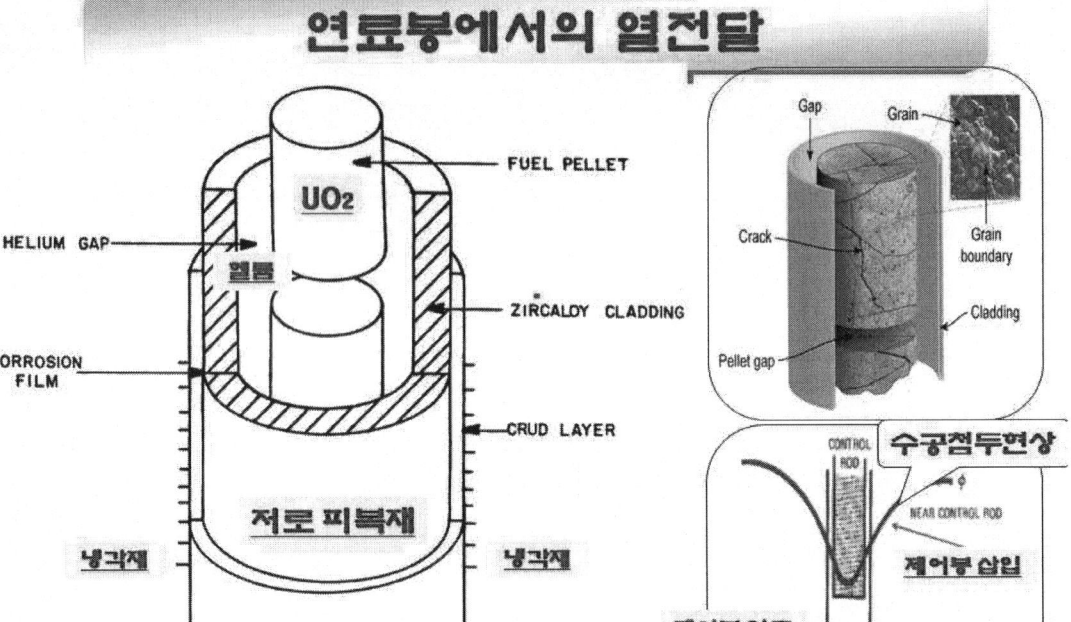

수공 점두현상 : 제어봉 인출시 안내관 내로 냉각재 유입으로 인한 국부적으로 출력증가를 발생시키는 현상

연료봉에서의 열전달

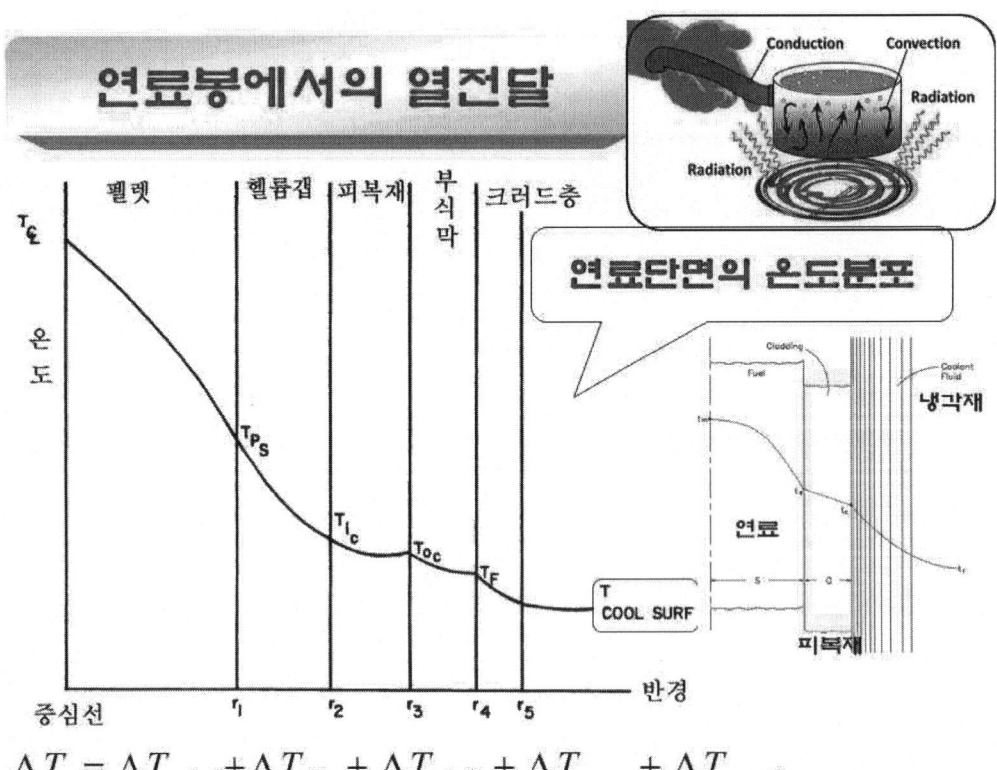

연료단면의 온도분포

$$\Delta T = \Delta T_{fuel} + \Delta T_{He} + \Delta T_{clad} + \Delta T_{corr} + \Delta T_{crud}$$

재변환 공정 및 펠렛 제조

- 기체상태의 농축된 UF_6을 고체상태의 UO_2로 변환시키는 공정으로 습식법과 건식법이 있으며 습식법은 AUC(Ammonium Uranyle Carbonate)와 ADU(Ammonium Diuranate)법이 사용
- 수소화 및 고밀화(Densification) 문제 때문에 최근들어 이론 밀도 95%의 펠렛이 사용
- 피복재와 펠렛의 간격 : 간격을 좁게하면 열전도의 향상으로 연료온도는 내려가고 분열기체의 방출도 낮으나 반경방향의 Swelling을 해소하기 어려워 피복재는 강제 변형된다. 간격이 넓으면 펠렛의 온도가 상승하여 분열생성 기체의 방출도 증가하지만 소성 변형되는 영역은 증가한다.
- 피복재 내외 차압으로 인한 응력을 줄여 설계 수명중 피복재 손상을 방지

원전 연료

금속우라늄
- 강도가 낮다. 방사선 조사와 열 사이클에 의해서 변형되기 쉽다.
- 연소가 과다할때 깨어지는(Crack) 점을 제외하면 기하학적으로 안정되고 성형가공이 용이

산화우라늄(UO_2) : 열팽창이 작다. 내식성, 열 및 방사선에 대해서 안정성
열전도 특성이 좋고 산소의 흡수단면적이 적고 연료연소가 과다할때 깨어지는(Crack) 점을 제외하면 기하학적으로 안정하고 성형가공이 우수

- 노형별 원전 연료주기
  - 경수로(PWR) 핵연료 주기 : 농축도를 높여 재장전 연료주기 18개월
    - 비순환 핵주기 · 순환 핵주기
    - 원자로에서 일단 사용된 후에 인출된 연료를 재 처리하지 않고 사용후연료 저장조에 보관하는 연료주기 : 영구폐기처분(Throw-away)
  - 중수로(PHWR) 핵연료주기 : 콘크리트 샤일로에 보관 (맥스터에 보관)
    - 비순환 주기(재처리 과정이 없음)
  - 고속증식로 핵연료 주기
    - 소모되는 핵분열성 물질 < 생성되는 핵분열성 물질
    (예)액체금속 냉각 증식로 : 노심 - MOX(Mixed Oxide), Blanket - UO_2
    - 우라늄(U)과 플루토늄(Pu)을 분리 재사용

원전 연료집합체

1. 원전 연료집합체 기능
- 연료봉 지지 및 위치고정을 위해 적절한 공간을 유지(열출력 생성)
- 노심 냉각이 가능한 기하학적 형상 유지
- 노내 중성자 속(Flux) 감시설비와 중성자 선원 지지
  - 제어봉 삽입 및 인출시 과도한 접촉마모 방지

2. 원전 연료집합체 구비조건
- 핵적 특성 : Σ_a가 작을 것, 대수에너지감쇄가 클 것, 산란단면적이 클 것
- 기계적 강도 : 고온, 고압, 고 방사선
- 열전달 : 펠렛 → 피복재 → 냉각재

3. 원전 연료집합체 구성
- 연료봉, 독물질봉, 선원중성자
- 연료집합체
- 노 심

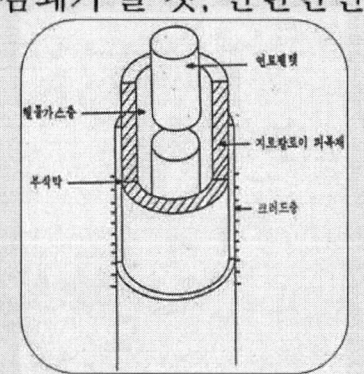

원전 연료 집합체   APR-1400

- **Axial Blanket**
  연료봉상, 하단에는 6인치 길이로 2W/o의 농축도를 갖는 UO_2 펠렛 장전
  축방향 중성자 누설을 감소시켜 연소주기 동안 중성자 경제성에 기여한다.
  제논 진동제어에 효과적이나 노심 첨두출력인자의 증가로 DNB가 불리하게 작용

- 스페이서 펠렛(Spacer Pellet) : OPR-1000
  - 연료봉의 상, 하단에 설치 (열 전달율이 낮은 Al_2O_3)

2) 연료봉 제작
- 지르코늄 합금인 ZIRLO 피복재내에 저농축 UO_2 펠렛, SS강 압축 스프링(취급 및 운송중에 쌓아 놓은 펠렛이 적절한 위치에 유지되도록 함) 및 연료봉 상/하단의 Al_2O_3 스페이서(Spacer) 삽입후 헬륨을 가압하여 제작
  - 피복재
    - 응력완화 열처리 과정을 거친 ZIRLO 및 재결정 열처리과정을 거친 M5 피복재
    - 두께 : 약 0.6mm 이하
    - 핵분열생성물 누출방지
      Zr + Sn + Fe + Nb
      - 지르로(Westinghouse) 사용
      - M-5 (AREVA)
  - 플레넘(Plenum) : 공간
    - 펠렛(고온)의 열팽창 > 피복재 열팽창
    - 축 방향과 반경 방향의 여유 공간
    - 펠렛 체적의 약 4%
    - 펠렛의 열팽창과 분열성 기체의 방출에 의한 연료봉 내압증가 수용

원전 연료 집합체

- **Plenum 충전기체(He)**
  - 구비 조건
    - 피복재나 펠렛과 반응하지 않을 것
    - 열 전도도 양호
    - 중성자 흡수단면적이 낮을 것
  - 초기 가압($19.3 kg/cm^2$) : 노심수명 말기에 설계 첨두 국부출력밀도로 운전시 내압 최고치가 피복재 외측으로 Creep를 유발하지 않고 정상운전 압력을 초과하지 않도록 설정
- **피복재와 펠렛 사이의 간격**
  - 0.15~0.19mm
  - 열전달과 밀접한 관계
  - 간격을 좁게 하는 경우
    - 열전도 향상 → 연료 온도 ↓
    - 반경방향의 팽창에 의한 피복재 변경
  - 간격을 넓게 하는 경우
    - 펠렛온도 ↑, 핵분열성 기체 방출 ↑
    - → 펠렛이 축방향으로 팽창 (변형 완화)

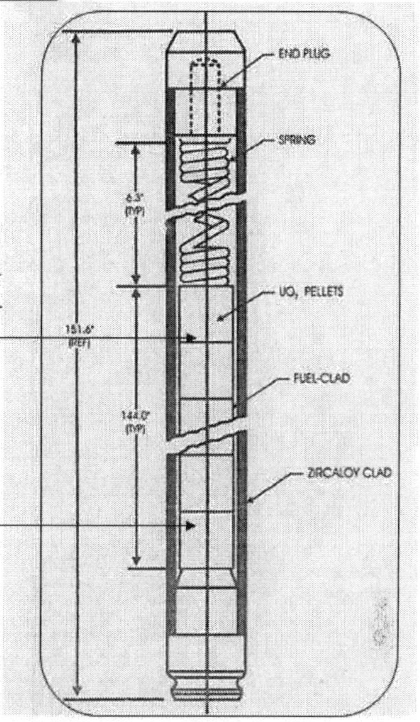

PLUS-7

- 피복재 외경 감소
  - H_2O/UO_2 체적비 증가
  - 펠렛 직경, 피복재 두께 감소
  - 적층밀도(Stack Height Density) 증가로 우라늄 장전량은 가디안 연료와 유사
    - 중성자 감속효과 증가로 중성자 이용률 향상

항목	가디안	PLUS-7	비 고
피복재 외경(in)	0.382	0.374	Water-to-Fuel Ratio 증가
적층 밀도(g/cm³)	10.114	10.313	Water-to-Fuel Ratio 감소
피복재 두께(in)	0.025(0.6mm)	0.0225	경제성 향상

연삭공정 후 펠렛 검사항목/연료봉 탐상검사

펠렛 검사 항목
- 물리적 성질 : 지름, 길이 직각도, 오목부 체적 밀도, 농축도, 미세 구조 검사(기공 크기 및 분포, 입자 크기 및 분포)
- 화학적 성질 : 불순물(Ni, Cl, C, Fe, N, Ca, Si 등), 잔류가스 함량, 등가 수소 함량, O/U비, 우라늄 함량

연료봉 탐상검사
- 연료봉의 건전성을 최종적으로 확인하는 연료봉 탐상검사는 Cf^{252}와 Cs^{137}을 사용하는 연료봉 탐상장비(Rod Scanner)을 사용하여 수행된다.
- Cf^{252} : 연료봉내 우라늄의 농축도와 농축도 분포를 측정
- Cs^{137} : 연료 길이, Plenum 길이, 펠렛의 Crack 유무, 펠렛 간격, 스프링의 유무 등을 측정

연료봉(Fuel Rod Assembly)

- ZIRLO 피복재
    - 피복재, 안내관, 계측관의 재질로 ZIRLO 사용
        - ⌒ 연료봉의 조사성장 감소
        - ⌒ 피복재의 내부식성 향상
        - ⌒ 연료봉의 Creep 감소

구분	Sn	Fe	Cr	Nb	Zr
Zr-4	1.45	0.21	0.10	-	~98
ZIRLO	1.0	0.1	-	1.0	~98

[단위 : w/o]

PLUS-7

- ◆ 흡수봉내 우라늄 농축도 변경
  - ✓ 주기비 경제성 향상
- ◆ 반경방향 출력분포
  - ✓ 핵연료 형태보다는 장전모형에 의해 주로 영향 받음
  - ✓ PLUS-7의 열적여유도 증대를 이용한 초 저누출 장전모형 기반 마련
- ◆ 축방향 출력분포
  - ✓ 축방향 반사체 채택으로 인한 노심 중앙 부분의 출력증가로 축방향 첨두출력인자 증가 (기존 연료 대비 약 6~7%)
  - ✓ 상하부 각각 6inch, 2W/o 농축도 사용 : 축방향 중성자 누설률 감소로 중성자 이용률 향상
  - ✓ 선출력 밀도의 열적여유도 확보로 운전여유도에는 제한을 주지 않음
    - 평형노심 특성 : PLUS-7 전량 장전, 18개월 장주기, 평균 농축도 4.09W/o, 핵설계 제한치 만족

원전 연료 집합체

다. 연료집합체 : 무게 약 640kg

1) 구 성
- 16×16 배열
- 236개의 연료봉 및 독물질봉
- 5개의 안내관(ZIRLO : 안내관과 계측관)
- 12개의 스페이서 그리드(Spacer Grid)
  - 상, 하단 지지격자 : 각 1개로 인코넬(최하단)
  - 중간 지지격자(9개) : ZIRLO
  - 보호 지지격자(1개) : 이물질 여과 및 연료봉 끝단을 지지하여 진동에 의한 프레팅 마모감소

2) 노 심
- 연료집합체 : 241개(농축도 1.71, 2.64, 3.14 3.64% : 4종류)
- 제어봉 집합체 : 93개
- 연료봉수 : 56,876개

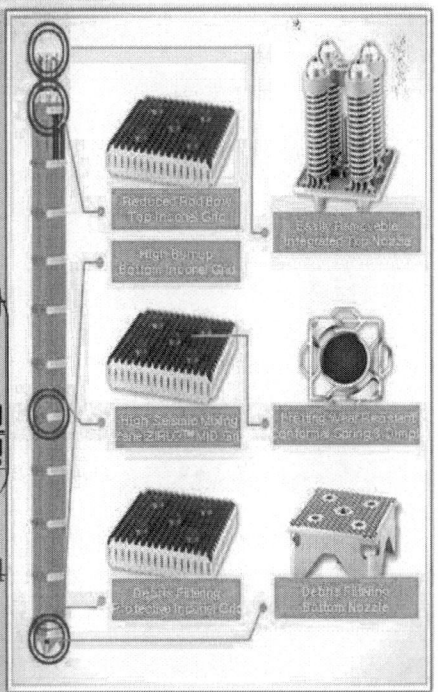

안내관과 계측관의 기능(WH형)

- 안내관
  - 원자로 긴급정지시 제어봉의 신속한 삽입을 허용
  - 정상운전시 냉각재의 흐름을 수용
  - 유로 구멍 : 제어봉 삽입시 안내관내의 냉각재를 배출시켜 제어봉의 신속한 낙하를 허용
- 충격 흡수관
  - 제어봉 삽입 말기에 제어봉의 낙하속도를 감소시켜 제어봉 집합체의 충격력을 완화시킴
- 계측관
  - 집합체의 하부에서 삽입되는 노내계측기를 위한 통로 (OPR-1000 : 노내 계측기는 고정형으로 일정 위치에 설치)
  - 동일한 조사성장을 위해 안내관과 동일한 재질 사용

  * 지지격자와 안내관 연결 : OPR(Tig 용접), APR(Spot 용접)
    (용접강도·생산성 향상)

- **열전달 과정**
  - 연료, 피복재 : 전도
  - 갭(Gap) : 전도
  - 피복재에서 냉각재로 전달 : 대류
- Pellet과 피복재 사이의 공간을 Gap이라 하고 축 방향과 여유공간을 Plenum
- UO_2
  - 2,500~2,800℃ 고 융점
  - 열전도도가 나쁘고 연료표면 보다 중심온도가 현저히 높음

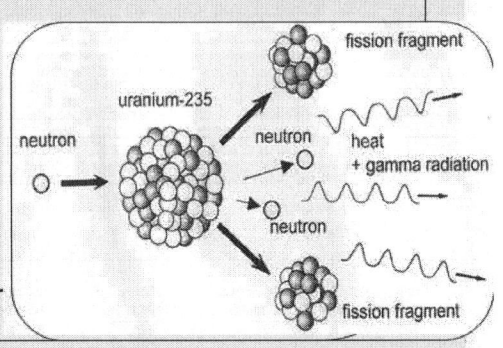

피복재 두께
- Thick enough to add structural support
- Thick enough to retain FP and protect fuel
- Thin enough to minimize △T
- Thin enough for good neutron economy

■ 연료집합체는 기본적으로 다음과 같이 구성
가. 연료 : 분열에 의해 열과 중성자를 발생
나. 피복재 : 분열생성물의 2차 방호 및 연료에서 생성된 열을 냉각재로 전달
다. 격자체 : 연료 Element 간의 격자구조 유지
라. 구조재 : 연료집합체의 구조 및 강도 유지

■ 상, 하단 고정체
가. 연료집합체의 구조 유지
나. 유량분포 조절
다. 상단 고정체에는 Hold-down Spring 부착 : Flow Force에 의한 집합체 Lift-off 방지
라. 집합체의 장전 및 인출시 편의를 위해 Chamfering

■ 지지격자 : 연료봉 상호거리를 일정하게 유지시켜 핵적으로나 열적으로 Hot Spot를 방지(연료봉 위치 유지 및 지지), 축방향 휨에 의한 굽힘 방지, 냉각재 유량 혼합, 하단 이물질 유입 방지

■ 그리드(인코넬-625) : 연성이 좋고 부식에 대한 저항성이 높으며 1,000°F 이하에서 방사선 조사에 안정

중수로 : 정련 → 변환 → 가공

- 안내관과 계측관
가. 제어봉의 삽입을 유도 : 안내관(4개)
나. 중성자속 측정기의 통로 : 계측관(1개)
다. 저로 사용
라. 상, 하단 고정체와 함께 연료집합체의 골격 유지
- Plenum
  핵연료 수송 및 취급과정에서 펠렛이 연료봉 안에서 움직이는것을 방지하기 위하여 코일스프링이 삽입. 코일스프링의 재질로 인코넬이 사용된다.

경수로 : 정련 → 변환 → 농축 → 재변환 → 가공

관마개(Thimble Plug)

- 기 능
  - 노심 우회유량 제한
- 원자로 노심 장전 위치
  - 제어봉 집합체, 가연성 중성자 흡수봉 및 중성자 선원이 삽입되지 않는 연료집합체
- 재 질
  - 스테인레스-304
  - 인코넬-718(스프링)

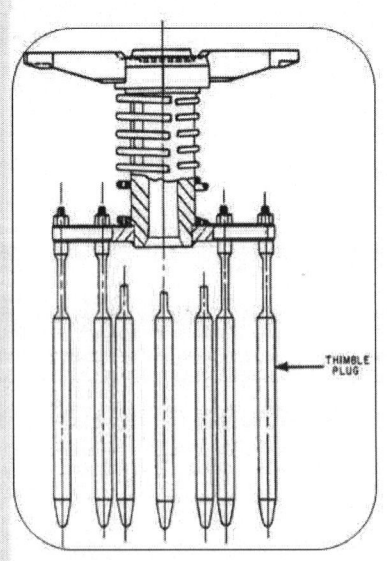

연료봉 (Fuel Rod Assembly)

- **봉단마개 (End Plug)**
  - 분열생성물의 누출 방지하기 위해 저로피복
  - Bar를 기계 가공하여 만들며 피복재와 가압저항용접(RPW)
- **누름 스프링 (Plenum Spring)**
  - 연료집합체의 운반 및 취급시 펠렛의 손상 방지
  - 연소시 펠렛의 열팽창과 분열생성물 수용공간 확보
- **헬륨 주입**
  - 연료봉 내부의 열전달 향상 및 피복재에 걸리는 압축 응력과 냉각재의 운전 압력으로 인한 피복재의 파손 방지

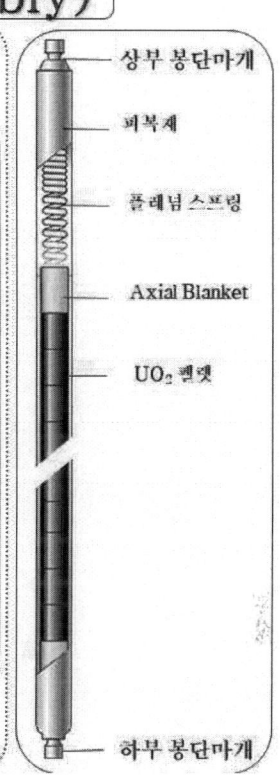

상부 봉단마개
피복재
플레넘 스프링
Axial Blanket
UO_2 펠렛
하부 봉단마개

WH형 가연성 중성자 흡수봉

- **기능**
  - 잉여반응도 억제
  - 반경방향 출력분포 평탄화
  - 과도한 붕소농도 제한
- **종류**
  - WABA (Wet Annular Burnable Absorber) : $Al_2O_3-B_4C$
  - Pyrex : Borosilicate Glass
  - Gd 봉 : $UO_2-Gd_2O_3$
    - 2.6% ~ 6%
    - Axial Blanket : 2%
- **피복재 재질**
  - S.S/Zr-4/ZIRLO

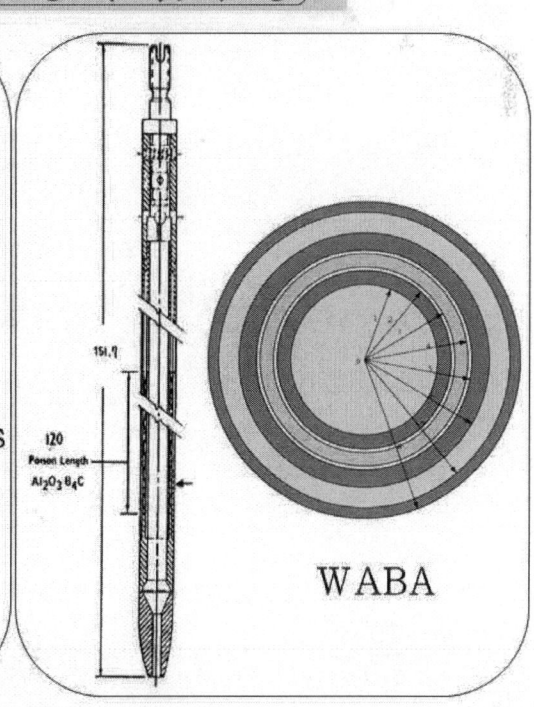

WABA

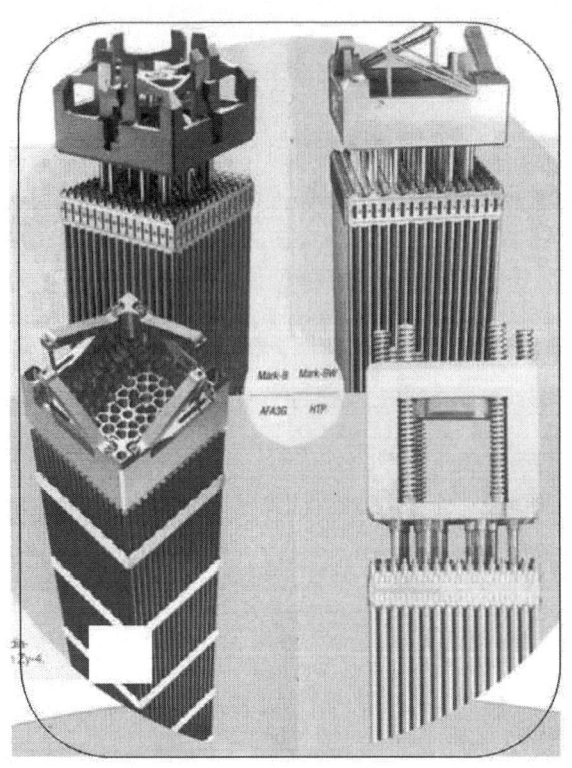

중성자 선원(Neutron Source : WH)

- **기능**

  노심 반응도 변화 감시
  - 노외계측기 정상동작 여부 확인
  - 1차 선원(비재생 선원)
    - 초기노심에만 사용
    - <u>Po-Be, Pu-Be, Am-Be</u>
      - ☞ (α, n) 반응 이용
    - Cf^{252}
      - ☞ 자발적 분열반응 이용
  - 2차 선원(재생선원)
    - Sb-Be
      - ☞ (γ, n) 반응 이용

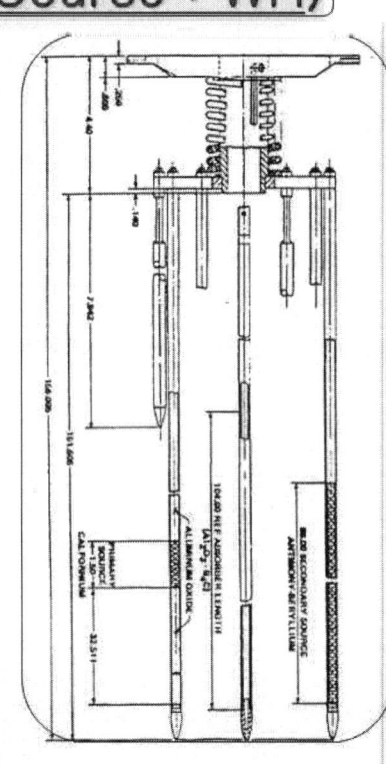

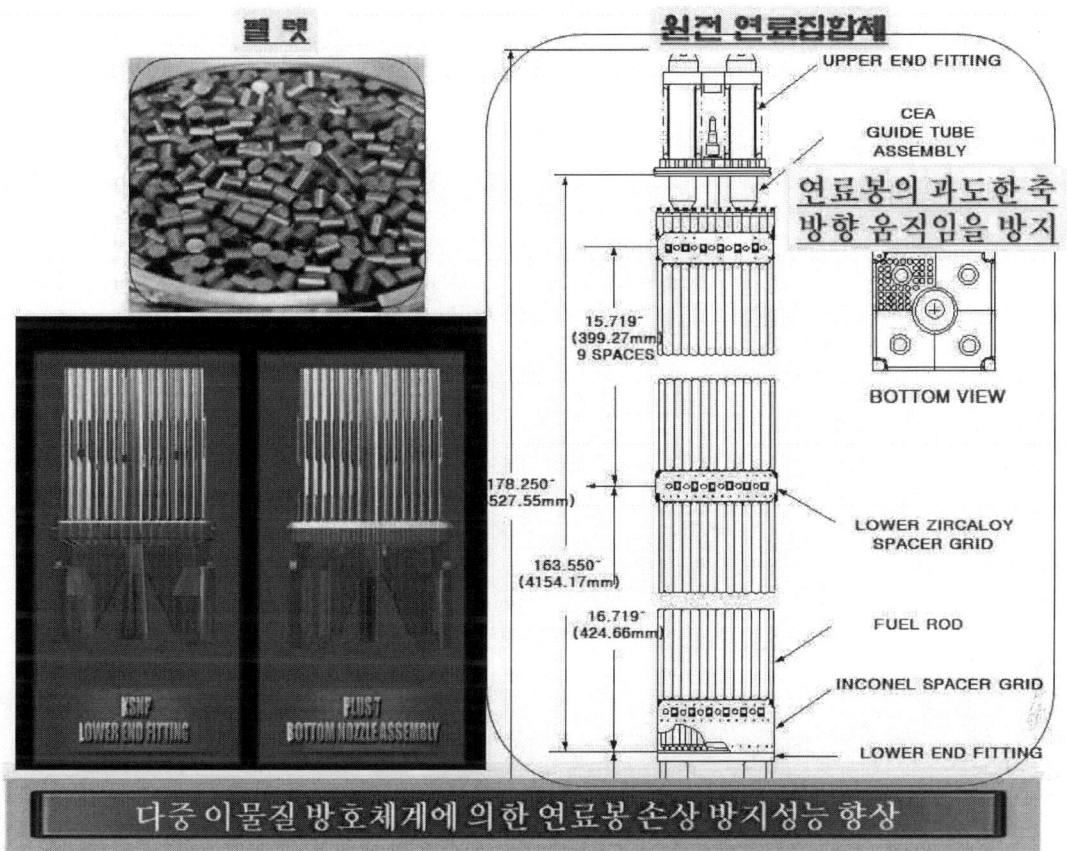

다중 이물질 방호체계에 의한 연료봉 손상 방지성능 향상

신연료 농축도를 비파괴방법으로 결정하는 방법

- 완성된 연료봉의 내부상태(밀도, 스프링 유무), 치수(펠렛 간격) 및 농축도를 시험하는 것을 연료봉 탐상시험(Rod Scanner Test)이라고 하며 특정 원리 및 측정방법은 다음과 같다.
- 측정 원리 : 연료봉 탐사기(Rod Scanner)는 다수의 중성자를 방출하는 방사성 동위원소(Cf^{252})와 감마선을 방출하는 Cs^{137}이 조사기(Irradiator)내에 장입되어 있어 연료봉이 조사기 속으로 통과할때 Cs^{137}에 의해 펠렛의 간격, 밀도와 스프링의 유무가 특정되고 Cf^{252}에 의한 중성자가 펠렛과 반응하여 발생되는 지발감마선과 지발중성자가 선원을 측정하여 연료봉의 펠렛 농축도를 측정한다.
- 측정항목 : 농축도 측정, 밀도 측정, 펠렛간격 측정, 스프링유무 확인
- 사용선원 : Cf^{252}, Cs^{137}
  - 밀도측정기 : 섬광계수기
  - 지발중성자 측정기 : 비례계수기

PLUS-7 설계특성 (중간 지지격자)

중간지지격자 혼합날개 부착 : 10%이상의 열적성능 향상

면접촉 중간 지지격자
프레팅 마모에 의한 연료봉 손상 저지성능 향상

PLUS-7 설계특성 (상단고정체)

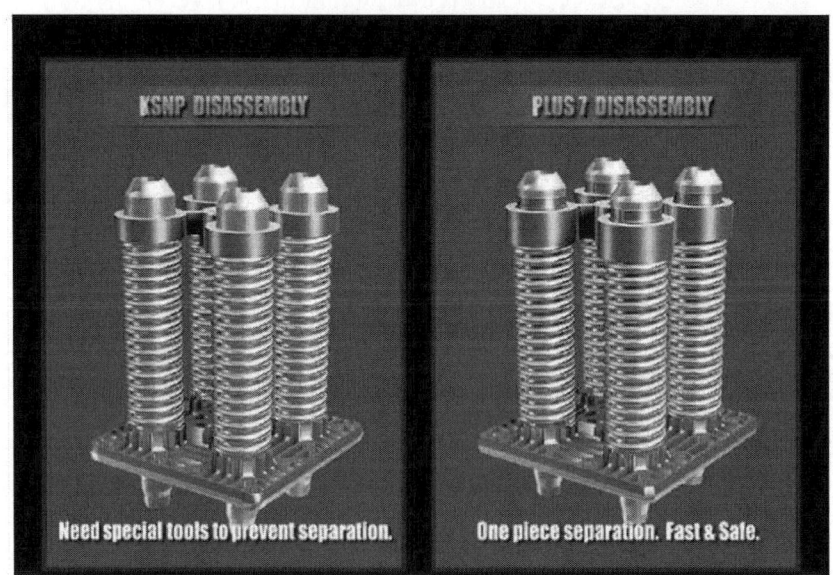

착탈이 용이한 일체형 상단고정
(Reconstitutable Top Nozzle)

원전 연료의 구성

산화 우라늄 : 열 전달이 다소 좋지 않으나 열에 강하고 금속학적으로 아주 안정되어 있기 때문에 우라늄을 산화우라늄 형태로 만들어 사용한다.

펠렛 : 우라늄 가루를 구어서 만든 약 1cm 길이의 백묵 같은 모양의 핵연료를 말한다.

피복재 : 방사성 기체가 빠져 나오지 못하도록 펠렛을 집어 넣은 봉 모양의 지르코늄 합금이며 길이는 약 4(m) 정도된다.

핵연료 집합체 : 핵연료를 가로, 세로 각각 14개, 16개씩 얽어 매어 띠로 묶은 다발로 <u>한 다발에 약 3억원이며</u>, 3년간 핵분열 한다.

Axial Blanket

PLUS-7 연료봉에서는 축방향 중성자 누설을 감소시켜 연료의 이용률(f)을 향상시키기 위해 UO_2 연료봉 내 연료 적측영역(Fuel Stack Region) 상, 하부에 저농축 산화우라늄 펠렛으로 된 축 방향 반사체를 사용 : 6인치 구간에 2W/o 저농축 펠렛

장, 단점
- 축 방향 중성자 누설율 감소로 주기비 경제성 향상
- 55,000MWD/MTU의 고연소도
- 지진 저항(Resistance) 증가
- 제논 진동 제어에 효과적
- 노즐 하부에 Debris-Filter
- 첨두 출력인자 증가로 LHR, DNB 여유도에 불리
- 노심 평균 농축도 감소로 주기길이 증대에는 불리

* <u>경수로 형에서 연료 속에 U^{235}의 농축도가 약 1% 이하면 운전할 수 없다.</u>

원전 원자로 노심 단면도

열차폐체(Thermal Shield)
감마선과 속중성자를 차폐하여 이들 방사선으로 인한 열생성을 막아주므로써 원자로용기에 미치는 열응력(Thermal Stress)을 감소

선원중성자

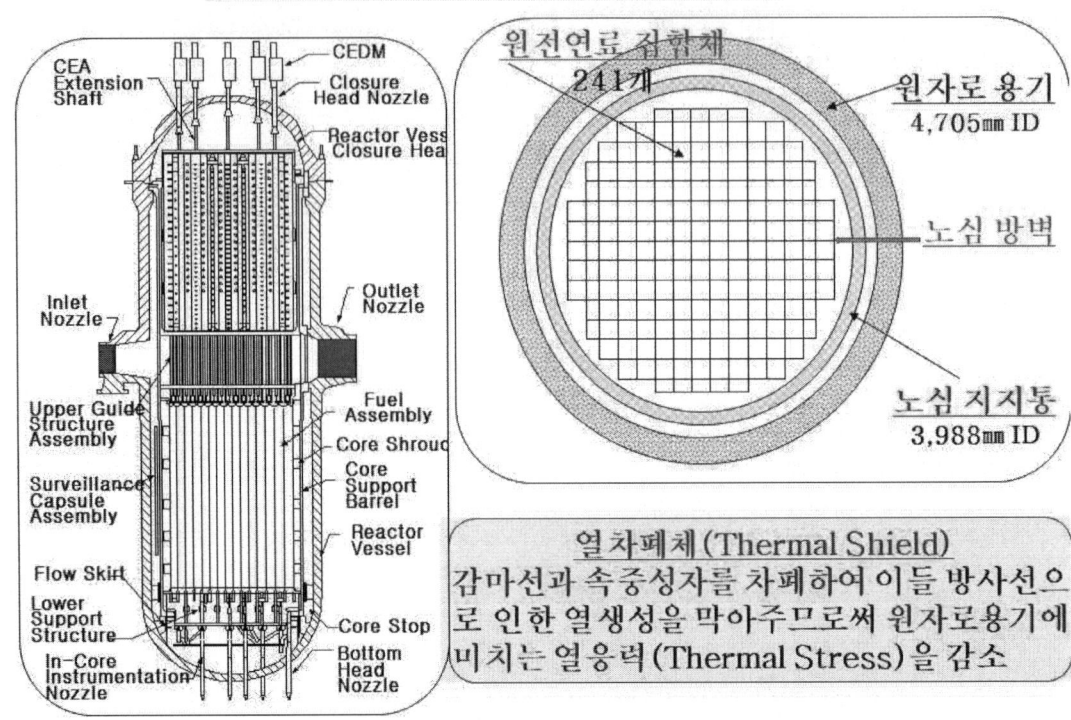

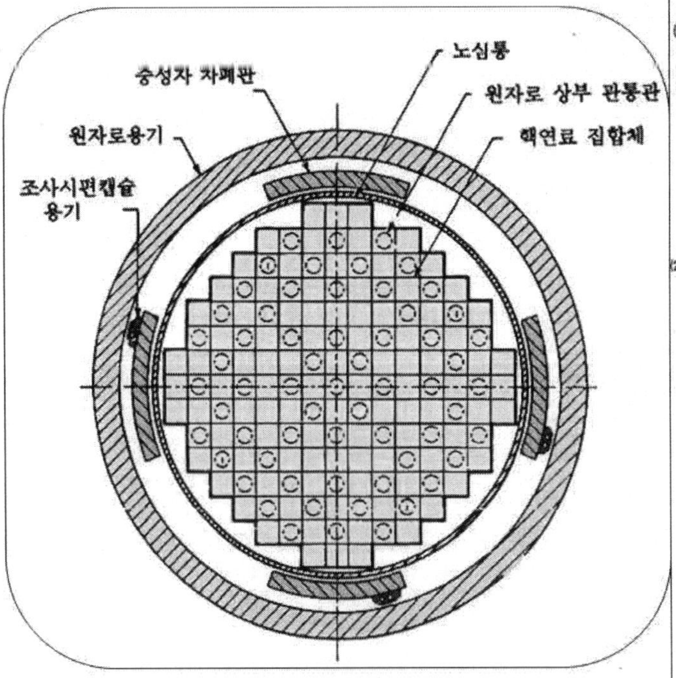

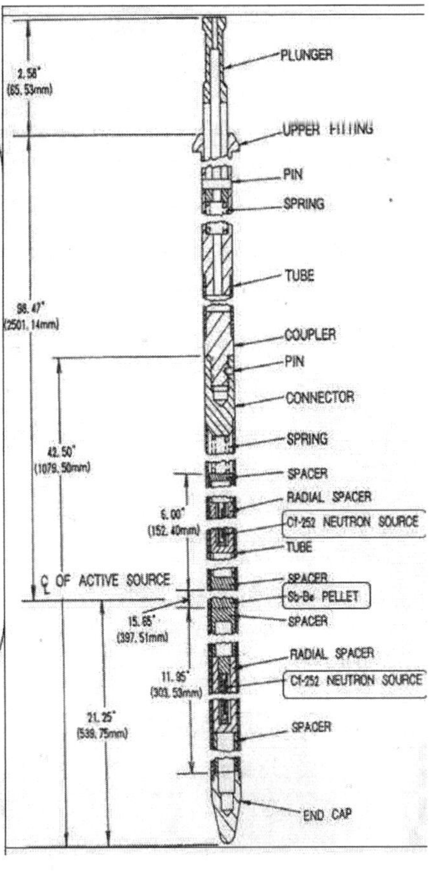

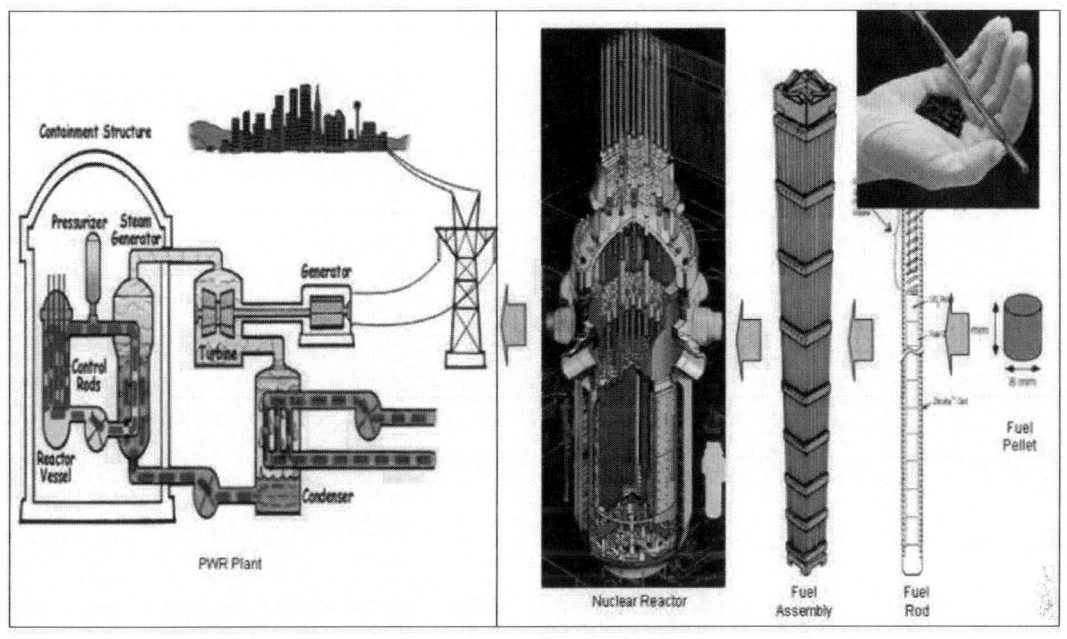

상단 및 하단고정체(Top Nozzle)

- 4개의 누름스프링으로 구성 : Flow Force에 의한 집합체 Lift-off 방지
- 상단고정체의 상부 주조판은 연료봉의 과도한 축방향 움직임을 방지 : 연료집합체를 정렬
- 누름스프링은 <u>인코넬-718</u> 재질의 재료로 변경하여 운전중 스프링 장력의 이완에 대한 저항성을 개선
- 하단고정체 유로판은 인코넬 보호지지격자와 함께 연료집합체 내로 유입되는 <u>이물질을 여과 및 포획</u>
- <u>지지격자</u> : 각 셀에는 2개의 Contour 스프링과 4개 Contour 딤플이 설치되어 있고 냉각재 혼합능력 제고에 따른 열적 성능향상을 위해 혼합날개가 부착

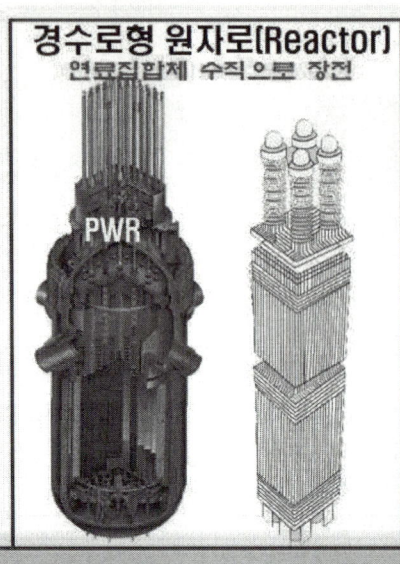
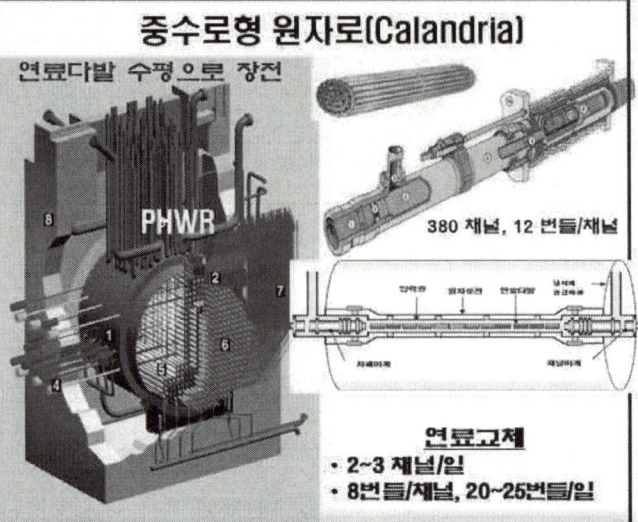

경수로형 원자로(Reactor)
연료집합체 수직으로 장전

중수로형 원자로(Calandria)
연료다발 수평으로 장전

380 채널, 12 번들/채널

연료교체
- 2~3 채널/일
- 8번들/채널, 20~25번들/일

- 원자로 : 수직형
- 감속재, 냉각재 : 경수(H_2O)
- 사용 연료 : 저농축우라늄(2~5% U^{235})
- 연료교체 : 18개월 운전 정지후 1/3씩 교체
- 주요 운영국 : 미국, 프랑스, 일본, 한국 등

- 원자로 : 수평형
- 감속재, 냉각재 : 중수(D_2O)
- 사용 연료 : 천연/감손우라늄(0.7/0.52% U^{235})
- 연료교체 : 운전중 매일 교체 (20~25개/일)
- 주요 운영국 : 캐나다, 한국 등

카란드리아

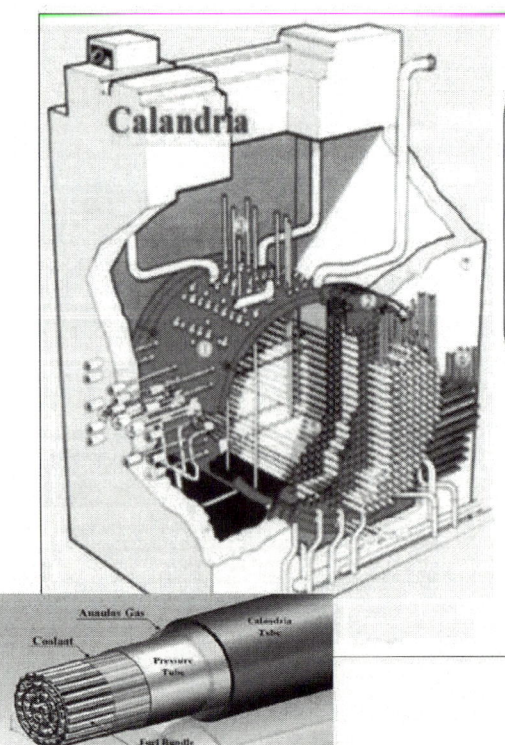
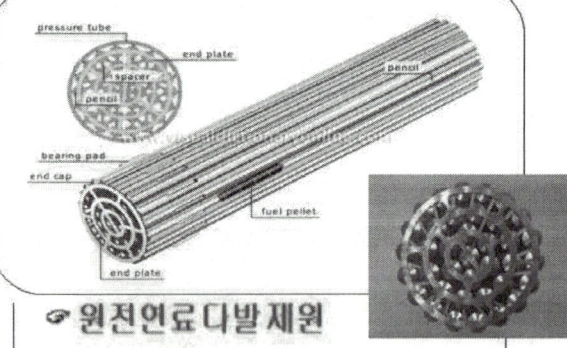

- 압력관 : 380개
- 연료다발 : 12개/압력관

원전연료다발 제원
- 다발의 길이 : 495.3 mm
- 다발의 외경 : 102.4 mm
- 다발의 무게 : 23.67 kg
- 연료봉수 : 37개/다발
- 펠렛 : 12.154×16 mm(29개/봉)

CANDU형 원전연료 (중수로)

중수로 : 충전기체로 1기압의 헬륨으로 가압

흑연층 도포 : 펠렛과 피복재의 상호작용을 방지하기 위해 흑연을 균일하게 도포

사용후연료 : 콘크리트 샤일로에 건식보관

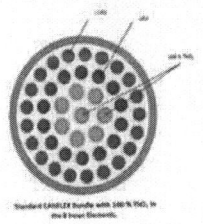 

(중수로형) 사용후핵연료
크기 : 길이 50cm, 직경 10cm
무게 : 23kg

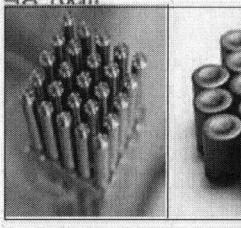

(경수로형) 사용후핵연료
크기 : 20cm×20cm×
무게 : 660kg

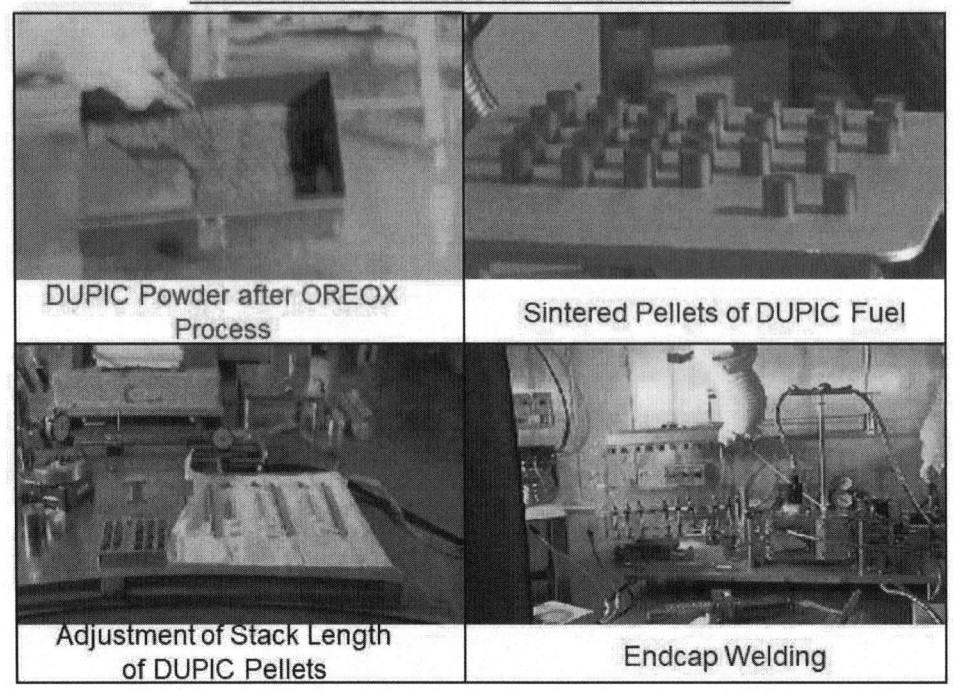

연료주기와 운전주기

- **연료주기**
  한번 연료를 장전하여 기동한때부터 연료가 충분히 연소되어 그 이상 전출력 운전이 불가능하게 될때까지의 기간으로 연료주기를 넘겨 임계를 유지하면서 노심으로부터 반응도를 낮추어 운전할때를 연장운전 (Coast-down Operation : 연료주기를 넘겨 낮은 출력상태에서 운전) 또는 Stretch Out

- **운전주기**
  연료장전과 그 다음 연료장전 사이의 기간으로서 발전소 상태에 따라 연료주기 보다 길수도 짧을 수도 있다.

- Tramp Uranium
가. 핵연료 파손과 무관하게 냉각재에 존재하는 우라늄
나. 핵연료 성형중 피복재 표면에 부착된 천연상태의 우라늄 분말
다. 전 단계에서 파손 핵연료로 부터 누출된 우라늄 중에서 CVCS에 의해 제거되지 않고 냉각재에 잔존하는 우라늄

- 요오드 첨두현상(Iodine Spiking)
원자로 과도상태에서 일부 결함이 있는 핵연료가 존재하면 냉각중에 핵종의 방사능 준위가 일반적으로 급격히 증가하는 경향이 있다. 출력을 증가시키거나 감소시킬때 또는 냉각재 압력을 낮출때 요오드 방사능이 증가하는 현상이 나타나는 것을 말한다.

연료손상 진단(검출방법)

- 출력운전중 건전성 진단
  - 요오드 방사능 분석 : 손상된 연료의 양, 연료의 손상증상과 크기
  - I^{131}/I^{133}의 비 : 정상운전 평형상태시 적용
    - 트럼프 우라늄에 의한 비 : 0.06
    - 연료결함이 작을때 Ratio가 커짐
    - 연료결함이 클때 Ratio가 작아짐
  - 세슘 방사능 분석 : 손상된 연료의 연소도
- 연료교체 기간중 연료 건전성 진단
  - 육안검사(수중 카메라) : 거시적 결함검사
  - 누설검사 : 건식, 습식, 건·습식 누설검사
  - 초음파검사 : 99% 정밀도 및 검사속도가 빠름

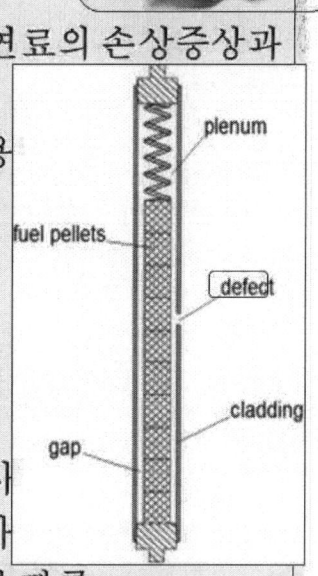

우라늄광

우라늄은 화학적 활성이 강한 원소이기 때문에 금속상태로 산출되지 못하고 산화물, 규산염, 인산염, 황산염과 같은 광물로 존재. 우라늄을 1% 이상을 함유하는 광물은 줄잡아 103종으로 알려져 있다. 가장 이름 있는 것은 섬 우라늄광과 피치브랜드

- 1차 광물 : 섬 우라늄광(UO_2), Pitch Blend (UO_2계)
- 2차 광물 : 燐灰우라늄광 $CaO \cdot 2UO_3 \cdot P_2O_5 \cdot 8H_2O$

燐銅우라늄광 $CuO \cdot 2UO_3 \cdot P_2O_5 \cdot 8H_2O$

우라늄 광석을 캐내면 그것을 가루로 만들고 다음에 황산이나 아민으로 처리하여 우라늄이 80% 가량 함유된 노란가루로 만든 것을 엘로우 케이크

우라늄은 우우라노우스라는 희랍어에서 유래된 말이며 "하늘의 알맹이 Heaven"으로 번역

금속 우라늄

은백색의 광택이 있는 금속이나 공기중에 쉽게 반응하여 산화물 막이 생긴다. 우라늄은 화학적으로 약하고 물이나 공기에 쉽게 산화되거나 부식되기 쉽다.

- 강도가 낮고, 내식성이 나쁘고, 방사선 조사와 열 Cycle에 의해서 변형되기 쉬운 결점
- 높은 밀도, 높은 열전도도의 장점
  산화 우라늄은 열전달이 좋지 않다는 약점은 있어도 금속학적으로 아주 안정되어 있다.
- 우라늄광 품위 : 0.1~0.3% U_3O_8 정도

지르칼로이 장, 단점

가. 장점 : 중성자 흡수단면적이 작고 내부식성이며 고온에서 기계적 강도가 유지
나. 단점 : 1,200℃ 이상에서 물과 화학반응을 일으켜 수소를 발생하고 고온에서 신장율이 증가한다.

열전달 과정

- 연료, 간극(Gap), 피복재 : 전도
- 피복재에서 냉각재로 전달 (정상운전) : 대류
- 피복재에서 냉각재로 전달 (냉각재가 비등하여 증기로 바뀌는 사고시) : 복사
- Pellet과 피복재 사이의 공간을 Gap이라 하고 축방향과 여유공간을 Plenum

상부 스페이서 펠렛

압축 스프링과 펠렛간의 직접 접촉을 방지하여 펠렛 조각이탈이나 균열 발생을 예방

하부 스페이서 펠렛

Lower End Cap의 가열을 감소시켜 엔드캡 용접부위의 열응력을 감소시킴 평균밀도는 이론밀도인 10.96g/㎤의 95%이다. 이러한 평균 밀도는 펠렛내 기공이 존재하도록하여 분열성기체를 잡아두며 정상운전중 분열생성기체의 75%는 펠렛 기공에 존재하고 25%는 펠렛과 연료봉 틈새에 존재

Pellet 밀도가 낮으면

- 개공화(Open Pore)가 많아져서 공기중 수분 흡수
- 수소화에 의한 피복재 손상

Out-In Refueling
○ 중심영역은 방출하고 내부영역을 중심영역으로 이동
○ 외각영역을 내부영역으로 이동하고 외각영역에 신연료 장전
○ 중심쪽으로 출력밀도를 완화시키는 방향으로 수행

In-Out Refueling
○ 중심영역에 신연료를 배치
○ 점진적으로 조사된 연료를 외각쪽으로 이동
○ 장점
　- 중성자 누설억제
　- 중성자 중요도(Importance) 증가
　- 가장 높은 연소도를 얻을 수 있음
○ 단점
　중성자 속과 핵연료물질(Fissile Material)의 밀도가 중심에서 가장 크고 반경 바깥쪽으로 감소하기 때문에 출력밀도의 변화가 단일배치(Batch Irradiation) 보다 크다.

근래에는 중성자 누설을 줄이고 연료의 이용률을 높이기 위하여 반대 장전방식 즉, 중성자 저누설 장전방식(Low Leakage Loading Pattern)을 채택하고 있는 추세

특징 Out-In Refueling
○ 중심영역은 방출하고 내부영역을 중심영역으로 이동
○ 외각영역을 내부영역으로 이동하고 외각영역에 신연료 장전
○ 중심 쪽으로 출력밀도를 완화시키는 방향으로 수행

원자로 및 노심 : 표준형

국내 원전 연료 종류	원전 수	연료집합체 수
WH 14x14	1	121
WH 16x16	1	121
WH 17x17	6	157
OPR-1000	12	177
APR-1400	4	241

냉각재계통(RCS) 설계특성 변화

■ 주요 설계변수
- 열출력 증가(2,825MWt → 4,000MWt)
- 고온관 온도 감소(327.2℃ → 323.9℃)
- $\Delta T(T_H - T_C)$ 증가(13.7℃ → 15.5℃)
- RCS 유량 35% 증가

■ 증기발생기
- 인코넬 690 사용
- U-Tube 갯수 51% 증가
- 관막음 여유도 증가(8% → 10%)
- 높이 10% 증가(22.9m)
- Shell 외경 21% 증가(5.2m)

■ 안전주입계통
- 2 Train → 4 Train
- CLI(저온관주입) → DVI(원자로용기직접주입)
- Fluidic Device 설치
- IRWST 채택 : 안전주입 재순환모드 없음

■ 가압기
- 체적 증가 (1,800ft³ → 2,400ft³)
- 높이 27% 증가 (16.5m)
- POSRV 적용

■ 노심 구성요소
■ 원전 연료집합체
■ 원전 연료삽입체
  - 제어봉 집합체
  - 중성자선원
  - 가연성 중성자 흡수봉
■ 노내계측기

■ 원자로용기
- 연료집합체 갯수 증가(171개 → 241개)
- 높이 5% 증가 (14.8m)
- 내경 12% 증가 (4.6m)
- 원자로용기 상부구조물 설계 단순화(IHA)

원자로용기 내장 부품

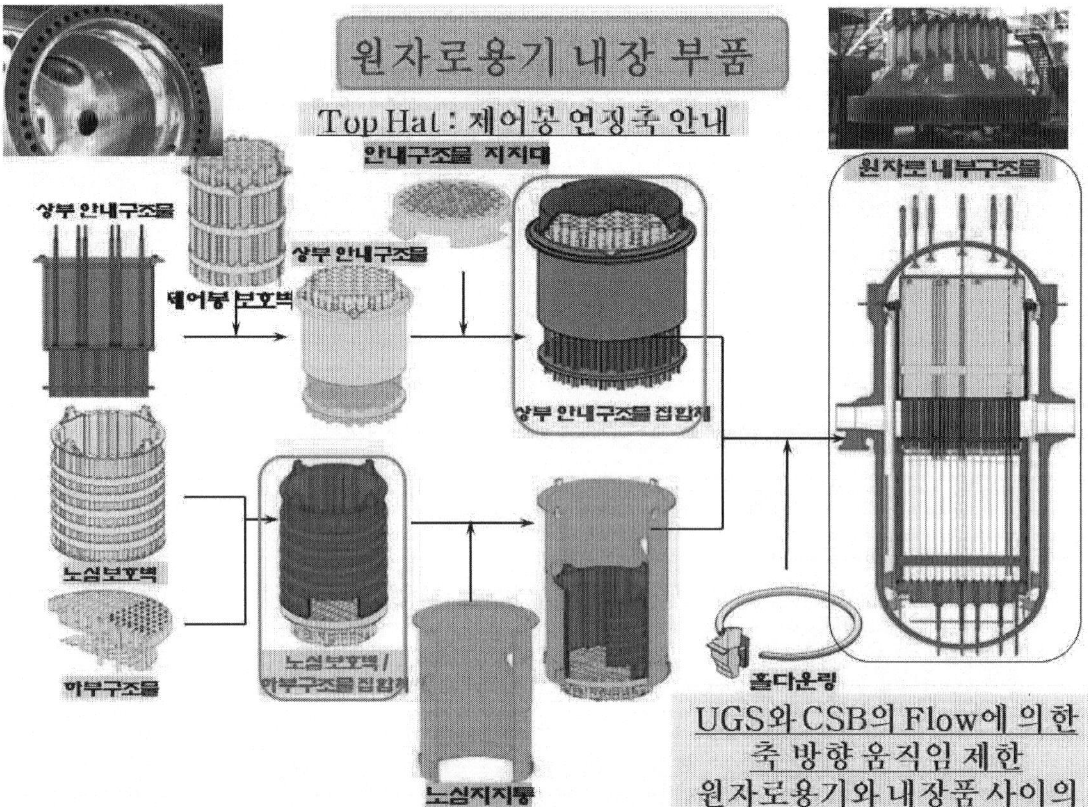

Top Hat : 제어봉 연장축 안내

UGS와 CSB의 Flow에 의한
축 방향 움직임 제한
원자로용기와 내장품 사이의
차동 열적팽창에 적용

제어봉 기능

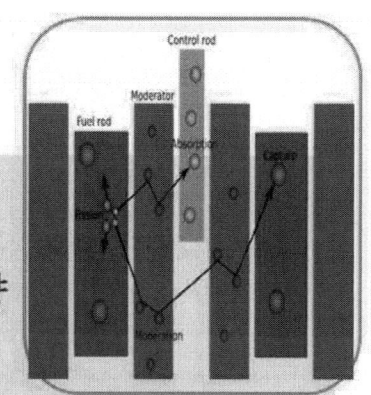

- **Shim 기능**
  연료의 연소나 제논 독물질의 독작용 효과를 상쇄하기 위한 것으로 많은 양의 여유반응도가 포함

- **출력조절 기능**
  출력조절을 하기 위해 아주 적은 양의 여유반응도가 필요하며, 이 적은 양의 반응도를 즉시 변화시킬 수 있어야 한다.

- **안전 기능**
  안전을 목적으로 하는 제어봉의 반응도 값은 노심의 여유 반응도보다 커야 한다. 동작 시는 아주 빠른 속도로 동작해야 한다.

Reactor Core

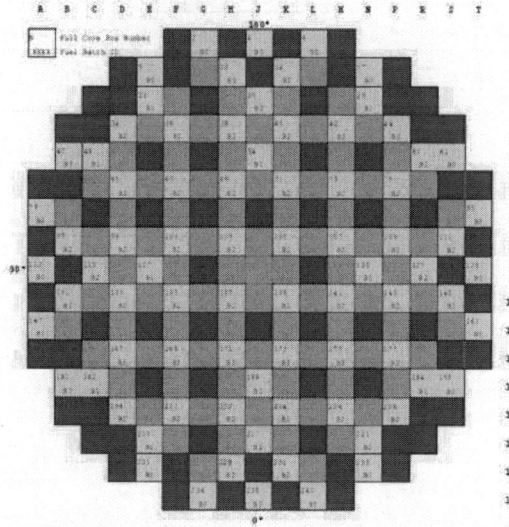

Parameters	Values
Core Thermal Power	3,983 MWt
No. of Fuel Assemblies	241
Maximum Burn-up (MWD/MTU)	60,000
Refueling Cycle	18 months
No. of reloaded fuel assemblies at equilibrium cycle	91
Fuel Assembly	PLUS7™
Thermal Margin	>10%

열적 여유도(Thermal Margin)
정상 운전중인 발전소가 과도상태 또는 제한사고를 겪을 때 핵연료의 열적상태가 각각 허용 핵연료설계 제한치(SAFDL)나 허용기준으로부터 얼마나 여유가 있는지를 나타내는 척도 임

연료봉과 가연성 독물질봉

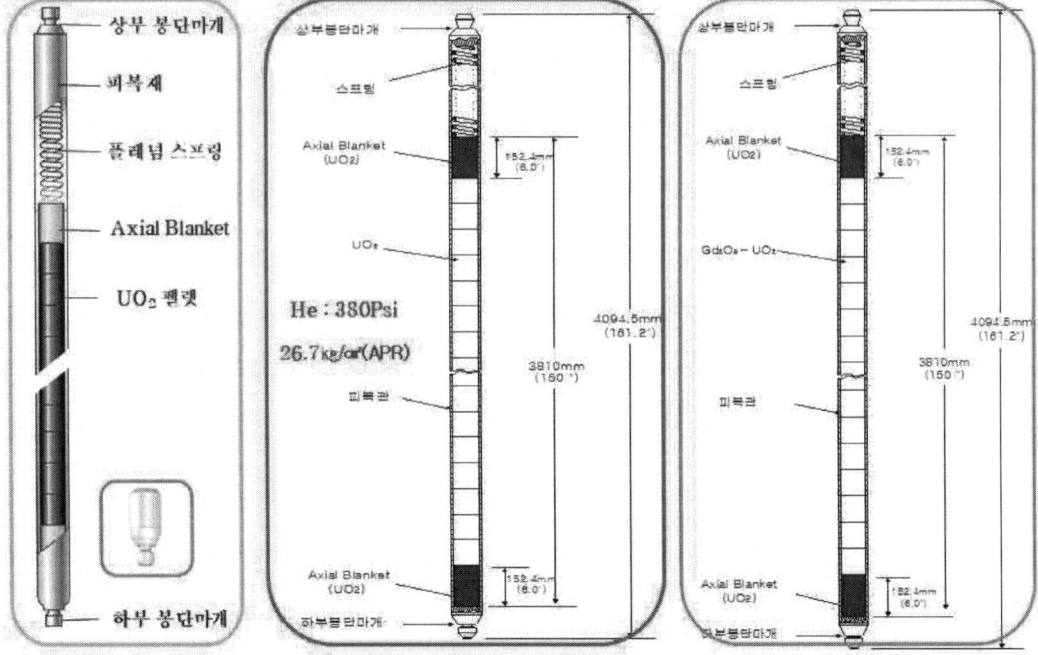

피복재 부식 문제로 Zilro 도입 (펠렛 직경 9.7→9.5mm)

펠렛 제작공정

- Dishing : 펠렛 양단 구형 형성
- Chamfering (Beveling) : 펠렛 모서리에 의한 피복재 손상방지
- Tapering : 펠렛 맨 끝을 가늘게 제작
- End Sequareness : 피복재 응력을 최소로 하기 위해 펠렛 형태를 원통형에서 사면체형으로 약간 잘라둠

- 펠렛 설계시 고려 사항
  - 연료봉내 분열물질을 최대로 수용
  - 연료수명 기간중 체적변화를 최소
  - 기체형태의 분열생성물 누출 허용치 이내
  - 생산용량 및 경제성

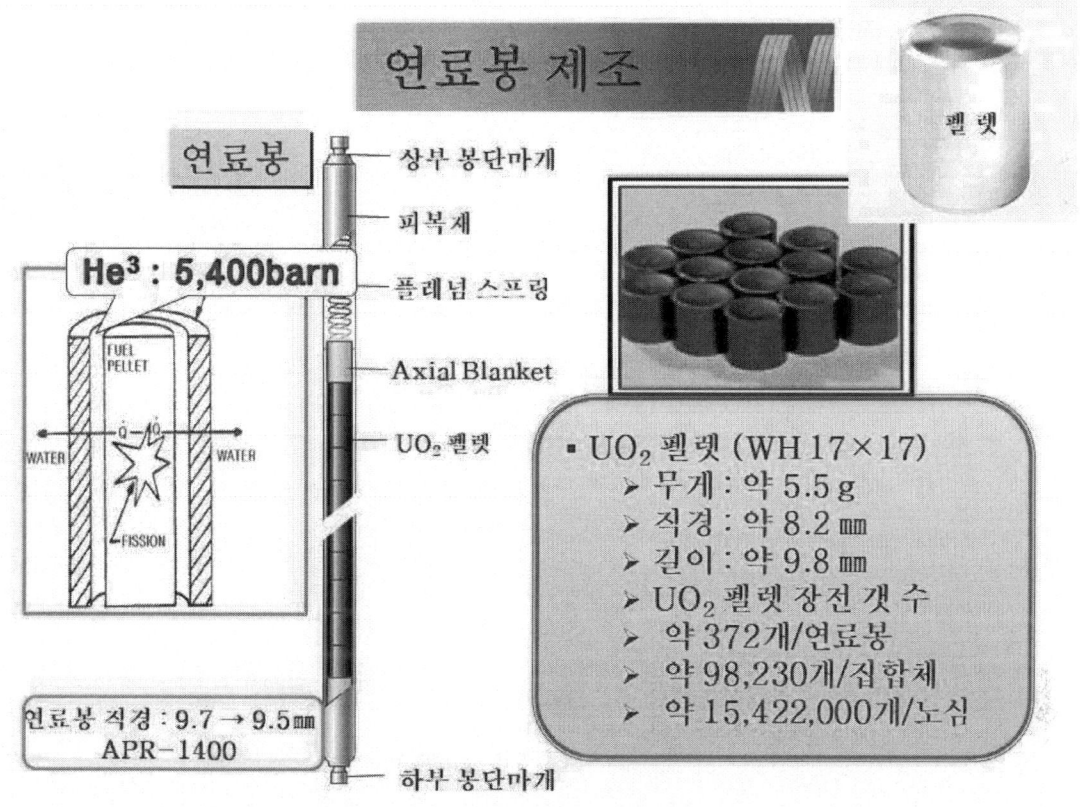

표준원전

- 18개월 주기에 연소도 : 43,000MWD/MTU
- 연료봉 표면에 기포막이 형성되기 직전을 핵비등 이탈
- Feltmetal : 봉 끝부분에 Reduced Diameter인 B_4C 흡수체
- 압분체를 1,700~1,750℃의 고온 소결로에서 소결
- UO_2 무게 : 5.2g
- 연료봉 1개당 356개 장입

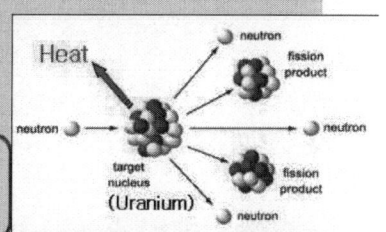

- 재변환 : 기체상태의 농축 UF_6(54.6℃ 이하에서는 고체상태)를 분말로 가공

- <u>기체확산법</u> 보다 분리계수가 크고 수요 증가에 따라 순차적으로 건설이 가능하며 공장규모에 따라 다르지만 비교적 짧으나 <u>원심분리법</u>은 1대당 분리능력이 작고 고속으로 회전시켜 주어야 하므로 신뢰성이 낮으며 기기의 가격이 고가

안내관 및 지지격자 성능 요건

안내관 성능 요건
- 원자로 노심에서 정상운전 및 긴급정지시 제어봉 삽입을 위한 통로 역할
- 설계 제한치 이내로 제어봉 낙하 기능 보유
- 낙하시 충격에 의한 제어봉 손상 방지를 위한 제어봉 낙하속도 제어기능 보유

지지격자 성능 요건
- 연료봉 축 방향 열팽창·조사성장 허용 및 과다 연료봉 휨 방지
- 집합체내 연료봉 위치 및 연료봉간 간격 유지(배열유지)
- 냉각재 혼합 기능 보유
- 안내관 및 계측관 위치 유지
- 사고발생시 제어봉 삽입을 용이하게 하는 기능
- 연료집합체 횡 방향 지지

연료집합체 성능요건

- 취급 및 운전중 발생하는 하중을 견딜 수 있는 기계적 강도 유지
- 원자로 노심내 집합체 수직 방향 유지
- 원자로 노심 냉각재의 균일한 흐름 유지
- 연료봉 위치 및 연료봉 사이의 간격 유지
- 제어봉 축 방향 운동을 허용할 수 있는 간격 유지
- 집합체 외부로의 (상단 고정체 및 하단 고정체) 연료봉 이탈 방지
- 냉각재의 수력학적 하중에 집합체 들림 방지

- He : 380Psi(26.7kg/cm^2)
- 펠렛과 피복재 열전달 향상 및 급격한 열전달 방지

상단 고정체 성능요건

- 집합체 원자로 노심내 위치 고정 : 상부 노심판의 정렬핀 또는 Tube Sheet와 양립하도록 상단고정체 부품 설계
- 냉각재 수력학적 하중에 의한 집합체 들림 방지 기능 보유 : Spring 보유
- 냉각재를 상부 노심판으로 유도 기능 보유
- 상단고정체 유로판 밖으로의 연료봉 이탈 방지
- 집합체 해체·재조립 기능 보유

하단 고정체 기능

- 집합체 원자로 노심내 위치 고정 : 하부지지판 정렬핀과 양립성 유지
- 적절한 압력강하를 유지하고 냉각재 유동에 의한 연료봉 손상이 발생하지 않도록 냉각재를 분배하는 기능
- 하단 고정체 유로 구멍 밖으로 연료봉 이탈 방지
- 집합체 장전 등 집합체 취급시 집합체 보호, 안내기능 보유
- 이물질이 원자로 노심 내로의 유입을 방지하는 기능보유

신연료와 삽입체 검사

- 청결상태 : 금속, 실, 종이 같은 부스러기 등 이물질
- 피복재 결함 : 균열, 깊은 긁힘, 흠, 구멍 등
- 조잡한 기공이나 불량한 기계적 구조
- 불량한 용접이나 땜질(Braze)
- 상태변형 : 연료봉, 지지격자, 상·하단 고정체 또는 삽입체 안내관
- 연료봉의 잘못된 배치 : 연료봉의 길이, 간격, 갯 수

Fuel

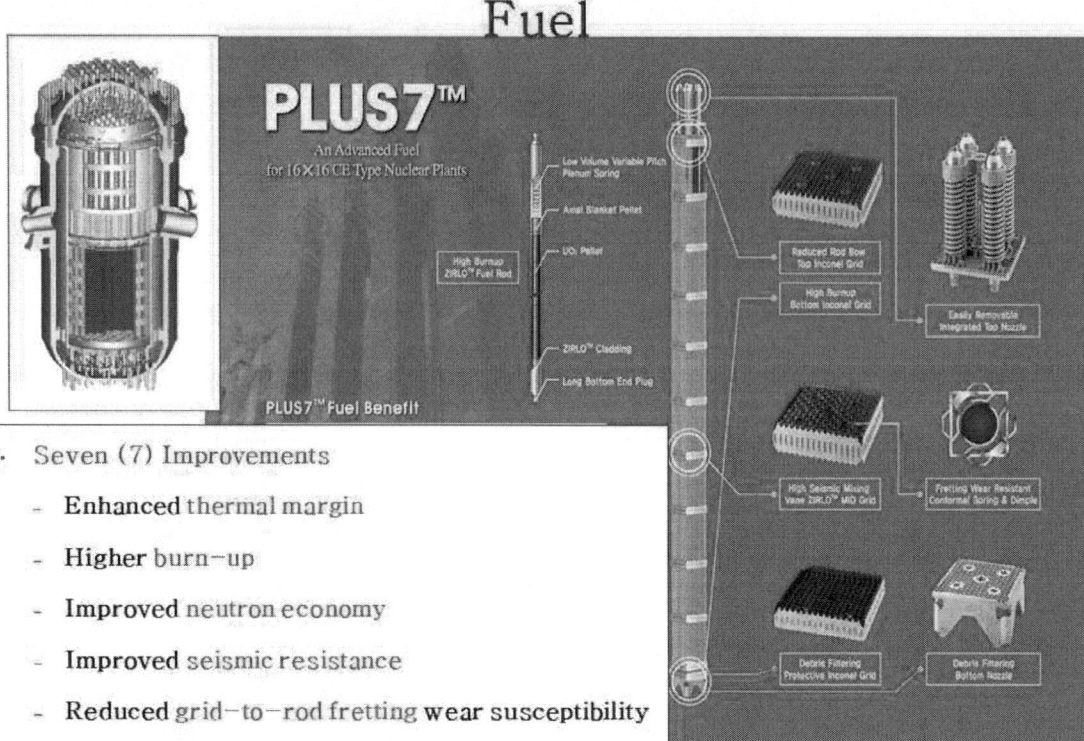

- Seven (7) Improvements
  - Enhanced thermal margin
  - Higher burn-up
  - Improved neutron economy
  - Improved seismic resistance
  - Reduced grid-to-rod fretting wear susceptibility
  - Increased debris filter efficiency
  - Improved fuel productivity

연료 제조

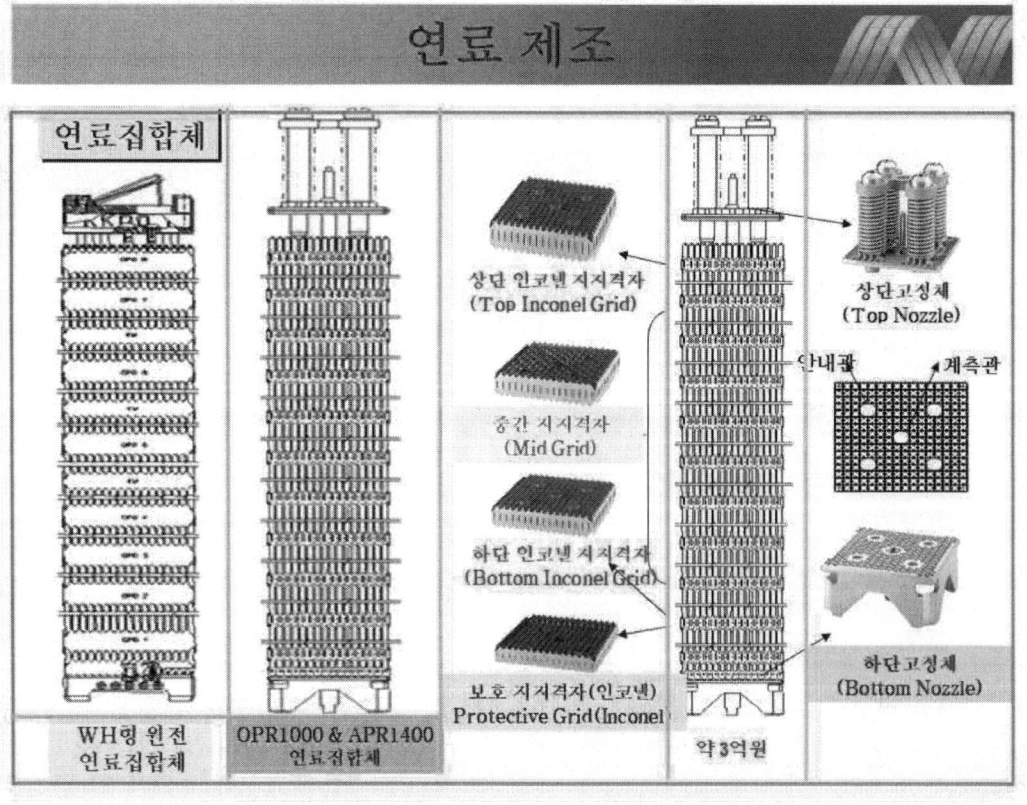

원전 연료

- 5.5 gr
- 1,600KWh 전력생산
  - 1가족(4인) 8개월간 사용할 수 있는 전력량
- 우리나라 우라늄 1년 소비량
  - 정광(4,000톤) → 농축우라늄(400톤)

펠렛(Pellet)

경수로 연료집합체
- 높이 : 4 m
- 무게 : 650kg

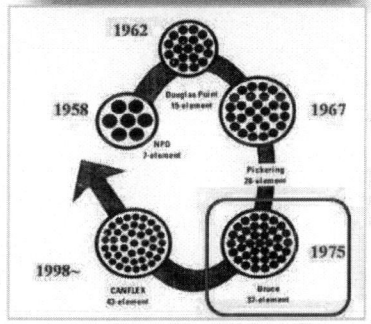

중수로용 연료다발
- 길이 : 49.5cm
- 무게 : 24kg

연료 다발

원전 연료 형태

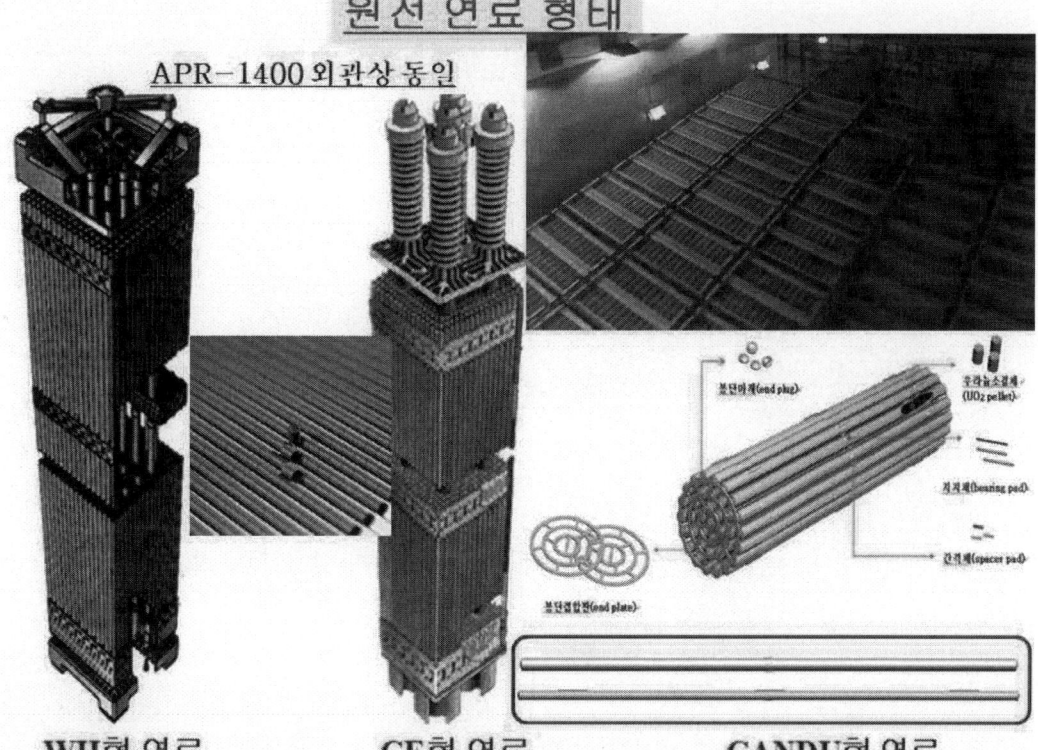

APR-1400 외관상 동일

WH형 연료   CE형 연료   CANDU형 연료

연료다발

- End Plate : 연료봉 양 끝부분에서 연료봉 사이 거리 유지
- UO_2 융점 : 2,804℃
- 피복재 융점 : 1,850℃
- 연료다발 출력 : 800KW

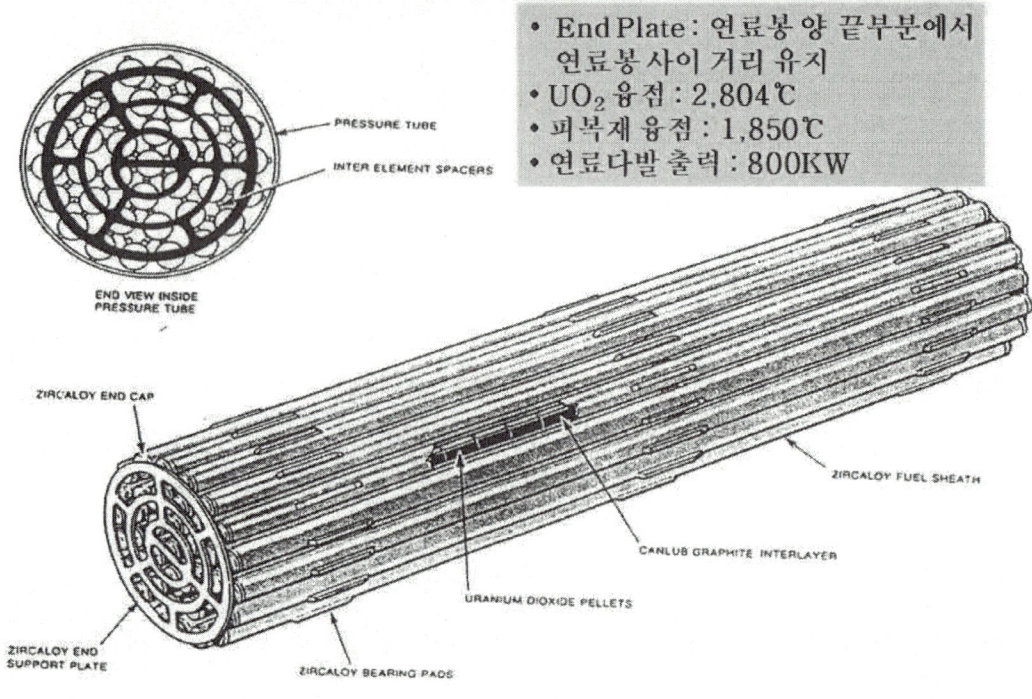

핵연료관(6.5MW)

- 차폐마개 : 12개 연료다발 양끝에 설치되어 방사선 차폐
- 연료관 안에 있는 연료다발 지지
- 연료관 마개 : 중수누설 방지/10cc 이내

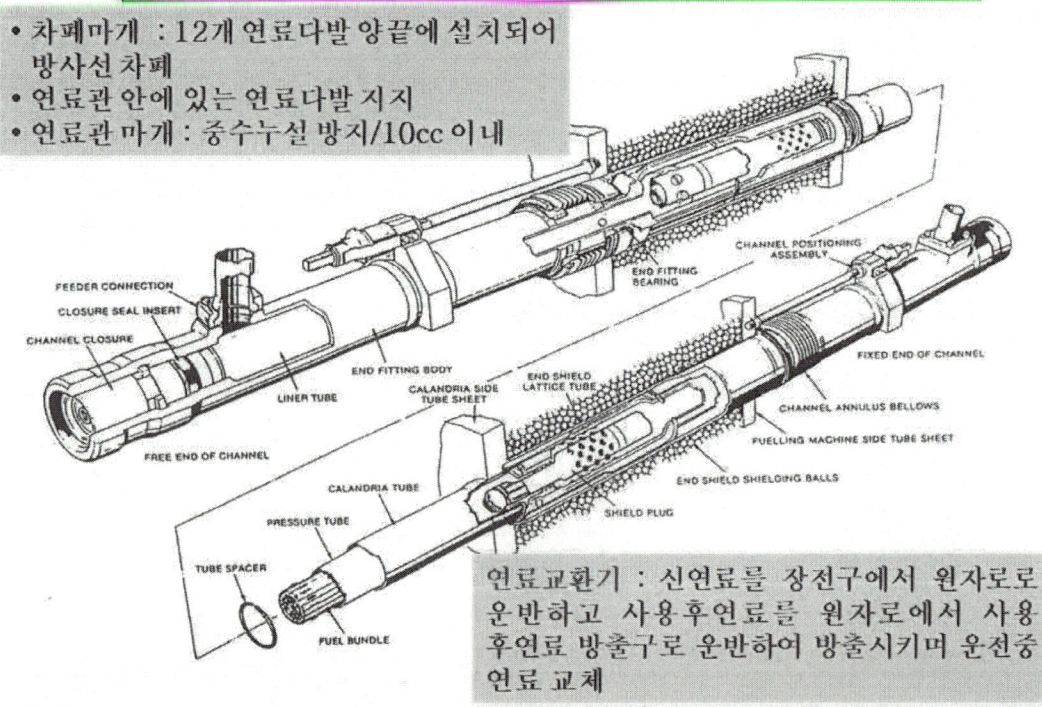

연료교환기 : 신연료를 장전구에서 원자로로 운반하고 사용후연료를 원자로에서 사용후연료 방출구로 운반하여 방출시키며 운전중 연료 교체

Fuel Handling Sequence

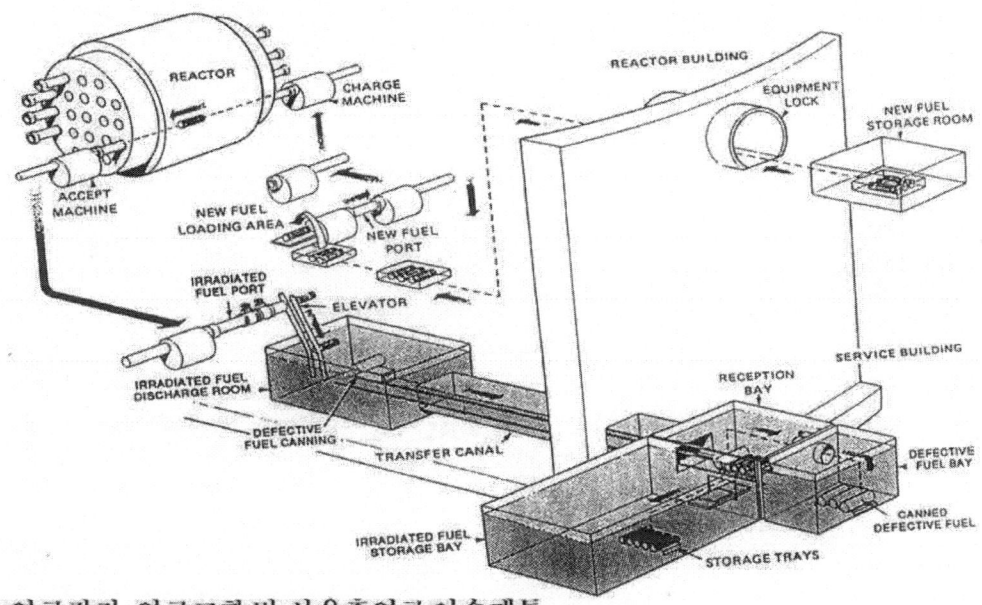

- 연료장전, 연료교환 및 사용후연료 이송계통
- 신연료 상자 : 36다발/상자

◉ WH형, 표준형 및 CANDU형의 연료집합체 제원

제원 \ 노형	WH형			표준형	CANDU형
	14 × 14	16 × 16	17 × 17	16 × 16	
연료봉수	179	235	264	236	37
안내관수	17	21	25	5	—
지지격자 (인코넬/Zr)	2/5	8/0	2/6/3* *(유량혼합 지지격자)	1/10	—
길이 (mm)	4,056.0	4,058.03	4,058.03	4,527.5	495.3
폭 (mm)	197.18	197.18	214.02	202.49	102.4 (외경)
연료봉 피치 (mm)	14.12	12.32	12.6	12.85	—
중량 (kg)	514	563	615	651.4	23.67

경수로에 사용하는 연료 $U^{235}(2\sim5\%)$, $U^{238}(95\sim98\%)$

중수로에 사용하는 연료 $U^{235}(0.7\%)$, $U^{238}(99.3\%)$

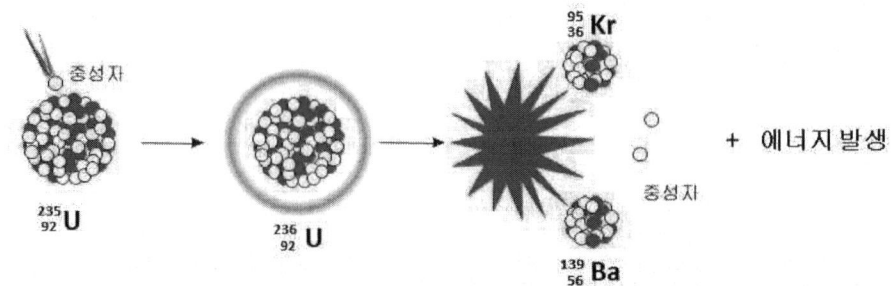

열 전달은 온도차이에 의해 나타난다. 온도차이가 클수록 열 전달은 더 높다.

$$_{92}U^{238} + {}_0n^1 \rightarrow {}_{92}U^{239*} + {}_{-1}\beta^0 \rightarrow {}_{93}Np^{239} + {}_{-1}\beta^0 \rightarrow {}_{94}Pu^{239}$$

$$_{92}U^{235} + {}_0n^1 \rightarrow {}_{92}U^{236} (연소)$$

중성자의 에너지(감속 측면)에 따른 분류

○ 속중성자(Fast Neutron)
- 핵분열과정에서 방출되어 아직 감속재와 산란반응을 경험하지 않은 상태의 중성자
- 중성자 에너지가 높아 핵에 흡수될 확률 작음 ($\geq 10^5 eV$)

○ 열외중성자(Epithermal Neutron)
- 속중성자 보다는 낮은 에너지 준위에 있는 중성자
- 특정 에너지의 중성자 공명(Resonance) 흡수 ($1 \sim 10^5 eV$)

○ 열중성자(Thermal Neutron)
- 주위의 매질과 열적으로 평형상태에 있는 중성자
- 중성자 에너지가 낮아 핵력에 의해 흡수될 확률이 큼 ($\leq 1eV$)

노심 어느 부분의 반경방향 열중성자속 분포

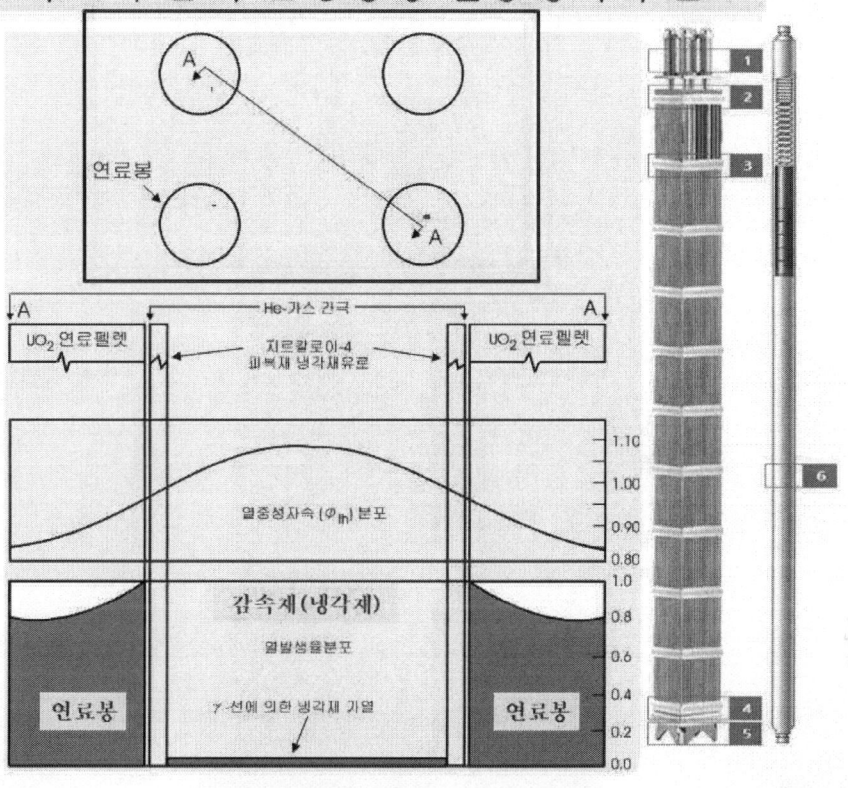

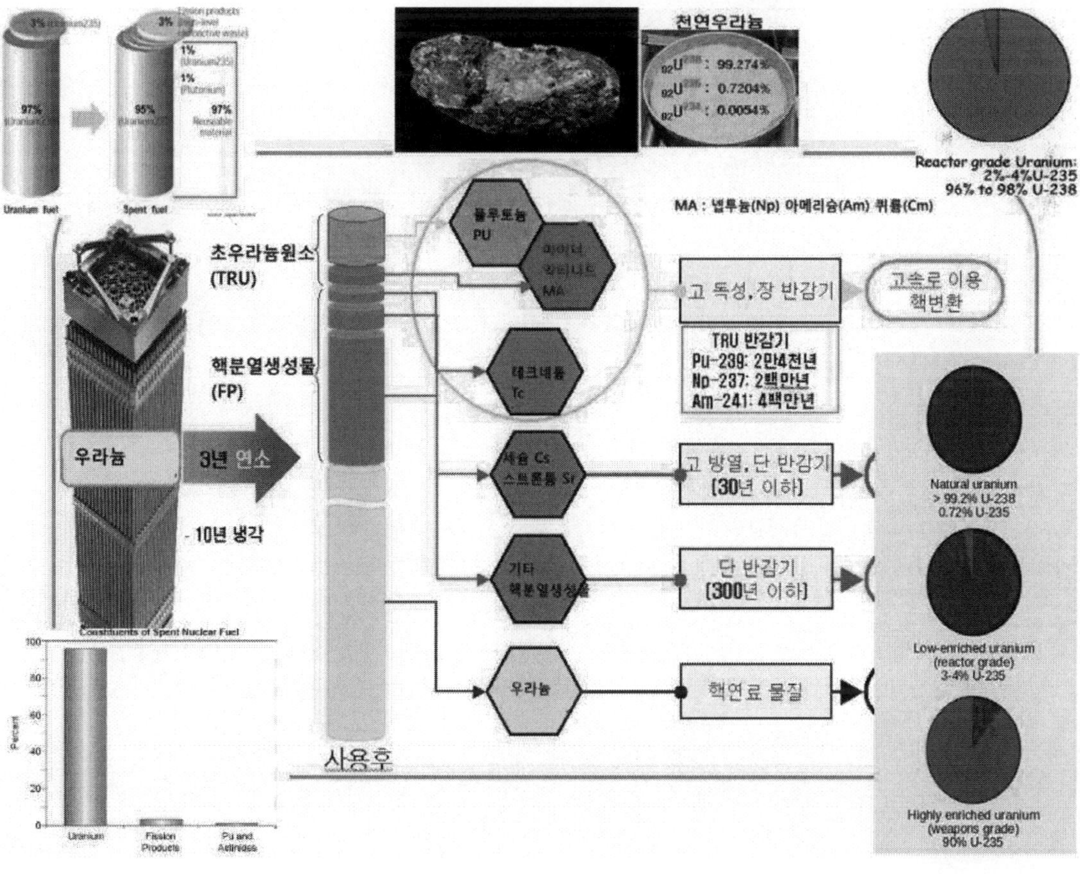

가압중수로
(PHWR : Pressurized Heavy Water Reactor)

- 세계 원자력 발전소 노형 약 5% 점유
- 국내 총 4기 PHWR 운영
- 냉각재 및 감속재로서 중수(D_2O) 사용 (중수 : 중수소로 구성된 물)
- 중수 특성상 낮은 중성자 흡수율과 높은 감속 능력으로 인해 핵 분열물질(U^{235})의 농축 불필요 → 천연우라늄으로 제조된 핵연료 사용
- 냉각재 비등이 일어나지 않도록 계통을 고압 상태로 유지
- 매일 일정량의 핵연료 다발을 원자로 정지 없이 교체
- 가압경수로형과 기본 구조는 동일
- 원자로 노심이 수평으로 되어있고 연료다발을 운전중 교환할 수 있는 구조

중수로 특성

- 천연우라늄을 연료로 사용 : 연료비가 저렴
- 감속재 및 냉각재로 중수를 사용한다. 물리적으로 분리
  - 중수사용 이유 : 중성자 흡수단면적이 적고 감속비가 크다.
- 원자로 위치가 수평
- 운전중 연료 교체 : 잉여반응도, 결함연료
- 380개 연료채널로 구성
- 원자로 정지후 30분 이내에 재가동해야 한다.
- 제어봉 수가 많으므로 안정성 (종류 다양)
- 반응도 제어 : 액체영역계통, 조절봉, 흡수봉

연료다발

- 신연료는 손으로 들고 직접 검사
- 사용후연료는 발전소 배출격실(Discharge Bay)에서 직접 검사
- 단일 연료펠렛의 고장율이 0.01% 보다 적어야 한다. 손상된 연료펠렛들은 감지될 수 있고 원자로가 전출력으로 운전중에도 신속하게 제거될 수 있어야 한다. 2일 이내 제거
- 손상된 연료는 밀봉된 금속용기에 넣고 사용후연료 저장조 내에 저장
- 냉각수 방사선준위는 낮게 유지하여 고방사선에 의한 피폭이 없도록 한다.
- 지발중성자가 냉각재 내에서 감지되면 냉각재 오염을 피하기 위해 채널로부터 손상연료를 배출
- 손상연료 교체 : 운전중 (경수로 : 발전소 정지후)
- 중수로에서 압력관은 30~40년 운전후 교체

- 펠렛 : 직경 12.154mm, 길이 16mm
- 피복재 내경 : 12.243mm, 두께 0.419mm
- 경수로 연료에 비하면 펠렛은 크고 피복재는 얇으며 갭이 작은 편
- 흑연이 도포(0.0025mm)되어 펠렛과 피복재 상호작용에 의한 연료손상을 방지하는 기능/분열생성물에 의한 피복재의 부식방지
- 압력관 내에서 이동을 용이하게 하기 위해 베어링 패드가 최외각 연료봉에 용접
- 다발의 길이는 495mm, 직경은 103.38mm 정도 크기이며 총 무게는 23.27kg 정도 나간다. 이중 21kg은 펠렛 무게
- 연료교환 작업시 연료는 냉각재의 흐름에 의하여 연료관 내로 들어간다. 냉각재 유량은 연료관 위치에 따라 다르며 유량이 많은 내부지역에는 FAF 방법이 사용되고 유량이 작은 외부 연료관에서는 FARE 방법(ΔP 증가)이 사용

- 수평 압력관식의 원통형으로 카란드리아라 부르는 용기(Vessel)와 연료관(Fuel Channel Assembly)으로 구성

- 카란드리아는 직경 7.6m의 Main Shell과 양단 직경 6.8m Sub Shell로 되어 있으며 그 양쪽 끝은 End Shield Assembly로 되어 있다.

- 엔드피팅 집합체와 압력관 집합체는 카란드리아에 고정되지 않은 떠있는 상태(Floating State)인 셈이며 위치 고정장치를 이용하여 연료교환기측 튜브시트에 고정시키는데 한쪽은 완전고정, 다른 한쪽은 연료관 팽창을 흡수할 수 있도록 미끄럼 가능한 자유단(Free End)으로 처리 되어있다.

- 엔드피팅 안쪽에 설치되는 차폐마개(Shield Plug)는 연료로 부터의 연료관 축 방향 방사선을 차폐하는 역할을 한다. 엔드피팅 끝에 설치된 연료관 마개는 평상시 냉각재의 누출을 차단하는 압력경계를 이루며 연료교환시는 제거되어 연료교환을 위한 통로를 제공한다.

연료교환기

- 원자로 전면, 신연료 장전구 및 사용후연료 방출구에서 연료 다발을 이송시켜주는 역할
- 연료교환기 헤드는 스나우트 집합체, 매거진, 램 집합체 및 연료분리기 집합체로 구성

- 사용후연료는 방출창구를 통하여 사용후연료 저장지역으로 이송되고 연료는 승강기에 실려서 이송도관으로 운반
- 손상된 연료는 밀봉 저장통에 넣어져서 별도 수조에 저장 사용후연료 저장조에 방사능이 확산되는 것을 방지하기 위해 격리되어 캔에 봉입
- 저장조에 트레이를 19층까지 채움(물 표면에서 4.1m 정도)
- 연료가 가득찬 연료 트레이는 사용후연료 저장지역으로 이송되어 최소 5년 동안 저장
- 연료가 충분히 냉각되면 차폐용기로 이동해서 건식저장 시설에 저장

결함연료 위치 탐지계통
Defective Fuel Location System

GFP (Gaseous Fission Product) 감시기
- 전체 방사능 감시계통으로 두 개의 냉각재 루프의 방사능을 감시해 노심내 손상연료의 존재를 감지
- 루프 각각에서 시료채취관을 통해 시료를 채취해 감마선 분광기를 사용해 전체 감마선과 함께 I^{131}, Kr^{88}, Xe^{133}, Xe^{135} 핵종을 측정

DN (Delayed Neutron) 감시기
- 결함연료 위치탐지계통의 일부이며 손상연료가 들어 있는 특정채널 위치를 파악
- 채널에 손상연료가 있는 것이 확인되면 손상연료를 인출해 지발중성자가 검출되는지 확인
- 측정핵종은 Br^{87}, I^{137}

- **습식저장 방식의 단점**
  가. 장시간 물속에 저장되므로 인한 부식문제 발생
  나. 물을 계속 순환, 냉각, 정화해야 하므로 운영관리비가 많이 든다.
  다. 2차 폐기물의 발생 수반

- **건식저장 방식**
  일정기간 습식저장으로 단수명핵종의 붕괴가 진행되고 붕괴열 발생량이 충분히 적으며 안정화된 사용후연료를 건식으로 저장하는 방식으로 다음과 같은 종류로 구별할 수 있다.

  가. Concrete Silo
  땅 위에 강화 콘크리트로 만든 원통형 구조물(Silo)을 세우고 그 내부에 사용후연료를 저장하는 방식으로 방사능은 콘크리트에 의해 차폐되고 붕괴열은 구조물 표면으로 전달되어 외부 공기에 의해 냉각된다. 설계가 간단하고 Module 형식으로 건설하기 때문에 시설용량을 용이하게 확대 할 수 있다.

나. Dry Well or Dry Caisson
  사용후연료를 밀봉된 Canister에 넣은 후 지하에 설치된 원통구조물에 저장하는 방식, 방사능은 상단부에 차폐덮개를 설치하여 차폐시키고 붕괴열은 구조물 벽과 주위 토양으로 방출된다.
다. Air Cooled Vault
  사용후연료를 탄소용기에 담은 후 지상에 세워진 대형차폐 건물 내에 저장
라. Metal Cask
  방사선 차폐가 가능한 수송 Cask를 저장에 사용하는 방식으로 임시 저장시설의 용량을 확대하는 방안으로 고려된 방식이다.

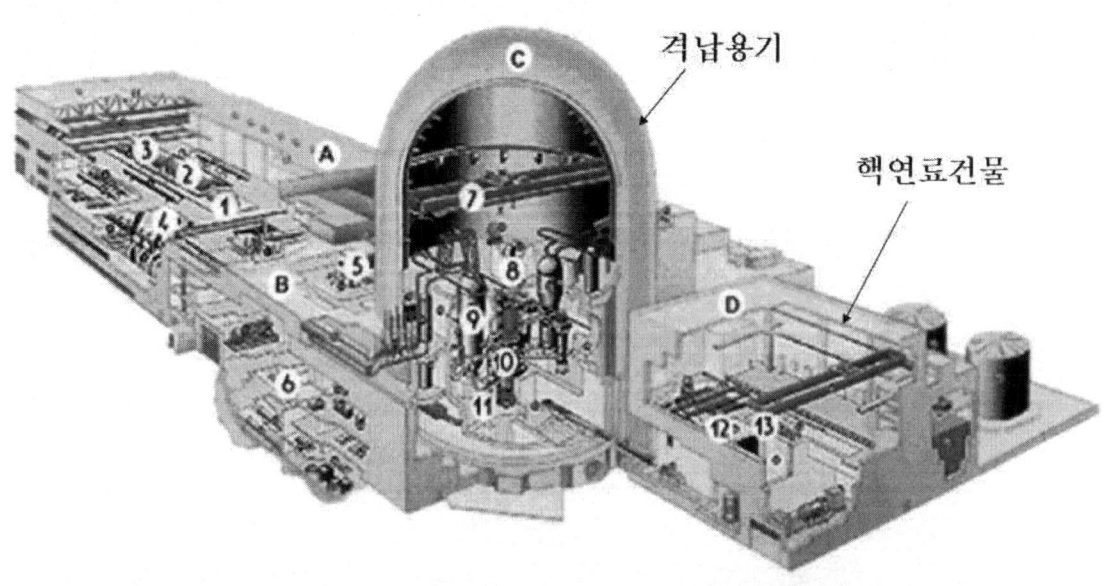

원전연료 취급 및 저장계통

원전 연료취급계통 기능

- 연료 재장전
  - 설계 연소도에서 교체하는데 <u>사용후연료를 원자로용기로부터 인출하여</u> 사용후연료 저장조로 보내는 작업
- 연료 취급 : 내부 구조물의 조립, 분해 및 보관의 목적으로 사용되는 기기(<u>연료집합체와 제어봉집합체 취급과 보관</u>)
  - 재장전수조, 사용후연료 저장조, 연료 이송수로에서 연료 취급
  - 원자로용기에서 연료 인출 → 연료 이송관 → 사용후연료 저장조
  - 신연료 저장조에 신연료 저장
  - 원자로용기 분해 조립, 원자로 상부 및 내부 구조물 집합체 인양 및 보관

계통 구성

■ 연료 저장
  ■ 신연료 저장고
  ■ 사용후연료 저장조
	■ 원자로용기 상부 덮개 인양장치
	■ 원자로 내부구조물 취급장비
	■ 사용후연료 취급기

■ 연료 취급설비
  ■ 연료 재장전기
  ■ 연료 이송계통
    ■ 이송 운반차 1대
    ■ 직립기 2대
    ■ 수압식 동력장치 2대
    ■ 윈치 1대
  ■ 연료 이송관
  ■ 제어봉 집합체 교체대
  ■ 연료 취급 공구
	■ 신연료 승강기
	■ 수중 텔레비전
	■ 제어봉 집합체 승강기
	■ 제어봉 집합체 및 노내 계측기용 이송용기
	■ 재장전 수조 밀봉체
	■ 노내계측기용 절단기 및 제어봉 집합체용 절단기
	■ 집게 작동공구
	■ 핵연료 건물 천정 크레인
	■ 격납건물 원형 천정 크레인

연료취급계통 설계

- ■ 재장전수 : 사용후연료 이송시 냉각(붕괴열) 수단 제공과 방사선 차폐 역할
- ■ 사용후연료 저장조(수조) : 냉각 및 정화 제공
- ■ 이송과 저장작업 : 재장전중에 적절한 차폐를 보장하고 육안으로 작업을 통제할 수 있도록 항상 수중에서 수행
- ■ 핵연료취급 및 저장계통 기능
  - 핵연료, 제어봉 및 노내 계측기의 인수
  - 안전성 최대화 및 작업실수 최소화
  - 핵연료 재장전 기간 최적화
  - ALARA 개념 적용
- ■ 계통 설계 및 해석
  - 핵연료 취급기기
  - 핵연료 저장대
  - 핵연료 이송계통
  - 재장전 수조 밀봉대

핵연료 취급기기

- 연료 재장전기(Refueling Machine)
- 제어봉 교환대(CEA Change Plateform)
- 핵연료 이송계통(Fuel Transfer System)
- 핵연료 이송관(Fuel Transfer Tube)
- 사용후연료 취급기(Spent Fuel Handling Machine)
- 제어봉 승강기(CEA Elevator)
- 신연료 승강기(New Fuel Elevator)
- 관련 공구(Auxiliary Tools)
- 밀봉체(Reactor Cavity Pool Seal)

연료 교체 (WH)

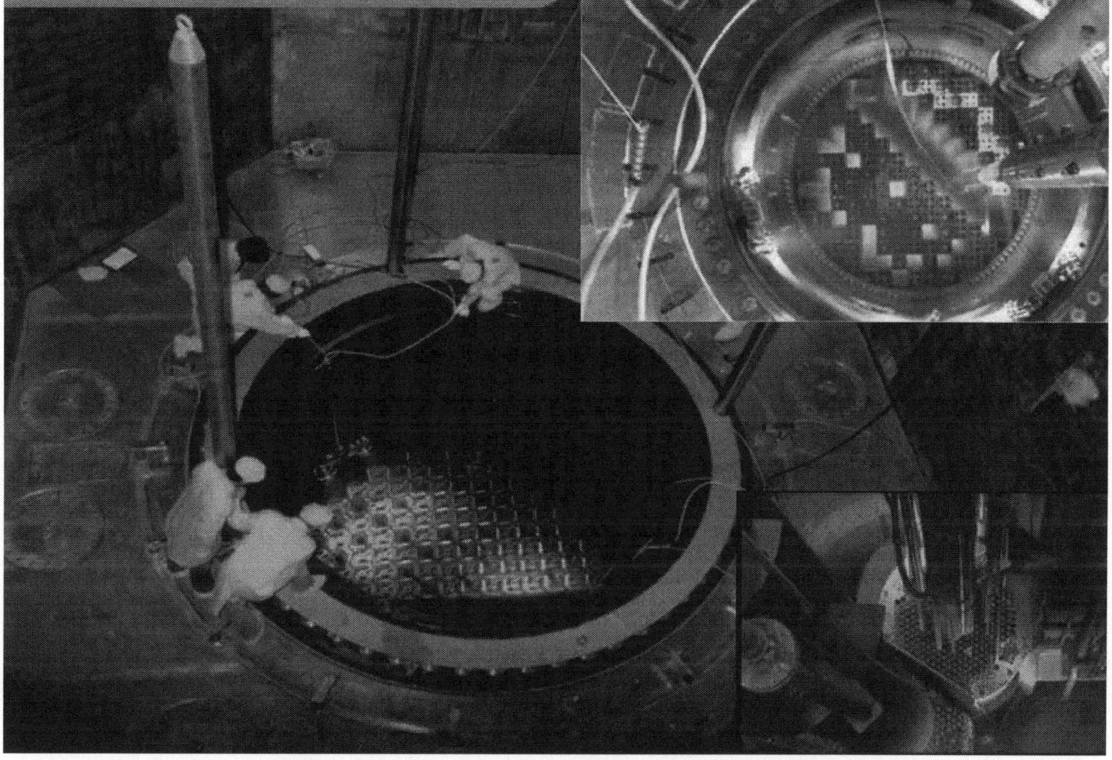

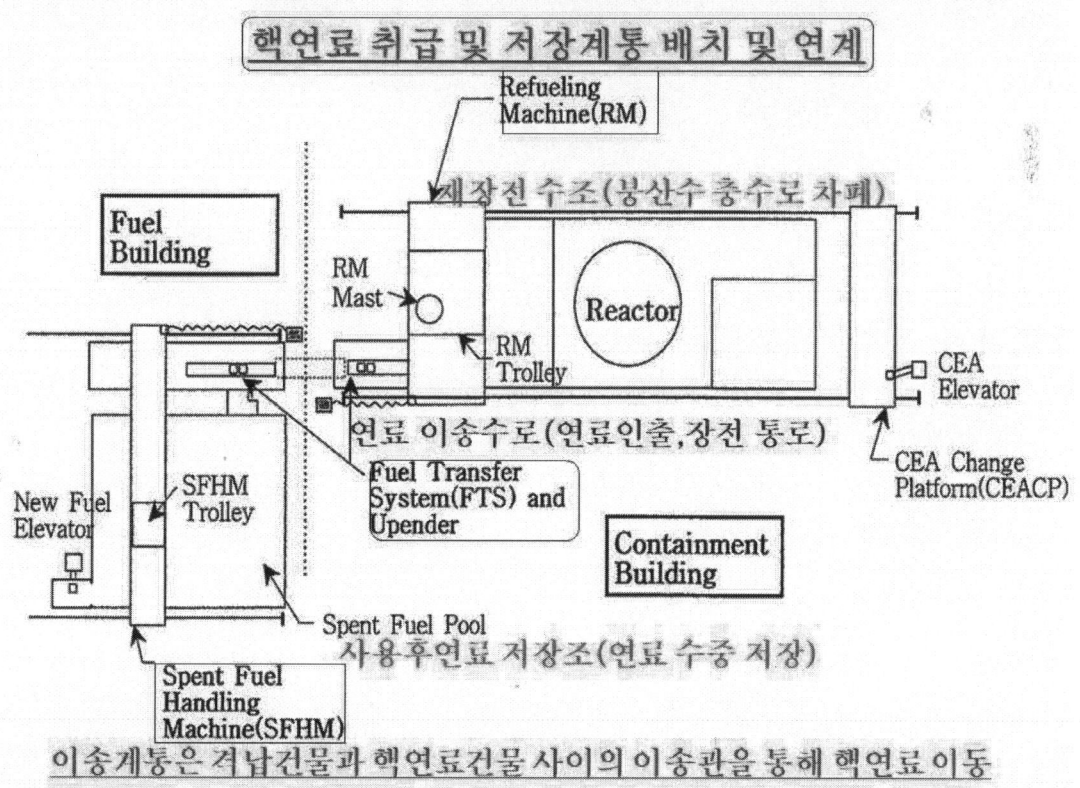

핵연료 취급 및 저장계통 배치 및 연계

이송계통은 격납건물과 핵연료건물 사이의 이송관을 통해 핵연료 이동

연료취급계통 설계

■ 핵연료 취급계통 연료 장전 공정

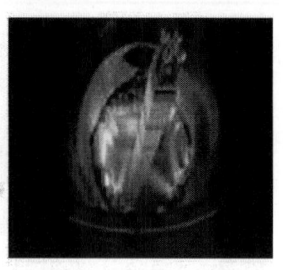

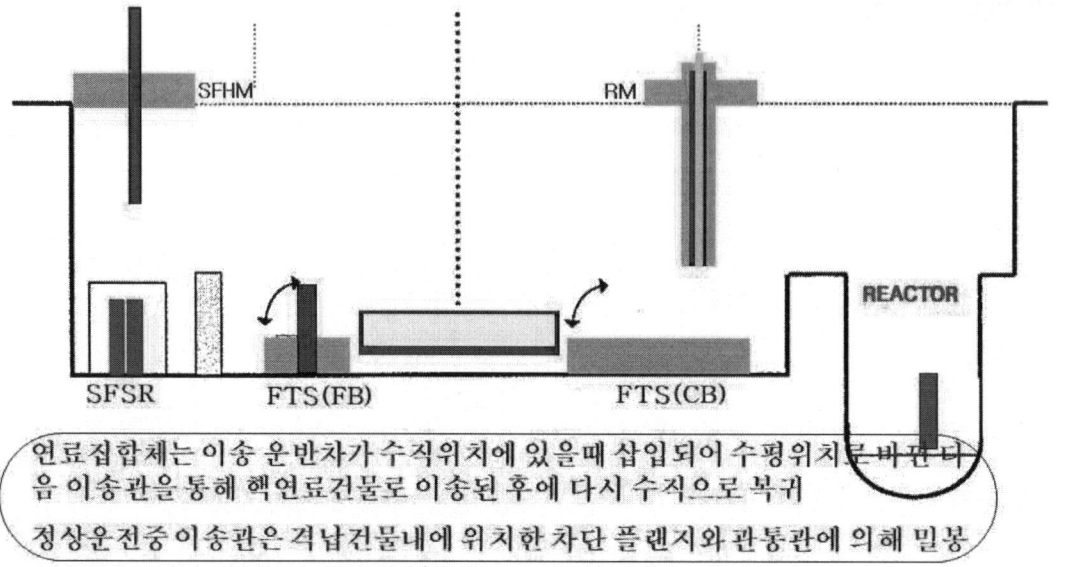

연료집합체는 이송 운반차가 수직위치에 있을때 삽입되어 수평위치로 바꾼다음 이송관을 통해 핵연료건물로 이송된 후에 다시 수직으로 복귀
정상운전중 이송관은 격납건물내에 위치한 차단 플랜지와 관통관에 의해 밀봉

핵연료취급계통

핵연료이송계통

재장전 기간에 연료집합체를 원자로 건물과 연료건물 사이를 이송하기 위하여, 두 건물에 설치

- Control Console (CB, FB)
- Hydraulic Power Unit (CB, FB)
- Upender (CB, FB)
- Supporter (CB, FB)
- Carriage/Carrier
- Winch Unit (CB)

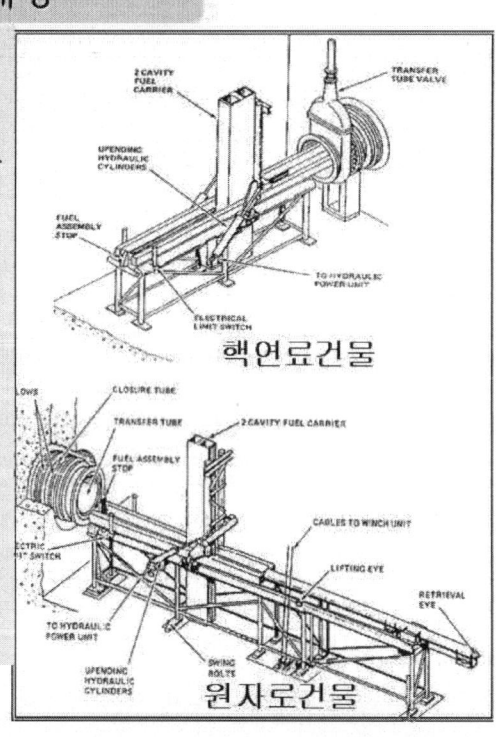

사용후연료 저장조

붕산수

임시 저장조

연료 이송 및 저장계통

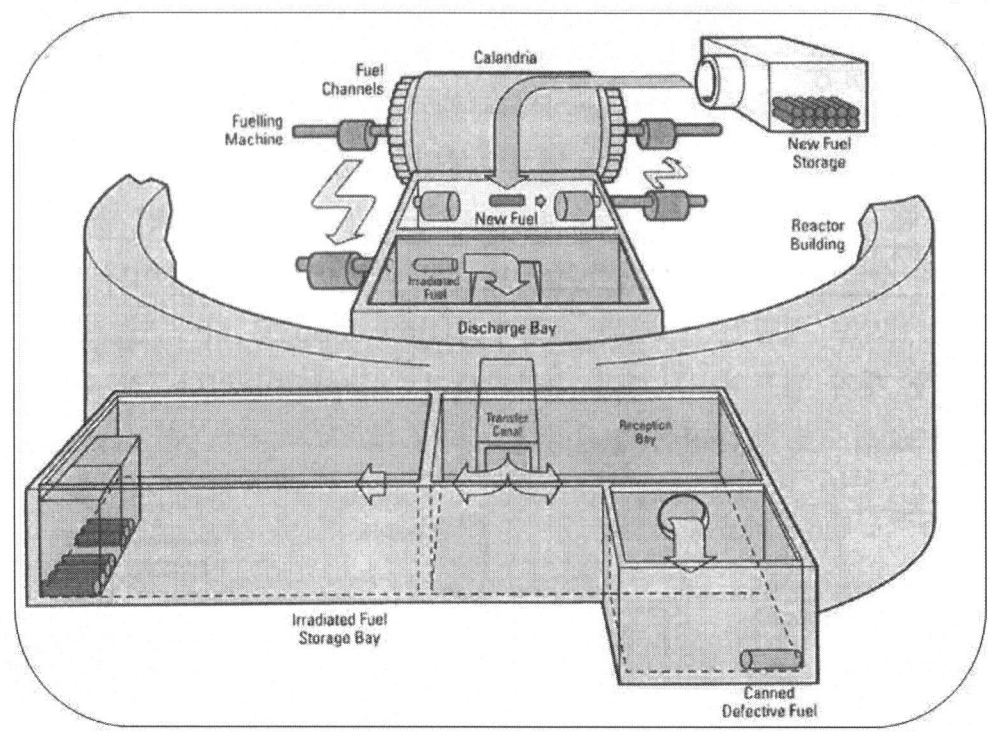

건식 저장고 구조

WH 연료저장 및 취급계통

맥스터 방식이 캐니스터 방식보다 저장능력이 2.7배 크다.

중수로 원전 사용후연료 임시저장시설 맥스터
건식저장시설

신연료 저장고(WH)

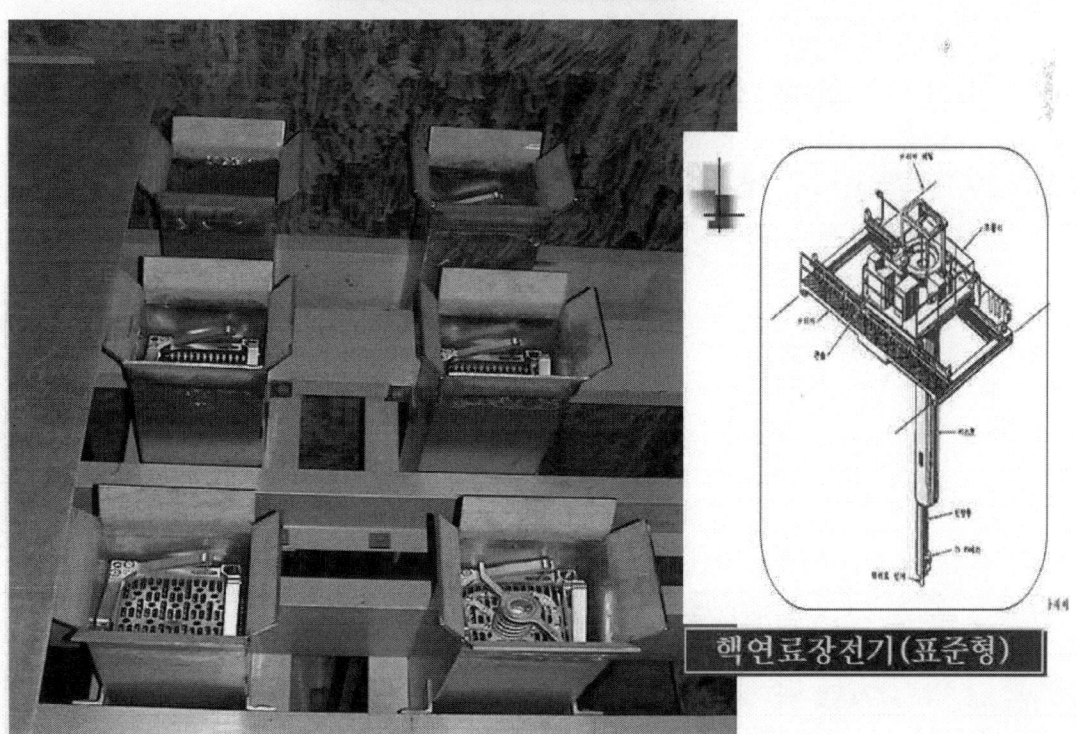

핵연료장전기(표준형)

사용후연료 저장 및 처분

- 사용후연료는 원전내 저장시설에서 안전하게 저장관리
  : 저장조로 운반될때 쯤의 방사능 양은 15만 Ci정도
- 매년 가동중인 23기 원전에서 약 800톤 발생
  경수로(19기 : 약 400톤), 중수로(4기 : 400톤)
- 연간 발생량
  - 경수로형 원전(60만KW : 고리1호기) : 약 14톤
  - 경수로형 원전(100만KW : 영광2발) : 약 19톤
  - 중수로형 원전(월성 1~4호기) : 약 97톤
- 사용후연료는 높은 열과 방사능 때문에 10만년 이상의 장기간 안정을 위하여 지하 500~1,000m 깊이의 암반층에 격리 보관

재처리

- 사용후연료 성분중에 핵분열물질 이외에도 회수할 가치가 있는 물질이 있는데 Cs^{137}, Sr^{90}, Pm^{147} 등 수요가 많은 물질과 제논, 루테늄 및 테크네슘 등 안정핵종은 경제적 가치가 큰 원소이다.
- 사용후 연료에 함유된 악티노이드 원소 : 우라늄, 넵튜늄, 플루토늄, 아메리슘, 퀴륨
- Purex법 : 용매추출에 의한 재처리법
- 재처리법 : 습식법(침전법, 용매추출법, 이온교환법)
  건식법(불화물 휘발법, 건식 고온법)

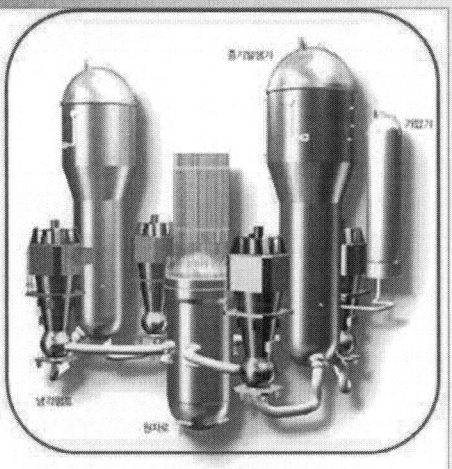
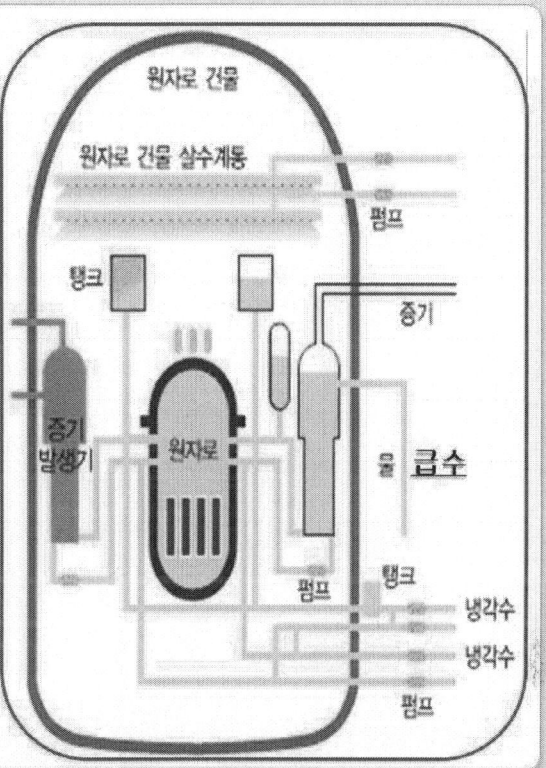

자연대류를 위해 원자로 위치보다 증기발생기, 가압기, 냉각재펌프 위치가 높음

순수 제조

원수(Raw Water) → 자연침전 → 응집침전 → 압력식 여과기 → 활성탄 흡착 → 양이온 교환탑 → 강풍식 탈기기 → 음이온 교환탑 → 진공탈기기 → 탈염순수(APR-1400 : 역삼투압법 제조)

응집 침전
응집이란 수중의 탁도, 색을 나타내는 불순물을 분리제거할 경우 침전이 잘 안되는 입자를 크게 하여 침강시키는 것

- 염소처리
  살균 목적이지만 폐수처리에서는 살균 외에 냄새 제거, 부식 통제, BOD 제거
  ○ 수중 미생물을 산화해 사멸시킬 수 있는 강한 산화력
  ○ 상수도의 살균 및 해수중의 수서생물 사멸만을 위해 염소처리
- 지표수
  지하수보다 많은 양의 및 여러 종류의 오염물질을 함유

압력단위

한 가지 흔히 쓰이는 압력단위는 기압(atm)이다. 이것은 지구 표면위의 공기에 작용하는 중력에 상당하는데 중력은 변하는 양이므로 관습상 표준 대기압이라는 것을 정한다. 이것은 $14.696 Lbf/in^2$ 이다. 대부분 압력계에서는 측정하고자 하는 압력과 둘레에 있는 압력과의 차(差)를 읽게 되어있다.

진공(Vacuum) : 진공은 대기압보다 낮은 압력으로 절대압이 감소하면 진공은 증가한다. 진공척도는 게이지압 제로에서 시작하여 절대압 제로에서 끝나는 부압척도로 저진공은 대기압 바로 아래이고 고 진공은 대기압 바로 위를 의미한다.

General Description of APR1400

OPR & APR-1400 주요 특성 비교

항목	APR1400	OPR1000	비고
[경제성/성능향상] - 설계 수명 - 설비 용량 - 건설 공기 - 일일부하추종 운전 - 연료 주기 - 계측제어방식 - 부지 경계	60년 140만 KW급 64개월(1, 2 호기) 자동 18개월 디지털 방식 축소 가능	40년 100만 KW급 62개월 수동 12 ~ 18개월 아날로그방식 기준(700 m)	- 48개월 (Nth 호기) - NUREG- 1465 사용
[안전성] - 노심 손상빈도 - 격납건물 손상빈도 - 내진설계 - 운전원조치 여유 - 소내정전 대처시간 - 비상노심 냉각 방식 - SG 관막음 여유도	10만년에 1회 미만 100만년에 1회 미만 0.3g (암반, 비암반) 30분 8시간 4 Train 직접주입 10% (Inconel-690)	1만년에 1회 미만 10만년에 1회 미만 0.2g (암반부지) 10분 4시간 2 Train 저온관 주입 8% (Inconel-600)	- APR1400은 외부사건, 저출력 분석 포함

발전용 원자로의 종류

감속재

- 핵분열에 의해 발생한 고속중성자(평균 2MeV 에너지)를 U^{235}와 반응확률이 높은 열중성자(< 1eV 에너지)로 감속시키는 물질
- 경수, 중수, 흑연 등을 사용

냉각재

- 노심에서 핵분열에 의해 발생한 열을 흡수하여 증기발생기를 통해 2차측 급수로 전달하기 위해 사용하는 물질
- 경수, 중수, 나트륨(고속로) 등 사용

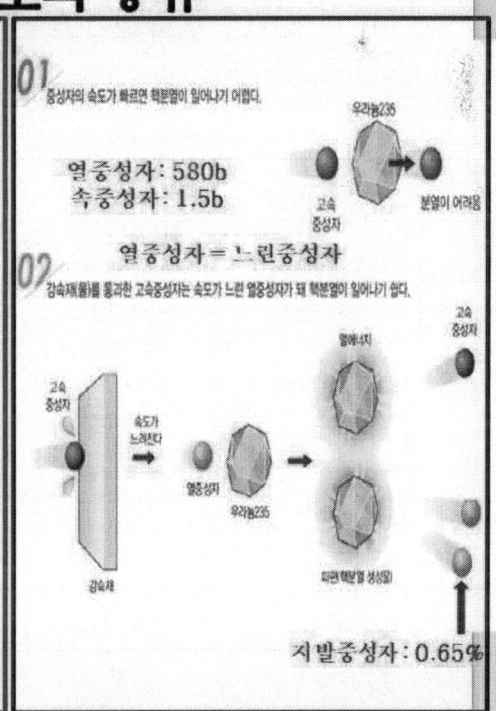

원자로용기 (Reactor Vessel)

원자로 상부헤드 (Reactor Upper Head)

Dome, Flange, CEA Nozzles,
CEA Extension Shafts
RV Closure Head Assembly

원자로용기 몸체 (RV Body)

6개의 노즐(입구노즐 4개, 출구노즐 2개)
6개의 감시시편 용기
원자로 용기 플랜지 (Flange)
노심지지 구조물과 내장품지지 구조물

원자로 하부헤드 (Reactor Lower Head)

원자로 용기 몸체에 용접 설치
45(61)개의 노내 계측기용 관통관 (Bottom Head Nozzles)
6개의 Core Stabilizing Lug
4개의 Core Stop

원자로용기의 기능

- 연료장전으로 출력생산 영역 제공
- 제3차 물리적 방벽
- 연료, 내장품 지지 및 보호
- 노내 계측기 및 구조물 수용
- 냉각재 유로형성 및 하중흡수

☞ 원자로용기 크기
 - 높이 14.6m
 - 내경 4.13m

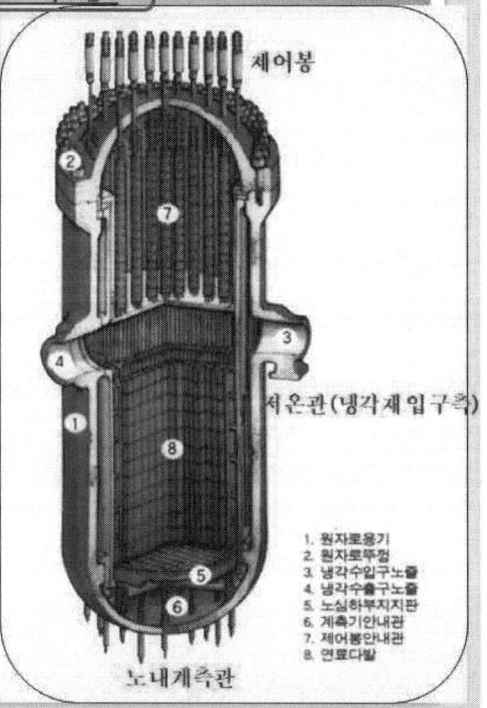

원자로 기능
제어봉 구동장치
상부 안내구조물
CEDM
CEA Extension Shaft
Closure Head Nozzle
Reactor Vessel Closure Head
원자로용기 입구 노즐
원자로용기 출구 노즐
Outlet Nozzle
Inket Nozzle
입구노즐 (4개)
출구노즐 (2개)
Upper Guide Structure Assembly
Fual Assembly
Core Shroud
Core Support Barrel
Surveillance Capsule Assembly
Reactor Vessel
연료집합체
Flow Skirt
Snubber Lug
Lower Support Structure
Core Stop
In-Core Instrumentation Nozzle
Bottom Head Nozzle
하부 지지구조물
노내계측기 노즐
노심지지통
냉각재 흐름
입구 노즐(Inlet Nozzle)
원자로용기와 CSB 사이의 하향유로
유량 분배환(Flow Baffle)
원자로 하부 공동(Plenum)
원자로 하부 지지물(LSS)
연료집합체(냉각재 가열 · 분열)
원자로 상부 안내구조물(UGS)
출구노즐(CSB Outlet Nozzle)
냉각재는 4개의 저온관 입구노즐을 통해 원자로 내부로 유입된 후 유량분배환을 통해 균일한 흐름으로
연료집합체를 통과하여 2개의 고온관 출구노즐을 통해서 고온의 냉각재를 증기발생기에 전달합니다.

APR-1400 원자로용기
CEDM
CEA Extension Shaft
Closure Head Nozzle
Reactor Vessel Closure Head
DVI Nozzle
Upper Guide Structure Assembly
Outlet Nozzle
Inlet Nozzle
Fuel Assembly
Core Shroud
Core Support Barrel
Surveillance Capsule Assembly
Reactor Vessel
Flow Skirt
Lower Support Structure
Core Stop
In-Core Instrumentation Nozzle
Bottom Head Nozzle

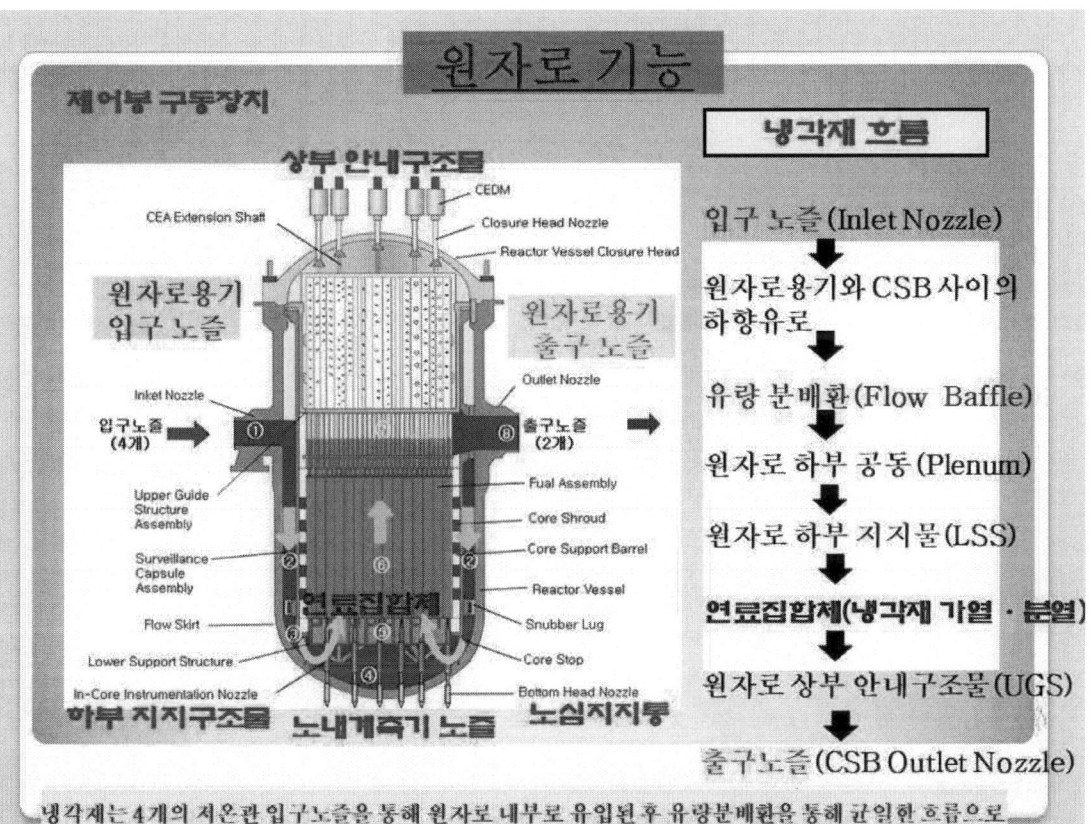

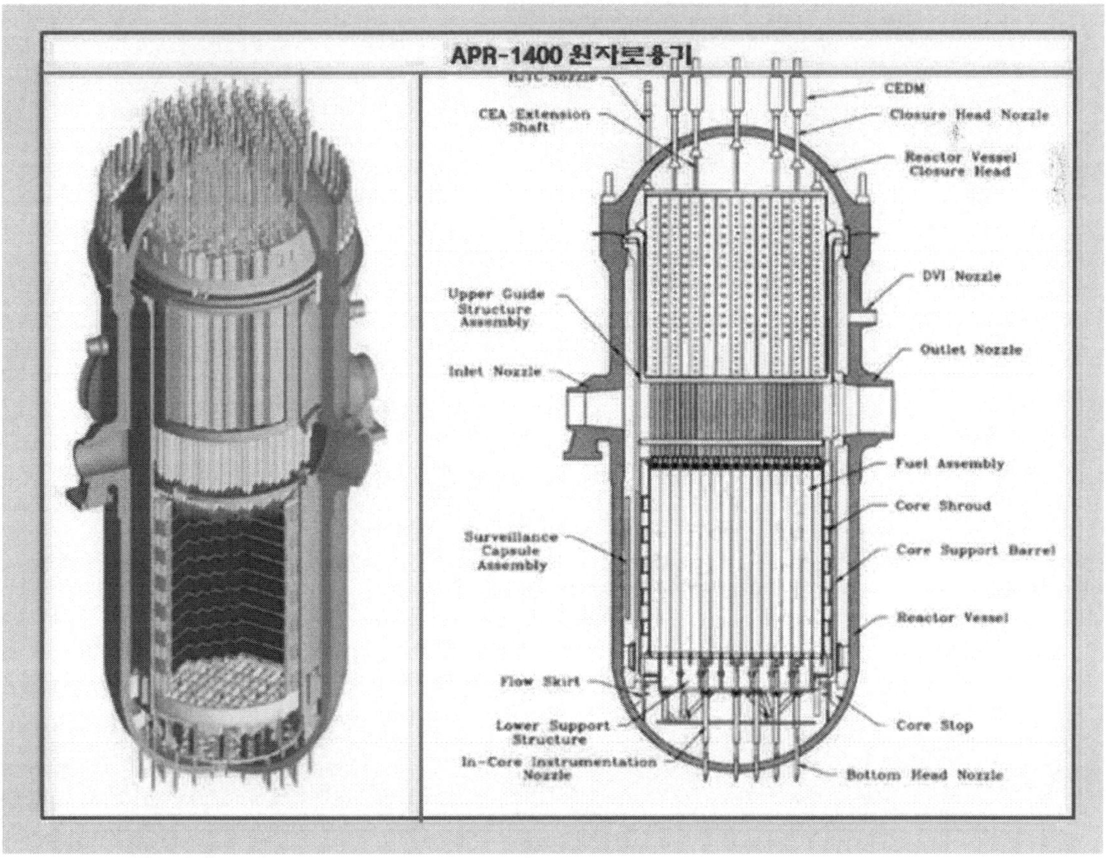

WH형 원자로(참고용)

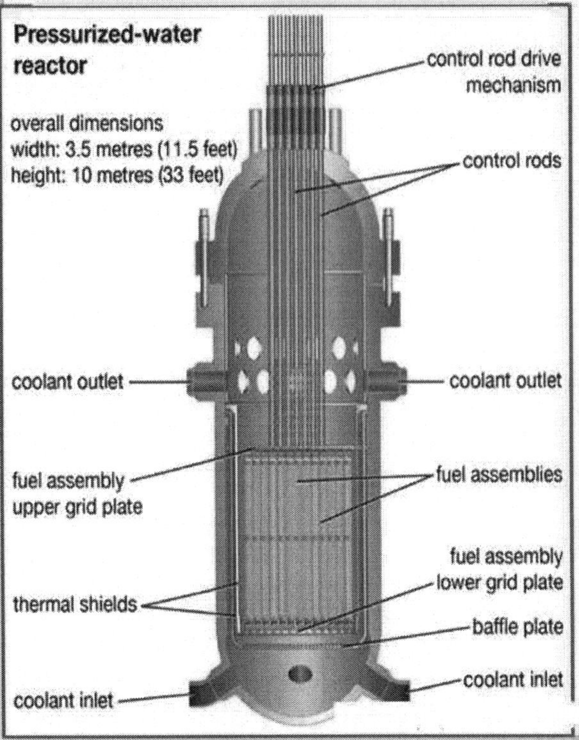

Pressurized-water reactor
overall dimensions
width: 3.5 metres (11.5 feet)
height: 10 metres (33 feet)
control rod drive mechanism
control rods
coolant outlet
coolant outlet
fuel assembly upper grid plate
fuel assemblies
fuel assembly lower grid plate
thermal shields
baffle plate
coolant inlet
coolant inlet

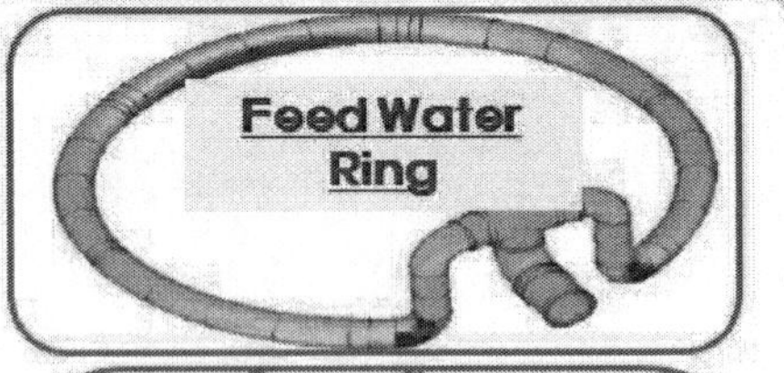

Feed Water Ring

STEAM OUTLET
DRIERS
DRY STEAM
STEAM
STEAM
SEPARATORS
RISER
하향통로
EVAPORATOR
급수예열기
FLOW

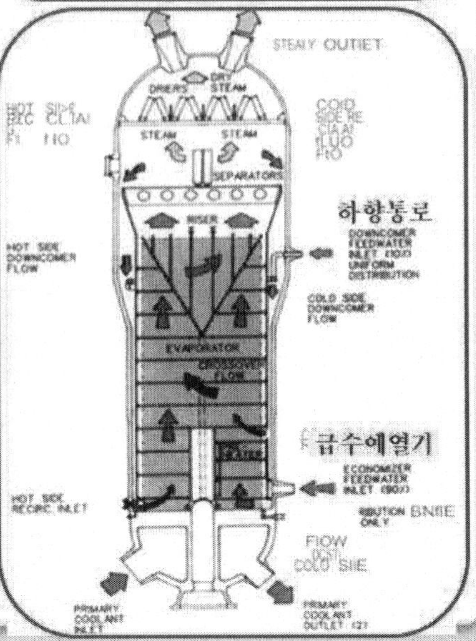

제어봉 구동장치

■ 제어봉 구동장치 (Control Element Drive Mechanism)

- 기계적으로 연결된 제어봉의 수직 상, 하 이동
- 제어봉 위치 측정
- 자석잭형 구동장치
- 자중 강제적인 삽입, 유지 및 인양
- 자유낙하에 의한 신속 삽입 (Scram/Trip)
- 위치 제어(CEDM 제어계통) 및 코일 냉각설비(송풍기 및 덕트)
- 1차 압력경계 형성
  - APR−1400 : 93개
  - OPR−1000 : 73개

CEDM
제어봉 연장축-구동축
CEA EXTENSION SHAFT
REACTOR VESSEL CLOSURE HEAD
저온관
INLET NOZZLE
고온관
OUTLET NOZZLE
UPPER GUIDE STRUCTURE ASSEMBLY
FUEL ASSEMBLY
CORE SHROUD
SURVEILLANCE CAPSULE ASSEMBLY
CORE SUPPORT BARI
제어봉
REACTOR VESSEL
연료집합체

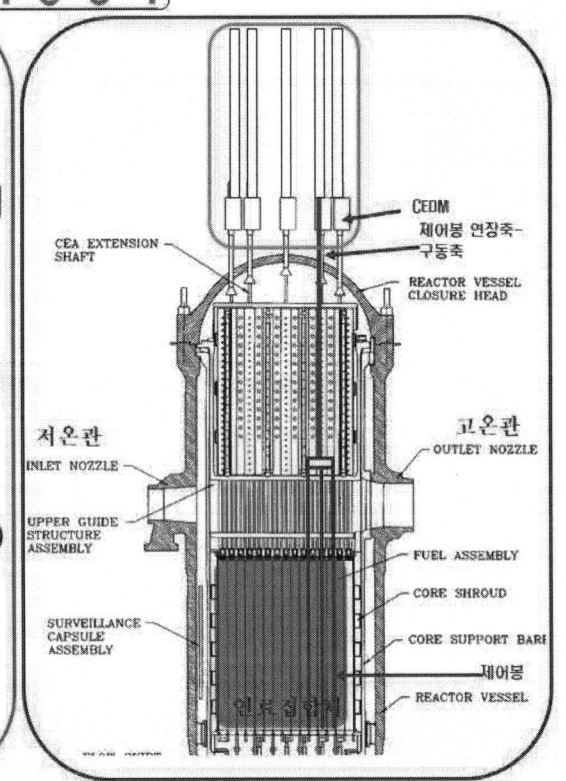

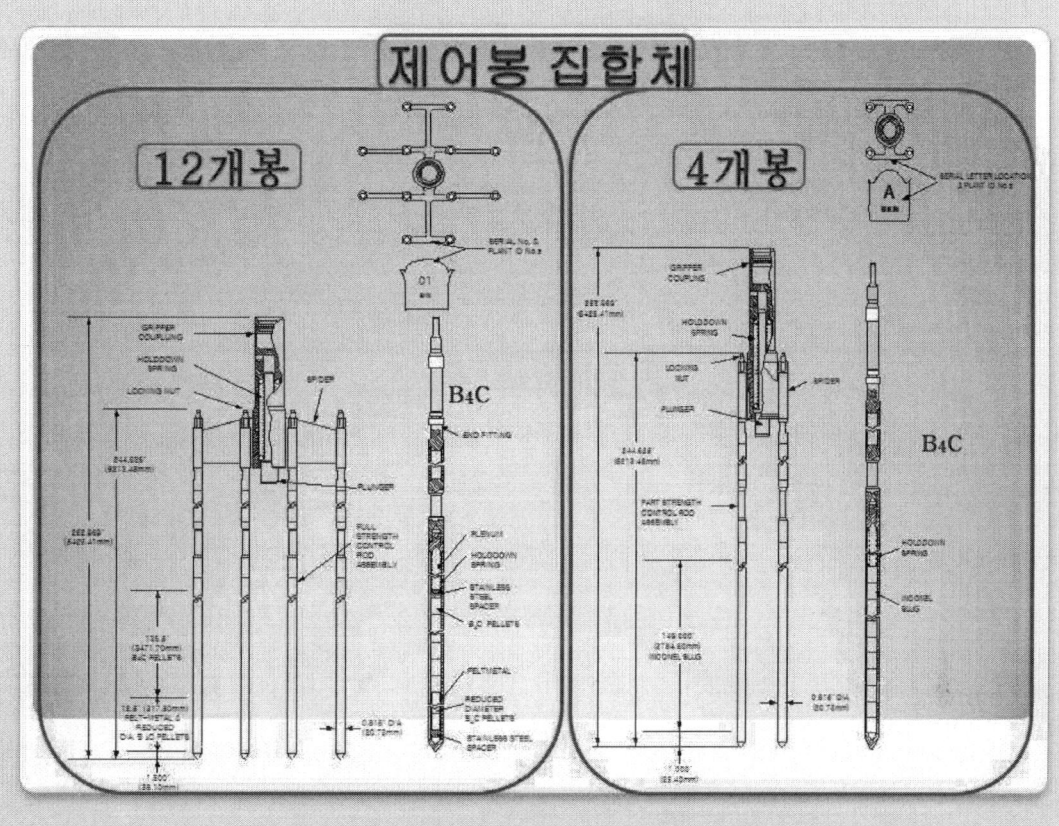
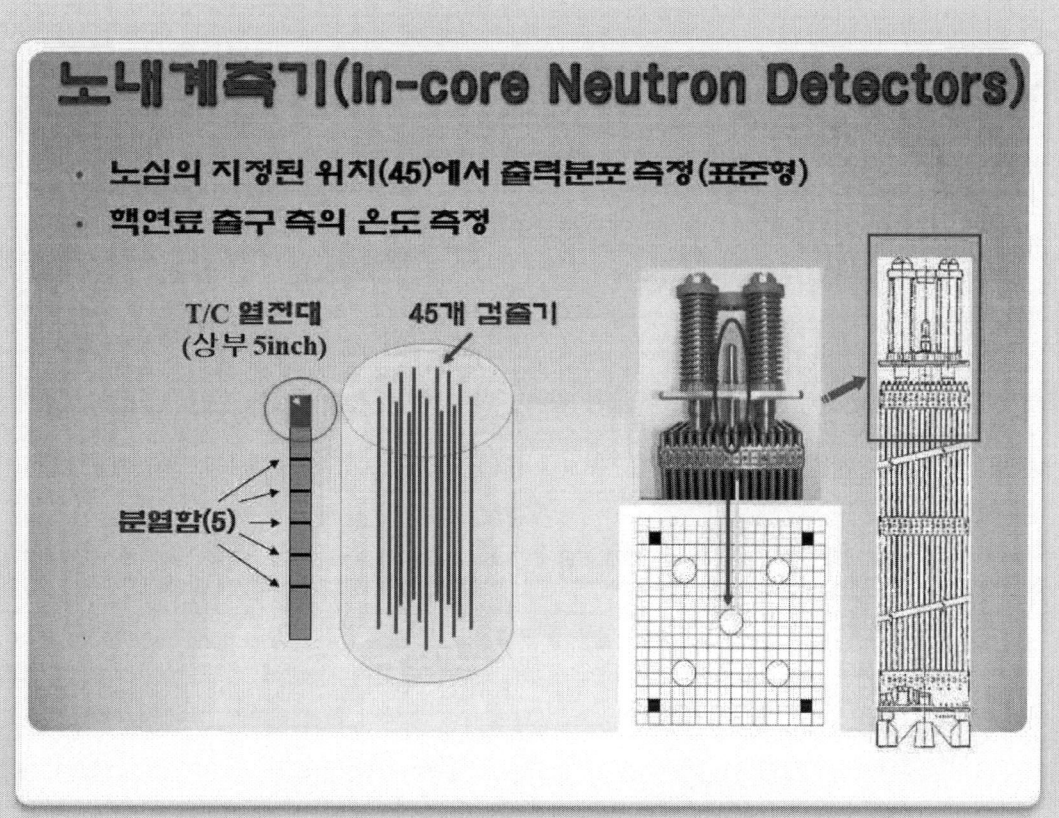

노내계측기 위치(OPR)

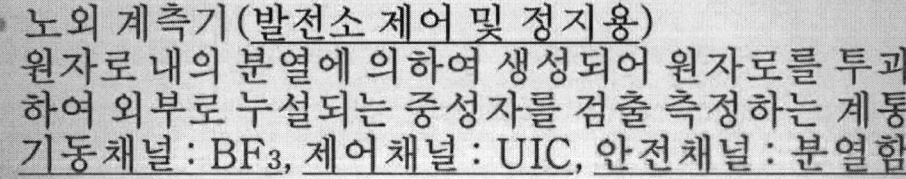

Rh-103

원자로출력 측정

- 중성자 속(Flux) 측정
- 냉각재 온도
- 고압터빈 1단 증기 압력

- 노내 계측기(Rh-103)
  - 검출기에 생성되는 자유전하 측정
  - 원자로 중성자 속(Flux) 측정
  - 원자로 노심에 직접 로디움 중성자 검출기 설치

- 노외 계측기(발전소 제어 및 정지용)
  원자로 내의 분열에 의하여 생성되어 원자로를 투과하여 외부로 누설되는 중성자를 검출 측정하는 계통
  기동채널 : BF₃, 제어채널 : UIC, 안전채널 : 분열함

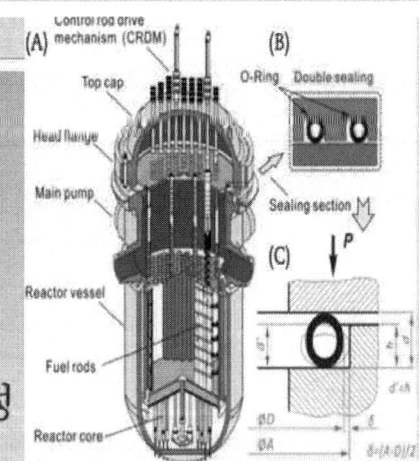

노내 계측기

노내 계측기 안내통로 및 지지장치

- 45(61 : APR)개의 노내 계측기 집합체 : 자체 전원 공급형
- 1개 집합체는 5개의 로듐(Self Power Rh) 검출기로 구성됨
  - 수직(10%, 30%, 50%, 70%, 90%)으로 배치
  - 노심 출력분포, 노심 열적 여유도, 연소도에 대한 신호제공

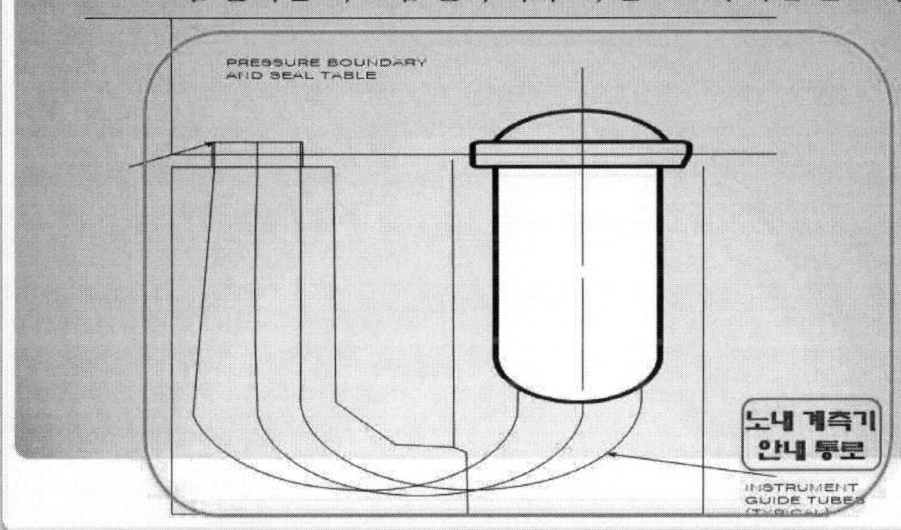

노외계측기 (Ex-core Neutron Detectors)

- 원자로 외부에서 출력 측정
- 원리 : 누설 중성자 측정
- 4개 안전채널, 2개의 기동 및 제어채널

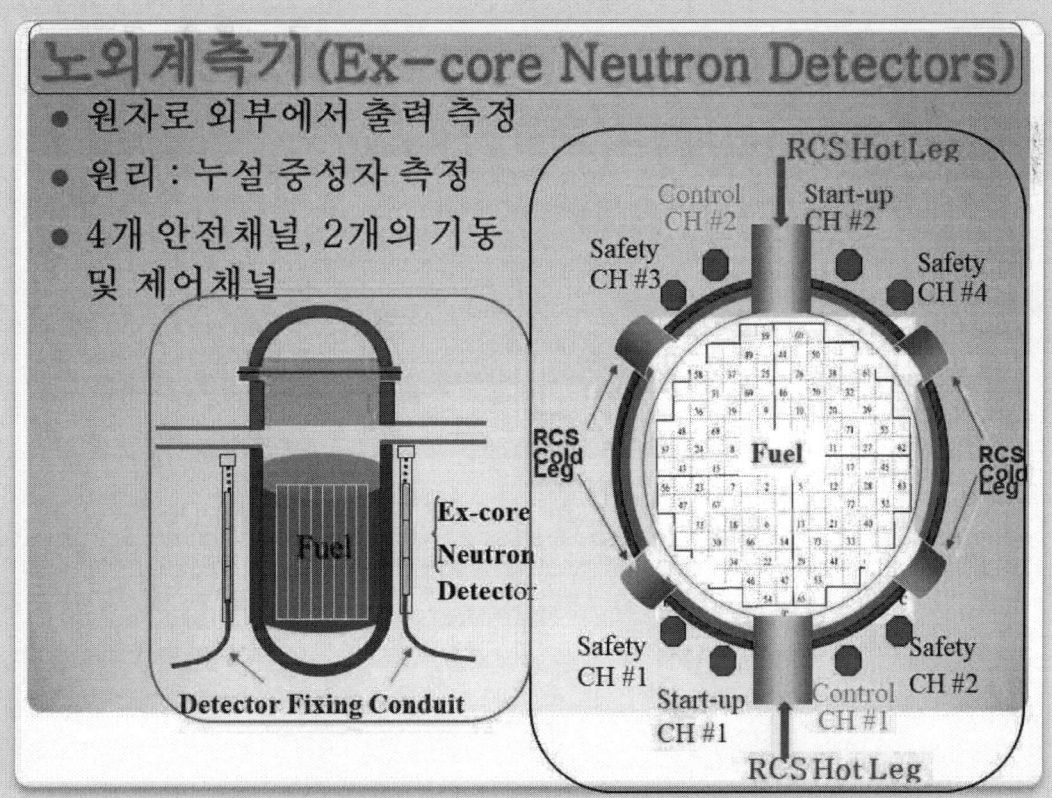

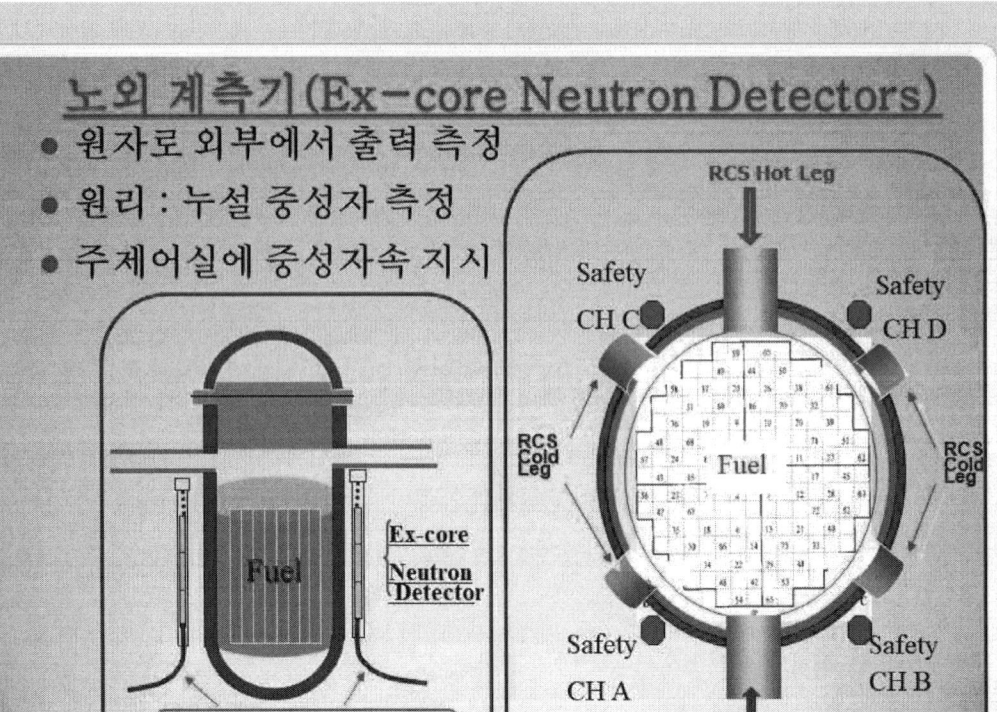

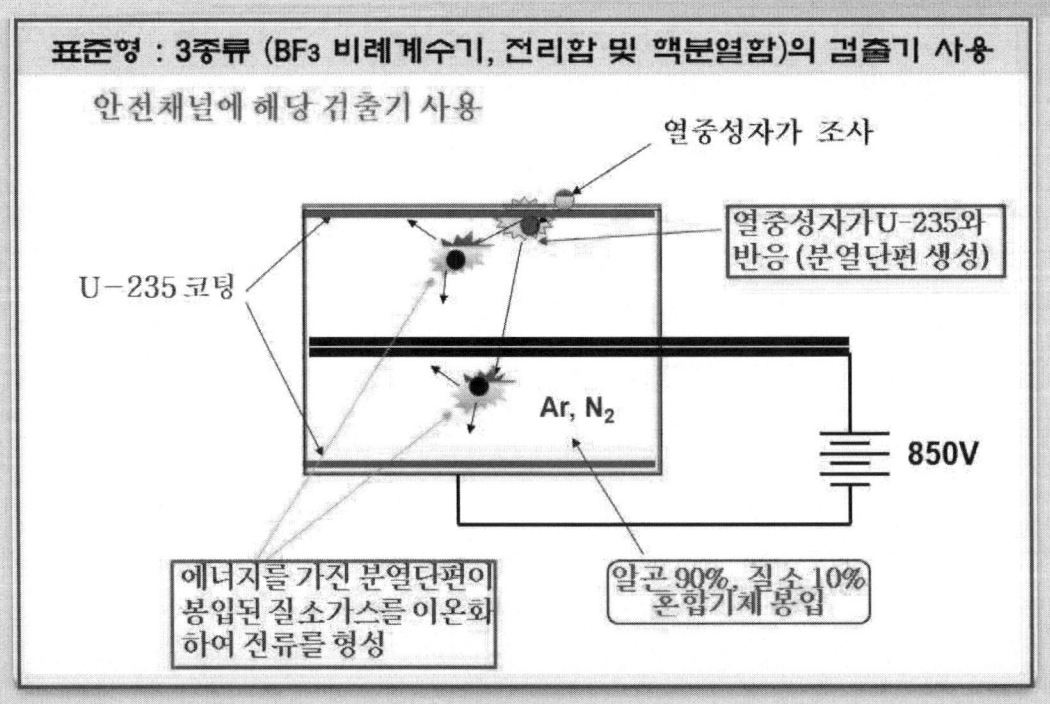

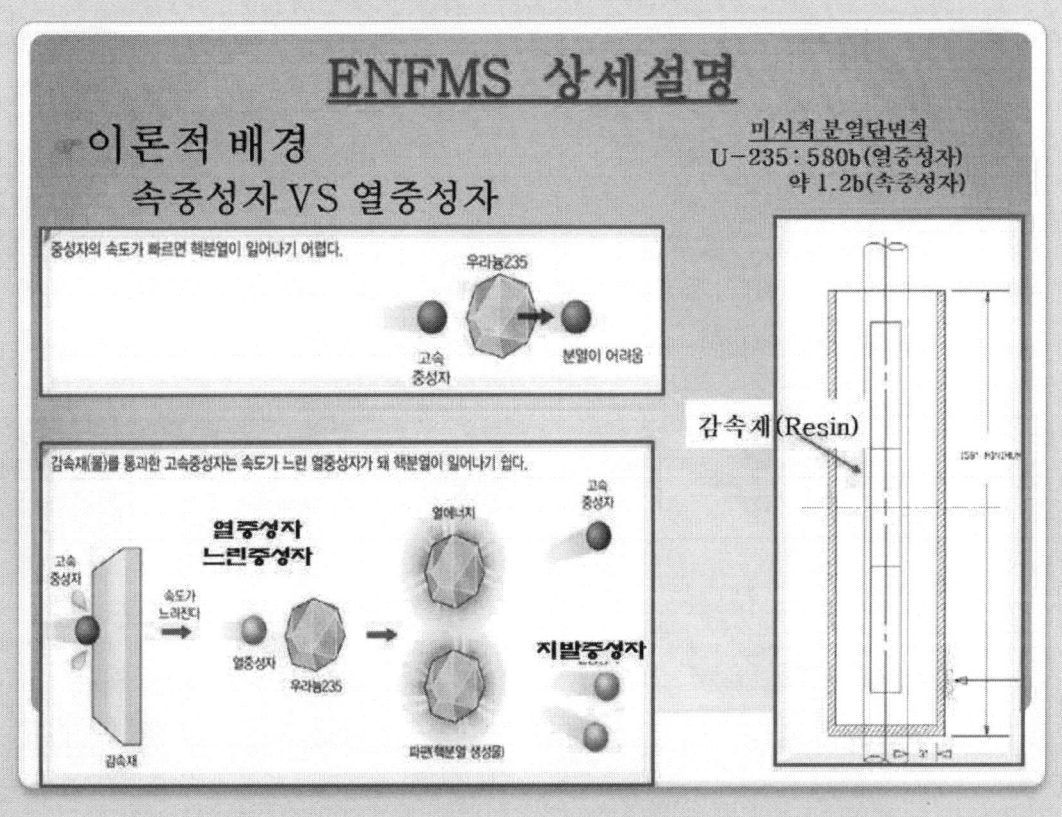

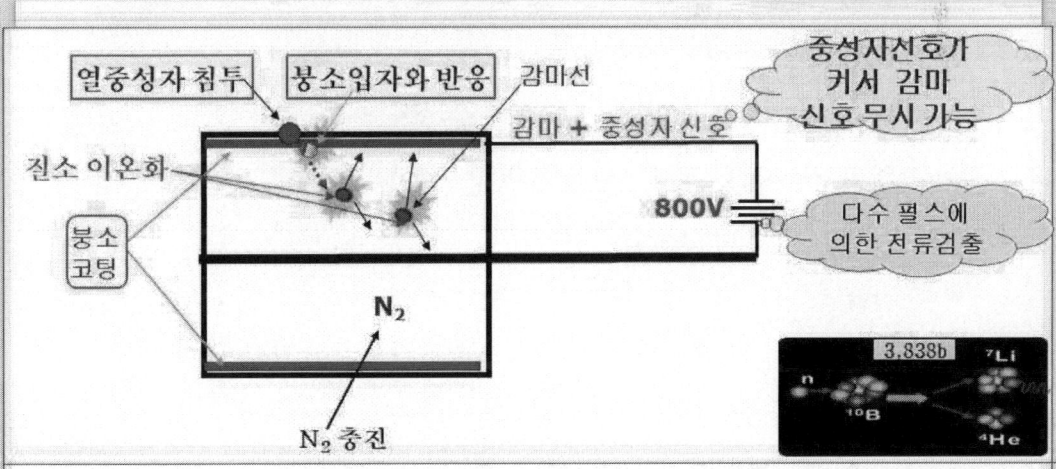

ENFMS 구성

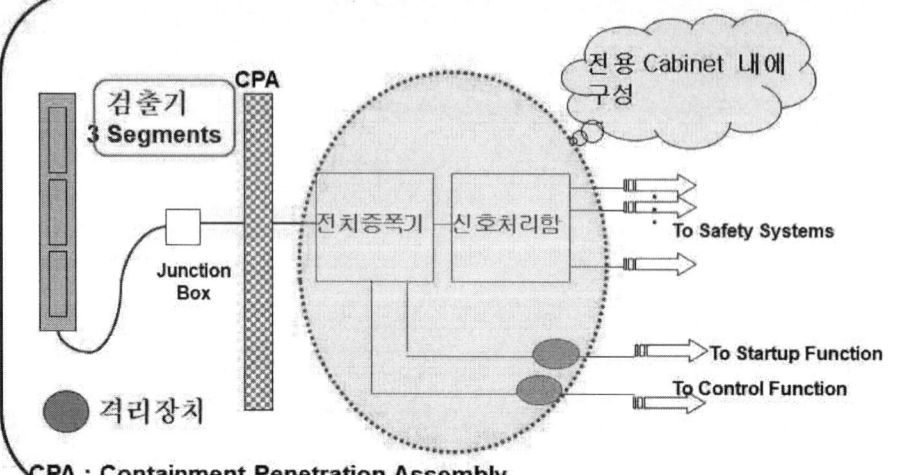

CPA : Containment Penetration Assembly

전치증폭기는 검출기로부터 신호를 검증된 아이솔레이터를 거쳐 안전채널 신호 처리함, 기동 및 제어 신호 처리함으로 전송
기동 및 제어 신호처리함 아이솔레이터(Isolator)를 통해 4개의 안전채널과 독립

ENFMS 개요

◆ 노외 계측기계통
- 원자로 내의 분열에 의하여 생성된 중성자 검출
- 원자로를 투과하여 원자로 외부로 누설되는 중성자 검출
- 중성자 속(Flux) 검출에 의한 원자로 출력 측정

◆ 노외 중성자 속을 측정하는 이유?
- 원자로 출력 측정
- 원자로 과출력(대수형 고출력, 가변 과출력) 방지를 위한 원자로보호신호로 사용
- 발전소 제어계통에 원자로 기준 출력으로 사용

◆ 다른 방법으로 중성자 속을 측정
- 원자로 내에 중성자 검출기를 삽입하여 노내 중성자 측정
- 노내 중성자 속 감시계통(In-core Instrumentation System)

WH/CE 형 NIS 비교

구 분	WH 형	CE 형
계통명	Nuclear Instrumentation System	Ex-core Neutron Flux Monitoring System
채널 및 감지기	선원영역 : 핵분열함 중간영역 : 핵분열함 출력영역 : 비보상 전리함	기동채널 : BF3 비례계수기 제어채널 : 비보상 전리함 안전채널 : 핵분열함
채널 설치위치	- 전용의 NIS 판넬 - 세 채널 모두 원자로 정지 등 보호신호 발생	- 기동채널, 제어채널 : 비안전계통 - 안전채널 : PPS 판넬 설치

원자로 설치과정

원자로설치 직전 Cavity 내부 (초기 OPR)

ENFMS 구성

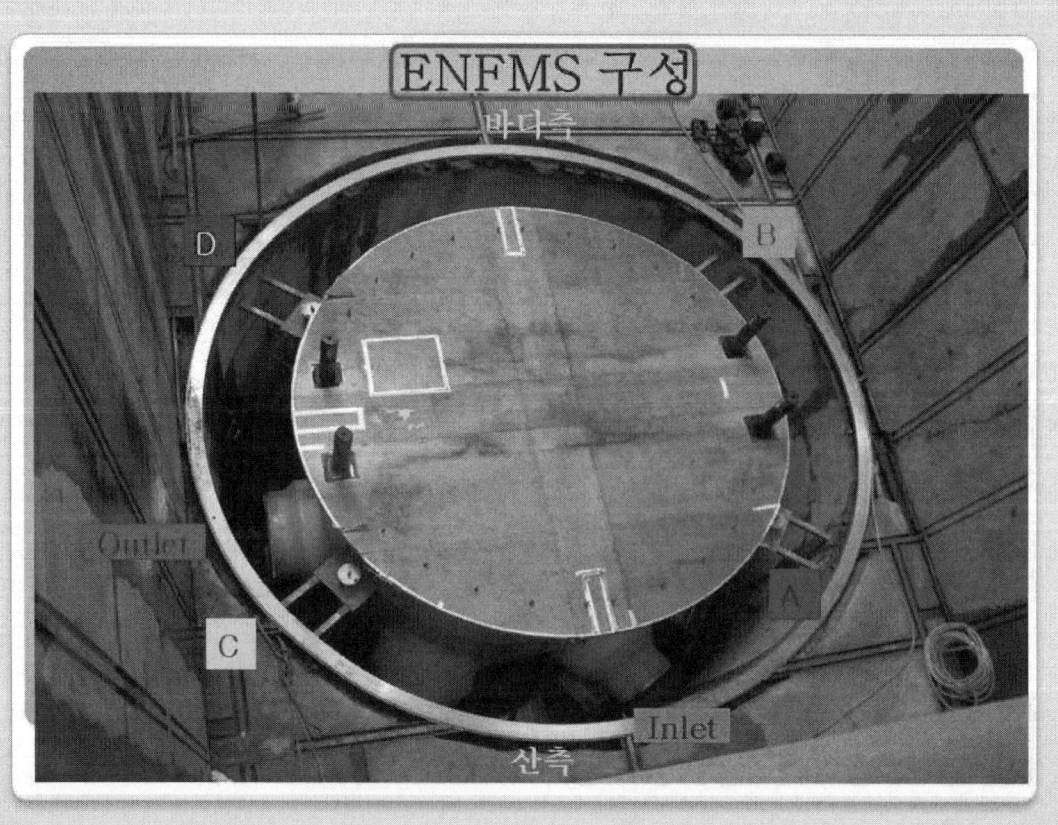

ENFMS 구성

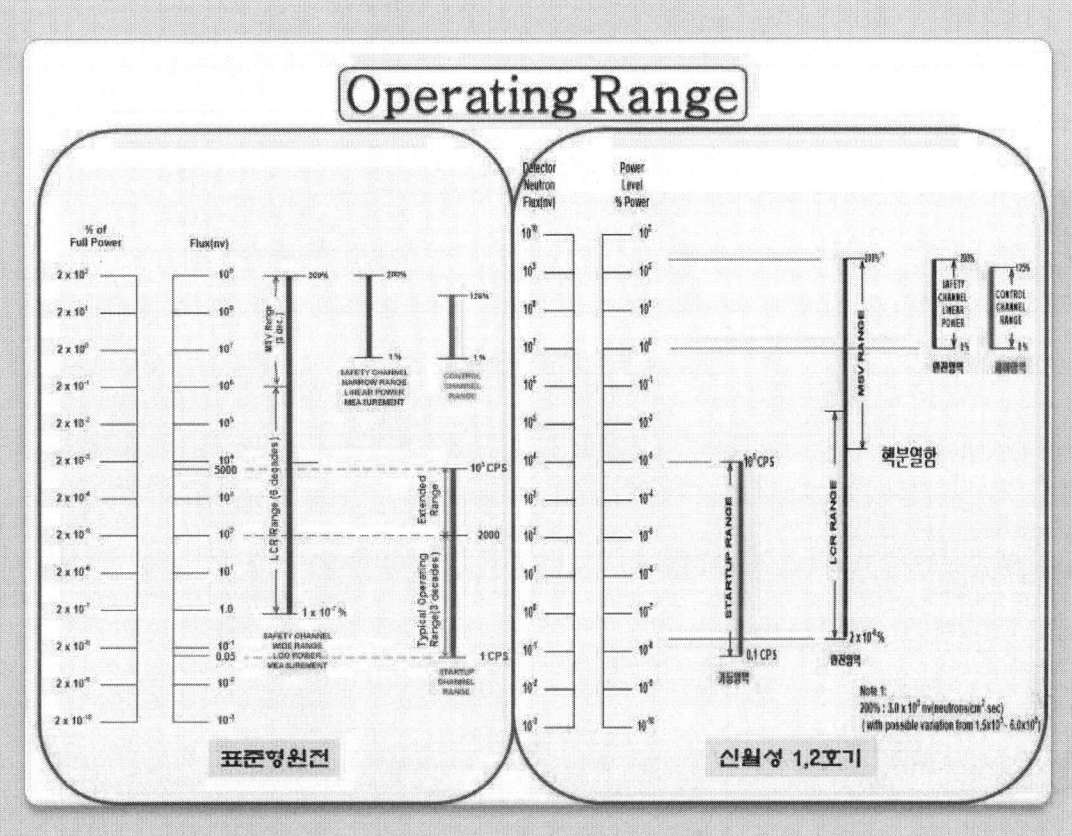

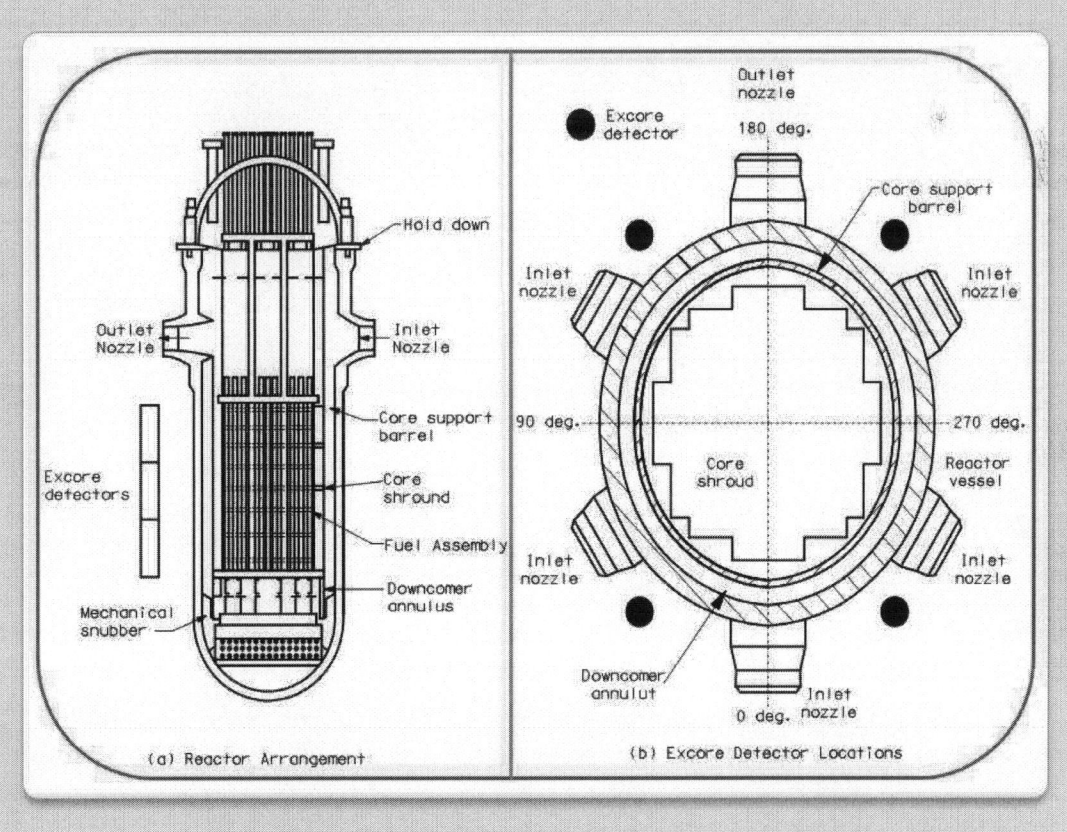

제어봉

- **정지봉** : 충분한 정지여유도 제공
- **조절봉** : 출력운전중 노심내의 중성자속 준위를 제어
- **부분강 그룹** : 축 방향 중성자속 분포 조정
- 제어 : 중성자 흡수가 주 목적이므로 열중성자 이용률(f)가 커야 한다. (중성자 흡수단면적)
- 원전 연료와 원자로 내장설비에 제어봉 집합체 삽입공간을 마련하여 제어봉 집합체를 적절히 위치시키므로서 원자로를 확실하게 정지
- **Trip(Scram) & Shutdown 구분**

제어봉 기능

- **Shim 기능**
  연료의 연소나 제논 독물질의 독작용 효과를 상쇄하기 위한 것으로 많은 양의 여유반응도가 포함
- **출력조절 기능**
  출력조절을 하기 위해 아주 적은 양의 여유반응도가 필요하며 이 적은 양의 반응도를 즉시 변화시킬 수 있어야 한다.
- **안전 기능**
  안전을 목적으로 하는 제어봉의 반응도 값은 노심의 여유 반응도보다 커야 한다. 동작 시는 아주 빠른 속도로 동작해야 한다.

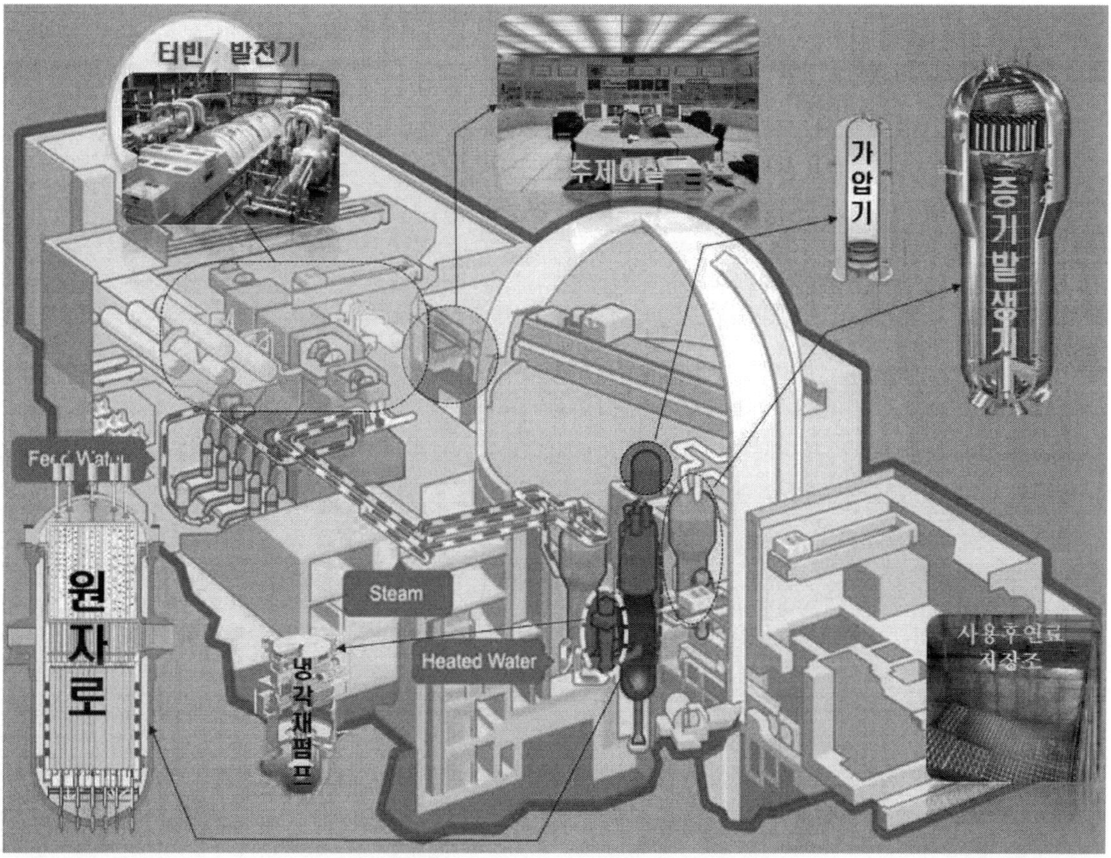
터빈 발전기
주제어실
가압기
증기발생기
Steam
Heated Water
원자로
냉각재펌프
사용후연료
저장조

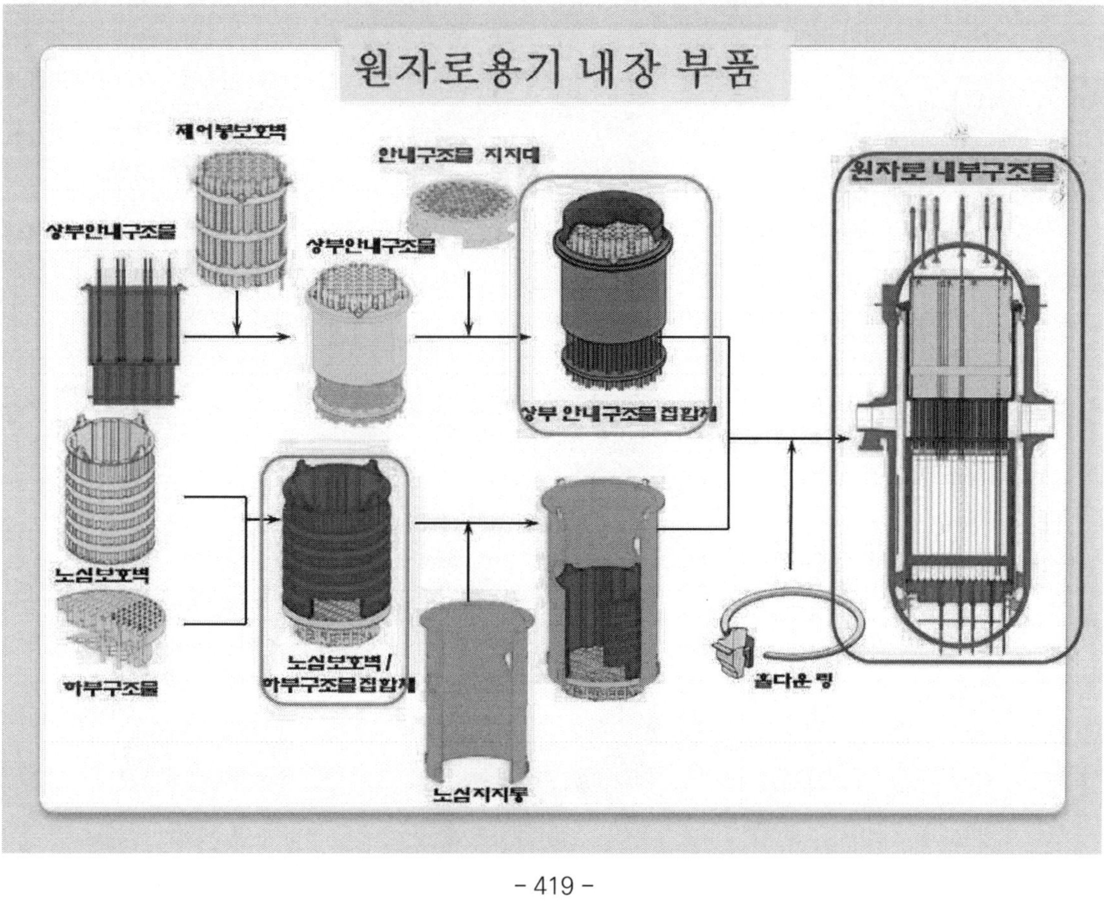
원자로용기 내장 부품
제어봉보호벽
안내구조물 지지대
원자로 내부구조물
상부안내구조물
상부안내구조물
상부 안내구조물 집합체
노심보호벽
하부구조물
노심보호벽/
하부구조물집합체
노심지지통
홀다운 링

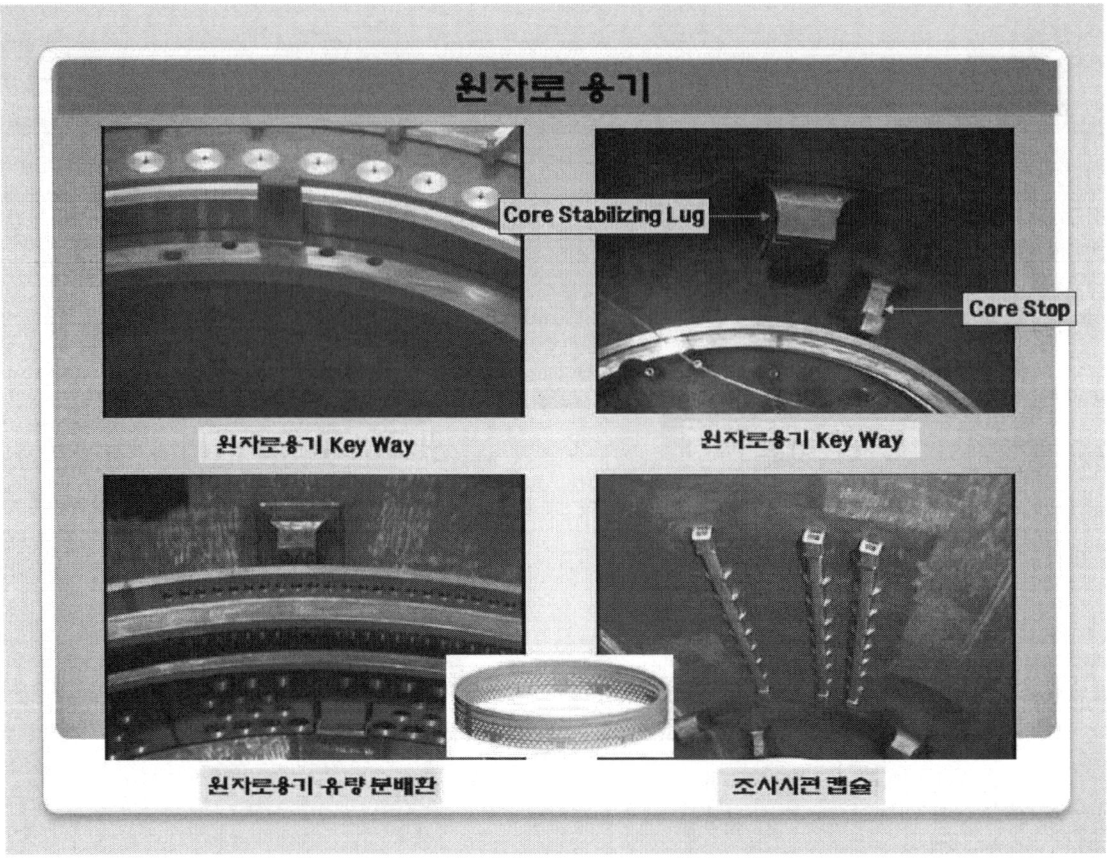

원자로 용기

원자로용기 Key Way

원자로용기 Key Way

Core Stabilizing Lug

Core Stop

원자로용기 유량 분배환

조사시편 캡슐

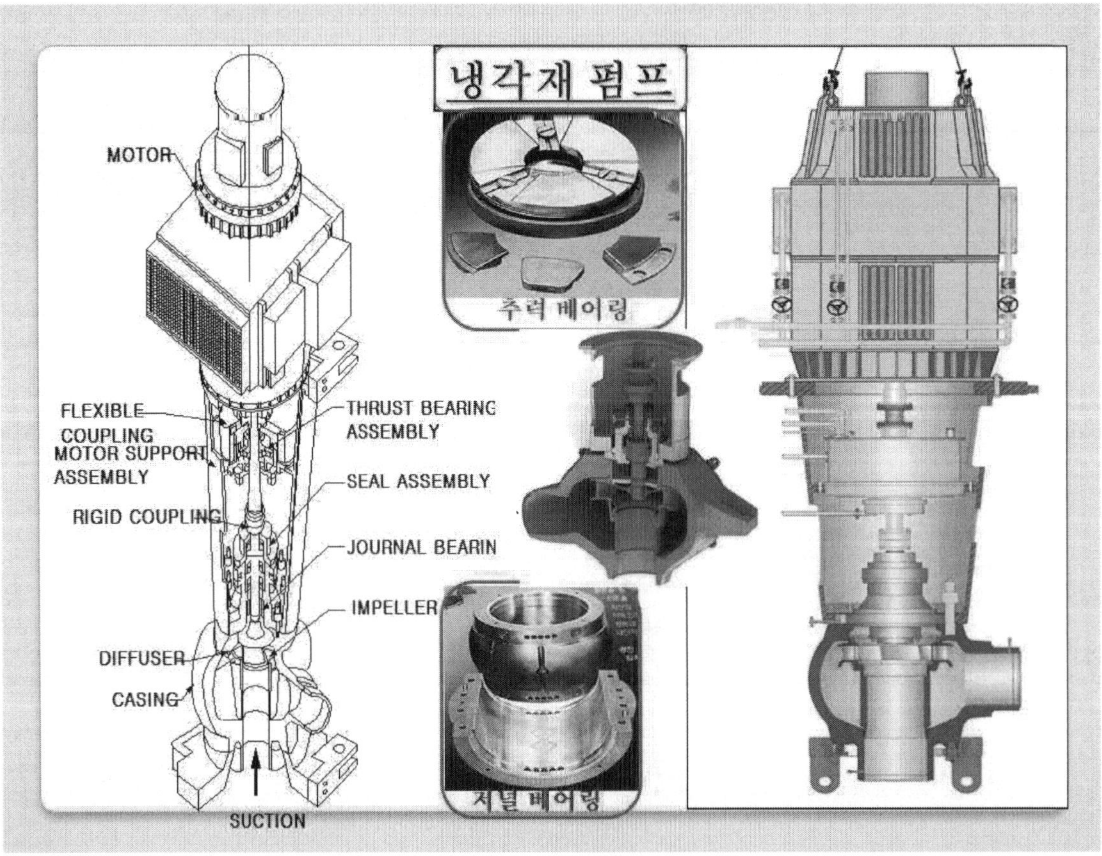

냉각재 펌프

MOTOR

FLEXIBLE COUPLING
MOTOR SUPPORT ASSEMBLY
RIGID COUPLING

THRUST BEARING ASSEMBLY
SEAL ASSEMBLY
JOURNAL BEARIN
IMPELLER

DIFFUSER
CASING

SUCTION

추력 베어링

저널 베어링

구조 및 설계 (WH형)

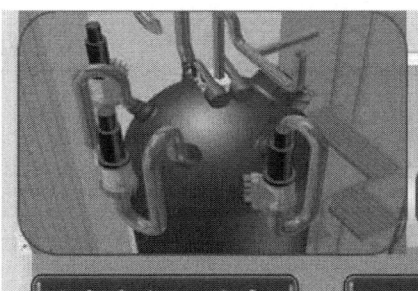

가압기 기능

냉각재 온도 변화로 인한 체적변화 흡수
- 물과 증기가 포화상태 유지
- Outsurge : 물의 증기화 및 가열
- Insurge : 증기 응축 및 분무(유입과 냉각재 냉각)

압력제어
- RCS 과냉각 유지 (DNB 방지)
- 설계압력 초과방지

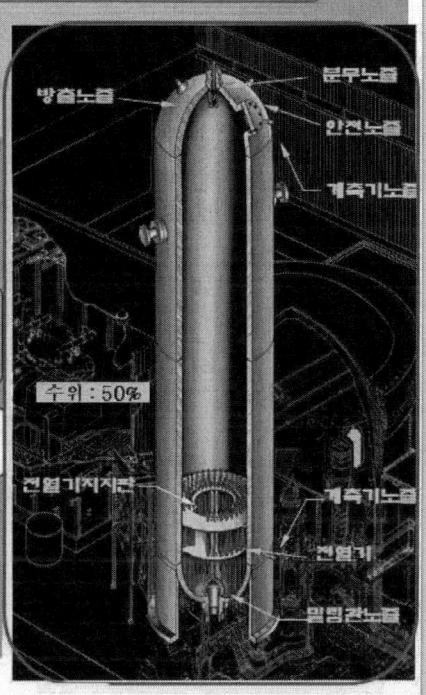

수위 : 50%

구조 및 설계

포화증기

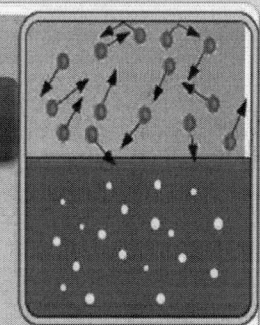

- 액체 표면에서 증발하는 분자의 수와 이와 반대로 액화되는 기체분자의 수가 같은 평형상태

가압기 수위-압력 관계

- 수위 감소(Out-surge)
  - 증기 영역 확장 → 포화압력 감소 → 증발 증가 → 감압률 감소
- 수위 증가(In-surge)
  - 증기 영역 압축 → 포화압력 증가 → 증기 응축 → 증압률 감소

구조 및 설계

가압기 체적 설계기준

가압기는 다음 모든 요구조건을 만족시킬 수 있는 증기, 물 또는 이들 두 조건의 최소 체적 이상이어야 함

- 포화수 체적 및 증기 체적은 계통 체적변동시 요구된 압력을 유지하기에 충분
- 물 체적 : 10%/step 부하증가시 전열기가 노출되지 않을 정도로 충분
- 증기 체적
  - 전 출력의 50%/step 부하감발시 운전상태에서 고수위에 의한 원자로 트립없이 밀림 양을 수용할 정도로 충분히 큼
  - 가압기 고수위 원자로 트립과 부하상실 후 안전밸브를 통해 물이 방출되지 않을 만큼 충분히 큼

- 원자로 트립 및 터빈 트립 후
  - 가압기는 고갈되지 않음
  - 비상 노심냉각신호(SIS)가 발생되지 않음

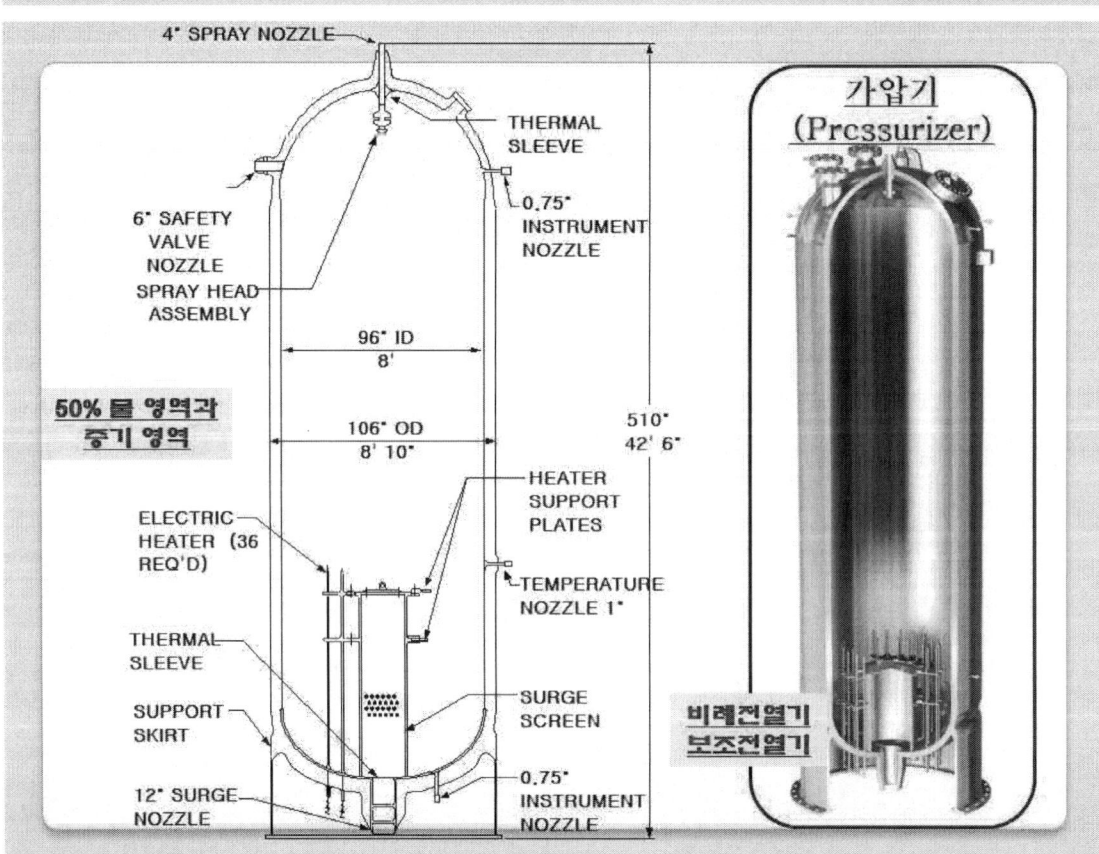

계통 기능

포화 여유도 감시
- 냉각재 상태가 과냉각 영역을 벗어나 포화되기까지의 여유도
- 포화온도(압력)여유도 = 포화온도(압력) - 실제온도(압력)

RCS 포화여유도
- 고온관/저온관 온도중 최고 온도
- 가압기 압력

RVUH 포화여유도
- 상부 4개의 UHJTC중 최고 온도
- 가압기 압력

노심출구 포화여유도
- 대표 노심 출구온도
- 가압기압력여유도 = 가압기 포화온도 - 고온관 온도

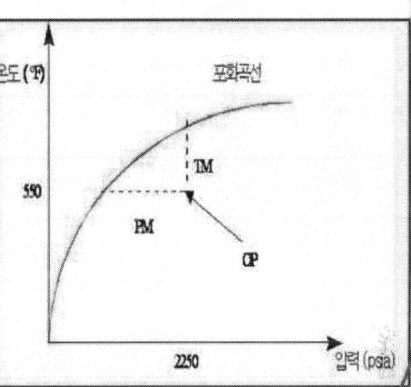

냉각재 기능

- 원자로에서 생성된 열을 증기발생기로 전달
- 중성자의 감속제, 반사체 역할 (냉각재 = 감속재 = 반사체)
- 붕산 및 화학제어재(LiOH, 과산화수소, 하이드라진)의 용매 역할
- 냉각재계통 압력조절과 설계기준사고 (원전시설에서 발생 가능성이 희박한 사고까지도 고려하여 기기구조 등이 설계되는데 이때 설계를 위해 상정된 일련의 사고)를 초과하는 사고발생시 감압 수단 제공
- 원자로 정지 후 잔열 제거(핵연료 온도만 감소)
- 분열생성물 대기 방출의 물리적 방벽
- 과냉각여유도 : 포화로 접근 및 그 여부, 노심 노출의 여부에 관한 정보(원자로 비등을 방지)

과냉각 유지 목적 : 노심에서 발생한 열을 효율적으로 전달

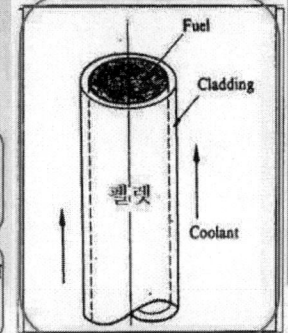

증기발생기 튜브 설치

증기발생기 Tube Sheet에
Tube를 용접하는 장면
- 수압팽창 - 폭발확관

Feed Ring : C관이 부착되어 배수방지로 급수재개시 수격
현상 방지 (Water Hammer 현상이 없음. 분배링과
급수 노즐이 작으므로 유량 성층화가 없음)

증기발생기의 슈라우드 조립장면

급수링 (Feed Water Ring) : F형

- 기능 : 2차측 급수 분산
- 재질
    - ✓ 급수링 : 탄소강
    - ✓ J-노즐 : 인코넬
- 급수 분배 비율
    - ✓ 저온측 : 20%
    - ✓ 고온측 : 80%
- J-노즐 설치 목적 : 수격작용 방지

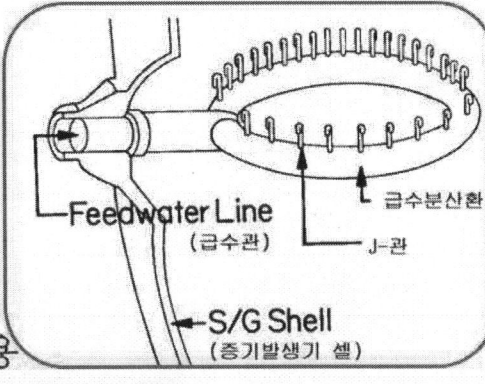

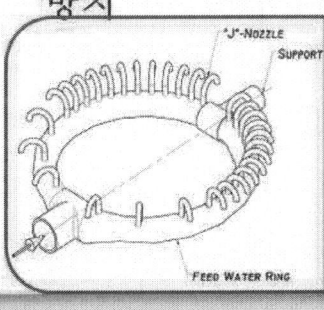 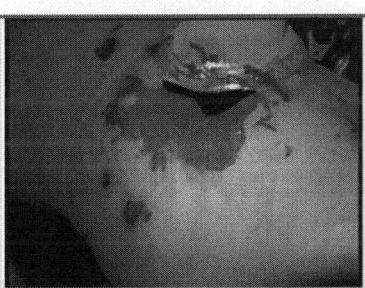 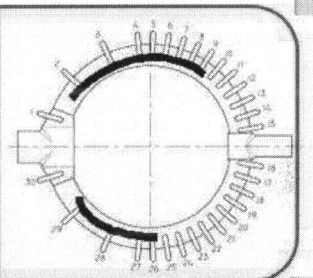

증기발생기 구성 – Feedwater Distribution System (급수링, J-Nozzle)

Model F

△ 60

- ➢ 기능 : 2차측 급수 분산
- ➢ 재질
    - 급수링 : 탄소강 (SA 106 Gr. B)
    - J 노즐 : 인코넬 600 (30개)
- ➢ 급수분배 비율 : 저온측 20%, 고온측 : 80%
- ➢ J 노즐 설치 목적 : 수격작용 방지

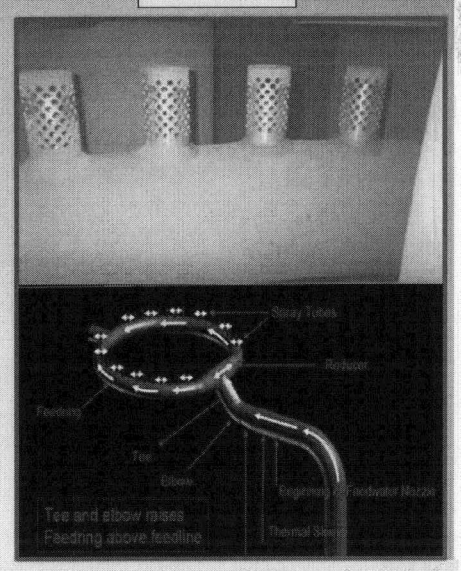

- ➢ Elevated Feed Ring – 수격방지
- ➢ I-노즐 : 이물질 유입방지 (위쪽이 막혀있음)

증기발생기 유로

Upper Downcommer

Lower Downcommer

☞ 증기발생기 제원
- 길이 : m
- 중량 : 톤
- U 튜브 : 8214개

Tube Support Plate (TSP : 튜브 지지판)

Figure
Broached Hole TSP Geometry

사엽형

Figure
Drilled Hole TSP Geometry

Figure
Egg Crate TSP Geometry

계란판형

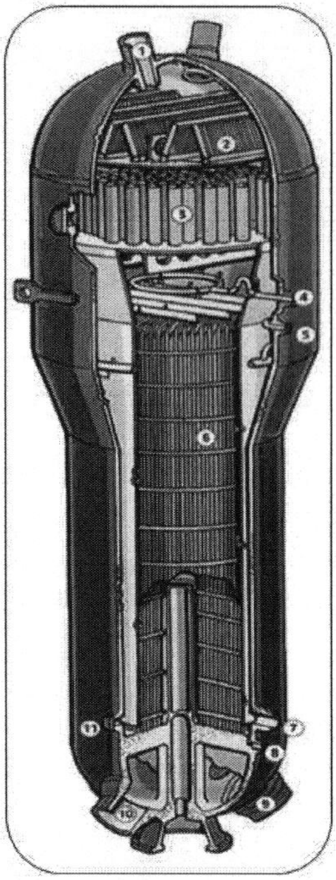

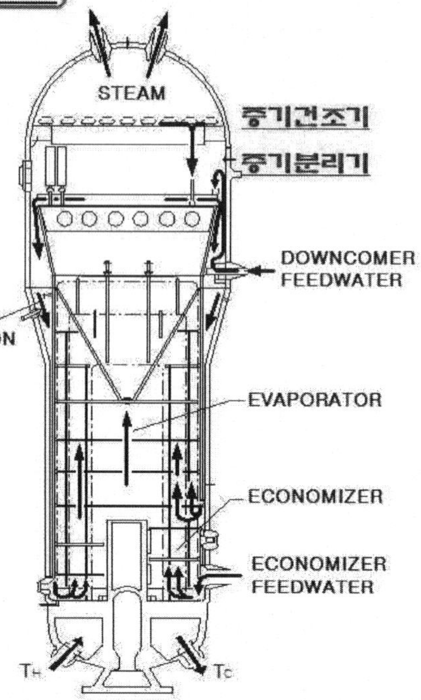

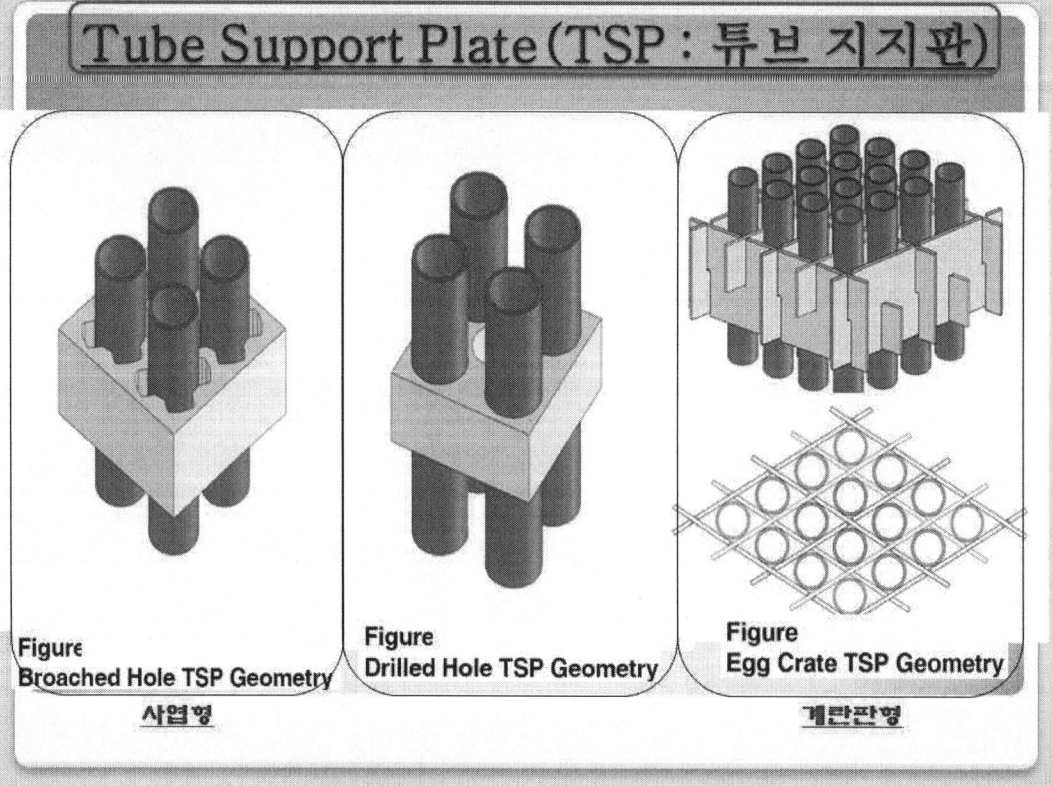

습분 분리 장치

2단계 습분 분리 장치(이중 굴곡 날개형 건조기 : 중력 이용)
2단계 습분 분리장치를 통과한 증기는 건도 99.7% 이상의 건증기가 되며 2단계 습분분리기에서 제거된 물은 배수관(26개, 2.5″)을 통해 관다발 외피판 덮개로 흘러 하향통로로 유입되어 급수와 혼합

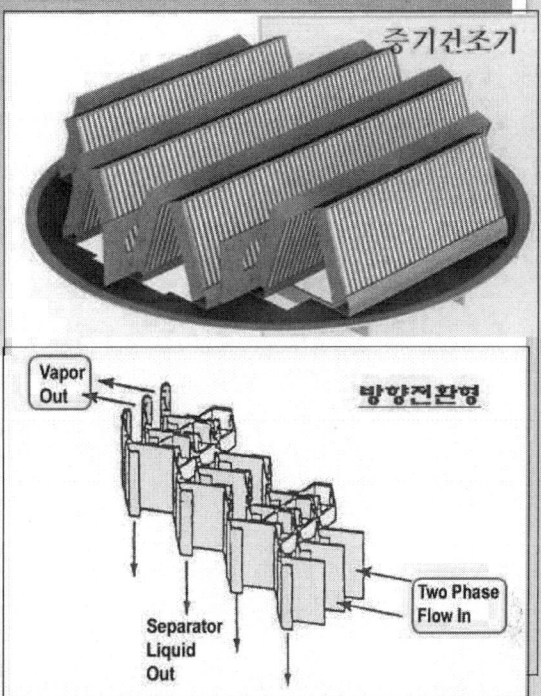
증기건조기
방향전환형

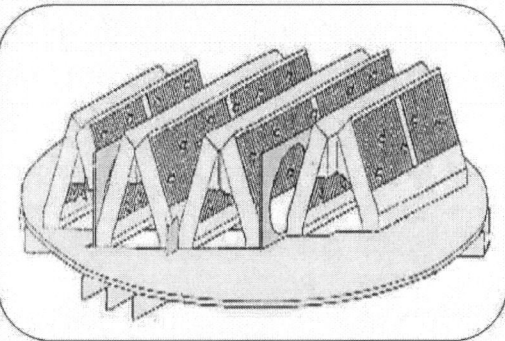

증기발생기 구조

○ 열전달을 위한 구조
  열전달이 잘되려면 면적이 크고 벽면 열저항이 감소
  ● 튜브(U)를 여러 개 사용하여 면적을 크게 함
  ● 지름이 작은 튜브 → 얇은 벽두께 → 벽면 열저항이 감소
○ 증기공급을 위한 구조
  ● 원심식 습분분리기(1차 습분분리기)
  ● 방향전환식 습분분리기(2차 습분분리기)
○ 증기발생기 손상의 주된 위치는 부식성 성분들이 농축되기 쉬운 부분
  ● 튜브지지판(Tube Sheet) 상단과 틈새
  ● 튜브지지대(Tube Support Plate) 틈새

- 터빈에 필요한 증기를 생산
- 원자로에서 생성된 열제거 즉, 열제거원 역할
- 수직 U 튜브형 열교환기로 튜브 측은 냉각재, 동체 측은 급수가 흐르면서 열 교환
- 습분분리기 및 증기건조기에 의해 증기의 습분함량은 0.25W/o로 제한
- 예열기 영역과 증발기 영역으로 분리
- 튜브 재질은 인코넬-600 (Ni 75%, Cr 15%, Fe 8%), 수량 8,214개, 튜브지지판(Tube Sheet)에 폭발(수압)팽창 조립
- 일차측 헤드에 수직 분리판이 있어 냉각재가 입구 노즐 → 튜브 → 출구노즐로 형성토록 함
- 급수는 하향수로와 예열급수로 분리

관판(Tubesheet)

관다발과 함께 1, 2차측 경계형성

저 탄소합금강(두께 546mm) - 1차측은 Inconel-600 피복

Primary Head와 Lower Shell 사이에 용접

Primary Head

탄소강 주조품 - 내부 표면은 Inconel-600 (690) 피복

RCS 입구노즐: 1개, 42", RCS 출구노즐: 2개, 30"

유량 분배판: 침전물 제거효과 증대, 튜브 시트 근처에서 유속 균일화

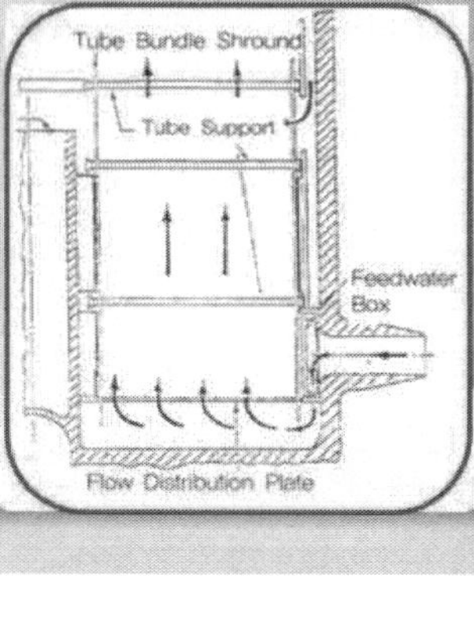

APR-1400 튜브 재질
인코넬-690

습분분리장치

- 증기분리기 (Steam Separator)
  - 슈라우드의 상부덮개에 144개 설치
  - 12개의 소용돌이 날개 (Spinner Blade)가 설치된 원통형 구조
  - 9개층 Mesh Wire가 상부에 설치 : 분리된 물방울 유출 억제
- 증기건조기 (Steam Dryer)
  - 8개의 증기건조기로 구성
  - High Capacity Vane의 집합체 구조
  - 분리된 습분은 배수관(26개, 2.5")을 통해 하향통로로 유입

- 습분동반 현상 : 증기발생기 수위가 지나치게 높거나 급수내 고형물이 과도하게 응축되었을때 발생
- Secondary Hand Hole
  튜브시트 윗부분에 쌓여 있는 찌꺼기 제거 (랜싱)
- Stay Cylinder : 수직 분리판은 냉각재 헤드를 입구 및 출구 플래넘 (Plenum)으로 나눔
- 동체 : 열교환기 내부 구조물의 물리적 방벽으로써 열전달 유체를 보유하는 지역
- 증기발생기에서 증발하는 증기의 포화온도는 그 압력에 따라 정해지므로 증기발생기에 대한 급수는 처음부터 고온일수록 경제적

증기발생기 튜브 손상의 주요 원인

- 인코넬 재질의 증기발생기 튜브 및 스테인레스-304 등 스테인레스 강에서 발생하는 응력부식균열 현상은 결정립계에 크롬(Cr)탄화물이 생성되어 입계주변에 크롬농도가 낮아져 발생하는 현상으로 알려져 있다.
  <u>1차측으로부터 진행되는 튜브 손상</u> : 결정입계부식, 응력부식균열
- 증기발생기에서 진행되는 튜브 열화
  - 덴팅(Denting) : 튜브 지지판 또는 튜브시트 사이 이물질이 침적되므로 외부에서 안으로 찌그러드는 현상
  - Thinning : 튜브 지지판이나 튜브 시트 등과 튜브 사이의 접촉, 밀림 및 튜브 안쪽의 냉각재 유속으로 인해 튜브가 얇아지는 현상
  - SCC : 고온부에서 불순물로 인한 <u>부식과 응력 집중</u>에 의해 발생하는 부식균열 현상으로 불순물 종류에 따라 가성 알카리 SCC, 염소 SCC로 구분
- 마모부식(Fretting) : 진동에 의한 기계적 접촉 마모
- 점식(Pitting) : 이물질이 금속표면에 침적하여 발생하는 국부적 부식

증기발생기 튜브의 주요 손상 원인

- 응력부식균열(Stress Corrosion Cracking) : 인장응력과 특정의 부식성매질이 공존하는 환경에서 금속이 수용액에 놓여 있을 때 응력에 의한 직접 파괴가 아닌 균열현상
- 박층화(Wastage) : 수질화학에서 인산염 제거 필요
- 덴팅(Denting) : 움푹 파여지는 현상, 수질성분 조절필요
- 점식(Pitting) : 구멍자국의 현상, 수질성분 조절필요

Wastage(박층화)	Denting(덴팅)
Pitting(점식)	Fretting(마모부식)
IGA(결정입계부식)	SCC(응력부식균열)

- 응력작용
  - 제작시 잔류응력 형성
  - 가동 응력
  - 슬러지 퇴적에 의한 응력 작용

부식에 영향을 미치는 인자 및 종류

- 금속자체의 성분(부동화 막의 생성 및 안전성)
- 매질내 이온들의 조성 및 농도
- PH
- 온도, 습도 및 압력
- 용액의 유속
- 열처리 이력(Thermal History)
- 표면 조건(청결상태, 이물질, 표면 막의 유무)
- Erosion, Radiation
- 시간, 미생물의 유무

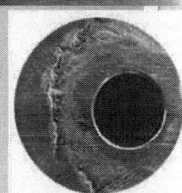

- 입계부식(Intergranula Corrosion) : IGA/SCC
- PWSCC
- Fretting Wear, Pitting, Denting

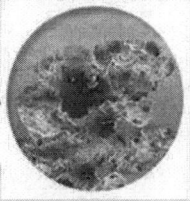 

주요 열화 기구 - 응력부식균열

전열관 응력부식균열(Stress Corrosion Cracking)

- 재료, 응력, 환경의 상호작용에 의해 균열 발생
- SCC 성장에 영향을 주는 인자
  - 재료 : 미세조직 / 조성 / 표면상태
  - ※ SCC 저항성 : Alloy 600LTMA < 600HTMA < 600TT < 690TT
  - 환경 : pH / 전위 / 환경조성 / 온도
  - 응력 : 인장응력(가동응력, 잔류응력)

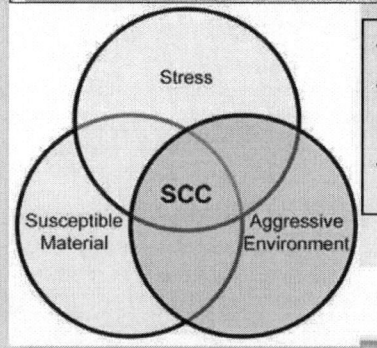

❖ 재료 / 응력 ⇒ 파괴, 피로, 크립
❖ 재료 / 환경 ⇒ 일반부식, 국부부식 (IGA)
❖ 재료 / 환경 / 응력 ⇒ SCC

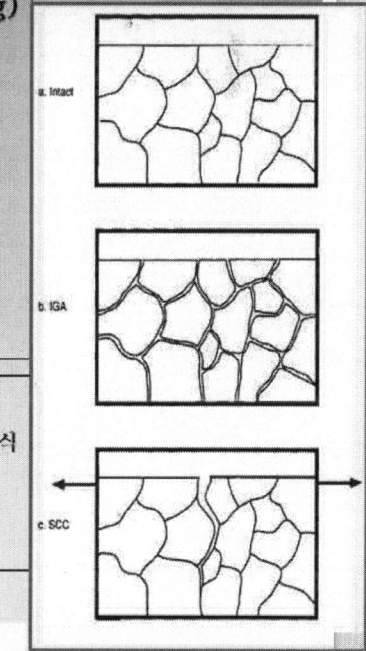

- 순환율(Circulation Ratio)
  제1단 및 제2단 습분분리기에 의해서 추출된 물은 재순환유량. 순환유량은 급수의 질량유량율(M)과 재순환 질량유량율(M)의 총합이다.
  증기발생기에서 발생된 증기의 양을 M 이라 표시하면 순환율은
  - $CR = (M_{stm} + M_{REC})/M_{stm}$
  - 어떤 출력에서 $M_{stm} = M_{FW}$ 이므로
  - $CR = (M_{REC} + M_{FW})/M_{FW}$

  - 열효율 $= (Q_H - Q_L)/Q_H = 1 - (Q_L/Q_H)$
    $= 1 - (저온체 T_2 / 고온체 T_1)$
    Q_H : 증기발생기에서 물이 받은 열량
    Q_L : 복수기에서 방출된 열량

- 증기발생기 수위 수축현상
  ○ 주급수 유량 급속 증가시
  ○ 주증기 유량 급속 감소시
    - 터빈출력 급감발
    - 주증기 격리밸브 차단시
  ○ 저온급수 주입시

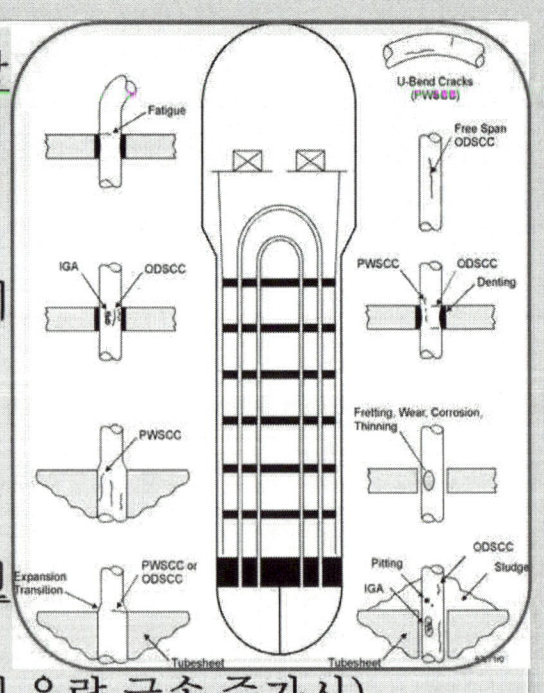

- 증기발생기 수위 팽창원인
  ○ 터빈부하 급속 증가시
  ○ 증기덤프 동작시 (주증기 유량 급속 증가시)
  ○ 증기발생기 안전밸브 오동작시

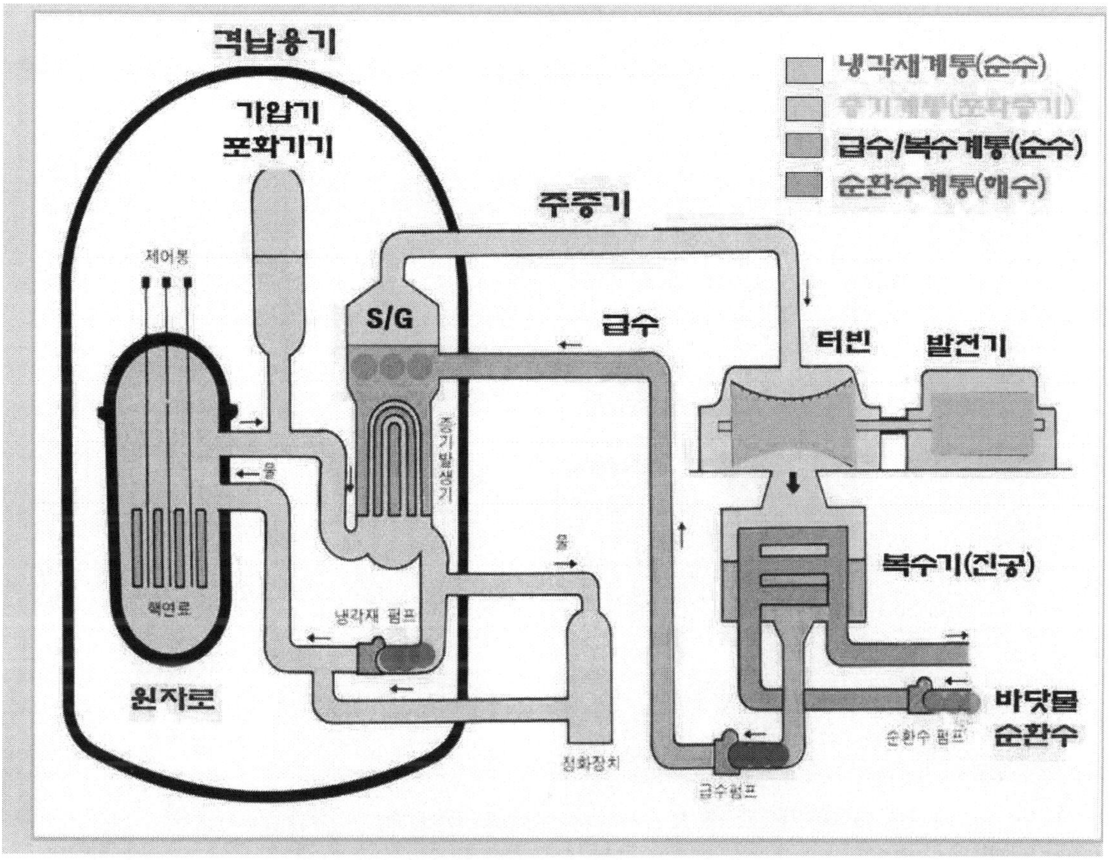
격납용기
가압기
포화기기
냉각재계통(순수)
증기계통(포화증기)
급수/복수계통(순수)
순환수계통(해수)
주증기
제어봉
S/G
급수
터빈
발전기
증기발생기
물
복수기(진공)
핵연료
냉각재 펌프
원자로
바닷물
순환수
순환수 펌프
정화장치
급수펌프

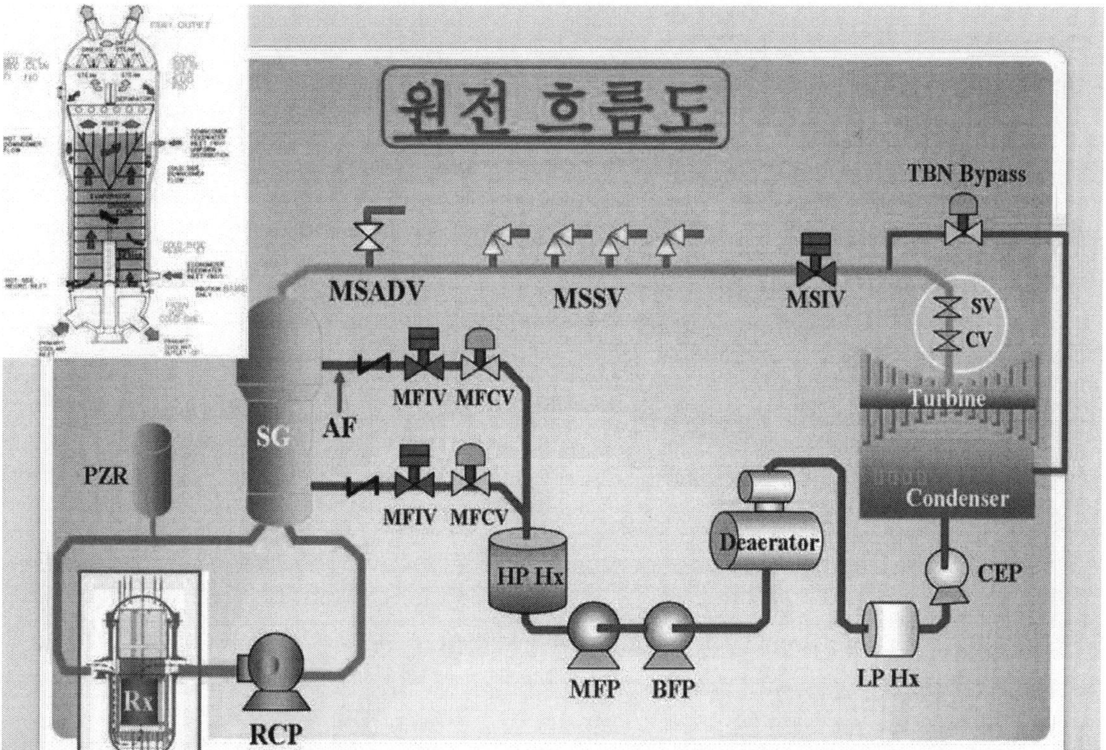
원전 흐름도
TBN Bypass
MSADV
MSSV
MSIV
SV
CV
Turbine
Condenser
CEP
LP Hx
Deaerator
MFIV
MFCV
AF
SG
PZR
HP Hx
MFP
BFP
Rx
RCP

Figure 1 Feedwater Pump (OPR1000)

Figure 3 Feedwater Booster Pump (OPR1000)

Figure 4 Start-up Feedwater Pump (OPR1000)

Figure 5 Typical HP Feedwater Heater

주증기계통(OPR)

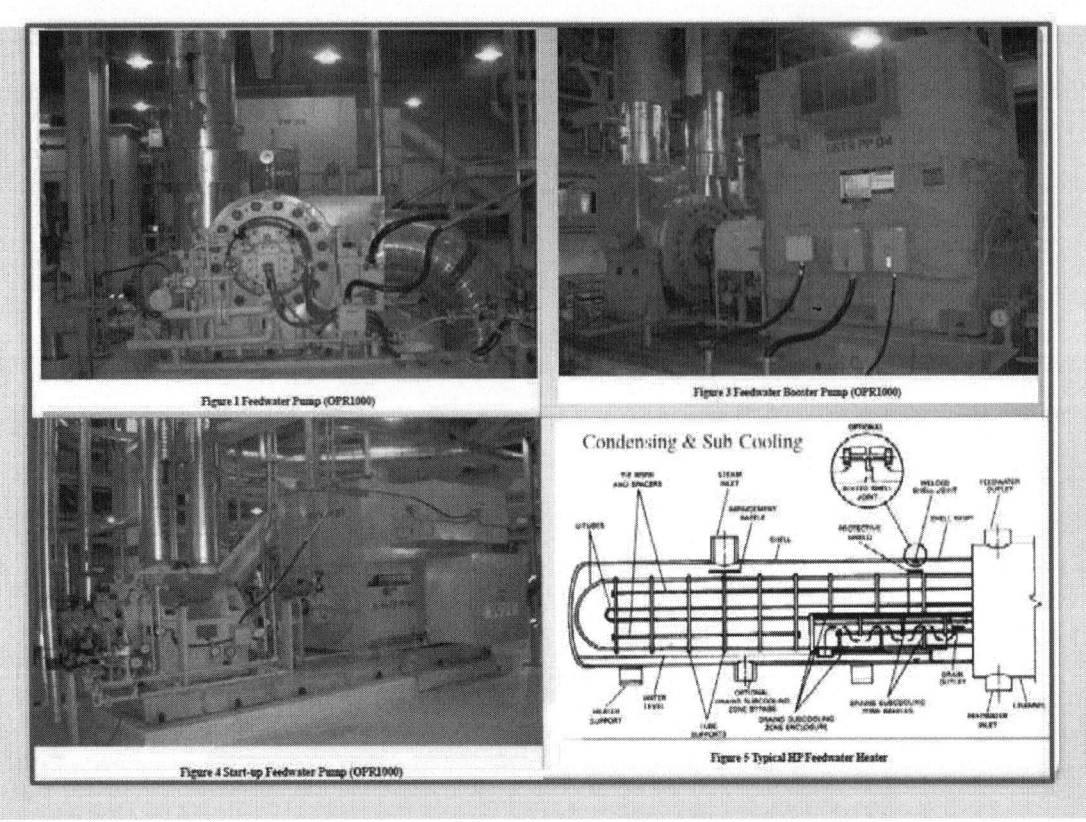

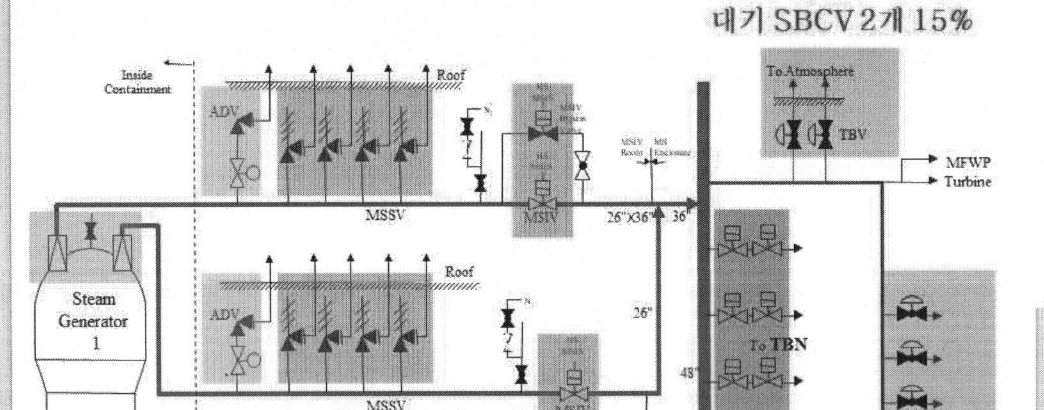

터빈

- 고온 고압의 증기를 팽창시켜 증기의 열에너지를 속도 에너지로 전환하여 터빈날개를 회전시키는 기계적 에너지로 바꾸는 장치
- 충동터빈 : 증기의 속도 에너지를 날개에 가하여 축을 회전
- 로터 재질 : Ni-Cr-Mo-V 합금강
- Bucket : 고속의 증기를 날개부위(Bucket Vane)에 충동시켜 증기의 운동에너지를 로터의 회전으로 변환
- Diaphragm : 터빈의 고정익, 열적 에너지를 증기의 속도 에너지로 변환, Steam 팽창 및 방향전환

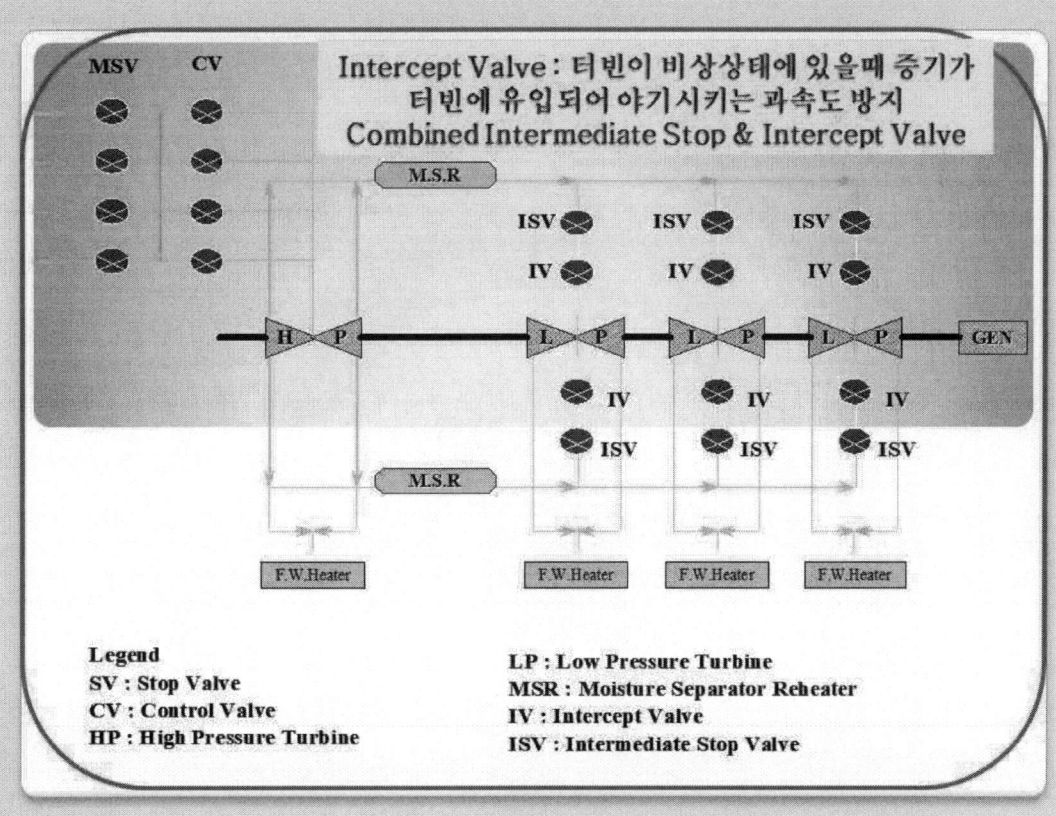

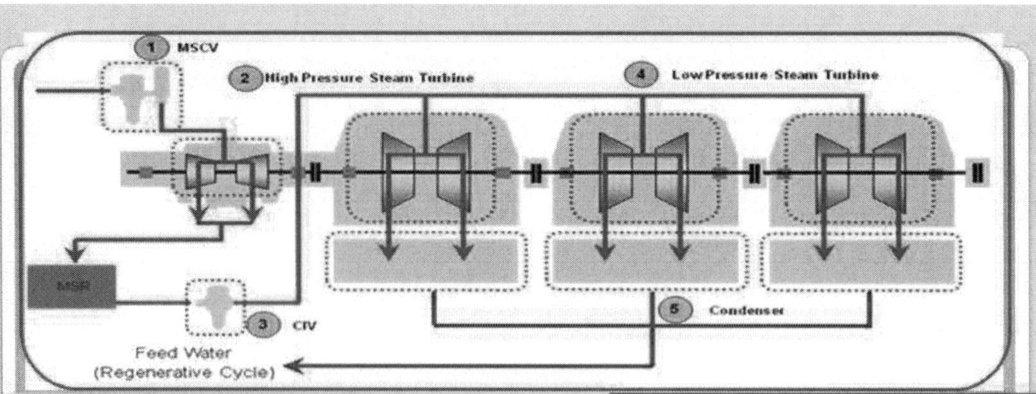

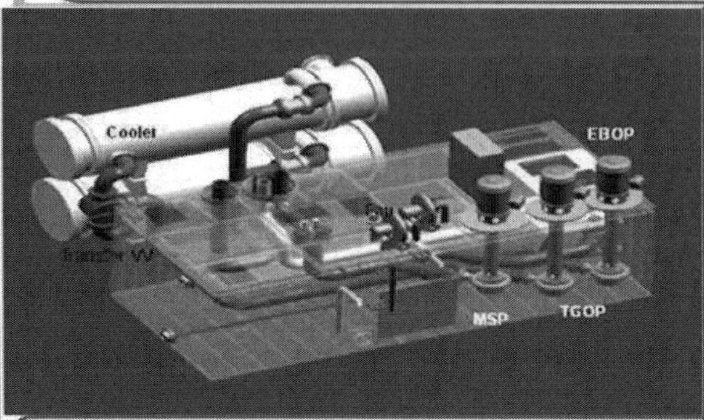

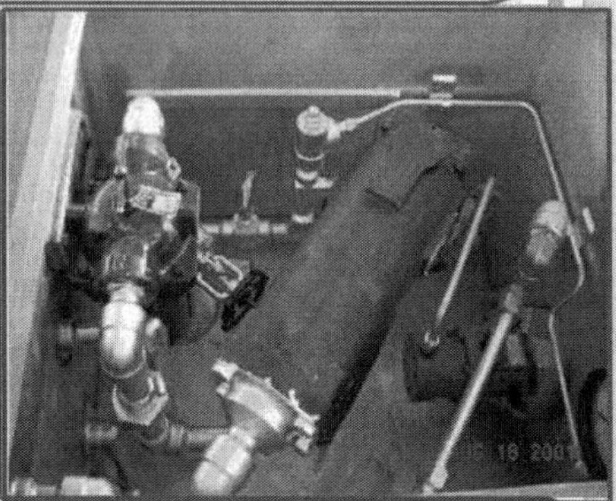

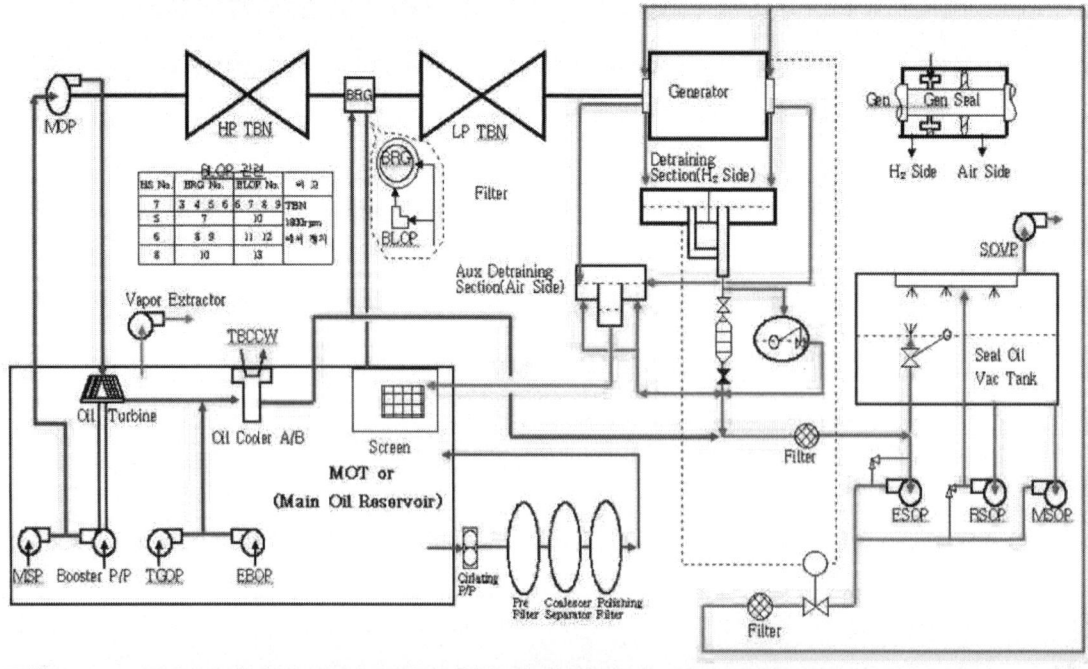

윤활유 승압펌프, 터닝기어 윤활유펌프, 비상 베어링 윤활유 펌프, 증기 추출기, 계측기 판넬, 윤활유 냉각기 등

터빈 윤활유계통 및 발전기 밀봉유계통

BLOP 관련

HS No.	BRG No.	BLOP No.	비 고
7	3 4 5 6	6 7 8 9	TBN
5	7	10	1800rpm
6	8 9	11 12	에서 정지
8	10	13	

터빈 윤활유계통 및 발전기 밀봉유계통

주요 기능

◆ 터빈 윤활유계통

- 로타와 베어링 사이의 금속 마찰 방지 : 윤활 역할

- Rotor의 고속 회전으로 인한 베어링 금속면(Babbit Metal) 냉각

◆ 발전기 밀봉유계통

- 발전기 케이싱 및 축(Shaft)를 통한 수소 누설 방지

증기 풍손

터빈 무부하나 저부하에서 터빈 최종단 회전익을 통과하는 증기 양이 불충분하여 일부 증기는 정체현상을 일으킨다. 즉, 저압 터빈 회전익에 의해 증기를 때리게 되어(에너지 전달 방향이 반대) 증기 및 회전익 온도가 상승하게 되므로 이 현상을 방지하기 위해 냉각수를 분사(Exhaust Hood Spray)하는 장치가 필요하다.

증기풍손 방지 : 물의 분사도 회전익에 영향을 미치지만 고온의 영향보다는 적음

터빈/발전기

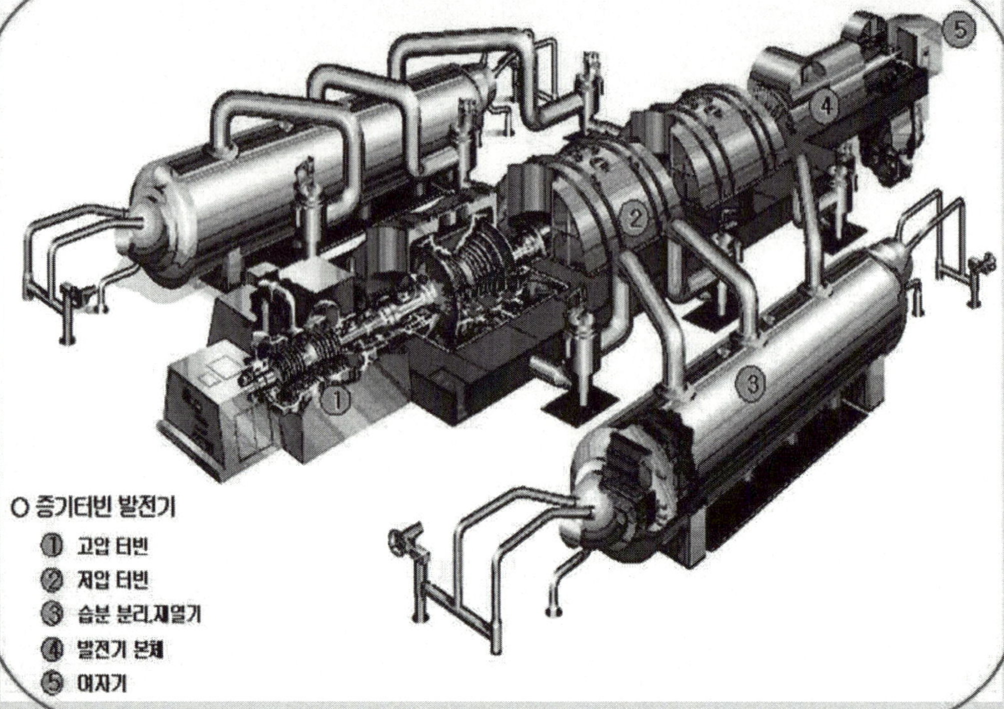

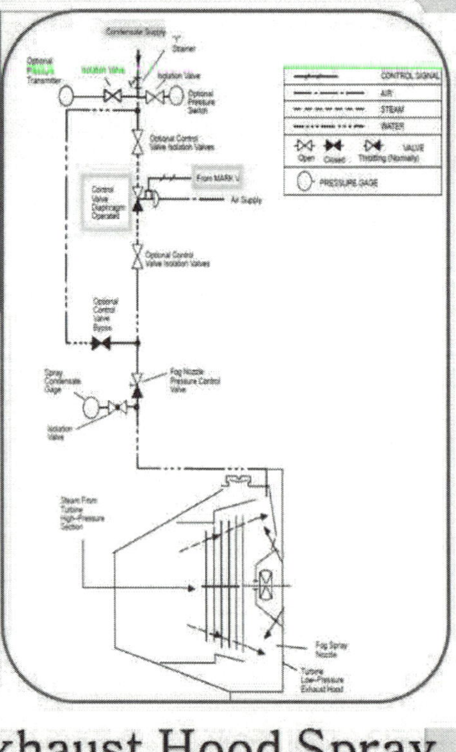

○ 증기터빈 발전기
1. 고압 터빈
2. 저압 터빈
3. 습분 분리.재열기
4. 발전기 본체
5. 여자기

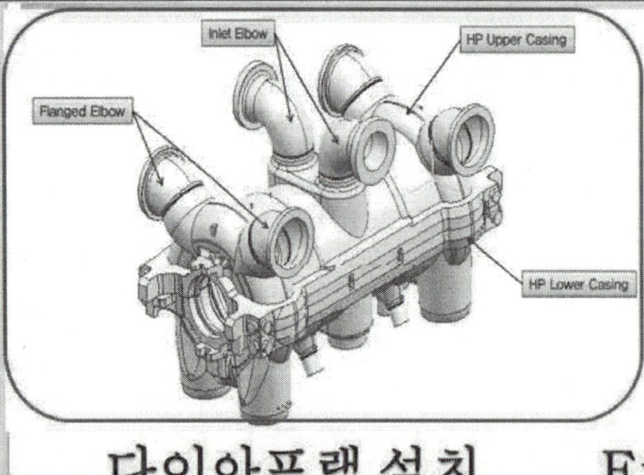

다이아프램 설치　　Exhaust Hood Spray

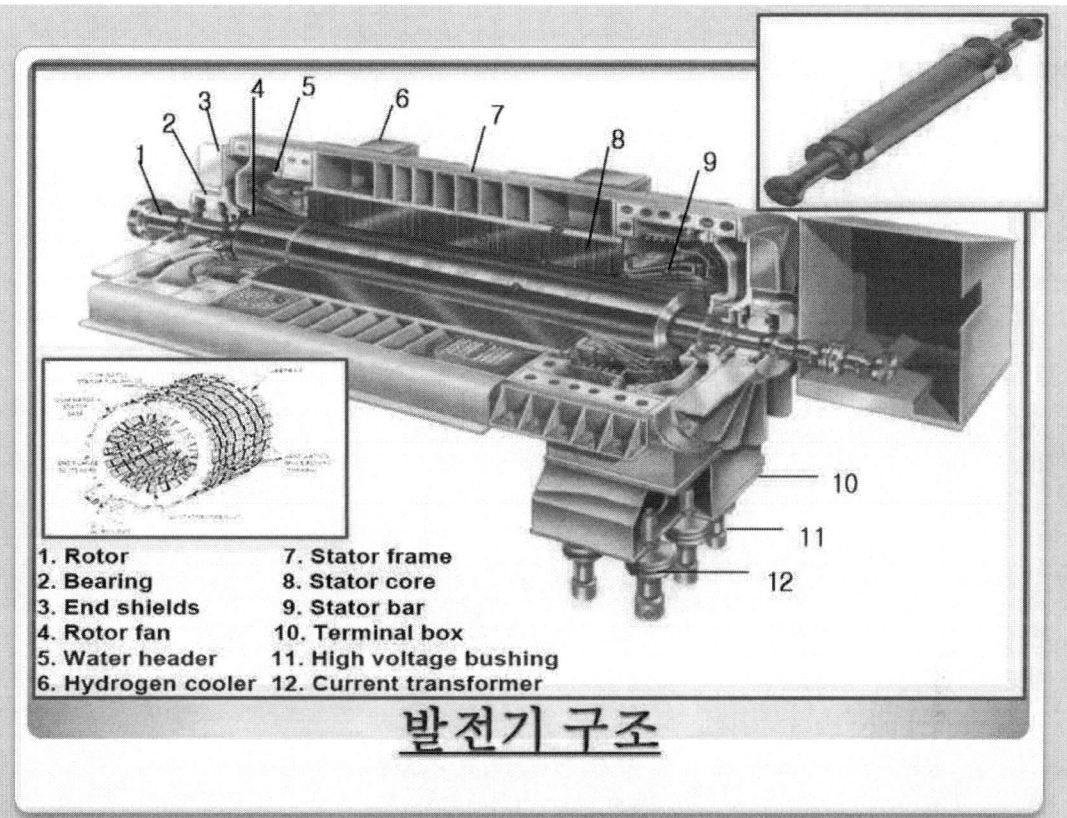

발전기 구조

1. Rotor
2. Bearing
3. End shields
4. Rotor fan
5. Water header
6. Hydrogen cooler
7. Stator frame
8. Stator core
9. Stator bar
10. Terminal box
11. High voltage bushing
12. Current transformer

복수 및 순환수 계통

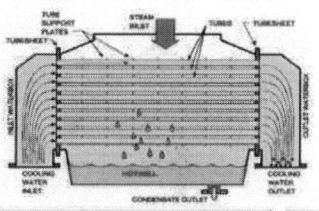

- **주 기능**
  - ◆ 터빈배기 응축, 복수계통에 복수 공급
  - ◆ 복수기 집수정(Hotwell)에 복수 수집
- **보조 기능**
  - ◆ 복수 정화 탈염기를 통한 복수의 정화
  - ◆ 화학약품 주입에 의한 수질 개선
  - ◆ 저압 급수가열기를 통해 복수 온도 상승
  - ◆ 저압 터빈 배기후드 온도 조절 위한 살수
  - ◆ 탈기기에서 용존 산소 및 불응축성 가스 제거
- **순환수 기능**

  복수기의 폐열을 제거하기 위한 해수공급 및 압력을 설계 제한치(진공도 유지) 내로 유지

→ 기 능 : 복수기에서 복수를 흡입하여 저압 급수가열기로 공급
→ 50% 용량 3대(정상운전시 2대 운전, 대기용 1대)

주급수계통의 기능
- 복수계통의 탈기기 저장탱크에서 복수를 흡입 받아 고압 급수가열기를 거쳐 증기발생기로 급수 공급
- 증기발생기 수위 유지

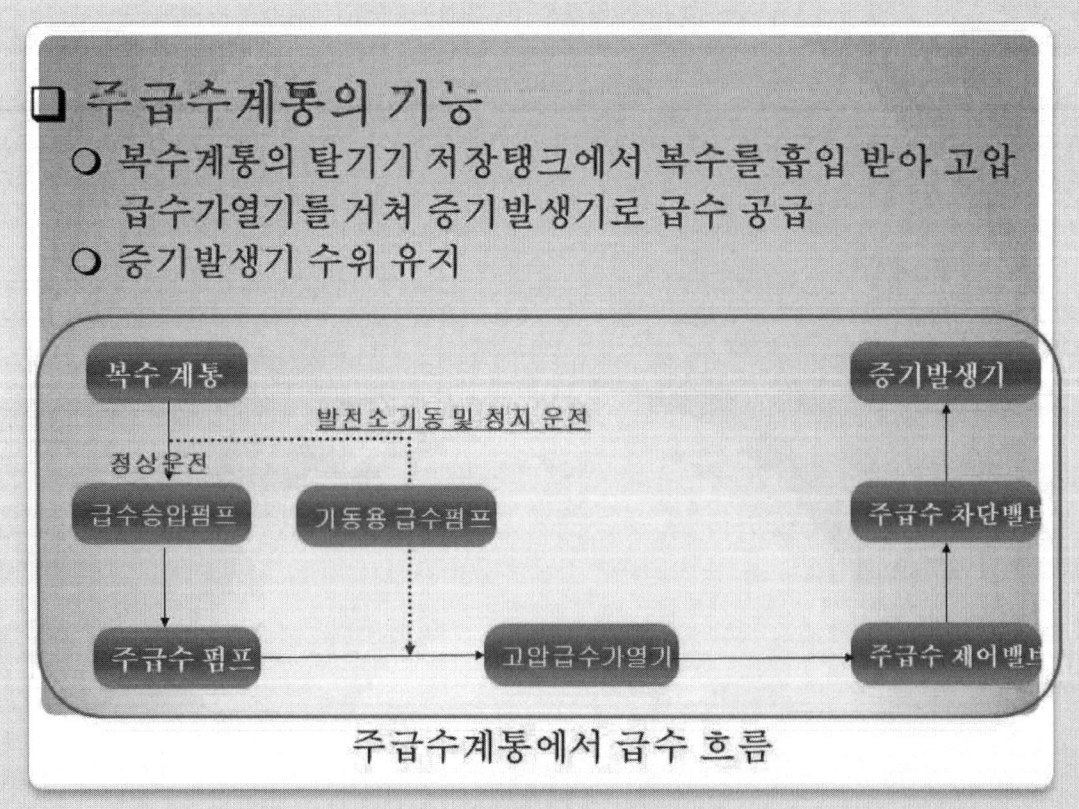

주급수계통에서 급수 흐름

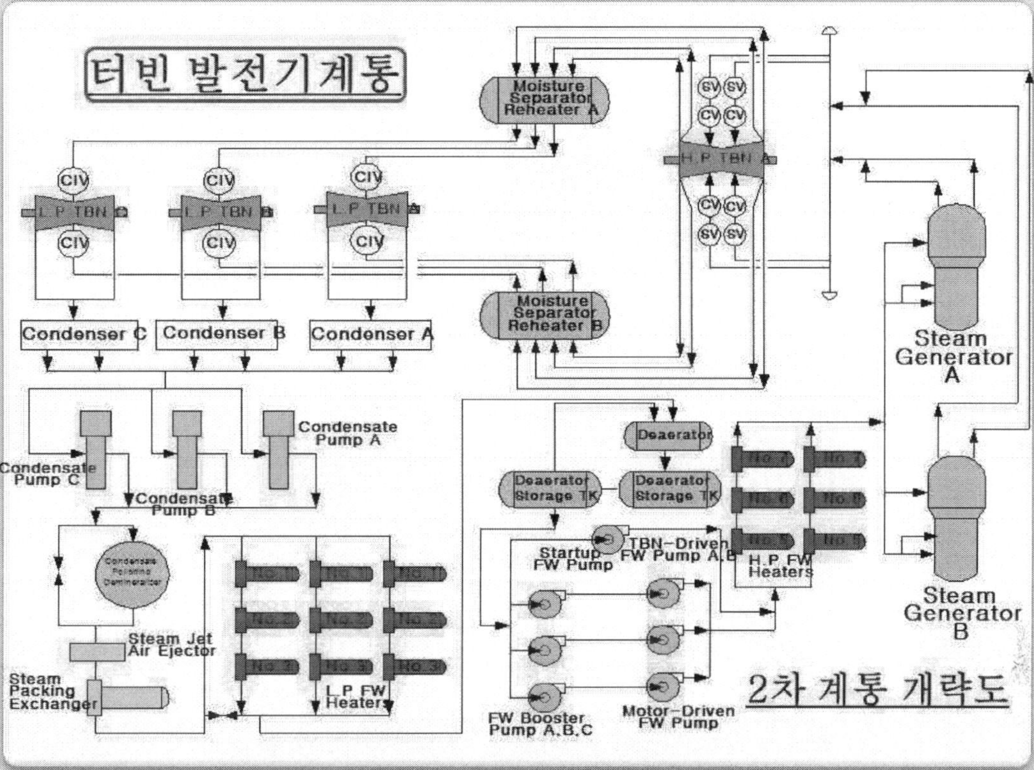

복수 탈염설비

지압터빈
↓
복수기
↓
복수펌프
↓
복수 탈염설비
↓
저압급수가열기
↓
탈기기
↓
급수계통

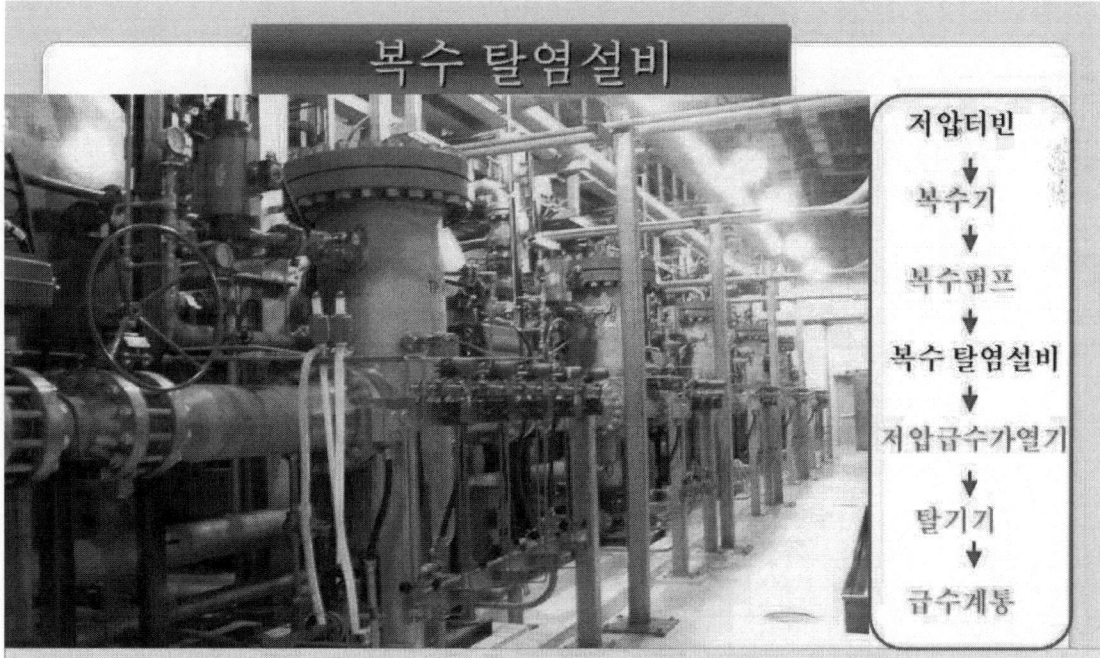

- 기능 : 복수로 부터 용해성 및 현탁성 불순물을 제거
  → 탈염수의 수질을 제한치 이내로 유지
- 계열당 양이온 교환탑과 혼상이온 교환탑 각 1개씩 설치, 5개 계열로 구성
- 각 계열은 전 복수의 ¼을 처리, 나머지 계열은 예비로 대기상태 유지

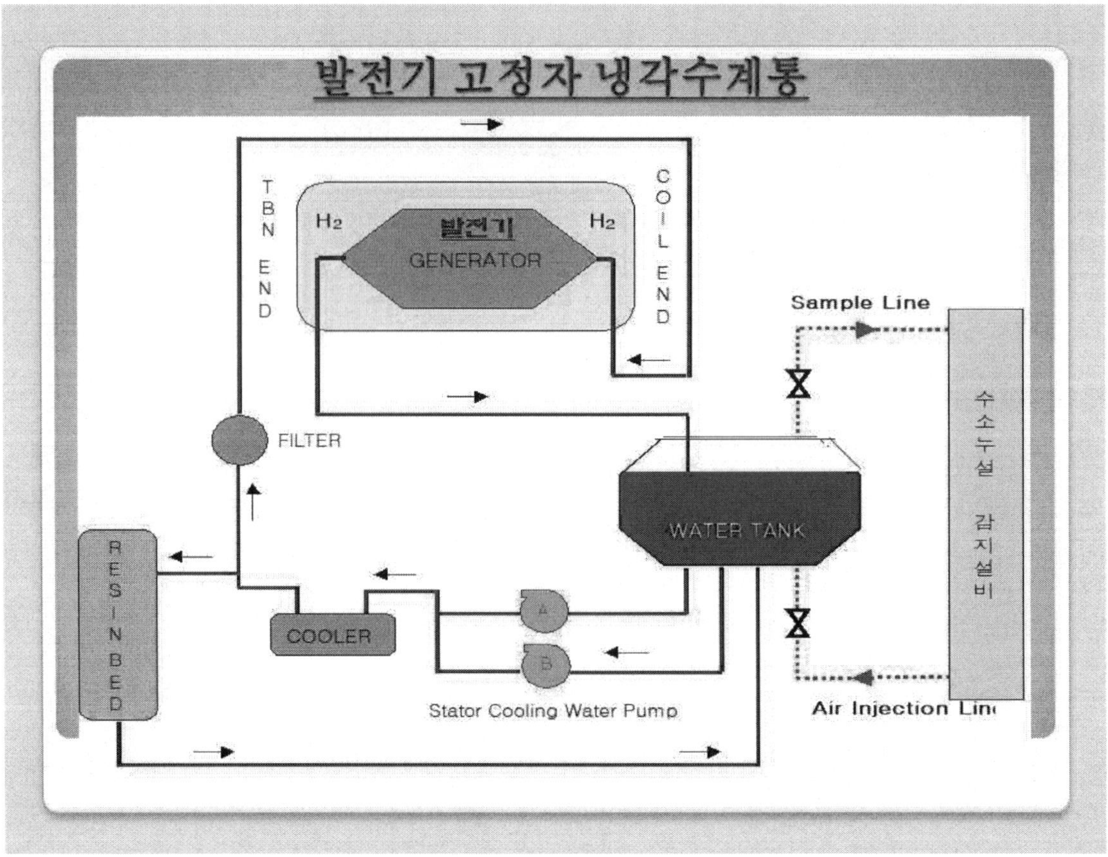
발전기 고정자 냉각수계통
TBN END
H2
발전기
GENERATOR
H2
COIL END
Sample Line
FILTER
수소누설 감지설비
WATER TANK
RESIN BED
COOLER
A
B
Stator Cooling Water Pump
Air Injection Lin

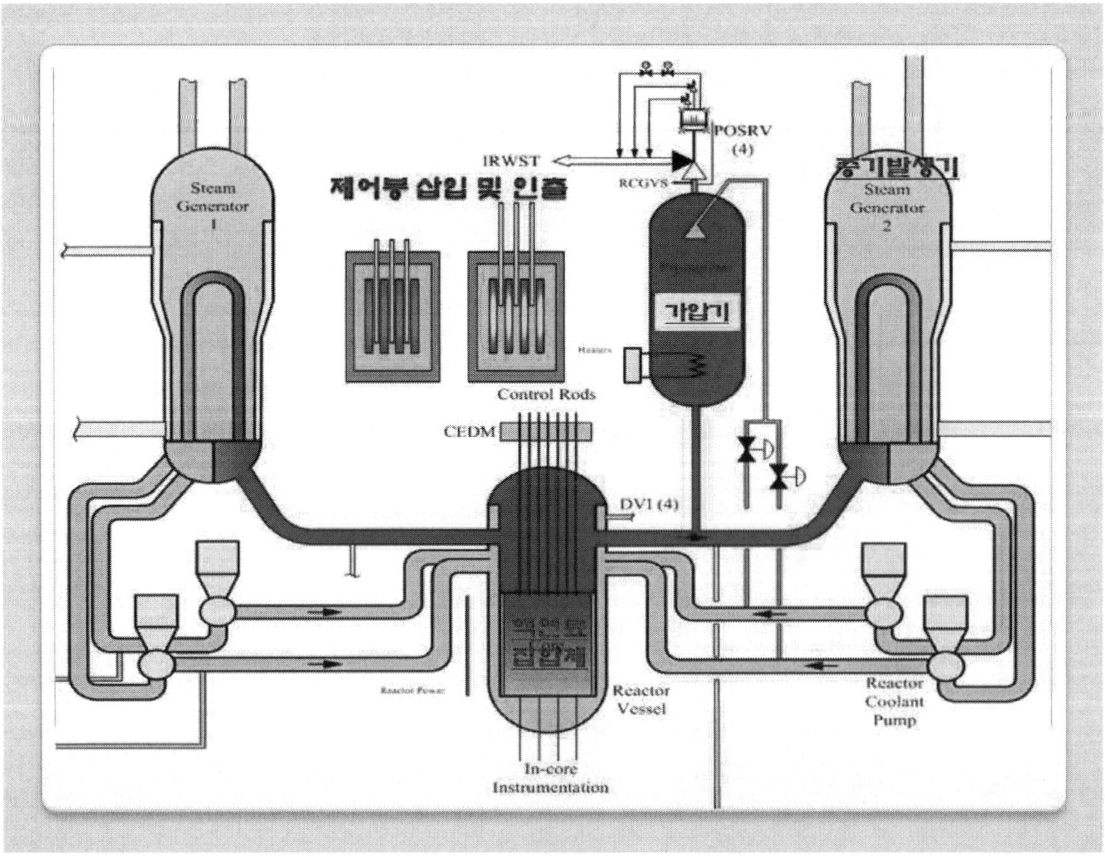
Steam Generator 1
IRWST
제어봉 삽입 및 인출
POSRV (4)
RCGVS
증기발생기
Steam Generator 2
가압기
Control Rods
CEDM
DVI (4)
Reactor Vessel
Reactor Coolant Pump
In-core Instrumentation

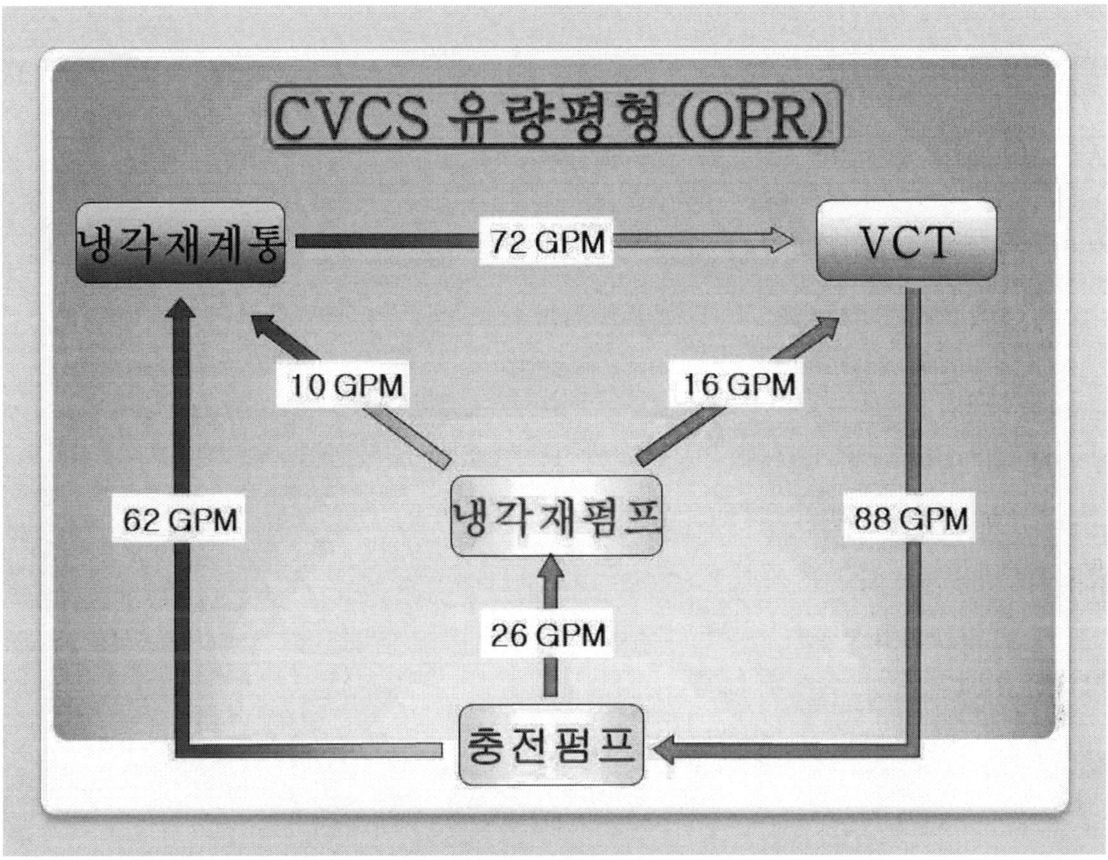

CVCS 유량평형 (OPR)

- 냉각재계통 → VCT: 72 GPM
- 10 GPM
- 16 GPM
- 62 GPM
- 88 GPM
- 26 GPM
- 냉각재펌프
- 충전펌프

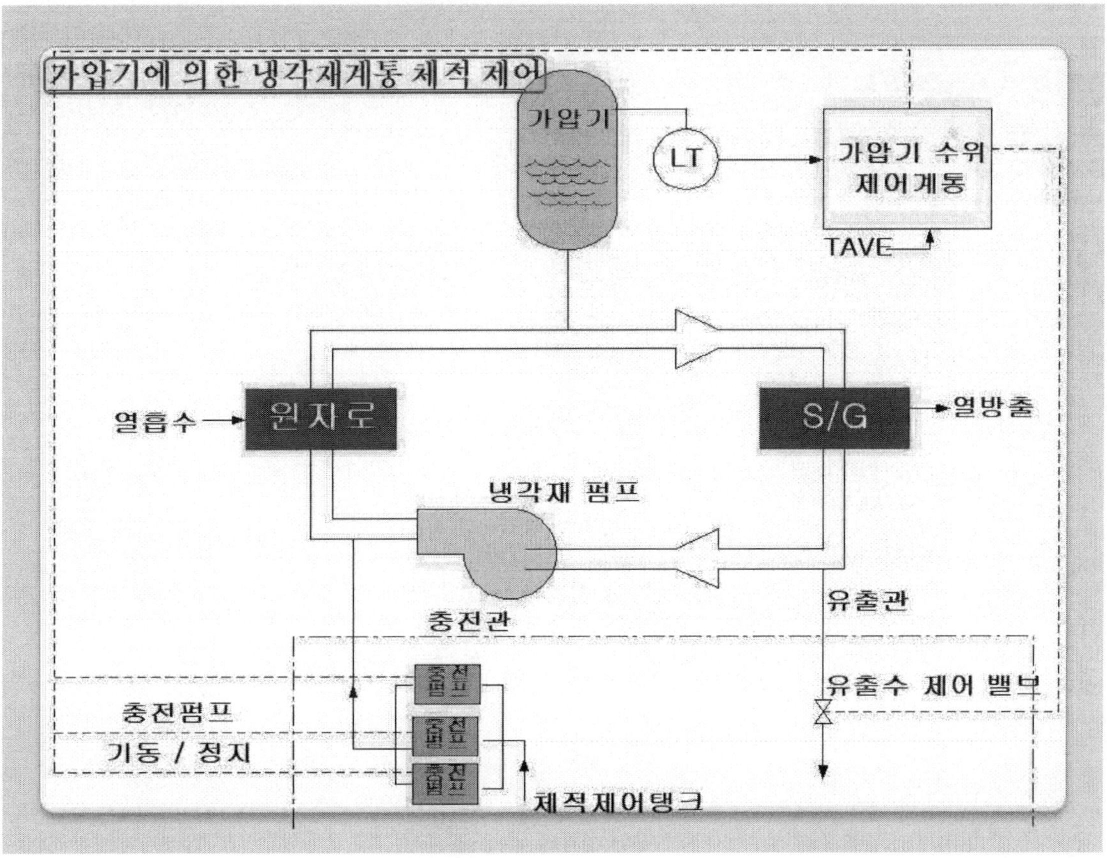

가압기에 의한 냉각재계통 체적 제어

- 가압기
- LT
- 가압기 수위 제어계통
- TAVE
- 열흡수 → 원자로
- S/G → 열방출
- 냉각재 펌프
- 충전관
- 유출관
- 충전펌프 기동/정지
- 유출수 제어 밸브
- 체적제어탱크

화학제어

가. 목적
1) 발전소 설계수명 기간중 설비 및 재질의 보존성 유지
2) 일차측 설비의 전면부식을 최소로 줄임
3) 방사성 생성물(CRUD) 양의 최소화 : 금속 구조물의 부식 또는 마모에 의해 생성되는 현탁상의 금속산화물로 방사성 부식생성물(Co, Fe, Mn, Cr, Zr)
4) 운전중 반응도 제어

나. 방법
1) PH 제어
2) 용존산소 제어
3) 용존불순물 제어

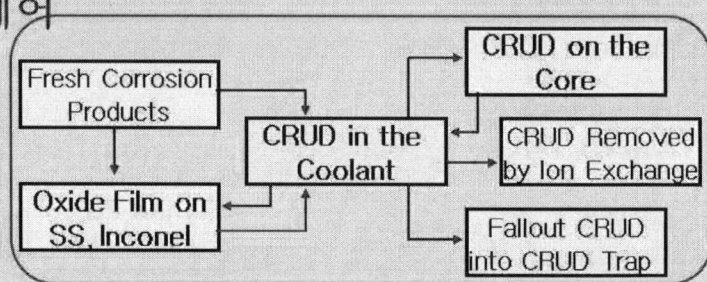

다. PH 제어
PH는 금속재질의 용해도와 산화, 환원반응에 영향을 주고 각종 설비의 건전성을 유지하는 주요 항목

1) PH 제어 목적
- 금속 구조물의 부식 방지
- 현탁 고형물의 열교환 표면 침적율 감소

2) PH 제어제
- 피복재 부식율 최소화
- 피복재 표면에서 붕산 석출율이 가장 낮다.
- 붕소의 중성자 반응에 의해 ^7LiOH 생성

라. 용존산소 제거
1) 목적
- 금속의 각종 부식을 유발하며 응력부식의 주요 인자로 작용하고 대형 방사선 안전사고를 일으키는 원인
- 방사화내지 유해물질로 전환될 우려
- 용존산소는 금속과 접촉할때 부식을 촉진하므로 가능한 완전제거

2) 제거 방법
- 저온 120℃ 이하일때 하이드라진 주입 (N_2H_4)
  $$N_2H_4 + O_2 \rightarrow N_2 + H_2O$$
- 고온에서 열분해 질산 생성 (HNO_3)
- 운전시 탈염기 우회 (PH 증가)
- 고온일때 수소주입

Isotope	반감기	수율(%)
I-131	8.04 d	3.1(3.8)
I-132	2.3 hr	4.7(5.1)
I-133	20.8 hr	6.9(5.2)
I-134	52.6 m	7.8(7.3)
I-135	6.7 hr	6.1(5.7)

- **CRUD의 침적 특성**
  - High Heat Flux 부위에 침적
  - Radiation Flux에서 침적현상 증가
  - Low Fluid Velocity 부위에서 침적 증가
  - 스테인레스강보다 지르칼로이 표면에 보다 두껍게 침적
  - High pH 운전시 침적 감소
- **CRUD 생성** : 계통 재질의 부식(Corrosion Product), 계통 재질의 마모(Matalic Wear Product)
- **CRUD 침적 영향**
  - 핵연료 피복재 ⇒ 열전달 능력 감소, 피복재 손상 유발
  - 증기발생기 튜브 ⇒ 열전달 능력 감소, 검사 및 정비 지장초래
  - 제어봉 구동장치, 밸브 ⇒ 기계적 오손 유발

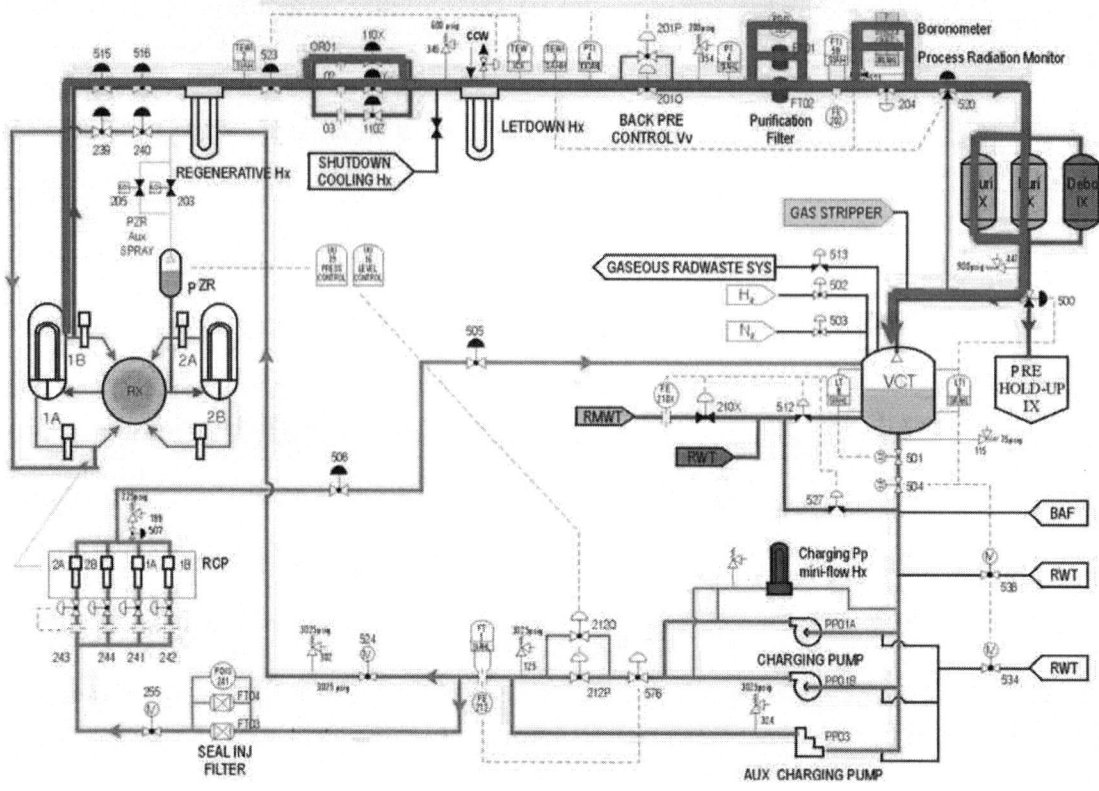

유출계통(Letdown System)

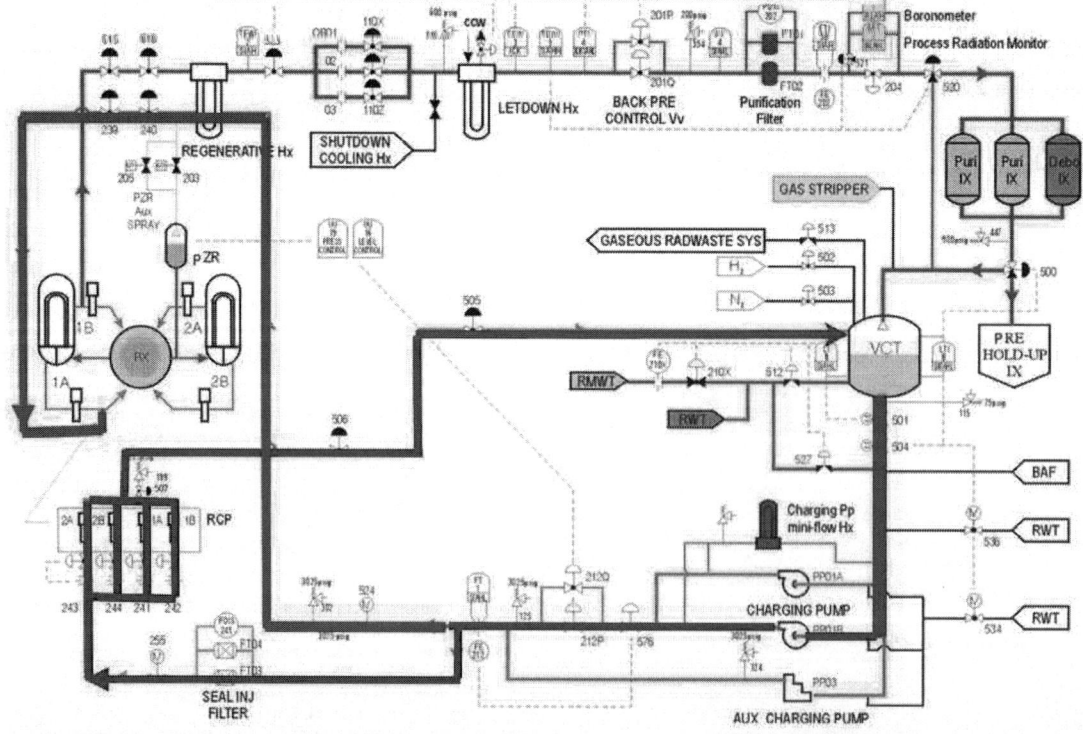

충전계통(Charging System)

재생 열교환기 (Regenerative Hx)
- 동일계통 내에서 고온부의 유체로부터 열에너지를 제거하기 위하여 저온부의 유체를 사용하는 열교환기
- 냉각재 계통의 열에너지 보존 (충전수를 예열시키므로서 열손실 억제)
- 냉각재 계통 충전수 유입노즐의 열충격 최소화 (분무노즐 Thermal Shock 방지)
- 감속재 온도 감소에 따른 정(+)반응도 삽입효과 방지
- 정상운전 상태에서 유출수 온도를 이하로 유지토록 설계됨

유출 열교환기 (Letdown Hx : 비재생 열교환기)
재생 열교환기 최대 출구 온도로부터 이온교환 수지의 정상운전온도까지 1차 기기냉각수로 냉각

표준형 원전 원자로 건물 내부 구조

연료봉과 가연성 독물질봉

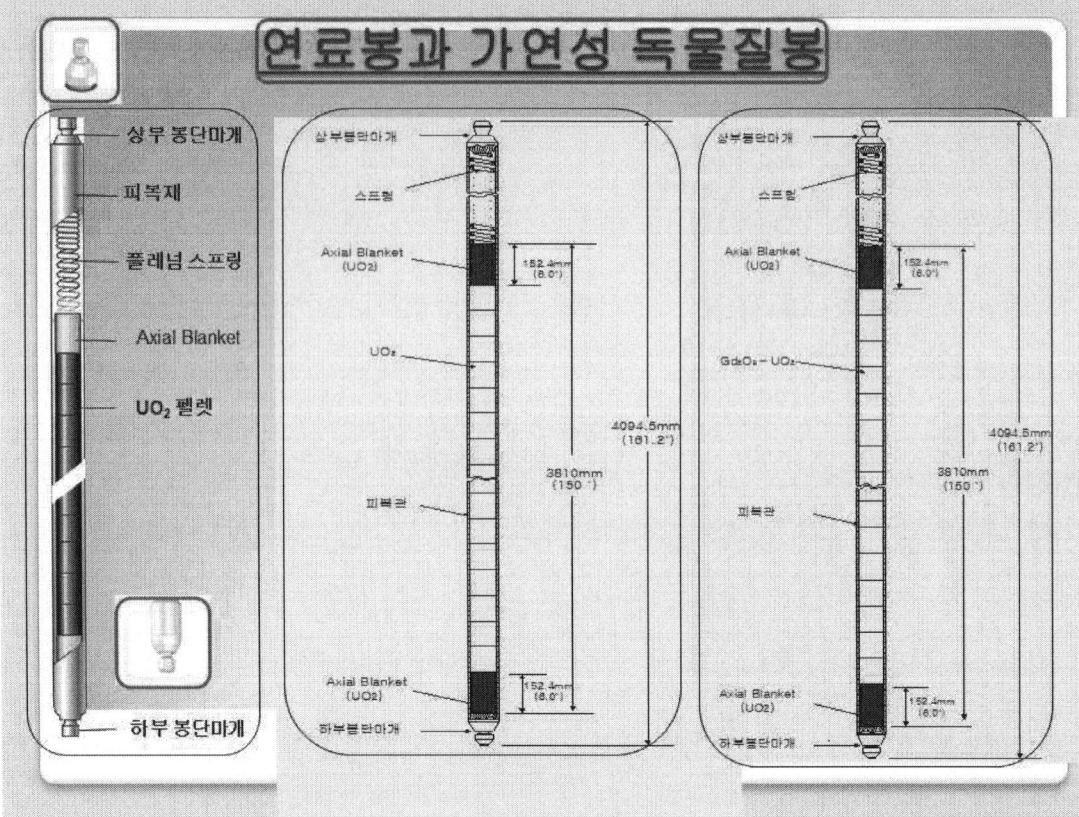

펠렛 제작공정

- Dishing : 펠렛 양단 구형 형성
- Chamfering (Beveling) : 펠렛 모서리에 의한 피복재 손상방지
- Tapering : 펠렛 맨 끝을 가늘게 제작
- End Sequareness : 피복재 응력을 최소로 하기 위해 펠렛 형태를 원통형에서 사면체형으로 약간 잘라둠

- 펠렛 설계시 고려 사항
  - 연료봉내 분열물질을 최대로 수용
  - 연료수명 기간중 체적변화를 최소
  - 기체형태의 분열생성물 누출 허용치 이내
  - 생산용량 및 경제성

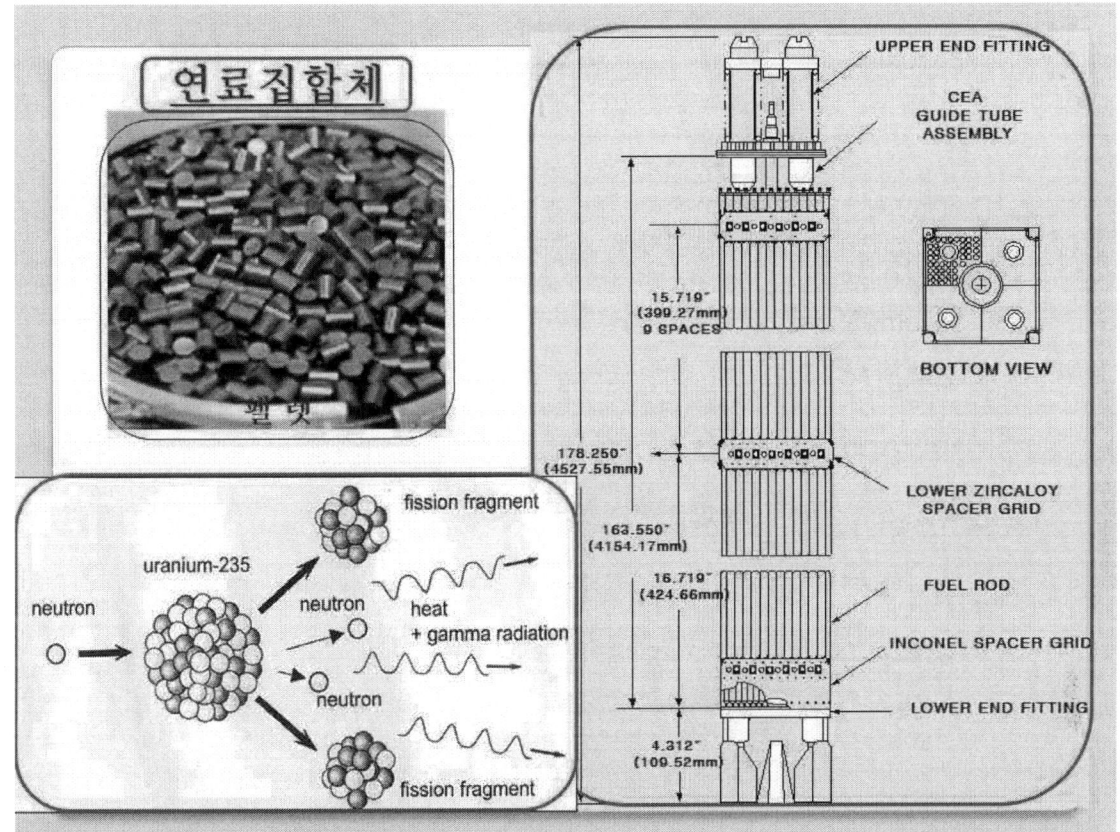

연료재장전

- 한 주기 운전을 완료하여 잉여반응도가 제로(0)가 된 시점에서 다음 주기의 잉여반응도 확보를 위하여 사용이 완료된 연료는 인출하여 사용후연료 저장조에 저장하고 신연료를 원자로에 장전하는 일련의 작업
- 연료검사를 위하여 노심의 모든 연료가 사용후연료 저장조로 인출 됨
  - 건전성 확인을 연료검사
  - 삽입체 재배치를 위한 삽입체 교환작업 수행
- 경수로는 2.5% 농축도에서 현재 약 4.5% 이상의 농축도를 사용하므로서 사용후연료 발생량을 대폭 감소
- 연료집합체를 원자로에서 인출할 때까지 모든 핵분열의 40%를 플루토늄이 공급

신연료와 삽입체 검사

- 청결상태 : 금속, 실, 종이 같은 부스러기 등 이물질
- 피복재 결함 : 균열, 깊은 긁힘, 홈, 구멍 등
- 조잡한 기공이나 불량한 기계적 구조
- 불량한 용접이나 땜질(Braze)
- 상태변형 : 연료봉, 지지격자, 상 하단 고정체 또는 삽입체 안내관
- 연료봉의 잘못된 배치 : 연료봉의 길이, 간격, 갯 수

연료 교체 (WH)

핵연료 취급 및 저장계통 배치 및 연계

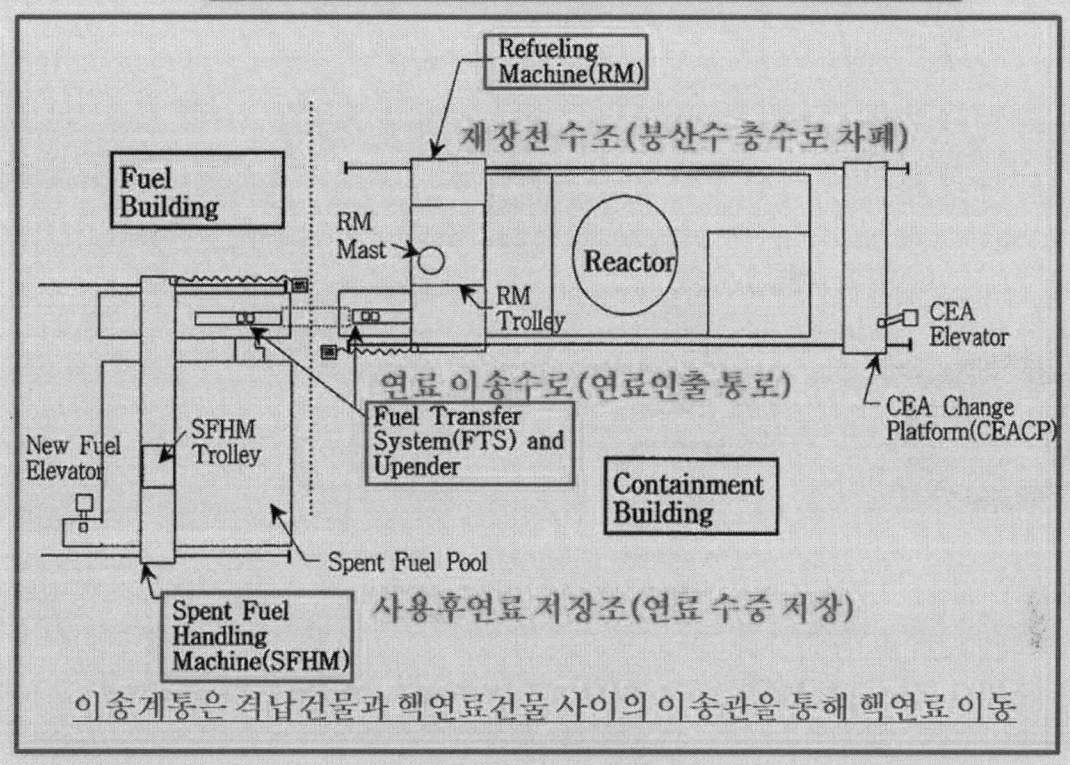

이송계통은 격납건물과 핵연료건물 사이의 이송관을 통해 핵연료 이동

계통 설명

재장전기는 재장전수조에 위치한 이동용 브리지와 트롤리로 구성되고 재장전수조 위의 작업층 양쪽에 평형하게 설치된 레일 위를 운행

- 마스트
- 인양기
- 수중 TV 카메라 : 노심에서 핵연료를 집어서 인출하는 작업을 수행하기 이전과 수행 도중에 핵연료를 관찰
- 제어반

연료 재장전기 (프랑스형)

- **연료 재장전**
  설계 연소도에서 교체하는데 사용후 연료를 원자로 용기로부터 인출하여 사용후연료 저장조로 보내는 작업

- 재장전수조, 사용후연료 저장조, 연료 이송 수로에서 연료 취급

핵연료 장전기

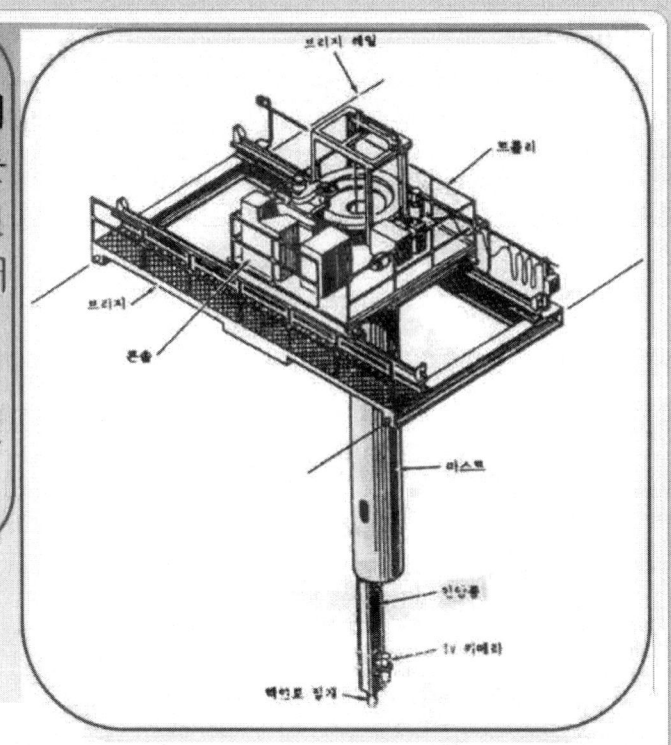

연료취급계통 설계

■ 핵연료 취급계통 연료장전 공정

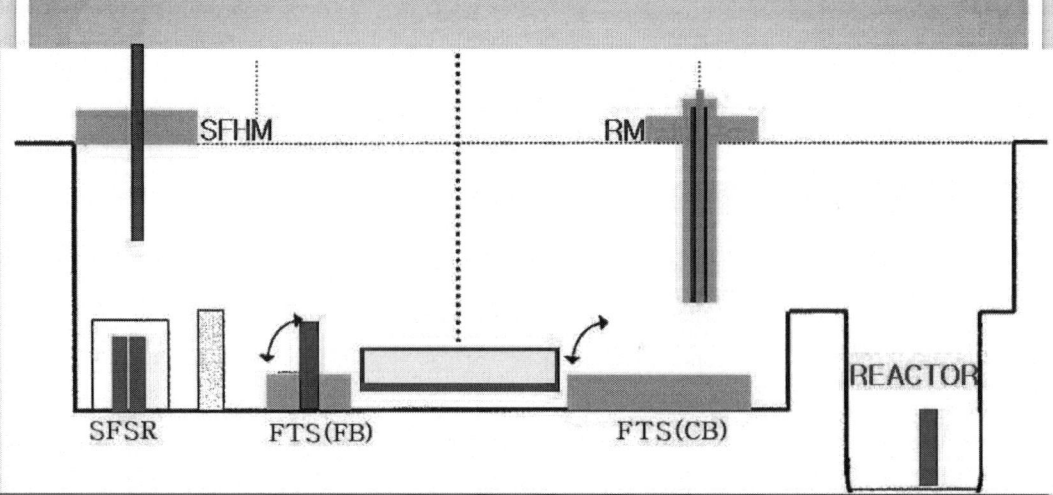

연료집합체는 이송 운반차가 수직위치에 있을때 삽입되어 수평위치로 바뀐 다음 이송관을 통해 핵연료건물로 이송된 후에 다시 수직으로 복귀

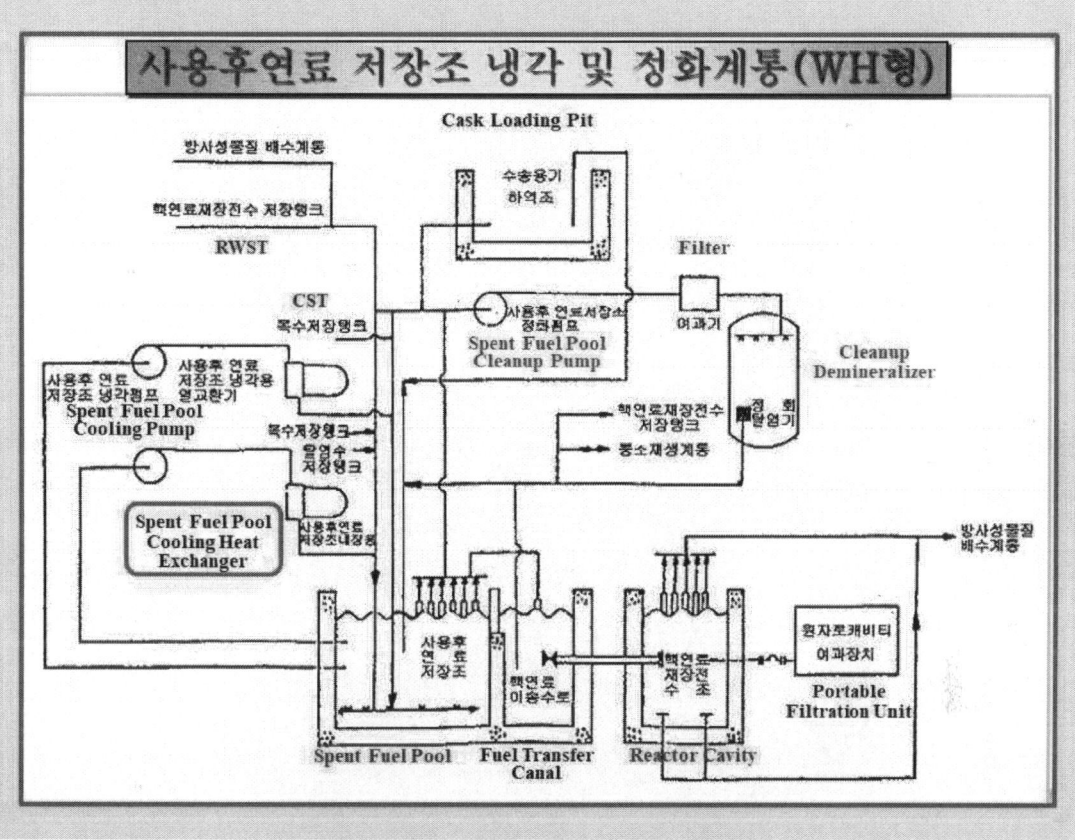

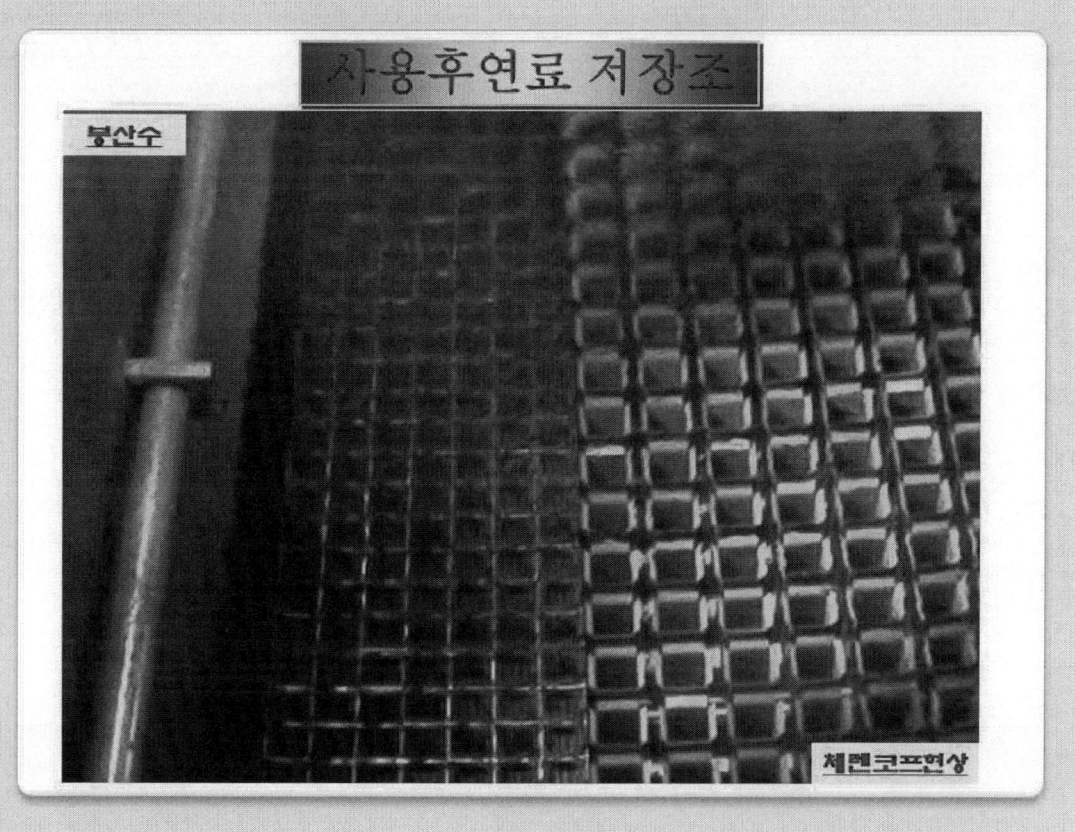

신연료 저장고(WH)

냉각재계통도(OPR)

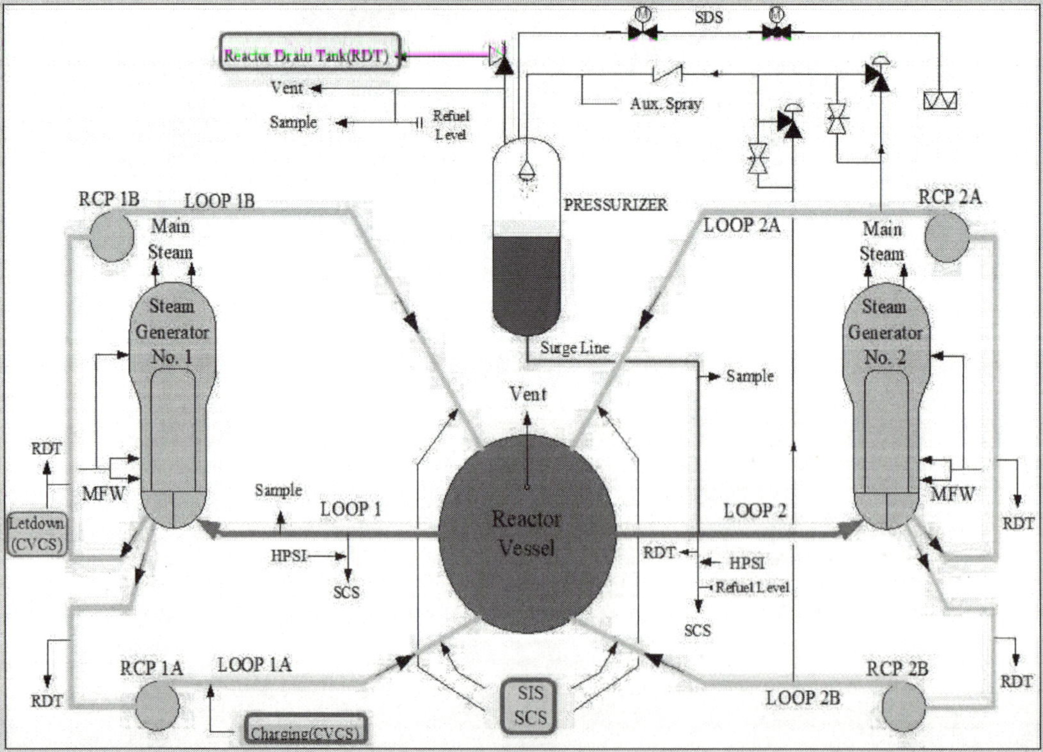

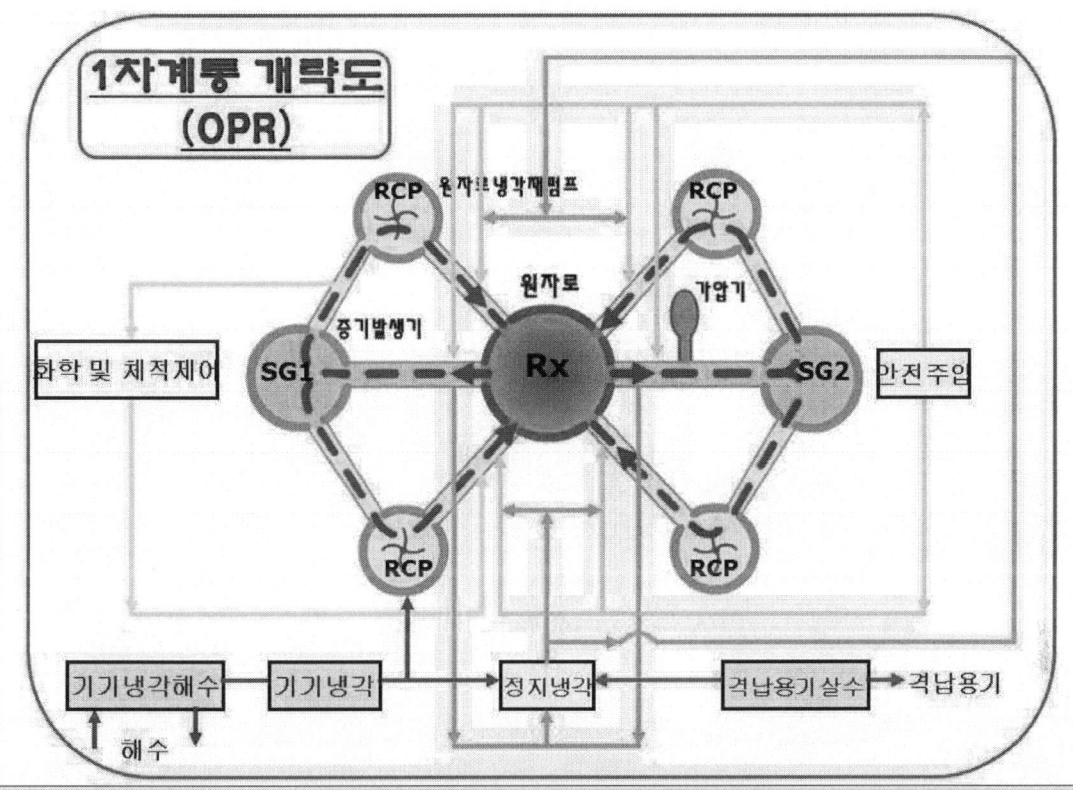

정지냉각계통 기능

- 잔열 제거
  - 냉각재계통이 350°F(176.7℃), 압력 450Psia(31.6kg/cm²A) 이하까지 냉각된 후 연료재장전 온도까지 후속 냉각
  - 발전소 잔열제거 수단
    - 주증기 우회계통 및 급수계통
    - 주증기 우회계통(대기덤프) 및 보조급수계통
    - 정지냉각계통 및 기기냉각수계통
- 저압 안전주입계통(사고시 비상노심 냉각을 위한 안전주입계통의 기능을 수행)으로 기능
- 재장전수 탱크와 재장전 수조를 연결시켜 충수 및 배수
- RCS 저온과압(LTOP) 방지 기능
  수단 : 펌프 흡입측 압력방출 밸브(Relief Valve)
- 냉각재 정화 기능 : 화학 및 체적제어계통과 연계 운전

정지냉각유로 예열 및 정지냉각 진입

11. RCS 냉각율 결정 및 RCS 냉각운전 수행

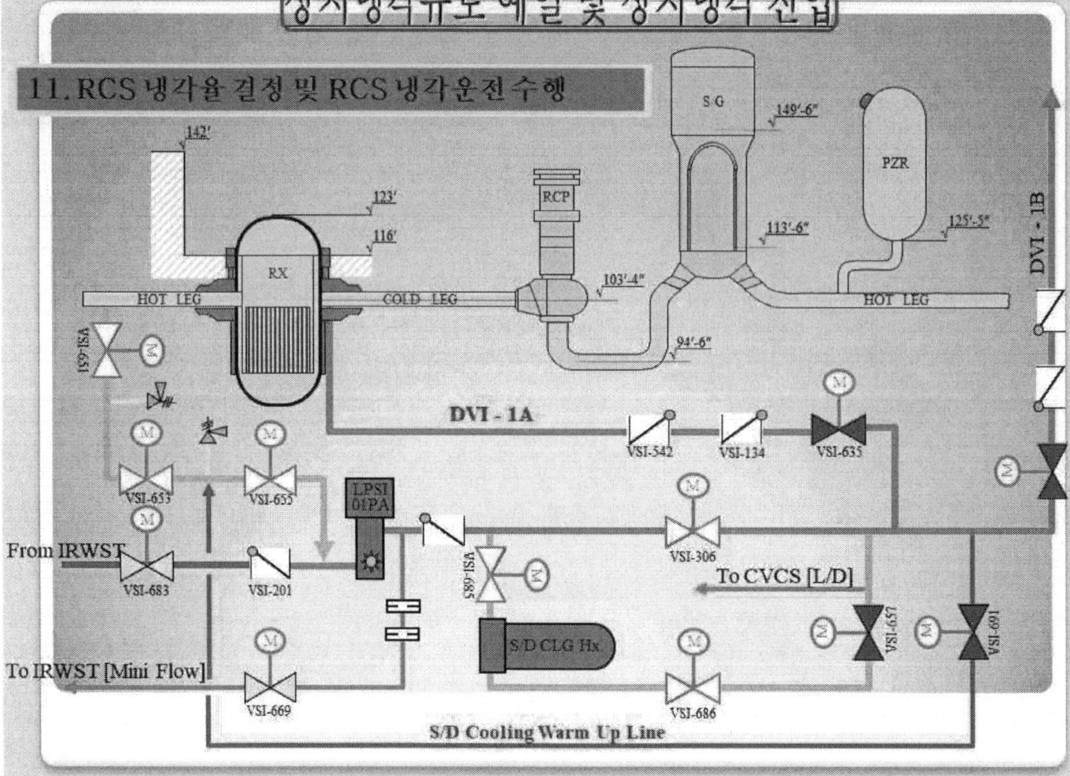

1차 기기냉각수(CCW) 기능

- ❖ 정상 운전 중 각종 원자로 보조기기 및 비안전기기에 냉각수 공급
- ❖ 비상시(LOCA 등) 안전관련계통 주요기기에 냉각수 공급
- ❖ 폐회로로 구성, 1차 기기냉각수 펌프에 의해 계속 순환
- ❖ 방사성물질의 외부누설 가능성을 줄이기 위해 1차기기 냉각해수계통과 방사성물질을 함유한 계통과의 중간방벽 역할

기기냉각수 부하 (Thermal Load)

안전성 관련 열부하
- 격납건물 살수 최소 열교환기
- 격납건물 살수 열교환기
- 정지냉각 최소 열교환기
- 정지냉각 열교환기
- 비상 디젤발전기 열교환기
- 필수 냉동기 응축기
- 사용후연료 저장조 냉각 열교환기

울진5,6호기 기기냉각수펌프

- CCW 약품주입탱크(WH형)

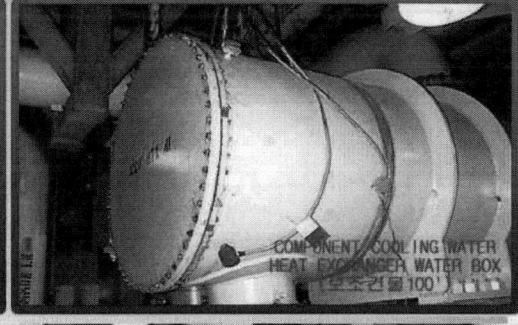

- 기기냉각수 열교환기

원자로 제어

반응도를 조절은 냉각재 평균온도(T_{avg})를 터빈출력인 기준온도(T_{ref})에 일치

◆ 기준온도

고압터빈 첫 단 회전날개 충동실의 증기압력으로 터빈출력에 선형으로 변하는 특성 이용

☐ 제어용 제어봉(Control Bank)
- 노심 반응도와 냉각재 평균온도 변화제어
- 구성 : 뱅크 1, 2, 3, 4, 5 (5번-그룹)
- 원자로 정지시 중력에 의해 노심내 삽입
- 정지봉(Shutdown Bank) : A, B 그룹
 - 수동 조작만 가능
 - 군(그룹)간 중첩 없음

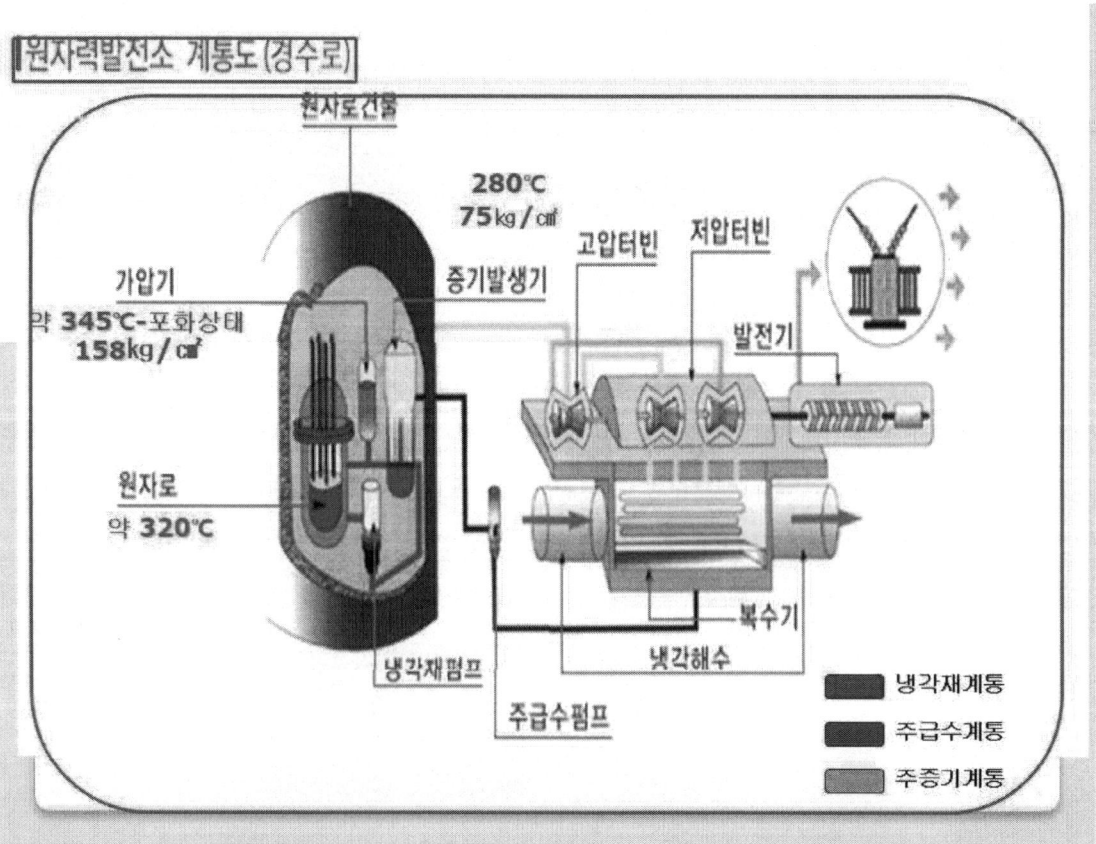
원자력발전소 계통도(경수로)

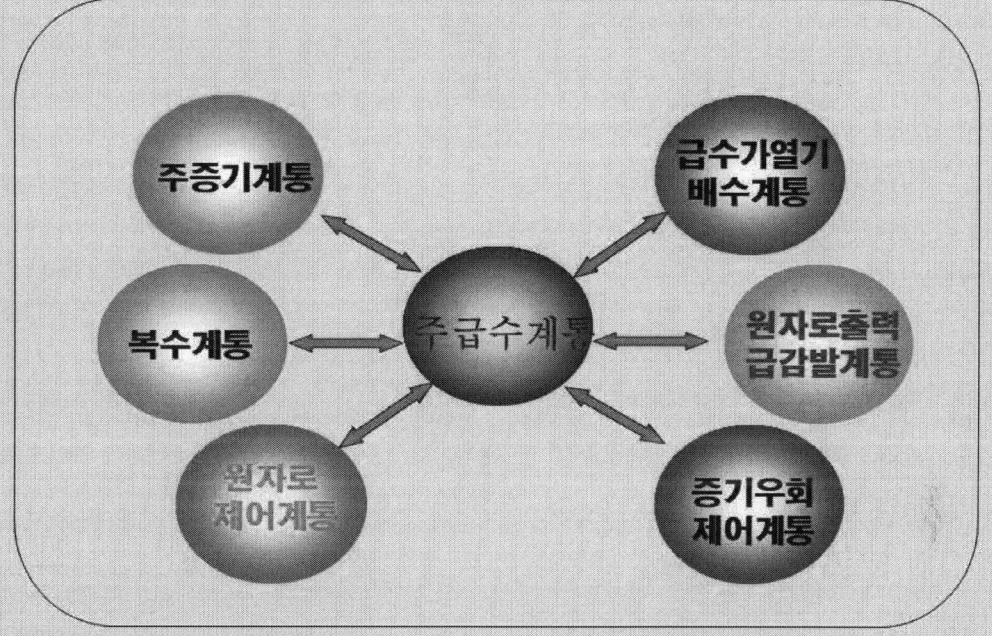

원자로 급감발(RPCS) 계통 기능

◆ 1, 2차 출력 불균형 발생시 원자로출력을 빠르게 감소시켜 원자로 트립 방지
◆ 터빈트립을 포함한 큰 부하상실 사고시 급속한 원자로출력 감발 개시
  ✓ 가압기 고 압력으로 인한 원자로 트립 방지
  ✓ 안전밸브 개방 방지
◆ 2(3)대의 동작중인 주급수 펌프중 1(2)대가 상실할 경우 급속한 원자로 출력 및 터빈출력 감발(APR-1400)
  ✓ 증기발생기 저수위로 인한 원자로 트립 방지
◆ 원자로 출력 급감발시, RPCS는 터빈 Setback, Runback, 터빈부하 증가 금지신호를 터빈제어계통으로 제공

주급수계통 계략도
탈기기 저장탱크
FWBP 04
TDP 01
FWBP 05
TDP 02
FWBP 06
TDP 03
단기 재순환
S/U FWP 07
7A
7B
6A
6B
5A
5B
고압급수가열기
하향통로 밸브
급수예열기 밸브
장기 재순환
S/G 1
S/G 2

복수기 내부구조
Non-Condensible Gas Offtake
LP Feed Water Heater
Water Box
Vent Duct & Drip Roof
Shell
Tube Support Plate
Tube
Hotwell
Tube Sheet

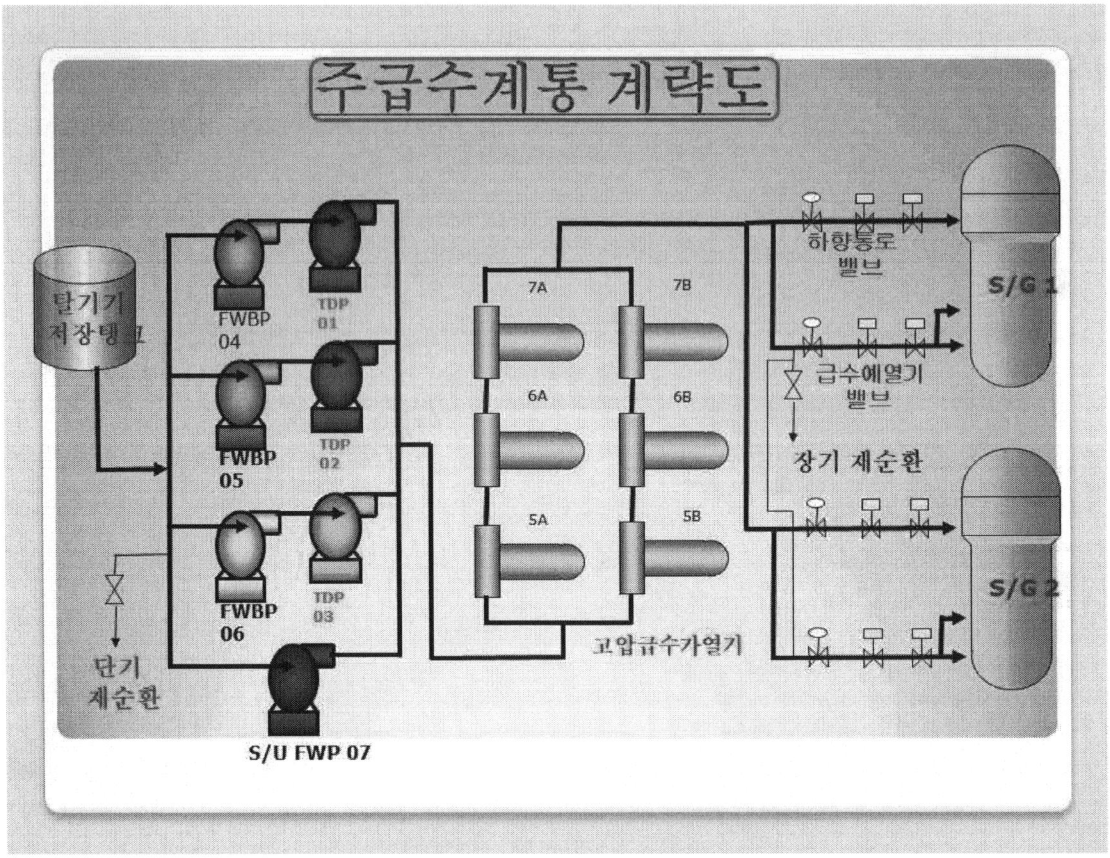

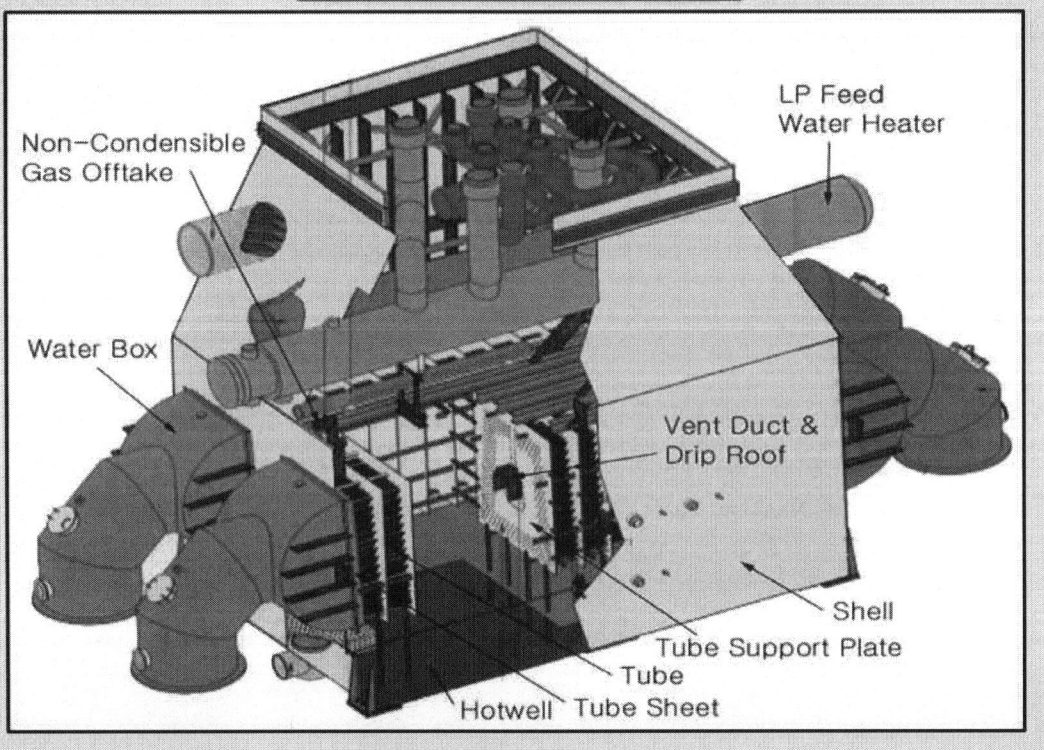

CTCS 기능

Condenser
Tube
Cleaning
System

- 복수기 튜브에 축적되는 **슬러지 제거**
- 복수기 **열효율** 향상
- 복수기 튜브의 수명 연장

순환수계통

- 계통 목적
  - Provide Cooling Water : 복수기 및 2차 기기 냉각수 열교환기(TGBCCW)
  - 계통 주요 기기는 6개 순환수 펌프로 구성
  - 보조계통 : 복수기 튜브 세정계통, 해수조 수실 공기 제거계통(Priming System,) 데브리 필터 계통
- 배관 : 에폭시가 도포된 탄소강관과 철근 콘크리트 도관으로 구성
- 염소는 복수기 튜브 내부와 취수구에서 해양 생물의 성장을 억제하는데 사용
- 모든 순환수 펌프 출구밸브를 수동으로 60° 까지 닫는다.
- 순환수 펌프를 1대 정지. 60° 열려있던 출구밸브가 30° 닫히고 펌프가 정지되면 20초 후에 자동으로 완전히 닫힌다.

이물질 여과기 (Debris Filter)

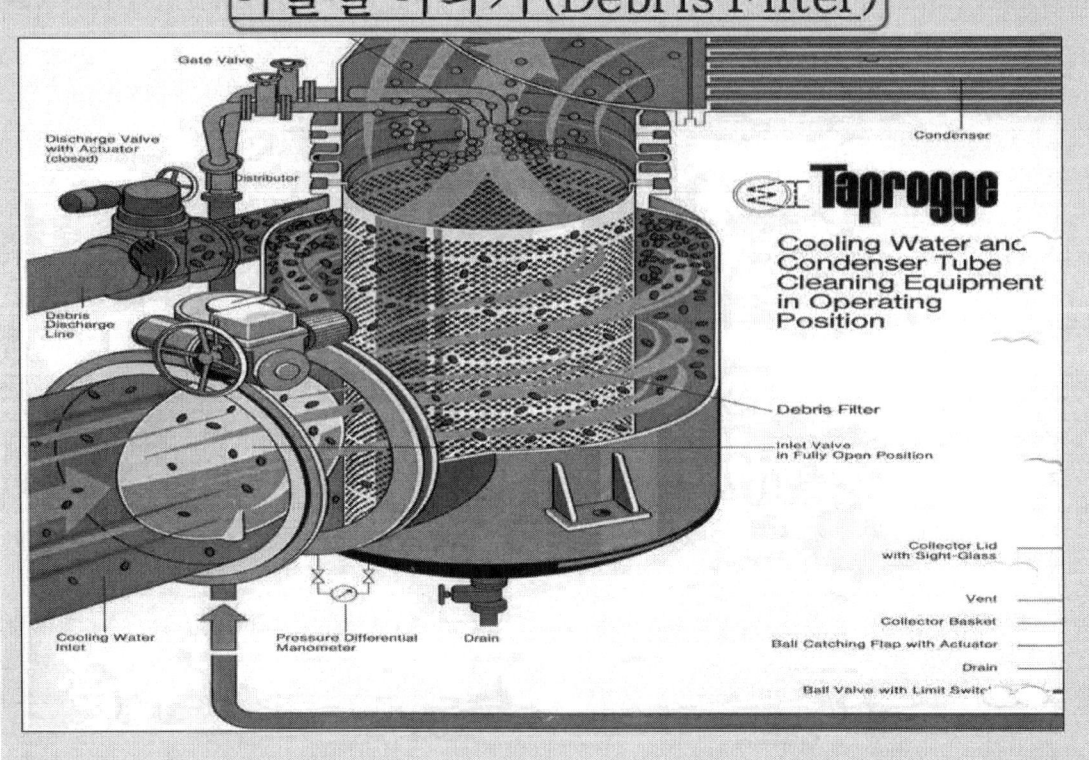

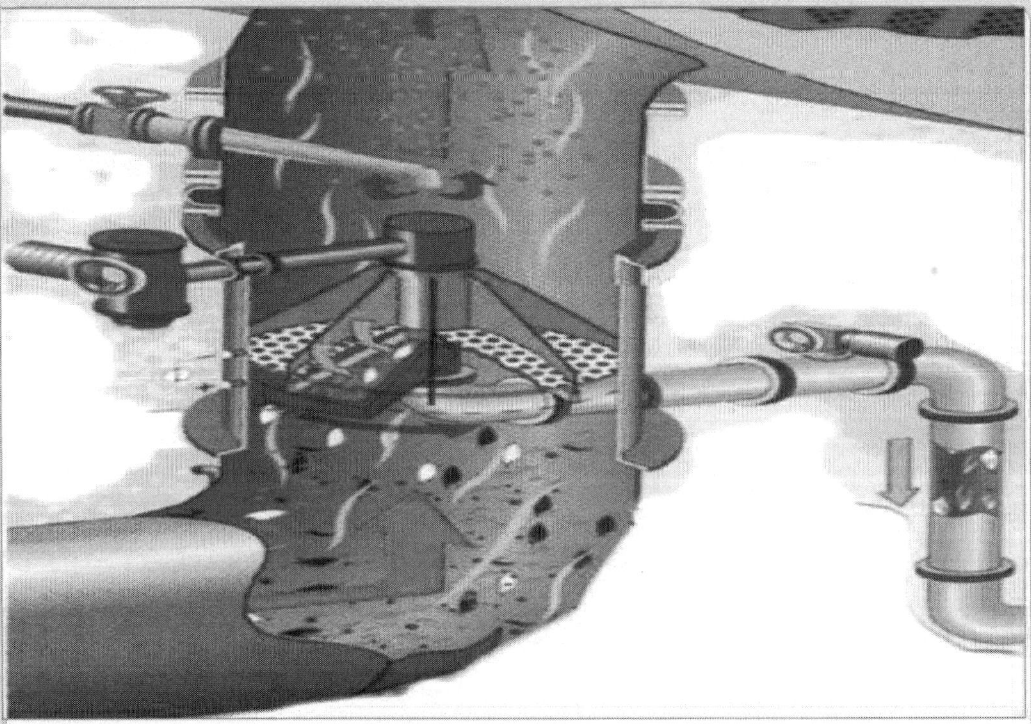

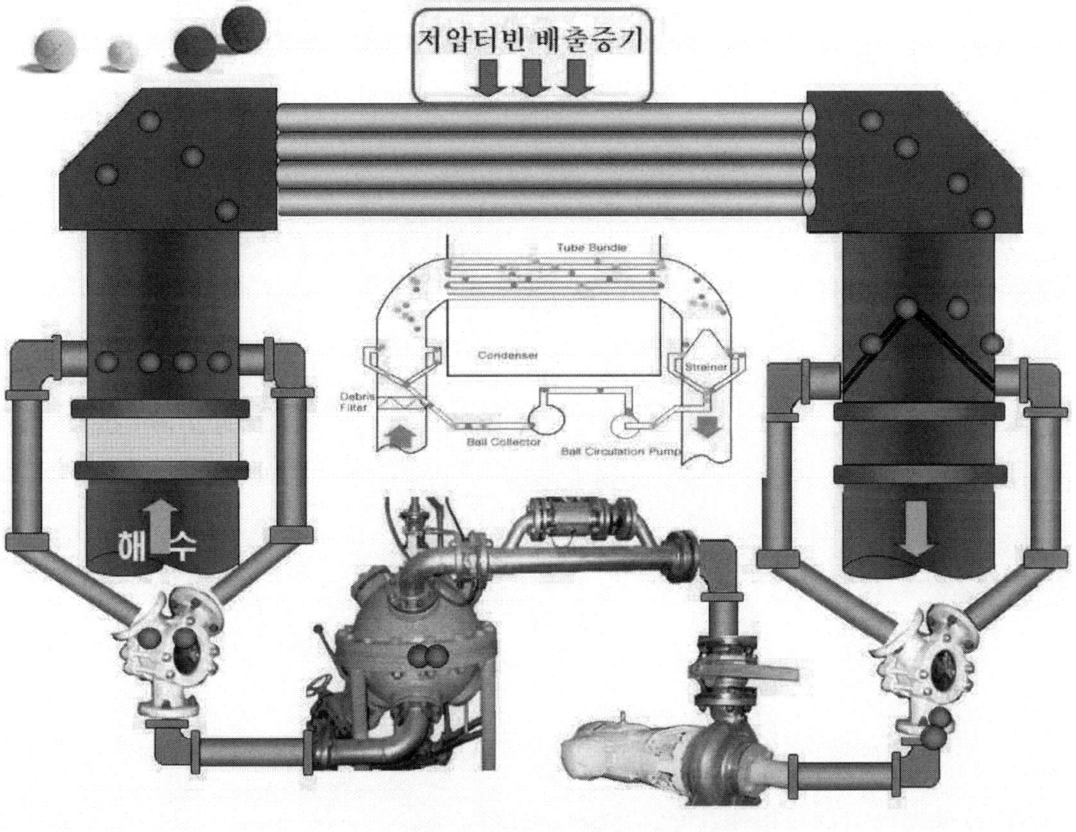
저압터빈 배출증기
Tube Bundle
Condenser
Strainer
Debris Filter
Ball Collector
Ball Circulation Pump
해수

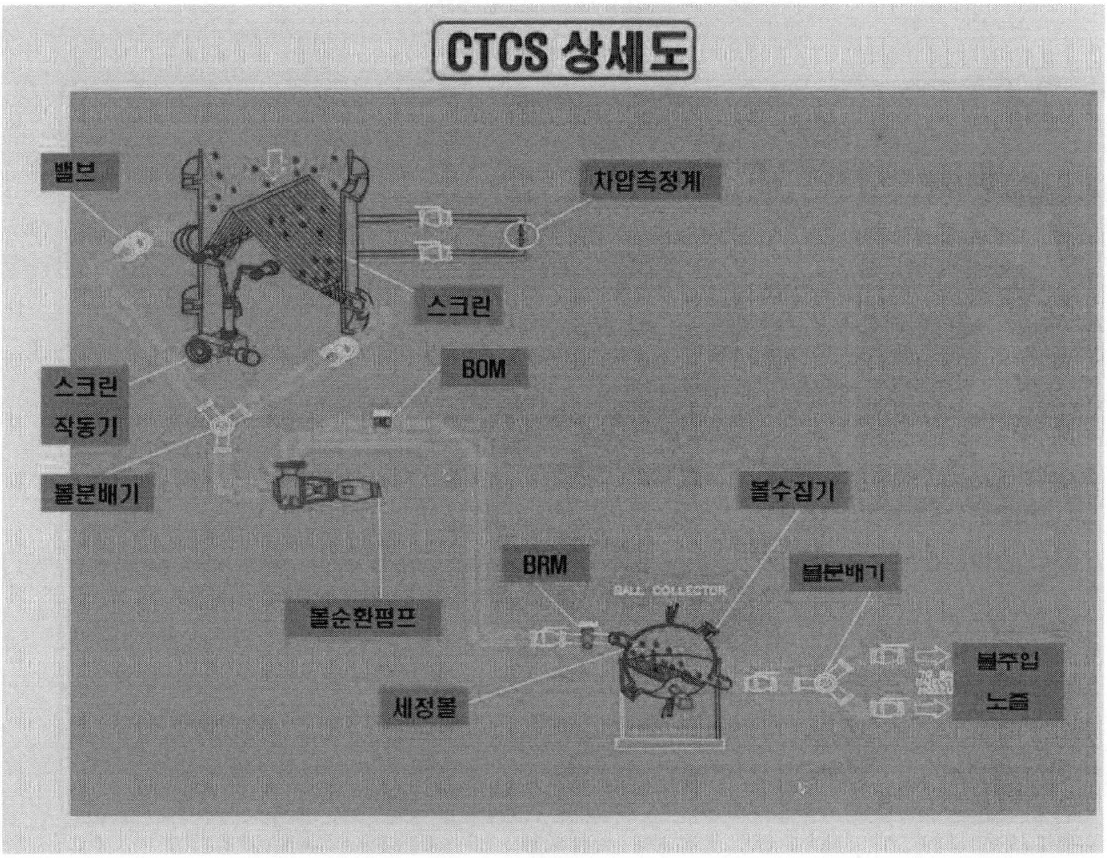
CTCS 상세도
밸브
차압측정계
스크린
BOM
스크린 작동기
볼분배기
볼수집기
BRM
볼분배기
BALL COLLECTOR
볼순환펌프
볼주입 노즐
세정볼

Screen 및 차압측정기

- Ball Strainer Screen
  - 해수로부터 스폰지 볼을 분리시키는 역할
- 차압측정기
  - 스크린 전 후단 차압 측정
- 운전상태
  - 정상 운전모드 : 스크린 영역에서 해수로부터 볼을 분리하여 출구 노즐로 볼을 보냄
  - 역 세척모드 : 스크린에 쌓이는 이물질 제거

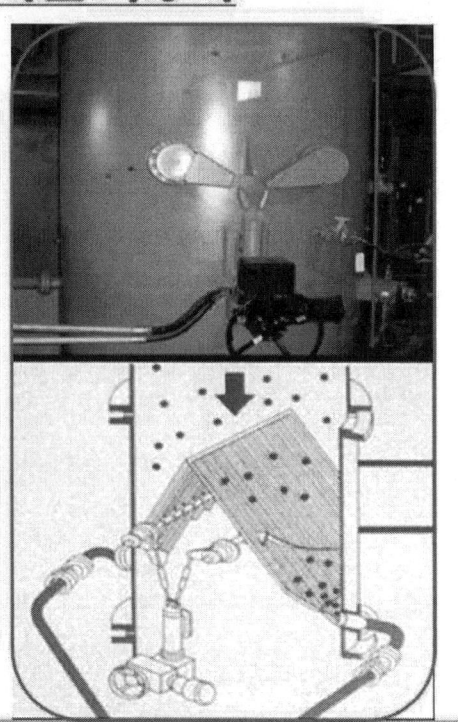

복수기 수실

복수기 튜브

순환수계통 구조(수위기준)

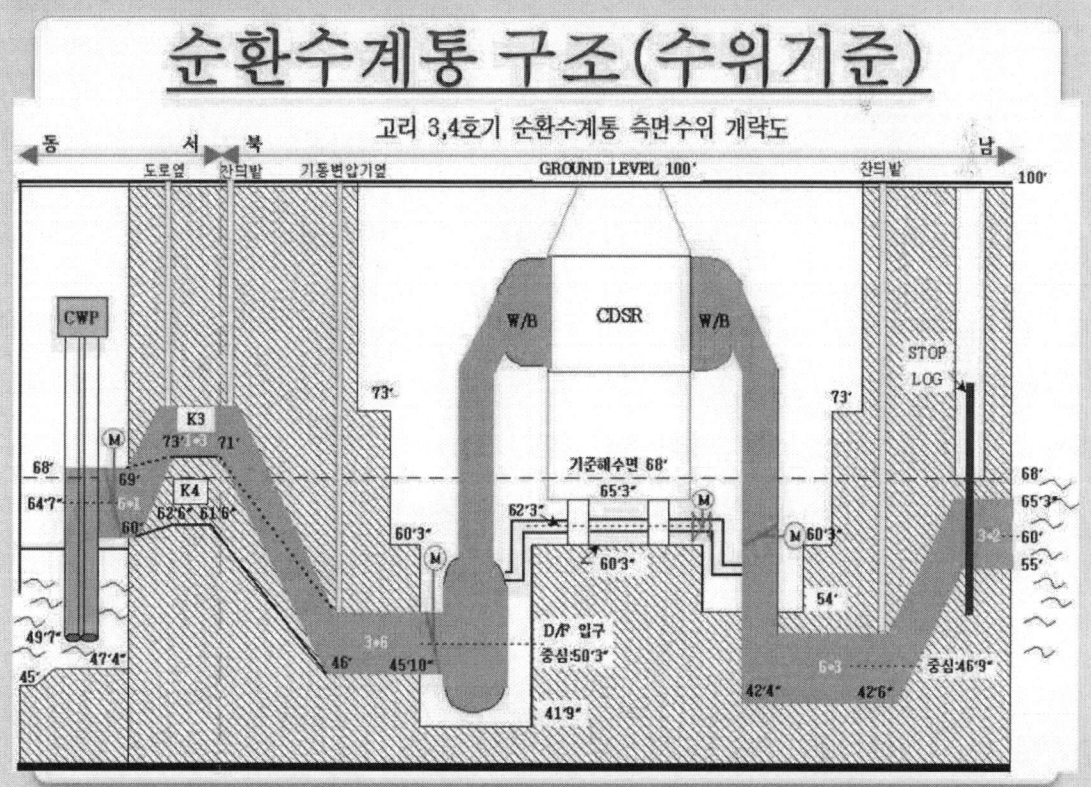

고리 3,4호기 순환수계통 측면수위 개략도

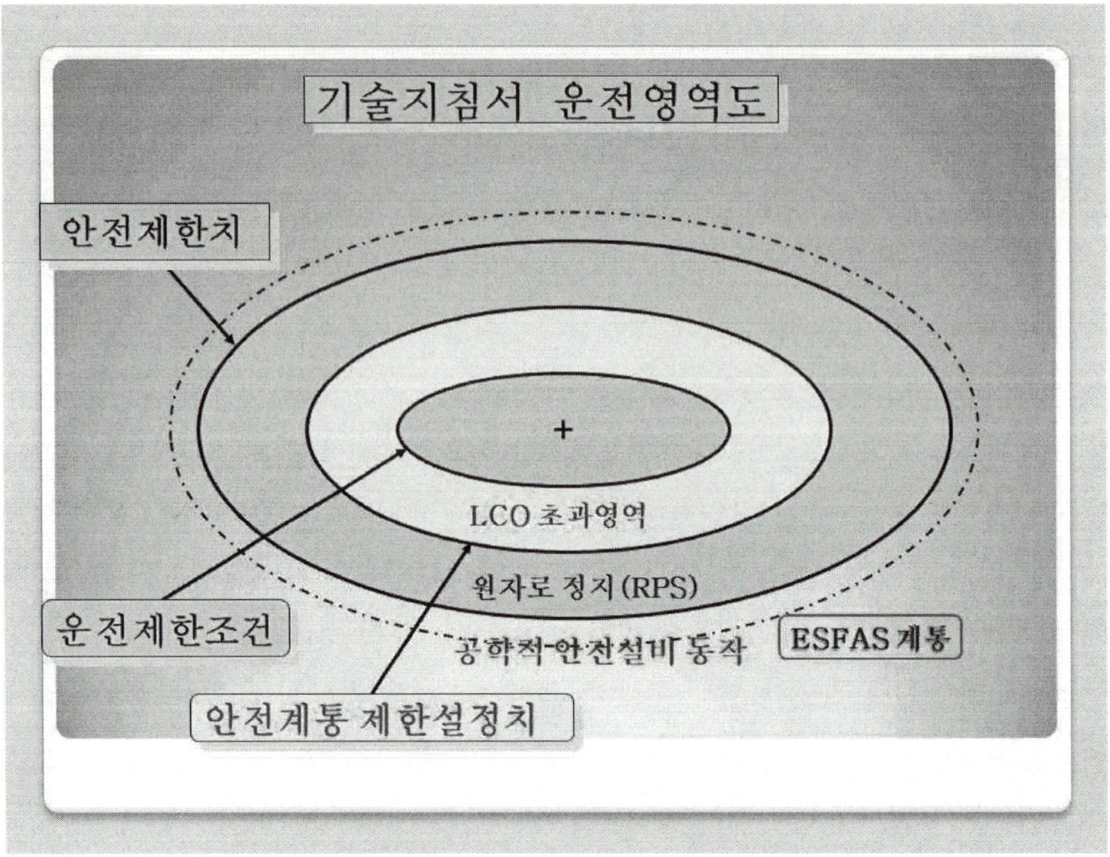

기술지침서 운전영역도
안전제한치
LCO 초과영역
원자로 정지(RPS)
운전제한조건
공학적 안전설비 동작
ESFAS 계통
안전계통 제한설정치

공학적 안전설비 설계특성

- 다중성(Redundancy : 중첩성)
  한 계열이 기능을 상실했을 경우 다른 계열이 본래의 설계 기능을 발휘
- 독립성(Independency)
  한 계열이 다른 계열에 영향을 미치지 않도록 <u>전기적, 물리적 분리</u>
- 고장시 안전성(Fail Safe)
- 다양성(Diversity): Process변수를 감시하기 위하여 둘 이상 서로 다른 측정기기를 사용
- 시험성(Testability) : 계통의 불필요한 동작 또는 기능상실 없이 출력운전 중 시험 또는 교정할 수 있도록 설계

원자력발전소의 안전장치
원자로건물
펌프
원자로 건물 살수계통
축압탱크
제어봉
원자로
증기발생기
노심
펌프
냉각수
고압주입계통
냉각수
저압주입계통
펌프

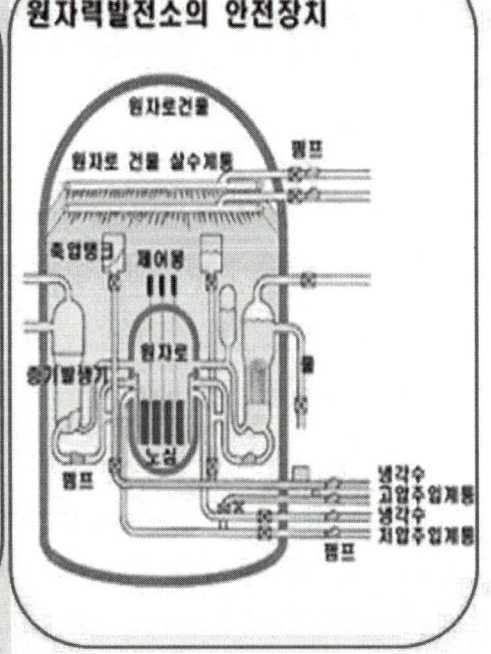

공학적 안전설비계통 구성

- 비상 노심냉각계통 (안전주입계통)
  - 능동적 주입 : 조건 SIAS
  - 수동적 주입 : SIT 질소 압력(안전주입탱크)
- 격납용기(원자로건물) 계통 : CIAS
- 격납용기(원자로건물) 살수계통 : CSAS
- 보조급수계통 (비상급수계통) : AFAS
- 주증기 격리계통 : MSIS
- 분열생성물 제거 및 제어계통
  - 핵연료건물 비상 배기계통
  - 주제어실 비상 보충계통
  - 보조건물 관리지역 배기계통

IRWST

- Refueling시 Refueling Pool 충진에 필요한 보충수원

- SIS, CSC, CSS 계통의 안전등급 붕산수원

- POSRV 방출 수에 대한 1차 Heat Sink

- Cavity Flooding System 냉각수원

- External Reactor Vessel Cooling System 냉각수원

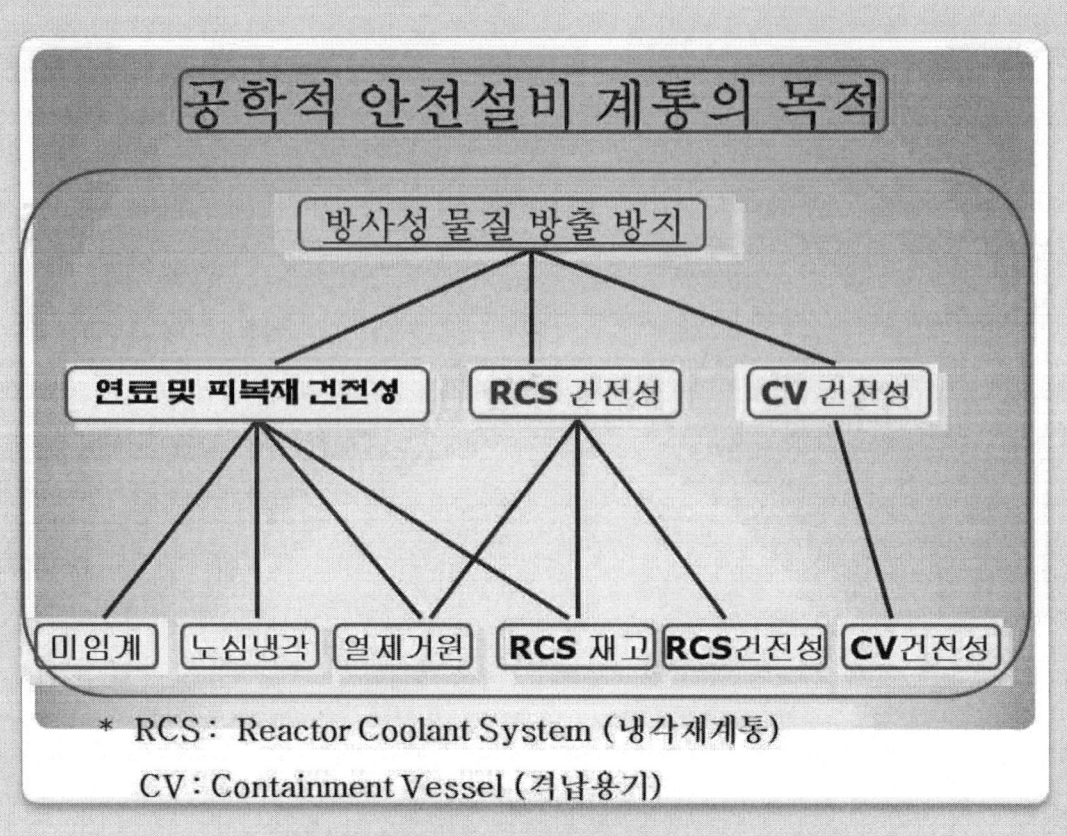

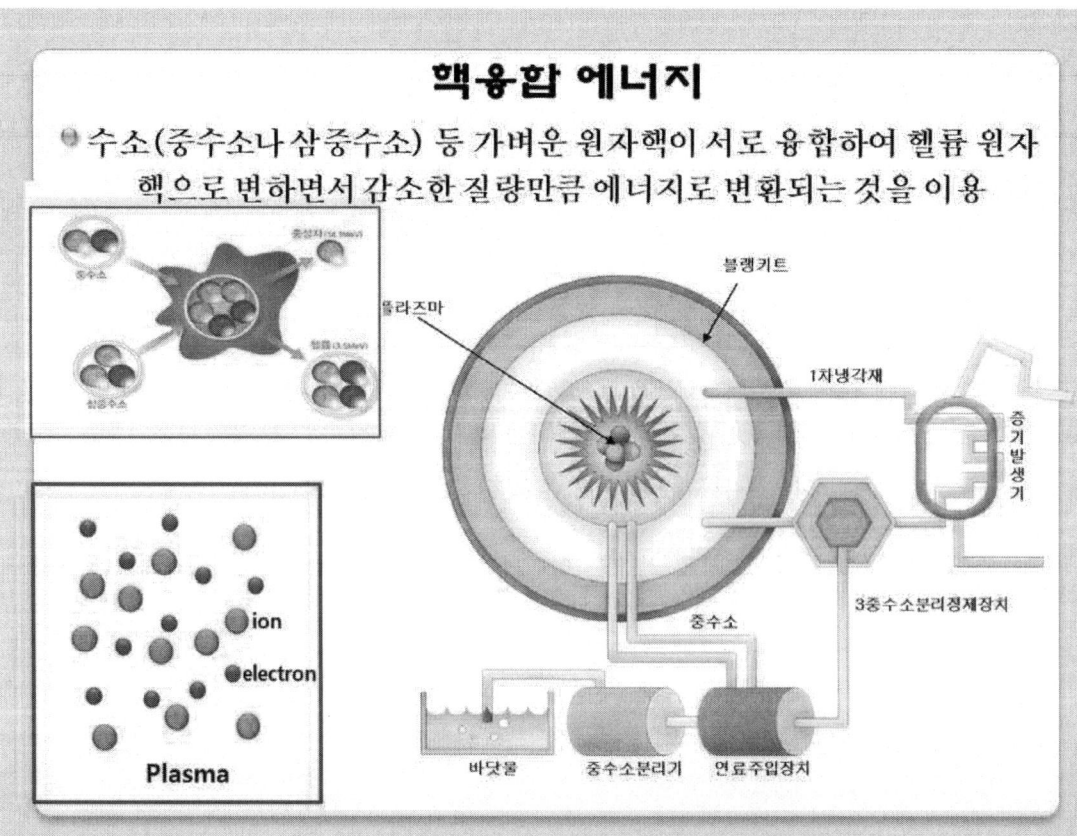

개량형 기체냉각원자로 (Advanced Gas-cooled Reactor: AGR) : 2% 농축우라늄

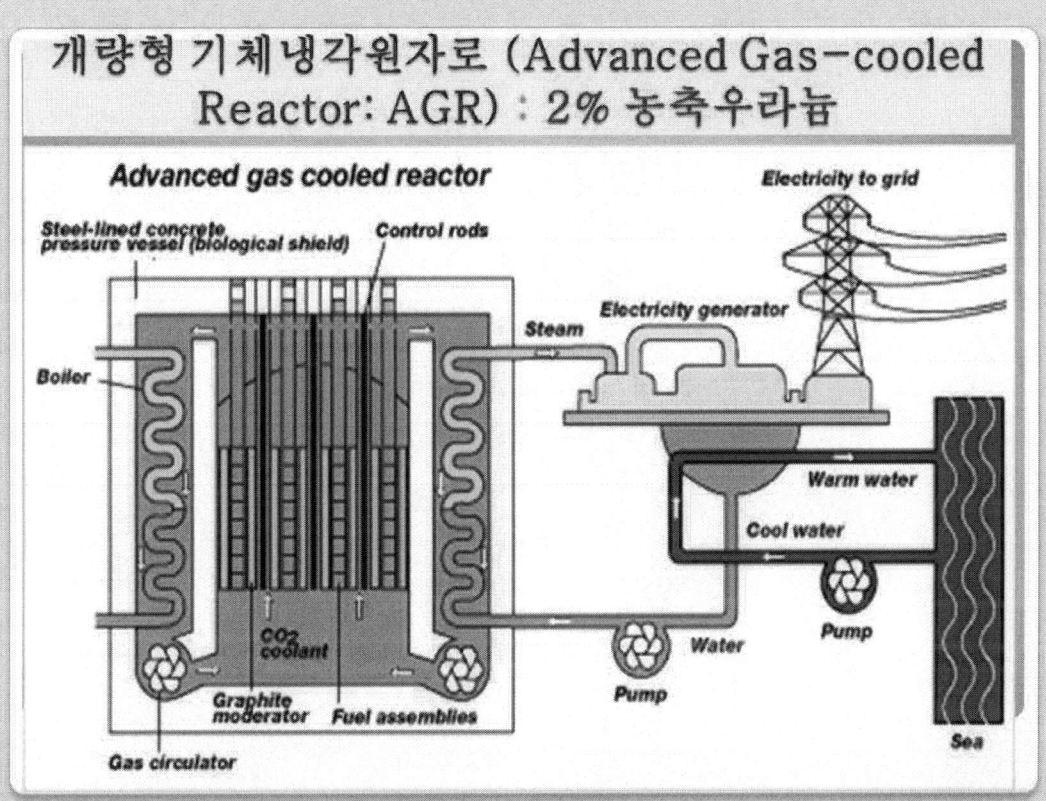

고속증식로

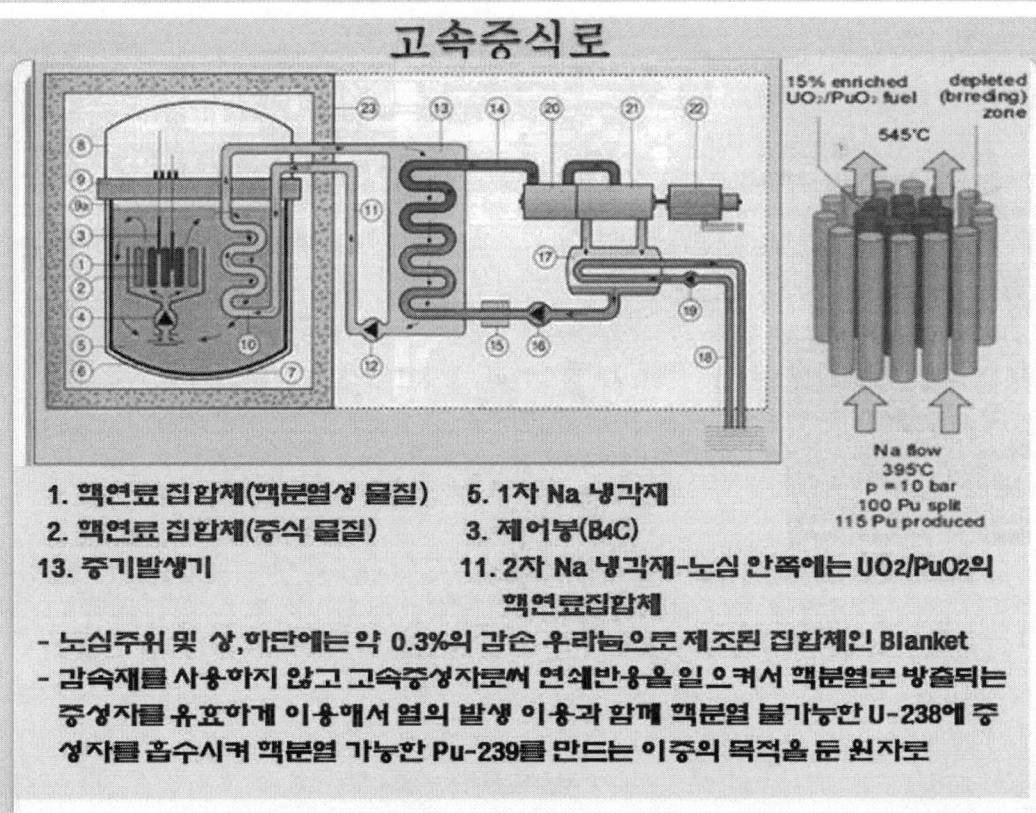

1. 핵연료 집합체(핵분열성 물질)
2. 핵연료 집합체(증식 물질)
13. 증기발생기
5. 1차 Na 냉각재
3. 제어봉(B4C)
11. 2차 Na 냉각재 - 노심 안쪽에는 UO2/PuO2의 핵연료집합체

- 노심주위 및 상,하단에는 약 0.3%의 감손 우라늄으로 제조된 집합체인 Blanket
- 감속재를 사용하지 않고 고속중성자로써 연쇄반응을 일으켜서 핵분열로 방출되는 중성자를 유효하게 이용해서 열의 발생 이용과 함께 핵분열 불가능한 U-238에 중성자를 흡수시켜 핵분열 가능한 Pu-239를 만드는 이중의 목적을 둔 원자로

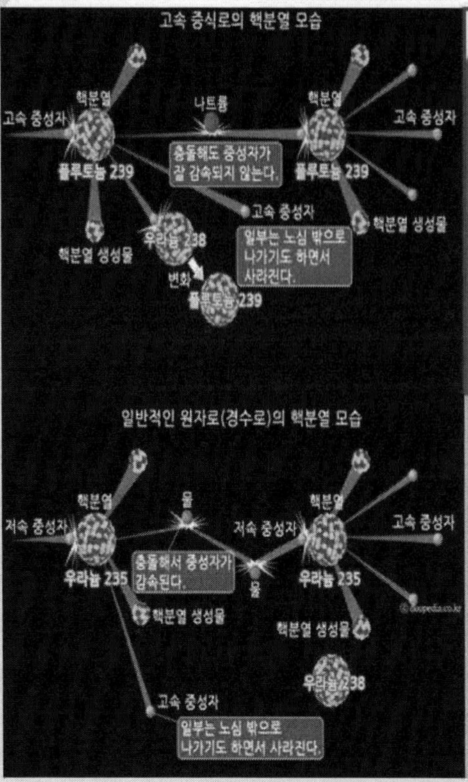

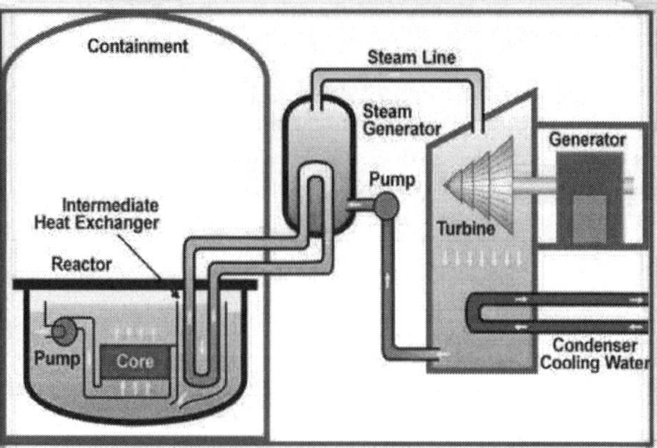

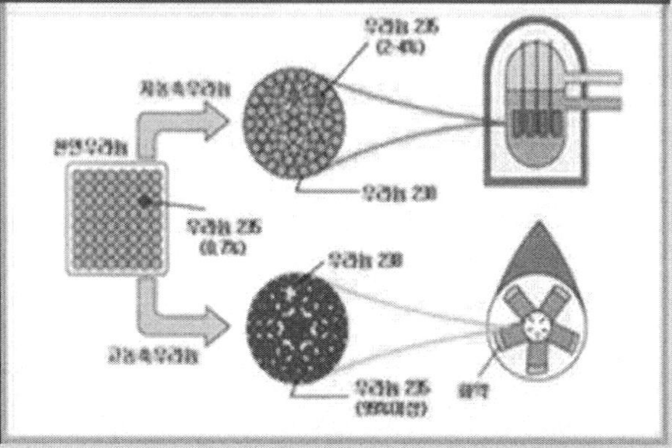

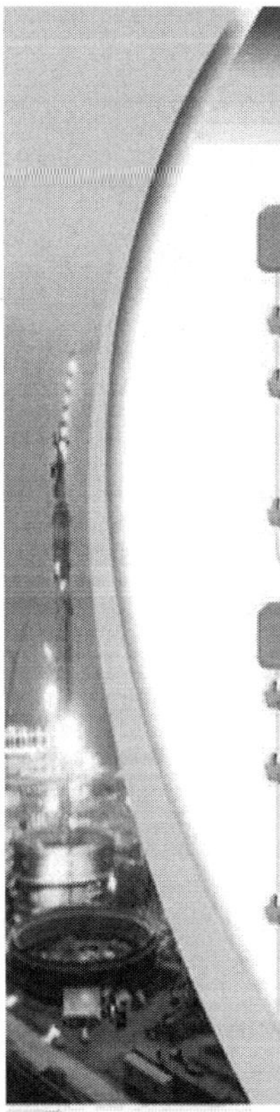

주요 원자력 사고

미국 TMI-2(1979)
- 900MWe급 가압경수로
- 주 급수 상실로 인한 과도현상을 운전원 대처 미흡으로 노심 손상 유발
- 심각한 방사능누출은 없었으나 원자력 산업에 치명타를 줌

구 소련 체르노빌 원전사고(1986)
- 1000MWe급 LWGR(RMBK)
- 원자로를 불안정한 영역에서 규정을 무시하고 시험 시행 중에 출력 폭주, 수증기압 폭증, 수소폭발 등으로 발전소 화재 및 대규모 파손
- 31명 사망(1개월), 광범위한 지역에 방사능 노출(유럽전역, 전세계)

주요 원자력 사고

체르노빌과 TMI원전사고

※ 체르노빌원전은 원자로건물이 없어 방사성물질이 다량 누출되었으나
TMI원전은 원자로건물안에 방사성물질이 모두 차폐되었음.

체르노빌 원전

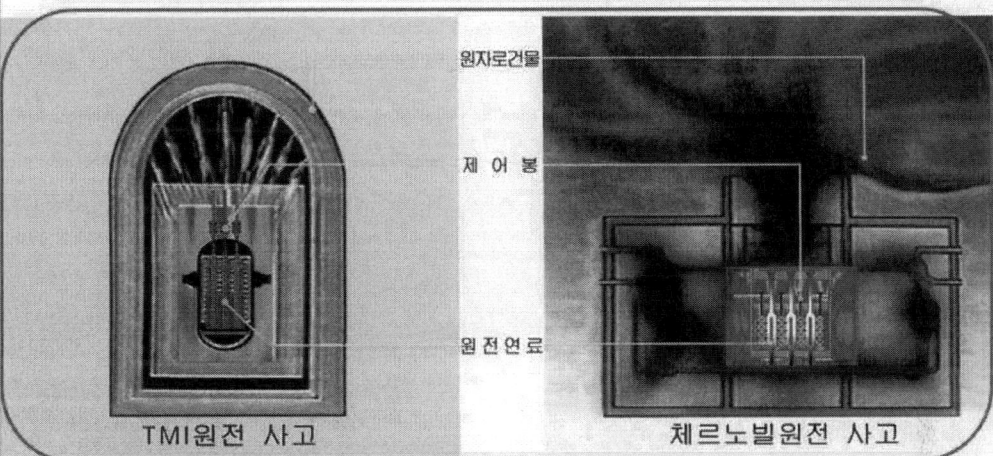

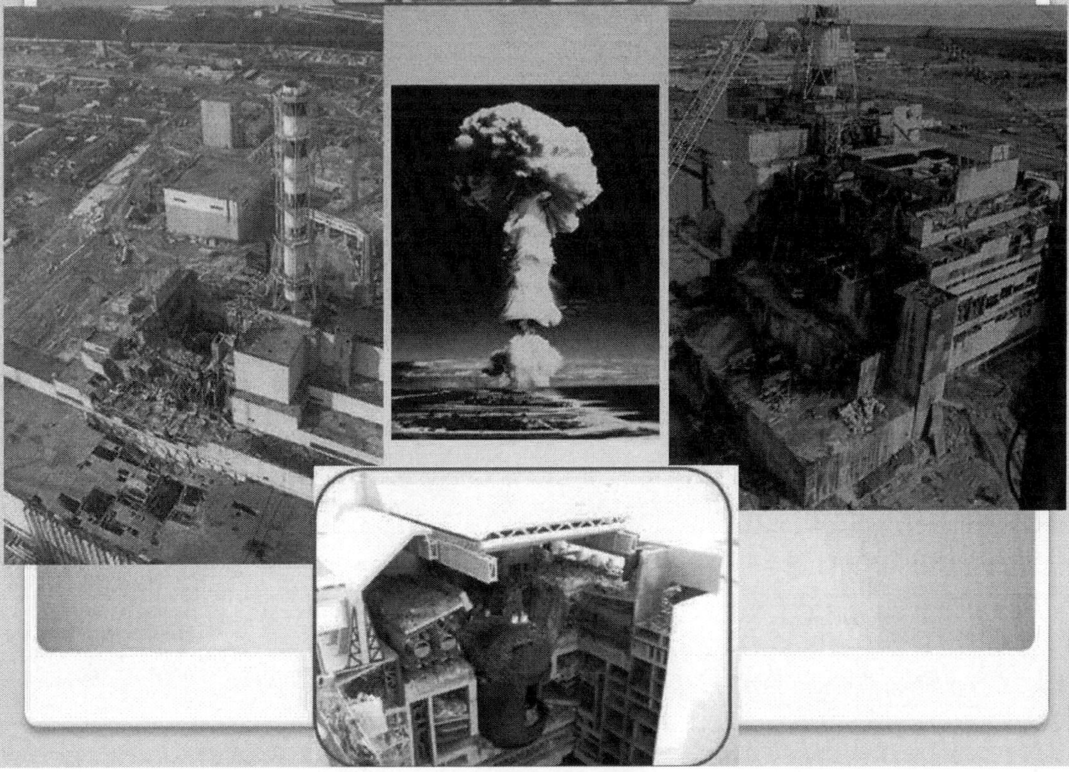

가압경수로와 비등경수로

공통점
- U의 함유율이 2~4W/o 정도인 저농축우라늄을 연료로 사용
- 냉각재 겸 감속재로 경수를 사용
- 고온, 고압으로 가열한 물을 수증기로 만들어 전기를 생산

차이점
- 경수로형
  ○ 증기발생기에서 증기를 생성하여 터빈으로 내보낸다.
  ○ 원자로계통과 터빈계통이 분리
  ○ 전 세계 원전중 60% 이상이 채택
- 비등경수로
  ○ 원자로 압력용기 내에서 직접 냉각수를 가열, 발생한 증기를 터빈으로 내보냄
  ○ 원자로계통과 터빈계통이 분리되지 않는다.
  ○ 전 세계 원전중 20% 정도가 채택

PWR과 BWR의 차이

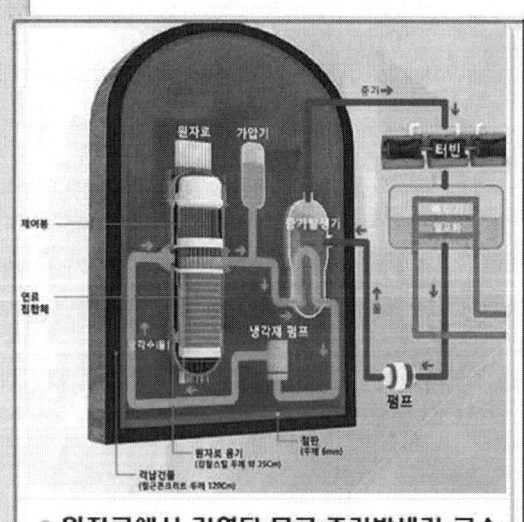

- 원자로에서 가열된 물로 증기발생기 급수 간접 가열 ➡ 증기 발생 및 터빈 회전

방사성물질 외부유출 가능성 낮음

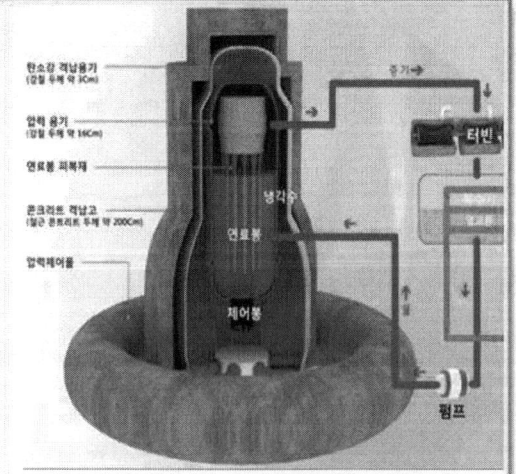

- 원자로 물 안에 핵연료가 물을 가열하여 증기 발생 ➡ 직접 터빈으로 공급되어 터빈 회전

방사성물질 외부유출 가능성 높음

비등경수로(Boiling Water Reactor : BWR) 개략도

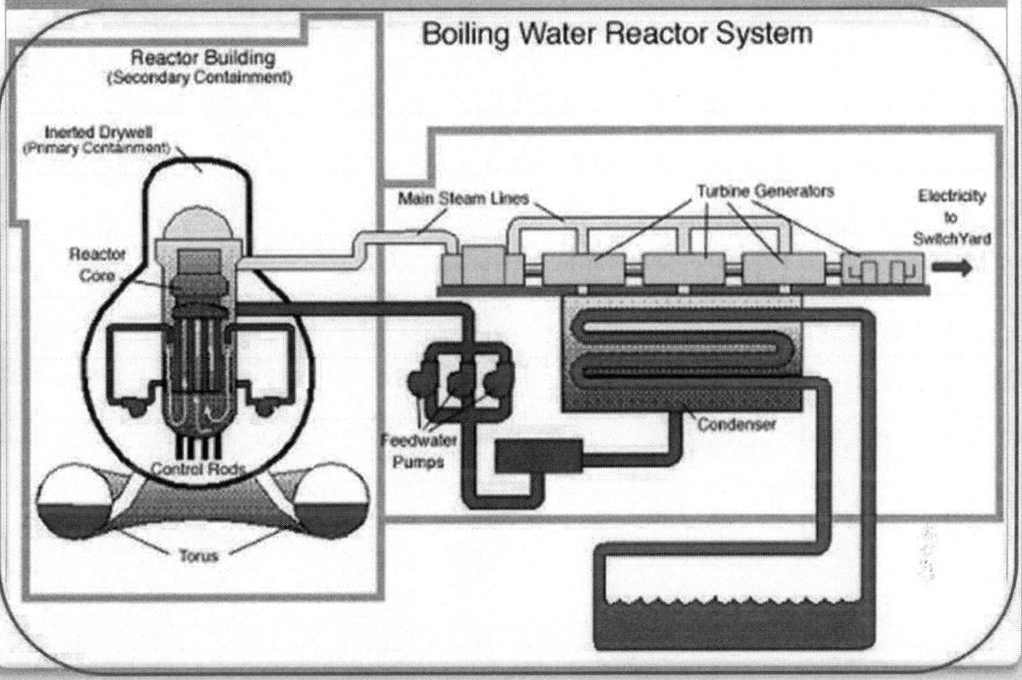

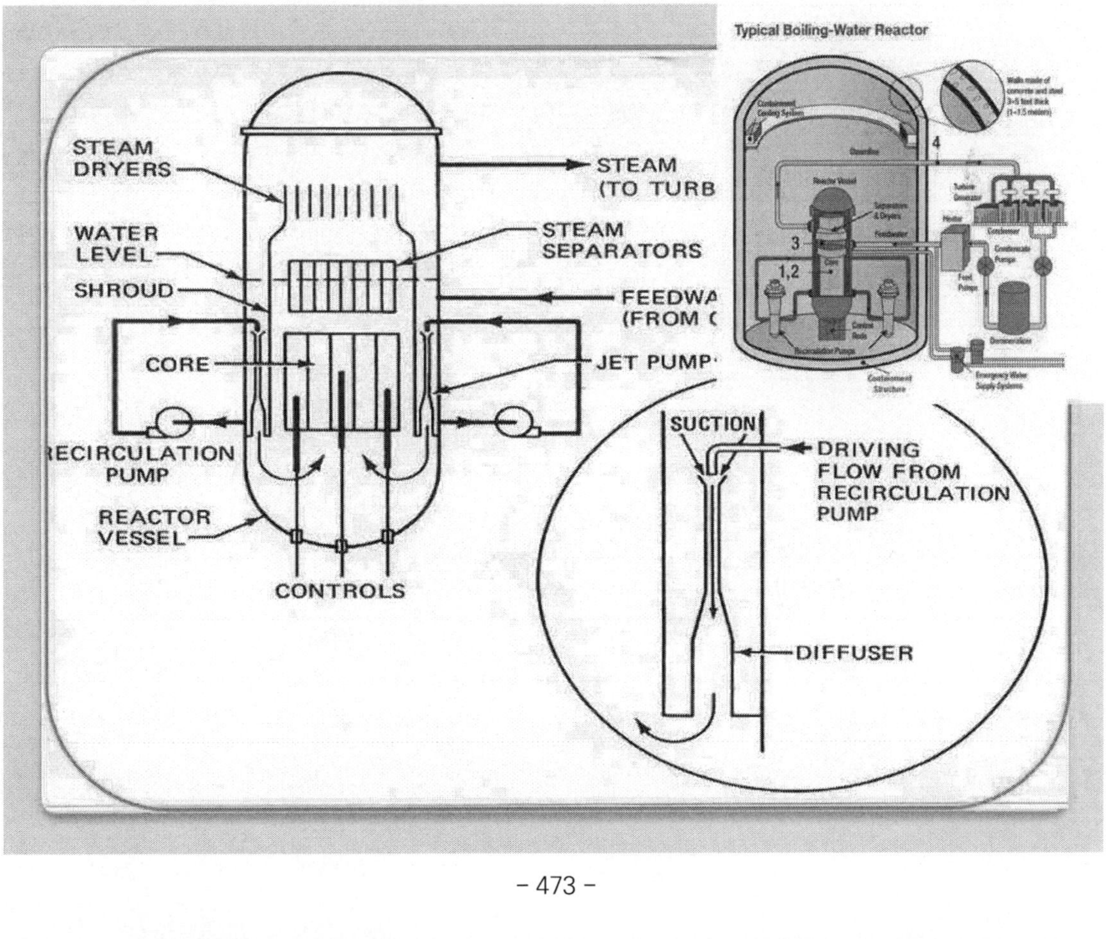

후쿠시마 제1원전 – 격납건물 설계

Mark I General Electric.GE BWR Containment.

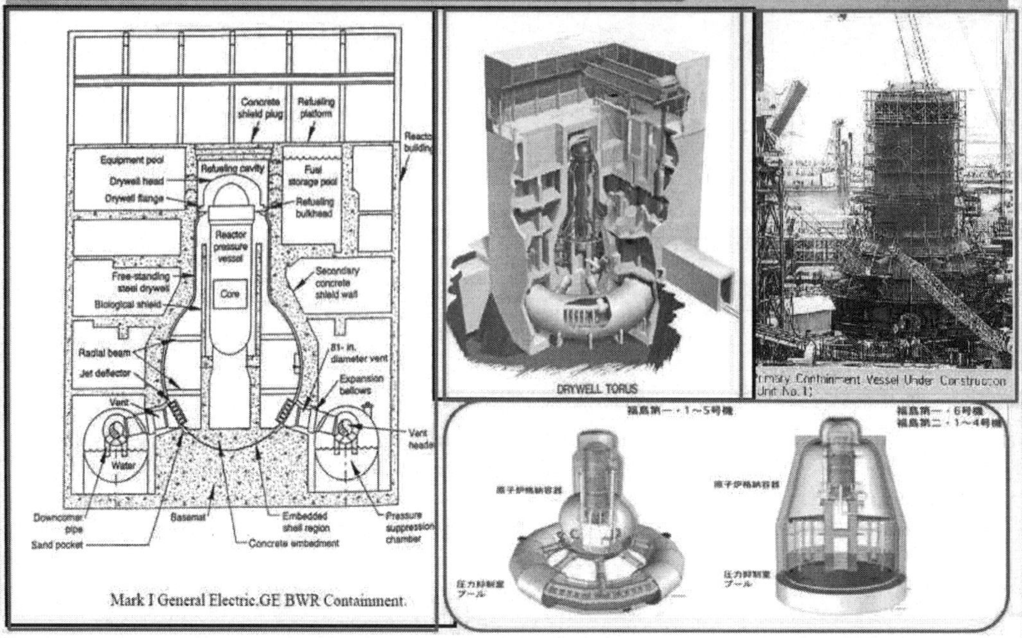

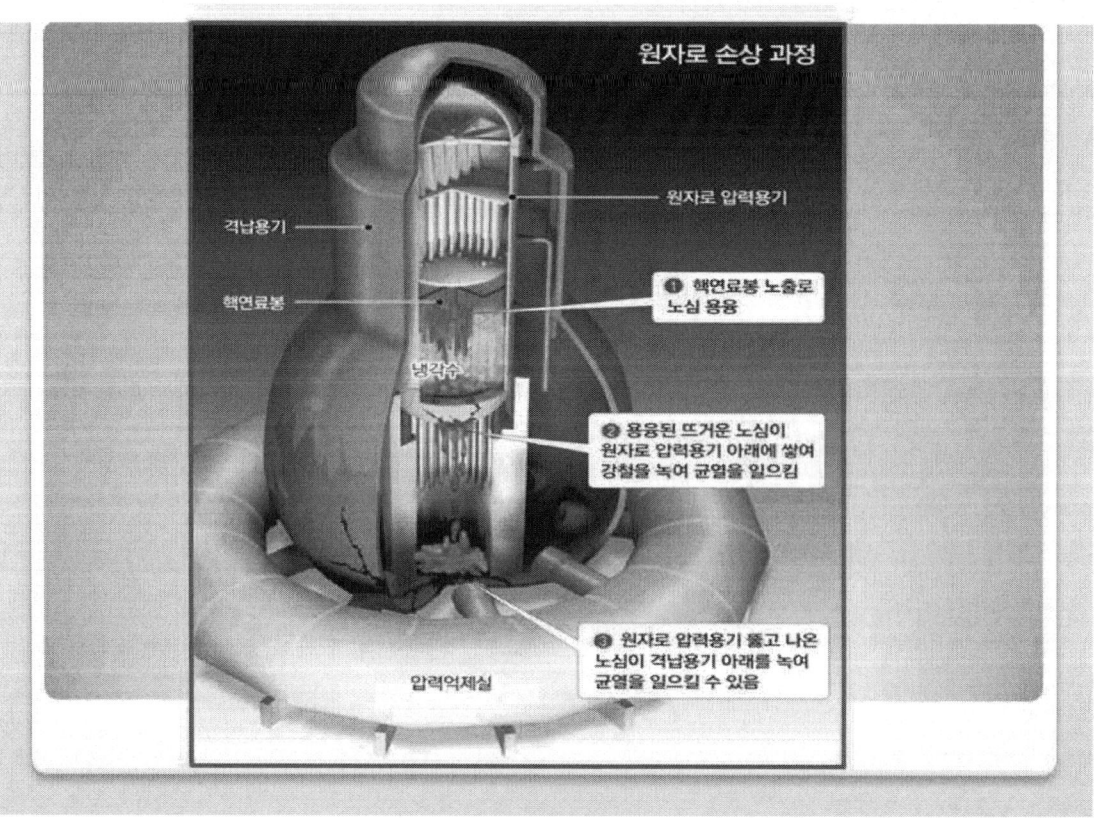

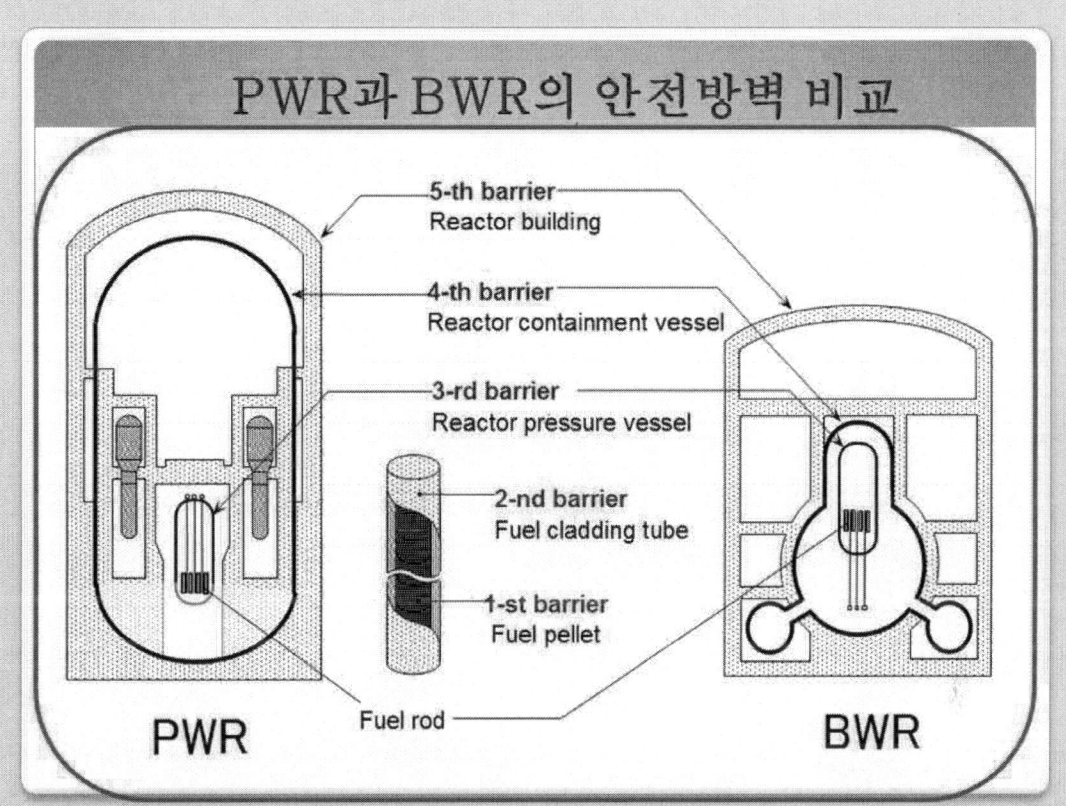

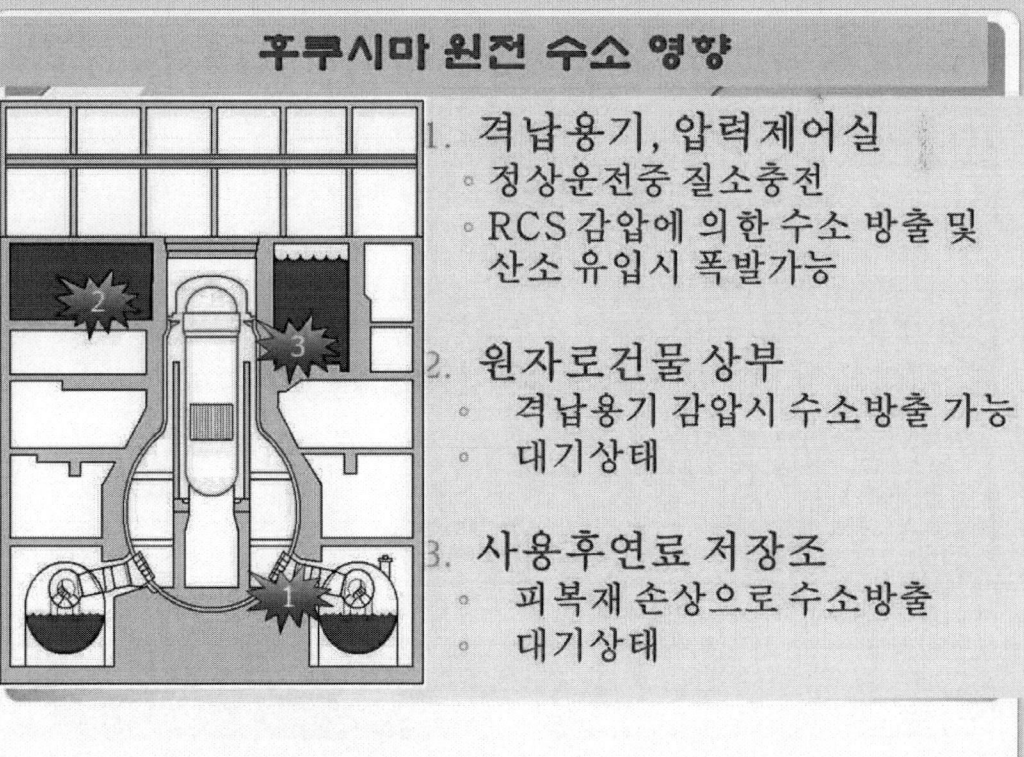

후쿠시마 원전 사고 전개 시나리오

지진으로 자동정지
일시 잔열제거
소외전원상실(지진)
비상발전기 운전
쓰나미 타격
모든 비상발전기 정지

Core Damaged but retained in vessel

비상운전절차 수행
노심냉각기능 상실
잔열의 축적
연료손상진행
이동발전기 가동실패
원자로 온도,압력증가
원자로 수위감소

Core Melt-through
Some portions of core melt into lower RPV head

Drywell Seal Failure
Containment pressurizes. Leakage possible at drywell head

노심노출, 과열상태
수소생성(Zr + 물)
압력용기에서 배기
1차 격납용기 압력증가
노심냉각기능 상실지속

Drywell Seal Failure
Releases of hydrogen into secondary containment

노심노출, 과열상태 지속
수소생성(Zr + 물) 지속
1차 격납용기에서 배기
(격납용기 파손 방지)
2차 격납용기 압력상승
(수소 가스 점등 폭발)

수소집적,
폭발

후쿠시마 원전 내부상황 (초기 자료)

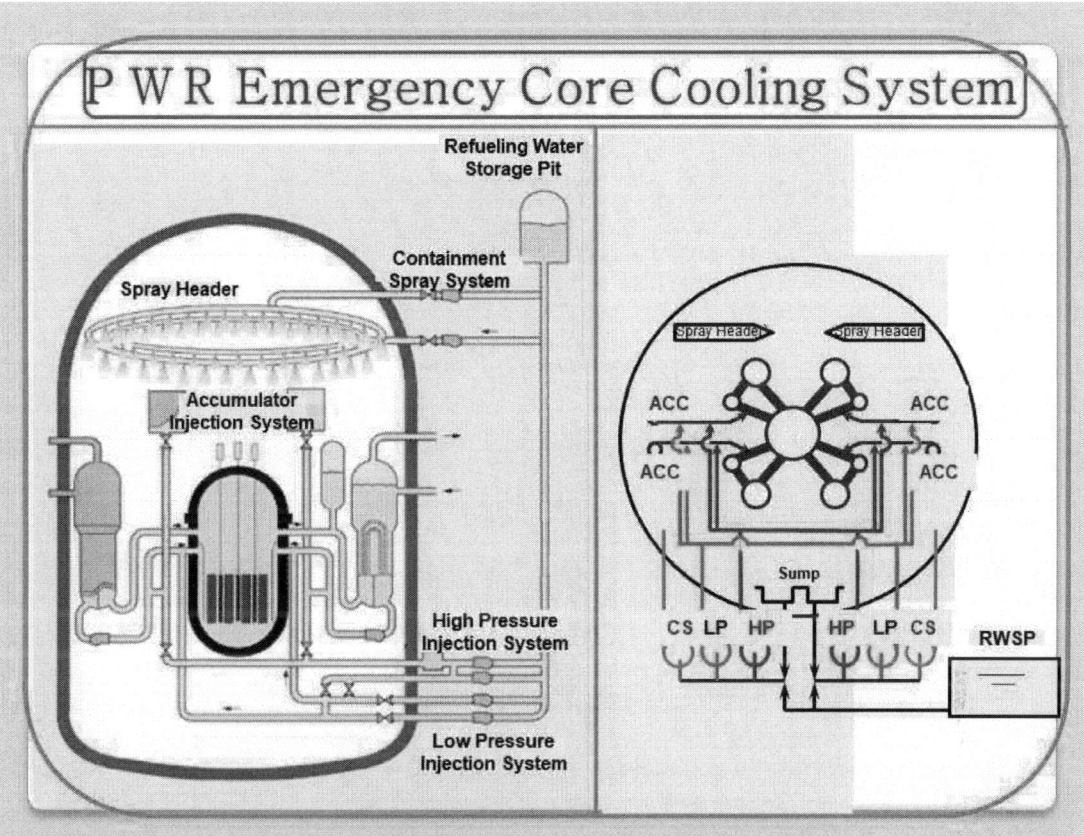

1) ECSBS를 이용한 충수 가능

APR-1400 수소대응 전략

- 피동 촉매형 수소 재결합기 (PAR)
  - 전원, 운전원 조작 불필요
  - 낮은 농도(2%)에서도 수소제거 가능
  - 모든 운전/사고에서 사용가능
- 수소 퍼지계통
  - 수소 희석 및 외부 방출
  - 수소 제어능력 상실시 보조 수단

APR1400 노심용융물 대응 전략

- **원자로용기 외벽냉각(IVR)**
  - 펌프 및 격리밸브 동작을 위해 AC전원 필요
- 원자로공동 충수계통(CFS)
  - MOV : 배터리로 작동 / 배터리 고갈 전 MOV 조작 필요
- 기타 방안
  - ECSBS 충수 → IVR, CFS

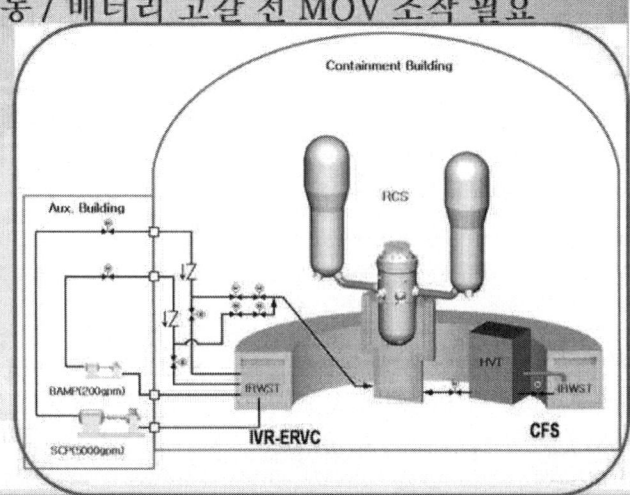

기타 설비

- **급속감압계통 (POSRV)**
  - 배터리로 동작
  - SBO시에는 2차측을 냉각하면, 급속감압은 필요치 않음

- **비상 원자로건물 살수보조계통 (ECSBS)**
  - 외부 수원 및 펌프 이용 (전용 플랜지 설치)
  - 사고 24시간 이후 부터 72시간까지 48시간 이용토록 설계함

방사성 폐기물 처리 원칙

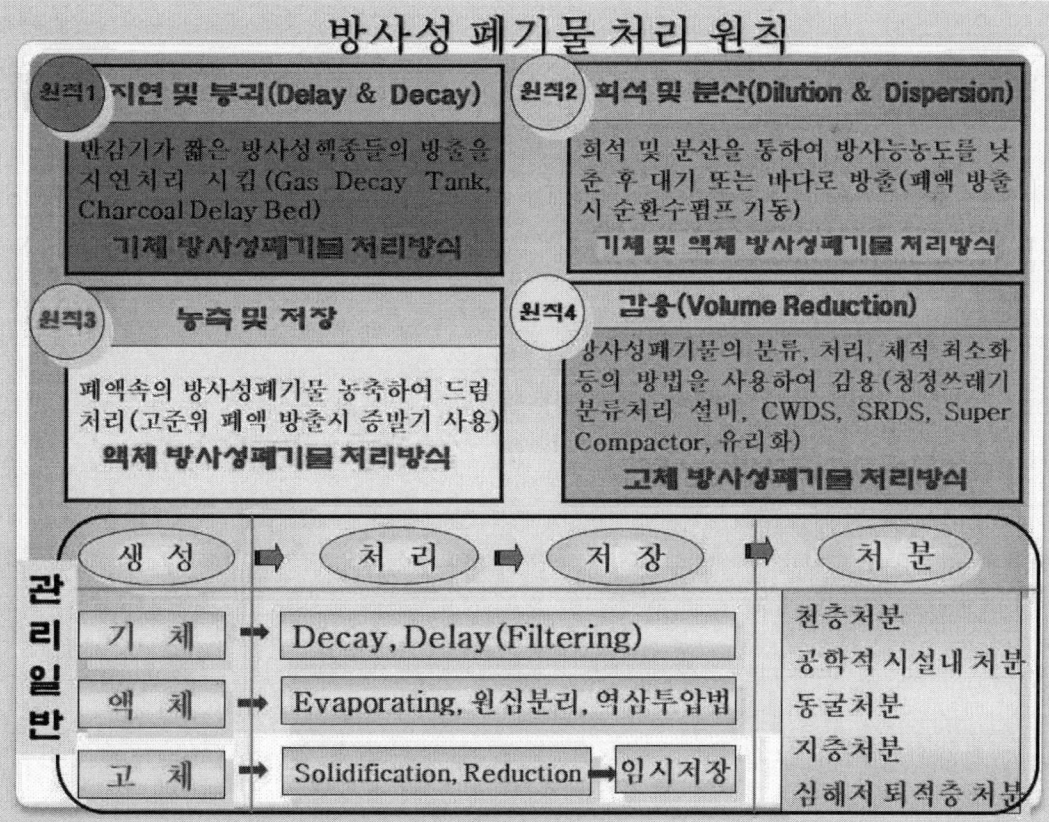

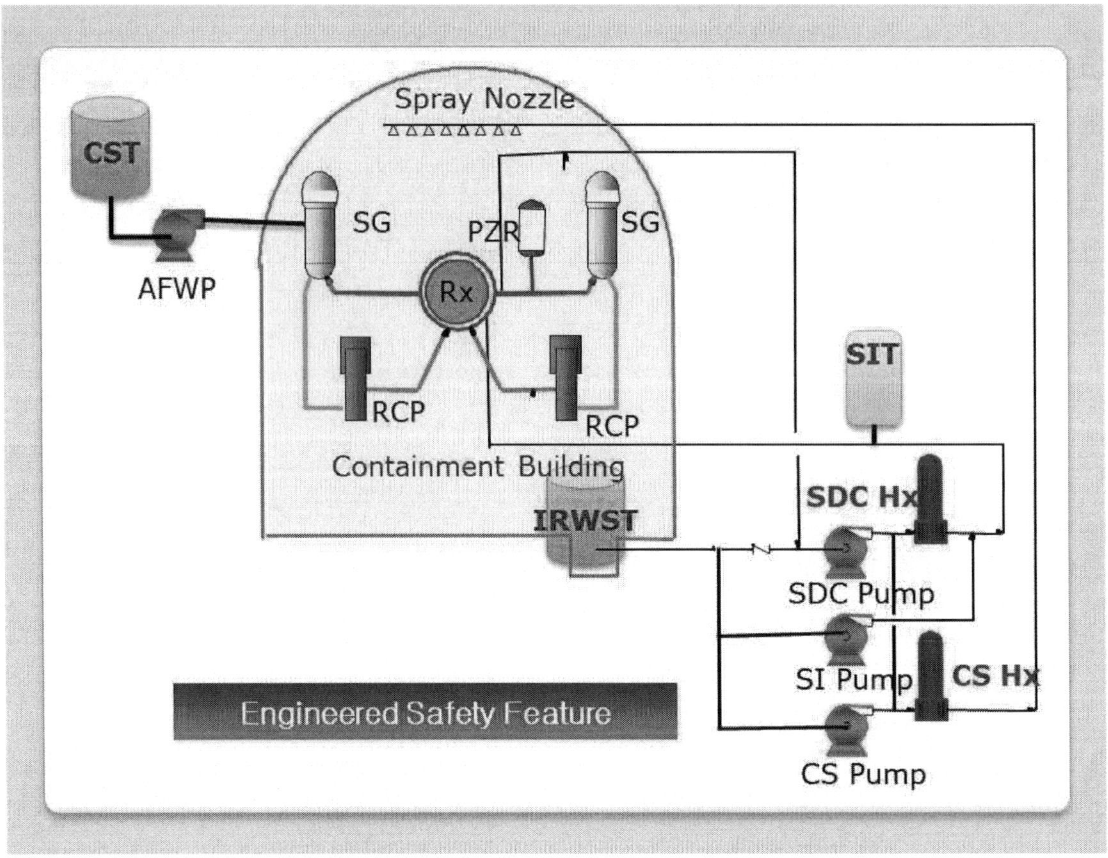
Spray Nozzle
CST
AFWP
SG
PZR
SG
Rx
SIT
RCP
RCP
Containment Building
SDC Hx
IRWST
SDC Pump
SI Pump
CS Hx
Engineered Safety Feature
CS Pump

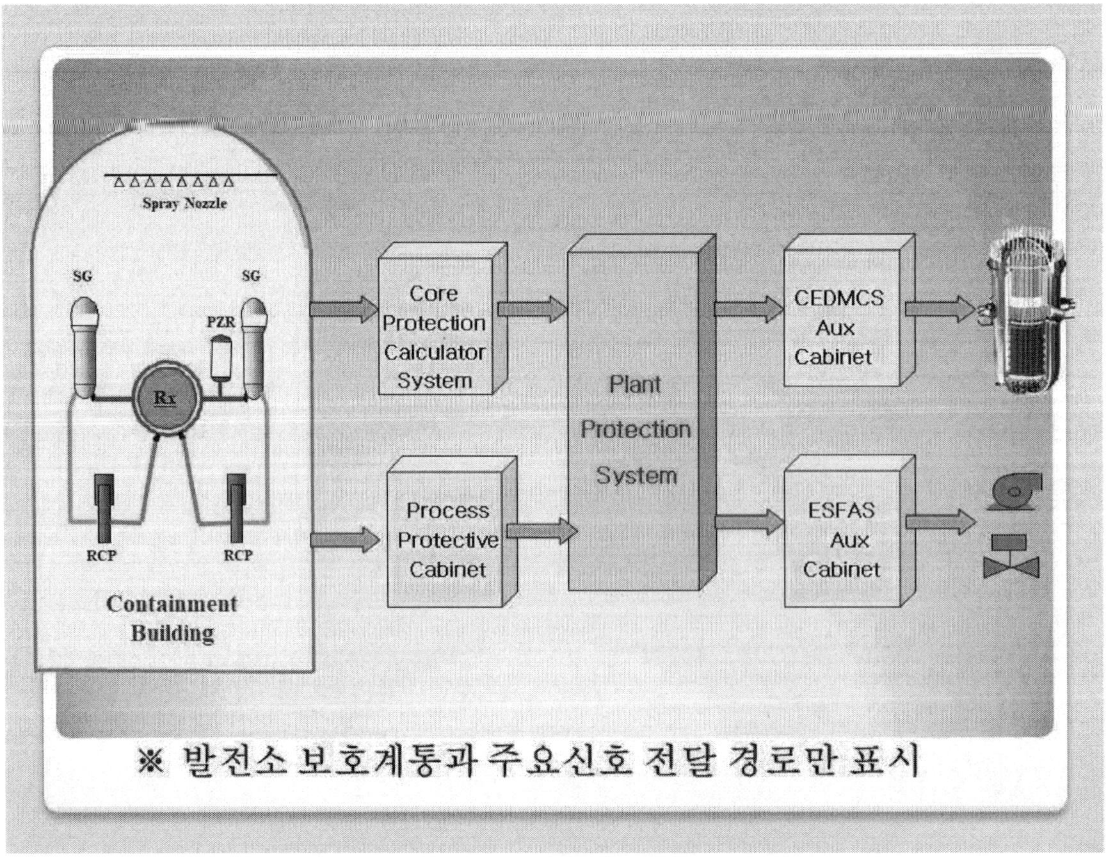
Spray Nozzle
SG
SG
PZR
Rx
RCP
RCP
Containment Building
Core Protection Calculator System
Process Protective Cabinet
Plant Protection System
CEDMCS Aux Cabinet
ESFAS Aux Cabinet
※ 발전소 보호계통과 주요신호 전달 경로만 표시

원전 구조 설계상 물리적 방벽

- 제1방벽 : 연료 펠렛(Pellet)
- 제2방벽 : 피복재(Cladding)
- 제3방벽 : 원자로 용기, 25cm 두께
  (냉각재계통 압력경계)
- 제4방벽 : 격납건물 내부 철판
  (Containment Liner Plate)
  원자로 노심 및 냉각재계통에서 누출되는 방사능 외부 누출을 최종적으로 최소화, 6mm 두께
- 제5방벽 : 격납건물 콘크리트 외벽

원전 구조설계상 물리적 방벽

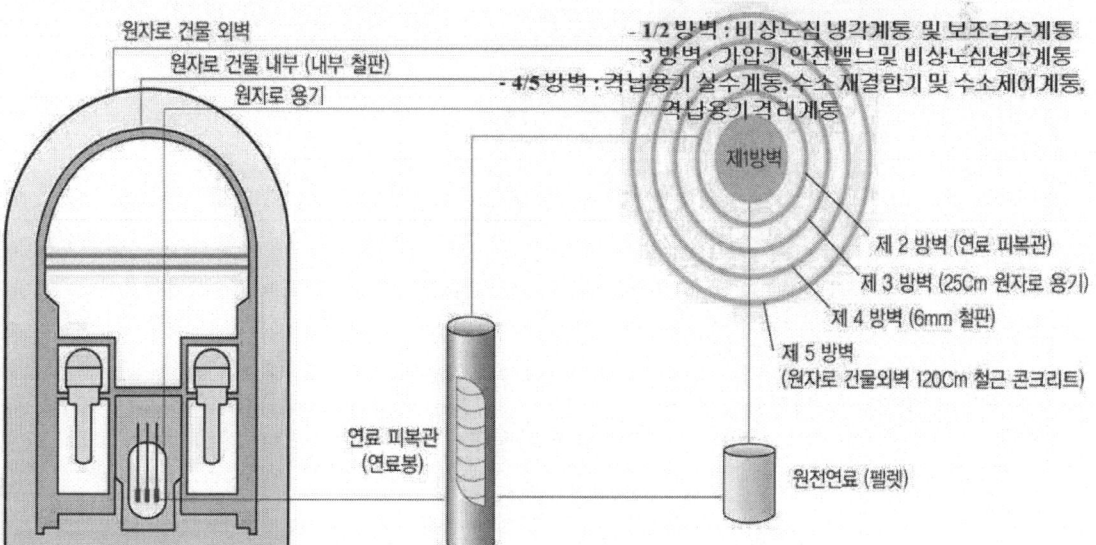

원자력발전소의 다중방호설비

안전성 설계개념

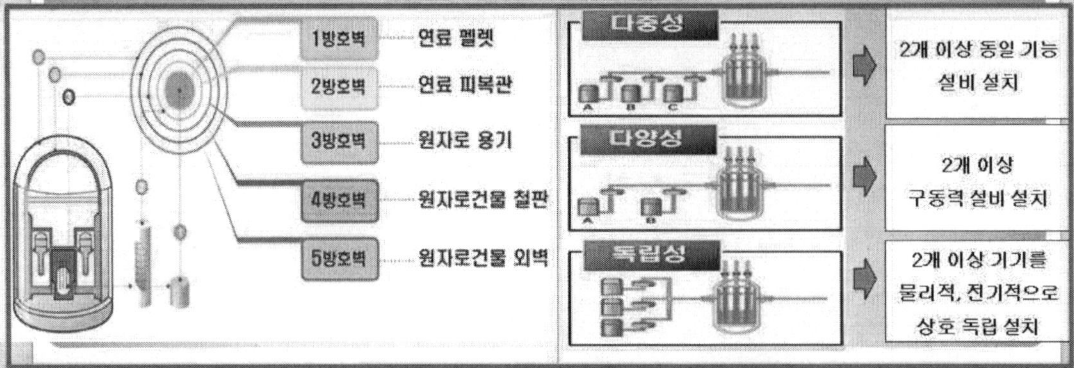

- 1방호벽 — 연료 펠렛
- 2방호벽 — 연료 피복관
- 3방호벽 — 원자로 용기
- 4방호벽 — 원자로건물 철판
- 5방호벽 — 원자로건물 외벽

다중성 → 2개 이상 동일 기능 설비 설치

다양성 → 2개 이상 구동력 설비 설치

독립성 → 2개 이상 기기를 물리적, 전기적으로 상호 독립 설치

| 내진 암반 | 6mm 철판 | 120cm 철근 콘크리트 | 120cm 철근 콘크리트 |

원자로건물

원자로건물 특징

○ 원자로건물(Reactor Building)은 격납건물(Containment Building) 또는 격납용기(Containment Vessel) 등으로 불린다.
○ 방사성물질이 환경으로 방출되는 것을 방지하는 최종 방벽이다.
○ 설계기준사고(DBA)시 온도, 압력에 견디어야 한다.
○ 원자로건물의 구조
  - 외벽은 약 1.22m(4ft)의 철근콘크리트 건물(생물학적 차폐벽 역할)
  - <u>내벽은 약 36mm 두께의 철판</u>으로 된 격납용기(방사성물질의 누출방지)
  - 표준형 철판 라이너 두께 : 6mm
  - 높이(내부) : 약 66m
  - 직경(내경) : 약 44m

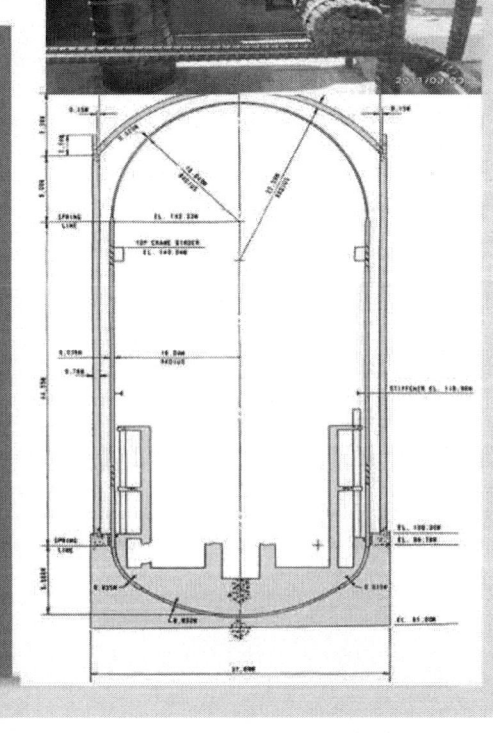

발전소 상태구분 (ANSI N18.2)

- Condition(조건) I : 정상운전 및 운전과도 상태
  정상운전, 연료교체, 보수기간 동안 규칙적으로 그리고 자주 발생하는 사건들로 구성
  - 정상운전
  - 발전소 가열 및 냉각
  - 단계별/비율적 출력 변화
  - 허용범위내의 부하 상실 (95% 이하)

- Condition II : 비교적 자주 발생하는 경미한 사건
  <u>원자로 정지로 사고가 수습 가능</u>
  - 발생율 : 년 1회
  - 미임계 또는 저출력 상태에서 제어봉 인출사고
  - 제어불능 붕소 희석 사고
  - 냉각재 강제유량의 부분 상실

Condition III (약간의 연료 손상 유발) : <u>흔하지 않은 사건들로</u> 특정 발전소의 수명기간 동안 한번 정도 발생할 수 있는 사건
- 공학적 안전설비의 동작으로 사고 수습 가능
- 냉각재계통의 가장 큰 배관의 부분적 파손(비상노심냉각 계통을 동작 시킬 정도의 파손)
- 발생율 : 1회/수명
- 소량의 2차측(주증기관, 주급수관) 파손 사고
- 연료봉의 부적당한 위치로 잘못 장전된 사고
- 기체폐기물처리계통의 기체 붕괴탱크 파열 사고
- 전 출력에서 1개의 제어봉 뭉치 인출 사고

Condition IV : 발전소 운전수명 동안 일어날 수 없는 가상사고로 그 결과는 방사성물질 상당량이 발생될 가능성을 항상 내포
- 막대한 양의 방사성물질 방출 가능
- 냉각재계통의 가장 큰 배관 완전 절단 사고
- 1대의 냉각재펌프(RCP) 회전자 고착

공학적안전설비 작동신호(ESFAS)

ESFAS 보호신호	동작신호
SIAS, CIAS	CV Hi Pr PZR Lo Pr
CSAS	CV Hi-Hi Pr
MSIS	S/G Lo Pr S/G Hi LVL CV Hi Pr
RAS	RWT Lo LVL
AFAS	S/G Lo LVL

비상노심냉각계통 설계기준(10CFR50.46)

- 피복재 표면 최고 온도 제한 : 1,204℃
  - 피복재-물 반응 억제
- 피복재 산화율 제한 : 피복재 두께의 17%
  - 피복재 건전성 확보
  - 취성파괴 방지
- 수소 생성율 제한 : 전 피복재의 Zr이 물과 반응시 발생될 총 H_2 가상량의 1% 이하
  - 격납용기 건전성 유지(H_2 기체에 의한 폭발방지)
- 기하학적 형상 : 원형유지(연료봉의 충분한 냉각효과 제공)
- 장기간 노심 냉각
  - 계속적 노심냉각, 붕괴열 제거

- 중대사고 현상 정의
  설계기준사고를 초과하여 노심용융이 동반되는 사고
- 발전소 운전상황 및 사고진행

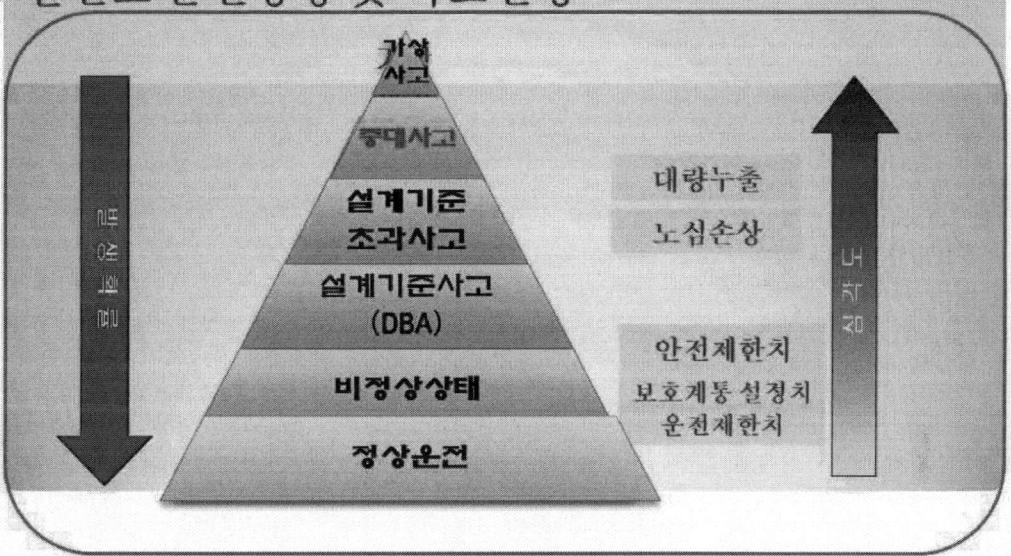

- 중대사고 주요 현상
  - 노심 용융 및 재배치
  - 원자로 용기 손상·관통
  - 수소 혼합 및 연소
  - 노심 용융물 분출(HPME)
  - 노심 용융물-냉각수 반응(FCI)
  - 원자로건물 직접가열(DCH) 및 과압
  - 노심 용융물-콘크리트 반응 (MCCI)
  - 핵분열생성물 및 에어로졸 거동

HPME : High-Pressure Melt Ejection
FCI : Fuel-Coolant Interaction
DCH : Direct Containment Heating
MCCI : Molten Core-Concrete Interaction

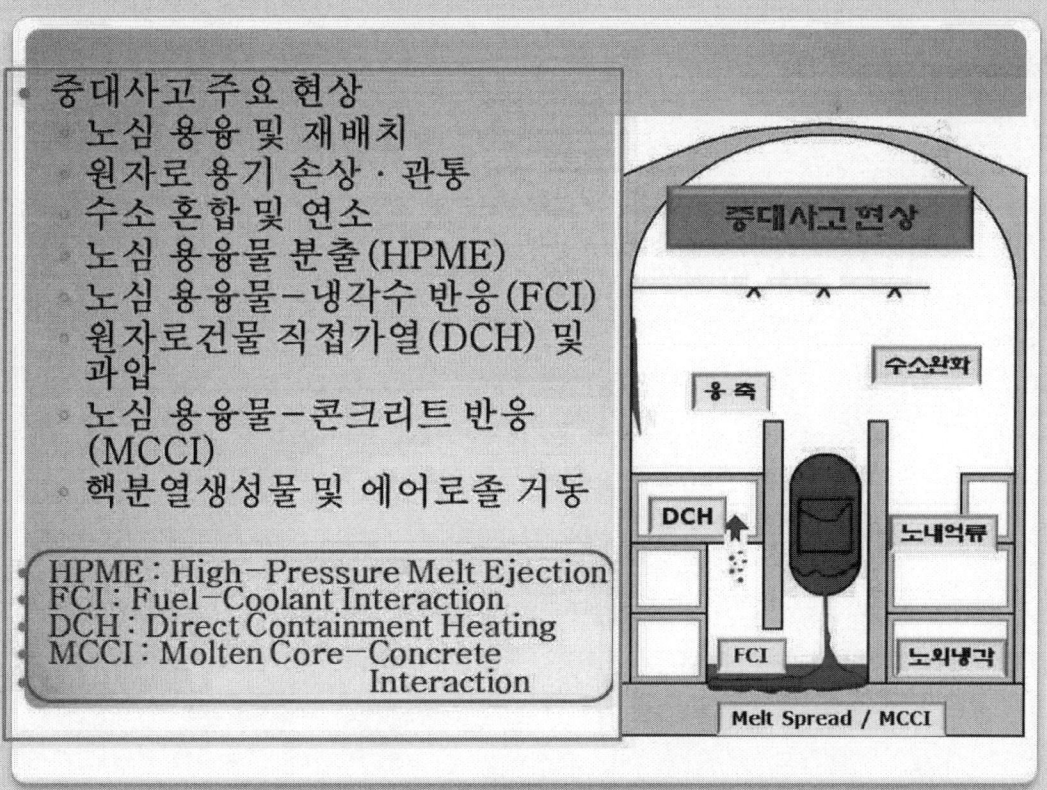

- IRWST 수소제어 설계
  - 설계 현황
    - PAR 4대, Igniter 2대 설치
    - IRWST 과압방지 설비로 4개의 Vent Stack 설치
      - One-Way Swing Panels (1 in-ward, 2 out-ward) per Vent Stack
    - IRWST 외부 Vent Stack 주변 환형구역에 PAR 2대 설치

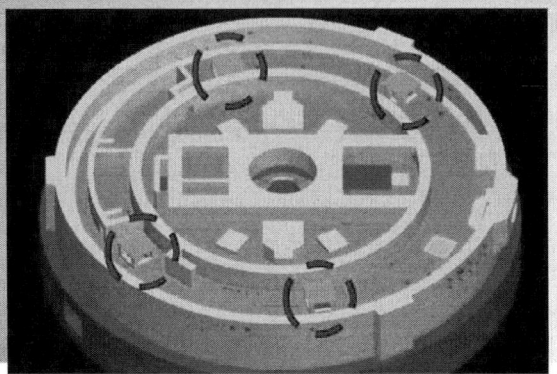

능동고장과 수동고장

- 능동고장(Active Failure)
기계적 장비 또는 전기공급 부품 및 설계기능을 수행하는 계측제어계통과 같은 동적부품의 고장 : 펌프고장, 전동기 구동밸브 고장, 전원차단기 고장

- 수동고장(Passive Failure)
설계 기능을 수행하는데 부품의 효율성을 한정하는 정적 부품의 구조적 고장 : 급수관 파열, 펌프 밀봉 파열

대형 냉각재 상실 4단계

- 방출(Blowdown : 분출/취출)
  냉각재 상실사고 시작 초기부터 냉각재 압력이 원자로건물 내부 압력과 같아질 때까지 냉각재를 방출하는 단계
- 충수(Refill)
  방출이 종료되는 시점부터 시작하여 비상노심냉각수가 원자로용기 바닥을 채우고 연료집합체 하부까지 충수되는 단계
- 재충전(Reflood)
  충수가 완료된 시점부터 연료온도 상승이 멈추어질 정도로 원자로용기가 비상 노심 냉각수로 채워지는 단계
- 장기재순환(Long-Term Recirculation)
  연료의 붕괴열이 제거되면서 온도가 감소되고 IRWST 이용 장기 재순환유량 형성

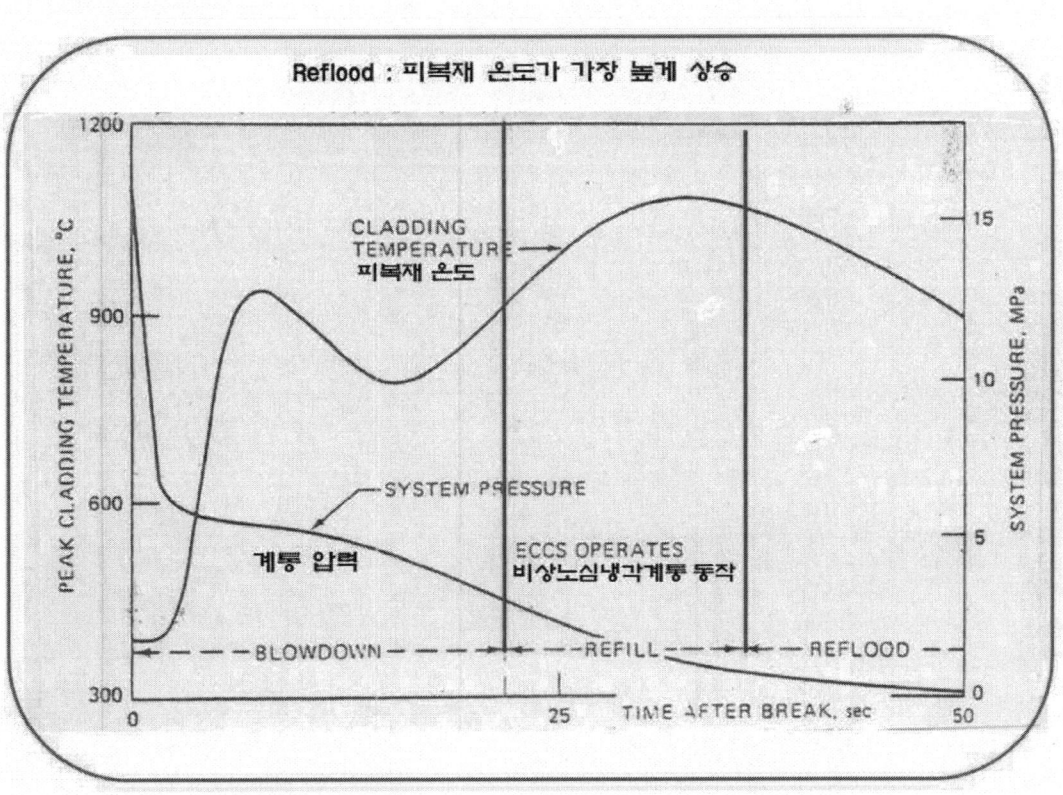

보조급수계통

- **기 능**
  - ❖ 주급수 상실시
    - 노심 손상방지 및 잔열제거를 위한 급수 공급
  - ❖ 냉각 운전시
    - 발전소 고온대기상태 유지
    - 정지냉각계통 연결시점까지 잔열제거를 위한 급수 공급
  - ❖ 기동 및 정지시
    - 주급수계통과 병행하여 급수공급 다중화
- **구 성**
  - ❖ 전동기 구동 펌프 2대
  - ❖ 터빈구동 펌프 2대

격납용기 기능

- <u>설계기준사고</u>인 냉각재상실사고(LOCA) 및 주증기관 파단 사고시 잠재적인 방사성물질의 대기 누출방지 (<u>10CFR100</u>)
  - CV내부에서 LOCA, MSLB, 연료취급 사고시 CV대기와 외부를 격리시켜 격납건물의 기밀성을 유지
  - CV 벽면 관통배관 중 ESF설비 운전에 필요치 않는 배관은 격리시켜 분열생성물질의 누출을 최소화
- 비산물로 부터 건물내부의 설비를 보호
- 발전소 종사자 및 인근주민에 대한 생물학적 차폐 제공

격납용기 개요

- 프리스트레스 콘크리트 원자로건물, <u>원자로건물 살수</u>, <u>원자로건물 공기정화, 원자로건물 격리, 원자로건물 가연성기체 제어계통</u> 등
- LOCA, MSLR, FWLR 등 최대 가상사고시 사고범위 완화 및 억제를 위해 높은 신뢰성을 갖춘 기기로 구성
- 원자로건물계통의 궁극적 목적은 원자로노심 및 냉각재계통에서 누출되는 <u>방사능 외부누출을 최종적으로 최소화</u> : 발전소 종사자 및 인근주민에 대한 생물학적 차폐제공

설계 온도 및 압력 : 290°F, 60Psig (APR-1400)
<u>285°F, 4kg/cm²A (57Psig)</u> : 표준형

격납용기 형상

격납용기 구조물 : 포스트 텐셔닝(Post Tensioning) 공법
- 구조물 자중 이외의 하중(인장력)을 미리 가함
  - 사용 하중 강도에 의해 발생되는 모든 하중에 저항
  - 인장 측에서의 균열발생 억제 효과 획득
- 설치 방법
  관 부설 → 콘크리트 타설 → 관 속에 <u>긴장재(Tendon)</u> 삽입
  → <u>잭(Jack)으로 긴장재를 긴장</u> (압축응력 도입)
  - 한국표준형 : Unbonded 텐덤방식 (구조물과 긴장재가 분리)
- 긴장재(Tendon)의 구성
  <u>7가닥의 선(Wire)</u>를 꼬아 만든 <u>스트랜드 (Strand)</u> 55가닥 스트랜드 다발

수소 생성원

비응축성 기체 생성원과 생성비 : 용존기체 방출(27%)

가. 용존수소 : 계통압력이 용존 수소의 포화압력 이하로 강하할 때
나. 물의 방사선분해(39%) : 냉각재에 수소농도가 낮다면 물 분자는 감마 혹은 중성자 조사를 받아 H_2O로 분해
다. 가압기 기포영역 기체(18%) : 가압기 수위 완전상실시 냉각재내로 유입
라. $Zr - H_2O$ 반응으로 수소발생(16%) : 노심내 온도가 반응온도 이상
마. 안전주입탱크내 질소기체 : 안전주입탱크내 붕산수가 완전 방출될때
바. 피복재내 헬륨기체 : 피복재 손상시

격납용기계통

- **최소 유량배관** : 살수펌프가 닫힌 계통에 대해 부주의하게 작동될 경우 펌프의 무수두 부하가 되지 않도록 함
- **비상원자로건물 살수계통(ECSBS)** : 보조건물
  2대의 살수펌프, 정지냉각펌프 및 또는 IRWST의 사용이 불가능한 비상상태
  - 소방차
  - 펌핑장치 : 정상, 비정상 AC
  - 중대사고 발생시 건물 재난방지를 위해 24시간 이내
- **살수 노즐**
  - 살수유량을 작은 물방울로 분산시켜 CV 냉각효과를 향상
  - 살수방울 직경 : 1,000㎛, 주 노즐 직경 : 0.25인치
  - 펌프 : 수직형, 단상, 원심펌프
  - 펌프 밀봉손상시 유량손실을 최소화하기 위해 유량제한기

격납용기 살수 및 기체제어계통

- IRWST : 스테인레스 강판을 표면에 사용한 강화 콘크리트
  - 유입된 미세한 입자들을 스트레이너(0.09인치)로 방지
  - 살수모관 격리밸브 : V03/04는 CSAS 작동시 열림
  - 주 살수노즐 : 664개/계열, 보조 살수노즐 : 222개/계열
  - 노즐차압 : 2.81, 수직으로 0, 15, 30, 45° 살수
- ECSBS : 원자로 보충수탱크, 탈염수 저장탱크, 청수탱크, 원수탱크
- 기체제어계통 : LOCA 사고와 중대사고 대비
  - PHRS(피동형 수소 재결합기) : 12개의 PAR (4%)
  - CHPS(원자로건물 수소 퍼지계통)
  - HMS(수소 완화계통) : 18개의 PAR과 10개의 점화기
- 격납용기 감시계통 : 수소농도 체적대비 0 ~ 30%

- PAR : 2% 이상에서 자동 기동하고 0.5%까지 촉매 연속 지속(상, 하부 개방형으로 촉매는 Pt)
- 점화기 : 926℃에서 가열(10% 이하 유지)
  - 4% 초과시 수동 동작 : 격납용기 내에서 폭발을 배제
- PAR 기능적 능력 상실 고려 : CV 배기

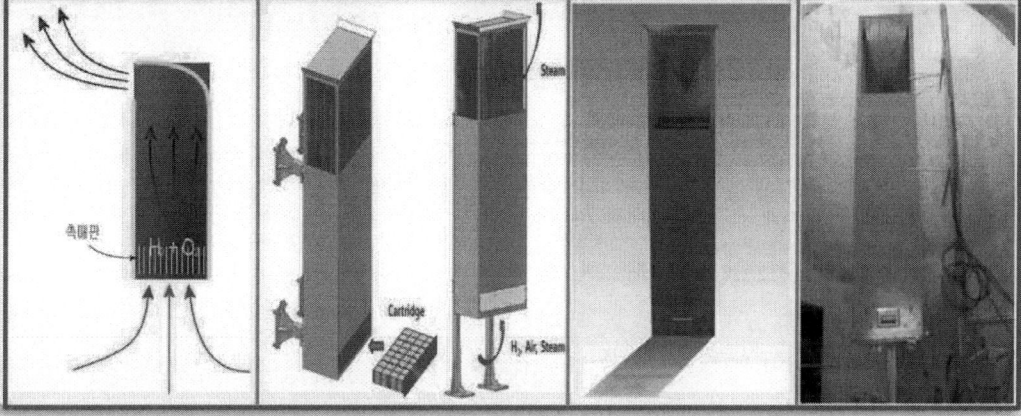

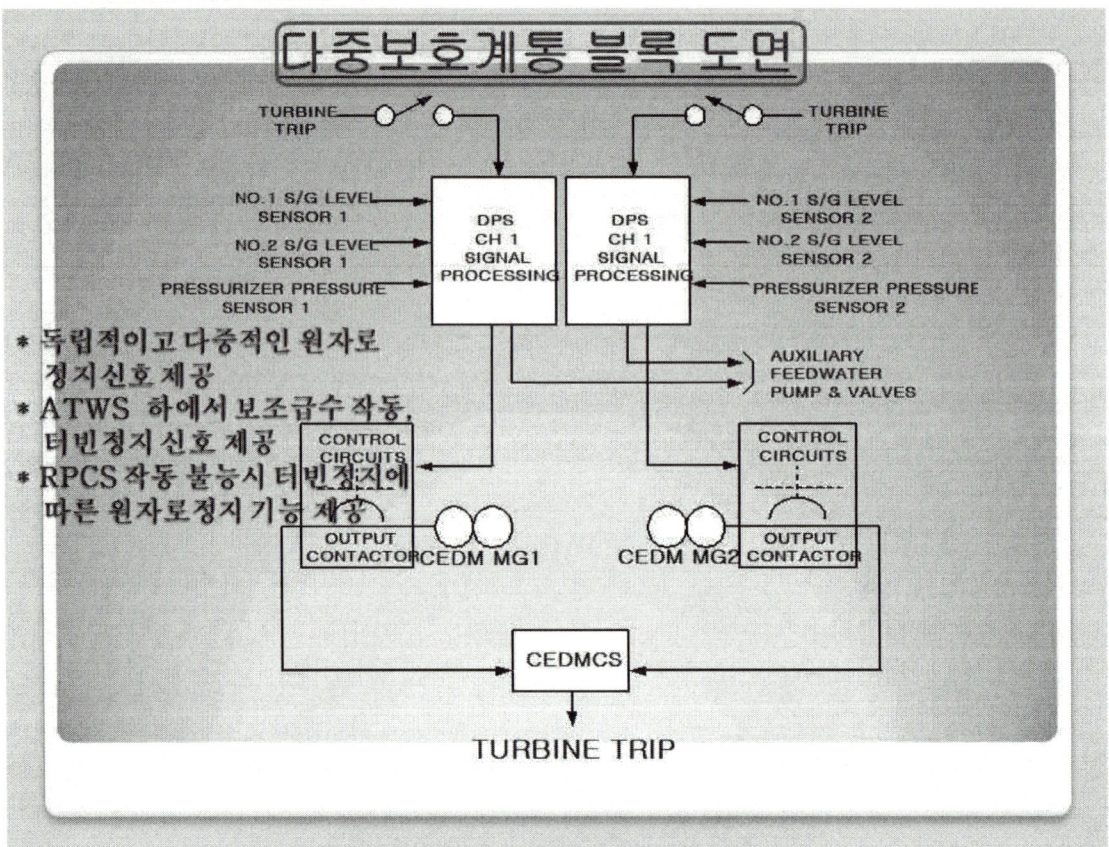

원자로 보호계통(RPS)

가. 원자로 보호계통의 기능
- 예상운전 사건시 : 원자로 안전제한치가 초과되는 것을 방지하기 위해 원자로를 신속하게 정지
- 사고시 : 공학적 안전설비 작동계통을 보조하여 사고 결과를 완화

나. 안전제한치(Safety Limit)

1) 냉각재 압력 : 2,750Psia 이하 (압력경계 건전성 확보)

2) 특정 허용연료 설계 제한치(SAFDL : Specified Acceptable Fuel Design Limit)

 - 핵비등 이탈율(DNBR) : 1.3 이상 (핵비등 이탈과 피복재 손상 방지)

 - 첨두 국부 출력밀도(LPD) : 21KW/ft 이하 (연료중심 용융 방지)

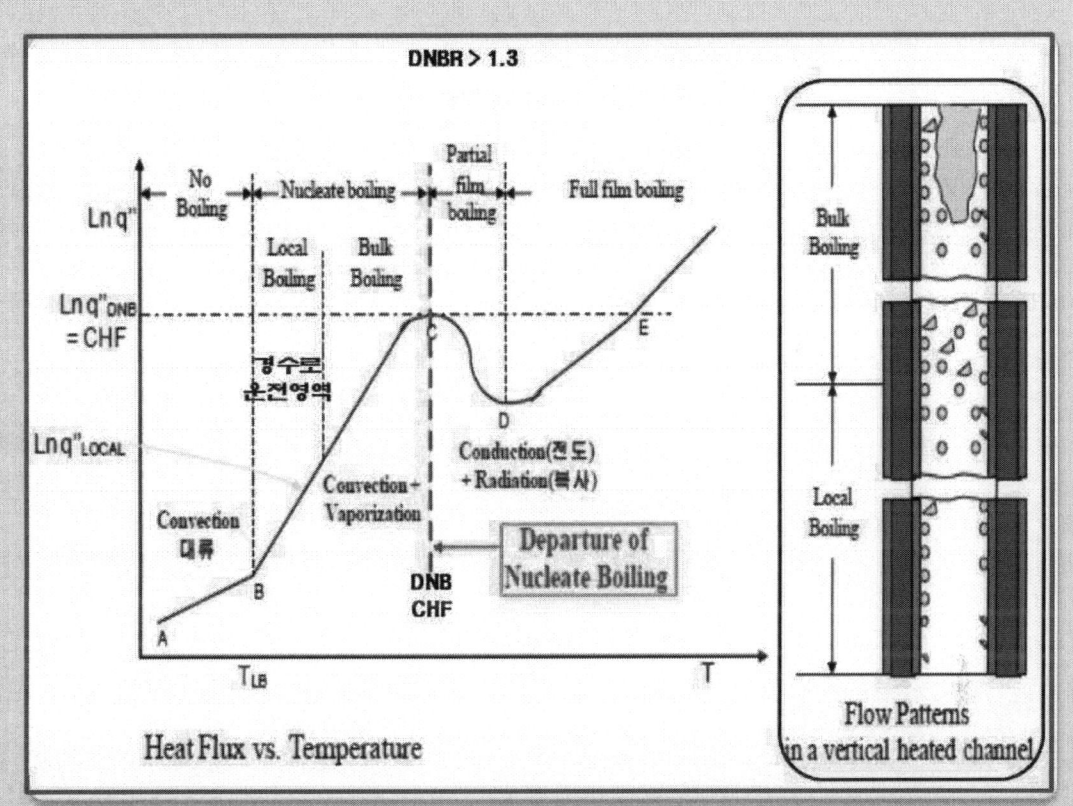

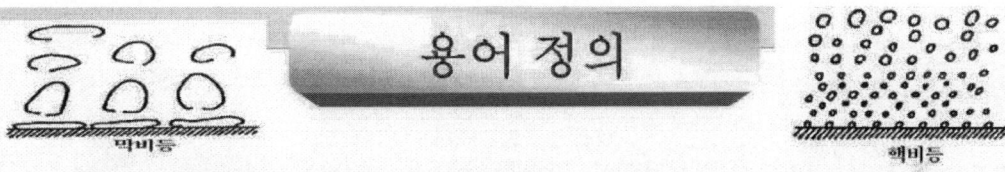

용어 정의

- **증발** : 액체와 기체의 경계면에서 액체가 기화하는 단순한 상변화 현상
- **비등(Boiling)** : 액체 내부에서 증기가 생성되는 과정

    <가열 방법에 따른 분류/비등 위치>

- **풀 비등(Pool Boiling)** : 액체와 접촉하는 전열면상에서 증기가 발생되는 과정 (예 : 증기발생기)
- **체적 비등(Volume Boiling)** : 액체 내부에서 균일하게 일어나는 비등 ← 액체내 화학반응이나 핵반응에 의해 열이 발생
- **핵비등(Nucleate Boiling)** : 액체 내에서 증기나 기체의 작은 핵을 중심으로 기포가 형성되는 것
- **막비등(Film Boiling)** : 전열면을 덮는 연속된 막을 형성하는 비등 형태
- **핵비등과 막비등이 공존** : 부분막비등, 부분핵비등 혹은 불안정 핵막비등

RPS 보호신호 및 배경

원자로 보호신호	Trip 설정치	설정 배경
VOPT	Ceiling : 109.4% Rate : 15.0 %/min Band : 14.0%	급격한 정(+)반응도삽입 사고시 노심 보호
Hi Log Power	0.018 %	정지중 계획되지 않은 임계방지
Hi LPD	689 W/cm	연료건전성 보호 (10^{-4}% 이상 출력)
Lo DNBR	1.29 (1.3)	DNB 방지 (10^{-4}% 이상 출력)
PZR Hi Pressure	167.5kg/cm²A(NR)	RCS 압력경계건전성 확보 (부하상실 사고)
PZR Lo Pressure	125.1~7.03 kg/cm²a(가변, WR)	S/P Reset : 28.1 kg/cm²A/1회 수동 우회 : < 28.1 kg/cm²A 자동 우회해제 : > 35.2 kg/cm²A SIAS CIAS

RPS 보호신호 및 배경

원자로 보호신호	Trip 설정치	설정 배경
SG Lo Level	43% (WR)	급수상실시 RCS 과압 방지 (Rx Trip ~ AF 투입 10분 여유)
SG Hi Level	92.9% (NR)	습분유입 TBN 보호 (MSIS, 안전분석 제외)
SG Lo Pressure	62.9~0kg/cm²A(가변)	RCS 과냉각 방지 S/P Reset : 14.1ksc/회 MSIS
CTMT Hi Pressure	133.6cmH₂O	격납건물 건전성 유지 (SIAS, MSIS, CIAS)
RCS(1 or 2) Lo Flow	Floor: 763.7cmH₂O Rate: 3.4cmH₂O/sec Step: 616.7cmH₂O	RCP 축 절단, 소외전원상실 및 주증기관 파열 사고시 LPD, DNBR의 S/L 초과방지
Manual Trip	N/A	중복 보호 기능

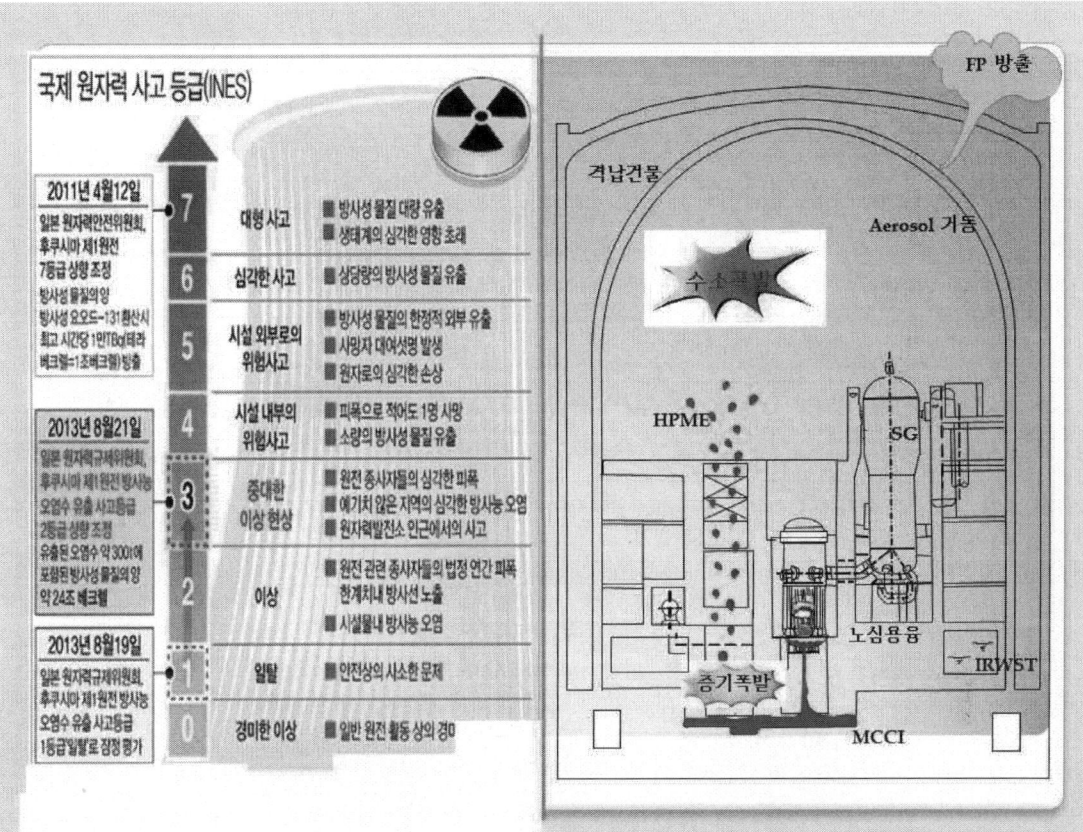

원전사고 · 고장 등급 분류(INES)
▶ INES : International Nuclear Event Scale

○ 분류 근거

   원전 내/외부에 대한 영향 및 다중 안전계통의 손상 정도

○ 3등급 이하 : 고장으로 분류

○ 4등급 이상 : 사고로 분류

   · 핵연료 손상

   · 외부로 방사성 물질 누출

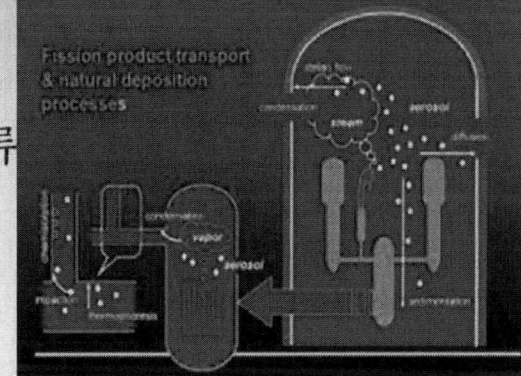

원전사고 · 고장 등급 분류표

분류	등급	성격	대표적인 사례
사고	7	· 한 국가 이외의 광범위한 지역으로 방사능 피해를 주는 대량의 방사성 물질 방출사고 · 10^{16} Bq 이상의 I^{131} 등가 방사능의 소외 누출	구 소련 체르노빌 원전사고 (1986)
사고	6	· 방사선 비상 계획의 전면적인 시행이 요구되는 정도의 방사능 피해를 주는 다량의 방사성 물질의 방출사고 · 10^{15} ~ 10^{16} Bq 이상의 I^{131} 등가 방사능의 소외 누출	
사고	5	· 방사선 비상 계획의 부분적인 시행이 요구되는 정도의 방사선 피해를 주는 제한된 양의 방사성 물질 방출사고 · 5% 이상의 노심 용융사고 또는 핵연료 집합체로부터 노심 재고량 감소 · 10^{14} ~ 10^{15} Bq 이상의 I^{131} 등가 방사능의 소외 누출	영국 윈드스케일 원전사고 (1957) 미국 쓰리마일 아일랜드 원전사고 (1979)
사고	4	· 연간 허용제한치 정도로 일반인이 피폭 받을 수 있는 비교적 소량의 방사성 물질 방출사고로서 음식물의 섭취제한이 요구되는 사고 · 10% 이상의 연료 피복재 손상 및 부분적인 노심 용융	프랑스 세인트라우렌트 원전사고 (1980)
고장	3	· 사고를 일으키거나 확대시킬 가능성이 있는 안전계통의 심각한 기능 상실 · 종사자 – 전신 피폭: 100cSv(= 1Sv) 　　　　 – 신체 일부 외부피폭: 1,000cSv	스페인 반델로스 원전 화재 (1989)
고장	2	· 사고를 일으키거나 확대시킬 가능성은 없지만 안전계통의 재평가가 요구되는 고장 · 연간 허용 피폭선량 (5cSv) 이상의 종사자 피폭	일본 미하마 원전 증기 발생기 튜브누설 (1991)
고장	1	기기 고장, 종사자의 실수, 절차의 결함으로 인하여 운전제한 조건을 벗어난 비정상적인 상태	
경미한 고장	0	정상운전 일부로 간주되며 안전성에 영향이 없는 고장	

비상계획구역(EPZ : Emergency Planning Zone) : 직경 20~30km
- 방사성 구름에 의한 피폭경로상의 EPZ : 10mile
- 음식물 섭취 피폭경로상의 비상계획구역은 비상상황에 따라 선정 : 50mile

저인구 밀도 지역 (LPZ : Low Population Zone)
- 사고시 전신 0.25/갑상선 3Sv/월을 초과할 수 있는 경계선 외부지역으로 5.6km로 설정

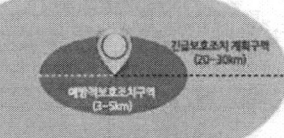

제한구역
- 최대 가상사고시 부지경계점에서 전신 0.25Sv/갑상선 3Sv/2hr 초과할 수 있는 구역으로 700m
- 제한구역 : 거주금지 및 출입통제
- 표준형 반경 : 700m, 중수로 반경 : 914m
- 연구용 원자로 10MWe 이하는 제한구역 설정 불필요
- 동일부지 안에 2개 이상의 원자로 시설을 설치하는 경우 제한구역의 범위는 중첩 평면의 외곽경계를 그 제한구역으로 한다.

방사선비상계획구역(EPZ)

정의
원자력시설에서 방사선비상 또는 방사능재난이 발생할 경우 주민보호 등을 위하여 비상대책이 집중적으로 강구되어야 할 지역으로 대통령령으로 정하는 구역

설정 절차
인구분포, 도로망 및 지형 등 그 지역의 고유한 특징과 비상대책 시행의 실효성 등을 종합적으로 고려하여 그 지역을 관할하는 시·도지사와 협의하여 선정하고, 안전위원장이 승인

설정범위
원자로 및 관계시설로 부터 반경 8km ~ 10km 설정(기존)
- 예방적 보호조치구역 : 직경 3 ~ 5km
- 긴급보호조치 계획구역 : 직경 20 ~ 30km

제한구역(EAB)

정의
- 방사선에 의한 인체·물체 및 공공의 재해를 방어하기 위해 설정한 구역

설정 범위
- 각 호기로부터 **700m** 반경의 중첩 면적을 제한구역으로 지정 및 운영 (발전소 별로 설정범위가 상이함)

설정 근거
- 원자력안전법 제96조

※ EAB : Exclusion Area Boundary

갑상선 방호약품 취급지침서

1. 사용 목적 : 방사성 요오드의 갑상선 흡착 방지(치료, 보호 기능 없음)
2. 성분 및 용량
    - 성분 : 안정 요오드제(KI, 요오드화칼륨)
    - 함량 : 130mg/정 또는 65mg/정
3. 복용시기
    - 갑상선 선량이 100mGy 또는 공간 선량률이 0.1mSv/hr 이상일 때
    - 피폭 전후 4시간 안에 복용
    - 피폭된 후 8시간이 경과하면 복용효과는 없음
    - 비상대책본부의 복용지시가 있을 때 복용
4. 복용량 (최대 10일간 복용)

연령	최초 복용	24시간 마다
12개월 이상	130mg(1정 또는 1팩)	130mg(1정 또는 1팩)
12개월 미만	65mg(1/2정 또는 ½팩)	65mg(1/2정 또는 ½팩)

- **10 CFR 20 (방사선 방호 기준)**
  방사선 피폭량, 누출에 대한 법적 제한치 (발전소 운영측면) 작업자: 5cSv/년, 일반인: 0.1cSv/년

- **10 CFR 50 (2단계 허가제도)**
  - 건설허가(Construction Permit)와 운영허가(Operating License)
  - 2단계로 구성
  - 건설허가에서는 예비설계, 부지 특성, 환경영향이 주 심사대상
  - 운영허가에서는 최종설계, 운영프로그램, 비상계획이 주 심사대상

- **10 CFR 100 (원전 부지 규정)**
  - 대형 사고(Major Accidents)의 전산 분석, 법적제한치는 아님 (사고분석 측면)
  - 제한구역: 처음 2시간 동안 적용
  - 저인구 밀도지역: 모든 누출기간에 걸쳐 적용
  - 전신: < 25cSv, 갑상선: < 300cSv

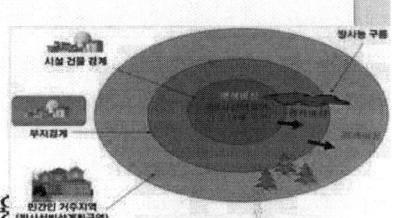

지진관련 용어

1) <u>안전정지 지진(SSE : Safe Shutdown Earthquake)</u>
   - <u>지진강도: 0.2G</u>
   - 발전소 부지 내에 역사적으로 최대 지진 등을 일으켰거나 또는 앞으로 발생할 수 있다고 예상되는 가상 최대 지진

2) <u>운전기준지진(OBE : Operating Basis Earthquake)</u>
   - <u>지진강도: 0.1G</u> (발전소 정지)
   - 발전소 수명 기간중에 일어날 가능성이 있는 것으로 예상되는 지진
   - <u>OBE 이상 지진발생시 비정상절차서에 의해 원자로 수동 정지</u> 지진영향 평가를 실시하여 발전소 재 가동 여부 판단

세 방향의 지진 정도를 기록할 수 있는 <u>삼축 가속도 계측기</u>
- 원자로건물내의 공통기초
- 보조건물 내의 공통 기초
- 원형 천정크레인 근처의 스프링 라인 등에 설치

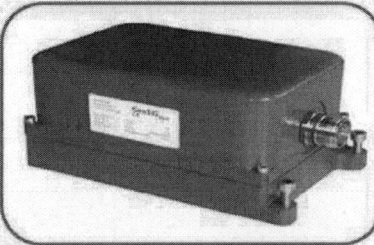

유효 흡입수두

- **Net Positive Suction Head**
  - 펌프 임펠러로 유체를 이동시켜 가속시키기 위한 흡입측 에너지
  - 영향을 주는 요소 : 수온, 액체의 질, 흡수 면에 작용하는 압력
- **최소 요구 NPSH**
  펌프 어떤 곳에서도 공동현상이 일어나지 않도록 하기 위해 펌프가 입구에서 가져야 되는 최소 NPSH
- **Shut off Head**
  유동저항이 펌프가 유체에 제공하는 동력보다 커서 유동율이 영(0)이 되는 수두로서 방지를 위해 펌프 재순환관을 설치한다.
- * Run out Head : 유동율이 최대가 되는 수두

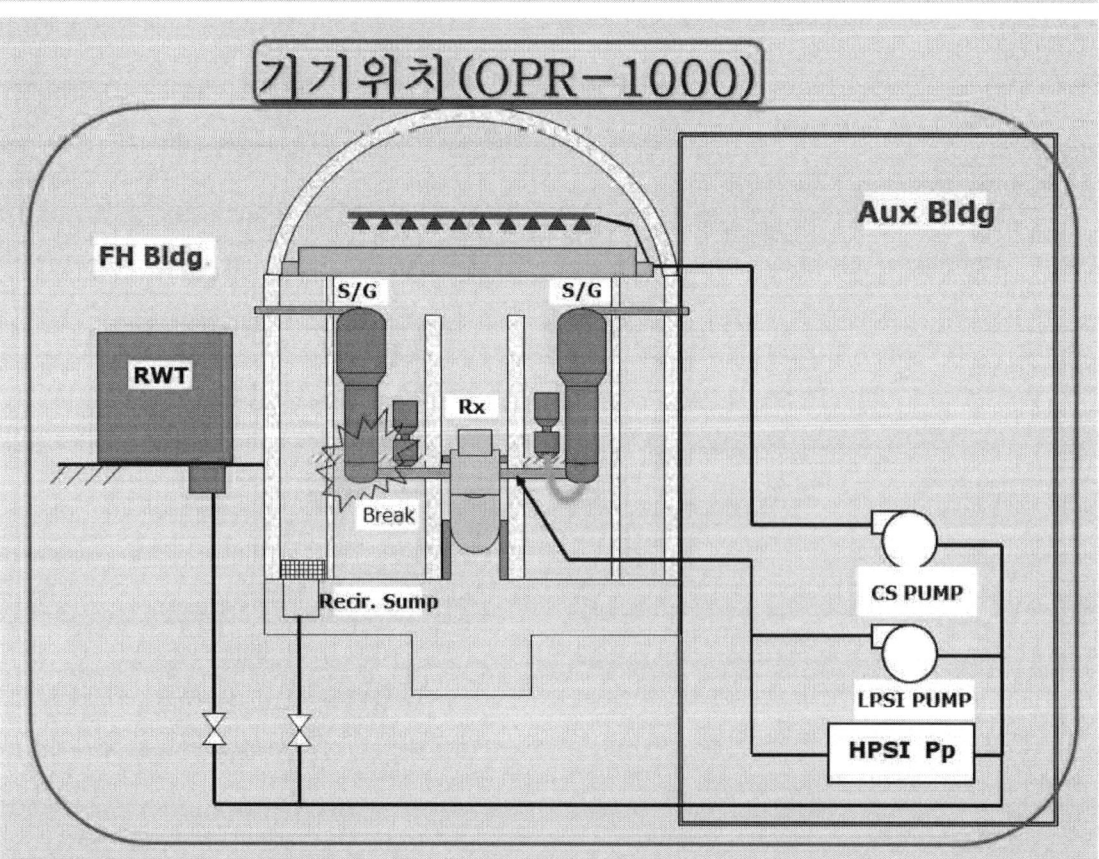

기기위치 (OPR-1000)

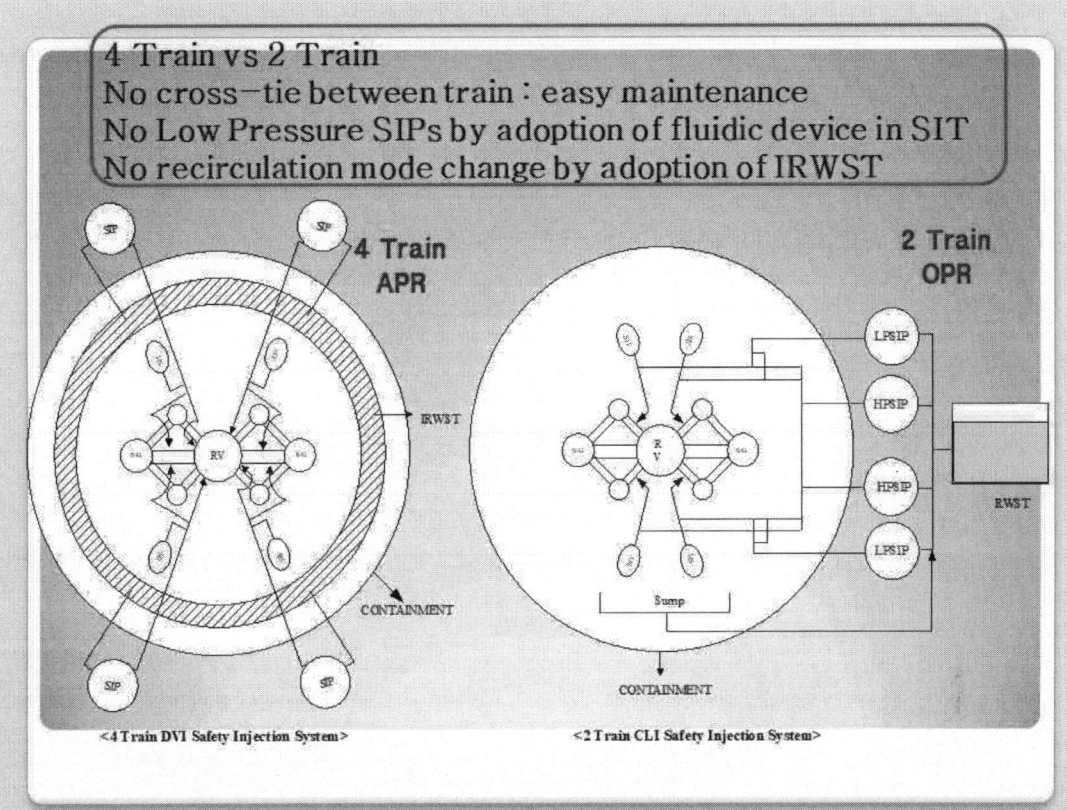

내진등급과 내진설계

- 내진범주 1 : 발전소 안전에 중요한 구조물, 계통 및 기기
- 내진범주 2 : 내진범주1에 영향을 미치거나 주제어실 운전원에게 상해를 입힐 수 있는 구조물, 계통 및 기기
- 비내진범주 : 내진범주 1, 2에 포함되지 않는 구조물, 계통 및 기기
- 내진설계 : 지진이 일어났을때 건물이 위험한 피해를 입지 않도록 건물 구조의 진동 해석결과를 고려하여 설계하는 것
- 설계압력 : 기기의 설계압력은 최대 운전압력에 추가적인 안전여유도를 고려하여 설정(가장 가혹한 운전압력 및 운전온도를 고려)

원전 사후처리

- 방법
  - 밀폐관리 : 연료, 제어봉, 냉각재 등 제거후 밀폐, 차단
  - 차폐격리 : 대부분의 설비제거, 콘크리트 등으로 두껍게 차폐
  - 해체철거 : 완전해체, 비용이 가장 많이 소요
- 사후처리 기술 개발
  - 플라즈마 또는 레이저를 이용한 원자로 절단 기술
  - 방사선구역에서 작업할 로보트 개발등 원격유도 제어기술
  - 고열을 이용한 콘크리트 폐쇄 기술
  - 방사성 오염 금속의 고온 용융처리 기술
  - 폐기물 감소를 위한 초 고압 압축 기술
- 사후처리 비용 : 사후처리 충당금은 발전원가에 포함, 매년 적립
  건설원가의 10%에서 15%로 발전원가에 가산

품질등급(Quality Grade Classification)

- 품질등급은 원전의 구조물, 계통, 기기 및 품목의 안전성 또는 안전기능에 비례하여 품질보증 프로그램이 적용되는 정도를 분류한 등급

- Q 등급 : 안전성 등급으로 원전의 설비의 고장 또는 결함발생시 일반인에게 방사선장해를 직접 또는 간접으로 미칠 가능성이 있는 원자로 및 원자로 안전과 관련된 품목

- A 등급 : 안전성 영향 등급으로 원전의 설비의 고장 또는 결함발생시 안전성 등급품목의 기능에 영향을 줄 수 있는 품목

- S 등급 : 일반산업 등급으로 안전성(Q) 및 안전성영향(A) 등급 이외의 전 품목이나 용역

건설허가 심사

- 건설허가 신청 : 사업자는 관련서류를 갖추어 건설허가를 신청
- 건설허가 심사의뢰 : 안전위원회는 안전기술원에 안전성 심사를 요청
- 건설허가 안전성 심사 : 안전기술원은 사업자의 제출서류 검토, 대사업자 질의 현장확인, 전문가 검토 등을 거쳐 발전소 안전성을 심사
- 건설허가 심사결과 심의 : 안전기술원에서 제출한 안전성 심사보고서에 대하여 심의
- 건설허가 승인 : 안전위원회는 심사 및 심의 결과를 종합하여 건설을 허가

운영허가 심사

- 운영허가를 받으려면 최종 설계 및 운영기술 지침의 안전성, 품질보증계획 및 방사선 환경영향 등에 대해 심사를 받아야 한다. 규제기관은 24개월 이내에 조치
- 운영허가 신청 : 사업자
- 운영허가 심사의뢰 : 안전위원회는 안전기술원에 안전성 심사 및 사용전 검사를 요청
- 운영허가 심사 및 사용전(성능)검사 : 안전기술원
- 운영허가 심의 : 안전위원회
- 운영허가 : 운영허가 발급 이후 사업자가 수행하는 시운전 시험에 대해서도 검사를 시행

펌프에서 발생하는 제반 현상

공동현상(Cavitation)

○ 유체가 넓은 유로에서 좁은 곳으로 고속 유입할때 나 벽면에 요철이 있거나 만곡부가 있으면 A지점이 B지점보다 저압이 되어 공동(공간)발생

○ 펌프의 경우 회전차 속을 흐르는 액체의 국부적 압력이 그 온도에 해당하는 포화증기압 이하로 떨어질때 액중에 용해되어 있던 기체가 미세한 기포로 되고 압력저하와 함께 증기기포가 생성되어 하류부분의 고압부에서 파괴되면서 주변의 액체를 모이게 하여 압력파를 형성

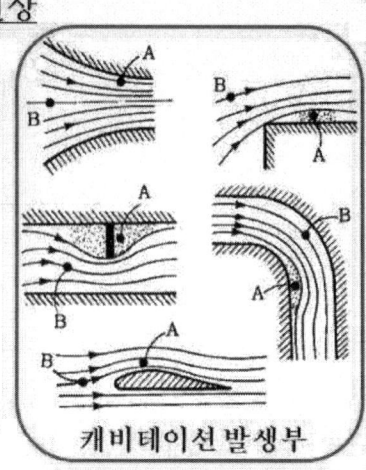
캐비테이션 발생부

○ 현 상
 - 소음과 진동
 - 침식 및 점식(Errosion & Pitting)
 - 펌프성능 저하

○ 공동현상 방지법
 - 흡입실 양정 적게
 - 흡수관 마찰손실 적게
 - 흡입배관 단순화
 - 계획 이상 토출량 금지

수격현상(Water Hammering)

○ 관로 유속의 급격한 변화시 큰 압력변화와 압력파를 발생하는 현상
○ 밸브가 갑자기 닫히면 유체는 밸브 직전 A에서 고압이 발생하고 이 영역은 수 관 속의 압축파의 전파 속도로 B에 도달하고 다시 A로 되돌아 오는데 이렇게 A, B 사이 왕복을 반복하게 되며, 관속의 유속이 빠를 수록, 밸브를 닫는 시간이 짧을수록 수격현상이 격심하고 때로는 관이나 밸브를 파괴하는 수도 있음

○ 수격현상 방지법
 - 관내의 유속 낮게 (관 직경 크게)
 - 천천히 닫히는 체크밸브 사용
 - 펌프에 플라이 휠 부착
  (급격한 회전감소 방지로 압력저하 방지)
 - 밸브와 인접한 배관에 공기실 설치
 - 서지탱크 설치

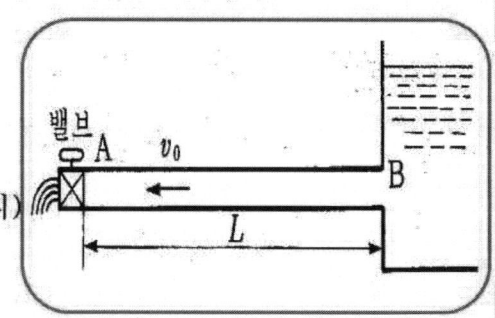

서징(Surging)현상

펌프, 송풍기등이 운전중에 한숨을 쉬는 것과 같은 상태가 되어 펌프인 경우 입구와 출구의 진공계, 압력계의 침이 흔들리고 동시에 토출 유량이 변하는 현상 즉, 토출 압력과 토출 유량 사이에 주기적인 변동이 일어나는 현상

밸브의 종류와 구성

밸브의 기능
- 유체의 흐름 개폐
- 유량 조절
- 역류 방지
- 방향 전환
- 과압력 방출

밸브의 종류와 구성

밸브의 종류 – 디스크 형상에 따라

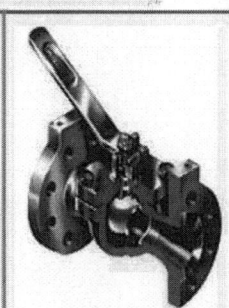

플러그 & 볼 밸브

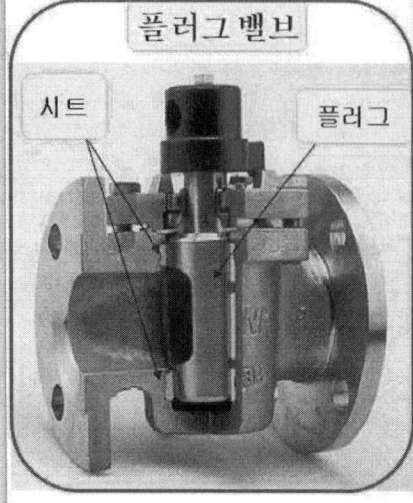
플러그밸브 (시트, 플러그)

3way 볼 밸브

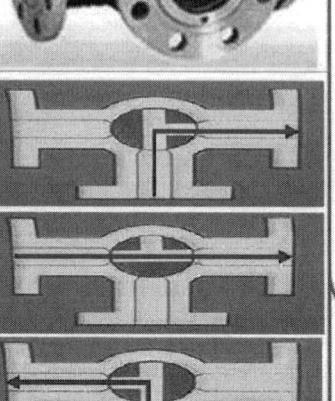

볼 밸브 (볼)

플러그 & 볼 밸브 특징

- 완전히 열어 놓지 않으면 교축 현상이 일어나 밀봉면을 손상시킬 수 있음
- 시트는 테프론과 같은 플라스틱 재질이 사용됨
- 찌꺼기가 많은 계통에 적합
  - 디스크가 열리거나 닫히면서 시트에 있는 이물질을 닦아낼 수 있음

2 way 볼 밸브

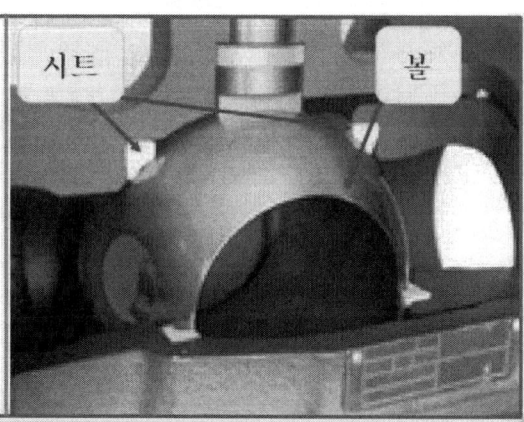
시트, 볼

밸브의 종류와 구성

밸브의 식별표시

200 WOG
  └→ Cold Water, Oil, Gas
  → 200 lb

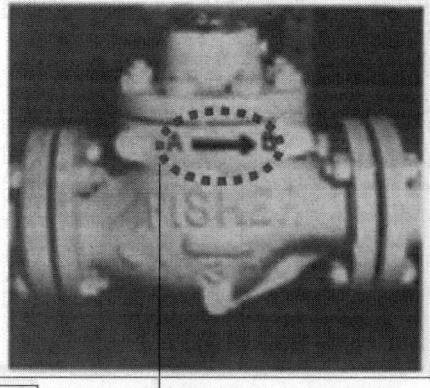

3 125 WSP
  └→ Working Steam Pressure
  → 125 lb
  → 3인치: 밸브 공칭 구경

A → B
  └→ 유체흐름방향

게이트 밸브

디스크 종류

시트

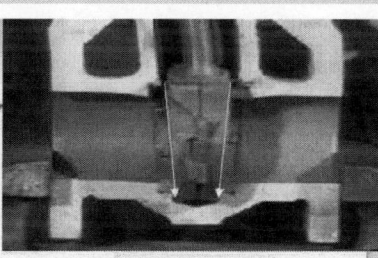
쐐기형

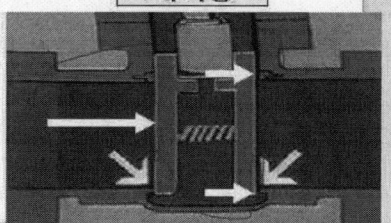
이중 디스크형

- □ 쐐기형 디스크 : 양측 시트사이에 쐐기형으로 밀착
- □ 이중 디스크 : 고압측 압력에 의해 디스크가 저압측으로 밀려서 시트에 견고하게 밀착시켜서 유체를 차단시킴

○ 발전소에서와 같은 고온, 고압계통에서는 내식성, 내마모성, 내열성 등의 기계적 특성을 향상시키기 위하여 특수합금 재료의 밸브가 주강 혹은 단조밸브의 형태로 사용됨

주강밸브   단조밸브

글로브밸브

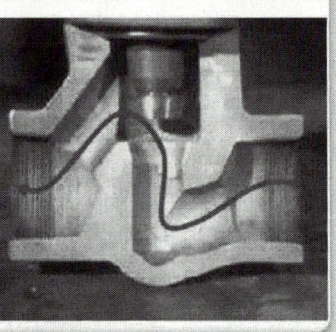

□ 글로브 밸브 특징
- 내부 구조가 많은 유동 저항을 받도록 되어 있음
- 시트는 밸브 몸체 내에서 수평으로 한 개가 설치됨
- 유체가 흐를때 S자 형태로 흐르게 되므로 유체가 통과할때 많은 압력 강하가 발생하며 출구 압력이 입구 압력보다 낮아지게 됨

안전밸브/압력방출밸브

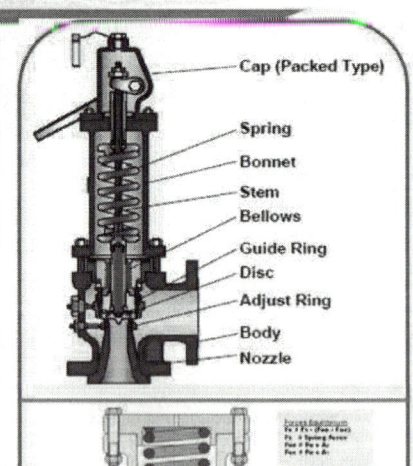

□ 안전밸브(Safety Valve)
- 밸브 상류 정압이 허용치 이상으로 상승하였을 때 스스로 압력을 방출하는 장치
- 급속하게 완전히 열리고, 압력 강하 시 전폐하는(완전히 닫히는)특성이 있으며 증기, 가스 또는 Vapour를 사용하는 계통에 사용한다.

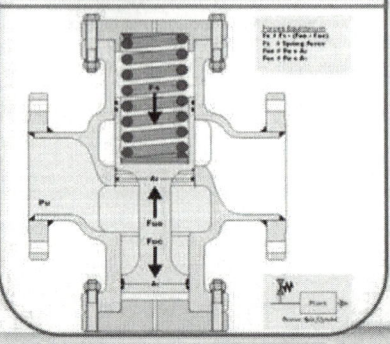

□ 압력방출밸브(Relief Valve)
- 밸브 상류 정압이 허용치밸브 상류 정압이 허용치 이상으로 상승하였을 때 스스로 압력을 방출하는 장치
- 설정 초과 압력에 비례하여 밸브가 열리며 액체계통에 주로 사용

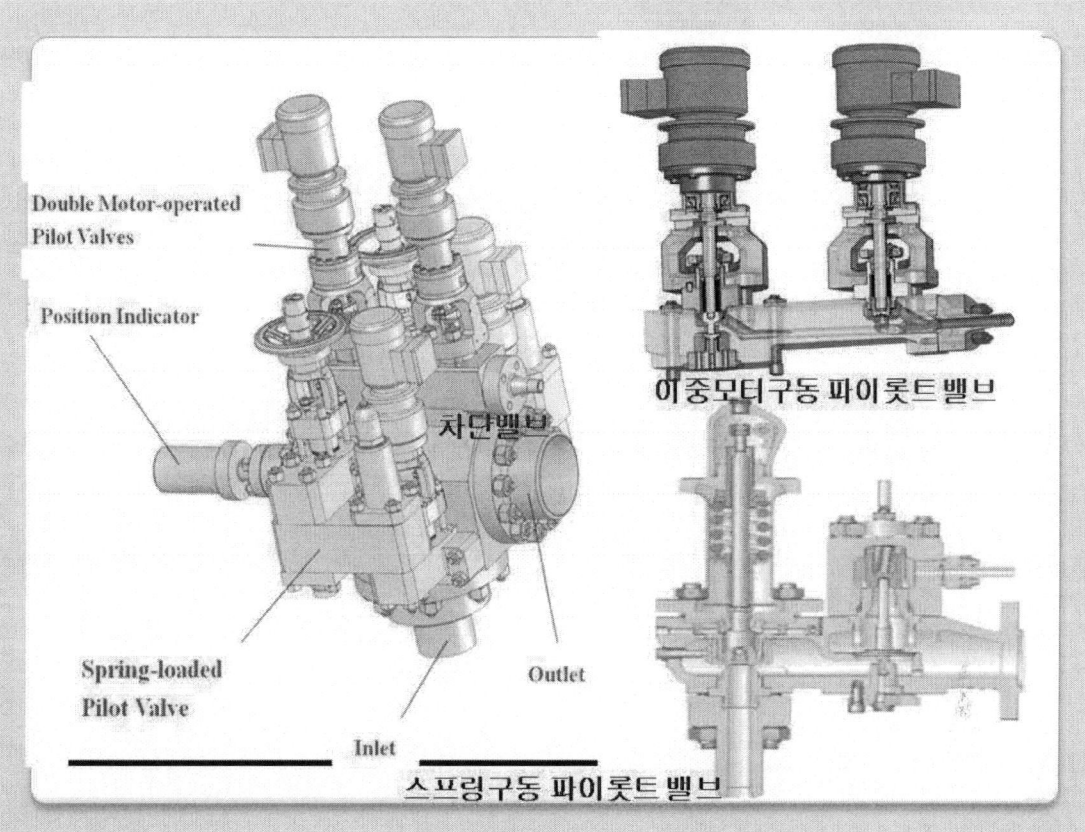

펌프개요

1. 펌프의 정의
   액체에 에너지를 주어 저압부(낮은곳)에서 고압부(높은곳)로 토출하는 유체기계

2. 펌프의 분류

   가. 분류 방법
   - 유체의 종류, 유체에 압력을 가하는 방법, 유체의 유동상태(연속 또는 단속), 제작구조, 사용목적 또는 방법에 따라 분류하며, 펌프의 종류는 대단히 많음
   - 에너지의 전달방법에 따른 분류
     - 동력학적 방법 : 광범위한 유량과 압력에 적용 (터어보형 펌프)
     - 정력학적 방법 : 고압, 소유량에 적용 (왕복형 펌프, 회전형펌프)
   ※ 현재 공업계에 가장 널리 사용하는 것으로는 회전차의 회전에 의해 물에 원심력을 주어 양수하는 원심펌프가 90% 이상을 점유하고 있음.

   나. 펌프의 종류
   1) 터보형 ── 원심식 : 볼류트 펌프(Volute Pump : 안내 깃이 없음),
                         터빈 펌프(또는 Diffuser Pump : 안내 깃이 있음)
              ── 사류식 : 사류 펌프
              ── 축류식 : 축류 펌프
   2) 용적형 ── 왕복식 : 피스톤 펌프, 플런저 펌프, 다이아프램 펌프
              ── 회전식 : 기어 펌프, 베인 펌프
   3) 특수형 ── 마찰 펌프, 기포 펌프, 수격 펌프

3. 펌프 종류별 원리, 특성 및 구조
가. 원심 펌프
1) 원심 펌프의 원리
임펠러가 케이싱 내에서 회전하여 발생하는 원심력 작용에 의해 유체는 임펠러의 중심으로 흡입되어 반지름 방향으로 토출하면서 압력 및 속도에너지를 얻고 안내깃을 지나 와류실을 통과하는 사이에 압력 에너지로 변환된다.
그리고 반경방향으로 물이 방출된 임펠러의 중앙부에는 국부진공이 생겨서 흡입관으로부터 물을 연속적으로 흡입하게 됨

2) 원심펌프의 분류
가) 안내깃 유무에 따른 분류
○ 볼류트 펌프 : 안내깃이 없으며 임펠러 바깥둘레에 볼류트케이싱이 있는 펌프
○ 터빈펌프 : 임펠러의 바깥 둘레에 안내깃이 있는 펌프(디퓨저)

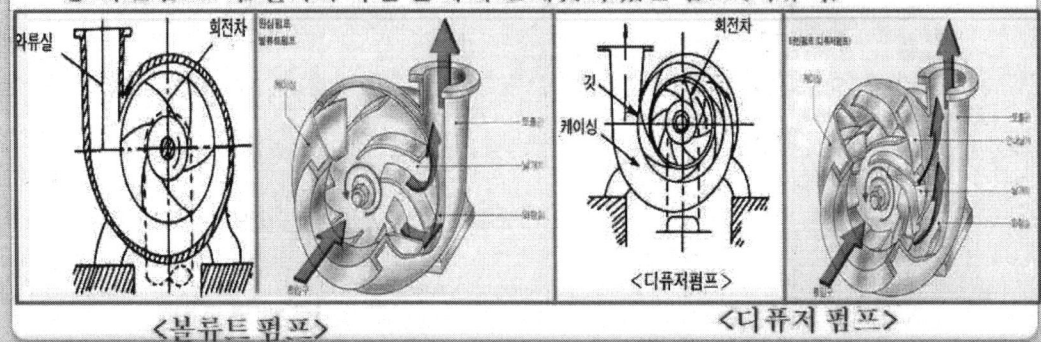

<볼류트 펌프>   <디퓨저펌프>   <디퓨저 펌프>

나) 흡입구에 의한 분류
○ 단 흡입펌프 : 임펠러의 한 쪽에서만 유체를 흡입하는 펌프
○ 양 흡입펌프 : 임펠러의 양 쪽으로 유체를 흡입하는 펌프

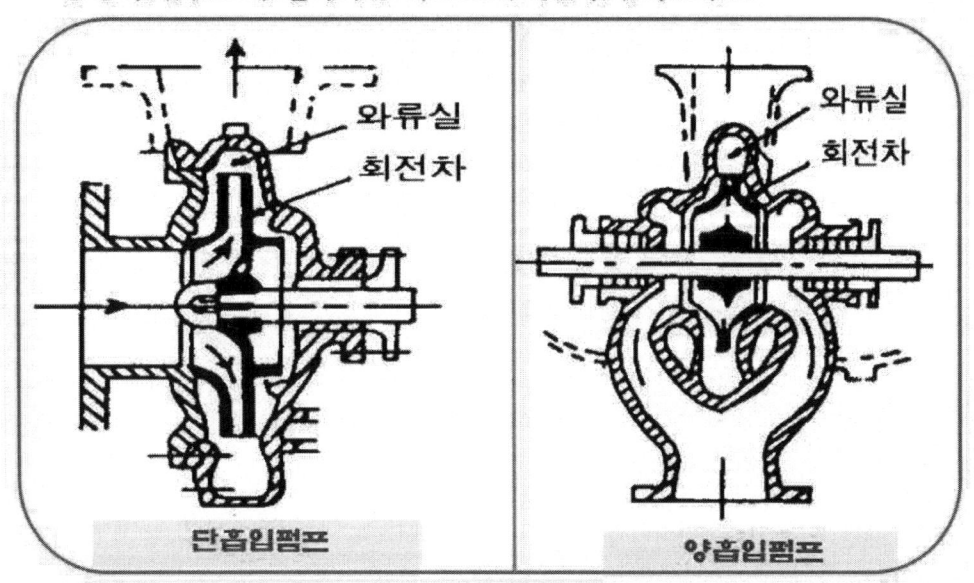

단흡입펌프   양흡입펌프

* 방향 : 유체 펌프의 축방향으로 유입하여 반경방향으로 방출하는 펌프

다) 단수에 의한 분류
- 다단펌프 : 펌프 한 대에 여러 개의 임펠러를 갖는 펌프
- 단단펌프 : 펌프 한 대에 하나의 임펠러를 갖는 펌프

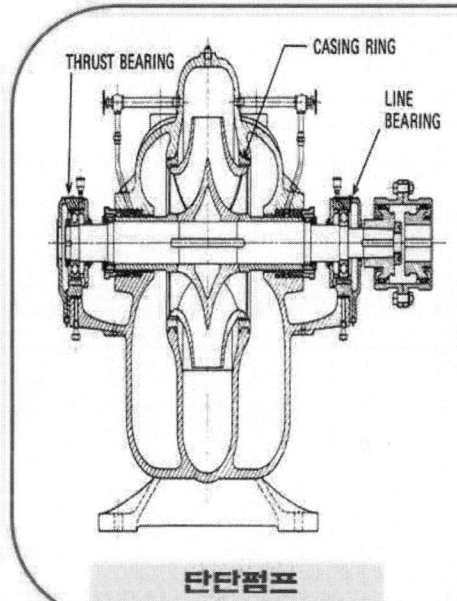
단단펌프

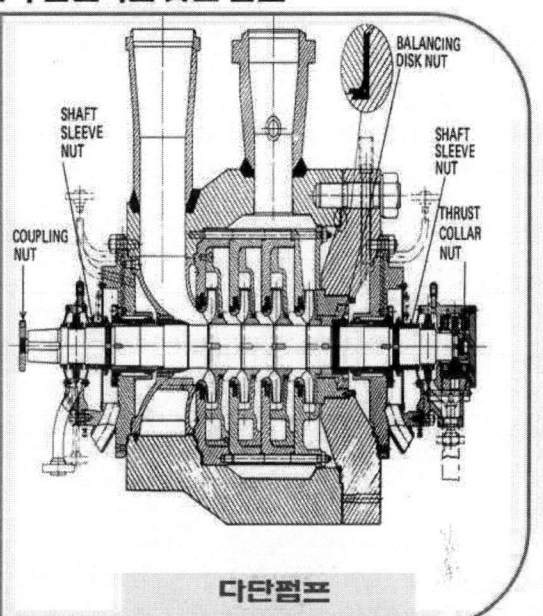
다단펌프

라) 축 방향에 의한 분류
- 횡축펌프(Horizontal Pump) : 펌프의 축이 수평인 펌프
- 종축펌프(Vertical Pump) : 펌프의 축이 수직인 펌프

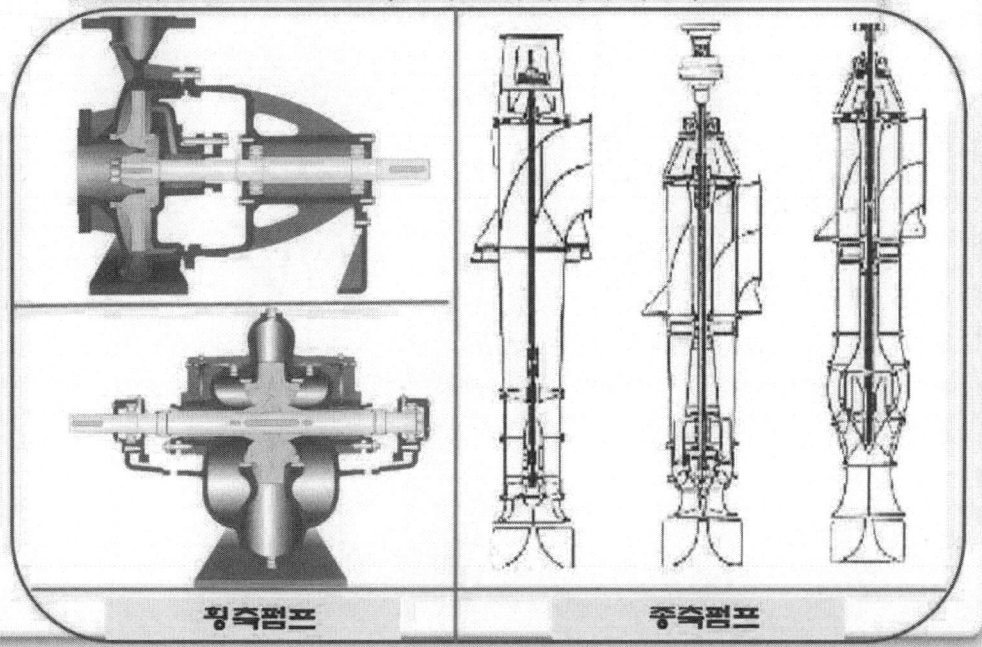
횡축펌프 | 종축펌프

라. 펌프의 주요부품
1) 주요 부품 : 케이싱, 임펠러, 샤프트, 웨어링 링, 커플링, 베어링, 누설방지장치 등
2) 케이싱 : 고속인 액체의 유로를 형성하는 압력용기

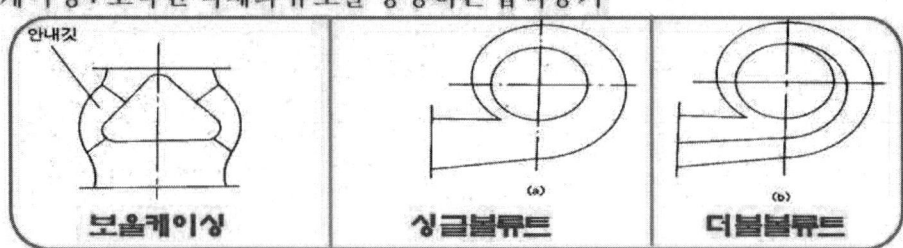

3) 임펠러
　가) 반경류형 임펠러　나) 혼류형 임펠러　다) 사류형 임펠러　라) 축류형 임펠러

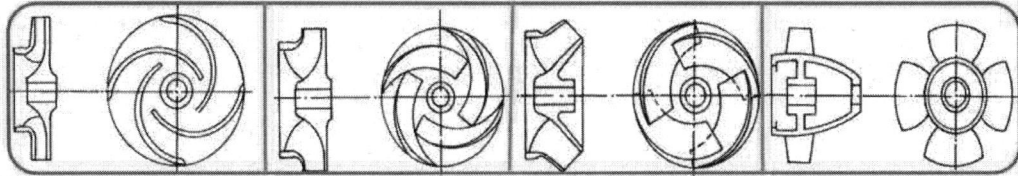

4) 샤프트
　임펠러에 동력을 전달함과 동시에 베어링에 의하여 정위치에 지지됨
　축밀봉 부위에 마모발생이 쉽기 때문에 이를 보호하는 방법으로 크롬도금을 하거나 축슬리브를 사용하기도 함

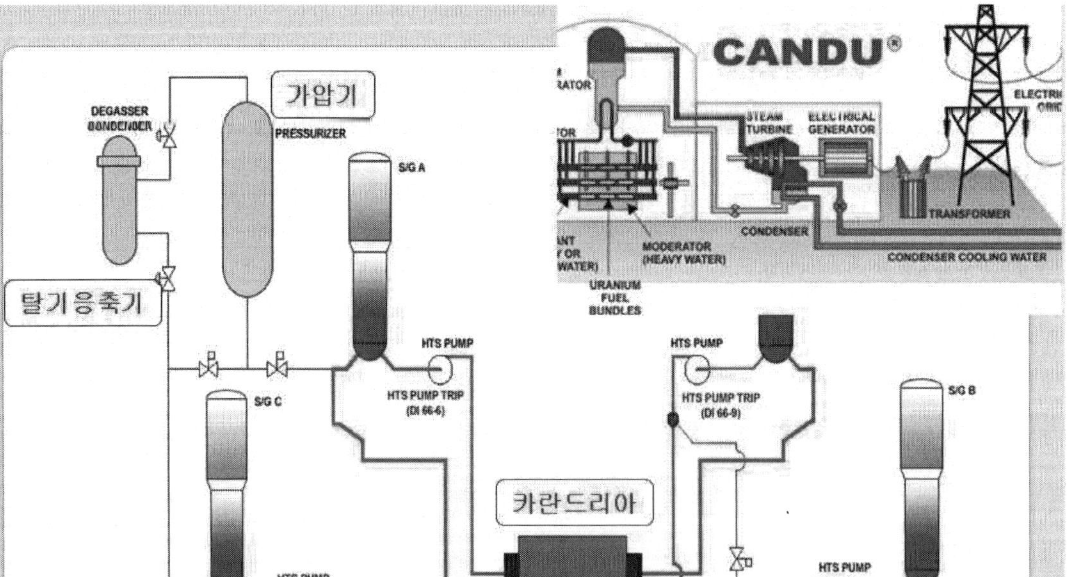

핵연료관(6.5MW)

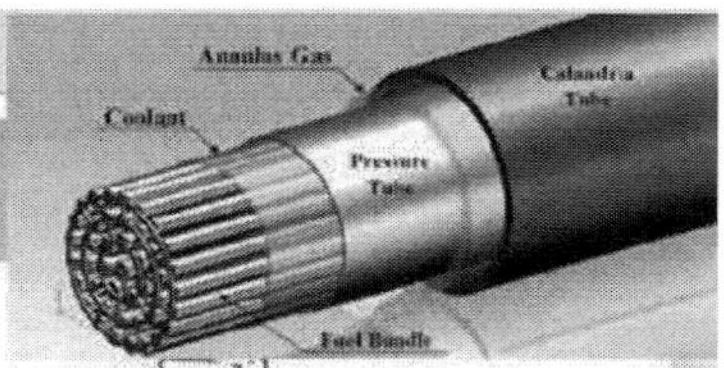

- 차폐마개 : 12개 연료다발 양끝에 설치되어 방사선 차폐
- 연료관 안에 있는 연료다발 지지
- 연료관 마개 : 중수누설 방지/10cc 이내

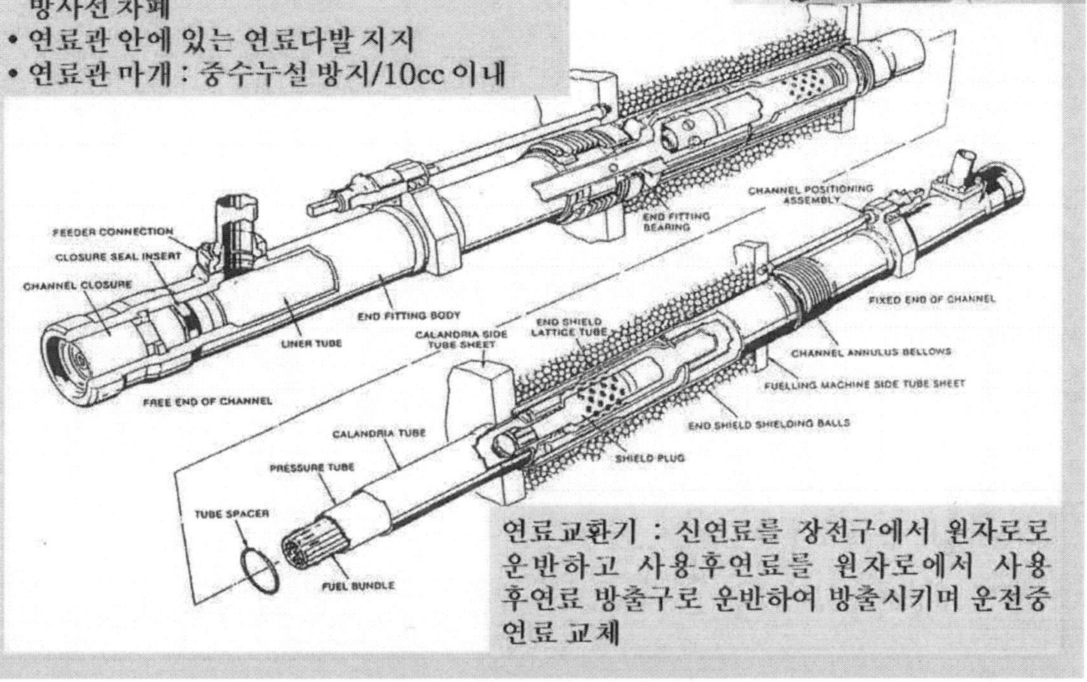

연료교환기 : 신연료를 장전구에서 원자로로 운반하고 사용후연료를 원자로에서 사용후연료 방출구로 운반하여 방출시키며 운전중 연료 교체

카란드리아와 채널

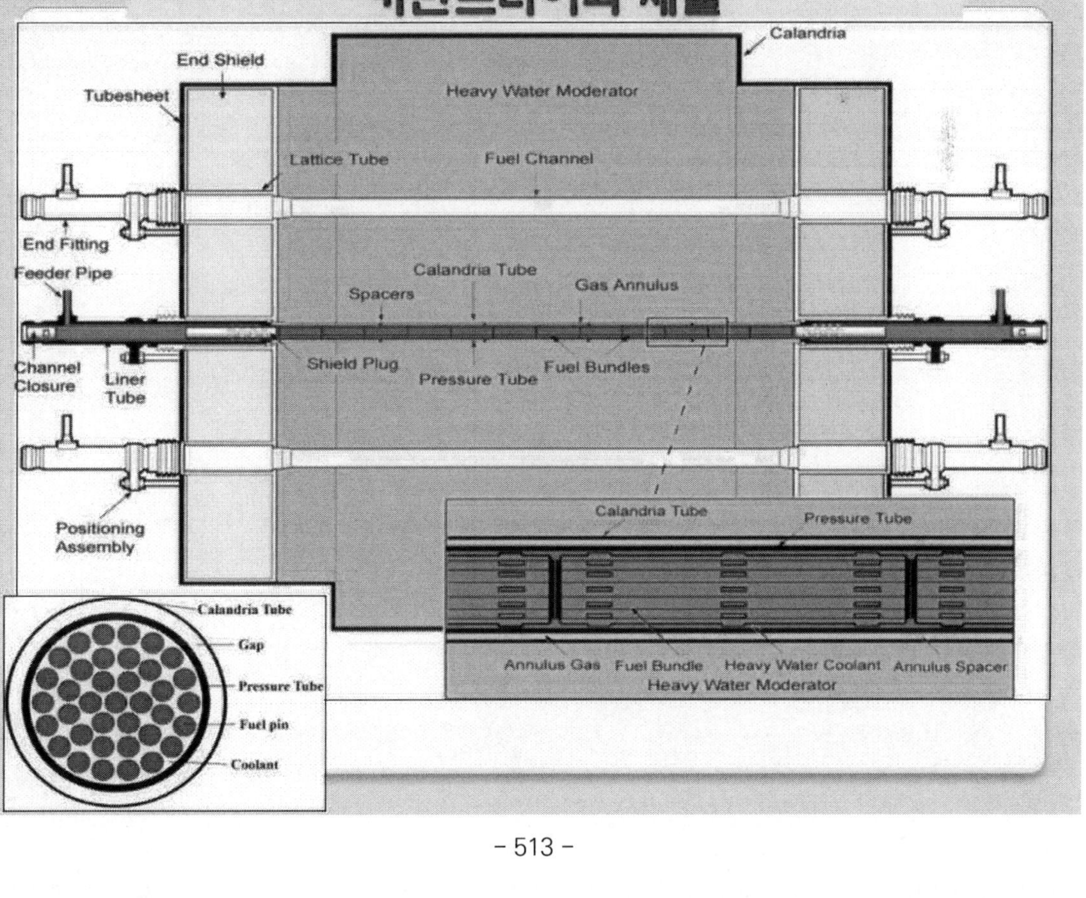

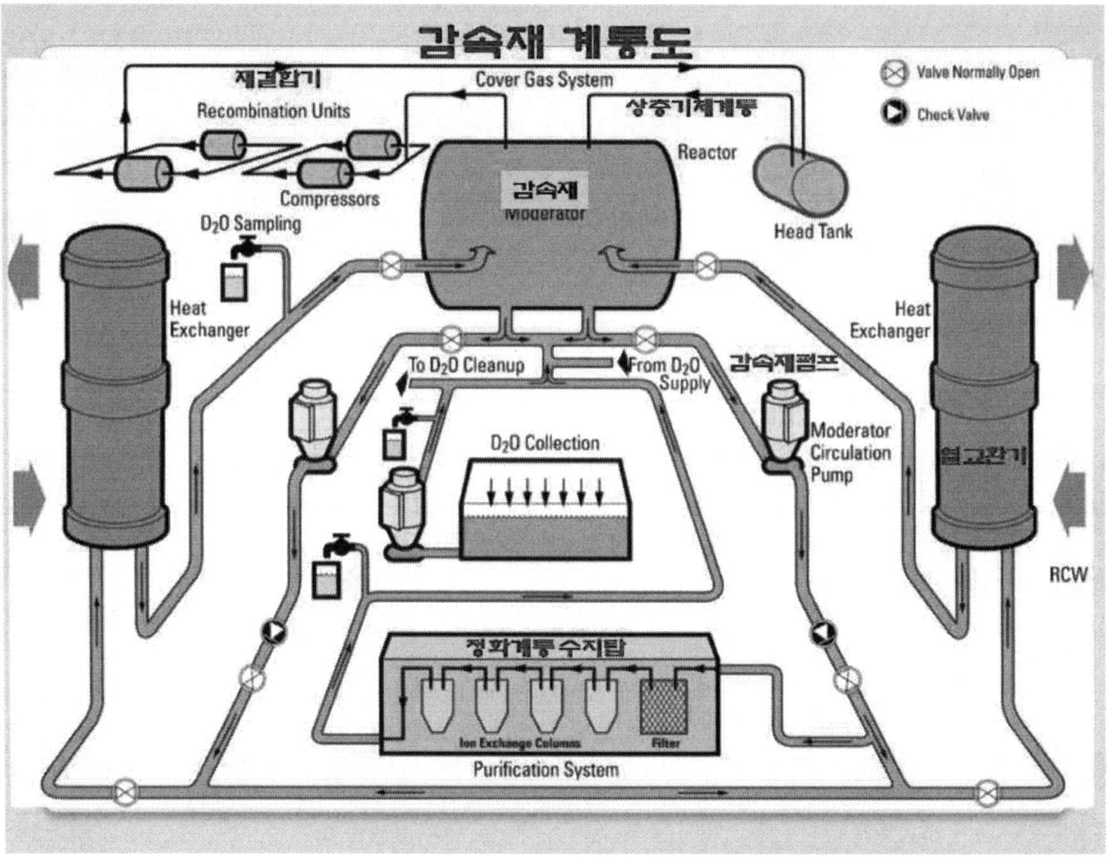
감속재 계통도
재결합기
Recombination Units
Cover Gas System
상충기체계통
Valve Normally Open
Check Valve
Reactor
Compressors
감속재
Moderator
D2O Sampling
Head Tank
Heat Exchanger
Heat Exchanger
To D2O Cleanup
From D2O Supply
감속재펌프
Moderator Circulation Pump
D2O Collection
RCW
정화계통수지탑
Ion Exchange Columns
Filter
Purification System

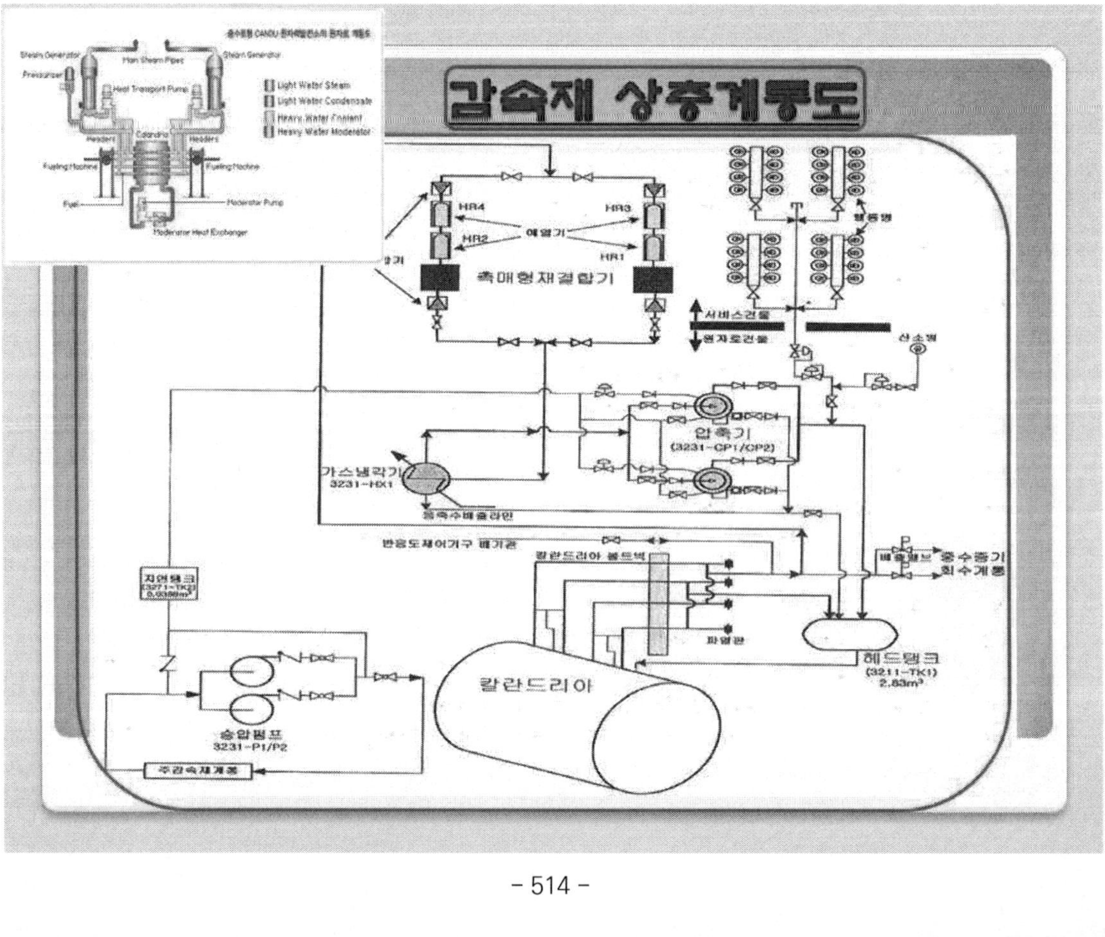
감속재 상충계통도
Steam Generator
Main Steam Pipes
Pressurizer
Heat Transport Pump
Light Water Steam
Light Water Condensate
Heavy Water Coolant
Heavy Water Moderator
Calandria
Headers
Fueling Machine
Fuel
Moderator Pump
Moderator Heat Exchanger
HR4
HR3
HR2
HR1
예열기
촉매형재결합기
서비스건물
원자로건물
압축기
(3231-CP1/CP2)
가스냉각기
3231-HX1
칼란드리아
헤드탱크
(3211-TK1)
2.83m³
승압펌프
3231-P1/P2

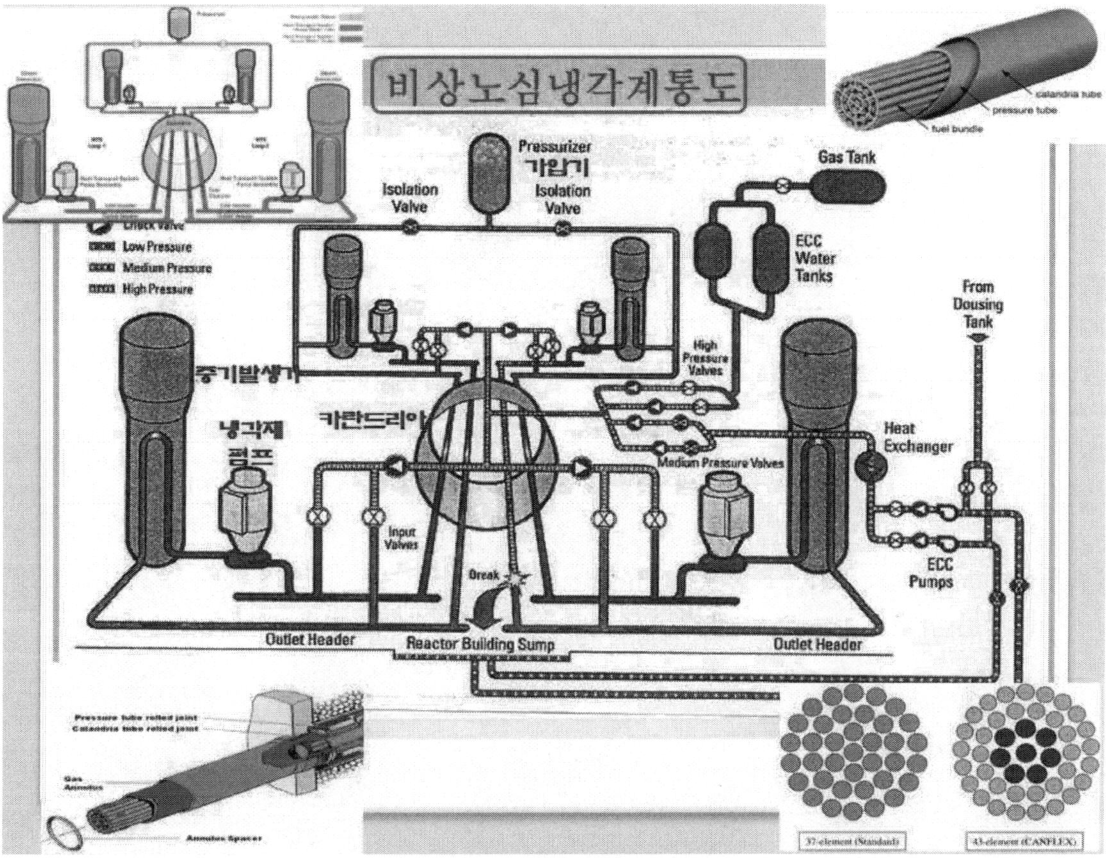
비상노심냉각계통도
Check Valve
Low Pressure
Medium Pressure
High Pressure
Pressurizer
가압기
Isolation Valve
Isolation Valve
Gas Tank
ECC Water Tanks
From Dousing Tank
High Pressure Valves
증기발생기
카란드리아
냉각재 펌프
Heat Exchanger
Medium Pressure Valves
Input Valves
Break
ECC Pumps
Outlet Header
Reactor Building Sump
Outlet Header
calandria tube
pressure tube
fuel bundle
Pressure tube rolled joint
Calandria tube rolled joint
Annulus Spacer
37-element (Standard)
43-element (CANFLEX)

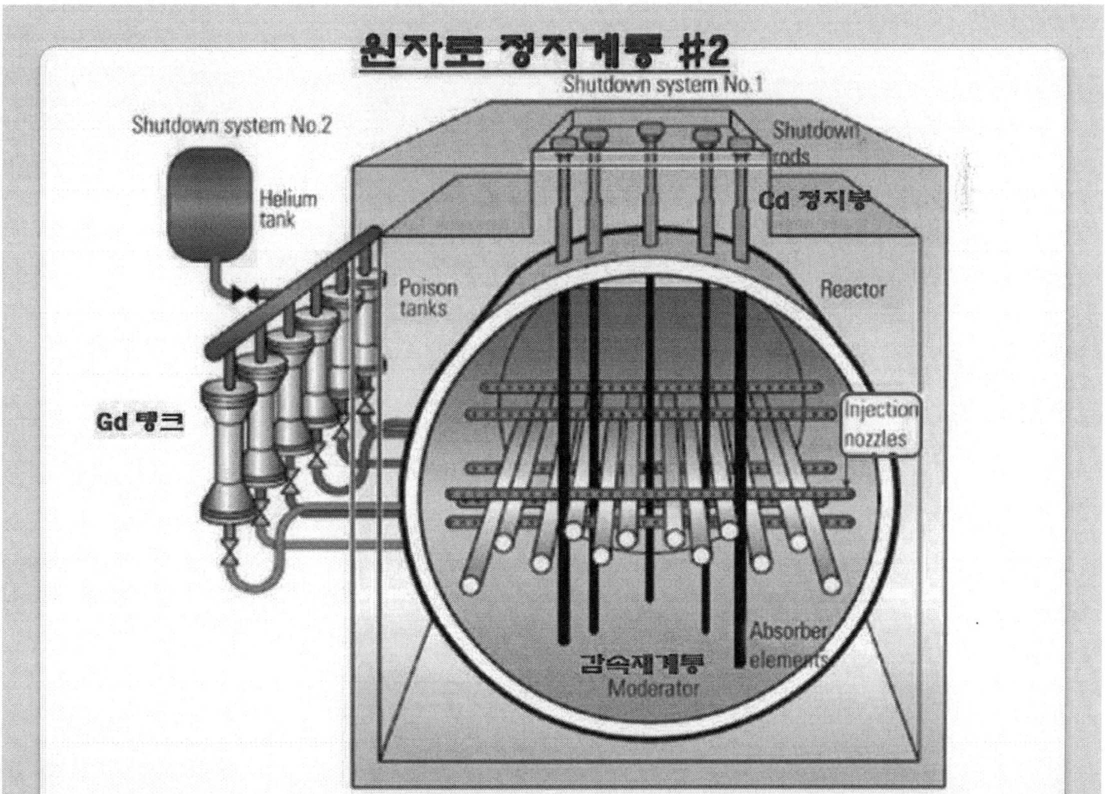
원자로 정지계통 #2
Shutdown system No.1
Shutdown system No.2
Shutdown rods
Helium tank
Gd 정지봉
Poison tanks
Reactor
Gd 탱크
Injection nozzles
Absorber elements
감속재계통
Moderator

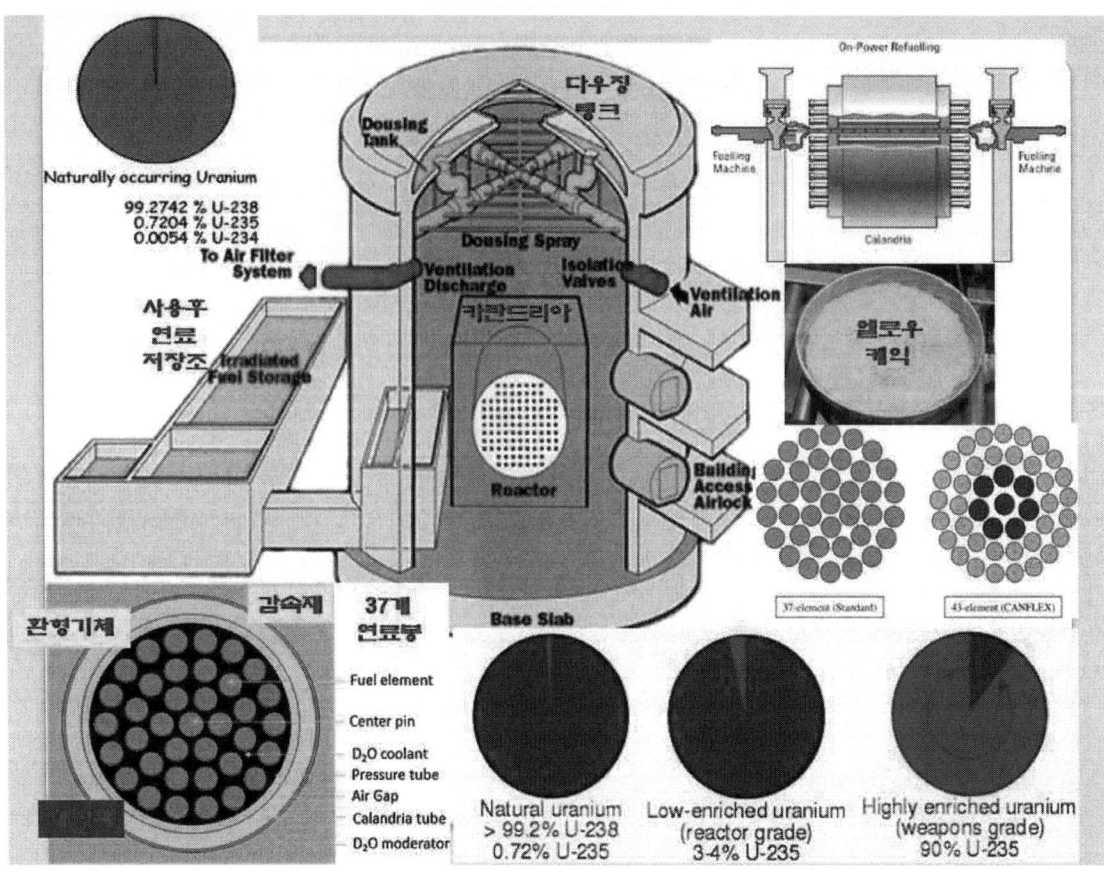

중수로 특성

- 천연우라늄을 연료로 사용 : 연료비가 저렴
- 감속재 및 냉각재로 중수를 사용한다. 물리적으로 분리
  중수사용 이유 : 중성자 흡수단면적이 적고 감속비가 크다.
- 원자로 위치가 수평
- 운전중 연료 교체 : 잉여반응도, 결함연료
- 380개 연료채널로 구성
- 원자로 정지후 30분 이내에 재가동해야 한다.
- 제어봉 수가 많으므로 안정성 (종류 다양)

중수로 냉각재계통

- 중수를 매개체로 원자로에서 분열에 의해 발생한 에너지를 증기발생기까지 수송
- 2차측 급수에 열전달
- 연료의 온도가 과도하게 상승하지 않도록 냉각시켜 연료의 용융 방지
- 독립된 2 Loop 구성
- 주 배관에는 차단밸브가 없다.
- 냉각재 강제순환 기능 상실시 자연 열대류 기능 수행
- 압력제어 : 5대의 전열기 작동 및 압력이 상승하면 밸브로 증기를 배출하여 탈기 및 응축으로 압력유지

중수로 감속재계통

- 분열시 생성된 속중성자를 열중성자로 감속
- 원자로 내에 있는 중수는 냉각, 정화 및 반응도 조절(B와 Gd 사용)에 사용되는 물질로 농도조절을 위하여 감속재계통 내에서 순환
  - B : 잉여반응도 보상
  - Gd : 원자로 정지 후 제논이 감소하는 양 보상
- LOCA와 동시에 비상 노심냉각계통의 작동이 불가능시 열 흡수원의 기능 수행
- 감속재에 장전된 중수의 양은 약 270톤

중수로 안전계통

- 정지봉 : Cd 28개
- 액체독물질 주입계통 : 가돌리움 탱크 6대
- 비상노심냉각계통
  - 고압주입 : ECC 탱크
  - 중압주입 : 살수탱크
  - 저압주입 : 하부 집수조
- 원자로건물 살수계통 : 순수(2,550톤)
  효율적인 분사계통을 제공하여 사고시 발생된 증기를 응축시키고 건물내의 공기를 냉각

가압경수로와 비등경수로

- 공통점
  ○ U의 함유율이 2~4W/o 정도인 저농축 우라늄을 연료로 사용
  ○ 냉각재겸 감속재로 경수를 사용
  ○ 고온, 고압으로 가열한 물을 수증기로 만들어 전기를 생산

- 차이점
- 경수로형
  ○ 증기발생기에서 증기를 생성하여 터빈으로 내보낸다.
  ○ 원자로계통과 터빈계통이 분리
  ○ 전 세계 원전중 60% 이상이 채택
- 비등경수로
  ○ 원자로 압력용기 내에서 직접 냉각수를 가열, 발생한 증기를 터빈으로 내보냄
  ○ 원자로계통과 터빈계통이 분리되지 않는다.
  ○ 전 세계 원전중 20% 정도가 채택

계측제어 개요

- 발전소 내의 여러 계통이 서로 유기적으로 원활하게 운전되도록 발전소 운전변수를 측정하여 감시하고 설비를 제어 및 보호
  - 설비의 측정 및 감시
  - 주제어실 제어반에 전송
  - 발전소 상태 감시
  - 면밀한 신호 분석
  - 설비의 제어 및 보호
- 능동 기능
  - 측정된 변수(온도, 압력, 액위, 유량, 전압, 전류, 중성자 준위 등)들이 적정범위 안에 유지되도록 프로세스 및 설비를 제어
  - 측정된 변수들이 적정범위 안에 유지되도록 프로세스 설비를 보호

기능 분류

- 변수 측정 : 발전소 프로세스를 관리 및 제어하기 위해서는 모든 계통과 설비를 측정하여 운전변수 상태를 알아야 함
- 신호 전송 : 운전변수 측정으로 발생된 신호는 적절한 형태로 지시 혹은 표시(Display)되는 주제어실 등으로 전송되어야 함
- 지시(현장/원격), 기록, 제어(Control), 보호 : 원격용 지시계(Meter), 현장용 지시계(Gauge)
  - 제어(Control) : 어떤 주어진 동작을 하도록 만들어진 계통에 그 동작이 바라는 바와 같이 되지 않을때 그것이 바라는 바와 같이 되도록 하기 위해 그 계통에 필요한 조작을 가하는 것

- 발전소 제어를 자동으로 제어하는 이유는 정확하고 정밀한 변수제어가 요구되는 계통에 대해 정교
- 감지기의 정보 전달 : 수백 가지의 중요한 운전변수가 발전소의 여러 곳에서 측정 또는 감지
  - 공기식 신호전송 : 현장제어가 빠름
  - 전기 전자식 신호전송 : 원거리 전송 가능(전류, 전압 또는 펄스 신호로 변환)
  - 전기식 신호 : 디지털 신호, 아날로그 신호
  - 온도측정 : RTD, 열전대(Thermocouple)
  - 압력측정 : Manometer, Bourdon Tube, Diaphragm
  - 액위측정 : Sight Glass, Float(액체표면에 떠 있어서 액체 표면 변화에 따라 아래 위로 움직임), 차압식
  - 유량(차압식)측정 : 벤츄리, 오리피스, 엘보우, 노즐

- 제어봉 그림자계수
  노외계측기는 노심에서 누설된 중성자를 측정하므로서 제어봉이 노심 중심부에 삽입되면 노심 가장자리의 중성자속이 증가하여 원자로용기 외부로 중성자 누설이 증가하여 실제 노심출력보다 증가된 출력을 지시하게 된다. 따라서 제어봉 삽입위치에 따라 미리 선택된 그림자계수를 이용하여 보정하므로서 정확한 노심출력을 구한다.
- 온도 그림자계수
  노외계측기 출력은 노심지지통(Core Support Barrel) 주위의 냉각재 온도에 영향을 받는다. 즉, 저온관 온도가 증가하면 노심지지 원통 주위의 냉각재밀도 감소로 열중성자 감소로 출력감소 및 중성자 누설이 증가하여 실제 노심출력보다 크게 지시하게 된다. 따라서 저온관 온도 변화에 따라 중성자속 출력을 보정하므로서 정확한 노심출력을 구한다.

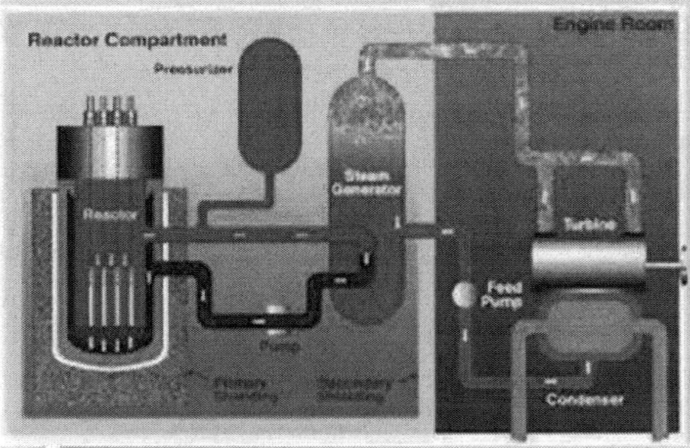
Reactor Compartment
Engine Room
Reactor
Steam Generator
Turbine
Feed Pump
Pump
Condenser

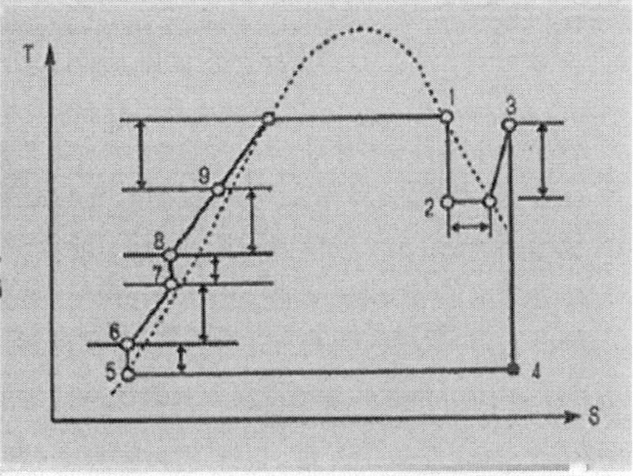
T
S
1
2
3
4
5
6
7
8
9

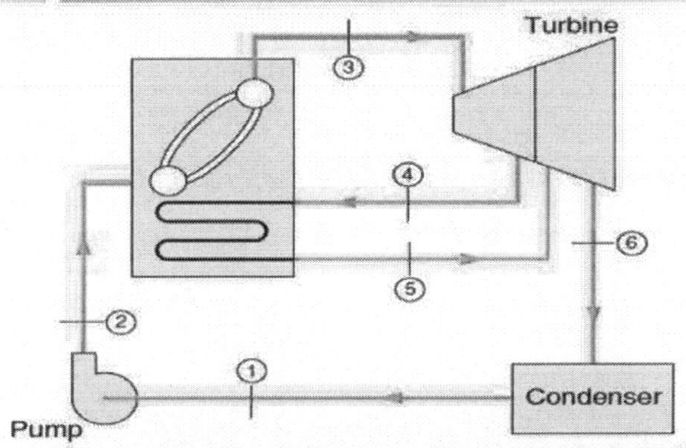
Turbine
③
④
⑤
⑥
②
①
Condenser
Pump

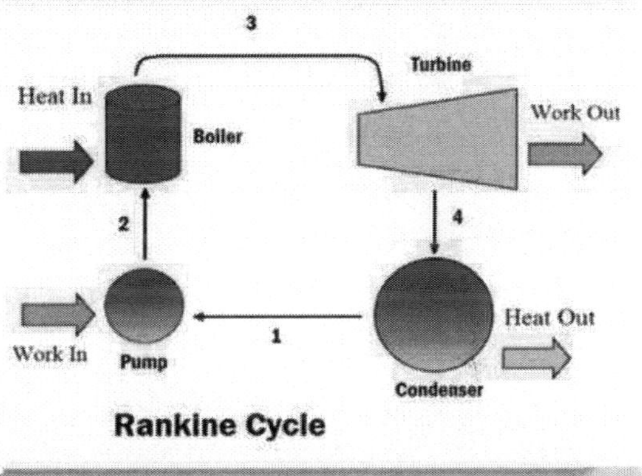
3
Turbine
Heat In
Boiler
Work Out
2
4
Heat Out
1
Work In
Pump
Condenser
Rankine Cycle

증기 사이클

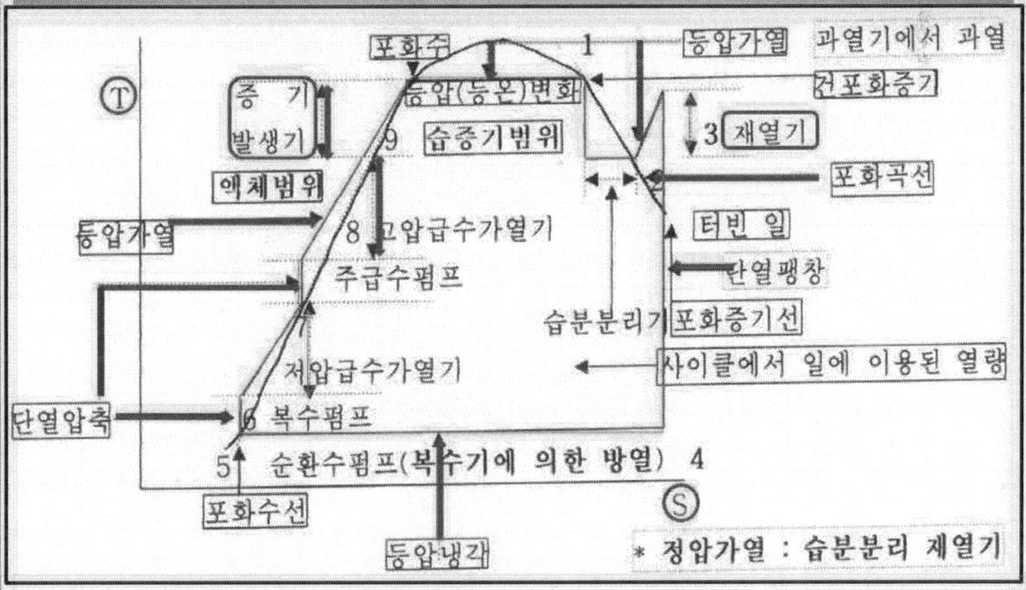
Ⓣ
포화수
1
등압가열
과열기에서 과열
등압(등온)변화
건포화증기
증 기 발생기
9
습증기범위
3
재열기
액체범위
포화곡선
등압가열
8
고압급수가열기
터빈 일
주급수펌프
단열팽창
7
습분분리기
포화증기선
저압급수가열기
사이클에서 일에 이용된 열량
단열압축
6
복수펌프
5
순환수펌프(복수기에 의한 방열)
4
포화수선
Ⓢ
등압냉각
* 정압가열 : 습분분리 재열기

자격 및 면허

- 방사선관리 기술사
- 원자력발전 기술사
- 환경기사 1급 대기
- 방사선 취급 감독자 면허(SRI)
- 원자로 조종 감독자 면허(SRO)
- 화학 정교사

저 서

- 최신 원자력 문제집
- 주, 객관식 원자력공학(개정8판)
- 방사선 취급 감독자 및 일반 면허
- 방사성 동위원소 취급 일반면허
- 방사선기술사/SRI 개정판
- 원자력기사 개정5판
- 방사선관리 상·하
- 원자력 이론 문제집(핵공학)
- 원자력 이론 문제집(방사선)
- E-learnig 방사선관리 저자
- E-learnig 원자력 이론 저자
- 원자력 발전기술사 문제집

주요 경력

- 원자력 교육원 교수 5년
- 영광 훈련센타 교수 11년
- KEDO 북한경수로 교수 3개월
- 원자력 아카데미 강사
- 울진 훈련센타 교수 4년
- 광주대학교 산업체 교수 1년
- 광주 남부대학교 교수 6개월
- 시험위원 12년

해외 교육

- 카나다 중수로 운전원교육 15개월
- 미국 팔로버디발전소 교육 2개월
- 프랑스 EDF 강사교육 9개월
- 미국 RONAN社 교육 2주

원전이론 및 계통설명서 (개정판)

저 자 : 김을기
펴낸곳 : (주)피닉스엔지니어링
주 소 : 경기 고양시 향기로 180 DMC마스터원 1404호
전 화 : 02)305-9114
팩 스 : 02)6442-9114
등록번호 : 9791198832603
인 쇄 일 : 2024년 7월
낙장 및 파본된 책은 구입처나 본사에서 교환하여 드립니다.